T0222938

UNITEXT – La Matematica per il 3+2

Volume 112

Rocco Chirivì · Ilaria Del Corso ·
Roberto Dvornicich

Esercizi scelti di Algebra

Volume 2

 Springer

Rocco Chirivì
Dipartimento di Matematica e Fisica
  "Ennio De Giorgi"
University of Salento
Lecce, Italy

Roberto Dvornicich
Dipartimento di Matematica
University of Pisa
Pisa, Italy

Ilaria Del Corso
Dipartimento di Matematica
University of Pisa
Pisa, Italy

ISSN versione cartacea: 2038-5722
UNITEXT – La Matematica per il 3+2
ISBN 978-88-470-3982-7
https://doi.org/10.1007/978-88-470-3983-4

ISSN versione elettronica: 2038-5757

ISBN 978-88-470-3983-4 (eBook)

Immagine di copertina: "Quadrati, cerchi e simmetrie 2" di Rocco Chirivì © (2018)

Questa edizione è pubblicata da Springer-Verlag Italia S.r.l., part of Springer Nature, con sede legale in Via Decembrio 28, 20137 Milano, Italia

Ad Andrea, che sa cos'è la matematica

Rocco

*A Francesca, con l'augurio che sappia
scoprire e coltivare le proprie passioni*

Ilaria

*Ai giovani che già amano o che potrebbero
amare la matematica*

Roberto

Prefazione

Questo secondo volume di esercizi è il completamento del primo. Come il volume precedente raccoglie i testi e le soluzioni degli esercizi proposti al corso di laurea in Matematica dell'Università di Pisa negli ultimi anni ed è corredato da alcuni richiami di teoria e da una serie di esercizi preliminari.

Rimangono validi i motivi che ci hanno spinto a scrivere questo libro e il suo scopo, per cui rimandiamo in gran parte alla prefazione del primo volume. Molto succintamente, questi volumi nascono dalla nostra convinzione che per studiare e capire a fondo l'algebra, e in generale la matematica, non basta seguire le lezioni, imparare i teoremi e le loro dimostrazioni; bisogna invece *applicare* lo studio ad esempi concreti: in pratica risolvere degli esercizi.

Anche gli esercizi, però, possono essere di tipi diversi. Per esempio, essi possono richiedere procedimenti abbastanza semplici o immediatamente derivabili dall'applicazione delle definizioni e dei teoremi, oppure possono richiedere di avere comunque in mente la teoria ma anche di avere un'idea, per *ricavare* informazioni nuove.

I lettori di questo libro si accorgeranno subito che gli esercizi del primo tipo non ci sono, e dovranno rassegnarsi ad abbandonare le speranze di soluzioni facili per dedicarsi invece ad un impegno molto più profondo. Ma *è così che si fa*, perché la matematica non è un romanzo da leggere: è una storia da reinventare.

Per questo, consigliamo vivamente i lettori di armarsi di pazienza e di non guardare mai le soluzioni degli esercizi prima di averci pensato abbastanza a lungo.

Ci preme sottolineare un paio di altri aspetti. Il primo, che gli appassionati di matematica, ad ogni livello, sono anche affascinati dalla sua *bellezza*; il secondo, che essere appassionati vuol dire automaticamente essere *curiosi* della verità. Abbiamo quindi cercato di includere in molti degli esercizi il nostro criterio di bellezza e lo spirito di curiosità che ci ha sempre animato. Vogliamo sperare che, anche da questo punto di vista, i lettori possano trarne qualche giovamento.

Come per il primo volume, l'organizzazione del libro segue lo sviluppo storico dell'insegnamento dell'algebra nei primi anni del corso di laurea in Matematica dell'Università di Pisa. Quando è stata introdotta la differenziazione fra laurea triennale e laurea magistrale, il corso precedente di Algebra è stato diviso in due parti, attualmente chiamate Aritmetica e Algebra 1: queste due parti corrispondono esattamente ai due volumi del libro.

La parte di Aritmetica, a cui è dedicato il primo volume, riguarda essenzialmente lo studio di strumenti di base, quali l'induzione, alcuni elementi di calcolo combinatorio, i numeri interi e le congruenze. A ciò segue un'introduzione allo studio delle proprietà basilari delle strutture algebriche: i gruppi abeliani, gli anelli, i polinomi e le loro radici, le estensioni dei campi e i campi finiti.

La parte di Algebra 1, trattata in questo secondo volume, comprende un approfondimento della teoria dei gruppi, gli anelli commutativi con particolare riferimento alla fattorizzazione unica, le estensioni dei campi e le nozioni fondamentali della teoria di Galois.

Ciascuna parte è accompagnata da richiami teorici riguardanti la materia oggetto degli esercizi. Tale parte teorica, benché esaustiva, non ha comunque la pretesa di sostituire un libro di testo di algebra e, in particolare, i risultati richiamati non hanno dimostrazione. (Per ogni approfondimento il lettore può consultare, ad esempio, il volume "Algebra" di I. N. Herstein, Editori Riuniti, oppure "Algebra" di M. Artin, Bollati Boringhieri.)

Il libro contiene inoltre una serie di esercizi preliminari. Essi dovrebbero essere affrontati per primi in quanto le loro conclusioni sono spesso usate nelle soluzioni degli esercizi successivi. Vogliamo infine sottolineare che tutte le soluzioni qui proposte usano *solo* gli strumenti teorici richiamati e gli esercizi preliminari. L'utilizzo di teoremi più avanzati permetterebbe di risolvere in modo più agevole, o in alcuni casi renderebbe banali, gli esercizi; ma ciò è del tutto contrario allo spirito con cui questo libro è stato scritto.

Ringraziamenti. Vogliamo ringraziare Filippo Callegaro per aver collaborato alla preparazione di alcuni esercizi e Alessandro Berarducci per i suoi consigli; le dottoresse Francesca Bonadei e Francesca Ferrari di Springer Italia per il loro prezioso aiuto. Infine, il nostro ringraziamento particolare va a tutti gli studenti che negli anni hanno seguito le nostre lezioni e affrontato gli esercizi qui proposti agli esami.

Aggiornamenti. Invitiamo i lettori a farci avere le loro impressioni e a segnalarci eventuali errori, quasi inevitabili in un libro con dettagliate soluzioni di centinaia di esercizi, via posta elettronica a rocco.chirivi@unisalento.it, ilaria.delcorso@unipi.it o roberto.dvornicich@unipi.it.

Per aggiornamenti e errata corrige è possibile consultare la pagina web http://www.dmf.unisalento.it/~chirivi/libroEserciziAlgebra.html.

Pisa e Lecce, Italia   Rocco Chirivì
luglio 2018   Ilaria Del Corso
                                                                                        Roberto Dvornicich

The nice thing about mathematics is doing mathematics

Pierre Deligne

Indice

Capitolo 1
Richiami di teoria

1.1 I gruppi

1.1.1 Concetti di base

Ricordiamo sinteticamente alcuni concetti di base di teoria dei gruppi; essi sono già stati introdotti nel primo volume [Volume 1, Richiami di Teoria, Sezione 1.4].

Un gruppo è un insieme non vuoto G con un'operazione associativa $\cdot : G \times G \longrightarrow G$ per cui esiste un elemento neutro e_G e per cui ogni elemento g ha un inverso, indicato g^{-1}. Se chiaro dal contesto, scriveremo semplicemente e invece di e_G.

Un gruppo G è abeliano se $gh = hg$ per ogni g e h in G. L'ordine $|G|$ di un gruppo G è il numero dei suoi elementi. L'ordine $\operatorname{ord}(g)$ di un elemento g di G è il minimo intero positivo n, se esiste, per cui $g^n = e$; se non esiste nessun intero positivo con questa proprietà allora si dice che g ha ordine infinito.

Se l'operazione $\cdot$ di G può essere ristretta ad un suo sottoinsieme H, nel senso che $\cdot : H \times H \longrightarrow H$, e con questa operazione H è un gruppo, allora diciamo che H è un sottogruppo di G. Il sottogruppo $\{e\}$, che a volte indicheremo semplicemente con e per non appesantire la notazione, è detto banale; i sottogruppi diversi da G sono invece detti propri. Il centro $Z(G)$ di G è l'insieme di tutti gli elementi z di G per cui $zg = gz$ per ogni $g \in G$; esso è un sottogruppo di G.

Dato un sottoinsieme X di un gruppo G, il sottogruppo $\langle X \rangle$ generato da X è l'intersezione di tutti i sottogruppi di G che contengono X; esso è il più piccolo sottogruppo di G che contiene X. Un gruppo è detto ciclico se è generato da un solo elemento.

Il Teorema di Lagrange afferma che in un gruppo finito G l'ordine di un sottogruppo divide l'ordine di G. Applicando il Teorema di Lagrange al sottogruppo generato da un elemento abbiamo che anche l'ordine di un elemento divide l'ordine del gruppo. Per un sottogruppo H, il numero $[G : H]$ di classi laterali gH, con $g \in G$, cioè la cardinalità dell'insieme G/H, si chiama l'indice di H in G; se G è un gruppo finito allora $[G : H] = |G|/|H|$.

© Springer-Verlag Italia S.r.l., part of Springer Nature 2018
R. Chirivì et al., *Esercizi scelti di Algebra, Volume 2*, UNITEXT – La Matematica per il 3+2 112, https://doi.org/10.1007/978-88-470-3983-4_1

Ricordiamo che un sottogruppo K di un gruppo G si dice normale se $gKg^{-1} = K$ per ogni g in G. Se K è un sottogruppo normale di G allora l'insieme G/K delle classi laterali gK, con $g \in G$, è un gruppo con l'operazione $gK \cdot g'K = (gg')K$ e l'applicazione quoziente $G \ni g \xmapsto{\pi} gK \in G/K$ è un omomorfismo di gruppi, detto omomorfismo quoziente. Il nucleo dell'omomorfismo quoziente $G \xrightarrow{\pi} G/K$ è ovviamente K, inoltre un sottogruppo di G è normale se e solo se è il nucleo di qualche omomorfismo di gruppi $G \longrightarrow G'$. Infine, un sottogruppo di indice 2 è sempre normale; infatti, se K ha indice 2, le classi laterali di K in G sono K e $G \setminus K$.

Se H e K sono sottogruppi di un gruppo G, allora l'insieme HK di tutti gli elementi hk, con $h \in H$ e $k \in K$, è un sottogruppo di G se e solo se $HK = KH$. Questa condizione è in particolare verificata quando uno dei due sottogruppi è normale. In ogni caso, se H e K sono gruppi finiti, allora l'insieme HK ha cardinalità $|H||K|/|H \cap K|$.

Dato un gruppo G, un isomorfismo $G \longrightarrow G$ è detto automorfismo di G e l'insieme $\mathrm{Aut}(G)$ di tutti gli automorfismi del gruppo G è esso stesso un gruppo, detto gruppo degli automorfismi di G, con l'operazione di composizione di applicazioni. In generale $\mathrm{Aut}(G)$ non è abeliano.

Dati due gruppi G e H, il prodotto cartesiano $G \times H$ è un gruppo con l'operazione $(g, h) \cdot (g', h') = (gg', hh')$. L'ordine di un elemento (g, h) è il minimo comune multiplo di $\mathrm{ord}(g)$ e $\mathrm{ord}(h)$; il centro di $G \times H$ è il prodotto dei centri $Z(G) \times Z(H)$ e, in particolare, $G \times H$ è abeliano se e solo se G e H sono entrambi abeliani.

Un gruppo particolarmente importante è il gruppo simmetrico S_n che ha: per elementi le permutazioni, cioè le applicazioni biiettive, di $\{1, 2, \ldots, n\}$ in sé e, per operazione, la composizione di applicazioni. Il gruppo S_n ha ordine $n!$.

Data una successione di ℓ interi distinti $i_1, i_2, \ldots, i_\ell$ tra 1 ed n, il ciclo $(i_1, i_2, \ldots, i_\ell)$ è la permutazione σ così definita: per ogni $t = 1, 2, \ldots, \ell - 1$ vale $\sigma(i_t) = i_{t+1}$, inoltre $\sigma(i_\ell) = i_1$ e $\sigma(j) = j$ per ogni $j \in \{1, 2, \ldots, n\} \setminus \{i_1, i_2, \ldots, i_\ell\}$. Il nome "ciclo" è chiaramente giustificato dal fatto che σ permuta ciclicamente gli interi $i_1, i_2, \ldots, i_\ell$ mentre fissa ogni altro intero

$$i_1 \xmapsto{\sigma} i_2 \xmapsto{\sigma} i_3 \xmapsto{\sigma} \cdots \xmapsto{} i_{\ell-1} \xmapsto{\sigma} i_\ell$$
$$\underset{\sigma}{\longleftarrow}$$

$$j \xmapsto{\sigma} j \qquad \text{per ogni } j \in \{1, 2, \ldots, n\} \setminus \{i_1, i_2, \ldots, i_n\}.$$

L'intero ℓ si chiama la lunghezza del ciclo σ; si dice anche che σ è un ℓ–ciclo. Un ℓ–ciclo ha ordine ℓ. In particolare, la trasposizione (i, j) è un 2–ciclo, scambia i con j, non permuta nessun altro elemento e ha ordine 2.

1.1.2 I teoremi di omomorfismo

Valgono alcuni importanti teoremi riguardanti gli omomorfismi di gruppi. Il primo di essi è già stato richiamato nel primo volume [Volume 1, Teorema di Omomorfismo, 4.18 pagina 30], per completezza lo riportiamo anche qui, in una forma leggermente più generale, insieme agli altri due classici teoremi sugli omomorfismi.

Teorema 1.1 (Primo Teorema di Omomorfismo) *Se* $G \xrightarrow{f} H$ *è un omomorfismo,* N *è un sottogruppo normale di* G *contenuto in* $\mathrm{Ker}(f)$ *e* $G \xrightarrow{\pi} G/N$ *è l'omomorfismo quoziente, allora esiste, ed è unico, un omomorfismo* $\overline{f}$ *che rende commutativo il diagramma*

$$
\begin{array}{ccc}
G & \xrightarrow{\ f\ } & H. \\
{\scriptstyle \pi}\downarrow & \nearrow_{\overline{f}} & \\
G/N & &
\end{array}
$$

Inoltre gli omomorfismi f *e* $\overline{f}$ *hanno la stessa immagine e, se* $N = \mathrm{Ker}(f)$, *allora* f *è iniettivo.*

L'omomorfismo $\overline{f}$ del Primo Teorema di Omomorfismo si dice *indotto* per passaggio al quoziente dell'omomorfismo f.

Ricordiamo che l'omomorfismo quoziente $G \xrightarrow{\pi} G/N$ induce la corrispondenza biunivoca

$$G \supseteq K \longmapsto \pi(K) = KN/N \subseteq G/N$$

tra i sottogruppi di G che contengono N e i sottogruppi di G/N. In questa biiezione, a sottogruppi normali di G che contengono N corrispondono sottogruppi normali di G/N.

Teorema 1.2 (Secondo Teorema di Omomorfismo) *Se* G *è un gruppo,* K *un sottogruppo normale di* G *e* H *un sottogruppo di* G, *allora* $H/(H \cap K)$ *è isomorfo ad* HK/K. *Un isomorfismo è indotto dalla proiezione* $H \longrightarrow HK/K$ *e abbiamo il seguente diagramma commutativo*

$$
\begin{array}{ccc}
H \ni h & \longmapsto & h \in HK \\
\downarrow & & \downarrow \\
H/(H \cap K) \ni h(H \cap K) & \xrightarrow{\ \sim\ } & hK \in HK/K.
\end{array}
$$

Come già richiamato, se H e K sono sottogruppi normali di G e K è contenuto in H allora H/K è un sottogruppo normale di G/K. Vale inoltre

Teorema 1.3 (Terzo Teorema di Omomorfismo) *Se K è un sottogruppo di H ed entrambi sono sottogruppi normali di G, allora $(G/K)/(H/K)$ è isomorfo a G/H.*

Infatti l'omomorfismo quoziente $G \longrightarrow G/H$ induce un omomorfismo suriettivo $G/K \longrightarrow G/H$ e tale omomorfismo induce un isomorfismo tra $(G/K)/(H/K)$ e G/H. Abbiamo quindi il seguente diagramma commutativo

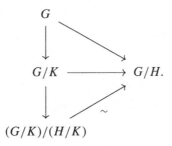

1.1.3 I gruppi liberi

Sia G un gruppo, X un insieme e $i : X \hookrightarrow G$ un'applicazione iniettiva. Si dice che G è un gruppo *libero* su X se per ogni gruppo H e per ogni applicazione $\varphi : X \longrightarrow H$ esiste un unico omomorfismo di gruppi $f : G \longrightarrow H$ per cui $f(i(x)) = \varphi(x)$ per ogni $x \in X$. Si chiede, cioè, che f renda commutativo il seguente diagramma

La proprietà su enunciata definisce, a meno di un unico isomorfismo di gruppi, il gruppo G; è infatti facile provare quanto segue.

Proposizione 1.4 *Se $i' : X \hookrightarrow G'$ è un'applicazione iniettiva e G' è un gruppo libero su X allora esiste un unico isomorfismo di gruppi $f : G \longrightarrow G'$ che rende commutativo il diagramma*

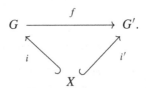

La struttura di gruppo libero sull'insieme X può essere descritta in maniera esplicita considerando l'insieme L di tutte le stringhe finite di simboli x e x^{-1}, con $x \in X$. Su L definiamo un'operazione associativa considerando la giustapposizione di stringhe e, indicata con e la stringa vuota, definendo $x \cdot x^{-1} = x^{-1} \cdot x = e$ per ogni elemento x di X. Risulta che L è effettivamente un gruppo, il cui elemento neutro è la stringa vuota; inoltre L è un gruppo libero su X con inclusione $X \ni x \overset{i}{\longmapsto} x \in L$. Per brevità, nel seguito, dato $n \in \mathbb{N}$ e $x \in X$, scriveremo x^n per la stringa $x \cdots x$ formata da n volte il simbolo x e, allo stesso modo, poniamo $x^{-n} = x^{-1} \cdots x^{-1}$, con n occorrenze di x^{-1}; risulta quindi $x^n \cdot x^m = x^{n+m}$ per ogni $n, m \in \mathbb{Z}$.

Avendo costruito il gruppo L abbiamo

Proposizione 1.5 *Per ogni insieme X esiste un gruppo libero su X.*

A ragione dei due risultati precedenti e con un leggero abuso di linguaggio, dato un insieme X, possiamo parlare *del* gruppo libero su X; spesso ci riferiremo, in questo modo, al gruppo sopra costruito ma ciò sarà chiaro dal contesto. Dal punto di vista intuitivo, il gruppo libero su X è il gruppo più generale possibile costruito con gli elementi di X, considerati indipendenti.

Si osservi che un sottoinsieme X di un gruppo G è un insieme di generatori per G se e solo se esiste un omomorfismo suriettivo dal gruppo libero su X in G. Un gruppo si dice *finitamente generato* se ammette un insieme finito di generatori.

Vediamo alcuni esempi. Il gruppo libero sull'insieme vuoto è il gruppo banale il cui unico elemento è la stringa vuota. Invece il gruppo libero su un insieme con un solo elemento $X = \{x\}$ ha per elementi x^n, al variare di n in $\mathbb{Z}$; esso è chiaramente isomorfo a $\mathbb{Z}$.

Spesso nel seguito, se L è il gruppo libero su un insieme X con inclusione $X \overset{i}{\hookrightarrow} L$, identificheremo X con la sua immagine $i(X)$ in L.

1.1.4 Presentazioni di gruppi

Sia X un insieme e sia $\mathcal{R}$ un sottoinsieme del gruppo libero L su X, pensiamo quindi agli elementi di $\mathcal{R}$ come a delle stringhe di simboli di $X \sqcup X^{-1}$. Indichiamo con $G = \langle X \,|\, \mathcal{R} \rangle$ il gruppo quoziente del gruppo libero L per il sottogruppo normale generato da $\mathcal{R}$; diremo che X è un *insieme di generatori* per G e $\mathcal{R}$ sono le *relazioni* che definiscono G. La scrittura $\langle X \,|\, \mathcal{R} \rangle$ è detta *presentazione* del gruppo G. Se $X = \{x_1, x_2, \ldots, x_n\}$ e $\mathcal{R} = \{r_1, r_2, \ldots, r_m\}$ scriveremo anche $\langle x_1, x_2, \ldots, x_n \,|\, r_1, r_2, \ldots, r_m \rangle$ per la presentazione $\langle X \,|\, \mathcal{R} \rangle$.

Intuitivamente il gruppo $\langle X \,|\, \mathcal{R} \rangle$ è il più generale gruppo che ha gli elementi di X come generatori e in cui vale $r = e$ per ogni $r \in \mathcal{R}$, dove e è l'elemento neutro di $\langle X \,|\, \mathcal{R} \rangle$. Nel seguito, come per i gruppi liberi, identificheremo in modo implicito gli elementi di X con le loro immagini in $\langle X \,|\, \mathcal{R} \rangle$.

È chiaro che $\langle x \mid \varnothing \rangle$ è una presentazione del gruppo ciclico infinito, cioè di $\mathbb{Z}$. Un altro semplice esempio è il seguente. Dato un naturale n, il gruppo $\langle x \mid x^n \rangle$ è un gruppo ciclico di ordine n ed è quindi isomorfo a $\mathbb{Z}/n\mathbb{Z}$, il gruppo additivo delle classi di resto modulo n; un isomorfismo esplicito è l'estensione dell'assegnazione $\mathbb{Z}/n\mathbb{Z} \ni 1 \longmapsto x \in \langle x \mid x^n \rangle$.

Un altro esempio: $\langle r, s \mid r^3, s^2, srsr \rangle$ è un presentazione di S_3, il gruppo delle permutazioni di $\{1, 2, 3\}$. Infatti l'assegnazione $r \longmapsto (1, 2, 3)$, $s \longmapsto (1, 2)$ si estende ad un isomorfismo di gruppi tra $\langle r, s \mid r^3, s^2, srsr \rangle$ ed S_3. A volte scriveremo una relazione $r_1 r_2^{-1}$ come $r_1 = r_2$; la presentazione di S_3 appena vista può quindi essere scritta anche come $\langle r, s \mid r^3 = s^2 = e, sr = r^{-1}s \rangle$.

Sottolineiamo che, in generale, $\mathcal{R}$ *non* è l'insieme di tutte le relazioni tra gli elementi di X in $G = \langle X \mid \mathcal{R} \rangle$. Ciò che è vero è che ogni relazione tra gli elementi di X in G può essere dedotta dalle relazioni in $\mathcal{R}$.

Ad esempio, in S_3, con riferimento alla presentazione appena vista, vale $(rs)^2 = e$ ma $(rs)^2$ non è un elemento di $\mathcal{R}$; però, usando $sr = r^{-1}s$ e $s^2 = e$ abbiamo $(rs)^2 = r(sr)s = r(r^{-1}s)s = (rr^{-1})s^2 = e$.

Osserviamo anche che se X è un insieme di generatori per un gruppo G allora, come già osservato, esiste un omomorfismo suriettivo f dal gruppo libero su X a G e quindi $\langle X \mid \mathrm{Ker}(f) \rangle$ è una presentazione di G. Ovviamente tale presentazione può risultare altamente ridondante, visto che ha per relazioni *tutte* le relazioni tra gli elementi di X in G. Di solito, si cercano presentazioni con un insieme il più piccolo possibile di generatori e di relazioni.

Vediamo ora come può essere definito un omomorfismo f da un gruppo G con una data presentazione $\langle X \mid \mathcal{R} \rangle$ in un altro gruppo H. Per definizione G è il quoziente del gruppo libero L su X per il sottogruppo normale K di L generato da $\mathcal{R}$. Visto che X genera G, l'omomorfismo f sarà completamente determinato una volta assegnate le immagini $f(x) \in H$ degli elementi $x \in X$, cioè una volta assegnata l'applicazione $f_{|X} : X \longrightarrow H$. Ma, in generale, non ogni scelta è possibile; abbiamo infatti il seguente diagramma commutativo

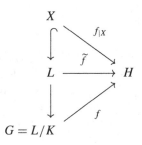

dove $\widetilde{f}$ è l'unico omomorfismo indotto da $f_{|X}$ su L. Dal Primo Teorema di Omomorfismo segue che, per far passare al quoziente $\widetilde{f}$, è necessario e sufficiente avere $K \subseteq \mathrm{Ker}(\widetilde{f})$. Essendo K generato da $\mathcal{R}$, quest'ultima condizione è equivalente a: per ogni $r \in \mathcal{R}$ si ha $\widetilde{f}(r) = e_H$. Abbiamo quindi

Osservazione 1.6 *Sia G un gruppo con presentazione $\langle X \mid \mathcal{R} \rangle$ e sia H un gruppo. Scelti degli elementi $h_x \in H$, uno per ogni generatore $x \in X$, esiste un omomorfismo $f : G \longrightarrow H$ con $f(x) = h_x$ per ogni $x \in X$, se e solo se: per ogni relazione $r \in \mathcal{R}$, detto $h(r)$ l'elemento di H che si ottiene sostituendo ogni generatore x con h_x, si ha $h(r) = e_H$. Se questa condizione è soddisfatta allora l'omomorfismo f è unico e sarà detto l'omomorfismo* indotto *dalle assegnazioni $X \ni x \longmapsto h_x \in H$.*

Vediamo un esempio molto semplice. Sappiamo che il gruppo ciclico $\mathbb{Z}/n\mathbb{Z}$ ha $\langle x \mid x^n \rangle$ come presentazione e $\mathbb{Z}/n\mathbb{Z} \ni 1 \longmapsto x \in \langle x \mid x^n \rangle$ si estende ad un isomorfismo tra i due gruppi. Allora se h_1 è un elemento di un gruppo H, esiste un omomorfismo $\mathbb{Z}/n\mathbb{Z}$ con $1 \longmapsto h_1$ se e solo se $h(x^n) = e_H$, cioè se e solo se $h_1^n = e_H$ o, in altri termini, se e solo se l'ordine di h_1 in H divide n.

1.1.5 Il gruppo diedrale

Siano U e V spazi vettoriali su un campo $\mathbb{K}$. Un'applicazione $f : U \longrightarrow V$ è detta *lineare* se $f(u_1 + u_2) = f(u_1) + f(u_2)$ e $f(\lambda u) = \lambda f(u)$ per ogni $u_1, u_2, u \in V$ e per ogni $\lambda \in \mathbb{K}$. Se un'applicazione lineare è invertibile allora la sua inversa è anch'essa un'applicazione lineare.

L'insieme di tutte le applicazioni lineari invertibili da V in sé è un gruppo con l'operazione di composizione di applicazioni, esso verrà indicato con $\mathrm{GL}(V)$ e chiamato *gruppo generale lineare* di V.

Per $\mathbb{K} = \mathbb{R}$ e $V = \mathbb{R}^n$ possiamo considerare l'insieme $\mathrm{O}(\mathbb{R}^n)$ delle applicazioni lineari che conservano la distanza dall'origine. Tali applicazioni, dette *ortogonali*, sono necessariamente invertibili e, anzi, $\mathrm{O}(\mathbb{R}^n)$ è un sottogruppo di $\mathrm{GL}(\mathbb{R}^n)$, chiamato *gruppo ortogonale*.

Dato un sottoinsieme X di $\mathbb{R}^n$ chiamiamo *isometria* di X ogni applicazione ortogonale $f : \mathbb{R}^n \longrightarrow \mathbb{R}^n$ per cui $f(X) = X$. È facile provare che l'insieme delle isometrie di X forma un sottogruppo del gruppo $\mathrm{O}(\mathbb{R}^n)$; tale gruppo è detto *gruppo delle isometrie* di X e indicato con $\mathrm{Iso}(X)$.

Dato un intero $n \geq 3$, il *gruppo diedrale n–esimo*, indicato con D_n, è il gruppo delle isometrie dell'n–agono regolare in $\mathbb{R}^2$ di centro l'origine e con un vertice in $(1, 0)$. Osserviamo che la simmetria $\sigma : (x, y) \longmapsto (x, -y)$ e la rotazione ρ di $2\pi/n$ radianti sono isometrie di tale n–agono. La seguente proposizione riassume le principali proprietà di D_n.

Proposizione 1.7 *Il gruppo diedrale n–esimo D_n è non abeliano, ha ordine $2n$ ed è generato da σ e ρ. Questi elementi verificano $\rho^n = \sigma^2 = \mathrm{Id}$ e $\sigma \rho = \rho^{-1} \sigma$; inoltre $\langle r, s \mid r^n = s^2 = e, sr = r^{-1}s \rangle$ è una presentazione di D_n, esiste infatti un isomorfismo tra tale gruppo e D_n con $r \longmapsto \rho, s \longmapsto \sigma$.*

Nel seguito, a volte, ci riferiremo liberamente al gruppo $\langle r, s \mid r^n = s^2 = e, sr = r^{-1}s \rangle$ come al gruppo diedrale n–esimo sottintendendo l'isomorfismo che si ottiene estendendo $r \longmapsto \rho$, $s \longmapsto \sigma$. E, analogamente, se ciò non creerà confusione, parleremo della presentazione usando i simboli ρ e σ al posto di r e s.

Si noti come dalla presentazione appena vista per D_n si ricava subito che D_3 è isomorfo a S_3. Ciò è anche ovvio geometricamente: una isometria di un n–agono induce una permutazione dei suoi vertici e, nel caso del triangolo, ogni permutazione dei vertici si realizza con una isometria.

Usando ancora la presentazione della proposizione precedente vogliamo definire un omomorfismo da D_n in S_n. Siano $\eta = (1, 2, \ldots, n)$ e $\tau = (1, 2)$, le assegnazioni $\rho \longmapsto \eta$ e $\sigma \longmapsto \tau$ inducono un omomorfismo $D_n \longrightarrow S_n$ in quanto le relazioni $\eta^n = \tau^2 = e$ e $\tau\eta = \eta^{-1}\tau$ sono soddisfatte.

In modo analogo, se m è un divisore di n e indichiamo con ρ' e σ' i generatori di D_m come nella proposizione precedente, allora le assegnazioni $\rho \longmapsto \rho'$ e $\sigma \longmapsto \sigma'$ inducono un omomorfismo $D_n \longrightarrow D_m$ visto che le relazioni $\rho'^n = \sigma'^2 = e$ e $\sigma'\rho' = \rho'^{-1}\sigma'$ sono vere in D_m.

1.1.6 Automorfismi di gruppi

Se H è un sottogruppo di G e f è un automorfismo di G, allora $f(H)$ è ancora un sottogruppo di G. Se succede che $f(H) = H$ per ogni automorfismo $f \in \mathrm{Aut}(G)$ allora il sottogruppo H si dice *caratteristico*. Si noti che $f(H)$ ha lo stesso ordine di H; in particolare, se H è l'unico sottogruppo di G di ordine $\mathrm{ord}(H)$, allora esso è caratteristico. Ad esempio il sottogruppo generato dalla permutazione $(1, 2, 3)$ è l'unico sottogruppo di ordine 3 di S_3, esso è allora caratteristico.

Dato un gruppo G ed un suo elemento g, l'applicazione $\psi_g : h \longmapsto ghg^{-1}$ è un automorfismo di G, essa è detta *coniugio* per g. Ogni automorfismo del tipo ψ_g, per qualche g in G, è detto *automorfismo interno*. Osserviamo che la composizione di due automorfismi interni è ancora un automorfismo interno, in particolare $\psi_g\psi_{g'} = \psi_{gg'}$, e per l'inverso si ha chiaramente $\psi_g^{-1} = \psi_{g^{-1}}$. In altri termini, l'associazione $\psi : g \longmapsto \psi_g$ è un omomorfismo da G in $\mathrm{Aut}(G)$; l'immagine $\mathrm{Int}(G)$ di tale omomorfismo, cioè l'insieme di tutti gli automorfismi interni, è detto *gruppo degli automorfismi interni*.

Osserviamo che, in generale, $\mathrm{Int}(G)$ è un sottogruppo proprio di $\mathrm{Aut}(G)$. Ad esempio, per un gruppo abeliano G abbiamo sempre $\mathrm{Int}(G) = \{\mathrm{Id}_G\}$: infatti $\psi_g(h) = ghg^{-1} = gg^{-1}h = h$ per ogni $g, h \in G$. Si noti, più in generale, che $\psi_g = \mathrm{Id}_G$ se e solo se g è nel centro $Z(G)$ di G. Abbiamo quindi $\mathrm{Ker}(\psi) = Z(G)$ e dal Primo Teorema di Omomorfismo segue

Osservazione 1.8 *L'applicazione $G \ni g \longmapsto \psi_g \in \mathrm{Int}(G)$ induce un isomorfismo tra $G/Z(G)$ e $\mathrm{Int}(G)$.*

Un sottogruppo H di un gruppo G è normale se e solo se $\psi_g(H) = H$ per ogni g di G; quindi essere normale per un sottogruppo è equivalente ad essere invariante per automorfismi interni. È allora chiaro che un sottogruppo caratteristico è normale; infatti essendo invariante per tutti gli automorfismi, esso è invariante, in particolare, per gli automorfismi interni.

1.1.7 I commutatori e l'abelianizzato

Sia G un gruppo e siano $g, h \in G$; l'elemento $[g, h] = ghg^{-1}h^{-1}$ è detto il *commutatore* di g e h in G. Si noti che $[g, h] = e$ se e solo se g e h commutano. Il *sottogruppo dei commutatori*, o gruppo *derivato*, $[G, G]$ è il sottogruppo generato dagli elementi $[g, h]$, al variare di g e h in G; a volte indicheremo il gruppo derivato di G anche con G'. Per un automorfismo φ di G si ha $\varphi([g, h]) = [\varphi(g), \varphi(h)]$, per ogni $g, h \in G$; da ciò segue subito che il sottogruppo dei commutatori è caratteristico e quindi, in particolare, normale. Possiamo allora costruire il quoziente $G/[G, G]$, detto *abelianizzato* di G. Osserviamo che $G/[G, G]$ è chiaramente abeliano visto che ogni commutatore di G è la classe banale in $G/[G, G]$. Si può dimostrare di più, infatti abbiamo

Proposizione 1.9 *Sia H un sottogruppo normale di G, allora G/H è abeliano se e solo se $[G, G] \subseteq H$.*

Un modo equivalente per enunciare il contenuto della proposizione precedente è: l'abelianizzato di G è la più grande immagine omomorfa di G che è abeliana; in altre parole, K è un'immagine omomorfa abeliana di G se e solo se esiste un omomorfismo suriettivo $G/[G, G] \longrightarrow K$.

È chiaro che un gruppo abeliano ha sottogruppo dei commutatori banale e coincide con il suo abelianizzato. Come esempio calcoliamo l'abelianizzato di D_5 usando la presentazione $\langle r, s \mid r^5 = s^2 = e, \ sr = r^{-1}s \rangle$. Osserviamo che le assegnazioni $r \longmapsto 0$ e $s \longmapsto 1$ si estendono ad un omomorfismo suriettivo da D_5 al gruppo abeliano $\mathbb{Z}/2\mathbb{Z}$; quindi $[D_5, D_5]$ è contenuto nel nucleo di tale omomorfismo, cioè nel sottogruppo generato da r. Inoltre $[D_5, D_5]$ non può essere il gruppo banale in quanto D_5 non è abeliano. L'unica possibilità è quindi $[D_5, D_5] = \langle r \rangle = \{e, r, \ldots, r^4\}$ e quindi $D_5/[D_5, D_5] \simeq \mathbb{Z}/2\mathbb{Z}$.

1.1.8 Azioni di gruppi

Sia G un gruppo e X un insieme, un omomorfismo $G \longrightarrow S(X)$ da G nel gruppo delle permutazioni di X si dice *azione* di G su X. In altri termini abbiamo un'applicazione $G \times X \ni (g, x) \longmapsto g \cdot x \in X$ che verifica le seguenti proprietà: $(gh) \cdot x = g \cdot (h \cdot x)$ per ogni g, h in G e $x \in X$ e, inoltre, $e \cdot x = x$ per ogni $x \in X$.

Le azioni di gruppi sono innumerevoli. L'azione *banale* di G su X è $G \ni g \longmapsto \mathrm{Id}_X \in S(X)$. È chiaro che $S(X)$ agisce su X con l'applicazione $\mathrm{Id} : S(X) \longrightarrow S(X)$.

Molti esempi si ottengono nel seguente modo: se G è un sottogruppo di $S(X)$ allora l'inclusione $G \hookrightarrow S(X)$ è un'azione di G su X; ci si riferirà a volte a questa come all'*azione naturale* di G su X. Un caso particolare è l'azione naturale del gruppo generale lineare $GL(V)$ sullo spazio vettoriale V. Per un esempio leggermente diverso consideriamo l'insieme $\mathbb{C}$ dei numeri complessi e l'applicazione da $\mathbb{Z}/2\mathbb{Z}$ in $S(\mathbb{C})$ che manda 0 in $\mathrm{Id}_{\mathbb{C}}$ e 1 nel coniugio $a + bi \xmapsto{\tau} a - bi$, per ogni a e b in $\mathbb{R}$. Visto che $\tau^2 = \mathrm{Id}_{\mathbb{C}}$ abbiamo un'azione di $\mathbb{Z}/2\mathbb{Z}$ su $\mathbb{C}$.

Sia G un gruppo che agisce su un insieme X e sia x un elemento di X. Il sottoinsieme $\mathcal{O}(x)$ di X di tutti gli elementi $g \cdot x$ con $g \in G$ è detto *orbita* di x in X attraverso G. La famiglia delle orbite di X è una partizione di X. Infatti, se definiamo la relazione $x \sim y$ se e solo se esiste $g \in G$ per cui $gx = y$, è facile vedere che $\sim$ è una relazione di equivalenza e le sue classi di equivalenza sono le orbite di G in X.

Ad esempio, per l'azione naturale di $GL(V)$ su V vi sono due orbite: $\{0\}$ e $V \setminus \{0\}$. Per l'azione di $\mathbb{Z}/2\mathbb{Z}$ su $\mathbb{C}$ attraverso il coniugio abbiamo due tipi di orbite: se $z \in \mathbb{R}$ allora la sua orbita è $\{z\}$, se invece $z \notin \mathbb{R}$ allora $\mathcal{O}(z) = \{z, \bar{z}\}$, con $\bar{z}$ il coniugato di z. Per l'azione naturale di S_n su $\{1, 2, \ldots, n\}$ abbiamo una sola orbita, cioè $\mathcal{O}(h) = \{1, 2, \ldots, n\}$ per ogni $1 \le h \le n$; infatti presi comunque $1 \le h, k \le n$ se $h = k$ allora $\mathrm{Id}(h) = k$ mentre se $h \ne k$ allora la permutazione (h, k) manda h in k. Se un gruppo G agisce su un insieme X e, per tale azione, vi è una sola orbita allora diciamo che G agisce *transitivamente* su X.

Un *insieme di rappresentanti* per le orbite di un gruppo G su un insieme X è un sottoinsieme $\mathcal{R} \subseteq X$ per cui: per ogni $x \in X$ esiste un unico $y \in \mathcal{R}$ per cui $x \in \mathcal{O}(y)$. Costruiamo quindi un insieme di rappresentanti scegliendo un elemento per ogni orbita.

Un'azione $\rho : G \longrightarrow S(X)$ di G su X si dice *fedele* se ρ è iniettiva. In un'azione fedele ρ manda G in una sua copia isomorfa dentro $S(X)$. Osserviamo che un'azione induce un'azione fedele del quoziente $G / \mathrm{Ker}(\rho)$ su X tramite $G / \mathrm{Ker}(\rho) \xrightarrow{\tilde{\rho}} S(X)$, dove $\tilde{\rho}$ è l'omomorfismo indotto da ρ sul quoziente $G / \mathrm{Ker}(\rho)$.

Per studiare le orbite di un'azione è utile considerare da quali elementi del gruppo un determinato elemento è fissato. Sia quindi G un gruppo che agisce su un insieme X e sia $x \in X$; il sottoinsieme $\mathrm{St}(x)$ di tutti gli elementi $g \in G$ per cui $g \cdot x = x$, cioè che stabilizzano o fissano x, è detto *stabilizzatore* di x in G. Visto che se $g, h \in G$ fissano x abbiamo $g^{-1}x = x$ e $(gh)x = g(hx) = gx = x$, è chiaro che $\mathrm{St}(x)$ è un sottogruppo di G.

Con riferimento all'azione di $\mathbb{Z}/2\mathbb{Z}$ su $\mathbb{C}$ vista sopra abbiamo: se $z \in \mathbb{R}$ allora $\mathrm{St}(z) = \mathbb{Z}/2\mathbb{Z}$ mentre se $z \notin \mathbb{R}$ allora $\mathrm{St}(z) = \{0\}$. In questo esempio si vede che più è grande lo stabilizzatore di un elemento, più è piccola la sua orbita. Questa idea intuitiva è chiarita in dettaglio nella seguente proposizione.

Proposizione 1.10 (Relazione Orbita Stabilizzatore) *Sia G un gruppo che agisce su un insieme X e sia $x \in X$ fissato. L'applicazione*

$$G/\operatorname{St}(x) \ni g\operatorname{St}(x) \longmapsto g \cdot x \in \mathcal{O}(x)$$

è ben definita ed è una biiezione tra l'insieme $G/\operatorname{St}(x)$ delle classi laterali di $\operatorname{St}(x)$ in G e l'orbita di x in X. In particolare, se G e X sono finiti vale: $|\mathcal{O}(x)| = [G : \operatorname{St}(x)]$.

Osserviamo esplicitamente, per chiarezza, che $\operatorname{St}(x)$ *non* è in generale un sotto-gruppo normale di G; nella proposizione appena vista consideriamo $G/\operatorname{St}(x)$ solo come l'insieme delle classi laterali di $\operatorname{St}(x)$ in G e *non* come un gruppo.

Se y è un elemento dell'orbita di x, diciamo $y = gx$, allora è immediato pro-vare che $\operatorname{St}(y) = g\operatorname{St}(x)g^{-1}$. Detto altrimenti, elementi della stessa orbita hanno stabilizzatori coniugati.

Vogliamo ora vedere un esempio di uso della Relazione Orbita Stabilizza-tore per calcolare l'ordine di un gruppo. Consideriamo il cubo C di $\mathbb{R}^3$ di ver-tici $(\pm 1, \pm 1, \pm 1)$, vogliamo contare la cardinalità di $G = \operatorname{Iso}(C)$. È chiaro che un'applicazione ortogonale che manda C in sé permuta i vertici in quanto essi sono i punti di C a distanza massima dall'origine. Fissiamo allora il vertice $v = (1, 1, 1)$ e consideriamo $\operatorname{St}(v)$.

Osserviamo ancora che un'applicazione ortogonale che fissi v dovrà permutare i tre vertici $(-1, 1, 1)$, $(1, -1, 1)$ e $(1, 1, -1)$ adiacenti a v. Le rotazioni di $2\pi/3$ radianti intorno all'asse v, $-v$ e la simmetria $(x, y, z) \longmapsto (y, x, z)$ sono elementi di $\operatorname{St}(v)$; con essi otteniamo tutte le 6 permutazioni di questi tre vertici. Questo prova che $|\operatorname{St}(v)| = 6$ visto che i tre vertici adiacenti a v sono una base di $\mathbb{R}^3$. Ma l'azione di G sugli 8 vertici di C è transitiva e quindi, dalla Relazione Orbita Stabilizzatore, troviamo $|\operatorname{Iso}(C)| = |\mathcal{O}(v)| \cdot |\operatorname{St}(v)| = 8 \cdot 6 = 48$. In modo analogo si può procedere per calcolare i gruppi delle isometrie degli altri solidi regolari.

Un'importante conseguenza della Relazione Orbita Stabilizzatore è la seguente formula. Essa segue immediatamente ricordando che le orbite degli elementi di un insieme secondo l'azione di un gruppo formano una partizione dell'insieme.

Proposizione 1.11 (Formula di Burnside) *Sia G un gruppo finito che agisce su un insieme finito X, allora*

$$|X| = \sum_{x \in \mathcal{R}} [G : \operatorname{St}(x)]$$

dove $\mathcal{R}$ è un insieme di rappresentanti per le orbite di G in X.

Da un'azione di G su X possiamo costruire un'azione di G sulla famiglia delle parti $\mathcal{P}(X)$ di X: basta infatti definire $g \cdot Y = \{g \cdot y \mid y \in Y\}$ per $g \in G$ e $Y \subseteq X$. Ad esempio, lo stabilizzatore di un sottoinsieme X di $\mathbb{R}^n$ per l'azione naturale di $\mathsf{O}(\mathbb{R}^n)$ su $\mathbb{R}^n$ è il gruppo $\operatorname{Iso}(X)$ delle sue isometrie.

1.1.9 Azione per coniugio

Un gruppo G agisce su se stesso in vari modi. Ad esempio, possiamo considerare l'*azione per coniugio* definendo $G \longrightarrow S(G)$ come

$$g \longmapsto (h \longmapsto ghg^{-1}).$$

L'orbita di un elemento $h \in G$ secondo quest'azione si chiama *classe di coniugio* di h e si indica con $\mathcal{Cl}(h)$, essa è l'insieme di tutti gli elementi ghg^{-1}, al variare di $g \in G$, cioè di tutti gli elementi che sono *coniugati* ad h.

In un gruppo abeliano quest'azione non è interessante in quanto si riduce all'azione banale. Più in generale, in un gruppo qualsiasi G, gli elementi $h \in Z(G)$ hanno classe coniugata ovvia $\mathcal{Cl}(h) = \{h\}$. Invece in S_3 è facile vedere direttamente che vi sono tre classi di coniugio distinte: $\mathcal{Cl}(e)$, $\mathcal{Cl}((1,2))$ e $\mathcal{Cl}((1,2,3))$.

Lo stabilizzatore per coniugio di un elemento $h \in G$ si chiama *centralizzatore* di h in G e si indica con $Z(h)$. Esso è il sottogruppo di tutti gli elementi $g \in G$ per cui $gh = hg$, cioè di tutti gli elementi che commutano con h. Come visto in generale, se $k = ghg^{-1}$ allora $Z(k) = gZ(h)g^{-1}$: elementi coniugati hanno centralizzatori coniugati. Gli elementi del centro di un gruppo hanno per centralizzatore l'intero gruppo.

Dalla Relazione Orbita Stabilizzatore otteniamo subito $|\mathcal{Cl}(h)| = [G : Z(h)]$. Nella prossima proposizione usiamo che un qualsiasi sistema di rappresentanti per le classi di coniugio contiene il centro $Z(G)$ visto che ogni elemento del centro fa classe a sé.

Proposizione 1.12 (Formula delle Classi) *Per ogni gruppo finito G si ha*

$$|G| = |Z(G)| + \sum_{g \in \mathcal{R} \setminus Z(G)} \frac{|G|}{|Z(g)|},$$

dove $\mathcal{R}$ è un insieme di rappresentanti per le classi di coniugio di G.

Verifichiamo, come esempio, la formula delle classi per S_3. Per quanto già osservato in precedenza, possiamo prendere $\mathcal{R} = \{e, (1,2), (1,2,3)\}$. Troviamo subito che $(1,2)$ commuta solo con le sue potenze e che lo stesso vale per $(1,2,3)$; abbiamo cioè $Z((1,2)) = \{e, (1,2)\}$ e $Z((1,2,3)) = \{e, (1,2,3), (1,3,2)\}$. È inoltre chiaro che S_3 ha centro banale. La formula delle classi diventa allora

$$|Z(S_3)| + \frac{|S_3|}{|Z((1,2))|} + \frac{|S_3|}{|Z((1,2,3))|} = 1 + \frac{6}{2} + \frac{6}{3} = 1 + 3 + 2 = 6 = |S_3|.$$

Osserviamo che un sottogruppo H normale in G contiene tutta la classe di coniugio di ogni suo elemento; in altri termini, un sottogruppo è normale se e solo se è unione di classi di coniugio.

Possiamo usare l'azione per coniugio per definire un'azione per coniugio sull'insieme dei sottogruppi di G; è infatti chiaro che se H è un sottogruppo di G allora gHg^{-1} è ancora un sottogruppo di G, esso si dice sottogruppo *coniugato* di H. Per quest'azione l'orbita del sottogruppo H è l'insieme dei sottogruppi di G coniugati ad H e lo stabilizzatore di H si chiama *normalizzatore* di H; esso si indica con $N(H)$. Ovviamente H è contenuto nel suo normalizzatore e si può inoltre caratterizzare il normalizzatore di H come il più grande sottogruppo di G in cui H è normale. Quindi H è normale in G se e solo se $N(H) = G$.

Dalla Relazione Orbita Stabilizzatore troviamo subito che H ha $[G : N(H)]$ sottogruppi coniugati distinti in G.

Se H è un sottogruppo di G il suo *centralizzatore* $Z_G(H)$ è il sottogruppo degli elementi g di G per cui $gh = hg$ per ogni h in H; è ovvio che

$$Z_G(H) = \bigcap_{h \in H} Z(h).$$

1.1.10 Azione per moltiplicazione

Un altro modo per far agire G su se stesso è attraverso la moltiplicazione a sinistra

$$g \longmapsto (h \longmapsto gh).$$

Si tratta di un'azione fedele come segue subito dalle Leggi di Cancellazione. Abbiamo quindi provato che

Teorema 1.13 (di Cayley)   *Un gruppo G è isomorfo ad un sottogruppo di un qualche gruppo di permutazioni. In particolare, se G ha ordine n allora è isomorfo ad un sottogruppo di S_n.*

È chiaro che possiamo costruire un'azione di un gruppo G su se stesso anche usando la moltiplicazione a destra

$$g \longmapsto (h \longmapsto hg^{-1})$$

e le due azioni hanno proprietà analoghe.

Sia H un sottogruppo di G. La moltiplicazione a sinistra può essere usata per indurre un'azione sull'insieme delle classi laterali G/H di H in G: si pone $g \cdot (kH) = (gk)H$ per ogni $g, k \in G$. Abbiamo quindi un omomorfismo $G \to S(G/H)$; in generale esso non è suriettivo né iniettivo. Anzi, è possibile provare che il suo nucleo è il più grande sottogruppo N normale in G e contenuto in H; inoltre vale $N = \cap_{g \in G} gHg^{-1}$.

1.1.11 I p–gruppi

Un gruppo il cui ordine è divisibile per un solo primo p si chiama *p–gruppo*. I *p–gruppi* hanno notevoli proprietà e sono una prima classe di gruppi di cui studiare la struttura. Usando la Formula delle Classi si trova che

Proposizione 1.14 *Un p–gruppo ha centro non banale.*

Infatti, tutti gli elementi della somma

$$\sum_{g \in \mathcal{R} \setminus Z(G)} \frac{|G|}{|Z(g)|}$$

sono divisibili per p, e quindi anche $|Z(g)|$ è divisibile per p.

Sia G un p–gruppo di ordine p^n; ovviamente se $n = 1$ allora G è ciclico. Supponiamo invece $n = 2$ e sia g un elemento che non è nel centro di G. Allora $Z(g)$, un sottogruppo diverso da G, contiene $Z(G)$ e anche g, cioè contiene almeno $p + 1$ elementi; ma essendo un sottogruppo, $Z(g)$ dovrebbe allora coincidere con G. Questa contraddizione prova che

Osservazione 1.15 *Sia p un primo, un gruppo di ordine p^2 è abeliano.*

Nel prossimo teorema vedremo come un p–gruppo ammette sottogruppi normali di ogni possibile ordine. La sua dimostrazione, illustrata in dettaglio nell'Esercizio Preliminare 15, si riconduce, per induzione, al caso abeliano sfruttando ancora che un p–gruppo ha centro non banale.

Proposizione 1.16 *Un gruppo G di ordine p^n, con p primo, contiene una catena*

$$\{e\} = G_0 \subseteq G_1 \subseteq \cdots \subseteq G_n = G$$

di sottogruppi normali in G con ordini $|G_h| = p^h$, per $h = 0, 1, \ldots, n$.

Gli Esercizi Preliminari 16 e 17 illustrano altre importanti proprietà dei p–gruppi.

1.1.12 Le permutazioni

Fissato un naturale n, vogliamo studiare il gruppo simmetrico S_n. Cominciamo contando il numero di ℓ–cicli $(i_1, i_2, \ldots, i_\ell)$ e osserviamo che, vista la definizione, vale $(i_1, i_2, \ldots, i_\ell) = (i_2, i_3, \ldots, i_\ell, i_1)$; la scrittura $(i_1, i_2, \ldots, i_\ell)$ non è quindi unica, ma può partire da uno qualsiasi degli interi i_k, con $k = 1, 2, \ldots, \ell$. D'altra parte ogni scrittura che non sia uno scorrimento ciclico della successione $i_1, i_2, \ldots, i_\ell$, definisce una permutazione diversa; quindi ogni l–ciclo ha esattamente l scritture diverse. Da ciò segue facilmente che in S_n ci sono

$$\frac{n(n-1)(n-2)\cdots(n-\ell+1)}{\ell} = \binom{n}{l}(l-1)!$$

cicli distinti di lunghezza ℓ.

Notiamo che la successione $i_1, i_2, \ldots, i_\ell$ può essere riottenuta da σ, ad esempio come $i_1, \sigma(i_1), \sigma^2(i_1), \ldots, \sigma^{\ell-1}(i_1)$. Inoltre se $\sigma = (i_1, i_2, \ldots, i_\ell)$ e $\tau = (j_1, j_2, \ldots, j_m)$ sono cicli disgiunti, cioè vale $\{i_1, i_2, \ldots, i_\ell\} \cap \{j_1, j_2, \ldots, j_m\} = \varnothing$, allora σ e τ commutano; essi permutano infatti sottoinsiemi disgiunti.

Fissiamo ora una permutazione σ e consideriamo l'azione su $\{1, 2, \ldots, n\}$ del sottogruppo ciclico $\langle\sigma\rangle$ di S_n ottenuta per restrizione dell'azione naturale di S_n. Le orbite di $\langle\sigma\rangle$ ripartiscono $\{1, 2, \ldots, n\}$ in insiemi disgiunti; chiaramente l'orbita di i è data da $i_1 = i$, $i_2 = \sigma(i)$, $i_3 = \sigma^2(i)$, $\ldots, i_\ell = \sigma^{\ell-1}(i)$ se $\sigma^\ell(i) = i$. Otteniamo quindi che $\sigma_{|\{i_1, i_2, \ldots, i_\ell\}} = (i_1, i_2, \ldots, i_\ell)_{|\{i_1, i_2, \ldots, i_\ell\}}$. Il ciclo $(i_1, i_2, \ldots, i_\ell)$ si dice *un ciclo* di σ. Visto che le orbite sono una partizione, i cicli di σ sono disgiunti e quindi commutano tra di loro. Riassumiamo questa discussione nella seguente

Proposizione 1.17 *Sia σ una permutazione e siano $\sigma_1, \sigma_2, \ldots, \sigma_r$ i suoi cicli, allora*

(i) *i cicli $\sigma_1, \sigma_2, \ldots, \sigma_r$ sono disgiunti e commutano a due a due,*

(ii) *$\sigma = \sigma_1\sigma_2\cdots\sigma_r$, cioè la permutazione σ è prodotto dei suoi cicli, in modo unico a meno dell'ordine,*

(iii) *l'ordine di σ è il minimo comune multiplo delle lunghezze dei suoi cicli.*

La scrittura $\sigma = \sigma_1\sigma_2\cdots\sigma_r$ della proposizione si chiama *decomposizione in cicli disgiunti* di σ. Data una permutazione σ, siano $\sigma_1, \sigma_2, \ldots, \sigma_r$ i suoi cicli; allora le lunghezze $\ell_1, \ell_2, \ldots, \ell_r$ di questi cicli, che possiamo sempre pensare come una successione decrescente, cioè con $\ell_1 \geq \ell_2 \geq \cdots \geq \ell_r$, in quanto i cicli di σ commutano tra loro, formano una partizione di n, vale cioè $\ell_1 + \ell_2 + \cdots + \ell_r = n$. Tale partizione si chiama la *struttura in cicli* di σ. Le permutazioni con struttura in cicli $\ell_1 + \ell_2 + \cdots + \ell_r = n$ sono anche dette $\ell_1 + \ell_2 + \cdots + \ell_r$–cicli e, spesso, in questa scrittura ometteremo gli 1–cicli. Così, ad esempio, i $3 + 3$–cicli di S_8 sono le permutazioni con struttura in cicli $3 \geq 3 \geq 1 \geq 1$.

Si prova subito che il coniugato di un ℓ–ciclo è ancora un ℓ–ciclo, vale infatti

$$\tau(i_1, i_2, \ldots, i_\ell)\tau^{-1} = (\tau(i_1), \tau(i_2), \ldots, \tau(i_\ell)).$$

Quindi se $\sigma = \sigma_1\sigma_2\cdots\sigma_r$ è la decomposizione in cicli disgiunti di σ allora $(\tau\sigma_1\tau^{-1})(\tau\sigma_2\tau^{-1})\cdots(\tau\sigma_r\tau^{-1})$ è la decomposizione in cicli disgiunti di $\tau\sigma\tau^{-1}$.

In particolare la struttura in cicli è invariante per coniugio. Si può provare anche il contrario, vale cioè

Proposizione 1.18 *Due permutazioni sono coniugate se e solo se hanno la stessa struttura in cicli. In particolare le classi di coniugio di* S_n *sono in corrispondenza biunivoca con le partizioni di* n.

Vediamo, ad esempio, quali sono le possibili strutture in cicli degli elementi di S_5 o, in modo equivalente, quali sono le classi di coniugio di S_5. Scriveremo solo una permutazione per ogni classe e ometteremo gli 1–cicli. Alle partizioni $5 = 4 + 1 = 3 + 2 = 3 + 1 + 1 = 2 + 2 + 1 = 2 + 1 + 1 + 1 = 1 + 1 + 1 + 1 + 1$ di 5 corrispondono le classi di $(1, 2, 3, 4, 5)$, $(1, 2, 3, 4)$, $(1, 2, 3)(4, 5)$, $(1, 2, 3)$, $(1, 2)(3, 4)$, $(1, 2)$, e.

Usando la decomposizione in cicli disgiunti $\sigma = \sigma_1\sigma_2\cdots\sigma_r$ si possono determinare alcuni elementi del centralizzatore $Z(\sigma)$. Sicuramente $\sigma_1, \sigma_2, \ldots, \sigma_r$ commutano con σ in quanto commutano con ogni ciclo; quindi anche le loro potenze commutano con σ. Inoltre se, ad esempio, $\sigma_1 = (i_1, i_2, \ldots, i_\ell)$ e $\sigma_2 = (j_1, j_2, \ldots, j_\ell)$ sono due cicli della stessa lunghezza ℓ, allora la permutazione $\tau = (i_1, j_1)(i_2, j_2)\cdots(i_\ell, j_\ell)$ scambia per coniugio σ_1 e σ_2 e fissa tutti gli altri cicli; quindi $\tau \in Z(\sigma)$. Negli Esercizi Preliminari 25, 28 e 30 si studiano i centralizzatori di varie permutazioni.

Visto che la classe coniugata $\mathcal{C}\ell(\sigma)$ di una permutazione σ è data da tutte le permutazioni della stessa struttura in cicli, possiamo calcolare la cardinalità di $\mathcal{C}\ell(\sigma)$ contando tali permutazioni. La formula generale è però involuta e non molto significativa; vediamo quindi solo un esempio.

Contiamo la cardinalità della classe coniugata con struttura in cicli $3 + 3 + 2$ in S_{10}. Cominciamo scegliendo il primo 3–ciclo, questo si può fare in $10 \cdot 9 \cdot 8/3 = 240$ modi. Poi scegliamo il secondo 3–ciclo usando i rimanenti 7 numeri in $\{1, 2, \ldots, 10\}$ non scelti nel primo 3–ciclo, abbiamo $7 \cdot 6 \cdot 5/3 = 70$ modi. Scegliamo infine il 2–ciclo usando i rimanenti 4 numeri; questa volta abbiamo $4 \cdot 3/2 = 6$ modi. Il numero cercato è quindi $240 \cdot 70 \cdot 6/2 = 50400$, dove abbiamo diviso per 2 in quanto il primo e il secondo 3–ciclo posso essere scambiati nelle scelte. In altre parole, quello che facciamo è contare le scritture in cicli disgiunti $\sigma_1\sigma_2\sigma_3$ con σ_1, σ_2 3–cicli e σ_3 un 2–ciclo; ma la stessa permutazione è stata contata anche come $\sigma_2\sigma_1\sigma_3$ e dividiamo quindi per 2. In generale, per strutture in cicli più complicate, procediamo allo stesso modo dividendo per $k!$ per ogni lunghezza che compare k volte nella struttura in cicli.

Vogliamo studiare come scrivere le permutazioni di S_n come prodotto di trasposizioni. Fissiamo una permutazione σ e sia $h = \sigma(n)$; allora la permutazione $\sigma' = (h, n)\sigma$ fissa n. Osserviamo che lo stabilizzatore di n per l'azione naturale di S_n su $\{1, 2, \ldots, n\}$ è dato dal sottogruppo di tutte le permutazioni di $\{1, 2, \ldots, n-1\}$ ed è quindi isomorfo ad S_{n-1}. Allora, usando il Principio di Induzione su n, possiamo supporre che σ' sia prodotto di trasposizioni. Abbiamo così dimostrato

Proposizione 1.19 *Ogni permutazione di* S_n *è prodotto di al più* $n - 1$ *trasposizioni.*

In generale, però, la scrittura in prodotto di trasposizioni *non* è unica e *non* è possibile scrivere una permutazione come prodotto di trasposizioni disgiunte. Ad esempio $(1, 2, 3) = (1, 3)(1, 2)$ ma non si può scrivere $(1, 2, 3)$ come prodotto di trasposizioni disgiunte, infatti ogni tale prodotto avrebbe ordine 2.

Possiamo enunciare quanto appena dimostrato anche dicendo che l'insieme delle trasposizioni genera l'intero gruppo delle permutazioni. È possibile estrarre un insieme di generatori ancora più piccolo considerando le trasposizioni $t_1 = (1, 2)$, $t_2 = (2, 3)$, ..., $t_{n-1} = (n - 1, n)$, dette trasposizioni *semplici*. È infatti chiaro che, per $i < j$, ponendo $\eta = t_i t_{i+1} \cdots t_{j-2}$ si ha $(i, j) = \eta t_{j-1} \eta^{-1}$. Inoltre le trasposizioni semplici verificano le relazioni $t_i^2 = e$, per ogni $i = 1, 2, \ldots, n - 1$, $t_i t_j = t_j t_i$ per ogni i, j con $|i - j| > 1$ e $t_i t_{i+1} t_i = t_{i+1} t_i t_{i+1}$, per ogni $i = 1, 2, \ldots, n - 2$. Si può in realtà dimostrare che le trasposizioni semplici e le relazioni appena enunciate forniscono una presentazione di S_n.

Vogliamo ora definire il *segno* di una permutazione. Data una permutazione $\sigma \in S_n$ consideriamo il numero

$$\prod_{1 \le i < j \le n} \frac{\sigma(j) - \sigma(i)}{j - i}.$$

Osserviamo che, essendo σ una biiezione di $\{1, 2, \ldots, n\}$, al numeratore appaiono, a meno del segno, tutte le possibili differenze $j - i$ tra le coppie di interi $1 \le i < j \le n$. Quindi la frazione sopra può assumere solo i valori $+1$ o -1; indichiamo tale valore con $(-1)^\sigma$ e lo chiamiamo il segno di σ. Inoltre se anche τ è una permutazione in S_n allora

$$\prod_{1 \le i < j \le n} \frac{\sigma\tau(j) - \sigma\tau(i)}{j - i} = \prod_{1 \le i < j \le n} \frac{\sigma\tau(j) - \sigma\tau(i)}{\tau(j) - \tau(i)} \prod_{1 \le i < j \le n} \frac{\tau(j) - \tau(i)}{j - i},$$

da cui si ricava $(-1)^{\sigma\tau} = (-1)^\sigma (-1)^\tau$. Abbiamo quindi provato che l'applicazione segno

$$S_n \ni \sigma \longmapsto (-1)^\sigma \in \{\pm 1\} \simeq \mathbb{Z}/2\mathbb{Z}$$

è un omomorfismo di gruppi. Una permutazione si dice *pari* se ha segno $+1$ e *dispari* se ha segno -1. Ovviamente le permutazioni pari costituiscono il nucleo dell'omomorfismo segno: un sottogruppo normale, anzi di indice 2, di S_n indicato con A_n e detto *gruppo alterno n–esimo*.

Un rapido calcolo mostra che ogni trasposizione è dispari. Quindi, dato che il segno è un omomorfismo, per calcolare il segno di una permutazione σ possiamo scrivere σ come prodotto di trasposizioni e risulterà: se abbiamo un numero pari di trasposizioni $(-1)^\sigma = +1$, se abbiamo un numero dispari $(-1)^\sigma = -1$. Ciò rende conto anche dei nomi "pari" e "dispari" per le permutazioni. Inoltre, essendo la parità dipendente solo da σ e non dall'espressione come prodotto di trasposizioni, abbiamo

Proposizione 1.20 *Se* $\sigma = \tau_1 \tau_2 \cdots \tau_r$ *e* $\sigma = \tau_1' \tau_2' \cdots \tau_{r'}'$ *sono due scritture della permutazione* σ *come prodotto di trasposizioni allora* r *e* r' *hanno la stessa parità, cioè* $r \equiv r' \pmod 2$.

È facile provare che un ℓ–ciclo ha segno $(-1)^{\ell-1}$; quindi i cicli di lunghezza pari sono dispari e i cicli di lunghezza dispari sono pari.

Essendo un sottogruppo normale, A_n è unione di classi di coniugio di S_n. Ad esempio, A_5 è l'unione delle classi coniugate in S_5 di $(1, 2, 3, 4, 5)$, $(1, 2, 3)$, $(1, 2)(3, 4)$, e. Osserviamo però che, in generale, le classi di coniugio di segno pari *non* sono classi di coniugio in A_n; ciò succede già per $n = 3$, infatti, essendo A_3 abeliano, i due tre cicli $(1, 2, 3)$ e $(1, 3, 2)$ sono coniugati in S_3 ma non in A_3. In generale, le classi coniugate di A_n sono descritte nell'Esercizio Preliminare 27 .

1.1.13 I gruppi abeliani

I gruppi abeliani finiti possono essere completamente descritti, essi risultano isomorfi al prodotto diretto di gruppi ciclici. Questo permette di rispondere ad alcune domande sui gruppi abeliani finiti riconducendosi ai gruppi ciclici.

Teorema 1.21 (di Struttura dei Gruppi Abeliani Finiti) *Un gruppo abeliano finito* G *è isomorfo al prodotto diretto di gruppi ciclici* $\mathbb{Z}/d_1\mathbb{Z} \times \mathbb{Z}/d_2\mathbb{Z} \times \cdots \times \mathbb{Z}/d_r\mathbb{Z}$ *con* $d_1 \mid d_2 \mid \cdots \mid d_r$; *inoltre i naturali* $d_1, d_2, \ldots, d_r$ *sono univocamente determinati da* G.

Dato un gruppo abeliano G, l'insieme degli elementi di ordine una potenza di p è un sottogruppo, chiamato il sottogruppo di p–torsione di G. Chiaramente un sottogruppo di p–torsione ha ordine una potenza di p e sottogruppi di torsione relativi a primi distinti hanno solo l'elemento neutro in comune. Questo prova che

Osservazione 1.22 *Un gruppo abeliano è isomorfo al prodotto diretto dei suoi sottogruppi di* p–*torsione.*

Sia ora G un gruppo abeliano di ordine p^m, applicando il Teorema di Struttura dei Gruppi Abeliani Finiti, abbiamo che G è isomorfo ad un prodotto $\mathbb{Z}/p^{e_1}\mathbb{Z} \times \mathbb{Z}/p^{e_2}\mathbb{Z} \times \cdots \times \mathbb{Z}/p^{e_r}\mathbb{Z}$ con $e_r \geq \cdots \geq e_2 \geq e_1$, $e_1 + e_2 + \cdots + e_r = m$. Quindi gli interi $e_r \geq \cdots \geq e_2 \geq e_1$ formano una partizione di m e tale partizione è univocamente determinata da G.

Corollario 1.23 *Sia* p *un primo e* m *un naturale positivo, il numero delle classi di isomorfismo dei gruppi abeliani di ordine* p^m *è dato dal numero delle partizioni di* m.

Mettendo insieme il Teorema di Struttura dei Gruppi Abeliani Finiti e la successiva osservazione abbiamo una forma alternativa dello stesso teorema.

Corollario 1.24 *Sia G un gruppo abeliano di ordine* $p_1^{m_1} p_2^{m_2} \cdots p_r^{m_r}$, *con* $p_1, p_2,$ *..., p_r primi distinti. Allora G è isomorfo al prodotto diretto $G_1 \times G_2 \times \cdots \times G_r$ dei suoi sottogruppi di p_{m_h}–torsione.*
Per $h = 1, 2, \ldots, r$, il sottogruppo G_h, di ordine $p_h^{m_h}$, è isomorfo ad un prodotto diretto $\mathbb{Z}/p_h^{f_{1,h}}\mathbb{Z} \times \mathbb{Z}/p_h^{f_{2,h}}\mathbb{Z} \times \cdots \times \mathbb{Z}/p_h^{f_{r_h,h}}\mathbb{Z}$ con $f_{r,h} \geq \cdots \geq f_{2,h} \geq f_{1_h,h}$ una partizione di m_h. Inoltre tutti gli interi $f_{i,h}$, per $h = 1, 2, \ldots, r$ e $i = 1, 2, \ldots, r_h$, sono univocamente determinati da G.

Un gruppo ciclico ha uno e un solo sottogruppo per ogni divisore del suo ordine. Come segue facilmente dai risultati enunciati in questa sezione, un gruppo abeliano ha almeno un sottogruppo per ogni divisore del suo ordine ma, in generale, non un solo sottogruppo. Ad esempio il gruppo $\mathbb{Z}/2\mathbb{Z} \times \mathbb{Z}/2\mathbb{Z}$ ha tre sottogruppi di ordine 2.

1.1.14 Il prodotto semidiretto

Come abbiamo visto nel Teorema di Struttura dei Gruppi Abeliani Finiti, il prodotto diretto può essere usato per costruire e descrivere un gruppo in termini di gruppi considerati più semplici. Sappiamo che se G e H sono gruppi abeliani allora anche $G \times H$ risulta essere abeliano. Vediamo ora una costruzione più generale per dotare l'insieme prodotto cartesiano $G \times H$ di due gruppi G e H di una struttura di gruppo: tale costruzione permette di ottenere gruppi non abeliani anche partendo da gruppi abeliani.
Siano G e H gruppi, sia $\varphi : H \longrightarrow \mathrm{Aut}(G)$ un omomorfismo e indichiamo con φ_h l'automorfismo di G immagine di h in $\mathrm{Aut}(G)$. È facile verificare che, ponendo

$$(g_1, h_1) \circ_\varphi (g_2, h_2) = (g_1 \varphi_{h_1}(g_2), h_1 h_2),$$

otteniamo una struttura di gruppo sul prodotto cartesiano $G \times H$. Indichiamo tale gruppo con $G \rtimes_\varphi H$, esso è detto *prodotto semidiretto* di G e H secondo φ. Si noti che l'omomorfismo φ definisce un'azione di H su G.
Quando non ci sarà ambiguità indicheremo l'operazione $\circ_\varphi$ semplicemente con $\circ$ oppure, come usuale per i gruppi, la sottintenderemo. Allo stesso modo scriveremo semplicemente $G \rtimes H$ invece di $G \rtimes_\varphi H$.
Osserviamo che $G \times e_H$ è un sottogruppo normale di $G \rtimes H$ isomorfo a G e $e_G \times H$ è un sottogruppo di $G \rtimes H$ isomorfo ad H. Inoltre, se φ è l'omomorfismo banale $H \ni h \longmapsto \mathrm{Id}_G \in \mathrm{Aut}(G)$ allora il prodotto semidiretto $G \rtimes_\varphi H$ coincide con il prodotto diretto $G \times H$.
Sia K un gruppo e siano G e H due suoi sottogruppi. Se G è normale in K, $G \cap H = \{e\}$ e $K = G \cdot H$, allora K è isomorfo al prodotto semidiretto $G \rtimes_\varphi H$ con $\varphi_h(g) = hgh^{-1}$. In questo caso l'azione di H su G è data dagli automorfismi interni definiti dal coniugio in K per elementi di H. Il gruppo K è così descritto in termini dei suoi due sottogruppi G e H.
Vediamo una classica applicazione del prodotto semidiretto.

Osservazione 1.25 *Sia G un gruppo di ordine pq con $p > q$ due primi. Allora G è isomorfo ad un prodotto semidiretto $\mathbb{Z}/p\mathbb{Z} \rtimes \mathbb{Z}/q\mathbb{Z}$. Inoltre, se q non divide $p - 1$ allora tale prodotto è diretto e G è isomorfo al gruppo ciclico $\mathbb{Z}/pq\mathbb{Z}$. Se invece q divide $p - 1$ esiste un solo prodotto semidiretto non abeliano a meno di isomorfismi; in particolare, in questo caso, esistono due classi di isomorfismo di gruppi di ordine pq.*

Negli Esercizi Preliminari 36, 37, 38 e 39 è presentata una dimostrazione di questo risultato.

1.1.15 I teoremi di Sylow

Abbiamo visto sopra che un gruppo abeliano ha un sottogruppo per ogni divisore del suo ordine, ciò non è però vero in generale per gruppi non abeliani. Ad esempio, il gruppo A_4, di ordine 12, *non* ha sottogruppi di ordine 6; si veda l'Esercizio Preliminare 14.

Una serie di teoremi, dovuti al matematico norvegese Ludwig Sylow, chiarisce cosa è sicuramente vero per ogni gruppo finito in relazione all'esistenza di suoi sottogruppi.

Se G è un gruppo finito, p è un primo e p^n è la massima potenza di p che divide l'ordine di G, allora un sottogruppo di G di ordine p^n è detto *p–sottogruppo di Sylow* di G. Per semplicità, a volte, diremo anche *p–Sylow* invece di *p–sottogruppo di Sylow*. È chiaro che se p non divide $|G|$ allora non esistono sottogruppi di ordine divisibile per p; i *p–Sylow* sono interessanti solo per quei primi che dividono l'ordine di G.

Teorema 1.26 (Primo Teorema di Sylow) *Per ogni primo p che divide l'ordine di G, esiste un p–sottogruppo di Sylow di G. Più in generale, se p^n è la massima potenza di p che divide l'ordine di G ed $r \leq n$, esiste un sottogruppo H di G di ordine p^r, ed esso è contenuto in un p–sottogruppo di Sylow di G.*

Osserviamo che un coniugato di un p–sottogruppo di Sylow è ancora un p–sottogruppo di Sylow. In particolare se, per un certo primo p, vi è un solo p–Sylow allora esso sarà normale. Ma possiamo dire di più in quanto

Teorema 1.27 (Secondo Teorema di Sylow) *Sia p un primo, tutti i p–sottogruppi di Sylow di un gruppo finito G sono coniugati tra di loro. In particolare essi sono tutti isomorfi.*

Da questo teorema deduciamo che, per un gruppo abeliano, vi è sempre un solo p–sottogruppo di Sylow; esso coincide con il sottogruppo di p–torsione. Si noti che, grazie al Secondo Teorema di Sylow, un p–Sylow è normale se e solo se esso è l'unico p–Sylow. Per un gruppo non abeliano possiamo avere più p–sottogruppi di Sylow ma il loro numero, che indicheremo con n_p, deve comunque soddisfare le due condizioni del teorema seguente.

Teorema 1.28 (Terzo Teorema di Sylow) *Sia p un primo, sia n_p il numero di p-sottogruppi di Sylow di un gruppo finito G e sia P un p–sottogruppo di Sylow di G. Allora*

(i) n_p *è uguale all'indice del normalizzatore di P, in particolare n_p divide l'indice di P,*

(ii) n_p *è congruo ad 1 modulo p.*

Nelle soluzioni degli esercizi ci riferiremo ai teoremi appeni visti con il nome comune di "Teoremi di Sylow" senza altra specificazione, sarà chiaro dal contesto quale dei tre teoremi applicare.

1.1.16 I gruppi semplici

Un gruppo non banale G si dice *semplice* se i suoi unici sottogruppi normali sono $\{e\}$ e G. Visto che un sottogruppo è normale se e solo se è il nucleo di un omomorfismo, un gruppo è semplice se e solo se ogni sua immagine omomorfa non banale è isomorfa al gruppo stesso. Ciò spiega la scelta dell'aggettivo "semplice", un gruppo semplice non può essere ulteriormente semplificato, cioè non è possibile passare ad un suo quoziente, se non facendolo diventare il gruppo banale.

Visto che un gruppo abeliano ha sottogruppi per ogni divisore dell'ordine del gruppo e tali sottogruppi sono tutti normali, è chiaro che un gruppo abeliano è semplice se e solo se ha ordine primo; i soli gruppi semplici abeliani sono quindi i gruppi ciclici di ordine un primo.

Per quanto visto sui gruppi di ordine pq, con p e q primi distinti, un gruppo di ordine pq non è mai semplice. Neanche un gruppo di ordine p^2, con p primo, è semplice essendo, come abbiamo visto, abeliano. A volte, i Teoremi di Sylow possono essere usati per provare che un certo gruppo ha un p–Sylow normale; tale gruppo non sarà quindi semplice.

È invece in generale difficile provare che un gruppo è semplice. Come vedremo nell'Esercizio Preliminare 24 il gruppo alterno A_n è semplice per $n \geq 5$. Ciò ha profonde conseguenze, ad esempio, sulla risolubilità per radicali delle equazioni polinomiali di grado maggiore o uguale a 5.

Qualsiasi azione non banale di un gruppo semplice è fedele. In particolare, considerando l'azione sulle classi laterali di un sottogruppo si ha subito

Osservazione 1.29 *Se un gruppo semplice G ha un sottogruppo proprio di indice r allora G è isomorfo ad un sottogruppo di S_r. In particolare l'ordine di G divide r!.*

1.2 Gli anelli

1.2.1 Concetti di base

Ricordiamo brevemente alcuni concetti di base di teoria degli anelli, alcuni di essi sono già stati introdotti nel primo volume [Volume 1, Richiami di Teoria, sezione 1.5].

Un anello si dice commutativo se $ab = ba$ per ogni $a, b \in A$ e si dice unitario se esiste un elemento neutro, indicato con 1 e detto unità, per la moltiplicazione. Se A e B sono anelli unitari, allora richiediamo che un omomorfismo di anelli da A in B mandi l'unità di A nell'unità di B.

Nel seguito, se non diversamente indicato, assumeremo sempre che ogni anello sia commutativo e unitario.

Un ideale I in un anello è un sottogruppo rispetto all'addizione dell'anello e ha la proprietà di assorbimento rispetto alla moltiplicazione, cioè $ab \in I$ per ogni $a \in I$ e $b \in A$. In ogni anello A gli insiemi $\{0\}$ e A sono ideali. Indicheremo spesso semplicemente con 0 l'ideale $\{0\}$, tale ideale è detto *banale*. Osserviamo esplicitamente che in un anello con unità un sottoinsieme non vuoto I chiuso per somma e con la proprietà di assorbimento è un ideale; infatti se a è un elemento di I allora $-a = (-1) \cdot a$ è ancora un elemento di I.

Un elemento a di un anello A si dice invertibile se esiste un elemento b per cui $ab = 1$. L'insieme degli elementi invertibili di A si indica con A^*.

Se I è un ideale di A, si ha $I = A$ se e solo se $1 \in I$. Un ideale I si dice *proprio* se $I \neq A$. Un ideale proprio I di un anello A è massimale se I non è strettamente contenuto in nessun ideale proprio J di A; cioè I è massimale rispetto all'inclusione nella famiglia degli ideali propri di A.

L'intersezione di una famiglia qualsiasi di ideali è ancora un ideale. Ad esempio, ricordiamo che dato un sottoinsieme X di un anello A, l'ideale (X) generato da X è l'intersezione di tutti gli ideali che contengono X; esso è il più piccolo ideale di A che contiene X. Se $X = \{a_1, a_2, \ldots, a_n\}$ è finito, l'ideale generato da X è indicato con $(a_1, a_2, \ldots, a_n)$ e l'ideale $I = (a_1)$ generato da un solo elemento è detto *principale* ed è l'insieme $A \cdot a_1$ di tutti i multipli di a_1 in A.

Come per un gruppo e un sottogruppo normale, possiamo definire una struttura quoziente di un anello per un ideale. Sia A un anello e sia I un ideale di A, l'anello quoziente A/I ha: per elementi le classi $a + I$, con $a \in A$, e operazioni indotte da A, cioè $(a + I) + (b + I) = (a + b) + I$ e $(a + I) \cdot (b + I) = a \cdot b + I$; l'applicazione naturale $A \ni a \longmapsto a + I \in A/I$ è detta *omomorfismo quoziente*, il suo nucleo è I.

Dati due anelli A e B, possiamo definire l'operazione $(a_1, b_1) \cdot (a_2, b_2) = (a_1 a_2, b_1 b_2)$ sul gruppo abeliano $A \times B$, risulta così che $A \times B$ è un anello. Se A e B sono anelli commutativi e unitari, anche $A \times B$ è commutativo e unitario. Inoltre è facile vedere che gli ideali di $A \times B$ sono tutti della forma $I \times J$ con I ideale di A e J ideale di B.

Un elemento a di un anello A si dice divisore dello zero se esiste un elemento non nullo b per cui $ab = 0$. Un dominio di integrità è un anello non nullo in cui 0 è l'unico divisore dello zero.

1.2.2 Ideali massimali e primi

Per dimostrare l'esistenza di ideali massimali abbiamo bisogno del seguente risultato di logica, chiamato Lemma di Zorn ed equivalente all'Assioma della Scelta e al Principio del Buon Ordinamento.[1]

Sia X un insieme parzialmente ordinato dalla relazione $\leq$. Un sottoinsieme C di X si dice *catena* se per ogni $x, y \in C$ si ha $x \leq y$ oppure $y \leq x$; in altri termini, una catena è un sottoinsieme totalmente ordinato di X. Chiamiamo *maggiorante* di un sottoinsieme Y di X un qualche elemento $x \in X$ per cui $y \leq x$ per ogni $y \in Y$. Infine un elemento $x \in X$ è *massimale* se $x \leq y$, con $y \in X$, implica $y = x$.

Lemma 2.1 (di Zorn) *Sia X un insieme non vuoto e sia $\leq$ una relazione di ordine parziale su X. Se ogni catena di X ammette un maggiorante allora esiste in X un elemento massimale.*

Sia A un anello non nullo e sia I un suo ideale proprio. Consideriamo l'insieme X degli ideali propri di A che contengono I, ordinati con l'inclusione di insiemi. L'insieme X è non vuoto in quanto I è un suo elemento e l'unione su una catena di ideali propri che contengono I è ancora un ideale proprio di A che contiene I. Possiamo quindi applicare il Lemma di Zorn e dedurre che esiste un elemento massimale in X, cioè un ideale massimale di A che contiene I. Abbiamo quindi provato

Teorema 2.2 *Se I è un ideale proprio di un anello A non nullo; allora esiste un ideale massimale di A che contiene I.*

In particolare, applicando il teorema all'ideale 0 otteniamo che

Corollario 2.3 *Ogni anello non nullo contiene almeno un ideale massimale.*

E applicando il teorema all'ideale proprio generato da un elemento non invertibile abbiamo

Corollario 2.4 *Se a è un elemento non invertibile allora esiste un ideale massimale che contiene a.*

Un ideale P di un anello A si dice *primo* se $P \neq A$ e se per ogni $x, y \in A$ per cui $xy \in P$ si ha $x \in P$ o $y \in P$. Si noti che, come segue subito dalle definizioni, P è un ideale primo di un anello A se e solo se il quoziente A/P è un dominio di integrità. Allora, l'ideale banale 0 è primo se e solo se l'anello A è un dominio di integrità.

D'altra parte, è chiaro che un ideale M di un anello commutativo A è massimale se e solo se A/M è un campo. Quindi, visto che ogni campo è un dominio di integrità, ricaviamo che ogni ideale massimale è primo.

---

[1]Si veda ad esempio Herrlich, H. *"Axiom of Choice"*, Springer, 2006, Berlin e Hodges, W. *"Krull implies Zorn"*, J. London Math. Soc. 19, (1979), 285–287.

1.2.3 Gli anelli quoziente

Come i sottogruppi normali sono i nuclei degli omomorfismi di gruppi, così gli
ideali sono i nuclei degli omomorfismi di anelli; analogamente abbiamo un teorema
di omomorfismo per i quozienti.

Teorema 2.5 (di Omomorfismo per Anelli) *Siano A e B anelli, sia $f : A \longmapsto B$ un
omomorfismo di anelli e sia $\pi : A \longrightarrow A/\operatorname{Ker}(f)$ l'omomorfismo quoziente. Esiste
un unico omomorfismo $\overline{f}$ che rende commutativo il seguente diagramma*

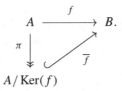

$$A \xrightarrow{f} B.$$

In particolare se f è suriettivo allora $A/\operatorname{Ker}(f)$ è isomorfo a B. È inoltre chiaro
che l'immagine e la controimmagine di un sottoanello rispetto ad un omomorfismo
sono ancora sottoanelli. Per gli anelli l'omomorfismo quoziente induce una biiezione tra ideali; abbiamo infatti

Proposizione 2.6 *Sia I un ideale dell'anello A e sia $\pi : A \longrightarrow A/I$ l'omomorfismo
quoziente. L'insieme degli ideali di A/I è in corrispondenza biunivoca con
l'insieme degli ideali di A che contengono I. Le applicazioni $J' \longmapsto \pi^{-1}(J')$ e
$J \longmapsto \pi(J) = J/I$ realizzano questa corrispondenza e sono una inversa dell'altra.
Inoltre ad ideali massimali corrispondono ideali massimali e ad ideali primi corrispondono ideali primi.*

1.2.4 Le operazioni con ideali

Se I e J sono due ideali dell'anello A, allora la *somma* $I + J$ è l'insieme di tutte
le somme $a + b$, con $a \in A$ e $b \in B$; è facile vedere che $I + J$ è un ideale di A.
Equivalentemente, $I + J$ è l'ideale generato da $I \cup J$. Il *prodotto* IJ è l'ideale
generato da tutti i prodotti ab, con $a \in I$ e $b \in J$; in altri termini IJ è l'insieme di
tutte le possibili somme

$$a_1 b_1 + a_2 b_2 + \cdots + a_n b_n,$$

al variare di n nei naturali, $a_1, a_2, \ldots, a_n$ in I e $b_1, b_2, \ldots, b_n$ in J. Osserviamo che
il prodotto IJ è contenuto nell'ideale intersezione $I \cap J$.

Due ideali I, J di un anello A sono detti *coprimi* se $I + J = A$. Ovviamente I e
J sono coprimi se e solo se esistono $a \in I$ e $b \in J$ per cui $a + b = 1$. Se $I_1, I_2, \ldots, I_r$
sono ideali a due a due coprimi allora $I_1 I_2 \cdots I_r = I_1 \cap I_2 \cap \cdots \cap I_r$.

Con una dimostrazione essenzialmente analoga a quella per le congruenze, dove l'ipotesi che gli ideali siano coprimi sostituisce l'ipotesi che i moduli delle congruenze siano coprimi, si ha

Teorema 2.7 (Cinese dei Resti per Anelli) *Siano* $I_1, I_2, \ldots, I_r$ *ideali a due a due coprimi di un anello* A *e sia* $I = I_1 \cap I_2 \cap \cdots \cap I_r$ *la loro intersezione, allora l'applicazione*

$$A/I \ni a + I \longmapsto (a + I_1, a + I_2, \ldots, a + I_r) \in A/I_1 \times A/I_2 \times \cdots \times A/I_r$$

è un isomorfismo di anelli.

Dati due ideali I, J di un anello A, si definisce l'ideale *quoziente* $(I : J)$ come l'insieme degli elementi $a \in A$ per cui $aJ \subseteq I$. Si prova che, in effetti, $(I : J)$ è un ideale; si veda ad esempio l'Esercizio Preliminare 48. Il quoziente $(0 : I)$ è detto l'*annullatore* di I, solitamente indicato con $\mathrm{Ann}(I)$, ed è l'insieme degli elementi $a \in A$ per cui $aI = 0$.

Per un ideale I, il *radicale* $\sqrt{I}$ è l'insieme degli $a \in A$ per cui esiste un $n \in \mathbb{N}$, dipendente da a, tale che $a^n \in I$. Il radicale di un ideale è ancora un ideale e, inoltre, $\sqrt{I}$ è l'intersezione di tutti gli ideali primi che contengono I. Queste ed altre proprietà del radicale sono il contenuto dell'Esercizio Preliminare 50. Osserviamo che il radicale $\sqrt{0}$ dell'ideale nullo, chiamato *nilradicale*, è l'insieme di tutti gli elementi nilpotenti di A, cioè gli elementi $a \in A$ per cui $a^n = 0$ per qualche $n \in \mathbb{N}$; esso è l'intersezione di tutti gli ideali primi di A.

Abbiamo visto, nella sezione precedente, come gli ideali corrispondano secondo l'omomorfismo quoziente. Vediamo ora come si comportano gli ideali per immagine e controimmagine secondo omomorfismi generici. Se $\varphi : A \longrightarrow B$ è un omomorfismo di anelli e I è un ideale di A allora $\varphi(I)$ non è in generale un ideale, definiamo allora I^e, l'ideale *esteso* di I secondo φ, come l'ideale di B generato da $\varphi(I)$. Invece se J è un ideale di B allora $I^c = \varphi^{-1}(J)$ è un ideale, detto ideale *contratto* secondo φ; si noti che ogni ideale contratto contiene il nucleo $\mathrm{Ker}(\varphi)$.

Osserviamo che $I^{ec} \supseteq I$ per ogni ideale I di A e $J^{ce} \subseteq J$ per ogni ideale J di B. Inoltre la contrazione di un ideale primo è ancora un ideale primo. Non è però vero che l'estensione di un ideale primo è ancora un ideale primo, ad esempio (x^2) è primo in $\mathbb{Q}[x^2]$ ma la sua estensione secondo l'inclusione non lo è in $\mathbb{Q}[x]$.

1.2.5 Il campo dei quozienti e le localizzazioni

Sia A un dominio d'integrità, possiamo allora costruire un campo che contiene A procedendo nel seguente modo.

Sul prodotto cartesiano $A \times (A \setminus \{0\})$ definiamo la relazione: $(a, b) \sim (c, d)$ se e solo se $ad = bc$; si prova subito che $\sim$ è una relazione di equivalenza. La classe di equivalenza di (a, b) si indica con a/b. Le due definizioni

$$a/b + c/d = (ad + bc)/bd$$
$$a/b \cdot c/d = ac/bd$$

sono ben poste, non dipendono cioè dai rappresentanti scelti per le classi, ma solo dalle classi stesse. Abbiamo quindi definito due operazioni sull'insieme $\mathbb{K}$ delle classi di equivalenza di $A \times (A \setminus \{0\})$ rispetto a $\sim$. Con queste due operazioni $\mathbb{K}$ è un campo, chiamato il *campo dei quozienti* di A.

Ad esempio, il campo dei quozienti di $\mathbb{Z}$ è $\mathbb{Q}$; ciò non è sorprendente, la definizione di campo dei quozienti è modellata sulla definizione di $\mathbb{Q}$ a partire da $\mathbb{Z}$. Il campo dei quozienti dell'anello dei polinomi $\mathbb{K}[x]$, con $\mathbb{K}$ un campo, è il campo $\mathbb{K}(x)$ delle *funzioni razionali*, cioè l'insieme di tutte le frazioni $f(x)/g(x)$ con $f(x)$ e $g(x)$ polinomi e $g(x)$ diverso dal polinomio nullo.

L'applicazione $A \ni a \longmapsto a/1 \in \mathbb{K}$ è un omomorfismo iniettivo di anelli; nel seguito identificheremo implicitamente A con un sottoanello di $\mathbb{K}$ attraverso questo omomorfismo. Passando dal dominio d'integrità A al campo $\mathbb{K}$ abbiamo aggiunto gli inversi di tutti gli elementi non nulli, ciò è stato possibile poiché non esistono divisori dello zero in A. Il campo dei quozienti di A è quindi il più piccolo campo in cui A può essere immerso.

A volte è utile considerare un campo dei quozienti parziale nel senso che precisiamo ora. Un sottoinsieme S di un anello A si dice una *parte moltiplicativa* se $1 \in S$, $0 \notin S$ e, per ogni $s, t \in S$, si ha $st \in S$. Osserviamo che, per un dominio d'integrità A, l'insieme delle frazioni a/s di $\mathbb{K}$ con $a \in A$ e $s \in S$, è un sottoanello di $\mathbb{K}$; indichiamo tale sottoanello con $S^{-1}A$ e lo chiamiamo *localizzazione* di A rispetto ad S.

Chiaramente per $S = A \setminus \{0\}$ riotteniamo l'intero campo dei quozienti $\mathbb{K}$. In generale abbiamo gli omomorfismi iniettivi di anelli $A \ni a \longmapsto a/1 \in S^{-1}A$ e $S^{-1}A \ni a/s \longmapsto a/s \in \mathbb{K}$; in altri termini, identificando A con la sua immagine in $\mathbb{K}$, abbiamo i contenimenti di anelli $A \subseteq S^{-1}A \subseteq \mathbb{K}$.

Ad esempio, il sottoinsieme $S = \{1, 2, 4, 8, \ldots\}$ è una parte moltiplicativa di $\mathbb{Z}$, la localizzazione $S^{-1}\mathbb{Z}$ è l'insieme dei numeri razionali con denominatore una potenza di 2. Un altro esempio è il seguente: dato un ideale primo P di un anello A, il complementare $S = A \setminus P$ è una parte moltiplicativa; la localizzazione $S^{-1}A$ si indica di solito con A_P, si chiama localizzazione in P ed è particolarmente importante. La localizzazione in un primo è l'argomento dell'Esercizio Preliminare 53.

Ritorniamo ora ad un contesto generale. La localizzazione $S^{-1}A$ di un dominio A è il più piccolo anello che contiene A e in cui ogni elemento di S è invertibile. Come parzialmente provato nell'Esercizio Preliminare 51, vale in realtà di più in quanto

Proposizione 2.8 *Sia A un dominio d'integrità e sia S una sua parte moltiplicativa. Dato un omomorfismo di anelli $f : A \longrightarrow B$, esiste un omomorfismo $\overline{f}$ che rende*

commutativo il diagramma

se e solo se $f(s)$ è invertibile in B per ogni s in S.

Se I è un ideale di A allora $S^{-1}I = \{a/s \mid a \in A, s \in S\}$ è un ideale di $S^{-1}A$ e, viceversa, ogni ideale di $S^{-1}A$ è di questo tipo. Osserviamo che $S^{-1}I$ è l'estensione di I secondo l'inclusione $A \ni a \longmapsto a/1 \in S^{-1}A$, mentre la contrazione di un ideale J, secondo lo stesso omomorfismo, è chiaramente $J \cap A$. Inoltre $S^{-1}I = A$ se e solo se $I \cap S$ è non vuoto.

Proposizione 2.9 *Ogni ideale di $S^{-1}A$ è un ideale esteso. Inoltre gli ideali primi di A che non intersecano la parte moltiplicativa S sono in corrispondenza biunivoca con gli ideali primi di $S^{-1}A$ attraverso le due applicazioni*

$$I \longmapsto S^{-1}I$$
$$J \cap A \longleftarrow J.$$

Segue subito da questa proposizione che tutti gli ideali della localizzazione A_P di A nell'ideale primo P, cioè rispetto alla parte moltiplicativa $A \setminus P$, sono del tipo $S^{-1}I = \{a/s \mid a \in I, s \notin P\}$, con I ideale di A contenuto in P. In particolare, A_P ha $S^{-1}P$ come unico ideale massimale.

1.2.6 Divisibilità

In questa sezione assumiamo che A sia un dominio d'integrità. Dati due elementi a e b di A, diciamo che a *divide* b, e scriviamo $a \mid b$, se esiste c in A per cui $b = ac$. Se $a \mid b$ diciamo anche che a è un *divisore* di b e che b è un *multiplo* di a. Osserviamo che i divisori dell'unità di A sono esattamente gli elementi invertibili di A. Inoltre $a \mid b$ se e solo se $(b) \subseteq (a)$; nel seguito useremo spesso gli ideali principali di A per esprimere condizioni di divisibilità tra gli elementi di A.

Due elementi a, b di A si dicono *associati* se esiste un elemento invertibile $c \in A$ per cui $a = cb$. Equivalentemente, a e b sono associati se e solo se a divide b e b divide a. Un'altra condizione equivalente all'essere associati per a e b è che gli ideali principali (a) e (b) siano uguali.

Un elemento d è un *massimo comun divisore* di due elementi a e b non entrambi nulli se: $d \mid a$, $d \mid b$ e per ogni altro divisore comune c di a e b si ha $c \mid d$. Non è detto che un massimo comun divisore esista, ma, se esiste, esso è unico a meno di associati. In altri termini, se d e d' sono entrambi massimi comun divisori di a e b allora d e d' sono associati, cioè esiste un elemento invertibile $c \in A$ per cui $d' = cd$. Visto che gli elementi invertibili sono tutti associati ad 1, diremo a volte che un massimo comun divisore è 1 intendendo con ciò che esso è un qualche elemento invertibile.

Sia d un massimo comun divisore di a e b, allora, come segue subito dalla definizione, l'ideale (a, b) generato da a e b è contenuto nell'ideale generato da d. Inoltre, ogni ideale principale (c) che contiene (a, b) contiene anche (d). D'altra parte, se assumiamo che (a, b) sia principale, abbiamo un risultato simile a quanto visto per gli interi [Volume 1, Identità di Bezout, 3.2, pagina 15].

Proposizione 2.10 (Identità di Bezout) *Se l'ideale (a, b) è principale allora esiste un massimo comun divisore d di a e b e $(a, b) = (d)$. In particolare, esistono u e v in A per cui $d = ua + vb$.*

Un elemento non nullo e non invertibile p di A si dice *primo* se ogni volta che $p \mid ab$ con $a, b \in A$ si ha $p \mid a$ o $p \mid b$. Ovviamente gli elementi primi dell'anello $\mathbb{Z}$ sono $\pm p$ con p un numero primo; la definizione di primo in un generico dominio d'integrità è basata sul Lemma di Euclide [Volume 1, Lemma di Euclide, 3.4 pagina 16]. È facile provare che

Proposizione 2.11 *Sia A un dominio d'integrità, un elemento p di A è primo se e solo se l'ideale principale (p) è primo e non nullo.*

Un elemento non nullo e non invertibile a di A si dice *irriducibile* se ogni volta che $a = bc$, con b e c in A, allora o b è invertibile o c è invertibile. Abbiamo un legame con gli ideali, simile al precedente, anche per gli elementi irriducibili.

Proposizione 2.12 *Sia A un dominio d'integrità, un elemento a di A è irriducibile se e solo se (a) è un ideale proprio non nullo massimale nella famiglia degli ideali principali di A.*

In $\mathbb{Z}$ un elemento è irriducibile se e solo se è primo. In generale può essere facilmente dimostrato che

Proposizione 2.13 *In un dominio d'integrità ogni elemento primo è irriducibile.*

Non è però vero che ogni elemento irriducibile è primo. Ad esempio nel dominio d'integrità $\mathbb{Z}[\sqrt{-5}]$, i cui elementi sono tutti i numeri complessi del tipo $a + b\sqrt{-5}$, con a e b interi, abbiamo

$$2 \cdot 3 = (1 + \sqrt{-5})(1 - \sqrt{-5})$$

e 2 non divide nessuno dei fattori a destra; quindi 2 non è primo in $\mathbb{Z}[\sqrt{-5}]$. Ma, come mostrato nell'Esercizio Preliminare 55, l'elemento 2 è irriducibile in $\mathbb{Z}[\sqrt{-5}]$.

1.2.7 I domini Euclidei

In questa sezione vedremo come è possibile generalizzare le proprietà della Divisione Euclidea estendendola ad altri anelli oltre $\mathbb{Z}$.

Un dominio d'integrità A è un *dominio euclideo* se esiste un'applicazione $d : A \setminus \{0\} \longrightarrow \mathbb{N}$, detta *grado* per A, tale che

(i) per ogni a, b in A, con $b \neq 0$, esistono q, r in A tali che $a = qb + r$ e: o $r = 0$ oppure $d(r) < d(b)$,

(ii) $d(a) \leq d(ab)$ per ogni $a, b \in A \setminus \{0\}$.

Chiameremo la scrittura $a = qb + r$ con $r = 0$ o $d(r) < d(b)$, la *divisione con resto* di a per b. Gli elementi q e r sono rispettivamente il *quoziente* e il *resto* della divisione $a = qb + r$. Osserviamo, però, che, se il resto non è nullo, il quoziente e il resto *non* sono in generale unici, si possono quindi avere altre espressioni $a = q'b + r'$, con $d(r') < d(b)$, e q', r' diversi da q, r.

L'anello degli interi $\mathbb{Z}$ è un dominio euclideo con grado $\mathbb{Z} \setminus \{0\} \ni a \longmapsto |a| \in \mathbb{N}$ e la Divisione Euclidea fornisce ovviamente la divisione con resto. Anche l'anello dei polinomi $\mathbb{K}[x]$, con $\mathbb{K}$ un campo, è un dominio euclideo con grado $f(x) \longmapsto \deg(f(x))$, per $f(x) \in \mathbb{K}[x] \setminus \{0\}$.

Sia $\mathbb{K}$ un campo, chiamiamo *serie formale* a coefficienti in $\mathbb{K}$ una scrittura del tipo

$$\sum_{n \geq 0} a_n x^n$$

con $a_0, a_1, \ldots$ elementi di $\mathbb{K}$. Possiamo sommare due serie formali definendo

$$\sum_{n \geq 0} a_n x^n + \sum_{n \geq 0} b_n x^n = \sum_{n \geq 0} (a_n + b_n) x^n$$

e moltiplicarle definendo

$$\sum_{n \geq 0} a_n x^n \cdot \sum_{n \geq 0} b_n x^n = \sum_{n \geq 0} \left(\sum_{k=0}^{n} a_k b_{n-k} \right) x^n .$$

È facile provare che con tali operazioni l'insieme $\mathbb{K}[[x]]$ di tutte le serie formali è un dominio d'integrità. Chiamiamo *serie nulla* la serie formale con tutti i coefficienti 0, essa è chiaramente lo 0 dell'anello $\mathbb{K}[[x]]$. Inoltre per una serie non nulla $\sum_{n \geq 0} a_n x^n$, definiamo

$$d \left(\sum_{n \geq 0} a_n x^n \right) = \min\{n \mid a_n \neq 0\}.$$

Risolvendo per induzione un sistema lineare in infinite incognite, si vede subito che ogni serie formale di grado 0 è invertibile. Si noti ora che una serie formale non nulla $f(x)$ si scrive come $f(x) = x^n \cdot f_0(x)$, con $n = d(f)$ e $f_0(x)$ di grado 0 e quindi invertibile. Siano ora $f(x) = x^n f_0(x)$ e $g(x) = x^m g_0(x)$ due serie formali entrambe non nulle, di grado n e m, rispettivamente; se $n \geq m$ allora $f(x) = x^{n-m} g_0(x) f_0(x)^{-1} + 0$, in particolare $f(x)$ è un multiplo di $g(x)$, se invece $n < m$ allora $f(x) = 0 \cdot g(x) + f(x)$. Si osservi che, essendo $\mathbb{K}$ un campo, vale: $d(f(x) \cdot g(x)) = d(f(x)) + d(g(x))$ per ogni coppia di serie $f(x), g(x) \in \mathbb{K}[[x]] \setminus \{0\}$. Quindi d è un grado per $\mathbb{K}[[x]]$ e tale anello è un dominio euclideo. Alcune ulteriori proprietà di $\mathbb{K}[[x]]$ sono presentate nell'Esercizio Preliminare 56.

L'anello $\mathbb{Z}[i]$, cioè l'insieme di tutti i numeri complessi $a + bi$ con $a, b \in \mathbb{Z}$, è detto l'anello degli *interi di Gauss*. Se definiamo

$$\mathbb{Z}[i] \ni z = a + bi \longmapsto N(z) = a^2 + b^2 \in \mathbb{N}$$

abbiamo un grado per gli interi di Gauss. Osserviamo che il grado $N(z) = |z|^2 = z \cdot \overline{z}$ di z è il quadrato del suo valore assoluto come numero complesso, per questo motivo è usuale chiamare $z \longmapsto N(z)$ l'applicazione *norma*. Per ulteriori dettagli si veda la Sezione 1.2.10 dedicata agli interi di Gauss.

Adattando l'analoga dimostrazione per $\mathbb{Z}$ si trova

Proposizione 2.14 *In un dominio euclideo un ideale non nullo è generato da un qualsiasi suo elemento di grado minimo.*

Applicando la proposizione precedente a tutto l'anello, troviamo subito

Corollario 2.15 *In un dominio euclideo gli elementi di grado minimo sono esattamente gli elementi invertibili.*

In un dominio euclideo A ogni ideale è quindi principale; in particolare, per quanto visto nella sezione 1.2.6, abbiamo

Osservazione 2.16 *In un dominio euclideo A, ogni coppia di elementi a, b non entrambi nulli ammette un massimo comun divisore d; ogni tale massimo comun divisore genera l'ideale (a, b). Inoltre vale l'Identità di Bezout, cioè $d = ua + vb$, per certi $u, v \in A$.*

Lo stesso Algoritmo di Euclide visto per $\mathbb{Z}$ [Volume 1, Algoritmo di Euclide, 3.3, pagina 15], ci permette di calcolare esplicitamente sia un massimo comun divisore d di due elementi a, b, che due interi u e v per cui valga l'Identità di Bezout $d = ua + vb$.

1.2.8 I domini ad ideali principali

Vogliamo ora studiare un'altra classe di anelli definita generalizzando le proprietà dell'anello degli interi. Sappiamo che gli ideali di $\mathbb{Z}$ sono tutti principali, chiamiamo allora un dominio d'integrità in cui ogni ideale è principale un dominio *ad ideali principali*.

È chiaro che ogni dominio euclideo è ad ideali principali per quanto dimostrato nella sezione precedente. Osserviamo però che non tutti i domini ad ideali principali sono euclidei, ad esempio l'anello $\mathbb{Z}[\frac{1+\sqrt{-19}}{2}]$, cioè l'insieme dei numeri complessi della forma $a + b\frac{1+\sqrt{-19}}{2}$, con a e b interi, è ad ideali principali ma *non* è euclideo.[2]

Alcune proprietà degli anelli si esprimono in modo naturale in termini di catene di ideali. Una catena ascendente di ideali $I_1 \subseteq I_2 \subseteq I_3 \subseteq \cdots$ in un anello A si dice *stazionaria* se esiste $k \in \mathbb{N}$ per cui $I_k = I_{k+1} = I_{k+2} = \cdots$. La stessa definizione si può dare per le catene discendenti di ideali.

Sia ora $I_1 \subseteq I_2 \subseteq \cdots$ una catena ascendente di ideali in un dominio ad ideali principali A. Visto che l'unione I di questi ideali è ancora un ideale, I è generato da un elemento, diciamo a. Ma allora a è in I_h, per qualche $h \geq 1$; in particolare la catena è stazionaria. Abbiamo quindi provato che in un dominio ad ideali principali ogni catena di ideali è stazionaria. In generale, un anello in cui ogni catena di ideali è stazionaria si dice *noetheriano* in onore della matematica tedesca Emmy Noether. Riassumiamo quanto visto nella seguente

Proposizione 2.17 *Ogni dominio ad ideali principali è noetheriano.*

Da quanto visto nella Sezione 1.2.6 abbiamo

Corollario 2.18 *Sia A un dominio ad ideali principali. Se a e b sono due elementi non entrambi nulli di A allora esiste un massimo comun divisore d di a e b, inoltre d genera l'ideale (a, b). Vale l'Identità di Bezout: esistono cioè u e v in A per cui $d = ua + vb$.*

In generale, a differenza di un dominio euclideo, in un dominio ad ideali principali non possiamo usare l'Algoritmo di Euclide per calcolare il massimo comun divisore o i coefficienti dell'Identità di Bezout; non abbiamo infatti a disposizione la divisione con resto.

Un'importante proprietà degli anelli ad ideali principali è la seguente

Osservazione 2.19 *In un anello ad ideali principali un elemento è primo se e solo se è irriducibile.*

Visto che ogni ideale è principale e che gli elementi primi coincidono con quelli irriducibili troviamo

Osservazione 2.20 *Un ideale in un dominio ad ideali principali è primo se e solo se è l'ideale nullo o è massimale.*

---

[2]Per una dimostrazione si veda Wilson, J. C. *"A Principal Ring that is Not a Euclidean Ring"*, Mathematics Magazine 46, (1973), 34–38.

1.2.9 I domini a fattorizzazione unica

Continuiamo ad assumere che A sia un dominio d'integrità. Diciamo che un elemento non nullo e non invertibile a è *fattorizzabile* se esiste una *fattorizzazione* per a, cioè se esistono degli elementi irriducibili $a_1, a_2, \cdots, a_n$, con $n \geq 1$, per cui $a = a_1 a_2 \cdots a_n$.

Ovviamente se a è irriducibile allora è fattorizzabile. D'altra parte, se a non è irriducibile ed è non nullo e non invertibile, allora si potrà scrivere $a = bc$ con b e c entrambi non nulli e non invertibili; quindi se b e c sono irriducibili abbiamo fattorizzato a, altrimenti continuiamo a fattorizzare b e c. Non è però detto che questo procedimento termini in un numero finito di passi. Consideriamo ad esempio l'anello $A = \mathbb{Q}[\sqrt[n]{x} \mid n \in \mathbb{N}]$ dei polinomi in tutte le radici dell'indeterminata x; in A abbiamo $x = \sqrt{x}\sqrt{x} = \sqrt{x}\sqrt[4]{x}\sqrt[4]{x} = \sqrt{x}\sqrt[4]{x}\sqrt[8]{x}\sqrt[8]{x} = \cdots$ e quindi il procedimento di fattorizzazione non termina per x.

Usando quanto detto nella Sezione 1.2.6 su divisibilità, ideali principali ed elementi irriducibili si può provare che

Proposizione 2.21 *In un dominio d'integrità sono equivalenti*

(i) *ogni elemento non nullo e non invertibile ammette una fattorizzazione in irriducibili,*

(ii) *le catene ascendenti di ideali principali sono stazionarie.*

Diciamo che un elemento fattorizzabile a di A è fattorizzabile *in modo unico* se date due fattorizzazioni $a = a_1 a_2 \cdots a_n$ e $a = b_1 b_2 \cdots b_m$ in irriducibili si ha: $m = n$ e, a meno di riordinare i fattori, a_h è associato a b_h, per $h = 1, 2, \ldots, n$.

Diciamo che A è un *dominio a fattorizzazione unica* se ogni elemento non nullo e non invertibile di A è fattorizzabile in modo unico. Mentre l'esistenza delle fattorizzazioni in irriducibili è legata alle proprietà delle catene di ideali principali, l'unicità delle fattorizzazioni dipende dall'essere gli elementi irriducibili primi. Abbiamo infatti

Proposizione 2.22 *Un dominio d'integrità A è un dominio a fattorizzazione unica se e solo se valgono le seguenti due proprietà*

(i) *ogni elemento irriducibile è primo,*

(ii) *le catene ascendenti di ideali principali sono stazionarie.*

In un dominio a fattorizzazione unica non vi è quindi alcuna differenza tra primi e irriducibili, useremo liberamente entrambi i termini.

Per quanto visto nella sezione precedente, ogni dominio ad ideali principali, e quindi in particolare ogni dominio euclideo, è a fattorizzazione unica. Ad esempio sono a fattorizzazione unica: l'anello degli interi $\mathbb{Z}$, ogni campo, l'anello dei polinomi $\mathbb{K}[x]$ con $\mathbb{K}$ un campo, gli interi di Gauss $\mathbb{Z}[i]$.

Nella Sezione 1.2.6 abbiamo visto che 2 è irriducibile ma non primo in $\mathbb{Z}[\sqrt{-5}]$, in tale anello non vale quindi la fattorizzazione unica; e infatti $2 \cdot 3 = (1+\sqrt{-5})(1-$

$\sqrt{-5}$) sono due fattorizzazioni distinte di 6 in irriducibili. Neanche $\mathbb{Q}[\sqrt[n]{x} \mid x \in \mathbb{N}]$ è a fattorizzazione unica in quanto, continuando quanto osservato all'inizio di questa sezione, la catena ascendente di ideali principali $(x) \subseteq (\sqrt{x}) \subseteq (\sqrt[4]{x}) \subseteq (\sqrt[8]{x}) \subseteq \cdots$ non è stazionaria.

Dall'unicità della fattorizzazione segue che, fissato un irriducibile p e un elemento $a = a_1 a_2 \cdots a_n$ fattorizzato in irriducibili, il numero di irriducibili a_h, $h = 1, 2, \ldots, n$, associati a p dipende solo da a e *non* dalla particolare fattorizzazione. Chiamiamo tale intero non negativo la *molteplicità* di p in a. È allora chiaro che $a = u p_1^{m_1} p_2^{m_2} \cdots p_r^{m_r}$, dove $p_1, p_2, \ldots, p_r$ sono gli irriducibili distinti che appaiono in a, $m_1, m_2, \ldots, m_r$ sono le rispettive molteplicità e u è un elemento invertibile; chiameremo questa scrittura *fattorizzazione con molteplicità*. Osserviamo inoltre che se un irriducibile p non appare in una fattorizzazione di a, allora la sua molteplicità è zero; possiamo così aggiungere p in una fattorizzazione con molteplicità di a, con esponente zero. In particolare, dati due elementi possiamo assumere che in ogni loro fattorizzazione con molteplicità appaiano i medesimi irriducibili. Questo ci permette di provare che

Osservazione 2.23 *Dati due elementi a, b non entrambi nulli in un dominio a fattorizzazione unica, esiste un massimo comun divisore per a e b. In particolare, se $a = u p_1^{m_1} p_2^{m_2} \cdots p_r^{m_r}$ e $b = v p_1^{n_1} p_2^{n_2} \cdots p_r^{n_r}$ sono le fattorizzazioni in irriducibili con molteplicità, allora, posto $\ell_h = \min\{m_h, n_h\}$ per $h = 1, 2, \ldots, r$, l'elemento $p_1^{\ell_1} p_2^{\ell_2} \cdots p_r^{\ell_r}$ è un massimo comun divisore per a e b.*

Visto che in dominio a fattorizzazione unica esiste sempre il massimo comun divisore, possiamo estendere il Lemma di Gauss enunciato nel primo volume per i polinomi a coefficienti interi [Volume 1, Lemma di Gauss, 5.16, pagina 41]. Sia A un dominio a fattorizzazione unica e sia $f(x) = a_0 + a_1 x + \cdots + a_n x^n$ un polinomio a coefficienti in A, il *contenuto* di $f(x)$ è un massimo comun divisore dei coefficienti $a_0, a_1, \ldots, a_n$. Come il massimo comun divisore, il contenuto è definito a meno di associati. Un polinomio è detto *primitivo* se il suo contenuto è 1. Con una dimostrazione analoga a quella per i polinomi a coefficienti interi si può provare

Lemma 2.24 (di Gauss) *Sia A un dominio a fattorizzazione unica. In $A[x]$ il prodotto di due polinomi primitivi è un polinomio primitivo.*

Il lemma di Gauss ha vari importanti corollari.

Corollario 2.25 *Sia A un dominio a fattorizzazione unica. Il contenuto di un prodotto di due polinomi di $A[x]$ è il prodotto dei contenuti dei due polinomi.*

Possiamo stabilire la divisibilità tra polinomi di $A[x]$ studiandola in $\mathbb{K}[x]$, con $\mathbb{K}$ il campo dei quozienti di A, come precisato dal prossimo corollario.

Corollario 2.26 *Sia A un dominio a fattorizzazione unica, $\mathbb{K}$ il suo campo dei quozienti e siano $f(x)$, $g(x) \in A[x]$. Se $f(x)$ è primitivo e divide $g(x)$ in $\mathbb{K}[x]$ allora $f(x)$ divide $g(x)$ in $A[x]$.*

Non solo la divisibilità passa da $\mathbb{K}[x]$ ad $A[x]$, ma le fattorizzazioni dei polinomi corrispondono; a volte è proprio il corollario seguente ad essere chiamato Lemma di Gauss.

Corollario 2.27 *Sia A un dominio a fattorizzazione unica e sia $\mathbb{K}$ il suo campo dei quozienti. Se $f(x) \in A[x]$ e $g(x), h(x) \in \mathbb{K}[x]$ sono tali che $f(x) = g(x)h(x)$ allora esistono $g_1(x), h_1(x) \in A[x]$, con $g_1(x)$ associato a $g(x)$ e $h_1(x)$ associato ad $h(x)$ in $\mathbb{K}[x]$, per cui $f(x) = g_1(x)h_1(x)$.*

Infine, come segue subito da quanto richiamato sopra, l'irriducibilità può essere studiata indifferentemente in $A[x]$ e in $\mathbb{K}[x]$, infatti

Corollario 2.28 *Sia A un dominio a fattorizzazione unica, $\mathbb{K}$ il suo campo dei quozienti e sia $f(x) \in A[x]$ un polinomio primitivo. Allora $f(x)$ è irriducibile in $\mathbb{K}[x]$ se e solo se è irriducibile in $A[x]$.*

Dai risultati ora richiamati concludiamo che, per A a fattorizzazione unica, un polinomio in $A[x]$ è irriducibile se e solo se: o ha grado 0 ed è irriducibile come elemento di A, o ha grado positivo ed è un polinomio primitivo e irriducibile in $\mathbb{K}[x]$.

Visto che l'anello di polinomi $\mathbb{K}[x]$ è a fattorizzazione unica, quanto sopra detto su $A[x]$ permette di dimostrare che la proprietà di essere a fattorizzazione unica viene ereditata dagli anelli di polinomi. Cioè

Proposizione 2.29 *Se A è un dominio a fattorizzazione unica allora anche l'anello dei polinomio $A[x]$ è a fattorizzazione unica.*

Ad esempio $\mathbb{Z}[x]$ è a fattorizzazione unica. L'anello $\mathbb{Z}[x]$ ci permette di osservare che non è vero che ogni anello a fattorizzazione unica è ad ideali principali. L'ideale $(2, x)$ di $\mathbb{Z}[x]$ non è principale visto che non è generato da 1, ossia dal massimo comun divisore di 2 e x; quindi $\mathbb{Z}[x]$ è a fattorizzazione unica ma *non* ad ideali principali. Osserviamo che quanto appena detto sull'ideale $(2, x)$ prova che, benché in un dominio a fattorizzazione unica esista sempre un massimo comun divisore di due elementi a, b, non è detto che esso sia un generatore dell'ideale (a, b).

Ovviamente, applicando più volte la proposizione precedente abbiamo

Corollario 2.30 *Se A è un dominio a fattorizzazione unica e n è un naturale, allora l'anello dei polinomi $A[x_1, x_2, \ldots, x_n]$ in n indeterminate è a fattorizzazione unica.*

Ad esempio, per $\mathbb{K}$ campo, $\mathbb{K}[x, y]$ è un dominio a fattorizzazione unica. Come $\mathbb{Z}[x]$, anche $\mathbb{K}[x, y]$ non è però ad ideali principali; infatti, ad esempio, il massimo comun divisore di x e y è 1 ma l'ideale (x, y) non è generato da 1.

Possiamo generalizzare ulteriormente l'ultimo corollario osservando che ogni elemento dell'anello $A[x_1, x_2, \ldots]$ dei polinomi in infinite indeterminate coinvolge solo un numero finito di indeterminate. Inoltre se un'indeterminata non compare in un polinomio $f(x_1, x_2, \ldots)$ allora essa non comparirà in nessuna fattorizzazione di $f(x_1, x_2, \ldots)$. Ciò permette di dimostrare che

Corollario 2.31 *Se A è un dominio a fattorizzazione unica anche l'anello $A[x_1,$ $x_2, \ldots]$ dei polinomi in infinite indeterminate è a fattorizzazione unica.*

Il Criterio di Eisenstein [Volume 1, Criterio di Eisenstein, 5.22, pagina 42] si generalizza in modo diretto da $\mathbb{Z}$ ad un anello a fattorizzazione unica.

Proposizione 2.32 (Criterio di Eisenstein) *Sia $f(x) = a_0 + a_1 x + \cdots + a_n x^n$ un polinomio primitivo a coefficienti in un anello a fattorizzazione unica A. Se esiste un primo p di A per cui p non divide a_n, p divide $a_0, a_1, \ldots, a_{n-1}$ ma p^2 non divide a_0; allora $f(x)$ è irriducibile in $A[x]$ e quindi anche in $\mathbb{K}[x]$, con $\mathbb{K}$ il campo dei quozienti di A.*

Come esempio di applicazione del Criterio di Eisenstein consideriamo il dominio a fattorizzazione unica $A = \mathbb{K}[t]$ con $\mathbb{K}$ un campo di caratteristica un primo p. È chiaro che t è un primo in A. Allora il Criterio di Eisenstein implica che il polinomio $x^p - t$ è irriducibile in $A[x]$. Si noti che $x^p - t$ ha una sola radice di molteplicità p in una chiusura algebrica del campo dei quozienti $\mathbb{K}(t)$ di $\mathbb{K}[t]$; abbiamo quindi un esempio di un polinomio irriducibile con radici multiple.

1.2.10 Gli interi di Gauss

Abbiamo definito l'anello $\mathbb{Z}[i]$ degli interi di Gauss come l'insieme di tutti i numeri complessi $a + bi$ con $a, b \in \mathbb{Z}$. Si tratta di un dominio euclideo con grado dato dalla norma $a + bi \longmapsto N(a + bi) = a^2 + b^2$.

Se, come usuale, pensiamo ai numeri complessi come ai punti del piano $\mathbb{R}^2$, allora gli interi di Gauss corrispondono al sottoinsieme $\mathbb{Z}^2$ dei punti con coordinate entrambe intere; essi formano un reticolo. Anche gli ideali di $\mathbb{Z}[i]$ sono dei reticoli del piano complesso. Sappiamo infatti che ogni ideale è principale e, fissato un elemento $\alpha = a + bi$ di $\mathbb{Z}[i]$, l'ideale da esso generato $I = \mathbb{Z}[i] \cdot \alpha$ è l'insieme di tutte le combinazioni lineari a coefficienti interi di α e $i \cdot \alpha$. Ma visto che $i \cdot \alpha$ si ottiene ruotando α di $\pi/2$ radianti, troviamo subito che I è un reticolo quadrato. Nella seguente figura evidenziamo i punti di I per $\alpha = 1 + 2i$.

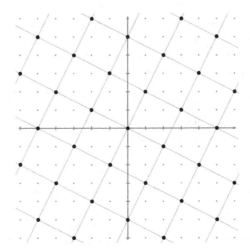

Il valore minimo per la norma in $\mathbb{Z}[i] \setminus \{0\}$ è 1, gli elementi invertibili di $\mathbb{Z}[i]$ sono quindi ± 1, $\pm i$. Vogliamo ora studiare la fattorizzazione in primi in $\mathbb{Z}[i]$; i fattori primi saranno definiti a meno di associati, cioè a meno della moltiplicazione per $-1, i$ e $-i$.

Visto che $\mathbb{Z} \subseteq \mathbb{Z}[i]$, possiamo chiederci se un numero primo, cioè un numero che è primo come elemento di $\mathbb{Z}$, sia o meno primo anche come elemento di $\mathbb{Z}[i]$. I due concetti non coincidono: ad esempio $2 = (1+i)(1-i) = -i(1+i)^2$ e anche $5 = (2+i)(2-i)$, e quindi 2 e 5 non sono primi in $\mathbb{Z}[i]$ visto che gli unici elementi invertibili sono ± 1, $\pm i$; al contrario 3 rimane primo in $\mathbb{Z}[i]$.

Sorprendentemente, per capire se un numero primo p rimane primo anche in $\mathbb{Z}[i]$ basta guardare solo la classe di resto di p modulo 4. Ciò è contenuto nel seguente teorema che descrive anche i numeri primi che sono somma di due quadrati; per una sua possibile dimostrazione si veda l'Esercizio Preliminare 59.

Teorema 2.33

(i) *Un primo p di $\mathbb{Z}$ è somma di due quadrati se e solo se $p \equiv 1 \pmod{4}$ oppure $p = 2$.*

(ii) *Per ogni primo p di $\mathbb{Z}$ la fattorizzazione di p in $\mathbb{Z}[i]$ è la seguente*

    (a) *se $p = 2$ allora $p = (-i)(1+i)^2$ e $1+i$ è primo in $\mathbb{Z}[i]$,*

    (b) *se $p \equiv 1 \pmod{4}$ allora $p = wz$ con w e z non associati in $\mathbb{Z}[i]$,*

    (c) *se $p \equiv 3 \pmod{4}$ allora p è primo in $\mathbb{Z}[i]$.*

(iii) *Un elemento $w = a + bi \in \mathbb{Z}[i]$ è primo se e solo se: o $a^2 + b^2 = p$, e in tal caso necessariamente $p \equiv 1 \pmod{4}$ o $p = 2$; oppure $a^2 + b^2 = p^2$ con $p \equiv 3 \pmod{4}$, e in tal caso w è associato al primo p di $\mathbb{Z}$.*

È il caso di sottolineare che, nel teorema appena visto, studiando l'aritmetica dell'anello $\mathbb{Z}[i]$, un anello più grande che contiene $\mathbb{Z}$, si ricava una proprietà di $\mathbb{Z}$, cioè quali numeri primi siano somma di due quadrati. Ciò non è accidentale ma, anzi, rappresenta un paradigma molto comune nella teoria dei numeri.

1.3 I campi e la teoria di Galois

1.3.1 Concetti di base

Ricordiamo brevemente alcuni concetti di base di teoria dei campi, molti di essi sono già stati introdotti nel primo volume [Volume 1, Richiami di Teoria, sezione 1.6].

L'intersezione di tutti i sottocampi di un campo $\mathbb{K}$ è un sottocampo, esso si chiama il *sottocampo fondamentale* di $\mathbb{K}$. Il sottocampo fondamentale è $\mathbb{Q}$ se $\mathbb{K}$ ha caratteristica 0 ed è $\mathbb{F}_p$, il campo finito con un numero primo p di elementi, se $\mathbb{K}$ ha caratteristica p.

Un'estensione di campi è una coppia di campi $\mathbb{K}, \mathbb{F}$, uno contenuto nell'altro $\mathbb{K} \subseteq \mathbb{F}$. Il grado $[\mathbb{F} : \mathbb{K}]$ è la dimensione di $\mathbb{F}$ come spazio vettoriale su $\mathbb{K}$ e l'estensione è detta finita se tale grado è finito e infinita altrimenti. Scriveremo $\mathbb{F}/\mathbb{K}$ per indicare che $\mathbb{K} \subseteq \mathbb{F}$ è un'estensione di campi. Osserviamo che il grado è moltiplicativo nelle torri di estensioni: se le estensioni $\mathbb{L}/\mathbb{F}$ e $\mathbb{F}/\mathbb{K}$ hanno grado rispettivamente n e m, allora l'estensione $\mathbb{L}/\mathbb{K}$ ha grado $[\mathbb{L} : \mathbb{K}] = [\mathbb{L} : \mathbb{F}][\mathbb{F} : \mathbb{K}] = n \cdot m$; in particolare se uno dei due gradi n o m è infinito allora il grado $[\mathbb{L} : \mathbb{K}]$ è infinito.

Data un'estensione $\mathbb{F}/\mathbb{K}$ e un sottoinsieme X di $\mathbb{F}$, definiamo il campo $\mathbb{K}(X)$ generato da X su $\mathbb{K}$ come l'intersezione di tutti i sottocampi di $\mathbb{F}$ che contengono $\mathbb{K}$ e X. Essendo intersezione di sottocampi, $\mathbb{K}(X)$ è realmente un sottocampo, esso è il più piccolo sottocampo di $\mathbb{F}$ che contiene $\mathbb{K}$ e X. È facile provare che $\mathbb{K}(X)$ è l'insieme di tutti i rapporti $f(x_1, x_2, \dots, x_n)/g(x_1, x_2, \dots, x_n)$ con n un qualsiasi naturale, $x_1, x_2, \dots, x_n$ elementi di X e $f(t_1, t_2, \dots, t_n)$, $g(t_1, t_2, \dots, t_n)$ polinomi nelle n indeterminate $t_1, t_2, \dots, t_n$ a coefficienti in $\mathbb{K}$ e $g(x_1, x_2, \dots, x_n) \neq 0$.

Sia $\mathbb{F}/\mathbb{K}$ un'estensione e sia $a \in \mathbb{F}$, scriviamo $\mathbb{K}(a)$ per il campo generato da $\{a\}$ su $\mathbb{K}$ e chiamiamo questo tipo di estensioni *semplici*; diciamo inoltre che a è un *elemento primitivo* per l'estensione $\mathbb{K}(a)/\mathbb{K}$. L'estensione $\mathbb{F}/\mathbb{K}$ si dice *finitamente generata* se esiste X finito per cui $\mathbb{F} = \mathbb{K}(X)$.

Dati due sottocampi $\mathbb{K}$, $\mathbb{E}$ di $\mathbb{F}$ chiamiamo composto $\mathbb{K} \cdot \mathbb{E}$ di $\mathbb{K}$ e $\mathbb{E}$ il campo $\mathbb{K}(\mathbb{E}) = \mathbb{E}(\mathbb{K})$, cioè il più piccolo sottocampo di $\mathbb{F}$ che contiene sia $\mathbb{K}$ che $\mathbb{E}$.

Un elemento a di $\mathbb{F}$ si dice algebrico su $\mathbb{K}$ se esiste un polinomio non nullo a coefficienti in $\mathbb{K}$ che si annulla in a. In altri termini, $a \in \mathbb{F}$ è algebrico su $\mathbb{K}$ se e solo se il nucleo della valutazione $\mathbb{K}[x] \ni f(x) \longmapsto f(a) \in \mathbb{F}$ è non banale. Quando a è algebrico, il generatore monico di tale nucleo è detto il polinomio minimo di a su $\mathbb{K}$ ed è indicato con $\mu_{a, \mathbb{K}}(x)$ o, più semplicemente, con $\mu_a(x)$. Se $a \in \mathbb{F}$ è algebrico su $\mathbb{K}$, l'estensione $\mathbb{K}(a)$ ha $1, a, a^2, \dots, a^{n-1}$, con $n = \deg(\mu_a(x))$, come base su $\mathbb{K}$; in particolare $[\mathbb{K}(a) : \mathbb{K}] = \deg(\mu_a(x))$. Un elemento non algebrico è detto trascendente.

Un'estensione $\mathbb{F}/\mathbb{K}$ è algebrica se ogni elemento di $\mathbb{F}$ è algebrico su $\mathbb{K}$. Un'estensione finita è algebrica e ogni estensione algebrica finitamente generata è finita. Inoltre se $\mathbb{L}/\mathbb{F}$ e $\mathbb{F}/\mathbb{K}$ sono algebriche anche $\mathbb{L}/\mathbb{K}$ è algebrica.

Un campo Ω si dice algebricamente chiuso se ogni polinomio non costante di $\Omega[x]$ ammette una radice in Ω. È chiaro che Ω è algebricamente chiuso se e solo se ogni polinomio di $\Omega[x]$ si fattorizza in fattori lineari. In altri termini, i soli polinomi irriducibili su un campo algebricamente chiuso sono quelli di primo grado.

Un'estensione Ω di $\mathbb{K}$ è una chiusura algebrica di $\mathbb{K}$ se Ω è algebricamente chiuso e $\Omega/\mathbb{K}$ è un'estensione algebrica. Ricordiamo che ogni campo $\mathbb{K}$ ammette una chiusura algebrica e due chiusure algebriche di $\mathbb{K}$ sono isomorfe con un isomorfismo che fissa $\mathbb{K}$ punto a punto.

Sia $f(x) \in \mathbb{K}[x]$ e sia $\Omega/\mathbb{K}$ una chiusura algebrica, il campo di spezzamento di $f(x)$ in Ω è il campo $\mathbb{K}(a_1, a_2, \ldots, a_n)$ dove $a_1, a_2, \ldots, a_n$ sono le radici di $f(x)$ in Ω. Il campo di spezzamento è in realtà indipendente dalla chiusura algebrica scelta: campi di spezzamento in chiusure algebriche distinte di $\mathbb{K}$ sono tra loro isomorfi. Il grado del campo di spezzamento di $f(x)$ su $\mathbb{K}$ è al più $\deg(f)!$ e anzi, come vedremo in seguito, si può dimostrare che questo grado è un divisore di $\deg(f)!$.

Analogamente possiamo definire il campo di spezzamento di una famiglia $\mathcal{F} \subseteq \mathbb{K}[x]$ di polinomi come il composto in Ω di tutti i campi di spezzamento dei polinomi in $\mathcal{F}$. Equivalentemente tale campo di spezzamento si scrive come $\mathbb{K}(X)$, con X l'insieme delle radici in Ω di tutti i polinomi in $\mathcal{F}$.

Infine, ricordiamo che ogni omomorfismo di campi è iniettivo; nel seguito useremo, spesso implicitamente, questa osservazione.

1.3.2 Estensioni di omomorfismi

Sia Ω una chiusura algebrica del campo $\mathbb{K}$. Un elemento a algebrico su un campo $\mathbb{K}$ si dice *separabile* su $\mathbb{K}$ se il suo polinomio minimo su $\mathbb{K}$ ha radici distinte in Ω. Ovviamente questa condizione non dipende dalla chiusura algebrica Ω fissata. Un elemento non separabile si dice *inseparabile*. Un'estensione algebrica $\mathbb{F}/\mathbb{K}$ si dice *separabile* se ogni elemento di $\mathbb{F}$ è separabile su $\mathbb{K}$; altrimenti l'estensione si dice *inseparabile*.

Ricordiamo che il Criterio della Derivata ci dice che un polinomio $f(x) \in \mathbb{K}[x]$ ha una radice multipla in qualche estensione di $\mathbb{K}$ se e solo se $f(x)$ e la sua derivata $f'(x)$ hanno un massimo comun divisore non banale. In particolare un polinomio irriducibile può avere radici multiple solo se ha derivata nulla. Osserviamo ora che su un campo di caratteristica zero un polinomio non costante non ha derivata nulla. D'altra parte in un campo $\mathbb{K}$ di caratteristica $p > 0$, un polinomio $f(x)$ ha derivata nulla se e solo se è un polinomio in x^p; se inoltre $\mathbb{K}$ è finito allora un polinomio in x^p non è irriducibile. Ciò prova che

Proposizione 3.1 *Sia $\mathbb{F}/\mathbb{K}$ un'estensione algebrica. Se $\mathbb{K}$ ha caratteristica zero o è un campo finito allora $\mathbb{F}/\mathbb{K}$ è un'estensione separabile.*

È facile però costruire un'estensione inseparabile. Infatti, come visto nella Sezione 1.2.9 usando il Criterio di Eisenstein, il polinomio $x^p - t$ è irriducibile sul campo delle funzioni razionali $\mathbb{F}_p(t)$. Ma, se α è una sua radice in qualche estensione, allora si ha $x^p - t = (x - \alpha)^p$ visto che la caratteristica è p. È allora chiaro che l'estensione $\mathbb{F}_p(\alpha)/\mathbb{F}_p(t)$ è inseparabile.

Nel seguito saremo principalmente interessati ad estensioni di campi di caratteristica zero o finiti; tratteremo quindi sempre estensioni separabili, se non diversamente indicato.

Siano $\mathbb{K}$ e $\mathbb{F}$ campi e sia $\varphi : \mathbb{K} \longrightarrow \mathbb{F}$ un omomorfismo di campi. Possiamo estendere φ ad un omomorfismo di anelli da $\mathbb{K}[x]$ in $\mathbb{F}[x]$, che indicheremo ancora con φ,
ponendo

$$\mathbb{K}[x] \ni \sum_{h=0}^{n} a_h x^h \overset{\varphi}{\longmapsto} \sum_{h=0}^{n} \varphi(a_h) x^h \in \mathbb{F}[x].$$

D'ora in avanti Ω sarà sempre una fissata chiusura algebrica del campo $\mathbb{K}$.
L'osservazione successiva, benché del tutto banale, è un punto chiave.

Osservazione 3.2 *Sia $\alpha \in \mathbb{K}$ una radice di un polinomio $f(x) \in \mathbb{K}[x]$ e sia $\varphi :$
$\mathbb{K} \longrightarrow \Omega$ un omomorfismo. Allora $\varphi(\alpha)$ è radice del polinomio $\varphi(f(x))$.*

Sia ora α un elemento di Ω. Vogliamo capire in quanti modi è possibile estendere
un omomorfismo $\varphi : \mathbb{K} \longrightarrow \Omega$ ad un omomorfismo $\psi : \mathbb{K}(\alpha) \longrightarrow \Omega$, vogliamo cioè
un diagramma commutativo

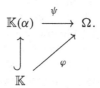

Dall'osservazione precedente, applicata all'omomorfismo $\psi : \mathbb{K}(\alpha) \longrightarrow \Omega$ e al polinomio minimo $\mu(x)$ di α su $\mathbb{K}$, abbiamo che $\psi(\alpha)$ deve essere una radice del
polinomio $\varphi(\mu(x))$. In realtà questa condizione è anche sufficiente, vale infatti

Teorema 3.3 *Sia $\beta \in \Omega$ una radice del polinomio $\varphi(\mu(x))$, allora esiste un omo-
morfismo $\psi : \mathbb{K}(\alpha) \longrightarrow \Omega$ che estende l'omomorfismo $\varphi : \mathbb{K} \longrightarrow \Omega$ e per cui
$\psi(\alpha) = \beta$. In particolare, se α è separabile su $\mathbb{K}$, il numero di omomorfismi distinti che estendono φ a $\mathbb{K}(\alpha)$ è $\deg(\mu(x)) = [\mathbb{K}(\alpha) : \mathbb{K}]$.*

Visto che ogni estensione finita può essere ottenuta come una torre di estensioni
semplici, otteniamo

Teorema 3.4 *Se $\mathbb{F}/\mathbb{K}$ è un'estensione separabile finita e $\varphi : \mathbb{K} \longrightarrow \Omega$ è un omomorfismo, allora esistono $[\mathbb{F} : \mathbb{K}]$ estensioni distinte di φ ad un omomorfismo $\mathbb{F} \longrightarrow \Omega$.*

Quanto visto sull'estensione degli omomorfismi si applica in particolare alle
estensioni dell'inclusione $\mathbb{K} \hookrightarrow \Omega$. Chiedere che ψ estenda l'inclusione $\mathbb{K} \hookrightarrow \Omega$
è chiaramente equivalente ad avere $\psi_{|\mathbb{K}} = \mathrm{Id}_{\mathbb{K}}$. Quindi se $\mathbb{F}/\mathbb{K}$ è finita e $\psi : \mathbb{F} \longrightarrow \Omega$

è un omomorfismo con $\psi_{|\mathbb{K}} = \mathrm{Id}_{\mathbb{K}}$ e $\alpha \in \mathbb{F}$, allora $\psi(\alpha)$ è ancora una radice del polinomio minimo di α su $\mathbb{K}$.

In generale, le radici in Ω del polinomio minimo di α su $\mathbb{K}$ si dicono i *coniugati* di α su $\mathbb{K}$. Quindi un'estensione dell'inclusione $\mathbb{K} \hookrightarrow \Omega$ ad un qualunque campo che contenga $\mathbb{K}(\alpha)$ manda α in un suo coniugato.

Un'estensione algebrica $\mathbb{F}/\mathbb{K}$ si dice *normale* se ogni omomorfismo $\varphi : \mathbb{F} \longrightarrow \Omega$ che estende l'inclusione, cioè tale che $\varphi_{|\mathbb{K}} = \mathrm{Id}_{\mathbb{K}}$, ha la proprietà $\varphi(\mathbb{F}) = \mathbb{F}$. Vista la discussione della sezione precedente, possiamo facilmente provare che

Proposizione 3.5 *Un'estensione algebrica* $\mathbb{F}/\mathbb{K}$ *è normale se e solo se ogni polinomio irriducibile di* $\mathbb{K}[x]$ *che ha una radice in* $\mathbb{F}$ *si spezza completamente su* $\mathbb{F}$*, cioè ha tutte le radici in* $\mathbb{F}$*.*

Usando la proposizione appena enunciata otteniamo una significativa caratterizzazione delle estensioni normali.

Teorema 3.6 *Un'estensione algebrica* $\mathbb{F}/\mathbb{K}$ *è normale se e solo se è il campo di spezzamento di una famiglia di polinomi di* $\mathbb{K}[x]$*. In particolare, un'estensione finita* $\mathbb{F}/\mathbb{K}$ *è normale se e solo se è il campo di spezzamento di un polinomio di* $\mathbb{K}[x]$*.*

L'estensione $\mathbb{Q}(\sqrt{2})/\mathbb{Q}$ è normale in quanto $\mathbb{Q}(\sqrt{2})$ è il campo di spezzamento su $\mathbb{Q}$ del polinomio $x^2 - 2$ di $\mathbb{Q}(x)$. Invece l'estensione $\mathbb{Q}(\sqrt[3]{2})/\mathbb{Q}$ *non* è normale: il polinomio $x^3 - 2$ di $\mathbb{Q}[x]$, che sappiamo essere irriducibile per Eisenstein, ha solo la radice $\sqrt[3]{2}$ in $\mathbb{Q}(\sqrt[3]{2}) \subseteq \mathbb{R}$ visto che le altre due radici $\sqrt[3]{2}(-1 \pm \sqrt{-3})/2$ sono non reali.

Osserviamo che per un'estensione normale $\mathbb{F}/\mathbb{K}$ ogni omomorfismo $\mathbb{F} \longrightarrow \Omega$ che estende $\mathrm{Id}_{\mathbb{K}}$ è un automorfismo di $\mathbb{F}$. Questo sarà un punto chiave per la costruzione della teoria di Galois nella prossima sezione.

Data comunque un'estensione $\mathbb{L}/\mathbb{K}$, possiamo costruire la più piccola estensione $\mathbb{F}$ di $\mathbb{L}$ che è normale su $\mathbb{K}$, anche detta *chiusura normale* di $\mathbb{L}$ su $\mathbb{K}$. Infatti, la famiglia di tutte le estensioni di $\mathbb{L}$ che sono normali su $\mathbb{K}$ è non vuota, ad esempio la chiusura algebrica di $\mathbb{L}$ è sicuramente normale su $\mathbb{K}$. Allora, visto che l'intersezione di estensioni normali è normale, prendendo l'intersezione di tutte le estensioni di $\mathbb{L}$ normali su $\mathbb{K}$ otteniamo la chiusura normale di $\mathbb{L}$. Osserviamo che se $\mathbb{L}$ è generato da alcuni elementi $\alpha_1, \alpha_2, \ldots, \alpha_n$, allora si prova subito che il campo di spezzamento dei polinomi minimi di $\alpha_1, \alpha_2, \ldots, \alpha_n$ è la chiusura normale di $\mathbb{L}$.

Se un'estensione $\mathbb{F}/\mathbb{K}$ è semplice, cioè se esiste un elemento primitivo $\alpha \in \mathbb{F}$, o il altre parole se $\mathbb{F} = \mathbb{K}(\alpha)$, allora possiamo studiare le estensioni degli omomorfismi da $\mathbb{K}$ ad $\mathbb{F}$ analizzando l'immagine di α. Il seguente importante risultato assicura che per le estensioni separabili possiamo sempre ricondurci a questa situazione. Infatti

Teorema 3.7 (dell'Elemento Primitivo) *Ogni estensione separabile finita è semplice.*

Ricordiamo ancora una volta che l'ipotesi di separabilità è automaticamente verificata per campi di caratteristica zero e per campi finiti; quindi per tali campi ogni estensione finita è semplice. Ad esempio, l'elemento $\sqrt{2} + \sqrt{3}$ è primitivo per l'estensione $\mathbb{Q}(\sqrt{2}, \sqrt{3})$. Questo caso particolare non è molto lontano dalla dimostrazione generale del teorema appena enunciato. Per campi con un numero infinito di elementi, si prova che $\mathbb{K}(\alpha, \beta) = \mathbb{K}(\alpha + a\beta)$ per un opportuno $a \in \mathbb{K}$, e si conclude per induzione sul numero di generatori dell'estensione.

1.3.3 La corrispondenza di Galois

Un'estensione normale e separabile di un campo $\mathbb{K}$ è detta *estensione di Galois*. In particolare un'estensione di un campo di caratteristica zero o di un campo finito è di Galois se e solo se è normale.

Nel seguito, continuiamo ad indicare con Ω una fissata chiusura algebrica del campo $\mathbb{K}$. Per quanto visto nella sezione precedente, sappiamo che per un'estensione $\mathbb{F}/\mathbb{K}$ di Galois, ogni estensione di $\mathrm{Id}_{\mathbb{K}}$ ad un omomorfismo $\mathbb{F} \longrightarrow \Omega$ è un automorfismo di $\mathbb{F}$. Come già osservato, un automorfismo di $\mathbb{F}$ che estende $\mathrm{Id}_{\mathbb{K}}$ è semplicemente un automorfismo di $\mathbb{F}$ che fissa punto a punto $\mathbb{K}$. È inoltre chiaro che la composizione di due tali automorfismi è ancora un'estensione di $\mathrm{Id}_{\mathbb{K}}$. Definiamo quindi il *gruppo di Galois* dell'estensione $\mathbb{F}/\mathbb{K}$ come l'insieme

$$\mathrm{Gal}(\mathbb{F}/\mathbb{K}) = \{\varphi : \mathbb{F} \longrightarrow \mathbb{F} \mid \varphi \text{ è un automorfismo di } \mathbb{F}, \varphi_{|\mathbb{K}} = \mathrm{Id}_{\mathbb{K}}\}$$

con l'operazione di composizione di applicazioni. Sempre dai risultati sulle estensioni degli omomorfismi, troviamo subito che per un'estensione finita di Galois $\mathbb{F}/\mathbb{K}$ vale

$$|\mathrm{Gal}(\mathbb{F}/\mathbb{K})| = [\mathbb{F} : \mathbb{K}].$$

Il nostro prossimo obiettivo è il teorema fondamentale della teoria di Galois; abbiamo però bisogno di alcune considerazioni preliminari. Sia $\mathbb{F}/\mathbb{K}$ una fissata estensione di Galois e sia $\mathbb{L}$ un'estensione intermedia, abbiamo cioè $\mathbb{K} \subseteq \mathbb{L} \subseteq \mathbb{F}$. Osserviamo che $\mathbb{F}/\mathbb{L}$ è ancora di Galois, come segue subito dalla caratterizzazione delle estensioni normali come campi di spezzamento. Invece $\mathbb{L}/\mathbb{K}$ non è in generale un'estensione di Galois.

Un automorfismo di $\mathbb{F}$ che fissi punto a punto $\mathbb{L}$, fissa punto a punto anche $\mathbb{K}$ e quindi $\mathrm{Gal}(\mathbb{F}/\mathbb{L})$ è un sottogruppo di $\mathrm{Gal}(\mathbb{F}/\mathbb{K})$. Viceversa, se H è un sottogruppo di $\mathrm{Gal}(\mathbb{F}/\mathbb{K})$ allora l'insieme degli H–punti fissi in $\mathbb{F}$, cioè

$$\mathbb{F}^H = \{\alpha \in \mathbb{F} \mid \varphi(\alpha) = \alpha \text{ per ogni } \varphi \in H\},$$

è un'estensione intermedia tra $\mathbb{K}$ e $\mathbb{F}$.

Vediamo ora alcuni lemmi che possono essere usati per dimostrare il teorema sulla corrispondenza di Galois. Il primo di essi assicura che, in un'estensione di Galois $\mathbb{F}/\mathbb{K}$, gli elementi fissati da tutto il gruppo di Galois sono *solo* quelli di $\mathbb{K}$; vale cioè

Lemma 3.8 *Sia* $\mathbb{F}/\mathbb{K}$ *un'estensione di Galois e sia* $G = \mathrm{Gal}(\mathbb{F}/\mathbb{K})$, *allora* $\mathbb{F}^G = \mathbb{K}$.

Vedremo che il lemma appena enunciato è un caso particolare della corrispondenza di Galois. Il successivo lemma permette di trovare un polinomio che si annulla in un dato elemento usando l'orbita di un sottogruppo del gruppo di Galois. Successivamente, in un corollario, raffineremo questo risultato per estensioni di Galois ad un metodo per calcolare il polinomio minimo di un elemento.

Lemma 3.9 *Sia* $\mathbb{F}/\mathbb{K}$ *un'estensione e sia* H *un gruppo di automorfismi di* $\mathbb{F}$ *che fissano punto a punto* $\mathbb{K}$. *Dato* $\alpha \in \mathbb{F}$, *il polinomio*

$$\prod_{\varphi \in H} (x - \varphi(\alpha))$$

ha coefficienti in $\mathbb{F}^H$ *e si annulla in* α.

Possiamo ora enunciare il teorema principale di questa sezione, esso è dovuto al matematico francese Évariste Galois, benché l'impostazione da noi seguita con le estensioni di campi sia dovuta ad Emil Artin.

Teorema 3.10 (di Corrispondenza di Galois) *Sia* $\mathbb{F}/\mathbb{K}$ *un'estensione di Galois finita. Esiste una corrispondenza biunivoca tra le estensioni intermedie di* $\mathbb{F}/\mathbb{K}$ *e i sottogruppi di* $\mathrm{Gal}(\mathbb{F}/\mathbb{K})$. *Le due applicazioni*

$$\mathbb{L} \longmapsto \mathrm{Gal}(\mathbb{F}/\mathbb{L})$$
$$\mathbb{F}^H \longleftarrow\!\!\!| \; H$$

sono una inversa dell'altra e realizzano una tale corrispondenza, detta corrispondenza di Galois. *Inoltre, se* $\mathbb{L} = \mathbb{F}^H$ *allora:* $\mathbb{L}/\mathbb{K}$ *è un'estensione normale, equivalentemente di Galois, se e solo se* $H = \mathrm{Gal}(\mathbb{F}/\mathbb{L})$ *è un sottogruppo normale di* $\mathrm{Gal}(\mathbb{F}/\mathbb{K})$; *in tal caso* $\mathrm{Gal}(\mathbb{L}/\mathbb{K})$ *è isomorfo a* $\mathrm{Gal}(\mathbb{F}/\mathbb{K})/\mathrm{Gal}(\mathbb{F}/\mathbb{L})$.

La successiva proposizione raccoglie altre importanti proprietà della corrispondenza di Galois.

Proposizione 3.11 *Sia* $\mathbb{F}/\mathbb{K}$ *un'estensione di Galois finita e siano* H, H' *due sottogruppi del gruppo di Galois* $\mathrm{Gal}(\mathbb{F}/\mathbb{K})$. *Allora*

(i) *la corrispondenza di Galois inverte le inclusioni*

$$H \subseteq H' \text{ se e solo se } \mathbb{F}^H \supseteq \mathbb{F}^{H'},$$

(ii) *l'intersezione di sottogruppi corrisponde al composto dei sottocampi*

$$\mathbb{F}^{H \cap H'} = \mathbb{F}^H \cdot \mathbb{F}^{H'},$$

(iii) *l'intersezione di sottocampi corrisponde al sottogruppo generato dai sotto-gruppi*

$$\mathbb{F}^{\langle H, H' \rangle} = \mathbb{F}^H \cap \mathbb{F}^{H'}.$$

Il gruppo di Galois della composizione di due estensioni $\mathbb{F}_1/\mathbb{K}$, $\mathbb{F}_2/\mathbb{K}$ che si intersecano sul campo $\mathbb{K}$ può essere espresso in termini dei gruppi di Galois delle due estensioni. In generale abbiamo

Proposizione 3.12 *Siano $\mathbb{F}_1/\mathbb{K}$ e $\mathbb{F}_2/\mathbb{K}$ due estensioni di Galois finite, allora $\mathbb{F}_1 \cdot \mathbb{F}_2$ è ancora un'estensione di Galois di $\mathbb{K}$. L'applicazione*

$$\mathrm{Gal}(\mathbb{F}_1 \cdot \mathbb{F}_2/\mathbb{K}) \ni \sigma \longmapsto (\sigma_{|\mathbb{F}_1}, \sigma_{|\mathbb{F}_2}) \in \mathrm{Gal}(\mathbb{F}_1/\mathbb{K}) \times \mathrm{Gal}(\mathbb{F}_2/\mathbb{K})$$

è un omomorfismo iniettivo. Inoltre esso è suriettivo se e solo se $\mathbb{F}_1 \cap \mathbb{F}_2 = \mathbb{K}$ e, in tal caso, $[\mathbb{F}_1 \cdot \mathbb{F}_2 : \mathbb{Q}] = [\mathbb{F}_1 : \mathbb{Q}] \cdot [\mathbb{F}_2 : \mathbb{Q}]$.

Possiamo ora migliorare il Lemma 3.9 introducendo un metodo che permette di calcolare il polinomio minimo di un elemento in un'estensione di Galois.

Proposizione 3.13 *Sia $\mathbb{F}/\mathbb{K}$ un'estensione di Galois e sia α un elemento di $\mathbb{F}$. L'orbita $\mathcal{O} = \mathrm{Gal}(\mathbb{F}/\mathbb{K}) \cdot \alpha$ di α secondo il gruppo di Galois dell'estensione è l'insieme dei coniugati di α e*

$$\prod_{\beta \in \mathcal{O}} (x - \beta)$$

è il polinomio minimo di α su $\mathbb{F}$.

Vogliamo ora applicare la teoria di Galois alle estensioni finite dei campi $\mathbb{F}_p$, con p un primo. Ogni estensione finita di $\mathbb{F}_p$ è del tipo $\mathbb{F}_{p^n}$ per un intero positivo n. L'estensione $\mathbb{F}_{p^n}/\mathbb{F}_p$ è di Galois in quanto è separabile ed è il campo di spezzamento del polinomio $x^{p^n} - x$ su $\mathbb{F}_p$. L'endomorfismo di Frobenius

$$\mathbb{F}_{p^n} \ni \alpha \longmapsto \alpha^p \in \mathbb{F}_{p^n}$$

è un automorfismo di $\mathbb{F}_{p^n}$, esso fissa punto a punto esattamente il sottocampo $\mathbb{F}_p$. Abbiamo allora

Osservazione 3.14 *Il gruppo di Galois $\mathrm{Gal}(\mathbb{F}_{p^n}/\mathbb{F}_p)$ è ciclico di ordine n ed è generato dall'automorfismo di Frobenius.*

Dato un polinomio $f(x) \in \mathbb{Q}[x]$, sia $\mathbb{F}$ il campo di spezzamento di $f(x)$ su $\mathbb{Q}$. L'estensione $\mathbb{F}/\mathbb{Q}$ è chiaramente di Galois, chiameremo *gruppo di Galois di $f(x)$* il gruppo di Galois dell'estensione $\mathbb{F}/\mathbb{Q}$.

Vediamo un primo esempio molto semplice considerando un'estensione quadratica $\mathbb{F}/\mathbb{Q}$. Sicuramente esiste $a \in \mathbb{Q} \setminus \mathbb{Q}^2$ per cui $\mathbb{F} = \mathbb{Q}(\sqrt{a})$ e quindi $\mathbb{F}/\mathbb{Q}$

è un'estensione normale essendo $\mathbb{F}$ il campo di spezzamento di $x^2 - a \in \mathbb{Q}[x]$. Il gruppo $\mathrm{Gal}(\mathbb{F}/\mathbb{Q})$ ha due elementi: l'identità di $\mathbb{F}$ e l'automorfismo $\mathbb{F} \ni u + v\sqrt{a} \longmapsto u - v\sqrt{a} \in \mathbb{F}$; in particolare il gruppo di Galois di $\mathbb{F}/\mathbb{Q}$ è isomorfo a $\mathbb{Z}/2\mathbb{Z}$.

Come altro esempio consideriamo il polinomio $x^3 - 2 \in \mathbb{Q}[x]$. Tale polinomio è irriducibile e il suo campo di spezzamento è $\mathbb{F} = \mathbb{Q}(\sqrt[3]{2}, \zeta)$, con $\zeta = e^{2\pi i/3} = (-1 + \sqrt{-3})/2$ una radice terza primitiva dell'unità. Il grado di $\mathbb{F}/\mathbb{Q}$ è 6, il gruppo di Galois di $x^3 - 2$ su $\mathbb{Q}$, cioè $\mathrm{Gal}(\mathbb{F}/\mathbb{Q})$, avrà quindi 6 elementi. Visto, inoltre, che tale gruppo deve permutare i tre coniugati $\sqrt[3]{2}$, $\sqrt[3]{2}\zeta$, $\sqrt[3]{2}\zeta^2$ di $\sqrt[3]{2}$, esso sarà isomorfo ad S_3. Ne deduciamo che per ogni permutazione σ di questi tre elementi esiste un automorfismo di $\mathbb{F}$ che estende l'identità di $\mathbb{Q}$ e che induce σ sull'insieme delle tre radici.

In realtà, dato comunque un polinomio $f(x) \in \mathbb{Q}[x]$ di grado n e detto $\mathbb{F}$ il campo di spezzamento di $f(x)$ su $\mathbb{Q}$, possiamo generalizzare il ragionamento appena illustrato. Un elemento del gruppo di Galois di $f(x)$, cioè di $\mathrm{Gal}(\mathbb{F}/\mathbb{Q})$, induce per restrizione una permutazione delle n radici di $f(x)$ in $\mathbb{F}$. Otteniamo quindi un omomorfismo

$$\mathrm{Gal}(\mathbb{F}/\mathbb{Q}) \longrightarrow \mathsf{S}_n.$$

Questo omomorfismo è iniettivo essendo $\mathbb{F}$ generato dalle radici di $f(x)$. Osserviamo anche che, se $f(x)$ è irriducibile, allora per quanto visto nella sezione precedente, prese comunque due radici α, β di $f(x)$, esiste un'estensione dell'identità di $\mathbb{Q}$ ad un automorfismo di $\mathbb{F}$ che manda α in β. Ciò prova che l'immagine dell'omomorfismo $\mathrm{Gal}(\mathbb{F}/\mathbb{Q}) \longrightarrow \mathsf{S}_n$ è un sottogruppo che agisce transitivamente su $\{1, 2, \dots, n\}$, detto un sottogruppo *transitivo* di S_n. Riassumiamo questa discussione nella seguente

Osservazione 3.15 *Il gruppo di Galois di un polinomio di $\mathbb{Q}[x]$ di grado n è isomorfo ad un sottogruppo di S_n. Se il polinomio è irriducibile allora il sottogruppo è transitivo.*

Sottolineiamo che l'omomorfismo $\mathrm{Gal}(\mathbb{F}/\mathbb{Q}) \hookrightarrow \mathsf{S}_n$ dipende dalla scelta di una numerazione delle radici del polinomio $f(x)$. Cambiare numerazione corrisponde a coniugare l'immagine di questo omomorfismo in S_n.

Visto che il gruppo di Galois di un polinomio ha ordine il grado del campo di spezzamento, utilizzando il Teorema di Lagrange otteniamo subito

Corollario 3.16 *Sia $f(x)$ un polinomio di $\mathbb{Q}[x]$. Il grado del campo di spezzamento di un polinomio $f(x)$ di $\mathbb{Q}[x]$ divide $\deg(f)!$.*

Consideriamo ora un polinomio generico $f(x)$ di terzo grado, irriducibile e a coefficienti razionali. Ci proponiamo di determinare il gruppo di Galois di $f(x)$ come sottogruppo G di S_3. Solo $\mathsf{A}_3 \simeq \mathbb{Z}/3\mathbb{Z}$ e S_3 sono sottogruppi transitivi di S_3, quindi $G = \mathsf{A}_3$ o $G = \mathsf{S}_3$.

Sia $\mathbb{F}$ il campo di spezzamento di $f(x)$ su $\mathbb{Q}$ e siano $\alpha_1, \alpha_2, \alpha_3 \in \mathbb{F}$ le tre radici di $f(x)$. L'estensione $\mathbb{F}/\mathbb{Q}$ è di Galois e possiamo quindi avere $[\mathbb{F} : \mathbb{Q}] = 3$, se $G = \mathsf{A}_3$, o $[\mathbb{F} : \mathbb{Q}] = 6$, se $G = \mathsf{S}_3$; il nostro obiettivo è decidere tra queste due alternative. Posto $\delta = (\alpha_1 - \alpha_2)(\alpha_1 - \alpha_3)(\alpha_2 - \alpha_3)$, definiamo il *discriminante* di $f(x)$ come $\Delta = \delta^2$. Il discriminante è invariante per ogni permutazione delle radici, in particolare, per ogni elemento di G; esso è quindi un numero razionale. Abbiamo $\sigma(\delta) = (-1)^\sigma \delta$ e quindi: δ è invariante per A_3 ma non per S_3. È allora chiaro che $G = \mathsf{A}_3$ se e solo se $\Delta \in \mathbb{Q}^2$.

Per calcolare Δ in termini dei coefficienti di $f(x)$ osserviamo che possiamo sempre ricondurci alla forma $f(x) = x^3 + ax + b$; infatti basta una sostituzione $x' = x + \lambda$ per un $\lambda \in \mathbb{Q}$ opportuno per annullare il coefficiente di secondo grado. Svolgendo i calcoli in $\Delta = (\alpha_1 - \alpha_2)^2(\alpha_1 - \alpha_3)^2(\alpha_2 - \alpha_3)^2$ e usando $s_1 = \alpha_1 + \alpha_2 + \alpha_3 = 0$, $s_2 = \alpha_1\alpha_2 + \alpha_1\alpha_3 + \alpha_2\alpha_3 = a$ e $s_3 = \alpha_1\alpha_2\alpha_3 = -b$ otteniamo $\Delta = -4a^3 - 27b^2$. Mettendo insieme quanto osservato abbiamo

Proposizione 3.17 *Il discriminante di* $f(x) = x^3 + ax + b$ *è*

$$\Delta = -4a^3 - 27b^2.$$

Se inoltre $f(x)$ *è irriducibile in* $\mathbb{Q}[x]$ *allora il gruppo di Galois di* $f(x)$ *è isomorfo a:* $\mathbb{Z}/3\mathbb{Z}$ *se* $\Delta \in \mathbb{Q}^2$ *oppure* S_3 *se* $\Delta \notin \mathbb{Q}^2$.

Si noti che è possibile ricavare questa formula per Δ in maniera più semplice usando il Teorema dei Polinomi Simmetrici, risultato che esula però dai nostri obiettivi. Tale teorema garantisce che Δ, essendo un polinomio simmetrico in $\alpha_1, \alpha_2, \alpha_3$, è un polinomio nei polinomi simmetrici elementari s_1, s_2, s_3. A questo punto basta osservare che Δ è omogeneo di grado 6 in $\alpha_1, \alpha_2, \alpha_3$ per trovare che esso è della forma $us_2^3 + vs_3^2$ per opportuni coefficienti $u, v \in \mathbb{Q}$. Infine, valutando il discriminante su, ad esempio, i polinomi $x^3 - x$ e $x^3 - 3x + 2$ si determinano i coefficienti $u = -4$ e $v = -27$.

Il polinomio irriducibile $x^3 - x + 1$ ha discriminante $\Delta = -4 \cdot (-1)^3 - 27 \cdot 1^3 = -23 \notin \mathbb{Q}^2$ e quindi gruppo di Galois isomorfo ad S_3. Invece il polinomio irriducibile $x^3 - 7x + 7$ ha discriminante $\Delta = -4 \cdot (-7)^3 - 27 \cdot 7^2 = 7^2 \in \mathbb{Q}^2$ e il suo gruppo di Galois è isomorfo a $\mathbb{Z}/3\mathbb{Z}$.

Nell'Esercizio Preliminare 64 studiamo il gruppo di Galois di un polinomio biquadratico di $\mathbb{Q}[x]$.

1.3.4 Le estensioni ciclotomiche

In questa sezione introduciamo le estensioni ciclotomiche di $\mathbb{Q}$, si tratta di estensioni estremamente importanti, ad esempio per la teoria dei numeri.

Ricordiamo dal primo volume che, dato un intero positivo n, una radice n-esima dell'unità in $\mathbb{C}$ è una radice del polinomio $x^n - 1$, cioè un numero complesso ζ tale che $\zeta^n = 1$. Le radici n-esime sono quindi gli elementi $e^{2\pi h i/n}$, con

$h = 0, 1, \ldots, n - 1$. Se ζ ha ordine esattamente n allora diremo che è una radice n–esima primitiva dell'unità. Una radice n–esima ζ è una radice m–esima primitiva con m uguale all'ordine di ζ in $\mathbb{C}^*$; chiaramente m divide n. Le radici n–esime dell'unità formano un gruppo ciclico di ordine n in $\mathbb{C}^*$ e le radici primitive n–esime sono i generatori di tale gruppo; esse sono quindi date da $e^{2\pi h i/n}$, con $1 \le h \le n - 1$ e $(h, n) = 1$, e sono $\phi(n)$ in numero.

Se ζ è una radice n–esima primitiva dell'unità, l'estensione $\mathbb{Q}(\zeta)/\mathbb{Q}$ è detta *estensione ciclotomica n–esima* o *di ordine n*. Si noti che $\mathbb{Q}(\zeta)$ è chiaramente il campo di spezzamento del polinomio $x^n - 1$ su $\mathbb{Q}$, quindi l'estensione $\mathbb{Q}(\zeta)/\mathbb{Q}$ è di Galois.

Chiamiamo *polinomio ciclotomico n–esimo* il polinomio

$$\Phi_n(x) = \prod_{\zeta} (x - \zeta)$$

dove ζ varia nell'insieme delle radici n–esime primitive. Osserviamo che $\Phi_n(x)$ è, per definizione, un polinomio a coefficienti in $\mathbb{C}$. In realtà, essendo le estensioni ciclotomiche di Galois e, visto che il gruppo di Galois permuta le radici n–esime primitive in quanto conserva gli ordini, $\Phi_n(x)$ ha coefficienti in $\mathbb{Q}$. Usando un tipico argomento di riduzione modulo un primo, si può dimostrare che

Teorema 3.18 (di Dedekind) *Per ogni intero n il polinomio ciclotomico $\Phi_n(x)$ è irriducibile in $\mathbb{Q}[x]$.*

Il polinomio ciclotomico $\Phi_n(x)$ ha grado $\phi(n)$, allora, per ζ radice primitiva n–esima, abbiamo anche $[\mathbb{Q}(\zeta) : \mathbb{Q}] = \phi(n)$ e il gruppo di Galois $\mathrm{Gal}(\mathbb{Q}(\zeta)/\mathbb{Q})$ ha $\phi(n)$ elementi.

Vogliamo ora descrivere esplicitamente gli elementi φ del gruppo di Galois dell'estensione ciclotomica n–esima. Come già detto φ conserva l'ordine di ζ in $\mathbb{C}^*$, quindi esiste un intero a per cui $\varphi(\zeta) = \zeta^a$, tale intero è primo con n e ben definito modulo n. Inoltre, per ogni k intero, si ha anche $\varphi(\zeta^k) = \zeta^{ak}$ e quindi l'intero a non dipende dal generatore ζ dell'estensione ma solo da φ. Abbiamo quindi provato la prima parte del seguente

Teorema 3.19 (delle Estensioni Ciclotomiche Razionali) *Sia $\mathbb{Q}(\zeta)/\mathbb{Q}$ un'estensione ciclotomica n–esima. Per ogni $\varphi \in \mathrm{Gal}(\mathbb{Q}(\zeta)/\mathbb{Q})$ esiste $a_\varphi \in \mathbb{Z}$ per cui $\varphi(\omega) = \omega^{a_\varphi}$ per ogni radice n–esima ω. Inoltre l'applicazione*

$$\mathrm{Gal}(\mathbb{Q}(\zeta)/\mathbb{Q}) \ni \varphi \longmapsto a_\varphi \in (\mathbb{Z}/n\mathbb{Z})^*$$

è un isomorfismo di gruppi. In particolare $[\mathbb{Q}(\zeta) : \mathbb{Q}] = |\mathrm{Gal}(\mathbb{Q}(\zeta) : \mathbb{Q})| = \phi(n)$.

Sia ora $\mathbb{Q}(\zeta)$ un'estensione ciclotomica n–esima e $\mathbb{Q}(\omega)$ un'estensione ciclotomica m–esima. È chiaro che $\zeta \cdot \omega$ è una radice primitiva di ordine il minimo comune multiplo $[n, m]$. Abbiamo quindi provato che

Osservazione 3.20 *Il composto di due estensione ciclotomiche è ancora un'esten-sione ciclotomica, di ordine il minimo comune multiplo degli ordini.*

È anche chiaro che l'intersezione $\mathbb{Q}(\zeta) \cap \mathbb{Q}(\omega)$ è contenuta nell'estensione ci-clotomica di ordine il massimo comun divisore (m, n). In realtà comparando i gradi delle estensioni possiamo dimostrare

Osservazione 3.21 *L'intersezione di due estensioni ciclotomiche è ancora un'esten-sione ciclotomica, di ordine il massimo comun divisore degli ordini.*

Occupiamoci ora di caratterizzare la sottoestensione reale $\mathbb{Q}(\zeta) \cap \mathbb{R}$ di un'esten-sione ciclotomica n–esima. Se $n \leq 2$ allora $\mathbb{Q}(\zeta) = \mathbb{Q}$, possiamo quindi assumere $n > 2$ e osservare che il coniugio è un elemento di ordine 2 di $\mathrm{Gal}(\mathbb{Q}(\zeta)/\mathbb{Q})$. Risulta $\zeta + \zeta^{-1} = 2\cos(2\pi/n) \in \mathbb{R}$ e quindi $\mathbb{Q}(\zeta + \zeta^{-1}) \subseteq \mathbb{Q}(\zeta) \cap \mathbb{R}$. D'altra parte $\mathbb{Q}(\zeta)$ ha grado 2 su $\mathbb{Q}(\zeta + \zeta^{-1})$ visto che ζ soddisfa il polinomio $x^2 - (\zeta + \zeta^{-1})x + 1 \in \mathbb{Q}(\zeta + \zeta^{-1})[x]$ e che $\mathbb{Q}(\zeta)$ non è un'estensione reale per $n > 2$. Usando la Corrispondenza di Galois troviamo che $\mathbb{Q}(\zeta + \zeta^{-1})$ corrisponde al sottogruppo di $\mathrm{Gal}(\mathbb{Q}(\zeta)/\mathbb{Q})$ generato dal coniugio, in particolare

Osservazione 3.22 *Se ζ è una radice primitiva n–esima, allora la sottoestensione reale $\mathbb{Q}(\zeta) \cap \mathbb{R}$ è data da $\mathbb{Q}(\zeta + \zeta^{-1}) = \mathbb{Q}(\cos(2\pi/n))$. Essa è di Galois e, se $n > 2$, ha grado $\phi(n)/2$ su $\mathbb{Q}$.*

Per completezza riportiamo quanto già visto nel primo volume (Volume I, Teo-rema 6.22, pagina 51) sulle estensioni ciclotomiche di un campo finito $\mathbb{F}_p$.

Teorema 3.23 (delle Estensioni Ciclotomiche in caratteristica positiva) *Sia n un intero non divisibile per il primo p: il campo di spezzamento di $x^n - 1$ è $\mathbb{F}_{p^r}$ dove r è l'ordine di p nel gruppo moltiplicativo $(\mathbb{Z}/n\mathbb{Z})^*$.*

1.3.5 Costruzioni con Riga e Compasso

In questa sezione presentiamo, per completezza, alcuni classici risultati sulla co-struibilità con riga e compasso di alcune figure e numeri. Benché essi non siano usati negli esercizi, sono di solito presentati nei corsi di algebra dei primi anni.

Supponiamo di aver fissato i due punti distinti O e U del piano. Definiamo i punti, le rette e le circonferenze *costruibili* secondo le seguenti regole ricorsive

(i) i punti O e U sono costruibili,
(ii) una retta tra punti costruibili è costruibile,
(iii) una circonferenza con centro un punto costruibile e passante per un punto co-struibile è costruibile,
(iv) un punto di intersezione di due rette costruibili o di una retta e una circonfe-renza costruibili o di due circonferenze costruibili è costruibile.

Alcune costruzioni elementari con riga e compasso sono ben note, ad esempio si può costruire: la perpendicolare ad una retta costruibile in un punto costruibile, l'asse di un segmento tra punti costruibili, il punto medio di due punti costruibili, la retta parallela ad una retta costruibile passante per un punto costruibile, un segmento della stessa lunghezza di un segmento costruito su una retta costruita partendo da un punto costruito.

In particolare si può costruire un sistema di assi cartesiani con origine O e U di coordinate $(1, 0)$. Diciamo inoltre che un numero reale a è *costruibile* se è possibile costruire due punti di distanza $|a|$. È allora immediato provare che un punto P di coordinate (x, y) è costruibile se e solo se x e y sono numeri costruibili. Se a e b sono costruibili allora anche $a + b$, $a - b$ sono costruibili. Con la costruzione in figura vediamo che, se a e $b \neq 0$ sono costruibili, il rapporto a/b è costruibile. Allora anche $1/b$ e $ab = a/(1/b)$ sono costruibili.

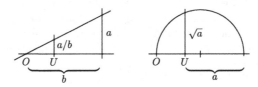

Possiamo associare il punto (a, b) del piano al numero complesso $\alpha = a + bi$; diremo che α è costruibile se lo sono a e b; ad esempio il numero complesso i è costruibile. Da quanto provato prima ricaviamo subito che

Teorema 3.24 *L'insieme dei numeri complessi costruibili forma un campo. Inoltre, se α è un numero complesso costruibile e $\beta^2 = \alpha$ allora anche β è costruibile.*

In realtà, il teorema contiene già una descrizione dei numeri complessi costruibili: le operazioni ammesse tra numeri costruibili sono la somma, la differenza, il prodotto, la divisione e la radice quadrata. Vale cioè

Teorema 3.25 *Un numero complesso α è costruibile se e solo se esiste una torre di estensioni*

$$\mathbb{Q} = \mathbb{K}_0 \subseteq \mathbb{K}_1 \subseteq \mathbb{K}_2 \subseteq \cdots \subseteq \mathbb{K}_n$$

con $\alpha \in \mathbb{K}_n$ e per cui $[\mathbb{K}_h : \mathbb{K}_{h-1}] = 2$ per ogni $h = 1, 2, \dots, n$.

Visto che, con la notazione del teorema precedente, $[\mathbb{Q}(\alpha) : \mathbb{Q}]$ divide $[\mathbb{K}_n : \mathbb{Q}] = 2^n$ abbiamo

Corollario 3.26 *Se un numero complesso α è costruibile allora α è algebrico di grado una potenza di 2 su $\mathbb{Q}$.*

Non è però vero il viceversa: esistono numero algebrici di grado 4 su $\mathbb{Q}$ non costruibili. Questo corollario ci permette già di provare che i problemi classici di costruibilità sono tutti impossibili.

Corollario 3.27 *Con riga e compasso non è possibile duplicare un cubo di lato generico, trisecare un angolo generico né costruire un quadrato di area uguale a quella di un cerchio assegnato.*

Infatti, per duplicare un cubo bisognerebbe costruire un cubo di lato $\ell \cdot \sqrt[3]{2}$, dove ℓ è il lato del cubo iniziale. Ne segue che bisognerebbe che il numero $\sqrt[3]{2}$ fosse costruibile, mentre esso è radice del polinomio irriducibile di terzo grado a coefficienti razionali $x^3 - 2$.

Non esiste nessuna costruzione che trisechi un angolo generico in quanto una tale costruzione non esiste per l'angolo di $\pi/3$. Infatti si vede facilmente che $\cos(\pi/9)$ soddisfa un polinomio irriducibile di terzo grado.

Il problema di costruire un quadrato di area uguale a quella di un cerchio assegnato, detto comunemente il *problema della quadratura del cerchio*, è stato dimostrato impossibile nel 1882, quando Ferdinand von Lindemann ha provato che il numero π è trascendente, cioè non solo non soddisfa nessuna equazione di grado una potenza di 2 a coefficienti razionali, ma non soddisfa nessuna equazione di nessun grado.

Facendo uso della teoria di Galois possiamo dimostrare un parziale inverso del corollario riportato sopra. La dimostrazione usa in maniera cruciale che un gruppo di ordine una potenza di due, cioè un 2–gruppo, ammette una catena di sottogruppi tutti di indice relativo 2.

Teorema 3.28 *Un numero complesso contenuto in un'estensione di Galois di grado una potenza di 2 è costruibile.*

Possiamo applicare quanto appena visto alla costruibilità dei poligoni regolari inscritti nella circonferenza unitaria: un tale n–agono è costruibile se e solo se una radice n–esima primitiva è costruibile. Un numero primo p per cui $p - 1$ è una potenza di 2 si dice *primo di Fermat*.

Teorema 3.29 *Un n–agono regolare è costruibile se e solo se $n = 2^r p_1 p_2 \cdots p_k$ dove r è un qualsiasi intero positivo e $p_1, p_2, \ldots, p_k$ sono numeri primi di Fermat distinti.*

Riassumiamo brevemente l'idea della dimostrazione. Aggiungendo ai razionali le radici n-esime dell'unità si ottiene un'estensione di Galois che ha grado $\phi(n)$ su $\mathbb{Q}$ e, nel caso del teorema, tale grado è una potenza di 2. In particolare il suo gruppo di Galois è un 2–gruppo, e quindi ammette una catena di sottogruppi di indice relativo 2, corrispondente ad una torre di estensioni di grado relativo uguale a 2. In particolare le radici n–esime sono costruibili per il teorema precedente.

Ad esempio, l'eptagono e l'ennagono regolare non sono costruibili con riga e compasso, mentre lo sono il triangolo e il pentagono.

Concludiamo questa sezione osservando che un numero primo di Fermat è sicuramente della forma $p_m = 2^{2^m} + 1$ per qualche intero m. Mentre Fermat pensava che tutti i numeri $p_0, p_1, \ldots$ fossero primi, Eulero ha verificato che $2^{2^5} + 1 =$

$641 \cdot 6700417$ e quindi p_5 *non* è primo. Per $0 \leq m \leq 4$ troviamo effettivamente i numeri primi 3, 5, 17, 257, 65537, ma l'esistenza di altri primi di Fermat è un problema aperto. Per ciò che riguarda una costruzione effettiva, duemila anni dopo le classiche costruzioni dei greci per il triangolo e per il pentagono regolare, Gauss nel 1796, quando aveva solo 19 anni, ne diede una per il poligono regolare di 17 lati. Lo stesso metodo si può generalizzare ai poligoni con 257 e 65537 lati.

1.4 Esercizi Preliminari

In questa sezione vediamo degli esercizi preliminari; essi dovrebbero essere studiati prima degli esercizi dei testi d'esame. Spesso infatti le loro conclusioni e le tecniche impiegate sono usate come strumenti per risolvere gli esercizi dei capitoli successivi. Alcuni esercizi fanno riferimento ad altri esercizi precedenti. Ciò accade di solito quando una breve serie di esercizi, che il lettore è invitato a risolvere contestualmente, dimostra un risultato importante ma che è didatticamente conveniente dividere in passi.

Esercizio 1 Provare che un gruppo non abeliano con 6 elementi è isomorfo ad S_3.

Soluzione Sia G un gruppo non abeliano di ordine 6. Per il Teorema di Cauchy esistono $\sigma \in G$ di ordine 2 e $\tau \in G$ di ordine 3. Se questi due elementi commutassero allora $\sigma\tau$ avrebbe ordine 6, il gruppo G sarebbe quindi ciclico mentre non è abeliano. È facile controllare che gli elementi

$$e, \tau, \tau^2$$
$$\sigma, \sigma\tau, \sigma\tau^2$$

sono tutti distinti. Inoltre l'unica possibilità per $\tau\sigma$ è che esso sia uguale a $\sigma\tau^2$. Abbiamo quindi provato che G è isomorfo ad S_3.

Esercizio 2 Classificare, a meno di isomorfismo, i gruppi di ordine 8.

Soluzione Per il Teorema di Struttura dei Gruppi Abeliani Finiti, se G è abeliano è isomorfo ad uno dei gruppi $\mathbb{Z}/8\mathbb{Z}$, $\mathbb{Z}/4\mathbb{Z} \times \mathbb{Z}/2\mathbb{Z}$, $(\mathbb{Z}/2\mathbb{Z})^3$. Questi tre gruppi non sono isomorfi tra loro, in quanto il primo è l'unico ad avere elementi di ordine 8, il secondo contiene elementi di ordine 4 e il terzo contiene solo l'elemento neutro ed elementi di ordine 2.

Consideriamo ora il caso in cui G non è abeliano. Certamente G non contiene elementi di ordine 8, perché altrimenti sarebbe ciclico, né può avere solo elementi di ordine 1 o 2 perché sarebbe abeliano.

Dunque G contiene un elemento h di ordine 4; denotiamo con H il sottogruppo generato da h e osserviamo che, avendo indice 2, il sottogruppo H è normale in G.

Distinguiamo ora i seguenti due casi.

① L'insieme $G \setminus H$ contiene un elemento g di ordine 2. Detto K il sottogruppo generato da g, otteniamo che $G = H \cdot K$ e l'azione per coniugio di g sul sottogruppo normale H non può essere banale visto che G non è abeliano. L'unica possibilità per tale azione è che mandi h in h^{-1}; ma allora vale $ghg^{-1} = h^{-1}$ e G è quindi isomorfo a D_4, il gruppo diedrale con 8 elementi.

②L'insieme $G \setminus H$ contiene solo elementi di ordine 4. In questo caso G contiene un solo elemento di ordine 2, e cioè h^2. Per comodità di notazione poniamo $-1 = h^2$ e osserviamo che, essendo l'unico di ordine 2, -1 è invariante per coniugio ed è quindi nel centro di G. Sempre per comodità, siano $i = h$ e $-i = (-1) \cdot i = i \cdot (-1)$. Abbiamo allora $i^2 = h^2 = -1$ e $i^3 = i^2 \cdot i = (-1) \cdot i = -i$.

Similmente, se $j \in G \setminus H$, allora j ha ordine 4 e quindi j^2 ha ordine 2, cioè $j^2 = -1$. Ponendo ancora $-j = (-1) \cdot j = j \cdot (-1)$, abbiamo $j^3 = j^2 \cdot j = (-1) \cdot j = -j$. Sia infine $k \notin H$, $k \neq \pm j$, abbiamo ancora $k^2 = -1$ e, ponendo $-k = (-1) \cdot k = k \cdot (-1)$, otteniamo anche $k^3 = -k$. Abbiamo dunque, in particolare, le relazioni

$$i^2 = j^2 = k^2 = -1.$$

Consideriamo ora il prodotto ij. Per la regola di cancellazione, si deve avere $ij \neq \pm 1, \pm i, \pm j$. Scambiando k con $-k$ se necessario, possiamo supporre che $ij = k$. A questo punto abbiamo anche $jk = i$, in quanto basta cancellare i dalla relazione $ijk = k^2 = -1$. In maniera del tutto simile, otteniamo la serie completa di relazioni

$$ij = k, \quad jk = i, \quad ki = j, \quad ji = -k, \quad kj = -i, \quad ik = -j.$$

Il gruppo G è quindi isomorfo al gruppo Q_8 delle unità dei quaternioni e ciò completa la lista dei gruppi di ordine 8.

Esercizio 3 Sia G un gruppo finito, dimostrare che un sottogruppo normale di ordine il più piccolo primo che divide l'ordine di G è contenuto nel centro.

Soluzione Indichiamo con p il più piccolo primo che divide $|G|$ e con H un sottogruppo normale di ordine p.

Sia g un elemento di G e sia ψ_g l'automorfismo di G dato dal coniugio per g. Sappiamo che H è stabile per ψ_g in quanto sottogruppo normale; sia allora $\varphi_g = \psi_{g|H} : H \longrightarrow H$ l'automorfismo ottenuto restringendo ψ_g ad H. Per provare che H è contenuto nel centro basta provare che $\varphi_g = \mathrm{Id}_H$, o equivalentemente che, detto t l'ordine di φ_g nel gruppo $\mathrm{Aut}(H)$, si ha $t = 1$.

Se r è l'ordine di $g \in G$ allora $\varphi_g^r = \psi_{g|H}^r = (\psi_g^r)_{|H} = (\psi_{g^r})_{|H} = (\psi_e)_{|H} = \mathrm{Id}_H$. Quindi t divide r e allora t divide anche $n = |G|$.

D'altra parte H è un gruppo con un numero primo p di elementi, allora H è necessariamente isomorfo $\mathbb{Z}/p\mathbb{Z}$. Ne segue che $\mathrm{Aut}(H)$ è isomorfo a $(\mathbb{Z}/p\mathbb{Z})^*$, un gruppo con $p - 1$ elementi. Quindi t divide $p - 1$ ed in particolare $t < p$.

Supponiamo ora che t non sia 1 e sia q un primo che divide t. Allora per quanto provato q divide n e $q < p$; ma ciò è contro l'ipotesi di minimalità di p.

Esercizio 4 Siano G un gruppo finito, dimostrare che un sottogruppo di indice il più piccolo primo che divide l'ordine di G è normale.

Soluzione Sia p il più piccolo primo che divide $|G|$, sia H un sottogruppo di indice p e sia X l'insieme delle p classi laterali sinistre di H in G.

È immediato verificare che

$$G \ni g \xmapsto{\varphi} \left(xH \longmapsto (gx)H \right) \in S(X)$$

è un'azione di G su X.

Poiché l'immagine di φ è un sottogruppo di $S(X) \simeq S_p$, il nucleo K di φ è un sottogruppo normale di G di indice che divide $p!$. Abbiamo $K \subseteq H$, in quanto, se $g \in K$, allora in particolare, $gH = H$, e quindi $g \in H$. Ne segue che p divide $[G : K]$.

Ma, per ipotesi, $(p!, |G|) = p$, quindi $[G : K] = p$ e dunque $H = K$ è un sottogruppo normale di G.

Esercizio 5 Sia p un numero primo, consideriamo il sottogruppo

$$G = \{z \in \mathbb{C}^* \mid \text{esiste un naturale } n \text{ per cui } z^{p^n} = 1\}$$

di $\mathbb{C}^*$ e sia H un sottogruppo proprio di G. Dimostrare che H è ciclico e che G/H è isomorfo a G.

Soluzione Definiamo

$$X(H) = \{n \in \mathbb{N} \mid \exists h \in H \text{ tale che } ord(h) = p^n\}.$$

Abbiamo due casi: o esiste un elemento massimo N di $X(H)$ oppure l'insieme $X(H)$ è illimitato. Nel primo caso H è contenuto nel sottogruppo delle radici p^N-esime dell'unità, che è ciclico e quindi anche H è ciclico. Anzi, cosa che useremo nel seguito, H è uguale al sottogruppo delle radici p^N-esime dell'unità, perché ne contiene un generatore.

Vogliamo dimostrare che il secondo caso, cioè $X(H)$ illimitato, in realtà non sussiste in quanto si avrebbe $H = G$, escluso dall'ipotesi. Sia infatti $z \in G$ e sia p^m l'ordine di z. Poiché $X(H)$ è illimitato, esiste $h \in H$ tale che $ord(h) = p^n > p^m$, ma allora H contiene il sottogruppo ciclico $\{z \in \mathbb{C} \mid z^{p^n} = 1\}$. In particolare, $z \in H$, come si voleva dimostrare. Ciò finisce la dimostrazione che $X(H)$ è limitato.

Concludiamo facendo vedere che, nelle nostre ipotesi, $G/H \simeq G$. Abbiamo visto che esiste un intero N tale che H coincide con il sottogruppo delle radici p^N-esime dell'unità.

L'applicazione $f : G \longrightarrow G$ definita da $z \longmapsto z^{p^N}$ è chiaramente un omomorfismo con nucleo H, quindi definisce un omomorfismo iniettivo $\varphi : G/H \longrightarrow G$. Sia ora z un elemento di G e sia p^n il suo ordine: si avrà $z = e^{2\pi i r/n}$ per qualche intero r con $(r, p) = 1$. Si vede immediatamente che $z = \varphi(e^{2\pi i r/(n+N)})$. Quindi φ è anche suriettiva e dunque è un isomorfismo.

Esercizio 6 Dimostrare che il gruppo D_n è isomorfo al prodotto semidiretto $\mathbb{Z}/n\mathbb{Z} \rtimes_i \mathbb{Z}/2\mathbb{Z}$ con $i : \mathbb{Z}/2\mathbb{Z} \to \text{Aut}(\mathbb{Z}/n\mathbb{Z})$ dato da $i(b) = (a \longmapsto (-1)^b a)$.

Soluzione Osserviamo che la moltiplicazione nel prodotto semidiretto del testo è

$$(a_1, b_1)(a_2, b_2) = (a_1 + (-1)^{b_1} a_2, b_1 + b_2).$$

Consideriamo ora le assegnazioni $f : \sigma \longmapsto (0, 1)$, $f : \tau \longmapsto (1, 0)$. Per provare che tali assegnazioni si estendono ad un omomorfismo $D_n \longrightarrow \mathbb{Z}/n\mathbb{Z} \rtimes_i \mathbb{Z}/2\mathbb{Z}$ dobbiamo verificare che $f(\sigma)^2 = (0, 0)$, $f(\tau)^n = (0, 0)$ e $f(\sigma)f(\tau)f(\sigma) = f(\tau)^{-1}$. Abbiamo

$$(0, 1)(0, 1) = (0, 2) = (0, 0)$$
$$\underbrace{(1, 0) \cdots (1, 0)}_{n \text{ volte}} = (n, 0) = (0, 0)$$
$$(0, 1)(1, 0)(0, 1) = (0 + (-1)^1 1, 1)(0, 1) = (-1, 1)(0, 1) = (-1, 0) = (1, 0)^{-1}$$

e quindi effettivamente f si estende ad un omomorfismo; indichiamo tale omomorfismo ancora con f. È chiaro che f è suriettivo visto che i generatori $(1, 0)$ e $(0, 1)$ di $\mathbb{Z}/n\mathbb{Z} \rtimes_i \mathbb{Z}/2\mathbb{Z}$ sono nell'immagine di f. Ma allora f è anche iniettivo in quanto $|D_n| = 2n = |\mathbb{Z}/n\mathbb{Z} \rtimes_i \mathbb{Z}/2\mathbb{Z}|$.

Esercizio 7 Determinare il centro del gruppo diedrale D_n.

Soluzione Sia $\langle r, s \mid r^n = s^2 = e, \ sr = r^{-1}s \rangle$ la usuale presentazione di D_n; da essa segue subito che gli elementi di D_n sono r^k, con $k = 0, 1, \ldots, n-1$, e $r^k s$, con $k = 0, 1, \ldots, n-1$.

Un elemento è nel centro se e solo se commuta con i generatori r, s. Visto che $r \cdot r^k s \cdot r^{-1} = r^{k+2}s$, nessun elemento del tipo $r^k s$ è nel centro perché $n \geq 3$. Invece un elemento del tipo r^k commuta sicuramente con r e la condizione di commutazione con s è $r^k = s \cdot r^k \cdot s^{-1} = r^{-k}$; quindi r^k è nel centro se e solo se $2k \equiv 0 \pmod{n}$. Ora, per n dispari, questa congruenza ha la sola soluzione $k = 0$ mentre, per n pari, ha le due soluzioni 0 e $n/2$.

Possiamo concludere che il centro di D_n è: il sottogruppo banale $\{e\}$ per n dispari e il sottogruppo $\{e, r^{n/2}\}$ per n pari.

Esercizio 8 Siano $K \subseteq H \subseteq G$ gruppi con K caratteristico in H e H caratteristico in G; provare che K è caratteristico in G. Inoltre provare che se K è caratteristico in H e H è normale in G allora K è normale in G. Infine fornire un controesempio a: se K è normale in H e H è normale in G allora K è normale in G.

Soluzione Per la prima parte dobbiamo mostrare che $\varphi(K) = K$ per ogni automorfismo φ di G. Osserviamo che $\varphi(H) = H$ visto che H è caratteristico in G. Allora $\varphi' = \varphi_{|H}$ è chiaramente un automorfismo di H: è un omomorfismo iniettivo in quanto restrizione di un omomorfismo iniettivo ed è un'applicazione suriettiva in quanto $\varphi(H) = H$. Ma allora $\varphi(K) = \varphi'(K) = K$ perché K caratteristico in H.

Consideriamo ora la seconda parte. Sia $g \in G$ e, dato che H è normale in G, il coniugio per g definisce per restrizione un automorfismo $\psi_{g|H}$ di H. Visto che

K è caratteristico in H abbiamo $gKg^{-1} = \psi_{g|H}(K) = K$ e questo prova che K è normale in G.

Per il controesempio sia $G = S_4$, consideriamo il sottogruppo di Klein $H = \{e, (1,2)(3,4), (1,3)(2,4), (1,4)(2,3)\}$ e sia infine $K = \{e, (1,2)(3,4)\}$. Il sottogruppo di Klein è normale in G in quanto è unione delle due classi di coniugio $\mathcal{C\ell}(e)$ e $\mathcal{C\ell}((12)(34))$ di G. Inoltre K è normale in H visto che H è abeliano. Però K non è normale in G perché contiene un $2+2$–ciclo ma non contiene tutti i $2+2$–cicli.

Esercizio 9 Dati H e K gruppi, consideriamo l'applicazione

$$\mathrm{Aut}(H) \times \mathrm{Aut}(K) \ni (\varphi, \psi) \overset{f}{\longmapsto} \big((h,k) \longmapsto (\varphi(h), \psi(k))\big) \in \mathrm{Aut}(H \times K).$$

Provare che f è un omomorfismo iniettivo di gruppi e che esso è un isomorfismo se e solo se $H \times e_K$ e $e_H \times K$ sono caratteristici in $H \times K$.

Soluzione Siano $(\varphi, \psi), (\varphi', \psi') \in \mathrm{Aut}(H) \times \mathrm{Aut}(K)$ allora per ogni $(h,k) \in H \times K$ abbiamo

$$
\begin{aligned}
f\big((\varphi, \psi), (\varphi', \psi')\big)(h,k) &= f(\varphi\varphi', \psi\psi')(h,k) \\
&= (\varphi(\varphi'(h)), \psi(\psi'(k))) \\
&= f(\varphi, \psi)(\varphi'(h), \psi'(k)) \\
&= f(\varphi, \psi)(f(\varphi', \psi')(h,k)) \\
&= f(\varphi, \psi)f(\varphi', \psi')(h,k)
\end{aligned}
$$

e quindi f è un omomorfismo. Il nucleo di f è dato dalle coppie (φ, ψ) per cui $f(\varphi, \psi)(h,k) = (h,k)$ per ogni $(h,k) \in H \times K$. Dalla definizione di f, ciò è equivalente a $\varphi(h) = h$ per ogni $h \in H$ e $\psi(k) = k$ per ogni $k \in K$, cioè $\varphi = \mathrm{Id}_H$ e $\psi = \mathrm{Id}_K$. Abbiamo provato che f è iniettivo.

Dobbiamo ora mostrare che f è suriettivo se e solo se $H \times e_K$ e $e_H \times K$ sono caratteristici in $H \times K$.

Supponiamo che f sia suriettivo. Allora se Φ è un automorfismo di $H \times K$, esistono $\varphi \in \mathrm{Aut}(H)$ e $\psi \in \mathrm{Aut}(K)$ per cui $\Phi = f(\varphi, \psi)$. Risulta quindi

$$\Phi\big(H \times e_K\big) = \varphi(H) \times \psi(e_K) = H \times e_K$$

e ciò prova che $H \times e_K$ è caratteristico in $H \times K$. Allo stesso modo si prova che $e_H \times K$ è caratteristico in $H \times K$.

Viceversa, supponiamo che $H \times e_K$ e $e_H \times K$ siano caratteristici in $H \times K$. Allora dato un automorfismo Φ di $H \times K$ e un elemento $h \in H$, esiste h' in H per cui $\Phi(h, e_K) = (h', e_K)$. Inoltre è facile provare che l'applicazione $\varphi : h \longmapsto h'$ è un automorfismo di H. Allo stesso modo si costruisce un automorfismo $\psi : k \longmapsto k'$ per cui $\Phi(e_H, k) = (e_H, k')$. Troviamo che

$$\begin{aligned}
\Phi(h,k) &= \Phi\big((h,e_K)(e_H,k)\big) \\
&= \Phi(h,e_K)\Phi(e_H,k) \\
&= (h',e_K)(e_H,k') \\
&= (h',k') \\
&= (\varphi(h),\psi(k)) \\
&= f(\varphi,\psi)(h,k),
\end{aligned}$$

quindi $f(\varphi,\psi) = \Phi$ e l'applicazione f è suriettiva.

Esercizio 10 Siano H e K gruppi finiti con $(|H|,|K|) = 1$. Provare che $\mathrm{Aut}(H \times K)$ è isomorfo al gruppo $\mathrm{Aut}(H) \times \mathrm{Aut}(K)$.

Soluzione Per l'esercizio precedente ci basta provare che $H \times e_k$ e $e_H \times K$ sono caratteristici in $H \times K$. Sia $\varphi : H \times K \longrightarrow H \times K$ un automorfismo e sia $h \in H$. Osserviamo che $(h',k') = \varphi(h,e_K)$ ha lo stesso ordine di (h,e_K), cioè $\mathrm{ord}(h)$ in H. Visto che l'ordine di (h',k') è il minimo comune multiplo di $\mathrm{ord}(h')$ e $\mathrm{ord}(k')$ e che $(|H|,|K|) = 1$ deve essere necessariamente $\mathrm{ord}(k') = 1$, cioè $k' = e_K$. Quindi $\varphi(h,e_K) = (h',e_K) \in H \times e_K$. Abbiamo provato che $H \times e_K$ è caratteristico in $H \times K$. Allo stesso modo si prova che $e_H \times K$ è caratteristico.

Esercizio 11 Dato un naturale n, dimostrare che $\mathrm{Aut}\big((\mathbb{Z}/p\mathbb{Z})^n\big)$ è isomorfo al gruppo $\mathrm{GL}_n(\mathbb{F}_p)$ delle matrici $n \times n$ invertibili a coefficienti nel campo $\mathbb{F}_p$. Calcolare inoltre l'ordine di $\mathrm{Aut}\big((\mathbb{Z}/p\mathbb{Z})^n\big)$.

Soluzione Osserviamo che un automorfismo di gruppi di $(\mathbb{Z}/p\mathbb{Z})^n$ è la stessa cosa di un isomorfismo dello spazio vettoriale $\mathbb{F}_p^n$ sul campo $\mathbb{F}_p$ in quanto la moltiplicazione per scalare può essere definita in termini della somma. Ciò prova il primo asserto riguardo all'isomorfismo con $\mathrm{GL}_n(\mathbb{F}_p)$; nel seguito conteremo l'ordine di questo gruppo di matrici.

Fissata una base $v_1, v_2, \ldots, v_n$ di $\mathbb{F}_p^n$, un'applicazione lineare $f : \mathbb{F}_p^n \longrightarrow \mathbb{F}_p^n$ è completamente determinata una volta scelte le immagini $u_1 = f(v_1), u_2 = f(v_2), \ldots, u_n = f(v_n)$. Inoltre f sarà un isomorfismo se e solo se $u_1, u_2, \ldots, u_n$ è una base di $\mathbb{F}_p^n$. Contare gli isomorfismi di $\mathbb{F}_p^n$ come spazio vettoriale su $\mathbb{F}_p$ è quindi equivalente a contare il numero di basi di $\mathbb{F}_p^n$. È chiaro che i vettori $u_1, u_2, \ldots, u_n$ formano una base se e solo se sono linearmente indipendenti.

Il primo vettore u_1 ha la sola condizione di non essere nullo, esso può cioè essere scelto in modo arbitrario in $\mathbb{F}_p^n \setminus \{0\}$; per tale scelta ci sono quindi $p^n - 1$ possibilità. Il secondo vettore u_2 non può appartenere alla retta generata da u_1, quindi ci sono $p^n - p$ possibilità. Il terzo vettore u_3 non può appartenere al piano generato da u_1, u_2 e quindi ci sono $p^n - p^2$ possibilità. Continuando in questo modo, il vettore u_k può essere scelto in $p^n - p^{k-1}$ modi.

Mettendo insieme le scelte otteniamo in tutto $(p^n - 1)(p^n - p) \cdots (p^n - p^{n-2})(p^n - p^{n-1})$ possibilità. Questa è quindi la cardinalità di $\mathrm{Aut}((\mathbb{Z}/p\mathbb{Z})^n)$.

Esercizio 12 Provare che $\mathrm{Aut}(\mathbb{Z}/2\mathbb{Z} \times \mathbb{Z}/2\mathbb{Z})$ è isomorfo a S_3.

Soluzione Per l'esercizio precedente abbiamo $|\mathrm{Aut}(\mathbb{Z}/2\mathbb{Z} \times \mathbb{Z}/2\mathbb{Z})| = 6$ e quindi tale gruppo è isomorfo a $\mathbb{Z}/6\mathbb{Z}$ se abeliano o a S_3 se non abeliano. Siano $e_1 = (1, 0)$, $e_2 = (0, 1)$ e consideriamo gli omomorfismi f, g definiti da $f(e_1) = e_1$, $f(e_2) = e_1 + e_2$ e $g(e_1) = e_1 + e_2$, $g(e_2) = e_2$. Allora $fg(e_1) = f(e_1 + e_2) = f(e_1) + f(e_2) = e_1 + e_1 + e_2 = e_2$ e $gf(e_1) = g(e_1) = e_1 + e_2$. Quindi $\mathrm{Aut}(\mathbb{Z}/2\mathbb{Z} \times \mathbb{Z}/2\mathbb{Z})$ non è un gruppo abeliano visto che $fg \neq gf$. Concludiamo che esso è isomorfo a S_3.

⟦Una soluzione alternativa è la seguente. Un automorfismo di $\mathbb{Z}/2\mathbb{Z} \times \mathbb{Z}/2\mathbb{Z}$ permuta i tre elementi di ordine 2, questi elementi sono dei generatori per $\mathbb{Z}/2\mathbb{Z} \times \mathbb{Z}/2\mathbb{Z}$; abbiamo così un omomorfismo iniettivo da $\mathrm{Aut}(\mathbb{Z}/2\mathbb{Z} \times \mathbb{Z}/2\mathbb{Z})$ in S_3. Tale omomorfismo è un isomorfismo visto che entrambi i gruppi hanno 6 elementi.⟧

Esercizio 13 Dimostrare che il gruppo degli automorfismi di D_5 ha 20 elementi.

Soluzione Sia $\langle \sigma, \tau \mid \sigma^2 = \tau^5 = \sigma\tau\sigma\tau = e \rangle$ una presentazione del gruppo diedrale $G = \mathsf{D}_5$. Osserviamo che un automorfismo φ di G è completamente determinato una volta assegnate le immagini di σ e τ. Inoltre $\varphi(\sigma)$ deve avere ordine 2 e $\varphi(\tau)$ ordine 5. Gli elementi di G sono: l'elemento neutro, di ordine 1, $\sigma\tau^h$ per $h = 0, 1, 2, 3, 4$, di ordine 2, e infine τ^k per $k = 1, 2, 3, 4$ di ordine 5 . È quindi necessario $\varphi(\sigma) = \sigma\tau^h$, $\varphi(\tau) = \tau^k$ per qualche $0 \leq h \leq 4$ e $1 \leq k \leq 4$. Inoltre deve valere $\varphi(\sigma)\varphi(\tau)\varphi(\sigma)\varphi(\tau) = e$. Ma ciò, dati comunque h e k come sopra, è vero in quanto risulta $\varphi(\sigma)\varphi(\tau)\varphi(\sigma)\varphi(\tau) = \sigma\tau^h\tau^k\sigma\tau^h\tau^k = \sigma\sigma\tau^{-h-k}\tau^{h+k} = e$.

Abbiamo quindi provato che, per ogni $0 \leq h \leq 4$ e $1 \leq k \leq 4$, le assegnazioni $\varphi(\sigma) = \sigma\tau^h$, $\varphi(\tau) = \tau^k$ si estendono ad un omomorfismo di D_5; dobbiamo però ancora provare che ogni tale φ è un automorfismo, cioè un'applicazione biiettiva. Ci basta provare che φ è un'applicazione suriettiva e a tal fine osserviamo che, essendo k primo con 5, l'elemento $\varphi(\tau)$ genera il sottogruppo $\langle \tau \rangle$; ma allora anche $\sigma = \varphi(\sigma)\tau^{-h}$ appartiene all'immagine. L'omomorfismo φ è suriettivo in quanto la sua immagine contiene i generatori τ, σ di D_5.

Esercizio 14 Dimostrare che A_4 non ha sottogruppi di ordine 6.

Soluzione Sia, per assurdo, H un sottogruppo di ordine 6 di A_4. Per il Teorema di Cauchy H contiene un elemento τ di ordine 3 ed un elemento σ di ordine 2. Gli elementi di ordine 3 in A_4 sono i 3–cicli, senza perdita di generalità possiamo assumere $\tau = (1, 2, 3)$.

Visto che il sottogruppo generato da τ è normale in H perché di indice 2, la permutazione σ, agendo per coniugio, deve mandare τ o in τ o in τ^{-1}. Si ha $\sigma\tau\sigma^{-1} = (\sigma(1), \sigma(2), \sigma(3))$ e quindi necessariamente $\sigma(4) = 4$ in quanto 4 è l'unico intero che non appare in τ.

Ma gli elementi di ordine 2 in A_4 sono solo i 2 + 2–cicli e nessuno di essi fissa 4. Concludiamo che il sottogruppo H non esiste.

⟦Una soluzione alternativa è la seguente. Il sottogruppo H è normale in A_4 ed è quindi unione di classi di coniugio di A_4. Ma un semplice calcolo mostra che l'Equazione delle Classi per A_4 è

$$12 = 1 + 3 + 4 + 4$$

e non è possibile ottenere 6 sommando questi numeri.]]

Esercizio 15 Dimostrare che un gruppo G di ordine p^n, con p primo, contiene una catena

$$\{e\} = G_0 \subseteq G_1 \subseteq \cdots \subseteq G_n = G$$

di sottogruppi normali in G con ordine $|G_h| = p^h$, per $h = 0, 1, \ldots, n$.

Soluzione Per brevità chiamiamo *normale e completa* una catena come nel testo dell'esercizio. Procediamo per induzione su n. Se $n = 1$ allora G è un gruppo con p elementi e sicuramente $\{e\} = G_0 \subseteq G_1 = G$ è una catena normale e completa di sottogruppi di G.

Sia ora $n \geq 2$ e supponiamo dapprima che G sia abeliano. Per il Teorema di Cauchy esiste un elemento g di ordine p; indichiamo con K il sottogruppo, sicuramente normale perché G è abeliano, generato da g e con $\overline{G}$ il gruppo quoziente G/K. Visto che $\overline{G}$ ha meno elementi di G ed è ancora un p–gruppo, per induzione, esiste una catena

$$\{e_{\overline{G}}\} = \overline{G}_0 \subseteq \overline{G}_1 \subseteq \cdots \subseteq \overline{G}_{n-1} = \overline{G}$$

di sottogruppi normali in $\overline{G}$ con $|\overline{G}_h| = p^h$. Allora, indicato con $\pi : G \longrightarrow \overline{G}$ l'omomorfismo quoziente, abbiamo che $G_{h+1} = \pi^{-1}(\overline{G}_h)$ è un sottogruppo normale in G di cardinalità p^{h+1}. In particolare la catena di sottogruppi

$$\{e\} = G_0 \subseteq G_1 \subseteq \cdots \subseteq G_n = G$$

è normale e completa in G.

Sia ora G un p–gruppo non abeliano. Sappiamo che G, essendo un p–gruppo, ha centro $Z = Z(G)$ non banale. Visto che Z è normale in G, possiamo considerare il gruppo quoziente $\overline{G} = G/Z$. Il gruppo $\overline{G}$ ha cardinalità p^m con $1 \leq m < n$; per induzione $\overline{G}$ ha una catena

$$\{e_{\overline{G}}\} = \overline{G}_0 \subseteq \overline{G}_1 \subseteq \cdots \subseteq \overline{G}_m = \overline{G}$$

normale e completa. Ma allora, indicando ancora con $\pi : G \longrightarrow \overline{G}$ l'omomorfismo quoziente e definendo $G_h = \pi^{-1}(\overline{G}_h)$ per $h = 0, 1, \ldots, m$, i sottogruppi della catena $Z = G_0 \subseteq \cdots \subseteq G_m = G$ sono normali in G. Inoltre Z è un gruppo abeliano e, per quanto già visto, esiste una catena di sottogruppi $\{e\} = Z_0 \subseteq \cdots \subseteq Z_{n-m} = Z$ normale e completa in Z.

Osserviamo ora che ogni sottogruppo del centro Z è normale in G. Ma allora mettendo insieme le due catene costruite abbiamo la catena

$$\{e\} = Z_0 \subseteq Z_1 \subseteq \cdots \subseteq Z_{n-m} = Z = G_0 \subseteq G_1 \subseteq \cdots \subseteq G_m = G$$

normale e completa in G.

Esercizio 16 Dimostrare che in un p–gruppo G un sottogruppo normale non banale interseca il centro di G in modo non banale.

Soluzione Sia H un sottogruppo normale del p–gruppo G. Ora H è unione di classi coniugate perché normale e ogni classe coniugata di G ha o un solo elemento, e in tale caso questo elemento appartiene al centro di G, oppure ha un numero di elementi che è un multiplo di p.

Il sottogruppo H contiene sicuramente la classe dell'elemento neutro che ha un solo elemento e quindi, avendo H ordine un multiplo di p, dovrà contenere almeno altre $p-1$ classi con un solo elemento. Cioè H interseca il centro di G non solo nell'elemento neutro.

Esercizio 17 Dimostrare che il normalizzatore di un sottogruppo proprio H di un p–gruppo contiene propriamente H.

Soluzione Osserviamo, per prima cosa, che la tesi è banale se il p–gruppo G è abeliano: infatti, indicato con $N(H)$ il normalizzatore di H, si ha $H \subsetneq N(H) = G$ in questo caso.

Procediamo ora per induzione sull'ordine di G; per il basso base: $G \simeq \mathbb{Z}/p\mathbb{Z}$ è abeliano e quindi già trattato.

Sia Z il centro di G e sia $\overline{G}$ il quoziente G/Z con relativo omomorfismo $\pi : G \longrightarrow \overline{G}$. Visto che in un p–gruppo il centro non è mai banale $\overline{G}$ ha ordine minore di G; inoltre possiamo assumere che G non sia abeliano, quindi $\overline{G}$ è ancora un p–gruppo.

Ora se Z non è contenuto in H, la tesi è ovvia in quanto Z è sicuramente contenuto in $N(H)$. Se invece $Z \subseteq H$ consideriamo $\overline{H} = \pi(H)$; esso è un sottogruppo proprio di $\overline{G}$ visto che H è proprio in G e $Z \subseteq H$. Per induzione $\overline{H}$ è propriamente contenuto in $N_{\overline{G}}(\overline{H})$.

Osserviamo che $\pi^{-1}(\overline{H}) = H \cdot Z = H$ e quindi, se proviamo che vale anche $\pi^{-1}(N_{\overline{G}}(\overline{H})) = N(H)$, abbiamo

$$H = \pi^{-1}(\overline{H}) \subsetneq \pi^{-1}(N_{\overline{G}}(\overline{H})) = N(H)$$

in quanto π è un'applicazione suriettiva; la tesi sarà quindi provata.

Per mostrare che $\pi^{-1}(N_{\overline{G}}(\overline{H})) = N(H)$ osserviamo che vale la seguente catena di equivalenze

$$\begin{aligned}
g \in \pi^{-1}(N_{\overline{G}}(\overline{H})) &\Longleftrightarrow gZ \in N_{\overline{G}}(\overline{H}) \\
&\Longleftrightarrow gZ \cdot HZ \cdot g^{-1}Z = HZ \\
&\Longleftrightarrow gHg^{-1}Z = HZ \\
&\Longleftrightarrow g \in N(H)
\end{aligned}$$

in cui abbiamo più volte usato che $Z \subseteq H$.

Esercizio 18 Determinare la struttura in cicli disgiunti della potenza σ^h di un ℓ–ciclo σ in S_n.

Soluzione Proviamo che, detto r il massimo comun divisore di ℓ ed h, la permutazione σ^h è il prodotto di r ℓ/r–cicli disgiunti. Possiamo senz'altro supporre che $\sigma = (1, 2, 3, \ldots, \ell)$. L'orbita di 1 secondo σ^h è $1, 1 + h, 1 + 2h, \ldots$ ed essa avrà quindi t elementi, con t il più piccolo intero positivo per cui $1 + th \equiv 1 \pmod{\ell}$. Troviamo subito $t = \ell/r$. È chiaro che tutte le orbite degli elementi in $\{1, 2, \ldots, \ell\}$ secondo σ^h hanno lo stesso numero di elementi. Inoltre tali orbite determinano la struttura in cicli di σ^h; abbiamo così r cicli disgiunti di lunghezza ℓ/r.

Esercizio 19 Dimostrare che le permutazioni $(1, 2)$ e $(1, 2, \ldots, n)$ generano tutto S_n. Provare, invece, che $(1, 3)$ e $(1, 2, 3, 4)$ *non* generano S_4.

Soluzione Sia $\sigma = (1, 2)$, $\tau = (1, 2, \ldots, n)$ e sia H il sottogruppo di S_n generato da σ e τ. Osserviamo che per $1 \leq i \leq n - 1$ si ha $(i, i + 1) = \psi_{\tau^{i-1}}\big((1, 2)\big) = \tau^{i-1}\sigma\tau^{1-i} \in H$. Allora $H = \mathsf{S}_n$ visto che le trasposizioni semplici generano tutto S_n.

Vediamo ora il secondo asserto ponendo $\sigma = (1, 3)$ e $\tau = (1, 2, 3, 4)$. Si verifica facilmente che $\sigma\tau\sigma^{-1} = \tau^3 = \tau^{-1}$. Ne segue che σ appartiene al normalizzatore di $\langle\tau\rangle$, quindi $\langle\sigma\rangle \cdot \langle\tau\rangle$ è un sottogruppo di S_4 di ordine 8, e dunque diverso da S_4.

Esercizio 20 Provare che il centro di S_n è banale per $n \geq 3$.

Soluzione Sia σ un elemento del centro di S_n, proveremo che $\sigma(i) = i$ per ogni $1 \leq i \leq n$. Fissato un tale i, visto che $n \geq 3$, possiamo scegliere j, k in modo che gli interi i, j, k siano tutti distinti. La permutazione σ agisce in modo banale per coniugio e quindi $\psi_\sigma\big((i, j)\big) = (i, j)$ e $\psi_\sigma\big((i, k)\big) = (i, k)$. Ma $\psi_\sigma\big((i, j)\big) = (\sigma(i), \sigma(j))$ e $\psi_\sigma\big((i, k)\big) = (\sigma(i), \sigma(k))$ e quindi $\sigma(i) \in \{i, j\} \cap \{i, k\} = \{i\}$, cioè $\sigma(i) = i$.

Esercizio 21 Sia $n \geq 3$, provare che se un sottogruppo di A_n contiene tutti i 3–cicli allora è A_n stesso.

Soluzione Sia H un sottogruppo di A_n che contiene tutti i 3–cicli. Sappiamo che una permutazione $\sigma \in \mathsf{A}_n$ se e solo se è prodotto di un numero pari di trasposizioni. Ne segue che, se mostriamo che per ogni i, j, k, t con $i \neq j$ e $k \neq t$ si ha $(i, j)(k, t) \in H$, abbiamo $H = \mathsf{A}_n$.

Sia r la cardinalità dell'intersezione $\{i, j\} \cap \{k, t\}$. Se $r = 2$ allora $(i, j) = (k, t)$ e $(i, j)(k, t) = e \in H$. Se $r = 1$ possiamo supporre che $t \neq j = k \neq i$, allora $(i, j)(k, t) = (i, j)(j, t) = (i, j, t) \in H$. Se infine $r = 0$, cioè se i, j, k, t sono tutti distinti, si ha $(i, j)(k, t) = (k, i, t)(i, j, k) \in H$.

Esercizio 22 Sia $n \geq 3$, provare che se un sottogruppo normale H di A_n contiene un 3–ciclo allora $H = \mathsf{A}_n$. Per $n \geq 5$, provare che se un sottogruppo normale H di A_n contiene un $2 + 2$–ciclo allora $H = \mathsf{A}_n$.

Soluzione Supponiamo dapprima che H contenga un 3-ciclo, che possiamo sicuramente supporre essere $(1, 2, 3)$. Vogliamo provare che ogni 3–ciclo è in H e concludere quindi $H = \mathsf{A}_n$ usando l'esercizio precedente. Sia quindi (α, β, γ) un qualunque 3–ciclo. Se troviamo una permutazione $\tau \in \mathsf{A}_n$ per cui $\psi_\tau\big((1, 2, 3)\big) = (\alpha, \beta, \gamma)$ allora $(\alpha, \beta, \gamma) \in H$ in quanto H è normale in A_n.

Sia $\tau \in S_n$ una permutazione qualsiasi per cui $\psi_\tau\big((1,2,3)\big) = (\alpha, \beta, \gamma)$, una tale permutazione esiste in quanto tutti i 3–cicli sono coniugati in S_n. Se τ è pari allora abbiamo finito. Se invece τ è dispari, poniamo $\tau' = (\beta, \gamma)\tau$ e osserviamo che τ' è ora pari. Inoltre $\psi_{\tau'}\big((1,2,3)\big) = \psi_{(\beta,\gamma)}\psi_\tau\big((1,2,3)\big) = \psi_{(\beta,\gamma)}\big((\alpha, \beta, \gamma)\big) = (\alpha, \gamma, \beta)$; allora $(\alpha, \gamma, \beta) \in H$ ed essendo H un sottogruppo, abbiamo $(\alpha, \beta, \gamma) = (\alpha, \gamma, \beta)^{-1} \in H$.

Supponiamo ora $n \geq 5$ e sia H un sottogruppo normale di A_n che contiene un $2+2$–ciclo. Senza perdita di generalità possiamo supporre essere $\tau = (1,2)(3,4)$, allora H contiene anche $\sigma = \psi_{(1,2)(4,5)}(\tau) = (1,2)(3,5)$ essendo normale. Ne segue che H contiene anche $\tau\sigma = (3,5,4)$ e quindi, per il punto precedente $H = A_n$. La dimostrazione è conclusa.

Esercizio 23 Dimostrare che $\{e\}$, A_n e S_n sono i soli sottogruppi normali di S_n per ogni $n \geq 5$.

Soluzione Sia $H \neq \{e\}$ un sottogruppo normale di S_n. Se τ è una trasposizione e $\eta \neq e$ è un elemento di H allora $\sigma_\tau = \eta(\tau\eta\tau^{-1}) = (\eta\tau\eta^{-1})\tau^{-1}$ è un elemento di H e un prodotto di due trasposizioni. Se σ_τ non è l'elemento neutro allora esso è un 3–ciclo o un $2+2$–ciclo; in entrambi i casi H contiene A_n per l'esercizio precedente e concludiamo $H = A_n$ o $H = S_n$.

Se invece $\sigma_\tau = e$ per ogni trasposizione τ, allora η commuta con ogni trasposizione τ e quindi η è nel centro di S_n visto che le trasposizioni generano S_n. Ma, ciò non può essere in quanto il centro è banale e η non è l'elemento neutro.

Esercizio 24 Dimostrare che A_n è semplice per ogni $n \geq 5$.

Soluzione

• Prima soluzione. Sia $\{e\} \neq H \neq A_n$ un sottogruppo normale di A_n. Per l'esercizio precedente H non è normale in S_n e A_n è contenuto nel normalizzatore $N = N_{S_n}(H)$, in quanto H è normale in A_n. Risulta quindi $N = A_n$ che ha indice 2 in S_n e il sottogruppo H ha due coniugati in S_n: H stesso e $H' = \tau H \tau^{-1}$, con τ una qualunque permutazione dispari.

Anche H' è un sottogruppo normale di A_n. Infatti, esso è contenuto in A_n perché è un coniugato di H e A_n è invariante per coniugio, ed è inoltre normale in A_n perché coniugare H' per elementi di A_n corrisponde a coniugare H per permutazioni dispari.

Ora $H \cap H'$, essendo l'intersezione di tutti i coniugati di H in S_n, è un sottogruppo normale di S_n che, essendo contenuto propriamente in A_n, è il sottogruppo banale $\{e\}$. D'altra parte anche $H \cdot H'$ è un sottogruppo normale di S_n non banale e contenuto in A_n e quindi $H \cdot H' = A_n$. Abbiamo così provato che A_n è isomorfo a $H \times H'$, essendo H e H' normali in A_n.

Visto che A_n ha ordine pari, anche H ha ordine pari. Sia quindi $\tau \in H$ un elemento di ordine 2 che scriviamo come prodotto di 2–cicli disgiunti $\tau = \tau_1\tau_2\cdots\tau_r$. Allora τ_1 è una permutazione dispari e quindi $\tau_1 H \tau_1^{-1} = H'$. Ma τ_1 commuta con τ e quindi $\tau = \tau_1\tau\tau_1^{-1} \in H'$, avremmo quindi trovato un elemento in H e in H', cosa impossibile.

• Seconda soluzione. Sia $n \geq 5$ e $H \neq \{e\}$ un sottogruppo normale di A_n. Procediamo in vari passi.

(1) Sia τ un elemento in H di ordine m pari. L'elemento $\tau' = \tau^{m/2}$ è un prodotto di 2–cicli disgiunti, anzi è un prodotto di un numero pari di tali cicli visto che $\tau' \in H \subseteq A_n$. Sia $\tau' = \tau_1 \tau_2 \cdots \tau_{2r}$, dove possiamo supporre $\tau_1 = (1, 2)$, $\tau_2 = (3, 4)$, e osserviamo che, essendo H normale, la permutazione $\sigma = \psi_{(2,3,4)}(\tau') = (1, 3)(2, 4)\tau_3 \cdots \tau_{2r}$ è ancora un elemento di H. Ma allora anche $\tau'\sigma = (1, 4)(2, 3)$ è in H e concludiamo usando un esercizio precedente.

(2) Supponiamo ora che H contenga un elemento τ di ordine m con un fattore primo $\ell > 3$. La permutazione $\tau' = \tau^{m/\ell}$ è un prodotto di ℓ–cicli disgiunti $\tau_1 \tau_2 \cdots \tau_r$ e possiamo supporre $\tau_1 = (1, 2, \ldots, \ell)$. Visto che $\eta = (3, 4, \ldots, \ell) \in A_n$, anche $\sigma = \psi_\eta(\tau') = (1, 2, 4, 5, \ldots, \ell, 3)\tau_2 \cdots \tau_r$ è un elemento di H e, ancora, anche $\sigma^{-1} = (3, \ell, \ell - 1, \ldots, 5, 4, 2, 1)\tau_2^{-1} \cdots \tau_r^{-1} \in H$. Quindi $\tau'\sigma^{-1} = (1, 2, \ldots, \ell)(3, \ell, \ell - 1, \ldots, 5, 4, 2, 1) = (143) \in H$ e concludiamo per un esercizio precedente.

(3) Supponiamo infine che $\tau \in H$ sia di ordine 3^k. Se $k = 1$ allora H contiene un 3–ciclo e sappiamo da un esercizio precedente che $H = A_n$. Se invece $k \geq 2$, osserviamo che $\tau' = \tau^{3^{k-1}}$ è un elemento di H che è il prodotto $\tau_1 \tau_2 \cdots \tau_{3^{k-1}}$ di 3^{k-1} 3–cicli disgiunti e $3^{k-1} > 1$. Possiamo assumere $\tau_1 = (1, 2, 3)$ e $\tau_2 = (4, 5, 6)$. Osserviamo che $\sigma = \psi_{(3,4,5)}(\tau') = (1, 2, 4)(5, 3, 6)\tau_3 \cdots \tau_r$ è ancora un elemento di H, così anche $\tau'\sigma^{-1} = (1, 2, 3)(4, 5, 6)(1, 4, 2)(5, 6, 3) = (1, 5, 4, 3, 6)$ è in H. Avendo trovato un elemento di ordine 5 possiamo ricondurci al caso precedente.

Esercizio 25 Descrivere il centralizzatore del ciclo $(1, 2, \ldots, \ell)$ in S_n.

Soluzione Sia $Z(\tau)$ il centralizzatore di $\tau = (12 \cdots \ell)$. Ogni permutazione σ che lascia fissi i numeri $1, 2, \ldots, \ell$ commuta con τ. Inoltre l'insieme di tali permutazioni è un sottogruppo H di S_n chiaramente isomorfo a $S_{n-\ell}$. D'altra parte anche le ℓ potenze di τ, che formano il sottogruppo $K = \langle \tau \rangle$, commutano con τ. Osserviamo che $K \cap H = \{e\}$ visto che un elemento di tale intersezione deve lasciare fissi i numeri $1, 2, \ldots, \ell$ e l'unica potenza di τ con questa proprietà è e. Abbiamo quindi $|KH| = |K||H| = \ell(n - \ell)!$ elementi in $Z(\tau)$.

Sappiamo che il numero di ℓ–cicli in S_n è

$$\binom{n}{\ell}(\ell - 1)!,$$

inoltre il centralizzatore è lo stabilizzatore per l'azione per coniugio di G su se stesso e l'insieme degli ℓ–cicli, cioè la classe coniugata di τ, è l'orbita per questa azione. Allora vale

$$|Z(\tau)| = |S_n|/|C\ell(\tau)| = n!/(n!/\ell(n - \ell)!) = \ell(n - \ell)!$$

e quindi $KH = Z(\tau)$. Abbiamo provato che ogni elemento di $Z(\tau)$ è del tipo $\tau^h \eta$ con h intero e η una permutazione che lascia fissi $1, 2, \ldots, \ell$.

Esercizio 26 Determinare la cardinalità del normalizzatore del sottogruppo generato da un n–ciclo in S_n.

Soluzione Sia τ un n–ciclo in S_n. Sappiamo che il centralizzatore $Z(\tau)$ di τ coincide con il sottogruppo H generato da τ che ha ordine n.

Ora una permutazione σ nel normalizzatore $N(H)$ di H manda per coniugio τ in un altro elemento di ordine n in H, cioè in τ^k per qualche k primo con n. Visto poi che $H = Z(\tau) = Z(H)$ è il nucleo per l'azione di coniugio di $N(H)$ su H, una tale σ è univocamente determinata a meno di moltiplicazione per una potenza di τ.

Ciò prova che $N(H)$ ha $n \cdot \phi(n)$ elementi.

Esercizio 27 Sia τ una permutazione pari in S_n. Dimostrare che

(i)   se $Z_{A_n}(\tau) \neq Z_{S_n}(\tau)$ allora la classe di coniugio $\mathcal{C}\ell_{A_n}(\tau)$ di τ in A_n coincide con la classe di coniugio $\mathcal{C}\ell_{S_n}(\tau)$ di τ in S_n,

(ii) se invece $Z_{A_n}(\tau) = Z_{S_n}(\tau)$ allora $\mathcal{C}\ell_{S_n}(\tau)$ si spezza in due classi di coniugio di A_n di pari cardinalità.

Soluzione Indichiamo con $\mathcal{C}_0 = \mathcal{C}\ell_{A_n}(\tau)$ la classe di coniugio di τ in A_n e con $\mathcal{C} = \mathcal{C}\ell_{S_n}(\tau)$ la classe di coniugio di τ in S_n. Chiaramente $\mathcal{C}_0 \subseteq \mathcal{C}$ e $|\mathcal{C}_0| = |A_n|/|Z_{A_n}(\tau)|$ mentre $|\mathcal{C}| = |S_n|/|Z_{S_n}(\tau)|$. Osserviamo ora che $Z_{A_n}(\tau)$ è il nucleo dell'omomorfismo segno ristretto a $Z_{S_n}(\tau)$, abbiamo quindi due casi: o ⓵ $Z_{A_n}(\tau)$ ha indice 2 in $Z_{S_n}(\tau)$ se $Z_{S_n}(\tau)$ non è contenuto in A_n oppure ⓶ $Z_{A_n}(\tau) = Z_{S_n}(\tau)$ se $Z_{S_n}(\tau) \subseteq A_n$. Analizziamo separatamente i due casi.

⓵ Da $|Z_{A_n}(\tau)| = |Z_{S_n}(\tau)|/2$ troviamo $|\mathcal{C}_0| = |\mathcal{C}|$ e quindi $\mathcal{C} = \mathcal{C}_0$. Il contenuto del punto (i) è così provato.

⓶ È chiaro che $|\mathcal{C}_0| = |\mathcal{C}|/2$. Sia $\tau' \in \mathcal{C} \setminus \mathcal{C}_0$, la permutazione τ' è ancora pari visto che τ è pari e quindi $\mathcal{C} \subseteq A_n$. Se $\mathcal{C}'_0$ è la classe di coniugio di τ' in A_n allora $\mathcal{C}_0 \sqcup \mathcal{C}'_0 \subseteq A_n$. Applicando quanto visto per τ a τ' troviamo che $\mathcal{C}_0$ e $\mathcal{C}'_0$ hanno entrambe $|\mathcal{C}|/2$ elementi e quindi $\mathcal{C} = \mathcal{C}_0 \sqcup \mathcal{C}'_0$. Anche il punto (ii) è dimostrato.

Esercizio 28 Quanti coniugati ha $\sigma = (1, 2)(3, 4)$ in S_n per $n \geq 4$? Descrivere il centralizzatore di σ.

Soluzione Il numero di coniugati di $\sigma = (1, 2)(3, 4)$ è l'insieme dei $2 + 2$–cicli. Un $2 + 2$–ciclo è determinato da due coppie di interi da $\{1, 2, \ldots, n\}$. Vi sono $\binom{n}{2}$ modi di scegliere due elementi da tale insieme e vi sono $\binom{n-2}{2}$ modi di scegliere 2 elementi tra i restanti $n - 2$ elementi. Inoltre, in questo modo, ogni coppia di coppie di interi viene ottenuta due volte. Quindi

$$\left| \mathcal{C}\ell \left((1, 2)(3, 4) \right) \right| = \frac{1}{2} \binom{n}{2} \binom{n-2}{2} = \frac{1}{8} \frac{n!}{(n-4)!}.$$

Ogni elemento del sottogruppo $H = \{\tau \in S_n \mid \tau(i) = i \text{ per ogni } i = 1, 2, 3, 4\}$ commuta con σ. Tale sottogruppo ha $(n - 4)!$ elementi essendo isomorfo a S_{n-4}.

Siano ora $A = \{1, 2\}$, $B = \{3, 4\}$. Se una permutazione η fissa i numeri $4, 5, \ldots, n$ e manda A in A e B in B o manda A in B e B in A allora commuta con σ. Tali permutazioni formano un sottogruppo K con 8 elementi di S_n. Inoltre $K \cap H = \{e\}$ e quindi $|KH| = 8(n-4)!$.

Ma la cardinalità di $Z(\sigma)$ è data da $|\mathsf{S}_n|/|\mathcal{C}\ell((1,2)(3,4))| = 8(n-4)!$ e quindi $Z(\sigma) = KH$. Osserviamo infine che gli elementi di K commutano con quelli di H, possiamo concludere che $Z(\sigma) \simeq K \times H$.

Esercizio 29 Descrivere i sottogruppi normali di S_4.

Soluzione Le classi coniugate di S_4 sono in biiezione con le strutture in cicli: $\mathcal{C}\ell(e)$, $\mathcal{C}\ell((1,2))$, $\mathcal{C}\ell((1,2)(3,4))$, $\mathcal{C}\ell((1,2,3))$ e $\mathcal{C}\ell((1,2,3,4))$ con cardinalità rispettivamente 1, 6, 3, 8 e 6.

Se H è un sottogruppo normale di S_4, allora H è unione di classi coniugate e il suo ordine deve dividere 24. Usando le cardinalità ricordate sopra è immediato provare che le possibilità per $|H|$ sono 1, 4, 12 e 24. Vediamo ora come per ogni cardinalità vi sia un solo sottogruppo normale: nel primo caso $H = e$; nel secondo caso $H = \{e, (1,2)(3,4), (1,3)(2,4), (1,4)(2,3)\}$, e otteniamo il gruppo di Klein; nel terzo caso $H = \mathsf{A}_4$ e nell'ultimo caso $H = \mathsf{S}_4$.

Esercizio 30

(i) Trovare il centralizzatore di $(1, 2, 3, 4, 5, 6, 7)(8, 9, 10)$ in S_{10}.

(i) Dimostrare che S_{10} contiene sottogruppi di ordine 42 ma nessuno di essi è abeliano.

Soluzione

(i) La permutazione $\sigma = (1, 2, 3, 4, 5, 6, 7)(8, 9, 10)$ ha ordine il minimo comune multiplo della lunghezza dei suoi cicli disgiunti, cioè 21. Il sottogruppo $H = \langle \sigma \rangle$ è contenuto nel centralizzatore $Z(\sigma)$, e quindi abbiamo trovato 21 elementi in $Z(\sigma)$. D'altra parte la cardinalità di $Z(\sigma)$ è data da $|\mathsf{S}_{10}|/|\mathcal{C}\ell(\sigma)|$, e la classe coniugata $\mathcal{C}\ell(\sigma)$ è l'insieme dei $7 + 3$–cicli. La sua cardinalità è quindi

$$|\mathcal{C}\ell(\sigma)| = 6! \binom{10}{7} 2! \binom{3}{3}.$$

Da ciò troviamo che $|Z(\sigma)| = 21$ e quindi $Z(\sigma) = H$, cioè σ commuta solo con le proprie potenze.

(ii) Mostriamo innanzitutto che esiste un sottogruppo di S_{10} con 42 elementi. Sia $\tau = (8, 9)$ ed osserviamo che $\tau \notin H = \langle \sigma \rangle$ in quanto 2 non divide 21. Indichiamo con K il sottogruppo $\langle \tau \rangle = \{e, \tau\}$; per quanto visto $H \cap K = \{e\}$.

Risulta $\tau \sigma \tau = \tau \sigma \tau^{-1} = \psi_\tau(\sigma) = (1, 2, 3, 4, 5, 6, 7)(9, 8, 10) = \sigma^8$ e quindi $\tau \sigma = \sigma^8 \tau$. Questo prova che τ appartiene al normalizzatore di H in S_{10}, quindi si ha $HK = KH$. Allora HK è un gruppo con $|HK| = |H||K|/|H \cap K| = 42$ elementi.

D'altra parte un gruppo abeliano G con $42 = 2 \cdot 3 \cdot 7$ elementi è necessariamente ciclico. Infatti dal teorema di Cauchy sappiamo che esistono elementi

x, y, z di ordine rispettivamente $2, 3, 7$. Essendo $2, 3, 7$ coprimi tra loro trο-
viamo subito che xyz ha ordine 42 ed è quindi un generatore per G.

Se, per assurdo, S_{10} contenesse un sottogruppo abeliano con 42 elementi allora S_{10} dovrebbe contenere un elemento η di ordine 42. Ma l'ordine di η è il
minimo comune multiplo della lunghezza dei suoi cicli. Allora η deve necessariamente possedere un 7 ciclo visto che 7 divide 42 e la sua struttura in cicli è
una delle seguenti

$$10 = 7 + 1 + 1 + 1$$
$$= 7 + 2 + 1$$
$$= 7 + 3.$$

In nessun caso l'ordine di η è 42.

Esercizio 31 Provare che se un automorfismo di S_n manda trasposizioni in trasposizioni allora è un automorfismo interno.

Soluzione Sia φ un automorfismo di S_n che manda trasposizioni in trasposizioni.
Usando il Principio d'Induzione su h, con $1 \leq h \leq n - 1$, vogliamo provare che:
esiste $\tau \in S_n$, dipendente da h, per cui $\psi_\tau \varphi$ manda $(t, t+1)$ in sé per $1 \leq t \leq h$.
Osserviamo che il caso $h = n - 1$ fornisce τ per cui $\psi_\tau \varphi$ fissa ogni trasposizione
semplice e quindi $\varphi = \psi_{\tau^{-1}}$ in quanto le trasposizioni semplici generano S_n.

Vediamo il passo base dell'induzione. Se $h = 1$ e $\varphi\big((1, 2)\big) = (i, j)$ sia $\tau \in S_n$
tale che $\tau(i) = 1$ e $\tau(j) = 2$, allora $\psi_\tau \varphi\big((1, 2)\big) = \psi_\tau\big((i, j)\big) = (\tau(i), \tau(j)) =$
$(1, 2)$.

Per il passo induttivo sia $h \geq 2$. Per induzione esiste $\tau \in S_n$ per cui, posto $\varphi' =$
$\psi_\tau \varphi$, si ha $\varphi'\big((t, t+1)\big) = (t, t+1)$ per $t = 1, 2, \ldots, h - 1$. Sia inoltre $\varphi'\big((h, h+$
$1)\big) = (i, j)$. Osserviamo ora che $(h, h+1)$ commuta con $(1, 2), (3, 4), \ldots, (h -$
$2, h - 1)$ e inoltre $(i, j) \neq (1, 2), (3, 4), \ldots, (h - 2, h - 1)$ per l'iniettività di φ'.
Segue che $\{i, j\} \cap \{1, 2, \ldots, h-1\} = \varnothing$. Le due permutazioni $(h - 1, h)$ e $(h, h+1)$
non commutano e quindi neanche $\varphi'\big((h - 1, h)\big) = (h - 1, h)$ e $\varphi'\big((h, h+1)\big) =$
(i, j) commutano; allora $|\{i, j\} \cap \{h, h - 1\}| = 1$ e, per quanto detto, l'elemento in
comune può essere solo h. Concludiamo che possiamo assumere senza perdita di
generalità $i = h$ e $j \geq h + 1$. Esiste quindi $\tau' \in S_n$ per cui

$$1 \overset{\tau'}{\longmapsto} 1$$
$$2 \longmapsto 2$$
$$\vdots$$
$$h - 1 \longmapsto h - 1$$
$$h \longmapsto h$$
$$j \longmapsto h + 1.$$

Allora $\psi_{\tau'\tau}\varphi = \psi_{\tau'}\varphi$ manda $(t, t+1)$ in sé per $t = 1, 2, \ldots, h$ e la dimostrazione
per induzione è completa.

Esercizio 32 Dimostrare che ogni automorfismo di S_n è interno per n diverso 6.

Soluzione Faremo vedere che, per n diverso 6, ogni automorfismo di S_n manda trasposizioni in trasposizioni; la conclusione seguirà quindi dall'esercizio precedente.

Un automorfismo φ conserva gli ordini degli elementi, quindi $\varphi((1,2))$ è ancora un elemento di ordine 2; esiste quindi un $h \geq 1$ per cui $\varphi((1,2))$ è il prodotto di h 2–cicli disgiunti. È inoltre chiaro che un automorfismo φ manda classi coniugate in classi coniugate, in particolare $\varphi(\mathcal{Cl}(\sigma)) = \mathcal{Cl}(\varphi(\sigma))$. Deve quindi risultare che le classi $\mathcal{Cl}((1,2))$ e $\mathcal{Cl}((1,2)(3,4)\cdots(2h-1,2h))$ hanno la stessa cardinalità. Nel seguito, per provare che φ manda trasposizioni in trasposizioni assumiamo per assurdo che $h > 1$.

Calcolando le cardinalità abbiamo

$$\frac{n!}{2\cdot(n-2)!} = \left|\mathcal{Cl}((1,2))\right| = \left|\mathcal{Cl}((1,2)(3,4)\cdots(2h-1,2h))\right|$$

$$= \frac{1}{h!}\cdot\frac{n!}{2^h\cdot(n-2h)!}.$$

Se $h = 2$ si verifica subito che questa equazione non ha alcuna soluzione. Possiamo allora supporre $h \geq 3$ e riscrivere l'equazione come

$$2^{h-1} = \binom{n-2}{h}\cdot(n-h-2)(n-h-3)\cdots(n-2h+1),$$

dove, escluso il binomiale, a destra vi sono $h-2 \geq 1$ fattori. Non potendoci però essere fattori dispari diversi da 1, le due possibilità sono: $n-h-2=1$ e $h-2=1$, che porta all'effettiva soluzione $n=6$ e $h=3$, o $n-h-2=2$ e $h-2=2$ e cioè $n=8$ e $h=4$ che non è però soluzione.

Visto che stiamo assumendo $n \neq 6$ possiamo concludere che per $h \neq 1$ le cardinalità sono distinte.

⟦ Nella dimostrazione abbiamo anche provato che per $n=6$ un automorfismo non interno deve necessariamente mandare trasposizioni in $2+2+2$–cicli. Ne deduciamo, che per $n=6$ si può al massimo avere $|\operatorname{Aut}(S_6)/\operatorname{Int}(S_6)| = 2$. In effetti è possibile costruire esplicitamente un automorfismo *non* interno di S_6, in particolare abbiamo quindi che gli automorfismi interni formano un sottogruppo di indice 2 del gruppo di tutti gli automorfismi di S_6.⟧

Esercizio 33 Contare gli automorfismi di $S_3 \times \mathbb{Z}/3\mathbb{Z}$.

Soluzione Sia $G = S_3 \times \mathbb{Z}/3\mathbb{Z}$ e sia $\varphi : G \longrightarrow G$ un automorfismo. Osserviamo che, come per ogni automorfismo, φ manda il centro $Z(G)$ di G in se stesso. Visto che $Z(G) = Z(S_3) \times Z(\mathbb{Z}/3\mathbb{Z}) = e \times \mathbb{Z}/3\mathbb{Z}$ abbiamo che $e \times \mathbb{Z}/3\mathbb{Z}$ è un sottogruppo caratteristico di G.

Sia ora τ una trasposizione in S_3, allora $(\tau, 0)$ è un elemento di ordine 2 e quindi anche $\varphi((\tau, 0))$ ha ordine 2. Ma gli elementi di ordine 2 in G sono tutti in $S_3 \times 0$, quindi $\varphi((\tau, 0)) \in S_3 \times 0$. Le trasposizioni generano S_3 e quindi $S_3 \times 0$ viene mandato in se stesso. Allora anche $S_3 \times 0$ è un sottogruppo caratteristico.

Possiamo concludere che $\operatorname{Aut}(S_3 \times \mathbb{Z}/3\mathbb{Z}) \simeq \operatorname{Aut}(S_3) \times \operatorname{Aut}(\mathbb{Z}/3\mathbb{Z}) \simeq S_3 \times (\mathbb{Z}/3\mathbb{Z})^*$, dove abbiamo usato che, essendo ogni automorfismo di S_3 interno per l'esercizio precedente, e, non avendo S_3 centro, abbiamo $\text{Aut}(S_3) \simeq S_3$. Concludiamo $|\text{Aut}(S_3 \times \mathbb{Z}/3\mathbb{Z})| = 12$.

[Possiamo dimostrare che ogni automorfismo di S_3 è interno anche nel seguente modo. Il gruppo $\text{Aut}(S_3)$ agisce sull'insieme delle tre trasposizioni di S_3 e quest'azione è fedele in quanto le trasposizioni generano S_3; in particolare $\text{Aut}(S_3)$ è un sottogruppo di S_3.]

Esercizio 34   Costruire esplicitamente un gruppo non abeliano di ordine 55.

Soluzione   Osserviamo che $55 = 11 \cdot 5$ e che $\text{Aut}(\mathbb{Z}/11\mathbb{Z}) \simeq (\mathbb{Z}/11\mathbb{Z})^*$ e l'elemento $4 \in (\mathbb{Z}/11\mathbb{Z})^*$ di ordine 5 corrisponde all'automorfismo $\mathbb{Z}/11\mathbb{Z} \ni a \longmapsto 4a \in \mathbb{Z}/11\mathbb{Z}$. L'applicazione

$$\mathbb{Z}/5\mathbb{Z} \ni b \xrightarrow{\varphi} \left(a \longmapsto 4^b a\right) \in \text{Aut}(\mathbb{Z}/11\mathbb{Z})$$

è quindi un omomorfismo e definisce il prodotto semidiretto $G = \mathbb{Z}/11\mathbb{Z} \rtimes_\varphi \mathbb{Z}/5\mathbb{Z}$. Chiaramente G ha 55 elementi e non è abeliano visto che $\varphi_1 \neq \text{Id}_{\mathbb{Z}/11\mathbb{Z}}$. L'operazione in G è la seguente

$$(a_1, b_1) \cdot (a_2, b_2) = (a_1 + 4^{b_1} a_2, b_1 + b_2)$$

per ogni (a_1, b_1), $(a_2, b_2) \in G$.

Esercizio 35   Provare che il gruppo Q_8 delle unità dei quaternioni non è il prodotto semidiretto di due gruppi entrambi non banali.

Soluzione   Sappiamo che i sottogruppi di Q_8 sono: il centro $Z(Q_8) = \{\pm 1\}$, e i sottogruppi ciclici di ordine 4 generati da i, j e k. Allora $Z(Q_8)$ è l'unico sottogruppo di ordine 2 ed è contenuto in ogni altro sottogruppo. Non esistono quindi due sottogruppi entrambi non banali che si intersecano solo nell'elemento neutro.

Esercizio 36   Sia K un gruppo abeliano finito e sia n un intero primo con l'ordine di K. Dato un gruppo H e un omomorfismo $\varphi : K \longrightarrow \text{Aut}(H)$, provare che

(i) l'applicazione $K \ni b \xrightarrow{\psi} \varphi(b^n) \in \text{Aut}(H)$ è un omomorfismo,
(ii) i prodotti semidiretti $H \rtimes_\varphi K$ e $H \rtimes_\psi K$ sono isomorfi.

Soluzione

(i) Essendo K abeliano l'applicazione $K \ni k \xrightarrow{p} k^n \in K$ è un omomorfismo; inoltre p è iniettivo in quanto n è primo con l'ordine di K, esso è quindi biettivo visto che K è finito. L'applicazione ψ è la composizione $\varphi \circ p$, essa è quindi un omomorfismo.
(ii) Consideriamo l'applicazione

$$H \rtimes_\psi K \ni (h, k) \xrightarrow{f} (h, k^n) \in H \rtimes_\varphi K.$$

Per prima cosa osserviamo che f è biiettiva in quanto $f = \mathrm{Id}_H \times p$ e Id_H e p sono applicazioni biiettive. Ci resta allora da provare che f è un omomorfismo. Abbiamo

$$f\big((h_1, k_1) \circ_\psi (h_2, k_2)\big) = f\big(h_1 \psi(k_1)(h_2), k_1 k_2\big)$$
$$= f\big(h_1 \varphi(k_1^n)(h_2), k_1 k_2\big)$$
$$= (h_1 \varphi(k_1^n)(h_2), k_1^n k_2^n)$$
$$= (h_1, k_1^n) \circ_\varphi (h_2, k_2^n)$$
$$= f(h_1, k_1) \circ_\varphi f(h_2, k_2),$$

concludiamo quindi che f è un isomorfismo.

Esercizio 37 Siano $p > q$ primi. Dimostrare che ogni gruppo con pq elementi è isomorfo ad un opportuno prodotto semidiretto $\mathbb{Z}/p\mathbb{Z} \rtimes \mathbb{Z}/q\mathbb{Z}$.

Soluzione Sia G un gruppo con pq elementi. Per il Teorema di Cauchy esistono $x, y \in G$ di ordine rispettivamente p e q. Sia $H = \langle x \rangle$ e $K = \langle y \rangle$ e osserviamo che $H \cap K = \{e\}$ in quanto p e q sono coprimi; quindi $|HK| = |H||K|/|H \cap K| = pq = |G|$, cioè $HK = G$.

Inoltre se $H \neq H'$ fosse un altro sottogruppo di G di ordine p allora $|HH'| = |H||H'|/|H \cap H'| = p^2 > |G|$. Questo prova che H è l'unico sottogruppo con p elementi in G, esso è in particolare normale.

Abbiamo quindi trovato due sottogruppi H e K con $H \cap K = \{e\}$, $HK = G$ e H normale in G. Possiamo concludere che G è isomorfo ad un prodotto semidiretto di $H \simeq \mathbb{Z}/p\mathbb{Z}$ e $K \simeq \mathbb{Z}/q\mathbb{Z}$ con H normale.

Esercizio 38 Siano $p > q$ primi. Dimostrare che se q non divide $p - 1$ allora un gruppo con pq elementi è ciclico.

Soluzione Sappiamo dall'esercizio precedente che un gruppo con pq elementi è isomorfo ad un prodotto semidiretto $\mathbb{Z}/p\mathbb{Z} \rtimes_\varphi \mathbb{Z}/q\mathbb{Z}$ con $\varphi : \mathbb{Z}/q\mathbb{Z} \longrightarrow \mathrm{Aut}(\mathbb{Z}/p\mathbb{Z}) \simeq (\mathbb{Z}/p\mathbb{Z})^*$. Ora, l'ordine di $\varphi(1)$ deve dividere sia $q = \mathrm{ord}(1)$ che $p - 1 = |\mathrm{Aut}(\mathbb{Z}/p\mathbb{Z})|$. Ma q non divide $p - 1$ e quindi $\varphi(1)$ ha ordine 1, cioè $\varphi(1) = \mathrm{Id}$; allora per ogni elemento $a \in \mathbb{Z}/q\mathbb{Z}$ si ha $\varphi(a) = \mathrm{Id}$ e il prodotto semidiretto è diretto. Essendo inoltre p, q coprimi il gruppo $\mathbb{Z}/p\mathbb{Z} \times \mathbb{Z}/q\mathbb{Z}$ è ciclico di ordine pq.

Esercizio 39 Siano $p > q$ primi. Dimostrare che se q divide $p - 1$ allora esiste una ed una sola classe di isomorfismo per un gruppo non abeliano di ordine pq.

Soluzione Sappiamo da un esercizio precedente che un gruppo con pq elementi è isomorfo ad un prodotto semidiretto $\mathbb{Z}/p\mathbb{Z} \rtimes_\varphi \mathbb{Z}/q\mathbb{Z}$ per qualche omomorfismo $\varphi : \mathbb{Z}/q\mathbb{Z} \longrightarrow \mathrm{Aut}(\mathbb{Z}/p\mathbb{Z}) \simeq (\mathbb{Z}/p\mathbb{Z})^* \simeq \mathbb{Z}/(p-1)\mathbb{Z}$.

Esiste un omomorfismo φ con $\varphi(1) \neq \mathrm{Id}$ in quanto q, l'ordine di $1 \in \mathbb{Z}/q\mathbb{Z}$, divide $p - 1$ l'ordine di $\mathrm{Aut}(\mathbb{Z}/p\mathbb{Z})$. In particolare, per un tale omomorfismo,

$\mathbb{Z}/p\mathbb{Z} \rtimes_\varphi \mathbb{Z}/q\mathbb{Z}$ è non abeliano e l'immagine $\varphi(1)$ genera l'unico sottogruppo con q elementi del gruppo ciclico $\mathrm{Aut}(\mathbb{Z}/p\mathbb{Z})$. Allora, se $\psi : \mathbb{Z}/q\mathbb{Z} \longrightarrow \mathrm{Aut}(\mathbb{Z}/p\mathbb{Z})$ è un qualunque omomorfismo, esiste un intero k per cui $\psi(1) = \varphi(1)^k = \varphi(k)$. Concludiamo che, per quanto visto nell'Esercizio Preliminare 36, i prodotti semidiretti di $\mathbb{Z}/p\mathbb{Z}$ e $\mathbb{Z}/q\mathbb{Z}$ rispetto a φ e ψ sono isomorfi. C'è quindi una sola classe di isomorfismo di gruppi non abeliani di ordine pq.

Esercizio 40 Dimostrare che un gruppo di ordine 245 è abeliano.

Soluzione Sia G un gruppo di ordine 245. Per il Primo Teorema di Sylow esiste in G un 7–Sylow, cioè un sottogruppo H di ordine 49. Inoltre, grazie al Terzo Teorema di Sylow, il numero n_7 dei sottogruppi di ordine 49 in G è congruo ad 1 modulo 7 e divide l'indice $i_G(H) = 5$. L'unica possibilità è quindi $n_7 = 1$; in particolare, essendo l'unico sottogruppo di ordine 49, H è normale in G. Osserviamo inoltre che H è abeliano perché ha per ordine il quadrato del primo 7 e ci sono due possibilità: $H \simeq \mathbb{Z}/49\mathbb{Z}$ o $H \simeq \mathbb{Z}/7\mathbb{Z} \times \mathbb{Z}/7\mathbb{Z}$.

Per il Teorema di Cauchy esiste un elemento di ordine 5 in G, sia K il sottogruppo generato da questo elemento. È chiaro che $H \cap K = \{e\}$ in quanto un elemento di $K \setminus \{e\}$ ha ordine 5 che non divide $49 = |H|$. Allora $|HK| = |H||K| = 245$ e quindi $HK = G$. Abbiamo provato che G è isomorfo ad un prodotto semidiretto $H \rtimes_\varphi K$ per qualche omomorfismo $\varphi : K \longrightarrow \mathrm{Aut}(H)$.

Vogliamo ora provare che φ può solo essere l'applicazione che manda ogni elemento di K nell'elemento neutro Id_H di $\mathrm{Aut}(H)$. Da ciò seguirà $G \simeq H \times K$, e quindi G è abeliano visto che lo sono H e K.

Abbiamo visto che $H \simeq \mathbb{Z}/49\mathbb{Z}$ o $H \simeq \mathbb{Z}/7\mathbb{Z} \times \mathbb{Z}/7\mathbb{Z}$. Nel primo caso $|\mathrm{Aut}(H)| = |(\mathbb{Z}/49\mathbb{Z})^*| = 42$, nel secondo caso $|\mathrm{Aut}(H)| = (7^2 - 1)(7^2 - 7)$; in entrambi i casi 5 non divide $|\mathrm{Aut}(H)|$. Ma, indicato con x un generatore di K, l'ordine r di $\varphi(x)$ deve dividere sia l'ordine di x, che è 5, sia l'ordine di $|\mathrm{Aut}(H)|$: quindi può essere solo $r = 1$. Allora $\varphi(x) = \mathrm{Id}_H$ da cui ogni elemento di $K = \langle x \rangle$ viene mandato in Id_H da φ.

⟦È possibile provare che un sottogruppo con 49 elementi è normale anche senza usare il Terzo Teorema di Sylow. Infatti se esistessero due sottogruppi $H \neq H'$ con 49 elementi allora $|H \cap H'| \leq 7$ e quindi $|HH'| = |H||H'|/|H \cap H'| \geq 7^3 > 245 = |G|$.⟧

Esercizio 41 Dimostrare che un gruppo di ordine 255 è ciclico.

Soluzione Sia G un gruppo di ordine 255 e sia N un 17–Sylow di G. Il numero n_{17} dei 17–Sylow verifica: $n_{17} \equiv 1 \pmod{17}$ e n_{17} divide l'indice $[G : N] = 15$ di N in G. L'unica possibilità è quindi $n_{17} = 1$ da cui segue che N, essendo l'unico 17–Sylow, è normale in G. Allora se K è un 5–Sylow, l'insieme $H = NK$ è un sottogruppo di G di ordine $|N||K|/|N \cap K| = 17 \cdot 5/1 = 85$.

Inoltre, visto che 5 non divide $16 = 17 - 1$, il gruppo H è ciclico per un esercizio precedente. Ora osservando che H ha per indice il più piccolo primo che divide l'ordine di G, deduciamo che H è normale per un altro esercizio precedente.

Dal Teorema di Cauchy, esiste un elemento $g \in G$ di ordine 3, sia $M = \langle g \rangle$. Osserviamo che $H \cap M = \{e\}$ perché 3 e 85 sono coprimi. Ciò prova che $|HM| =$

$|H||M|/|H \cap M| = 85 \cdot 3 = 255$, e quindi $HM = G$. Il gruppo G è allora isomorfo ad un prodotto semidiretto $H \rtimes_\varphi M$ con φ omomorfismo da K in $\mathrm{Aut}(H)$. L'ordine di $\varphi(g)$ deve dividere l'ordine di g, che è 3, e l'ordine di $\mathrm{Aut}(H) \simeq \mathrm{Aut}(\mathbb{Z}/85\mathbb{Z}) \simeq (\mathbb{Z}/85\mathbb{Z})^*$, cioè 64. Allora $\varphi(g) = \mathrm{Id}_H$ e il prodotto è diretto, cioè $G \simeq \mathbb{Z}/85\mathbb{Z} \times \mathbb{Z}/3\mathbb{Z} \simeq \mathbb{Z}/255\mathbb{Z}$.

Esercizio 42 Un sottogruppo additivo I di un anello A, anche *non* commutativo, si dice un *ideale bilatero* se $aI, Ia \subseteq I$ per ogni $a \in A$. Provare che l'anello $\mathrm{Mat}_{n \times n}(\mathbb{K})$ delle matrici $n \times n$ a coefficienti nel campo $\mathbb{K}$ non ha ideali bilateri non banali propri.

Soluzione Indichiamo con $E_{h,k}$ la matrice $n \times n$ con tutti 0 tranne nel posto (h, k) dove vi è un 1. Moltiplicando una matrice A a destra per $E_{h,k}$ si ottiene una matrice con tutte le colonne nulle tranne la k–esima colonna in cui vi è la h–esima colonna di A. Analogamente moltiplicando A a sinistra per $E_{h,k}$ si ottiene una matrice tutta nulla tranne la h–esima riga in cui vi è la k–esima riga di A.

Sia ora $I \neq \{0\}$ un ideale bilatero di $\mathrm{Mat}_{n \times n}(\mathbb{K})$ e sia A un suo elemento diverso da zero; vogliamo provare che $I = \mathrm{Mat}_{n \times n}(\mathbb{K})$.

Se A ha un elemento non nullo a nel posto (h, k) allora $A_1 = a^{-1} E_{1,h} \cdot A \cdot E_{k,1}$ è una matrice tutta nulla tranne nel posto $(1, 1)$ in cui vi è 1. Inoltre $A_1 \in I$ in quanto I è un ideale di $\mathrm{Mat}_{n \times n}(\mathbb{K})$.

Se ora moltiplichiamo A_1 a sinistra per $E_{h,1}$, con $1 \leq h \leq n$, e a destra per $E_{1,h}$ otteniamo la matrice $A_h \in I$ che ha un 1 in (h, h) e 0 negli altri posti. Ma allora $\mathrm{Id} = A_1 + A_2 + \cdots + A_n \in I$ e quindi I è tutto l'anello $\mathrm{Mat}_{n \times n}(\mathbb{K})$.

Esercizio 43 Sia A il sottoanello $\mathbb{Q}[x^2, x^3]$ di $\mathbb{Q}[x]$. Decidere se i seguenti ideali di A sono primi o massimali: $I = (x^3 + 2)$, $J = (x^3 + x^2)$.

Soluzione Osserviamo che $x^{2n} = (x^2)^n$, $x^{2n+3} = x^3(x^2)^n \in A$ per ogni $n \geq 0$ mentre $x \notin A$. Allora A è l'insieme dei polinomi il cui termine lineare è nullo.

Proviamo che J non è un ideale primo, e quindi non è neanche massimale. Infatti l'elemento $x^6 - x^4 = (x^3 - x^2)(x^3 + x^2) \in J$, visto che $x^3 - x^2 \in A$; inoltre $x^6 - x^4 = x^2 \cdot x^2 \cdot (x^2 - 1)$ con $x^2, x^2 - 1 \in A$ ma $x^2, x^2 - 1 \notin J$ come si prova facilmente.

Dimostriamo ora che I è un ideale massimale. Per prima cosa proviamo che, indicato con $\tilde{I} \subseteq \mathbb{Q}[x]$ l'ideale generato da $x^3 + 2$ in $\mathbb{Q}[x]$, abbiamo $\tilde{I} \cap A = I$.

È ovvio che $I \subseteq \tilde{I} \cap A$. D'altra parte se $f(x) \in \tilde{I} \cap A$ allora esiste $g(x) \in \mathbb{Q}[x]$ per cui $f(x) = (x^3 + 2)g(x) \in A$. Il termine lineare di $f(x)$ è nullo visto che $f(x) \in A$, ma tale termine è il doppio del termine lineare di $g(x)$. Quindi $g(x) \in A$, da cui $f(x) \in I$.

Sia ora $\alpha = -\sqrt[3]{2} \in \mathbb{R}$ e consideriamo l'omomorfismo suriettivo con nucleo $\tilde{I}$ definito da $\mathbb{Q}[x] \ni x \longmapsto \alpha \in \mathbb{Q}(\alpha)$. Sia φ la restrizione ad A di tale omomorfismo. Allora $\mathrm{Ker}(\varphi) = \tilde{I} \cap A = I$. Inoltre φ è suriettivo visto che $-x^4/2 \in A$ e $\varphi(-x^4/2) = -\alpha^4/2 = \alpha$; esso induce quindi un isomorfismo tra A/I e il campo $\mathbb{Q}(\alpha)$. Concludiamo che I è un ideale massimale.

Esercizio 44

(i) Provare che se φ è un automorfismo dell'anello $\mathbb{Q}[x]$, allora esistono $a \in \mathbb{Q}^*$ e $b \in \mathbb{Q}$ per cui $\varphi(x) = ax + b$.

(ii) Provare che $\text{Aut}(\mathbb{Q}[x])$ è isomorfo a $\mathbb{Q} \rtimes \mathbb{Q}^*$ come gruppo.

Soluzione

(i) Visto che $\varphi(1) = 1$ e quindi $\varphi(a) = a$ per ogni $a \in \mathbb{Q}$, se $f(x) = a_n x^n + a_{n-1} x^{n-1} + \cdots + a_1 x + a_0$ allora $\varphi(f(x)) = a_n(\varphi(x))^n + a_{n-1}(\varphi(x))^{n-1} + \cdots + a_1 \varphi(x) + a_0 = f(\varphi(x))$. Abbiamo quindi $\text{Im}(\varphi) = \mathbb{Q}[\varphi(x)]$. Ma allora $\varphi(x)$ deve avere grado 1 e quindi esistono $a \in \mathbb{Q}^*$ e $b \in \mathbb{Q}$ per cui $\varphi(x) = ax+b$.

(ii) Dal punto (i) sappiamo che ogni elemento di $\text{Aut}(\mathbb{Q}[x])$ è del tipo $\varphi_{a,b}$ con $\varphi_{a,b}(f(x)) = f(ax + b)$ per ogni $f(x) \in \mathbb{Q}[x]$. Consideriamo l'applicazione

$$\text{Aut}(\mathbb{Q}[x]) \ni \varphi_{a,b} \overset{F}{\longmapsto} (b,a)^{-1} = (-a^{-1}b, a^{-1}) \in \mathbb{Q} \rtimes \mathbb{Q}^*$$

dove su $\mathbb{Q} \rtimes \mathbb{Q}^*$ abbiamo definito il prodotto indotto dall'omomorfismo

$$\mathbb{Q}^* \ni a \longmapsto (b \longmapsto ab) \in \text{Aut}(\mathbb{Q}).$$

È chiaro che F è biiettiva; proviamo che è un omomorfismo di gruppi. Infatti

$$
\begin{aligned}
(\varphi_{a,b} \circ \varphi_{c,d})(x) &= \varphi_{a,b}(\varphi_{c,d}(x)) \\
&= \varphi_{a,b}(cx + d) \\
&= c(ax + b) + d \\
&= acx + bc + d \\
&= \varphi_{ac, bc+d}(x)
\end{aligned}
$$

e quindi

$$
\begin{aligned}
F(\varphi_{a,b} \circ \varphi_{c,d}) &= F(\varphi_{ac, bc+d}) \\
&= (-a^{-1}c^{-1}(bc + d), a^{-1}c^{-1}) \\
&= (-a^{-1}b - a^{-1}c^{-1}d, a^{-1}c^{-1}) \\
&= (-a^{-1}b, a^{-1})(-c^{-1}d, c^{-1}) \\
&= F(\varphi_{a,b})F(\varphi_{c,d}).
\end{aligned}
$$

Esercizio 45 Sia A un anello e sia $P = (x)$ un ideale primo di A. Dimostrare che, se Q è un ideale primo di A strettamente contenuto in P, allora $Q \subseteq \cap_{n>0} P^n$.

Soluzione Osserviamo per prima cosa che $x \notin Q$, infatti se così fosse allora $P = (x) \subseteq Q$ e quindi $Q = P$ contro l'ipotesi che Q è un sottoinsieme proprio di P.

Sia $y \in Q \subseteq P = (x)$, allora $y = y_1 x$ per qualche $y_1 \in A$. Essendo Q primo abbiamo che $y_1 \in Q$ o $x \in Q$; ma non può essere $x \in Q$ e quindi $y_1 \in Q$. Allora, ripetendo lo stesso ragionamento per y_1, abbiamo che esiste un $y_2 \in Q$ con $y_1 = y_2 x$; da cui $y = y_2 x^2 \in P^2$. Continuando così, esiste un $y_3 \in Q$ per cui $y_2 = y_3 x$ e quindi $y = y_3 x^3 \in P^3$. In questo modo proviamo che $y \in P^n$ per ogni n, allora $y \in \cap_{n>0} P^n$.

Esercizio 46 Sia $A = C^0[0, 1]$ l'anello delle funzioni continue[3] su $[0, 1]$ e sia M un suo ideale massimale. Provare che esiste $\gamma \in [0, 1]$ per cui $M = \{f \in A \mid f(\gamma) = 0\}$.

Soluzione Sia $Z = \{\alpha \in [0, 1] \mid f(\alpha) = 0 \text{ per ogni } f \in M\} \subseteq [0, 1]$. Inoltre, dato un $\alpha \in [0, 1]$, definiamo $I(\alpha) = \{f \in A \mid f(\alpha) = 0\}$; l'ideale $I(\alpha)$ è proprio per ogni α in quanto non contiene la funzione costante $x \longmapsto 1$.

Osserviamo che se esiste un $\gamma \in Z$ allora $M \subseteq I(\gamma)$, ed essendo M massimale abbiamo che $M = I(\gamma)$, cioè la tesi. Basta quindi provare che Z è non vuoto.

Procediamo per assurdo. Se $Z = \varnothing$ allora per ogni $\alpha \in [0, 1]$ esiste $f_\alpha \in M$ tale che $f_\alpha(\alpha) \neq 0$. Inoltre, essendo f_α continua, esiste un $\epsilon_\alpha > 0$ tale che $f_\alpha(x) \neq 0$ per ogni x nell'aperto $U_\alpha = (\alpha - \epsilon_\alpha, \alpha + \epsilon_\alpha) \cap [0, 1]$.

La famiglia $\{U_\alpha \mid \alpha \in [0, 1]\}$ è un ricoprimento aperto di $[0, 1]$. La compattezza di $[0, 1]$ ci dice che esistono $\alpha_1, \alpha_2, \cdots, \alpha_m \in [0, 1]$ per cui

$$[0, 1] = U_{\alpha_1} \cup U_{\alpha_2} \cup \cdots \cup U_{\alpha_m}.$$

Consideriamo allora la funzione continua $f(x) = \sum_{h=1}^m f_{\alpha_h}(x)^2$ e osserviamo che $f(x) \in M$ visto che $f_{\alpha_h} \in M$ per $h = 1, \ldots, m$ ed M è un ideale.

Dato $x \in [0, 1]$ esiste un h per cui $x \in U_{\alpha_h}$. Da $f_{\alpha_h}(x) \neq 0$, troviamo $f(x) \geq f_{\alpha_h}(x)^2 > 0$. Allora f è una funzione continua mai nulla in $[0, 1]$, quindi anche $1/f(x)$ è una funzione continua su $[0, 1]$. Ma allora possiamo scrivere $1 = (1/f(x)) \cdot f(x) \in M$ che è assurdo in quanto M è un ideale proprio.

Esercizio 47 Trovare tutte le soluzioni in interi dell'equazione $x^2 - 2y^2 = \pm 1$.

Soluzione Sia A l'anello $\mathbb{Z}[\sqrt{2}] = \{a + b\sqrt{2} \mid a, b \in \mathbb{Z}\} \subseteq \mathbb{R}$. Consideriamo il seguente automorfismo di A

$$A \ni u = a + b\sqrt{2} \longmapsto \bar{u} = a - b\sqrt{2} \in A.$$

Inoltre definiamo la *norma* di un elemento di A come

$$A \ni u = a + b\sqrt{2} \overset{N}{\longmapsto} u\bar{u} = a^2 - 2b^2 \in \mathbb{Z}.$$

Essendo $z \longmapsto \bar{z}$ un automorfismo è facile provare che $N(uv) = N(u)N(v)$ per ogni $u, v \in A$. Vogliamo ora far vedere che $A^* = \{u \in A \mid N(u) = \pm 1\}$.

Infatti se $u \in A^*$ allora esiste un $v \in A$ tale che $uv = 1$. Allora $N(u)N(v) = 1$, ed essendo la norma a valori in $\mathbb{Z}$, troviamo $N(u) = \pm 1$. D'altra parte sia $u \in A$ con $N(u) = \pm 1$ e definiamo $v = N(u)\bar{u}$. Allora $uv = uN(u)\bar{u} = N(u)^2 = 1$, cioè v è un inverso di u in A e quindi $u \in A^*$.

Da questa descrizione degli elementi invertibili di A deriva subito che una coppia di interi (a, b) è soluzione dell'equazione data se e solo se $u = a + b\sqrt{2}$ è un'unità di A.

---

[3]Questo esercizio e la sua soluzione richiedono alcune conoscenze elementari di topologia. Si veda ad esempio: Manetti, M. *"Topologia"*, Springer, 2014.

Vogliamo ora provare che abbiamo il seguente isomorfismo di gruppi

$$\mathbb{Z}/2\mathbb{Z} \times \mathbb{Z} \xrightarrow{\mu} A^*$$
$$(h, n) \longmapsto (-1)^h \gamma^n$$

dove γ è l'unità $1 + \sqrt{2}$. È ovvio che μ è un omomorfismo di gruppi, esso è iniettivo dato che γ non è una radice dell'unità. Per provare che μ è anche suriettivo dimostriamo che in A^* non ci sono elementi maggiori di 1 e minori di γ.

Sia per assurdo $u = a + b\sqrt{2}$ un tale elemento. Supponiamo $a < 0$ e osserviamo che non può essere anche $b \leq 0$ in quanto u è positivo. Allora $b > 0$. Da $u > 1$ abbiamo $0 > a > 1 - b\sqrt{2}$ e quindi $\pm 1 = a^2 - 2b^2 < (1 - b\sqrt{2})^2 - 2b^2 = 1 - 2b\sqrt{2}$. Ma da quest'ultima disuguaglianza segue $b < 1/\sqrt{2}$ e quindi $b \leq 0$, essendo b intero, cosa che abbiamo già visto non essere possibile.

Supponiamo ora $a > 0$. Non può essere $b > 0$ in quanto si avrebbe $u \geq \gamma$. Se invece $b = 0$ allora da $N(u) = a^2 = \pm 1$ si avrebbe $u = a = 1$ mentre $u > 1$. L'unica possibilità è quindi avere $b < 0$. Da $N(u) = u\bar{u} = \pm 1$, passando ai valori assoluti in $\mathbb{R}$, abbiamo $|u||\bar{u}| = 1$, ed essendo $|u| = u > 1$, otteniamo $\bar{u} \leq |\bar{u}| < 1$. Ma da $a > 0$ e $b < 0$ segue $\bar{u} = a - \sqrt{2}b > 1$. Abbiamo quindi trovato una contraddizione. Questo finisce la dimostrazione che A^* non ha elementi maggiori di 1 e minori di γ.

Sia ora $u \in A^*$ e supponiamo $u \geq 1$. Visto che $\gamma > 1$, esiste un n per cui $1 \leq u\gamma^{-n} < \gamma$. Da $u\gamma^{-n} \in A^*$, per quanto visto sopra, si deve quindi avere $u\gamma^{-n} = 1$, cioè $u = \gamma^n \in \text{Im}(\mu)$.

Se invece $0 < u < 1$ allora $u^{-1} > 1$ e quindi $u^{-1} \in \text{Im}(\mu)$, come prima, e allora anche $u \in \text{Im}(\mu)$. Infine se $u < 0$ allora $-u > 0$, $-u \in A^*$ e quindi $-u \in \text{Im}(\mu)$ da cui $u \in \text{Im}(\mu)$.

Avendo descritto tutti gli elementi di A^* attraverso l'isomorfismo μ abbiamo anche trovato tutte le soluzioni dell'equazione.

[[L'equazione diofantea $x^2 - 2y^2 = \pm 1$ è detta *equazione di Pell*. Insieme ad alcune sue varianti, essa è stata studiata fin dall'antichità da greci, indiani ed arabi, e in seguito è stata al centro degli interessi di Fermat, Eulero e Lagrange; si veda ad esempio: Weil, A. *"Teoria dei Numeri"*, Einaudi, 1993.]]

Esercizio 48 Siano I, J due ideali di un anello A. Provare che $(I : J) = \{a \in A \,|\, aJ \subseteq I\}$ è un ideale di A.

Soluzione Sicuramente $0 \cdot J = 0 \subseteq I$ e quindi $(I : J)$ è non vuoto. Dati $a, b \in (I : J)$ si ha $(a + b)J = aJ + bJ \subseteq I + I = I$ da cui $a + b \in (I : J)$. Abbiamo provato che $(I : J)$ è un sottoinsieme chiuso per somma di A. Infine per $c \in A$ abbiamo $(ca)J = c(aJ) \subseteq cI \subseteq I$ e ciò finisce la dimostrazione che $(I : J)$ è un ideale di A.

Esercizio 49 Sia S una parte moltiplicativa di un anello A e I un ideale che non interseca S. Allora esiste un ideale primo di A che contiene I e non interseca S.

Soluzione Consideriamo la famiglia $\mathcal{F}$ di tutti gli ideali J dell'anello A che contengono I e non intersecano S; tale famiglia è non vuota in quanto $I \in \mathcal{F}$. Sia ora

$\mathcal{J}$ una catena in $\mathcal{F}$. Osserviamo che $J = \cup_{J' \in \mathcal{J}} J'$ è ancora un ideale e contiene I; inoltre

$$J \cap S = \bigcup_{J' \in \mathcal{J}} (J' \cap S) = \varnothing.$$

Questo prova che ogni catena in $\mathcal{F}$ ha un elemento maggiorante e quindi, per il Lemma di Zorn, esiste un elemento P massimale in $\mathcal{F}$.

Dalla definizione di $\mathcal{F}$ abbiamo che P contiene I e non interseca S, vogliamo ora far vedere che P è primo. Siano $x, y \in A$ tali che $xy \in P$ e supponiamo, per assurdo, che $x \notin P$ e $y \notin P$. Allora, visto che $P \subsetneq (x, P)$ si ha $(x, P) \notin \mathcal{F}$; ma sicuramente $I \subseteq (x, P)$, deve quindi valere $S \cap (x, P) \neq \varnothing$. Esistono quindi, $s_1 \in S$, $a_1 \in A$ e $p_1 \in P$ per cui $s_1 = a_1 x + p_1$. Allo stesso modo si ragiona con (y, P) e si deduce che esistono $s_2 \in S$, $a_2 \in A$ e $p_2 \in P$ per cui $s_2 = a_2 y + p_2$.

Ma allora $s_1 s_2 = a_1 a_2 xy + a_2 y p_1 + a_1 x p_2 + p_1 p_2$ è un elemento di $P \cap S$, cosa impossibile in quanto $P \cap S = \varnothing$.

Esercizio 50 Sia A un anello, $I \subseteq A$ un suo ideale e sia $\sqrt{I} = \{x \in A \mid$ esiste un $n \in \mathbb{N}$ per cui $x^n \in I\}$ il radicale di I. Provare che

(i) l'insieme $\sqrt{I}$ è un ideale di A,
(ii) per ogni coppia di ideali I, J di A si ha $\sqrt{IJ} = \sqrt{I \cap J} = \sqrt{I} \cap \sqrt{J}$,
(iii) per ogni coppia di ideali I, J di A si ha $\sqrt{\sqrt{I} + \sqrt{J}} = \sqrt{I + J}$,
(iv) il radicale $\sqrt{I}$ è l'intersezione di tutti gli ideali primi di A che contengono I,
(v) se P è un ideale primo di A allora $\sqrt{P^n} = P$ per ogni naturale $n > 0$.

Inoltre, dato l'intero m, calcolare $\sqrt{(m)}$ nell'anello $\mathbb{Z}$.

Soluzione

(i) Per prima cosa osserviamo che $\sqrt{I}$ è non vuoto in quanto $0 = 0^1 \in I$. Siano ora $x \in \sqrt{I}$ e $a \in A$; allora se $x^n \in I$, vale anche $(ax)^n = a^n x^n \in I$ visto che I è un ideale e quindi $ax \in \sqrt{I}$.

Dati $x, y \in \sqrt{I}$ proviamo che $x + y \in \sqrt{I}$. Siano $n, m \geq 0$ tali che $x^n, y^m \in I$, e sia $k = n + m - 1$. Abbiamo $(x + y)^k = \sum_{h=0}^{k} \binom{k}{h} x^h y^{k-h}$. Se $h \geq n$ allora, essendo I un ideale $\binom{k}{h} x^h y^{k-h} \in I$ visto che $x^h = x^{h-n} x^n \in I$, se invece $h < n$ allora $k - h > k - n \geq m - 1$ e quindi $\binom{k}{h} x^h y^{k-h} \in I$ in quanto $y^{k-h} = y^{k-h-m} y^m \in I$. Allora ogni addendo nell'espressione di $(x + y)^k$ appartiene ad I. Quindi $(x + y)^k \in I$ perché I è un ideale e vale $x + y \in \sqrt{I}$. Questo finisce la dimostrazione che I è un ideale di A.

(ii) Per prima cosa $IJ \subseteq I \cap J$, quindi $\sqrt{IJ} \subseteq \sqrt{I \cap J}$.

Inoltre se $x \in \sqrt{I \cap J}$ allora esiste un naturale n tale che $x^n \in I \cap J$, da cui $x^n \in I$ e $x^n \in J$. Allora $x \in \sqrt{I}$ e $x \in \sqrt{J}$, cioè $x \in \sqrt{I} \cap \sqrt{J}$.

Se abbiamo $x \in \sqrt{I} \cap \sqrt{J}$ allora esistono $n, m \geq 0$ tali che $x^n \in I$, $x^m \in J$ e quindi $x^{n+m} = x^n x^m \in IJ$, da cui $x \in \sqrt{IJ}$.

Abbiamo provato le seguenti inclusioni $\sqrt{IJ} \subseteq \sqrt{I \cap J} \subseteq \sqrt{I} \cap \sqrt{J} \subseteq \sqrt{IJ}$. Di conseguenza i tre insiemi sono uguali.

(iii) Un'inclusione è ovvia: $I \subseteq \sqrt{I}$, $J \subseteq \sqrt{J}$ implicano $\sqrt{I + J} \subseteq \sqrt{\sqrt{I} + \sqrt{J}}$.

Viceversa sia $x \in \sqrt{\sqrt{I} + \sqrt{J}}$, allora esistono $n \geq 0$, $y \in \sqrt{I}$ e $z \in \sqrt{J}$ tali che $x^n = y + z$. Inoltre esistono $h, k \geq 0$ per cui $y^h \in I$ e $z^k \in J$. Poniamo allora $t = h + k - 1$ e consideriamo $x^{nt} = (y + z)^t = \sum_{j=0}^{t} \binom{t}{j} y^j z^{t-j}$. Se $j < h$ allora $t - j \geq k$ e quindi ogni addendo in $(y + z)^t$ appartiene a $I + J$. Concludiamo che $x \in \sqrt{I + J}$.

(iv) Sia $x \in \sqrt{I}$. Esiste un $n \geq 0$ intero per cui $x^n \in I$, allora, se P è un ideale primo che contiene I, si ha $x^n \in P$ e quindi $x \in P$. Ciò prova che $\sqrt{I}$ è contenuto nell'intersezione di tutti gli ideali primi che contengono I.

Viceversa sia $x \notin \sqrt{I}$ e indichiamo con S l'insieme $\{x^n \mid n \geq 0\}$. Osserviamo che S è una parte moltiplicativa di A e $S \cap I = \varnothing$ per definizione di $\sqrt{I}$. Per l'esercizio precedente esiste un ideale primo P che contiene I e non interseca S. Ma $x \in S$ e quindi $x \notin P$. Abbiamo così provato che x non appartiene all'intersezione di tutti gli ideali primi che contengono I.

(v) Usando il punto (ii) abbiamo $\sqrt{P^n} = \sqrt{P} \cap \cdots \cap \sqrt{P} = \sqrt{P}$. Ora dal punto (iv) abbiamo $\sqrt{P} = P$ visto che P è un ideale primo.

Per calcolare il radicale di (m) in $\mathbb{Z}$ indichiamo con $p_1, p_2, \ldots, p_n$ tutti i primi distinti che dividono m; equivalentemente $(p_1), (p_2), \ldots, (p_n)$ sono tutti gli ideali primi di $\mathbb{Z}$ che contengono (m). Dal punto (iii) segue quindi che $\sqrt{(m)} = (p_1) \cap (p_2) \cap \cdots \cap (p_n) = (p_1 p_2 \ldots p_n)$.

Esercizio 51 Siano A, B due domini d'integrità e sia $f : A \longrightarrow B$ un omomorfismo di anelli. Sia inoltre S un sottoinsieme moltiplicativo di A tale che $f(s) \in B^*$ per ogni $s \in S$. Dimostrare che esiste un unico omomorfismo $\tilde{f} : S^{-1}A \longrightarrow B$ che estende f e determinarne il nucleo.

Soluzione Proviamo per prima cosa che, se esiste, un omomorfismo $\tilde{f}$ con la proprietà richiesta è unico. Infatti, dati $a \in A$ e $s \in S$, abbiamo $f(a) = \tilde{f}(a/1) = \tilde{f}(s \cdot a/s) = \tilde{f}(s)\tilde{f}(a/s) = f(s)\tilde{f}(a/s)$ e quindi moltiplicando per $f(s)^{-1}$, visto che $f(s) \in B^*$, otteniamo $\tilde{f}(a/s) = f(s)^{-1}f(a)$.

Mostriamo che un tale omomorfismo effettivamente esiste. Dalla discussione precedente siamo forzati a porre $\tilde{f}(a/s) = f(s)^{-1}f(a)$; verifichiamo quindi che tale applicazione è ben definita, che è un omomorfismo di anelli e che estende f.

Se $a/s = b/t$, per $a, b \in A$ e $s, t \in S$, allora $at = bs$ e quindi $f(a)f(t) = f(b)f(s)$, da cui $f(s)^{-1}f(a) = f(t)^{-1}f(b)$. Questo prova che $\tilde{f}$ è ben definita.

Dati $a, b \in A$ e $s, t \in S$ abbiamo

$$\begin{aligned}
\tilde{f}(a/s + b/t) &= \tilde{f}\big((ta + sb)/st\big) \\
&= f(st)^{-1}f(ta + sb) \\
&= f(s)^{-1}f(t)^{-1}\big(f(t)f(a) + f(s)f(b)\big) \\
&= f(s)^{-1}f(a) + f(t)^{-1}f(b) \\
&= \tilde{f}(a/s) + \tilde{f}(b/t)
\end{aligned}$$

ed anche

$$\tilde{f}(a/s \cdot b/t) = \tilde{f}(ab/(st))$$
$$= f(st)^{-1} f(ab)$$
$$= f(s)^{-1} f(t)^{-1} f(a) f(b)$$
$$= \tilde{f}(a/s) \tilde{f}(b/t).$$

Quindi $\tilde{f}$ è un omomorfismo di anelli. Inoltre $\tilde{f}$ estende f in quanto $\tilde{f}(a/1) = f(1)^{-1} f(a) = 1 \cdot f(a) = f(a)$.

Un elemento a/s è nel nucleo di $\tilde{f}$ se e solo se $f(s)^{-1} f(a) = 0$ in B. Ma $f(s)^{-1}$ è un elemento invertibile di B, quindi $\tilde{f}(a/s) = 0$ se e solo se $f(a) = 0$. Abbiamo quindi $\mathrm{Ker}(\tilde{f}) = S^{-1} \mathrm{Ker}(f)$.

Esercizio 52 Dimostrare che non esiste alcun omomorfismo suriettivo $f : \mathbb{Z}[x] \longrightarrow \mathbb{Q}$. Invece, indicato con S l'insieme degli interi dispari, costruire un omomorfismo suriettivo $f : S^{-1}\mathbb{Z}[x] \longrightarrow \mathbb{Q}$.

Soluzione Un omomorfismo di anelli f da $\mathbb{Z}[x]$ in $\mathbb{Q}$ è completamente determinato una volta assegnata l'immagine α/β di x. Infatti, per prima cosa, da $f(1) = 1$ segue che $f(a) = a$ per ogni $a \in \mathbb{Z}$. Inoltre un elemento di $\mathbb{Z}[x]$ è un polinomio, diciamo di grado n, $p(x) = a_n x^n + a_{n-1} x^{n-1} + \cdots + a_2 x^2 + a_1 x + a_0$, con $a_n, a_{n-1}, \ldots, a_1, a_0 \in \mathbb{Z}$, e quindi $f(p(x)) = f(a_n x^n) + \cdots + f(a_1 x) + f(a_0) = a_n f(x)^n + \cdots + a_1 f(x) + a_0 = p(\alpha/\beta)$. Pertanto ogni omomorfismo non nullo f è l'omomorfismo di valutazione in $\alpha/\beta \in \mathbb{Q}$.

Proviamo che f non è suriettivo. Infatti

$$f(p(x)) = p(\alpha/\beta)$$
$$= (a_n \alpha^n + a_{n-1} \alpha^{n-1} \beta + \cdots + a_0 \beta^n)/\beta^n \in \frac{1}{\beta^n} \mathbb{Z}.$$

Quindi l'immagine di tutti i polinomi di grado n è contenuta in $\frac{1}{\beta^n}\mathbb{Z}$, ne deduciamo che $\mathrm{Im}(f) \subseteq \cup_{n \geq 0} \frac{1}{\beta^n}\mathbb{Z}$. Questa unione non è tutto $\mathbb{Q}$: se p è un primo che non divide β allora $1/p$ non è un elemento dell'unione.

Costruiamo ora un'applicazione $S^{-1}\mathbb{Z}[x] \longrightarrow \mathbb{Q}$ suriettiva. Sia $f : \mathbb{Z}[x] \longrightarrow \mathbb{Q}$ definita da $f(p(x)) = p(1/2)$ e osserviamo che l'immagine di S attraverso f è contenuta in $\mathbb{Q}^*$.

Possiamo allora facilmente provare che $\tilde{f}(p(x)/d) = p(1/2)/d$ è un omomorfismo di anelli. Inoltre, dato un qualunque elemento a/b di $\mathbb{Q}$, lo possiamo scrivere come $a/(2^n d)$ con d dispari e quindi $a/b = f(ax^n/d)$. Ciò prova che l'omomorfismo $\tilde{f}$ è suriettivo.

Esercizio 53 Sia P un ideale primo del dominio d'integrità A.

(i) Provare che $S = A \setminus P$ è una parte moltiplicativa di A.
(ii) Indicato con A_P l'anello delle frazioni $S^{-1}A$, provare che gli ideali propri di A_P sono le localizzazioni degli ideali di A contenuti in P.
(iii) Dimostrare che $S^{-1}P$ è l'unico ideale massimale di A_P.

Soluzione

(i) Essendo P primo, $P \neq A$ e quindi $1 \notin P$, da cui $1 \in S$. Inoltre $0 \in P$ e quindi $0 \notin S$. Dati $s, t \in S$, cioè $s, t \notin P$, non può essere $st \in P$ per definizione di ideale primo, quindi $st \in S$. Abbiamo provato che S è una parte moltiplicativa di A.

(ii) Ogni ideale proprio di A_P è l'estensione di un ideale di A che non interseca S.

    Il nostro asserto segue osservando che, per $S = A \setminus P$, un ideale I di A non interseca S se e solo se è contenuto in P.

(iii) Segue subito da (ii) in quanto P è il più grande ideale di A contenuto in P e quindi $S^{-1}P$ è il più grande ideale proprio di A_P, cioè l'unico suo ideale massimale.

Esercizio 54 Sia $S = \{ f \in \mathbb{Q}[x] \mid f \text{ non ha radici razionali} \} \subseteq \mathbb{Q}[x]$. Provare che

(i) S è una parte moltiplicativa di $\mathbb{Q}[x]$,

(ii) $A = S^{-1}\mathbb{Q}[x]$ è ad ideali principali,

(iii) un ideale M di A è massimale se e solo se $A/M \simeq \mathbb{Q}$.

Soluzione

(i) È chiaro che $1 \in S$ visto che il polinomio costante 1 non ha alcuna radice; inoltre il polinomio costante 0 ha, ad esempio, 0 come radice razionale e quindi $0 \notin S$. Se $f(x), g(x) \in S$ allora il polinomio $f(x)g(x)$ non ha radici razionali visto che le sue radici sono date dall'unione di quelle di $f(x)$ e di $g(x)$.

(ii) Sappiamo che gli ideali di A sono della forma $S^{-1}I$ con I ideale di $\mathbb{Q}[x]$. Ma $\mathbb{Q}[x]$ è euclideo e quindi ad ideali principali; allora, se $I = f(x)$, si ha $S^{-1}I = S^{-1}(f(x)) = A \cdot f(x)$ che è principale.

(iii) Se $A/M \simeq \mathbb{Q}$ allora M è massimale visto che $\mathbb{Q}$ è un campo.

    Viceversa sia M un ideale massimale di A; visto che A è ad ideali principali, sia $M = A \cdot f(x)$ e, essendo A una localizzazione di $\mathbb{Q}[x]$, possiamo anche supporre $f(x) \in \mathbb{Q}[x]$.

    Vogliamo ora provare che $f(x)$ ha una radice razionale. Se così non fosse allora si avrebbe $f(x) \in S$ e quindi $1 = (1/f(x)) \cdot f(x) \in M$ che non è possibile perché M è massimale e quindi proprio.

    Sia quindi $a \in \mathbb{Q}$ una radice di $f(x)$. Allora $f(x) = (x - a)g(x)$ con $g(x) \in \mathbb{Q}[x]$ per il Teorema di Ruffini. Osserviamo che $M = (f(x)) \subseteq (x - a) \neq A$, ed essendo M massimale si ha $M = (x - a)$. Consideriamo l'applicazione $A \ni f(x)/g(x) \longmapsto f(a)/g(a) \in \mathbb{Q}$. Per prima cosa tale applicazione è ben definita in quanto $g(a) \neq 0$ perché g non ha radici razionali visto che $g(x) \in S$. Sicuramente l'applicazione è suriettiva e $M = (x - a) \subseteq \operatorname{Ker}(f)$. Concludiamo che $M = \operatorname{Ker}(f)$ perché M è un ideale massimale. Abbiamo così provato $A/M \simeq \mathbb{Q}$.

Esercizio 55 Dimostrare che nell'anello $\mathbb{Z}[\sqrt{-5}]$ l'elemento 2 è irriducibile ma non primo.

Soluzione In $A = \mathbb{Z}[\sqrt{-5}]$ abbiamo

$$2 \cdot 3 = (1 + \sqrt{-5})(1 - \sqrt{-5})$$

ma 2 non divide nessuno dei fattori a destra. Questo prova che 2 non è primo.

Per dimostrare che 2 è irriducibile definiamo l'applicazione $A \ni u = a + b\sqrt{-5} \longmapsto \bar{u} = a - b\sqrt{-5} \in A$ e osserviamo che essa è un automorfismo dell'anello A. Allora l'applicazione

$$A \ni u = a + b\sqrt{-5} \stackrel{N}{\longmapsto} u \cdot \bar{u} = a^2 + 5b^2 \in \mathbb{N}$$

è moltiplicativa e inoltre, se per $u \in A$ si ha $N(u) = 1$, allora $u = \pm 1$ e in particolare u è invertibile in A.

Osserviamo ora che se $2 = u \cdot v$ in A, deve essere verificata l'equazione tra interi $4 = N(2) = N(u)N(v)$. Allora per $N(u)$ abbiamo i tre possibili valori 1, 2, 4 e i tre corrispondenti valori 4, 2, 1 per $N(v)$. Risulta quindi che u è invertibile o v è invertibile a meno che $N(u) = N(v) = 2$. Ma non esiste alcuna coppia di interi a, b per cui $a^2 + 5b^2 = 2$ e quindi per nessun elemento u di A si ha $N(u) = 2$. Questo finisce la dimostrazione che 2 è irriducibile in A.

Esercizio 56 Sia $\mathbb{K}$ un campo e sia $A = \mathbb{K}[[x]]$ l'anello delle serie formali in x a coefficienti in $\mathbb{K}$. Provare che

(i) $f(x) = \sum_{m \geq 0} a_m x^m$ è invertibile in A se e solo se $a_0 \neq 0$,
(ii) l'inverso di $1 - x$ è $\sum_{m \geq 0} x^m$,
(iii) (x) è l'unico ideale massimale in A,
(iv) gli ideali di A sono (x^k) con $k = 0, 1, \ldots$

Soluzione

(i) La serie formale $f(x) = \sum_{m \geq 0} a_m x^m$ è invertibile se e solo se esiste una serie formale $g(x) = \sum_{n \geq 0} b_n x^n$ con $f(x)g(x) = 1$, cioè tale che $\sum_{h \geq 0}(\sum_{k=0}^{h} a_k b_{h-k})x^h = 1$ in A. Possiamo riscrivere questa equazione in $\mathbb{K}[[x]]$ come il sistema in $\mathbb{K}$ delle equazioni (E_0) : $a_0 b_0 = 1$ e (E_h) : $\sum_{k=0}^{h} a_k b_{h-k} = 0$ per $h \geq 1$.
   Chiaramente (E_0) ci dice che se $a_0 = 0$ allora $f(x)$ non può essere invertibile. Viceversa supponiamo $a_0 \neq 0$ e dimostriamo induttivamente che possiamo trovare gli elementi $b_0, b_1, b_2, \ldots$ Infatti da (E_0) abbiamo $b_0 = a_0^{-1}$ e, se supponiamo di aver trovato $b_0, b_1, \ldots, b_{h-1}$, allora dall'equazione (E_h) segue $a_0 b_h + a_1 b_{h-1} + a_2 b_{h-2} + \cdots + a_{h-1} b_1 + a_h b_0 = 0$ da cui $b_h = -a_0^{-1}(a_1 b_{h-1} + a_2 b_{h-2} + \cdots + a_{h-1} b_1 + a_h b_0)$. Abbiamo così trovato $g(x)$.
(ii) Abbiamo $(1 - x) \sum_{m \geq 0} x^m = \sum_{m \geq 0} x^m - \sum_{m \geq 0} x^{m+1} = 1$.
(iii) Se $f(x) \notin (x)$ allora $f(x) = a_0 + xg(x)$ con $a_0 \neq 0$. Per quanto già provato, $f(x)$ è invertibile. Ne segue che $(x) \neq A$ è l'unico ideale massimale di A.
(iv) Sappiamo che A è un dominio euclideo con grado di $\sum_{n \geq 0} a_n x^n \neq 0$ il minimo n per cui $a_n \neq 0$. In particolare A è ad ideali principali. Sia $I = (f(x))$ un

ideale e sia $n = \deg(f)$. Allora $f(x) = x^n \tilde{f}(x)$ con $\tilde{f}(x)$ invertibile e $I = (f(x)) = (x^n \tilde{f}(x)) = (x^n)$.

Esercizio 57 Sia A un dominio a fattorizzazione unica, x un elemento irriducibile di A e sia $P = (x)$ l'ideale generato da x. Dimostrare che

(i) $S = A \setminus P$ è una parte moltiplicativa di A,
(ii) $S^{-1}A$ è un dominio euclideo.

Soluzione

(i) Essendo A a fattorizzazione unica, x è primo e P è un ideale primo; quindi $S = A \setminus P$ è una parte moltiplicativa. Nel seguito indichiamo con A_P la localizzazione $S^{-1}A$.
(ii) Dato l'elemento $a/b \in A_P \setminus \{0\}$, definiamo $\deg(a/b)$ come l'esponente con cui compare x nella fattorizzazione in irriducibili di a. Vogliamo far vedere che A_P è euclideo rispetto a tale funzione grado.

Per prima cosa proviamo che l'applicazione $\deg : A_P \setminus \{0\} \longrightarrow \mathbb{N}$ è ben definita. Se $a/b = c/d$ in A_P allora $ad = bc$ in A. Notiamo ora che x non divide b e d, visto che $b, d \in S$, quindi, usando la fattorizzazione unica, x compare nella fattorizzazione di a con lo stesso esponente con cui compare nella fattorizzazione di c. Abbiamo così provato che $\deg(a/b) = \deg(c/d)$.

È chiaro che $\deg(a/b \cdot c/d) = \deg(a/b) + \deg(c/d) \geq \deg(c/d)$ per ogni coppia di elementi a/b, c/d di $A_P \setminus \{0\}$.

Proviamo ora che dati a/b e $c/d \neq 0$ in A_P esistono α e ρ in A_P con $\rho = 0$ o $\deg(\rho) < \deg(c/d)$ per cui $a/b = \alpha \cdot c/d + \rho$. Sia $n = \deg(a/b)$ e $m = \deg(c/d)$, allora $a = x^n a'$ e $c = x^m c'$ con x che non divide a' e c'. Osserviamo che $a'/b \cdot d/c'$ è un elemento di A_P visto che x non divide bc'. Allora se $n \geq m$ poniamo $\alpha = b/a' \cdot d/c' x^{n-m}$ e $\rho = 0$, se invece $n < m$ poniamo $\alpha = 0$ e $\rho = a/b$. Questo finisce la dimostrazione che A_P è euclideo.

Esercizio 58 Sia J un ideale non nullo dell'anello $\mathbb{Z}[i]$ degli interi di Gauss. Provare che

(i) $J \cap \mathbb{Z} \neq \{0\}$,
(ii) $\mathbb{Z}[i]/J$ è un anello finito,
(iii) se $J = (1 + 3i)$ allora $\mathbb{Z}[i]/J$ è isomorfo a $\mathbb{Z}/10\mathbb{Z}$.

Soluzione

(i) Visto che $J \neq 0$, esiste $z = a + bi \in J$ con $z \neq 0$ e quindi $0 \neq a^2 + b^2 = |z|^2 = \bar{z}z \in J \cap \mathbb{Z}$.
(ii) L'anello $\mathbb{Z}[i]$ è euclideo, con funzione grado data dalla norma $a + bi \longmapsto N(a + bi) = |a + bi|^2 = a^2 + b^2$, quindi in particolare ogni ideale è principale. Allora esiste un $w \in \mathbb{Z}[i] \setminus \{0\}$ per cui $J = (w)$.

Sia ora $z \in \mathbb{Z}[i]$ e sia $z = qw + r$ la divisione di z per w; allora, sia che ci sia o meno resto, si ha $|r|^2 < |w|^2$. Osserviamo che $z - r \in J$ e quindi

$z + J = r + J$ in $\mathbb{Z}[i]/J$. Abbiamo provato che ogni elemento di $\mathbb{Z}[i]/J$ è della forma $r + J$ con $|r|^2 < |w|^2$. Ma ci sono solo un numero finito di tali r: infatti se $r = a + bi$ allora deve essere $a^2 + b^2 < |w|^2$ con a e b interi.

(iii) Sia $f : \mathbb{Z}[i] \longrightarrow \mathbb{Z}/10\mathbb{Z}$ l'applicazione $f(a + bi) = a + 3b$. Verifichiamo che f è un omomorfismo di anelli. Si ha

$$\begin{aligned} f\big((a + bi) + (c + di)\big) &= f\big((a + c) + (b + d)i\big) \\ &= a + c + 3(b + d) \\ &= (a + 3b) + (c + 3d) \\ &= f(a + bi) + f(c + di) \end{aligned}$$

e quindi f è un omomorfismo di gruppi abeliani. Inoltre

$$\begin{aligned} f\big((a + bi)(c + di)\big) &= f\big((ac - bd) + (ad + bc)i\big) \\ &= (ac - bd) + 3(ad + bc) \\ &= ac + 9bd + 3ad + 3bc \\ &= (a + 3b)(c + 3d) \\ &= f(a + bi)f(c + di) \end{aligned}$$

e quindi f è un omomorfismo di anelli.

Chiaramente f è suriettiva visto che $f(1) = 1$. Vogliamo ora provare che $\mathrm{Ker}(f) = J$. Abbiamo $f(1 + 3i) = 1 + 3 \cdot 3 = 10 = 0$ e quindi, essendo $\mathrm{Ker}(f)$ un ideale, $J \subseteq \mathrm{Ker}(f)$.

D'altra parte se $f(a + bi) = 0$ abbiamo $a + 3b = 0$ in $\mathbb{Z}/10\mathbb{Z}$ e quindi $a \equiv -3b \pmod{10}$. Allora esiste un $h \in \mathbb{Z}$ tale che $a = -3b + 10h$, da cui $a + bi = -3b + 10h + bi = b(1 + 3i)i + (1 - 3i)(1 + 3i)h = (bi + (1 - 3i)h)(1 + 3i) \in J$.

Ciò prova che $\mathrm{Ker}(f) = J$ e quindi $\mathbb{Z}[i]/J \simeq \mathbb{Z}/10\mathbb{Z}$.

Esercizio 59

(i) Un primo p di $\mathbb{Z}$ è somma di due quadrati se e solo se $p \equiv 1 \pmod 4$ oppure $p = 2$.

(ii) Per ogni primo p di $\mathbb{Z}$ la fattorizzazione di p in $\mathbb{Z}[i]$ è la seguente

    (a) se $p = 2$ allora $p = (-i)(1 + i)^2$ e $1 + i$ è primo in $\mathbb{Z}[i]$,

    (b) se $p \equiv 1 \pmod 4$ allora $p = wz$ con w e z non associati in $\mathbb{Z}[i]$,

    (c) se $p \equiv 3 \pmod 4$ allora p è primo in $\mathbb{Z}[i]$.

(iii) Un elemento $w = a + bi \in \mathbb{Z}[i]$ è primo se e solo se: o $a^2 + b^2 = p$, e in tal caso necessariamente $p \equiv 1 \pmod 4$ o $p = 2$; oppure $a^2 + b^2 = p^2$ con $p \equiv 3 \pmod 4$, e in tal caso w è associato al primo p di $\mathbb{Z}$.

Soluzione Sappiamo che $\mathbb{Z}[i]$ è un dominio euclideo con grado definito dalla norma $a + bi \longmapsto N(a + bi) = a^2 + b^2$; in altri termini il grado di un elemento è semplicemente la norma quadra dell'elemento come numero complesso. È allora chiaro che $N(wz) = N(w)N(z)$ per ogni coppia di elementi w, z di $\mathbb{Z}[i]$. Ricordiamo inoltre che gli elementi invertibili sono ± 1 e $\pm i$.

(i) Il primo $2 = 1^2 + 1^2$ è ovviamente somma di due quadrati. Se p è un primo congruo ad 1 modulo 4, allora -1 è un quadrato modulo p. Sia $a \in \mathbb{Z}$ tale che $a^2 \equiv -1 \pmod{p}$. Allora p divide $(a^2 + 1) = (a + i)(a - i)$.

Se p fosse primo in $\mathbb{Z}[i]$, allora si avrebbe che $p \mid a + i$ o $p \mid a - i$. Ma allora, in ogni caso, p dividerebbe entrambi questi elementi visto che p è reale e $a - i$ è il coniugato di $a + i$; ne seguirebbe che p divide $(a + i) - (a - i) = 2i$ in $\mathbb{Z}[i]$, che è impossibile perché p è dispari.

Dunque p non è primo, quindi non è irriducibile visto che siamo in un dominio a fattorizzazione unica perché euclideo, e possiamo scrivere $p = wz$ dove w e z sono elementi non invertibili. Considerando le norme, si ha $p^2 = N(p) = N(w)N(z)$. Nei numeri interi positivi p^2 si può decomporre solo come $p^2 \cdot 1$, $p \cdot p$ e $1 \cdot p^2$. Ma la prima e l'ultima decomposizione sono impossibili nelle nostre ipotesi, perché altrimenti w oppure z sarebbe invertibile. Quindi $w = u + iv$ ha norma p, e dunque $p = u^2 + v^2$ è somma di due quadrati.

Infine, i quadrati degli interi modulo 4 sono solo 0 e 1, quindi se $p \equiv 3 \pmod{4}$ esso non è somma di due quadrati e dunque, in questo caso, non esistono elementi di norma p.

(ii) Osserviamo innanzitutto che, se $N(w) = p$ è un numero primo, allora w è primo. Infatti, se $w = \alpha \cdot \beta$ si ha $p = N(w) = N(\alpha)N(\beta)$, e dunque uno fra α e β ha norma 1 e quindi è invertibile.

Poiché $N(1 + i) = 2$, l'espressione $2 = (-i)(1 + i)^2$ è una fattorizzazione di 2 in $\mathbb{Z}[i]$ e il punto (a) è dimostrato.

Dalla dimostrazione del punto (i) sappiamo che se $p \equiv 1 \pmod{4}$ allora $p = wz$ con $N(w) = N(z) = p$ e dunque l'espressione $p = wz$ è una fattorizzazione di p in $\mathbb{Z}[i]$. Dimostriamo che w e z non sono associati.

Se $w = a + bi$, allora da $p = a^2 + b^2 = (a + bi)(a - bi)$ si ricava che $z = a - bi$. Dunque, se w e z fossero associati, siccome evidentemente $w \neq \pm z$ si avrebbe $w = \pm i \cdot z = \pm(b + ai)$, e quindi $|a| = |b|$, $a^2 + b^2 = 2a^2$. Ma questo è impossibile, perché p è dispari. Abbiamo così provato (b).

Se $p \equiv 3 \pmod{4}$, allora p non si può scrivere come prodotto di due elementi di norma p perché altrimenti sarebbe somma di due quadrati e ciò è escluso da (i); ne segue che p è irriducibile e quindi è primo come richiesto dal punto (c).

(iii) Se $w \in \mathbb{Z}[i]$ è primo, allora l'ideale (w) è primo e dunque l'ideale $(w) \cap \mathbb{Z} = (p)$ è un ideale primo di $\mathbb{Z}$. Poiché $(p) \subseteq (w)$, si ha che w divide p in $\mathbb{Z}[i]$; ne segue che, a meno di elementi associati, ogni primo di $a + bi$ di $\mathbb{Z}[i]$ è un divisore di un primo p di $\mathbb{Z}$. Riscorrendo la soluzione del punto (ii) si ha

(a) per $p = 2$, l'unico divisore primo è $1 + i$, per il quale $a = b = 1$ e $a^2 + b^2 = 2$;

(b) per $p \equiv 1 \pmod{4}$, ci sono due divisori primi di p, per entrambi i quali $a^2 + b^2 = p$;

(c) i primi congrui a 3 modulo 4 rimangono primi in $\mathbb{Z}[i]$.

Esercizio 60 Sia $A = \mathbb{C}[x]$ e sia G il sottogruppo degli automorfismi di A generato da

$$f(x) \overset{\sigma}{\longmapsto} f(-x)$$
$$f(x) \overset{\tau}{\longmapsto} f(1-x).$$

Provare che il sottoanello A^G dei punti fissi di G in A è $\mathbb{C}$.

Soluzione È chiaro che $\mathbb{C}$ è contenuto in A^G. Sia viceversa $f(x)$ un polinomio fisso per G, supponiamo per assurdo che $f(x)$ abbia grado positivo e sia α una sua radice in $\mathbb{C}$.

Osserviamo che $(\tau\sigma)(f(x)) = \tau(\sigma(f(x))) = f(x-1)$ e quindi abbiamo $f(x) = f(x-1)$. Questa uguaglianza resta vera se sostituiamo ad x un qualunque elemento di $\mathbb{C}$. In particolare sostituendo α otteniamo $0 = f(\alpha) = f(\alpha - 1)$, cioè anche $\alpha - 1$ è una radice. Ne segue che $f(x)$ ha le infinite radici $\alpha, \alpha - 1, \alpha - 2, \ldots$ cosa chiaramente impossibile per un polinomio non nullo.

Esercizio 61 Determinare tutti i campi $\mathbb{K}$ per i quali esiste un omomorfismo suriettivo $\mathbb{Z}[x] \longrightarrow \mathbb{K}$.

Soluzione Dimostriamo che i campi cercati sono tutti e soli i campi finiti.

Sia $\mathbb{K}$ un campo finito e sia γ un generatore per il gruppo ciclico finito $\mathbb{K}^*$. È allora chiaro che l'unico omomorfismo di anelli indotto da $\mathbb{Z}[x] \ni x \longmapsto \gamma \in \mathbb{K}$ è suriettivo.

D'altra parte, se $\varphi : \mathbb{Z}[x] \longrightarrow \mathbb{K}$ è un omomorfismo suriettivo, allora il suo nucleo M deve essere un ideale massimale di $\mathbb{Z}[x]$. Per prima cosa, dimostriamo per assurdo che non può essere $M \cap \mathbb{Z} = \{0\}$.

Se supponiamo che $M \cap \mathbb{Z} = \{0\}$ allora $\varphi_{|\mathbb{Z}}$ è iniettivo e quindi $\mathbb{K}$ ha caratteristica 0, in particolare contiene $\mathbb{Q}$. Allora posto $S = \{1, 2, 3, \ldots\} = \mathbb{N} \setminus \{0\}$, l'immagine $\varphi(S)$ è contenuta in $\mathbb{K}^*$ e quindi φ si estende ad un omomorfismo suriettivo $\widetilde{\varphi}$ da $S^{-1}\mathbb{Z}[x] = \mathbb{Q}[x]$ in $\mathbb{K}$. Sia ora $\widetilde{M} = \mathbb{Q}[x] \cdot f(x)$ il nucleo di questo omomorfismo e sia $\alpha = \varphi(x) \in \mathbb{K}$. Visto che l'immagine di $\widetilde{\varphi}$ è il campo $\mathbb{K}$, $f(x)$ è irriducibile; esso può inoltre essere scelto a coefficienti interi e con contenuto 1. Con questa scelta, usando il Lemma di Gauss, è facile provare che M è l'ideale principale generato da $f(x)$ in $\mathbb{Z}[x]$. Inoltre, detto n il grado di $f(x)$ e a_n il suo coefficiente direttore, per ogni polinomio $h(x) \in \mathbb{Z}[x]$ la divisione euclidea produce un resto $r_h(x)$ o nullo o di grado minore a n e a coefficienti in $\frac{1}{a_n} \cdot \mathbb{Z}$; in ogni caso

$$\varphi(h(x)) = \widetilde{\varphi}(h(x)) = r_h(\alpha)$$

e $r_h(\alpha)$ è un elemento del gruppo abeliano generato da $1/a_n, \alpha/a_n, \ldots, \alpha^{n-1}/a_n$. In particolare se p è un primo che non divide a_n, il numero razionale $1/p$ non è nell'immagine di φ contro l'ipotesi che φ sia suriettivo. Questo finisce la dimostrazione che $M \cap \mathbb{Z}$ è un ideale non banale di $\mathbb{Z}$.

Visto che M è massimale, esso è in particolare primo, allora anche $M \cap \mathbb{Z}$ è primo e, essendo non nullo per quanto appena mostrato, si avrà $M \cap \mathbb{Z} = (p)$ per qualche numero primo p. Quindi φ passa al quoziente $(\mathbb{Z}/p\mathbb{Z})[x] = \mathbb{F}_p[x]$ e per l'immagine si ha $\mathbb{K} = \mathbb{F}_p[\alpha]$. Questo anello è un campo se e solo se α è algebrico su $\mathbb{F}_p$. Ma in questo caso $\mathbb{F}_p[\alpha] = \mathbb{F}_p(\alpha)$ è un'estensione di $\mathbb{F}_p$ di grado uguale a quello del polinomio minimo di α su $\mathbb{F}_p$, e quindi $\mathbb{K}$ è un campo finito.

Esercizio 62 Determinare tutti i sottocampi del campo di spezzamento di $x^7 - 1$ su $\mathbb{Q}$.

Soluzione Il campo di spezzamento di $x^7 - 1$ è l'estensione ciclotomica settima di $\mathbb{Q}$ in $\mathbb{C}$, esso è generato da una radice settima ζ dell'unità, ha grado $\phi(7) = 6$ e gruppo di Galois G isomorfo a $(\mathbb{Z}/7\mathbb{Z})^*$: un automorfismo φ è completamente determinato dall'immagine di ζ che può essere una qualsiasi radice settima ζ^k con $1 \le k \le 6$, l'applicazione $\varphi \longmapsto k$ realizza un isomorfo tra G e $(\mathbb{Z}/7\mathbb{Z})^*$. Osserviamo che quest'ultimo gruppo è ciclico di ordine 6, generato, per esempio, da 3, allora G è generato dall'unico automorfismo σ che manda ζ in ζ^3.

Per il Teorema di Corrispondenza di Galois, i sottocampi di $\mathbb{Q}(\zeta)$ corrispondono ai sottogruppi di G; oltre a tutto il gruppo e al sottogruppo banale, vi sono i soli sottogruppi $G_2 = \langle \sigma^2 \rangle$ di ordine 3 e $G_3 = \langle \sigma^3 \rangle$ di ordine 2.

Indichiamo con $\mathbb{K}_2$ il sottocampo fisso di G_2 e consideriamo l'elemento $\alpha = \zeta + \zeta^2 + \zeta^4$ di $\mathbb{Q}(\zeta)$. È chiaro che α è fissato da σ^2, inoltre G_2 ha ordine 3, quindi $\mathbb{K}_2/\mathbb{Q}$ ha grado il suo indice, cioè 2. Per concludere che $\mathbb{K}_2 = \mathbb{Q}(\alpha)$ ci basta dunque osservare che α non può essere razionale perché $1, \zeta, \zeta^2, \ldots, \zeta^5$ è una base di $\mathbb{Q}(\zeta)/\mathbb{Q}$. È facile vedere che α verifica il polinomio $x^2 + x + 2$ e quindi $\mathbb{Q}(\alpha) = \mathbb{Q}(\sqrt{-7})$.

Il sottogruppo G_3 è generato dall'automorfismo che manda ζ in ζ^{-1}, questo automorfismo è quindi la restrizione a $\mathbb{Q}(\zeta)$ del coniugio di $\mathbb{C}$. Allora il sottocampo corrispondente $\mathbb{K}_3$ è la sottoestensione reale $\mathbb{Q}(\zeta) \cap \mathbb{R} = \mathbb{Q}(\zeta + \zeta^{-1})$.

In conclusione abbiamo quattro sottocampi: $\mathbb{Q}(\zeta)$ di grado 6, $\mathbb{Q}(\zeta + \zeta^{-1})$ reale e di grado 3, $\mathbb{Q}(\sqrt{-7})$ di grado 2 e $\mathbb{Q}$.

Esercizio 63 Sia $\mathbb{K}$ il campo di spezzamento di $x^3 - 5$ su $\mathbb{Q}$ e sia $\mathbb{F}$ il campo di spezzamento di $x^{11} - 1$ su $\mathbb{Q}$.

(i) Determinare il gruppo di Galois di $\mathbb{K}/\mathbb{Q}$ e un elemento primitivo per tale estensione.

(ii) Calcolare il grado e determinare il gruppo di Galois di $\mathbb{K} \cdot \mathbb{F}/\mathbb{Q}$.

(iii) Contare le sottoestensioni $\mathbb{L}$ di $\mathbb{K} \cdot \mathbb{F}$, tali che $\sqrt[3]{5} \in \mathbb{L}$ e $\mathbb{L}/\mathbb{Q}$ è di Galois.

Soluzione Nel seguito indichiamo con ζ_n, per n naturale, una fissata radice primitiva n-esima dell'unità in $\mathbb{C}$.

(i) Le radici del polinomio $x^3 - 5$ sono $\sqrt[3]{5}$, $\zeta_3 \sqrt[3]{5}$, $\zeta_3^2 \sqrt[3]{5}$ e il suo campo di spezzamento è quindi

$$\mathbb{K} = \mathbb{Q}(\sqrt[3]{5}, \zeta_3 \sqrt[3]{5}, \zeta_3^2 \sqrt[3]{5}) = \mathbb{Q}(\sqrt[3]{5}, \zeta_3).$$

La formula del grado per le torri di estensioni ci dà $[\mathbb{K} : \mathbb{Q}] = [\mathbb{K} : \mathbb{Q}(\sqrt[3]{5})][\mathbb{Q}(\sqrt[3]{5}) : \mathbb{Q}]$. Ora $[\mathbb{Q}(\sqrt[3]{5}) : \mathbb{Q}] = 3$ perché $x^3 - 5$ è irriducibile, inoltre

$[\mathbb{K} : \mathbb{Q}(\sqrt[3]{5})] = 2$ perché ζ_3 ha grado 2 su $\mathbb{Q}$ e non appartiene a $\mathbb{Q}(\sqrt[3]{5})$ che è un campo reale. Si ottiene quindi che $[\mathbb{K} : \mathbb{Q}] = 6$ e di conseguenza il gruppo di Galois cercato, essendo il gruppo di una cubica, è isomorfo ad S_3.

Verifichiamo che l'elemento $\alpha = \zeta_3 + \sqrt[3]{5}$ di $\mathbb{K}$ genera $\mathbb{K}/\mathbb{Q}$. A tale scopo possiamo, ad esempio, mostrare che l'orbita di α per l'azione del gruppo di Galois ha 6 elementi. Questo implica che il grado di α su $\mathbb{Q}$ è 6 e quindi α genera l'estensione.

Gli elementi del gruppo di Galois di $\mathbb{K}/\mathbb{Q}$ permutano le radici di $x^3 - 5$ e mandano ζ_3 in una radice terza primitiva. Essi sono quindi: $\sigma_{h,k}$, con $h = 0, 1, 2$ e $k = 1, 2$, dove $\sigma_{h,k}(\sqrt[3]{5}) = \zeta_3^h \sqrt[3]{5}$, e $\sigma_{h,k}(\zeta_3) = \zeta_3^k$. Determiniamo ora lo stabilizzatore di α per l'azione del gruppo di Galois. Si ha

$$\sigma_{h,k}(\alpha) = \alpha \iff \zeta_3^k + \zeta_3^h \sqrt[3]{5} = \zeta_3 + \sqrt[3]{5} \iff (\zeta_3^h - 1)\sqrt[3]{5} = \zeta_3 - \zeta_3^k.$$

Se ne deduce che, necessariamente, $h = 0$ perché altrimenti si avrebbe $\sqrt[3]{5} \in \mathbb{Q}(\zeta_3)$, cosa impossibile in quanto $\mathbb{K} \neq \mathbb{Q}(\zeta_3)$. Ma allora vale anche $k = 1$. Lo stabilizzatore è quindi banale e l'orbita di α ha 6 elementi come volevamo.

(ii) È chiaro che $\mathbb{F} = \mathbb{Q}(\zeta_{11})$. Osserviamo che $\mathbb{Q}(\zeta_{11}, \zeta_3) = \mathbb{Q}(\zeta_{33})$ dato che 11 e 3 sono coprimi. Da questo segue che $\mathbb{K}\mathbb{F} = \mathbb{Q}(\zeta_{11}, \zeta_3, \sqrt[3]{5}) = \mathbb{Q}(\zeta_{33}, \sqrt[3]{5})$.

Ora $[\mathbb{Q}(\zeta_{33}) : \mathbb{Q}] = \phi(33) = 20$ e $[\mathbb{Q}(\sqrt[3]{5}) : \mathbb{Q}] = 3$ sono coprimi, quindi $[\mathbb{K}\mathbb{F} : \mathbb{Q}] = 60$.

Visto che $\mathbb{K}/\mathbb{Q}$ e $\mathbb{F}/\mathbb{Q}$ sono di Galois e si intersecano solo su $\mathbb{Q}$, esiste un isomorfismo

$$G = \mathrm{Gal}(\mathbb{K}\mathbb{F}/\mathbb{Q}) \longrightarrow \mathrm{Gal}(\mathbb{K}/\mathbb{Q}) \times \mathrm{Gal}(\mathbb{F}/\mathbb{Q}),$$

cioè G è isomorfo a $S_3 \times (\mathbb{Z}/11\mathbb{Z})^* \simeq S_3 \times \mathbb{Z}/10\mathbb{Z}$.

(iii) Un'estensione normale $\mathbb{L}$ di $\mathbb{Q}$ che contiene $\sqrt[3]{5}$ contiene necessariamente il campo di spezzamento $\mathbb{K}$ di $x^3 - 5$. Usando l'isomorfismo del punto precedente, il campo $\mathbb{K}$ è fissato da $H = e \times (\mathbb{Z}/11\mathbb{Z})^*$. Per il Teorema di Corrispondenza di Galois, le estensioni $\mathbb{L}$ che stiamo cercando sono tante quanti i sottogruppi di H normali in $S_3 \times (\mathbb{Z}/11\mathbb{Z})^*$.

Il gruppo H è ciclico di ordine 10, quindi esso ha esattamente 4 sottogruppi e tali sottogruppi sono caratteristici. Osserviamo inoltre che H è il centro di $S_3 \times (\mathbb{Z}/11\mathbb{Z})^*$, in particolare esso è caratteristico. Concludiamo che ogni sottogruppo di H è caratteristico, in particolare normale, in $S_3 \times (\mathbb{Z}/11\mathbb{Z})^*$. Le estensioni cercate sono quindi 4.

Esercizio 64 Determinare il gruppo di Galois su $\mathbb{Q}$ del polinomio $x^4 - 10x^2 + 1$.

Soluzione Per prima cosa proviamo che $f(x) = x^4 - 10x^2 + 1$ è irriducibile in $\mathbb{Q}[x]$. Si calcola subito che le radici di $f(x)$ sono i quattro numeri reali

$$\alpha_1 = \sqrt{5 + 2\sqrt{6}}, \ \alpha_2 = -\sqrt{5 + 2\sqrt{6}}, \ \alpha_3 = \sqrt{5 - 2\sqrt{6}}, \ \alpha_4 = -\sqrt{5 - 2\sqrt{6}}.$$

Nessuno di essi è razionale perché altrimenti lo sarebbe anche $\sqrt{6}$. Inoltre, se $f(x)$ fosse il prodotto di due polinomi razionali di secondo grado, allora le quattro radici si dovrebbero dividere in due gruppi da due in modo che, se β, γ è uno di questi gruppi, allora $\beta\gamma$, $\beta + \gamma \in \mathbb{Q}$.

Per avere un prodotto razionale dobbiamo accoppiare α_1 con α_3 o con α_4; infatti $\alpha_1^2 = -\alpha_1\alpha_2 = 5 + 2\sqrt{6} \notin \mathbb{Q}$ mentre $\alpha_1\alpha_3 = 1$ e $\alpha_1\alpha_4 = -1$. Però $(\alpha_1 + \alpha_3)^2 = 12$ e $(\alpha_1 + \alpha_4)^2 = 8$ e quindi $\alpha_1 + \alpha_3$, $\alpha_1 + \alpha_4 \notin \mathbb{Q}$. Ciò finisce la dimostrazione che $f(x)$ è irriducibile in $\mathbb{Q}[x]$.

Abbiamo anche provato che $\alpha_3 = \alpha_1^{-1}$, il campo di spezzamento di $f(x)$ su $\mathbb{Q}$ è quindi $\mathbb{K} = \mathbb{Q}(\alpha_1)$ e, in particolare, $[\mathbb{K} : \mathbb{Q}] = 4$. Inoltre $\sqrt{3} = (\alpha_1 + \alpha_3)/2$ e $\sqrt{2} = (\alpha_1 + \alpha_4)/2$ e quindi $\mathbb{K} = \mathbb{Q}(\sqrt{2}, \sqrt{3})$ contiene tre sottoestensioni quadratiche distinte $\mathbb{Q}(\sqrt{2})$, $\mathbb{Q}(\sqrt{3})$ e $\mathbb{Q}(\sqrt{6})$.

Ma allora, detto G il gruppo di Galois di $f(x)$ su $\mathbb{Q}$ non può che essere $G \simeq \mathbb{Z}/2\mathbb{Z} \times \mathbb{Z}/2\mathbb{Z}$ visto che $|G| = 4$ e G deve avere tre sottogruppi distinti di indice 2 corrispondenti alle tre sottoestensioni quadratiche trovate.

Possiamo anche determinare esplicitamente gli automorfismi di $\mathbb{K}/\mathbb{Q}$. La radice α_1 deve essere mandata da uno di tali automorfismi in una radice di $f(x)$ e quindi abbiamo i quattro automorfismi indotti da $\alpha_1 \longmapsto \alpha_1$, $\alpha_1 \longmapsto -\alpha_1$, $\alpha_1 \longmapsto \alpha_1^{-1}$ e $\alpha_1 \longmapsto -\alpha_1^{-1}$.

[[Il polinomio $f(x)$ ha la particolarità di essere riducibile modulo p per ogni primo p. Per provare ciò basta usare che il prodotto di due non residui quadratici è un residuo quadratico per accoppiare le radici ed avere una fattorizzazione come il prodotto di due polinomi di secondo grado in $\mathbb{F}_p[x]$ per ogni fissato p. In particolare, non è possibile provare che $f(x)$ è irriducibile passando modulo p. Un altro esempio di polinomio con questa proprietà è $x^4 + 1$.]]

Esercizio 65 Calcolare, al variare di m in $\mathbb{Z}$, il gruppo di Galois del polinomio $f(x) = (x^4 + 1)(x^2 - m)$ su $\mathbb{Q}$.

Soluzione Le radici del polinomio $x^4 + 1 = (x^8 - 1)/(x^4 - 1)$ sono le radici ottave dell'unità che non sono radici quarte, cioè le radici ottave primitive dell'unità, e queste sono $(\pm\sqrt{2} \pm i\sqrt{2})/2$. Il suo campo di spezzamento su $\mathbb{Q}$ è quindi $\mathbb{K} = \mathbb{Q}((\pm\sqrt{2} \pm i\sqrt{2})/2) = \mathbb{Q}(i, \sqrt{2})$ e si ha $[\mathbb{K} : \mathbb{Q}] = [\mathbb{K} : \mathbb{Q}(\sqrt{2})][\mathbb{Q}(\sqrt{2}) : \mathbb{Q}] = 2 \cdot 2 = 4$, dove abbiamo usato che $i \notin \mathbb{Q}(\sqrt{2})$ in quanto quest'ultimo è un campo reale.

Inoltre $\mathrm{Gal}(\mathbb{K}/\mathbb{Q}) \simeq \mathbb{Z}/2\mathbb{Z} \times \mathbb{Z}/2\mathbb{Z}$: infatti è un gruppo di ordine 4 e non è ciclico in quanto contiene tre sottoestensioni di grado 2, cioè $\mathbb{Q}(\sqrt{2})$, $\mathbb{Q}(i)$ e $\mathbb{Q}(\sqrt{-2})$. Osserviamo anche che quelle elencate sono tutte le sottoestensioni di grado 2 di $\mathbb{K}$, perché il numero di tali sottoestensioni coincide con il numero di sottogruppi di indice 2 del gruppo di Galois.

Il polinomio $x^2 - m$ ha come radici $\pm\sqrt{m}$, quindi il polinomio si spezza in fattori lineari in $\mathbb{Q}[x]$ se e solo se m è un quadrato: in questo caso $\mathbb{K}$ è campo di spezzamento di $f(x)$ e, come già detto, il suo gruppo di Galois su $\mathbb{Q}$ è $\mathbb{Z}/2\mathbb{Z} \times \mathbb{Z}/2\mathbb{Z}$.

Se invece m non è un quadrato, $m = k^2 d$ con $d \neq 0, 1$, libero da quadrati e $k \neq 0$, il campo di spezzamento di $x^2 - m$ è $\mathbb{Q}(\sqrt{d})$ e il suo gruppo di Galois è $\mathbb{Z}/2\mathbb{Z}$. Il campo di spezzamento del polinomio $f(x)$ è ora $\mathbb{F} = \mathbb{K}(\sqrt{d}) = \mathbb{Q}(i, \sqrt{2}, \sqrt{d})$ e il suo grado è $[\mathbb{F} : \mathbb{Q}] = [\mathbb{F} : \mathbb{K}][\mathbb{K} : \mathbb{Q}] = [\mathbb{F} : \mathbb{K}] \cdot 4$. Quindi $[\mathbb{F} : \mathbb{Q}] = 4$ se $\sqrt{d} \in \mathbb{K}$, mentre $[\mathbb{F} : \mathbb{Q}] = 8$ se $\sqrt{d} \notin \mathbb{K}$.

Abbiamo $\sqrt{d} \in \mathbb{K} = \mathbb{Q}(i, \sqrt{2})$ se e solo se il campo $\mathbb{Q}(\sqrt{d})$ è una sottoestensione quadratica di $\mathbb{K}$; quindi, poiché d è libero da quadrati, se e solo se $d = -1, 2$ o -2, cioè $m = -k^2, \pm 2k^2$. In tale caso $\mathrm{Gal}(\mathbb{F}/\mathbb{Q}) \simeq \mathbb{Z}/2\mathbb{Z} \times \mathbb{Z}/2\mathbb{Z}$.

Se invece $\sqrt{d} \notin \mathbb{K}$, si ha $\mathbb{F} = \mathbb{K}\mathbb{Q}(\sqrt{d})$ e $\mathbb{K} \cap \mathbb{Q}(\sqrt{d}) = \mathbb{Q}$, quindi $\mathrm{Gal}(\mathbb{F}/\mathbb{Q}) \simeq \mathrm{Gal}(\mathbb{K}/\mathbb{Q}) \times \mathrm{Gal}(\mathbb{Q}(\sqrt{d})) \simeq \mathbb{Z}/2\mathbb{Z} \times \mathbb{Z}/2\mathbb{Z} \times \mathbb{Z}/2\mathbb{Z}$.

[Per trovare il campo di spezzamento di $x^4 + 1$ su $\mathbb{Q}$ basta osservare che $x^4 + 1$ è il polinomio ciclotomico ottavo. Il suo campo di spezzamento è quindi $\mathbb{Q}(\sqrt{2}(1 + i)/2)$ di grado 4 su $\mathbb{Q}$ e il suo gruppo di Galois è $(\mathbb{Z}/8\mathbb{Z})^* \simeq \mathbb{Z}/2\mathbb{Z} \times \mathbb{Z}/2\mathbb{Z}$.]

Esercizio 66 Determinare per quali primi p dispari la classe di 2 è un quadrato modulo p.

Soluzione Sia p un numero primo dispari e, dato $a \in \mathbb{F}_p^*$, ricordiamo che il simbolo di Legendre $\left(\frac{a}{p}\right)$ è definito nel seguente modo

$$\left(\frac{a}{p}\right) = \begin{cases} +1 \text{ se } a \text{ è un quadrato in } \mathbb{F}_p^* \\ -1 \text{ altrimenti.} \end{cases}$$

Per prima cosa proviamo che $\left(\frac{a}{p}\right) = a^{\frac{p-1}{2}}$. Infatti, detta α una radice del polinomio $x^2 - a$ in una fissata chiusura algebrica di $\mathbb{F}_p$, si ha $\alpha^p = \alpha$ se e solo se $\alpha \in \mathbb{F}_p$ e quindi se e solo se a è un quadrato in $\mathbb{F}_p^*$. Allora $a^{\frac{p-1}{2}} = \alpha^{p-1} = 1$ se e solo se a è quadrato e quindi se e solo se $\left(\frac{a}{p}\right) = 1$. D'altra parte $a^{\frac{p-1}{2}}$ può assumere solo i valori ± 1 visto che è radice del polinomio $x^2 - 1$ in $\mathbb{F}_p$. Ciò prova che $\left(\frac{a}{p}\right) = a^{\frac{p-1}{2}}$.

Vogliamo ora calcolare il simbolo di Legendre $\left(\frac{2}{p}\right)$. Sia ω una radice ottava primitiva dell'unità in una chiusura algebrica di $\mathbb{F}_p$ e osserviamo che $\omega^4 = -1$ e quindi $\omega^2 = -\omega^{-2}$. Posto $\alpha = \omega + \omega^{-1}$ si ha $\alpha^2 = (\omega + \omega^{-1})^2 = \omega^2 + 2 + \omega^{-2} = 2$; cioè α è una radice quadrata di 2. Allora $\left(\frac{2}{p}\right) = 2^{\frac{p-1}{2}} = \alpha^{p-1} = \alpha^p/\alpha$.

Osserviamo ora che p può essere congruo a ± 1 o ± 3 modulo 8. Nel primo caso $\alpha^p = \omega^p + \omega^{-p} = \omega + \omega^{-1} = \alpha$, nel secondo caso $\alpha^p = \omega^p + \omega^{-p} = \omega^3 + \omega^{-3} = (\omega + \omega^{-1})(\omega^2 - 1 + \omega^{-2}) = -\alpha$.

Abbiamo quindi trovato $\left(\frac{2}{p}\right) = +1$ se $p \equiv \pm 1 \pmod 8$ e $\left(\frac{2}{p}\right) = -1$ se $p \equiv \pm 3 \pmod 8$. Ciò può essere espresso concisamente come

$$\left(\frac{2}{p}\right) = (-1)^{\frac{p^2 - 1}{8}}.$$

[Dall'identità $\left(\frac{a}{p}\right) = a^{\frac{p-1}{2}}$ segue subito che l'applicazione

$$\mathbb{F}_p^* \ni a \longmapsto \left(\frac{a}{p}\right) \in \{\pm 1\}$$

è un omomorfismo di gruppi. Nell'Esercizio Preliminare 18 del Primo Volume abbiamo provato che -1 è un quadrato modulo un primo dispari p se e solo se p è congruo ad 1 modulo 4.

I casi -1 e 2 sono da complemento alla Legge di Reciprocità Quadratica. Dimostrata in modo completo per la prima volta da Gauss nel 1796, essa può essere così enunciata: per ogni coppia di primi dispari p e q si ha

$$\left(\frac{p}{q}\right)\left(\frac{q}{p}\right) = (-1)^{\frac{p-1}{2}\frac{q-1}{2}}.$$

Non solo tale legge esprime una profonda e inattesa simmetria, ma permette anche il calcolo esplicito del simbolo di Legendre. Per ulteriori dettagli si veda: Serre, J.P. *"A course in Arithmetic"*, Springer, 1996.

Capitolo 2
Esercizi

2.1 Gruppi

1. Si consideri il gruppo $G = \mathbb{Z}/2\mathbb{Z} \times \mathbb{Z}/4\mathbb{Z} \times \mathbb{Z}/6\mathbb{Z}$.

  (i) Determinare il numero degli elementi di ordine 6 e il numero dei sottogruppi ciclici di ordine 6 di G.
 (ii) Determinare i possibili ordini dei sottogruppi ciclici di G.
(iii) Per ogni intero positivo d divisore dell'ordine di G trovare esplicitamente un sottogruppo di G di ordine d.

2. Sia G un gruppo e, dati $g, h \in G$, definiamo $\psi_{g,h}$ come l'applicazione

$$G \ni x \overset{\psi_{g,h}}{\longmapsto} gxh^{-1} \in G$$

  (i) Dimostrare che $\psi_{g,h}$ è un elemento del gruppo $\mathsf{S}(G)$ delle permutazioni di G.
 (ii) Dimostrare che l'applicazione

$$G \times G \ni (g, h) \overset{\psi}{\longmapsto} \psi_{g,h} \in \mathsf{S}(G)$$

è un omomorfismo di gruppi.
(iii) Per quali coppie (g, h) l'applicazione $\psi_{g,h}$ è un omomorfismo di G?
(iv) Dimostrare che $\mathrm{Ker}(\psi)$ è isomorfo al centro di G.

3. Sia G un gruppo abeliano e consideriamo le applicazioni

$$G \ni g \overset{\psi}{\longmapsto} (g^2, g^{-1}) \in G \times G$$
$$G \times G \ni (g, h) \overset{\pi}{\longmapsto} gh^2 \in G.$$

Dimostrare che
  (i) ψ e π sono omomorfismi di gruppi,
 (ii) ψ è iniettiva,
(iii) π è suriettiva,
(iv) $\mathrm{Ker}(\pi) = \mathrm{Im}(\psi)$.

© Springer-Verlag Italia S.r.l., part of Springer Nature 2018
R. Chirivì et al., *Esercizi scelti di Algebra, Volume 2*, UNITEXT – La Matematica per il
3+2 112, https://doi.org/10.1007/978-88-470-3983-4_2

4. Sia G un gruppo abeliano e sia $\sigma : G \longrightarrow G$ un omomorfismo con $\sigma^2 = \mathrm{Id}_G$.

  (i) Dimostrare che σ è un automorfismo di G.

  (ii) Dimostrare che $H = \{h \in G \mid \sigma(h) = h\}$ è un sottogruppo di G.

  (iii) Dimostrare che $G/H \ni gH \overset{\tau}{\longmapsto} \sigma(g)H \in G/H$ è un'applicazione ben definita ed è, anzi, un automorfismo di G/H.

  (iv) Supponendo G di ordine finito dispari far vedere che

$$K = \{gH \in G/H \mid \tau(gH) = gH\}$$

è l'insieme con il solo elemento H.

5. Sia G un gruppo con la seguente proprietà: per ogni sottoinsieme finito S di G il sottogruppo $\langle S \rangle$ generato da S è ciclico.

  (i) Dimostrare che G è abeliano.

  (ii) Mostrare che G non è necessariamente ciclico.

6. Dimostrare che un gruppo non abeliano di ordine 28 che possiede un elemento di ordine 4 è unico a meno di isomorfismi.

7.

  (i) Provare che il gruppo derivato $[\mathsf{S}_5, \mathsf{S}_5]$ di S_5 è uguale ad A_5.

  (ii) Dimostrare che se $\mathsf{S}_5 \longrightarrow H$ è un omomorfismo suriettivo con H abeliano, allora $|H| \leq 2$.

8. Sia G un gruppo con 385 elementi che possiede un sottogruppo di ordine 77. Provare che esistono sottogruppi caratteristici H_1, H_2 di G con $\{e\} \subsetneq H_1 \subsetneq H_2 \subsetneq G$.

9. Calcolare il numero di elementi e il numero di sottogruppi di ordine 50 del gruppo $\mathbb{Z}/100\mathbb{Z} \times \mathbb{Z}/20\mathbb{Z}$.

10. Sia p un numero primo e sia G un gruppo con p^4 elementi. Dimostrare che

  (i) per ogni elemento $x \in G$ l'intero p^2 divide l'ordine del centralizzatore $Z(x)$ di x in G;

  (ii) se G non è abeliano, esiste $x \in G$ per cui $|Z(x)| = p^3$.

11. Sia G il gruppo moltiplicativo delle matrici 3×3 reali A con le seguenti proprietà: tutti i coefficienti di A appartengono all'insieme $\{0, 1, -1\}$; in ogni riga ed in ogni colonna di A esattamente un coefficiente è diverso da zero.

Dimostrare che l'insieme delle matrici diagonali di G è un sottogruppo normale e che G è isomorfo ad un prodotto semidiretto $(\mathbb{Z}/2\mathbb{Z})^3 \rtimes \mathsf{S}_3$.

12. Un sottoinsieme S di un gruppo G si dice *stabile per coniugio* se

$$xsx^{-1} \in S \quad \forall x \in G, \, s \in S.$$

  (i) Provare che per ogni $X \subseteq G$ l'insieme

$$\{S \mid X \subseteq S \subseteq G, \, S \text{ stabile per coniugio}\}$$

ha un elemento minimo per l'inclusione.

(ii) Dimostrare che se S è stabile per coniugio allora il sottogruppo generato da S è normale.

13.
(i) Descrivere le classi di coniugio di $S_4 \times \mathbb{Z}/3\mathbb{Z}$.
(ii) Descrivere tutti i possibili omomorfismi da $S_4 \times \mathbb{Z}/3\mathbb{Z}$ in $\mathbb{Z}/6\mathbb{Z}$.

14. Sia G un gruppo di ordine $3 \cdot 5 \cdot 17$. Provare che
(i) esiste un sottogruppo H di ordine 17 caratteristico in G,
(ii) il quoziente G/H è un gruppo ciclico,
(iii) G è un gruppo ciclico.

15. Trovare il numero di permutazioni σ in S_{11} per cui $\sigma^5 = (1, 2)$.

16. Indicato con $X = \{1, 2, \ldots, n\}$, definiamo la seguente azione di S_n su X^3

$$S_n \ni \sigma \longmapsto \big((i, j, k) \longmapsto \big(\sigma(i), \sigma(j), \sigma(k)\big)\big) \in S(X^3).$$

Provare che in X^3 vi sono 5 orbite per S_n e calcolarne le cardinalità.

17. Posto $\sigma = (1, 2, 3, 4, 5) \in A_5$, si calcoli la cardinalità della sua classe coniugata $\mathcal{Cl}_{A_5}(\sigma)$ in A_5 e la cardinalità dell'intersezione $\mathcal{Cl}_{A_5}(\sigma) \cap \langle \sigma \rangle$.

18. Sia G un gruppo abeliano finito, denotato additivamente. Un sottogruppo H di G si dice *puro* se per ogni $n \in \mathbb{Z}$ e per ogni $h \in H$ vale la proprietà

$$\Big(\text{esiste } x \in G \text{ tale che } nx = h\Big) \quad \text{se e solo se} \quad \Big(\text{esiste } y \in H \text{ tale che } ny = h\Big).$$

Indicato con p un primo che divide $|G|$ e con P il sottogruppo di p–torsione di G, dimostrare che
(i) il sottogruppo P è un sottogruppo puro di G,
(ii) tutti i sottogruppi di P sono puri in G se e solo se $px = 0$ per ogni $x \in P$.

19. Sia G un gruppo e, dato un suo automorfismo f, definiamo

$$H = \big\{(x, f(x)) \in G \times G \mid x \in G\big\}.$$

(i) Provare che H è un sottogruppo di $G \times G$.
(ii) Decidere se H è normale.
(iii) Determinare il centralizzatore di H in $G \times G$.

20.
(i) Dimostrare che il sottogruppo H di S_7 generato dai 7–cicli è normale.
(ii) Provare che vale $H = A_7$.

21. Dimostrare che un p–gruppo G non è ciclico se e solo se esiste un sottogruppo normale N di G tale che G/N è isomorfo a $\mathbb{Z}/p\mathbb{Z} \times \mathbb{Z}/p\mathbb{Z}$.

22. Sia G un gruppo finito e sia $\varphi : G \longrightarrow G$ un omomorfismo.
(i) Dimostrare che esiste un intero $N \geq 0$ tale che $\varphi^n(G) = \varphi^N(G)$ per ogni $n \geq N$.

(ii) Provare che G è isomorfo al prodotto semidiretto dei suoi sottogruppi $\mathrm{Ker}(\varphi^N)$ e $\mathrm{Im}(\varphi^N)$.

(iii) Mostrare con un esempio che in generale il sottogruppo $\mathrm{Im}(\varphi^N)$ non è normale in G.

23.

(i) Descrivere il centralizzatore del ciclo $\sigma = (1, 2, 3, \ldots, 11)$ e il normalizzatore del sottogruppo generato da σ nel gruppo di permutazioni S_{11}.

(ii) Provare che A_{11} ha sottogruppi di ordine 55 ma non ha sottogruppi di ordine 110.

24. Sia G un gruppo e sia H un suo sottogruppo proprio massimale rispetto alla relazione di inclusione di insiemi.

(i) Provare che se H è l'unico sottogruppo proprio massimale allora H è normale in G.

(ii) Dimostrare che se H non contiene il centro di G allora H è normale in G.

(iii) Mostrare con un esempio che un sottogruppo massimale non è necessariamente normale in G.

25.

(i) Dimostrare che S_5 non ha sottogruppi abeliani di ordine 8 né di ordine 10.

(ii) Elencare gli ordini dei sottogruppi abeliani di S_5.

26. Siano m, n due interi positivi.

(i) Dimostrare che $\mathrm{Hom}(\mathbb{Z}/m\mathbb{Z}, \mathbb{Z}/n\mathbb{Z})$ è isomorfo a $\mathrm{Hom}(\mathbb{Z}/n\mathbb{Z}, \mathbb{Z}/m\mathbb{Z})$ come gruppo.

(ii) Provare che $\mathrm{Hom}(\mathsf{S}_n, \mathbb{Z}/m\mathbb{Z})$ è un gruppo con al più due elementi.

27. Trovare tutte le permutazioni σ in S_6 per cui $\sigma^4 = (1, 2, 3)$.

28. Sia p un primo e sia G un gruppo di ordine p^4 con centro di ordine p^2. Calcolare il numero delle classi coniugate di G. Determinare inoltre il gruppo degli automorfismi interni di G.

29. Siano G un gruppo, H un suo sottogruppo caratteristico e $\pi : G \longrightarrow G/H$ l'omomorfismo quoziente.

(i) Dimostrare che per ogni $\varphi \in \mathrm{Aut}(G)$ esiste un unico $\overline{\varphi} \in \mathrm{Aut}(G/H)$ tale che $\pi \circ \varphi = \overline{\varphi} \circ \pi$. Dimostrare inoltre che l'applicazione

$$\mathrm{Aut}(G) \ni \varphi \overset{F}{\longmapsto} \overline{\varphi} \in \mathrm{Aut}(G/H)$$

è un omomorfismo.

(ii) Provare che per il caso $H = Z(G)$, il nucleo di F è il centralizzatore in $\mathrm{Aut}(G)$ del sottogruppo degli automorfismi interni.

(iii) Costruire un esempio in cui, per $H = Z(G)$, l'omomorfismo F è suriettivo e un esempio in cui non lo è.

30. Sia G un gruppo abeliano finito e sia $G(d)$ il suo sottogruppo $\{x \in G \mid dx = 0\}$.

(i) Dimostrare che se $G(p)$ è ciclico per ogni primo p che divide l'ordine di G allora G è ciclico.

(ii) Provare o confutare che: se G ha ordine m^2 e $G(p) \simeq \mathbb{Z}/p\mathbb{Z} \times \mathbb{Z}/p\mathbb{Z}$ per ogni primo p che divide m, allora $G \simeq \mathbb{Z}/m\mathbb{Z} \times \mathbb{Z}/m\mathbb{Z}$.

(iii) Dimostrare che se G ha ordine m^2 e per ogni $d < m$ con $d \mid m$ si ha $G(d) \simeq \mathbb{Z}/d\mathbb{Z} \times \mathbb{Z}/d\mathbb{Z}$, allora $G \simeq \mathbb{Z}/m\mathbb{Z} \times \mathbb{Z}/m\mathbb{Z}$.

31. Dato un numero primo p, descrivere le classi di coniugio del gruppo $\mathbb{Z}/p\mathbb{Z} \rtimes_\varphi$ $(\mathbb{Z}/p\mathbb{Z})^*$ relativo all'omomorfismo $(\mathbb{Z}/p\mathbb{Z})^* \ni a \overset{\varphi}{\longmapsto} (n \longmapsto an) \in \mathrm{Aut}(\mathbb{Z}/p\mathbb{Z})$. Calcolare inoltre il centro e il centralizzatore di $(1, 1)$.

32. Sia G un gruppo con centro Z e sia

$$K = \big\{ \varphi \in \mathrm{Aut}(G) \mid \varphi(gZ) = g\varphi(Z) \text{ per ogni } g \in G \big\}.$$

(i) Dimostrare che K è un sottogruppo normale di $\mathrm{Aut}(G)$.

(ii) Determinare K nel caso $G = \mathsf{D}_6$.

33. Contare il numero di omomorfismi da $\mathbb{Z}/5\mathbb{Z} \times \mathbb{Z}/2\mathbb{Z}$ in S_7.

34. Siano $G = \mathbb{Z}/13\mathbb{Z} \times \mathbb{Z}/13\mathbb{Z}$, $H = \mathbb{Z}/13\mathbb{Z}$ e $K = \mathbb{Z}/4\mathbb{Z}$. Costruire esplicitamente degli esempi di prodotti semidiretti non abeliani $G \rtimes H$ e $G \rtimes K$.

35. Dimostrare che in un p–gruppo il numero dei sottogruppi non normali è divisibile per p.

36. Determinare per quali primi p l'equazione

$$\sigma^p = (1, 2, \cdots, p)(p + 1, p + 2, \cdots, 2p), \quad \sigma \in \mathsf{S}_{2p}$$

è risolubile e trovarne tutte le soluzioni.

37. Dimostrare che un gruppo finito non abeliano con centro non banale ha almeno 4 classi di coniugio distinte.

38. Siano A e B gruppi di ordine rispettivamente m ed n. Dimostrare che i sottogruppi del prodotto diretto $A \times B$ sono tutti e soli della forma $A' \times B'$, con A' sottogruppo di A e B' sottogruppo di B, se e solo se $(m, n) = 1$.

39. Sia $G = (\mathbb{Z}/3\mathbb{Z} \times \mathbb{Z}/3\mathbb{Z} \times \mathbb{Z}/3\mathbb{Z}) \rtimes_\varphi \mathbb{Z}/3\mathbb{Z}$, dove

$$\varphi : \mathbb{Z}/3\mathbb{Z} \longrightarrow \mathrm{Aut}(\mathbb{Z}/3\mathbb{Z} \times \mathbb{Z}/3\mathbb{Z} \times \mathbb{Z}/3\mathbb{Z})$$

è definita da

$$\begin{cases} \varphi_0(x, y, z) = (x, y, z) \\ \varphi_1(x, y, z) = (y, z, x) \\ \varphi_2(x, y, z) = (z, x, y). \end{cases}$$

(i) Determinare il centro di G.

(ii) Determinare il numero di elementi di G di ordine 3.

40. Siano $p < q$ e r tre numeri primi e sia G un gruppo di ordine pq e H il gruppo $\mathbb{Z}/r\mathbb{Z}$. Descrivere gli omomorfismi da G in H e gli omomorfismi da H in G.

41. Sia $G = \mathsf{SL}_2(\mathbb{Z})$ il gruppo moltiplicativo delle matrici 2×2 a coefficienti in $\mathbb{Z}$ di determinante 1 e indichiamo con $\mathcal{H}$ il sottoinsieme dei numeri complessi di parte immaginaria positiva.

(i) Dimostrare che ponendo

$$\begin{pmatrix} a & b \\ c & d \end{pmatrix} \cdot z = \frac{az + b}{cz + d}$$

si definisce un'azione di G su $\mathcal{H}$.

(ii) Provare che l'azione del punto precedente passa al quoziente L di G per il sottogruppo $\{\pm I\}$ dove I è la matrice identità.

(iii) Provare che per tutti gli interi a, b, c, d tali che $ad - bc = 1$ l'elemento

$$\frac{ai + b}{ci + d}$$

di $\mathcal{H}$ ha stabilizzatore non banale in L.

42. Sia G un gruppo, sia $K = G \times G$ e consideriamo il sottogruppo $H = \{(g, g) \mid g \in G\}$ di K. Per ogni $k \in K$ definiamo la *classe laterale doppia* di k rispetto ad H come l'insieme

$$HkH = \{hkh' \mid h, h' \in H\}.$$

(i) Dimostrare che se $k, k' \in K$ allora $\left(HkH\right) \cap \left(Hk'H\right) = \varnothing$ oppure $HkH = Hk'H$.

(ii) Dimostrare che l'insieme delle classi laterali doppie degli elementi di K rispetto ad H è in biezione con le classi di coniugio di G.

43. Determinare tutti i gruppi abeliani finiti di ordine dispari che hanno esattamente 10 sottogruppi, inclusi il gruppo stesso e il sottogruppo costituito dal solo elemento neutro.

44. Siano H e K gruppi, $\varphi : K \longrightarrow \mathrm{Aut}(H)$ un automorfismo e $G = H \rtimes_\varphi K$ il relativo prodotto semidiretto.

(i) Dato un automorfismo ω di H provare che

$$G \ni (h, k) \longmapsto (\omega(h), k) \in G$$

è un automorfismo di G se e solo se ω è un elemento del centralizzatore di $\mathrm{Im}(\varphi)$ in $\mathrm{Aut}(H)$.

(ii) Dato un automorfismo ϵ di K provare che

$$G \ni (h, k) \longmapsto (h, \epsilon(k)) \in G$$

è automorfismo di G se e solo se: $\epsilon(\mathrm{Ker}(\varphi)) = \mathrm{Ker}(\varphi)$ e l'applicazione indotta sul quoziente $k \, \mathrm{Ker}(\varphi) \longmapsto \epsilon(k) \, \mathrm{Ker}(\varphi)$ è l'identità di $K / \mathrm{Ker}(\varphi)$.

45.

(i) Trovare un elemento σ nel gruppo $S(\mathbb{N})$ delle permutazioni di $\mathbb{N}$ per cui: $Z(\sigma) \subsetneq Z(\sigma^n)$ per ogni $n > 1$.

(ii) Sia $S_0(\mathbb{N})$ il sottogruppo di $S(\mathbb{N})$ delle permutazioni σ per cui $\sigma(k) = k$ per ogni $k \in \mathbb{N}$ tranne un numero finito. Dimostrare che $S_0(\mathbb{N})$ è un sottogruppo normale di $S(\mathbb{N})$ e che il quoziente $S(\mathbb{N})/S_0(\mathbb{N})$ è ancora un gruppo infinito.

46. Sia σ un 19–ciclo di S_{19}.

(i) Calcolare la cardinalità del normalizzatore del sottogruppo $\langle \sigma \rangle$ in S_{19}.

(ii) Mostrare che il normalizzatore di $\langle \sigma \rangle$ in A_{19} è diverso da quello in S_{19}.

47. Sia G il gruppo $S_3 \times \mathbb{Z}/3\mathbb{Z} \times \mathbb{Z}/3\mathbb{Z}$.

(i) Provare che i sottogruppi $S_3 \times \{0\} \times \{0\}$ e $\{e\} \times \mathbb{Z}/3\mathbb{Z} \times \mathbb{Z}/3\mathbb{Z}$ sono caratteristici in G.

(ii) Calcolare la cardinalità dell'insieme $\text{Aut}(G)$.

48. Provare che in S_5 l'unica permutazione σ per cui

$$\begin{cases} \sigma^2 = (1,2)\sigma(1,2) \\ \sigma^3 = (2,3)\sigma(2,3) \end{cases}$$

è l'identità.

49. Sia p un numero primo e sia H un sottogruppo di ordine p del gruppo $GL_2(\mathbb{F}_p)$ delle matrici 2×2 invertibili con coefficienti in $\mathbb{F}_p$. Indichiamo che V lo spazio vettoriale $\mathbb{F}_p^2$ e consideriamo l'azione naturale di H su V che associa ad $A \in H$ l'applicazione lineare $V \ni v \longmapsto A \cdot v \in V$.

Determinare il numero delle orbite in V e la loro cardinalità.

50. Sia G un gruppo, sia Z il suo centro e sia S un sottogruppo semplice di G. Provare che se G è isomorfo a $S \times Z$ allora S è caratteristico in G.

51. Determinare gli interi positivi n per cui il gruppo S_n ha un sottogruppo di ordine 21.

52.

(i) Dato un primo p, costruire esplicitamente un gruppo non abeliano G di ordine p^3 che contenga un elemento di ordine p^2.

(ii) Determinare tutti i sottogruppi normali del gruppo costruito in (i).

53. Dati tre naturali $1 \le h \le k \le n$ e le due permutazioni

$$\sigma = (1, 2, \ldots, h)$$
$$\tau = (k, k+1, \ldots, n),$$

sia G il sottogruppo di S_n generato da σ e τ. Determinare

(i) il più piccolo sottogruppo normale di S_n che contiene G per $n \ge 5$,

(ii) il centralizzatore di G in S_n,

(iii) le orbite di G in $\{1, 2, \ldots, n\}$.

54. Determinare i possibili gruppi abeliani G di ordine 1.000.000 con la seguente proprietà: se H e K sono sottogruppi di G della stessa cardinalità allora H e K sono isomorfi.

55. Siano G e H gruppi, un'azione $\varphi : G \longrightarrow S(H)$ di G su H si dice *di gruppi* se Im(φ) è contenuta Aut(H).
  (i) Dati $G = \mathbb{Z}/7\mathbb{Z}$ e $H = (\mathbb{Z}/2\mathbb{Z})^3$ provare che esiste un'azione non banale di gruppi di G su H.
  (ii) Mostrare che ogni tale azione ha esattamente due orbite in H.

56.
  (i) Sia G un gruppo abeliano, H un gruppo con centro banale e $\varphi : H \longrightarrow$ Aut(G) un omomorfismo. Provare che il centro del gruppo $G \times_\varphi H$ è $G_0 \times e_H$, con $G_0 = \{g \in G \mid \varphi_h(g) = g \ \forall h \in H\}$.
  (ii) Per $n \geq 3$, costruire un prodotto semidiretto $(\mathbb{Z}/2\mathbb{Z})^n \rtimes S_n$ non diretto e calcolarne il centro.

57.
  (i) Trovare il minimo n per cui esiste un omomorfismo iniettivo da D_5 in S_n.
  (ii) Trovare il minimo n per cui esiste un omomorfismo iniettivo da D_7 in A_n.

58. Sia G un gruppo abeliano finito con la proprietà: per ogni n l'equazione $x^n = e$ ha al più n soluzioni in G. Provare che G è ciclico.

59. Sia G un gruppo e sia N un sottogruppo ciclico normale di G. Dimostrare che il centralizzatore $Z_G(N)$ di N in G è un sottogruppo normale di G e che $G/Z_G(N)$ è abeliano.

60.
  (i) Sia G il prodotto semidiretto $\mathbb{Z}/11\mathbb{Z} \rtimes (\mathbb{Z}/11\mathbb{Z})^*$ rispetto all'omomorfismo

$$(\mathbb{Z}/11\mathbb{Z})^* \ni a \longmapsto (n \longmapsto an) \in \text{Aut}(\mathbb{Z}/11\mathbb{Z}).$$

  Provare che esiste un omomorfismo iniettivo da G in S_{11}.
  (ii) Indicato con p un numero primo dispari, provare che non esiste un omomorfismo iniettivo da $\mathbb{Z}/p\mathbb{Z} \times (\mathbb{Z}/p\mathbb{Z})^*$ in S_p.

61. Sia G il gruppo $\mathbb{Z}/7\mathbb{Z} \times \mathbb{Z}/49\mathbb{Z}$ e sia H il suo sottogruppo $\mathbb{Z}/7\mathbb{Z} \times \{0\}$. Contare gli automorfismi φ di G per cui esiste un automorfismo $\widetilde{\varphi}$ di G/H con $\widetilde{\varphi}(g + H) = \varphi(g) + H$ per ogni g in G.

62.
  (i) Dimostrare che un gruppo di ordine n è isomorfo ad un sottogruppo di A_{n+2}.
  (ii) Dimostrare che A_{35} contiene un sottogruppo isomorfo a D_{35}.

63. Sia p un numero primo, sia $G = \mathbb{Z}/p^2\mathbb{Z} \times \mathbb{Z}/p\mathbb{Z}$ e sia inoltre

$$A = \{\varphi \in \text{Aut}(G) \mid \varphi(0, 1) = (0, 1)\}.$$

Calcolare l'ordine del sottogruppo A e il suo indice in Aut(G).

64. Sia σ un ℓ–ciclo in S_n. Per quali interi m si ha $Z(\sigma^m) = Z(\sigma)$?

65. Provare che se un p–gruppo ha un solo sottogruppo di indice p allora è ciclico.

66. Definito X come l'insieme $\{\langle \sigma \rangle \mid \sigma$ è un n–ciclo in $S_n\}$, provare che
  (i) il gruppo S_n agisce per coniugio su X,
 (ii) per n pari l'azione di A_n su X è transitiva,
(iii) per $n \geq 5$ qualsiasi, l'azione di S_n su X è fedele.

67. Costruire un esempio di un gruppo di ordine 18 con un sottogruppo non normale, un sottogruppo normale non caratteristico e un sottogruppo caratteristico non banale.

68. Sia $p > 2$ un primo e sia G il gruppo $\mathbb{Z}/p\mathbb{Z} \rtimes (\mathbb{Z}/p\mathbb{Z})^*$ che ha per operazione

$$(a, \alpha)(b, \beta) = (a + \alpha b, \alpha\beta) \text{ per ogni } a, b \in \mathbb{Z}/p\mathbb{Z}, \ \alpha, \beta \in (\mathbb{Z}/p\mathbb{Z})^*.$$

Descrivere gli omomorfismi da G in $\mathbb{C}^*$.

69. Sia $\Omega = \{(x_1, x_2, \ldots, x_n) \in \mathbb{R}^n \mid x_i \neq x_j \text{ per ogni } i \neq j\}$, dato $\sigma \in S_n$ e $x = (x_1, \ldots, x_n) \in \Omega$ definiamo

$$\sigma \cdot x = (x_{\sigma^{-1}(1)}, x_{\sigma^{-1}(2)}, \ldots, x_{\sigma^{-1}(n)}).$$

  (i) Provare che l'applicazione sopra definita è un'azione di S_n su Ω.
 (ii) Calcolare la cardinalità delle orbite degli elementi di Ω.
(iii) Un sottoinsieme D di Ω si dice un *dominio fondamentale* se: per ogni $x \in \Omega$ esiste un unico $y \in D$ nell'orbita di x secondo S_n. Dare un esempio di dominio fondamentale.

70. Diciamo che G ha la proprietà *dell'indice finito* se tutti i sottogruppi non banali di G hanno indice finito.
  (i) Provare che se G ha la proprietà dell'indice finito e K è un'immagine omomorfa di G non finita allora K è isomorfo a G.
 (ii) Se H è un sottogruppo di G e G ha la proprietà dell'indice finito allora anche H ha la proprietà dell'indice finito.
(iii) Descrivere i gruppi abeliani con la proprietà dell'indice finito.

71.
  (i) Calcolare il numero di soluzioni dell'equazione $\sigma^2 = (1, 2)$ in S_{10}.
 (ii) Calcolare il numero di soluzioni dell'equazione $\sigma^2 = (1, 2)(3, 4)$ in S_{10}.

72. Sia G il gruppo $\mathbb{Z}/3\mathbb{Z} \times \mathbb{Z}/15\mathbb{Z}$.
  (i) Contare il numero di elementi di G di ogni possibile ordine.
 (ii) Determinare gli omomorfismi da G in $\mathbb{Z}/10\mathbb{Z}$.

73. Calcolare il numero delle classi di coniugio del gruppo

$$\{f : \mathbb{Z}/7\mathbb{Z} \longrightarrow \mathbb{Z}/7\mathbb{Z} \mid f(x) = ax + b, a \in (\mathbb{Z}/7\mathbb{Z})^*, b \in \mathbb{Z}/7\mathbb{Z}\}.$$

74.
  (i) Determinare, a meno di isomorfismo, tutti i gruppi di ordine $5^2 \cdot 13$.
 (ii) Dimostrare che esiste un gruppo non abeliano di ordine $5^2 \cdot 11$.

75. Sia X l'insieme delle classi di coniugio del gruppo diedrale D_8 e, per un automorfismo φ, definiamo

$$X \ni C \xmapsto{F_\varphi} \varphi(C) \in X.$$

Dimostrare che F_φ è ben definita, che è una permutazione di X e che l'applicazione

$$\mathrm{Aut}(D_8) \ni \varphi \xmapsto{F} F_\varphi \in S(X)$$

è un'azione del gruppo $\mathrm{Aut}(D_8)$ sull'insieme X. Determinare inoltre le orbite di questa azione.

76. Determinare i numeri primi p per i quali esistono almeno tre gruppi non isomorfi tra loro di ordine $25p$.

77. Descrivere tutti gli omomorfismi $\varphi : A_4 \longrightarrow \mathbb{Z}/6\mathbb{Z} \times \mathbb{Z}/2\mathbb{Z}$.

78. Determinare il numero delle classi di isomorfismo dei gruppi di ordine 52.

79. Determinare il numero dei sottogruppi di ordine 6 di S_5 suddividendoli per classe di coniugio.

80. Siano p e q numeri primi dispari distinti e sia G un gruppo di ordine $p^3 q$.
  (i) Dimostrare che l'ordine del centro di G non è uguale a q.
  (ii) Dimostrare che G non è semplice.

81.
  (i) Dimostrare che S_7 contiene un sottogruppo isomorfo a D_{12}.
  (ii) Dimostrare che A_7 non contiene un sottogruppo isomorfo a D_{12}.

82. Sia $\varphi : \mathbb{Z}/3\mathbb{Z} \longrightarrow \mathrm{Aut}\left((\mathbb{Z}/7\mathbb{Z})^3\right)$ l'omomorfismo

$$\begin{cases} \varphi_0(x, y, z) = (x, y, z) \\ \varphi_1(x, y, z) = (y, z, x) \\ \varphi_2(x, y, z) = (z, x, y) \end{cases}$$

e sia $\mathcal{H}$ l'insieme dei sottogruppi di ordine 7 in $(\mathbb{Z}/7\mathbb{Z})^3$. Dimostrare che ponendo

$$a \longmapsto \left(H \longmapsto \varphi_a(H)\right)$$

si definisce un'azione di $\mathbb{Z}/3\mathbb{Z}$ su $\mathcal{H}$ e determinare il numero delle orbite di tale azione.

83. Sia p un numero primo e sia $G = (\mathbb{Z}/p\mathbb{Z})^3 \rtimes_\varphi S_3$, dove

$$\varphi_\sigma(x_1, x_2, x_3) = (x_{\sigma^{-1}(1)}, x_{\sigma^{-1}(2)}, x_{\sigma^{-1}(3)})$$

per ogni $(x_1, x_2, x_3) \in (\mathbb{Z}/p\mathbb{Z})^3$ e $\sigma \in S_3$.
  (i) Determinare il centro di G.
  (ii) Determinare tutti i sottogruppi normali di G contenuti in $(\mathbb{Z}/p\mathbb{Z})^3 \times \{e\}$.

84. Sia G un gruppo di ordine 21 generato da x e y con $\mathrm{ord}(x) = 7$, $\mathrm{ord}(y) = 3$ e $yxy^{-1} = x^2$.

(i) Dimostrare che

$$\langle \tilde{x}, \tilde{y} \mid \tilde{x}^7 = \tilde{y}^3 = e, \tilde{y}\tilde{x}\tilde{y}^{-1} = \tilde{x}^2 \rangle$$

è una presentazione di G.

(ii) Calcolare l'ordine di $\mathrm{Aut}(G)$.

(iii) Dimostrare che $\{\varphi \in \mathrm{Aut}(G) \mid \varphi(x) = x\}$ è un sottogruppo normale di $\mathrm{Aut}(G)$ e calcolarne l'ordine.

(iv) Decidere se gli automorfismi di G sono tutti interni.

85. Sia $G = \mathbb{Z}/8\mathbb{Z} \times \mathbb{Z}/2\mathbb{Z}$.

(i) Contare il numero dei sottogruppi di G di ogni possibile ordine.

(ii) Dimostrare che tutti i sottogruppi di G di ordine 4 sono caratteristici.

86.

(i) Determinare il minimo n tale che S_n abbia un sottogruppo isomorfo a D_{15}.

(ii) Determinare il minimo n tale che A_n abbia un sottogruppo isomorfo a D_{15}.

87. Contare le soluzioni σ in S_{10} dell'equazione $\sigma^4 = (1, 2, 3)(4, 5, 6)$.

88. Classificare, a meno di isomorfismo, i gruppi di ordine 2013.

89. Dimostrare che il gruppo $\mathrm{Aut}(\mathsf{S}_3 \times \mathsf{S}_3)$ è isomorfo ad un prodotto semidiretto di $\mathsf{S}_3 \times \mathsf{S}_3$ e $\mathbb{Z}/2\mathbb{Z}$.

90. Siano $\sigma = (1, 2)(3, 4)(5, 6, 7)$ e $\tau = (1, 2)(8, 9, 10)$. Determinare il centralizzatore di σ e il centralizzatore di $\langle \sigma, \tau \rangle$ in S_{10}.

91. Classificare i gruppi di ordine 20 a meno di isomorfismo.

92.

(i) Siano A, B, C gruppi abeliani, dimostrare che $\mathrm{Hom}(A, C) \oplus \mathrm{Hom}(B, C)$ è isomorfo come gruppo a $\mathrm{Hom}(A \oplus B, C)$.

(ii) Sia G un gruppo abeliano di ordine n, dimostrare che G è isomorfo a $\mathrm{Hom}(G, \mathbb{Z}/n\mathbb{Z})$.

93. Determinare, a meno di isomorfismo, i sottogruppi di S_6 di ordine 8.

94. Dimostrare che un gruppo di ordine p^4 ha sempre un sottogruppo abeliano di ordine p^3.

95. Determinare, per ogni classe di isomorfismo, il numero dei sottogruppi di ordine 10 di S_7.

96.

(i) Sia p un numero primo e sia G il gruppo $\mathbb{Z}/p^{a_1}\mathbb{Z} \times \mathbb{Z}/p^{a_2}\mathbb{Z} \times \cdots \times \mathbb{Z}/p^{a_r}\mathbb{Z}$, con $a_1 \geq a_2 \geq \cdots \geq a_r$ interi positivi. Calcolare il numero di automorfismi φ di G per cui $\varphi(h) = h$ per ogni $h \in G$ con prima coordinata nulla.

(ii) Dimostrare che p^{n-1} divide l'ordine di Aut(G) per ogni gruppo abeliano G con p^n elementi.

97. Sia G un gruppo di ordine 120.
 (i) Dimostrare che, se G è semplice, allora è isomorfo ad un sottogruppo di A_6,
 (ii) concludere che G non è semplice.

98. Calcolare il numero delle permutazioni σ in S_7 tali che σ^2 ha ordine dispari.

99. Sia G un gruppo di ordine pqr, dove p, q, r sono dei numeri primi distinti.
 (i) Dimostrare che G ha un sottogruppo normale di ordine primo.
 (ii) Dimostrare che G ha un sottogruppo normale di indice primo.

100. Sia p un numero primo, sia $n \geq 1$ un numero naturale e sia G un gruppo di ordine p^n. Dimostrare che il numero di elementi di G che hanno ordine p è congruo a -1 modulo p.

101. Calcolare la cardinalità del centralizzatore in S_{10} e in A_{10} di tutte le potenze di $(1, 2, 3, 4, 5, 6, 7, 8)$.

102. Determinare per quali numeri primi p esiste un gruppo non abeliano di ordine $125p$ che contiene un sottogruppo abeliano di ordine 125.

103. Determinare il minimo valore di n per cui
 (i) il gruppo S_n contiene un sottogruppo di 360 elementi,
 (ii) il gruppo S_n contiene un sottogruppo ciclico di 360 elementi.

104. Siano p un numero primo, $\varphi : \mathbb{Z}/(p-1)\mathbb{Z} \longrightarrow \text{Aut}(\mathbb{Z}/p\mathbb{Z})$ un omomorfismo iniettivo, $G = \mathbb{Z}/p\mathbb{Z} \rtimes_\varphi \mathbb{Z}/(p-1)\mathbb{Z}$ e d un divisore di $p-1$.
 (i) Dimostrare che ogni sottogruppo di G di ordine d è ciclico.
 (ii) Dimostrare che, se H e K sono due sottogruppi distinti di G di ordine d, allora $H \cap K = \{e\}$.

105. Determinare il minimo intero positivo n per cui
 (i) il gruppo S_n contiene un sottogruppo di ordine 36,
 (ii) il gruppo S_n contiene un sottogruppo di ordine 72,
 (iii) il gruppo S_n contiene un sottogruppo di ordine 144.

106. Sia G un gruppo abeliano di ordine $2^n 5^m$, con m, n due interi positivi. Mostrare che le seguenti affermazioni sono equivalenti
 (i) G è un gruppo ciclico,
 (ii) $\{g \in G \mid 10g = 0\}$ è ciclico,
 (iii) i sottogruppi $\{2g \mid g \in G\}$ e $\{5g \mid g \in G\}$ sono entrambi ciclici.

107. Siano date le permutazioni $\tau = (1, 2)(3, 4, 5)$ e $\sigma = (5, 6, 7)$ in S_9. Descrivere i centralizzatori di τ e $\tau\sigma$ e i normalizzatori dei sottogruppi generati da τ e $\tau\sigma$. Determinare, in particolare, gli ordini dei centralizzatori e dei normalizzatori.

108. Dato un numero primo p, determinare le coppie di interi positivi (a, b) per cui il gruppo $\mathbb{Z}/p^a\mathbb{Z} \times \mathbb{Z}/p^b\mathbb{Z}$ ha un sottogruppo caratteristico di ordine p.

109. Studiare i possibili ordini del centro di un gruppo di ordine 75.

110. Sia G un gruppo finito che agisce su un insieme $\mathcal{B} = \{e_1, \cdots, e_n\}$ permutandone gli elementi, sia V lo spazio vettoriale su $\mathbb{C}$ di cui $\mathcal{B}$ è una base. Si consideri l'omomorfismo $G \longrightarrow \mathsf{GL}(V)$ indotto dall'azione di G sugli elementi della base di V. Dimostrare che la dimensione del sottospazio vettoriale su cui G agisce in modo banale è pari al numero di orbite di G in $\mathcal{B}$.

111. Mostrare che un gruppo di ordine 870 non può essere semplice.

112. Determinare il minimo intero n per il quale S_n contiene un sottogruppo isomorfo al gruppo Q_8 delle unità dei quaternioni.

113. Dimostrare che
(i) il gruppo S_7 contiene un sottogruppo isomorfo a D_{12},
(ii) il gruppo A_7 contiene un sottogruppo isomorfo a D_6,
(iii) il gruppo A_7 non contiene un sottogruppo isomorfo a D_{12}.

114. Sia G un gruppo finito di ordine $p_1^{a_1} p_2^{a_2} \cdots p_n^{a_n}$, con $p_1, p_2, \ldots, p_n$ primi distinti, e per ogni $h = 1, 2, \ldots, n$ sia P_h un fissato p_h–Sylow di G. Se K è un sottogruppo di G, indichiamo con $N(K)$ il suo normalizzatore.
(i) Dimostrare che $N(N(P_h)) = N(P_h)$ per ogni $h = 1, 2, \ldots, n$.
(ii) Dimostrare che $G \simeq P_1 \times P_2 \times \cdots \times P_n$ se e solo se $N(K) \neq K$ per ogni sottogruppo K con $K \neq G$.

115.
(i) Sia p un primo e sia X un insieme finito su cui agisce un p–gruppo G. Dimostrare che se $|X|$ non è divisibile per p allora esiste un elemento $x \in X$ tale che $g \cdot x = x$ per ogni $g \in G$.
(ii) Sia V uno spazio vettoriale di dimensione finita sul campo $\mathbb{F}_p$ e sia G un p–gruppo in $\mathsf{GL}(V)$. Dimostrare che esiste un vettore non nullo $v \in V$ tale che $g \cdot v = v$ per ogni $g \in G$.

116. Calcolare il numero di elementi di ordine 18 e il numero di sottogruppi di ordine 18 del gruppo $\mathbb{Z}/36\mathbb{Z} \times \mathbb{Z}/12\mathbb{Z}$.

117. Sia p un numero primo e sia G un gruppo di ordine $p^3 + p^2$. Dimostrare che l'intersezione dei p–sottogruppi di Sylow di G non è il sottogruppo banale formato dal solo elemento neutro.

118.
(i) Risolvere l'equazione $\sigma^3 = (1,2)(3,4)(5,6)$ in S_6.
(ii) Determinare la struttura del centralizzatore di $(1,2)(3,4)(5,6)$.

119. Un sottogruppo H di un gruppo G si dice *subnormale* in G se esiste una successione finita $H = H_0 \subseteq H_1 \subseteq \ldots \subseteq H_n = G$ di sottogruppi di G ognuno normale nel successivo. Mostrare i seguenti fatti
(i) se G è un p–gruppo tutti i suoi sottogruppi sono subnormali,
(ii) dare un esempio di un gruppo G e un sottogruppo subnormale H che non è normale in G,
(iii) se H è subnormale in G e P è un p–sottogruppo di Sylow di G allora $P \cap H$ è un p–sottogruppo di Sylow di H.

120. Dimostrare che un gruppo di ordine 300 non è semplice.

121. Sia p un primo e sia τ il prodotto di tre p–cicli disgiunti nel gruppo S_{3p}.
  (i) Determinare, al variare di p, il numero delle soluzioni $\sigma \in S_{3p}$ dell'equazione $\sigma^p = \tau$.
  (ii) Mostrare che, per $p \geq 3$, esiste in S_{3p} un sottogruppo che contiene τ ed è isomorfo al gruppo diedrale D_p.

122. Sia G un gruppo di ordine 1045.
  (i) Dimostrare che G ha un unico 19–sottogruppo di Sylow e questo sottogruppo è contenuto nel centro. Determinare inoltre i possibili valori della cardinalità del centro di G.
  (ii) Mostrare che esiste un omomorfismo non banale $G \longrightarrow \mathbb{Z}/154\mathbb{Z}$ se e solo se G è ciclico.

123. Sia σ il prodotto di due 3–cicli e due 5–cicli tutti disgiunti tra loro in S_{16}.
  (i) Descrivere il centralizzatore di σ come prodotto semidiretto.
  (ii) Mostrare che il centralizzatore di σ contiene un sottogruppo isomorfo a D_{15}.

124.
  (i) Mostrare che un gruppo di ordine $p^2 q^2$, con p, q due primi distinti, non è semplice.
  (ii) Sia $n(p, q)$ il numero di classi di isomorfismo dei gruppi con $p^2 q^2$ elementi; calcolare il minimo di $n(p, q)$ al variare di p e q tra i numeri primi distinti.

125. Dimostrare che il gruppo degli automorfismi di $A_4 \times \mathbb{Z}/2\mathbb{Z}$ è isomorfo a S_4.

126. Sia G un gruppo di ordine 399.
  (i) Mostrare che G è isomorfo ad un prodotto semidiretto di gruppi ciclici.
  (ii) Che ordine può avere il centro di G? Dare un esempio per ogni possibile ordine.

127. Per ogni $n \geq 3$, determinare il più piccolo sottogruppo normale di S_n che contiene un n–ciclo.

128. Mostrare che un gruppo di ordine $5^2 \cdot 7 \cdot 17$ è abeliano.

129. Siano $\sigma = (1, 2, 3, 4)$, $\tau = (2, 4)(5, 6)$ e sia H il sottogruppo di S_6 da esse generato.
  (i) Determinare la cardinalità di H e del centralizzatore di H in S_6.
  (ii) Determinare il normalizzatore di H e mostrare che H è contenuto in un unico 2–Sylow di S_6.

130. Sia G un gruppo finito e sia G' il suo sottogruppo dei commutatori.
  (i) Mostrare che se M è un sottogruppo massimale di G allora

$$Z(G) \subseteq M \quad \text{oppure} \quad G' \subseteq M.$$

  (ii) Dare un esempio di un gruppo non abeliano G e di un suo sottogruppo massimale M tale che $G' \subseteq M$ e $Z(G) \not\subseteq M$.

131.
(i) Mostrare che $SL_2(\mathbb{F}_5)$ contiene un sottogruppo isomorfo a Q_8.
(ii) Dimostrare che S_5 non è isomorfo a $SL_2(\mathbb{F}_5)$.

132. L'esponente di un gruppo finito G è il minimo intero positivo d tale che $g^d = 1$ per ogni g di G.
(i) Dimostrare che l'esponente di G è uguale all'ordine di G se e solo se tutti i sottogruppi di Sylow di G sono ciclici.
(ii) Dimostrare che se G è abeliano l'esponente di G coincide con il massimo ordine di un elemento di G.

133. Dimostrare che i possibili ordini di un sottogruppo abeliano di S_7 sono: tutti gli interi positivi minori di 11 e 12.

134. Un gruppo G è *iperciclico* se tutti i suoi sottogruppi di Sylow sono ciclici. Se G è iperciclico dimostrare che
(i) tutti i sottogruppi e i quozienti di G sono iperciclici,
(ii) per un primo p e un naturale r fissati, tutti i sottogruppi di G di ordine p^r sono coniugati tra loro,
(iii) se N è un sottogruppo normale di G e P è un p–sottogruppo di Sylow di G allora l'ordine $|N \cap P|$ è il massimo comun divisore tra gli ordini $|N|$ e $|P|$.

135.
(i) Provare che D_{15} possiede almeno un sottogruppo di ordine d per ogni divisore d di 30.
(ii) Determinare tutti i divisori d di 30 per i quali D_{15} possiede un unico sottogruppo di ordine d.

2.2 Anelli

136. Contare il numero di divisori dello zero e il numero di elementi invertibili nell'anello $\mathbb{K}[x]/\big((x^2 - 2)(x^3 - 2)\big)$ per $\mathbb{K} = \mathbb{F}_3$ e per $\mathbb{K} = \mathbb{F}_7$.

137. Consideriamo i seguenti polinomi di $\mathbb{C}[x]$ definiti per ricorrenza

$$p_0(x) = 1$$
$$p_{n+1}(x) = (x - 1)p_n(\zeta x)$$

dove $\zeta \in \mathbb{C}$ è una radice terza primitiva dell'unità.
(i) Dimostrare che $p_{3n}(x) = (x^3 - 1)^n$ per ogni $n \geq 0$.
(ii) Per quali $n \in \mathbb{N}$ si ha $p_n(x) \in \mathbb{Z}[x]$?

138. Sia A un anello con la seguente proprietà: per ogni $x \in A$ esiste un $n > 1$, dipendente da x, tale che $x^n = x$. Provare che un ideale di A è primo se e solo se è massimale.

139. Consideriamo gli ideali $I = (5, x)$ e $J = (25, x)$ di $\mathbb{Z}[x]$. Provare che

(i) I è massimale,

(ii) J è *primario*, cioè vale la seguente proprietà: dati $f(x), g(x) \in \mathbb{Z}[x]$ se $f(x)g(x) \in J$ allora o $f(x) \in J$ oppure esiste un naturale n per cui $g(x)^n \in J$,

(iii) il radicale di J è uguale ad I.

140. Sia $A = \mathbb{Q}[x]$ l'anello dei polinomi a coefficienti in $\mathbb{Q}$ e siano $S_1 = A \setminus \{0\}$ e $S_2 = A \setminus (x)$. Provare S_1 e S_2 sono due parti moltiplicative di A e che $S_1^{-1}A$ non è isomorfo a $S_2^{-1}A$.

141. Consideriamo gli anelli $A = \mathbb{Z}[i]/(2)$ e $B = \mathbb{Z}[i]/(3)$.

(i) Provare che A non è un dominio di integrità.

(ii) I due anelli di polinomi $A[x]$ e $B[x]$ sono isomorfi?

142. Provare che $A = \{m/n \in \mathbb{Q} \mid n \text{ dispari}\}$ è un sottoanello di $\mathbb{Q}$ e, se I è un ideale di A, allora I è generato da 2^k per qualche k. Trovare il campo delle frazioni di A.

143. Determinare il gruppo delle unità dell'anello $\mathbb{Z}[\sqrt{-3}]$.

144. Sia A l'anello $\mathbb{Q}[t, t^{-1}]$ e sia σ l'automorfismo

$$A \ni f(t) \longmapsto f(t^{-1}) \in A.$$

Provare che l'insieme dei punti fissi $A^\sigma = \{f \in A \mid \sigma(f) = f\}$ è l'anello dei polinomi $\mathbb{Q}[t + t^{-1}]$.

145. Sia A un anello commutativo e siano I, J, K tre ideali di A.

(i) Dimostrare che, se $I + J + K = A$, allora $I^n + J^n + K^n = A$ per ogni $n \geq 1$.

(ii) Dimostrare che, se $I + J = J + K = K + I = A$, allora $IJ + JK + KI = A$.

146. Sia A un dominio di integrità e sia $\mathbb{K}$ il suo campo delle frazioni. Diciamo che A è *integralmente chiuso* se vale la seguente proprietà: se un elemento α di $\mathbb{K}$ è radice di un polinomio monico a coefficienti in A allora α appartiene ad A.

(i) Provare che ogni anello a fattorizzazione unica è integralmente chiuso.

(ii) Provare che gli anelli $\mathbb{Z}[\sqrt{4n+1}]$, con n intero e $4n + 1$ non quadrato in $\mathbb{Z}$, non sono a fattorizzazione unica.

147. Dato un ideale I di un anello A definiamo $\mathcal{V}(I)$ come l'insieme degli ideali primi di A che contengono I. Dati due ideali I, J di A provare che

(i) esiste un ideale M di A per cui $\mathcal{V}(I) \cup \mathcal{V}(J) = \mathcal{V}(M)$,

(ii) esiste un ideale N di A per cui $\mathcal{V}(I) \cap \mathcal{V}(J) = \mathcal{V}(N)$.

È vero che $\mathcal{V}(I) = \mathcal{V}(J)$ se e solo se $I = J$?

148. Sia A un dominio d'integrità e sia S una sua parte moltiplicativa. Provare che se I è un ideale massimale nella famiglia degli ideali di A che non intersecano S allora I è un ideale primo di A.

149. Provare che il radicale di (x^2, y^2) è un ideale primo dell'anello $\mathbb{Q}[x, y]$.

150. Sia A l'anello $\mathbb{Q}[x, y]$ e sia I l'ideale generato dal polinomio $xy - 1$. Determinare l'insieme degli omomorfismi di anelli da A/I in $\mathbb{Q}$.

151. Sia a un elemento dell'anello A e sia I un suo ideale. Definito $\mathcal{J} = \{f(x) \in A[x] \mid f(a) \in I\}$, provare che

(i) l'insieme $\mathcal{J}$ è un ideale di $A[x]$,

(ii) I è un ideale primo di A se e solo se $\mathcal{J}$ è un ideale primo di $A[x]$,

(iii) se $A = \mathbb{Z}$, $I = (5)$ e $a = 1$ allora $\mathcal{J} = (5, x - 1)$.

152. Sia $S = \mathbb{Z} \setminus 2\mathbb{Z}$ e sia $A = \mathbb{Z}[i]$ l'anello degli interi di Gauss.

(i) Determinare gli elementi invertibili di $S^{-1}A$.

(ii) Dimostrare che tutti gli ideali di $S^{-1}A$ sono $S^{-1}A \cdot (1 + i)^k$, al variare di $k \geq 0$.

153. Sia A un anello, I un ideale di A e sia $I[x]$ l'insieme dei polinomi di $A[x]$ con coefficienti in I.

(i) Dimostrare che $I[x]$ è un ideale di $A[x]$,

(ii) provare che $I[x]$ è l'ideale di $A[x]$ generato da I,

(iii) è vero che se I è primo allora $I[x]$ è primo?

154. Sia A l'anello $\mathbb{Z} \times \mathbb{Z}$.

(i) Dimostrare che gli ideali di A sono tutti principali.

(ii) Determinare gli ideali primi e gli ideali massimali di A.

155. Sia A un anello e sia $A[x]$ l'anello dei polinomi con coefficienti in A in una indeterminata. Dimostrare che se $A[x]$ è un dominio ad ideali principali allora A è un campo.

156. Determinare per quali primi p e per quali elementi $a \in \mathbb{F}_p^*$ i due anelli $\mathbb{F}_p[x]/(x^2 - a)$ e $\mathbb{F}_p[x]/(x^2 + a)$ sono isomorfi.

157. Sia A il sottoanello $\{a + b\sqrt{7} \mid a, b \in \mathbb{Z}\}$ di $\mathbb{R}$; consideriamo l'applicazione $N : A \to \mathbb{Z}$ definita da $N(a + b\sqrt{7}) = (a + b\sqrt{7})(a - b\sqrt{7})$ per ogni $a, b \in \mathbb{Z}$. Provare che

(i) per ogni $u, v \in A$ vale $N(uv) = N(u)N(v)$,

(ii) l'elemento u è invertibile in A se e solo se $N(u) = \pm 1$,

(iii) un numero primo $p \in \mathbb{Z}$ è riducibile in A se e solo se esiste $u \in A$ tale che $N(u) = \pm p$,

(iv) 2 è riducibile in A e 5 è irriducibile in A.

158. Dimostrare che nell'anello $\mathbb{Z}/m\mathbb{Z}$, con m un intero positivo, un elemento a è nilpotente se e solo $1 - ab$ è invertibile per ogni $b \in \mathbb{Z}/m\mathbb{Z}$.

159. Siano A un dominio a fattorizzazione unica, x un elemento primo di A e S la parte moltiplicativa $A \setminus (x)$. Dimostrare che

(i) la localizzazione $S^{-1}A$ è un anello ad ideali principali,

(ii) l'intersezione di tutti gli ideali diversi da $\{0\}$ di $S^{-1}A$ è uguale a $\{0\}$.

160. Determinare se sono primi e se sono massimali gli ideali $(x^2 + y^2 - 1)$ e $(x^2 - 3, y^2 - x)$ di $\mathbb{Q}[x, y]$.

161. Dato un intero positivo m consideriamo le parti moltiplicative $S = \{m^k \mid k \in \mathbb{N}\}$, $T = \{a \in \mathbb{Z} \mid (a, m) = 1\}$ di $\mathbb{Z}[x]$.

(i) Dimostrare che non esiste un omomorfismo suriettivo $S^{-1}\mathbb{Z}[x] \longrightarrow \mathbb{Q}$,

(ii) determinare un omomorfismo suriettivo $T^{-1}\mathbb{Z}[x] \longrightarrow \mathbb{Q}$.

162. Sia A un dominio ad ideali principali. Dimostrare che se B è un dominio d'integrità e $\varphi : A \longrightarrow B$ è un omomorfismo suriettivo, allora o φ è un isomorfismo oppure B è un campo.

163. Sia A un dominio ad ideali principali, A non un campo, e sia $I \neq \{0\}$ un ideale proprio di A. Determinare se le seguenti famiglie di ideali di A sono sempre finite, sempre infinite oppure possono essere sia finite che infinite
  (i) $\{I + J \mid J$ ideale di $A\}$,
  (ii) $\{I \cap J \mid J$ ideale di $A\}$,
  (iii) $\{J \mid I + J = L\}$, dove L è un assegnato ideale contenente I.

164. Sia A un anello in cui ogni ideale diverso da A è primo. Provare che A è un campo.

165.
  (i) Descrivere l'insieme degli interi a per cui l'ideale $(11, x^2 + a)$ è primo in $\mathbb{Z}[x]$.
  (ii) Verificato che $S = A \setminus (11, x^2 + 3)$ è una parte moltiplicativa di $\mathbb{Z}[x]$, decidere per quali valori del parametro $\lambda \in \mathbb{Z}$ il polinomio $x^4 + \lambda x^2 + 5$ è invertibile in $S^{-1}\mathbb{Z}[x]$.

166. Sia A un dominio di integrità e sia $\mathcal{I}$ la famiglia degli ideali non nulli di A. Definiamo su $\mathcal{I}$ la seguente relazione

$$I \sim J \quad \text{se e solo se} \quad \text{esistono } a, b \in A \text{ non nulli per cui } aI = bJ.$$

Provare che
  (i) la relazione $\sim$ è di equivalenza su $\mathcal{I}$,
  (ii) l'anello A è ad ideali principali se e solo se per ogni $I, J \in \mathcal{I}$ si ha $I \sim J$.

167. Siano A, B anelli e sia $\varphi : A \to B$ un omomorfismo di anelli. Dimostrare o confutare le seguenti affermazioni.
  (i) Se P_1, P_2 sono ideali primi di A allora $P_1 + P_2$ è un ideale primo di A.
  (ii) Se il radicale $\sqrt{I}$ dell'ideale I è un ideale primo allora I è un ideale primo.
  (iii) Se Q è un ideale primo di B allora $\varphi^{-1}(Q)$ è un ideale primo di A.
  (iv) Se Q è un ideale massimale di B allora $\varphi^{-1}(Q)$ è un ideale massimale di A.

168. Un anello si dice *locale* se ha un solo ideale massimale. Provare che
  (i) se $\varphi : A \longrightarrow B$ è un omomorfismo di anelli e A è locale allora $\varphi(A)$ è locale,
  (ii) l'anello A è locale se e solo se $A \setminus A^*$ è un ideale di A.

169. Sia $\mathbb{K}$ un campo e sia $\mathbb{K}(x)$ l'anello delle funzioni razionali su $\mathbb{K}$. Dato un elemento non nullo $\rho(x)$ di $\mathbb{K}(x)$ definiamo $\mathrm{ord}(\rho(x))$ come l'intero v per cui $\rho(x) = x^v f(x)/g(x)$ con $f(x)$ e $g(x)$ polinomi di $\mathbb{K}[x]$ che non si annullano in 0.
  (i) Mostrare che

$$A = \big\{\rho(x) \in \mathbb{K}(x) \setminus \{0\} \mid \mathrm{ord}(\rho(x)) \geq 0\big\} \bigcup \{0\}$$

è un sottoanello di $\mathbb{K}(x)$ e determinarne gli elementi invertibili.
  (ii) Mostrare che esiste una parte moltiplicativa S di $\mathbb{K}[x]$ per cui $S^{-1}\mathbb{K}[x] = A$ come sottoinsieme di $\mathbb{K}(x)$.

170. Contare gli elementi invertibili e i divisori dello zero dell'anello

$$\mathbb{F}_5[x]/(x^6 + 2x^5 + x + 2) \times \mathbb{F}_7[x]/(x^6 + 2x^5 + x + 2)$$

e determinarne gli ideali primi.

171. Sia S la parte moltiplicativa $\{n \in \mathbb{Z} \mid n \equiv 1 \pmod{30}\}$ di $\mathbb{Z}$ e sia $A = S^{-1}\mathbb{Z}$.
  (i) Determinare tutti gli ideali massimali di A.
  (ii) Sia $\mathbb{Z} \ni x \overset{i}{\longmapsto} x/1 \in A$ l'omomorfismo canonico di inclusione, determinare $i^{-1}(A^*)$.

172. Sia $\mathbb{K}$ un campo e siano $f(t), g(t) \in \mathbb{K}[t]$ due polinomi non costanti. Sia inoltre I l'ideale $(f(x), g(y))$ di $\mathbb{K}[x, y]$.
  (i) Provare che I non e principale.
  (ii) Determinare la dimensione di $\mathbb{K}[x, y]/I$ come $\mathbb{K}$–spazio vettoriale.

173. Data una serie formale $f(x) = \sum_{n \geq 0} a_n x^n$ in $\mathbb{K}[[x]]$, con $\mathbb{K}$ un campo, definiamo $Df(x)$ come la serie formale $\sum_{n \geq 0}(n + 1)a_{n+1}x^n$.
  (i) Provare che per ogni $f(x), g(x) \in \mathbb{K}[[x]]$ si ha $D(f(x)g(x)) = (Df(x))g(x) + f(x)Dg(x)$.
  (ii) Provare che il sistema

$$\begin{cases} D(f(x)) = f(x) \\ f(0) = 1 \end{cases}$$

ha una sola soluzione se $\text{Char}(\mathbb{K}) = 0$ e nessuna soluzione se $\text{Char}(\mathbb{K}) > 0$.

174. Siano n un intero positivo e A l'anello $\mathbb{Z}^n$. Dimostrare che gli automorfismi dell'anello A sono in numero finito e determinarne il numero.

175.
  (i) Dimostrare che non esiste nessun omomorfismo $\varphi : \mathbb{Z}[x^2, x^3] \longrightarrow \mathbb{Q}$ tale che $\varphi(x^2) = 1/3$,
  (ii) determinare gli omomorfismi $\varphi : \mathbb{Z}[x^2, x^3] \longrightarrow \mathbb{Q}$ tali che $\varphi(x^2) = 1/4$,
  (iii) descrivere un insieme di generatori per $\text{Ker}(\varphi)$ per ogni omomorfismo φ del punto precedente.

176.
  (i) Verificare che l'insieme

$$S = \{a_0 + a_1 x + \cdots + a_n x^n \in \mathbb{Z}[x] \mid a_o + a_1 + \cdots + a_n \text{ è dispari}\}$$

è una parte moltiplicativa di $\mathbb{Z}[x]$,
  (ii) dimostrare che $S^{-1}\mathbb{Z}[x]$ ha infiniti ideali primi,
  (iii) dimostrare che $S^{-1}\mathbb{Z}[x]$ ha un unico ideale massimale.

177. Sia A un anello.
  (i) È vero che ogni ideale massimale nella famiglia degli ideali principali propri è un ideale primo di A?

(ii) Per un elemento $x \in A$ sia $\text{Ann}(x)$ l'ideale $\{a \in A \mid ax = 0\}$. È vero che ogni ideale massimale nella famiglia degli ideali $\text{Ann}(x)$ con $x \in A \setminus \{0\}$ è un ideale primo di A?

178. Sia A un dominio a fattorizzazione unica che possiede esattamente tre ideali primi, tutti principali: $\{0\}$, P, Q. Dimostrare che
   (i) per ogni coppia (m, n) di interi positivi $P^m + Q^n = A$,
   (ii) l'anello A è ad ideali principali.

179. Siano ζ_5 e ζ_8 rispettivamente una radice primitiva quinta e ottava dell'unità in $\mathbb{C}$.
   (i) Determinare un ideale I di $\mathbb{Z}[x]$ tale che $\mathbb{Z}[\zeta_5] \simeq \mathbb{Z}[x]/I$,
   (ii) dimostrare che l'anello $\mathbb{Z}[\zeta_5]/(11)$ non è un campo,
   (iii) dimostrare che i due anelli $\mathbb{Z}[\zeta_5]/(11)$ e $\mathbb{Z}[\zeta_8]/(11)$ non sono isomorfi.

180.
   (i) Dimostrare che $\mathbb{Q}[x, y]$ possiede infiniti ideali primi non massimali.
   (ii) Determinare l'insieme dei polinomi non costanti $f(x, y)$ per cui

$$(f(x, y)) \neq (f(x, y), x) \neq \mathbb{Q}[x, y].$$

181. Mostrare che, per $\mathbb{K}$ campo, l'anello $\mathbb{K}[x, y]/(x^m, y^n)$ ha un unico ideale primo se e solo se i due naturali m, n verificano $mn > 0$.

182. Siano $\mathbb{K}$ un campo e A un anello che contiene $\mathbb{K}$. Supponiamo inoltre che A, come spazio vettoriale su $\mathbb{K}$, sia di dimensione finita. Si dimostri che
   (i) ogni elemento $a \in A$ è radice di un polinomio non nullo di $\mathbb{K}[x]$,
   (ii) ogni ideale primo di A è massimale.

183. Sia $\Phi_n(t) \in \mathbb{Z}[t]$ l'n-esimo polinomio ciclotomico, sia p un primo dispari e sia $\Psi_n(t)$ la riduzione di $\Phi_n(t)$ modulo p.
   (i) Si dimostri che $\mathbb{F}_p[t]/(\Psi_{p-1}(t))$ è isomorfo a $\mathbb{F}_p^r$ con $r = \phi(p - 1)$.
   (ii) Si dimostri che $\mathbb{F}_p[t]/(\Psi_p(t))$ ha elementi nilpotenti non banali.

184. Sia A un anello e ricordiamo che per due ideali I, J di A si definisce l'ideale $(I : J) = \{a \in A \mid aJ \subseteq I\}$.
   (i) Sia P un ideale primo di A, determinare $(P : J)$ al variare dell'ideale J.
   (ii) Sia $A = \mathbb{Z}[i]$; determinare $((18 + 6i) : (10))$.
   (iii) Mostrare con un esempio che esistono un anello A ed elementi x, y di A tali che l'ideale $((x) : (y))$ *non* è principale.

185. Sia A il sottoanello di $\mathbb{Q}(x)$ definito da

$$A = \Big\{ \frac{f(x)}{g(x)} \mid f(x), g(x) \in \mathbb{Q}[x], \ g(0)g(-1) \neq 0 \Big\}.$$

   (i) Determinare gli elementi invertibili di A.
   (ii) Dimostrare che A è un dominio ad ideali principali.
   (iii) Determinare gli ideali primi di A.

186. Dato un anello A, dimostrare che $f(x) \in A[x]$ è nilpotente se e solo se tutti i suoi coefficienti sono nilpotenti in A.

187. Per un anello A indichiamo con $J(A)$ l'intersezione di tutti i suoi ideali massimali.

(i) Dimostrare che $x \in J(A)$ se e solo se $1 + xy$ è invertibile in A, per ogni $y \in A$.

(ii) Sia $\varphi : A \longrightarrow B$ un omomorfismo suriettivo di anelli. Dimostrare che $\varphi(J(A)) \subseteq J(B)$.

188. Determinare gli elementi invertibili e gli ideali primi dell'anello

$$\{\frac{\alpha}{\beta} \mid \alpha, \beta \in \mathbb{Z}[i], \ (\beta, 3 + i) = 1\}.$$

189. Sia A un sottoanello dell'anello R, definiamo l'insieme

$$\mathfrak{f} = \{a \in R \mid aR \subseteq A\}.$$

(i) Dimostrare che $\mathfrak{f}$ è un ideale sia di R che di A.

(ii) Dimostrare che $\mathfrak{f}$ è il più grande ideale di A che sia anche ideale di R.

(iii) Determinare un generatore di $\mathfrak{f}$ come ideale di R per $A = \mathbb{Z}[\sqrt{-3}]$ e $R = \mathbb{Z}[(-1 + \sqrt{-3})/2]$.

190. Sia A un anello e $N = \sqrt{0}$ il suo nilradicale.

(i) Se N è finitamente generato, esiste $k \in \mathbb{N}$ tale che $N^k = 0$.

(ii) Un elemento a è invertibile in A se e solo se la sua classe $a + N$ è invertibile in A/N.

191.

(i) Dimostrare che l'anello $A = \mathbb{Z}[(1 + \sqrt{-7})/2]$ è un dominio euclideo con grado

$$A \ni a + b\frac{1 + \sqrt{-7}}{2} \overset{d}{\longmapsto} a^2 + ab + 2b^2 \in \mathbb{N}.$$

(ii) Determinare la fattorizzazione in irriducibili di 10 in A.

192. Sia A un anello in cui tutti gli ideali sono principali.

(i) Dimostrare che, se A è un dominio di integrità e I è un ideale di A tale che $I^2 = I$, allora $I = 0$ oppure $I = A$.

(ii) Supponiamo che A abbia un numero finito di ideali massimali distinti, $M_1, M_2, \ldots, M_n$. Dimostrare che ogni ideale I di $A/(M_1 \cdot M_2 \cdots M_n)$ ha la proprietà $I^2 = I$.

193.

(i) Dimostrare che, se p è un numero primo e $a \in \mathbb{Z}$, allora $(p, x - a)$ è un ideale massimale di $\mathbb{Z}[x]$.

(ii) Dimostrare che, per ogni polinomio monico irriducibile $f(x) \in \mathbb{Z}[x]$, l'ideale $(f(x))$ non è massimale.

194. Sia A un dominio a fattorizzazione unica.

(i) Dimostrare che ogni ideale primo P di A è generato dall'insieme

$$\mathcal{P} = \{\pi \in P \mid \pi \text{ è un elemento primo di } A\}.$$

(ii) Dimostrare che, se A ha un numero finito di elementi primi e per ogni primo π di A l'ideale (π) è massimale, allora la somma di due ideali principali è principale.

195. Sia A un anello e sia D l'insieme dei suoi divisori dello zero.
   (i) Dimostrare che D si può scrivere come unione di una famiglia di ideali.
  (ii) Dimostrare che, se D è un ideale, allora è un ideale primo.
 (iii) Dimostrare che, se D è un ideale e A è finito, allora tutti gli elementi di D sono nilpotenti.

196. Siano A un dominio d'integrità, S una sua parte moltiplicativa ed $S^{-1}A$ il relativo anello delle frazioni. Dimostrare che
   (i) se I è un ideale di A, allora $S^{-1}\sqrt{I} = \sqrt{S^{-1}I}$,
  (ii) se A è un dominio a fattorizzazione unica, allora a meno di associati

$$\text{MCD}_{S^{-1}A}\left(a/1, b/1\right) = \text{MCD}_A(a, b)/1$$

per ogni $a, b \in A$ non entrambi nulli.

197. Si considerino gli ideali $I = (5 + 14i)$ e $J = (-4 + 7i)$ dell'anello $\mathbb{Z}[i]$.
   (i) Trovare un generatore per $I \cap J$ e per $I + J$.
  (ii) Determinare gli ideali primi di $\mathbb{Z}[i]/(I + J)$.

198. Sia A un dominio ad ideali principali, dimostrare che ogni ideale massimale di $A[x]$ può essere generato da al più due elementi.

199. Sia A un dominio d'integrità. Una parte moltiplicativa S di A si dice *satura* se soddisfa la proprietà: $s \in S$, $d \in A$, $d \mid s$ implicano che $d \in S$.
   (i) Dimostrare che, data comunque una parte moltiplicativa S di A, esiste la più piccola parte moltiplicativa satura di A contenente S, detta *saturazione* di S.
  (ii) Dimostrare che, se S e T sono parti moltiplicative di A, allora S e T hanno la stessa saturazione se e solo se $S^{-1}A = T^{-1}A$ come sottoinsiemi del campo dei quozienti di A.

200. Sia A un anello e sia N l'ideale degli elementi nilpotenti di A. Dimostrare che le seguenti proprietà sono equivalenti
   (a) l'anello A possiede un unico ideale primo,
   (b) ogni elemento di A è o invertibile o nilpotente,
   (c) il quoziente A/N è un campo.

201. Sia $a + bi$ un intero di Gauss, sia $A = \mathbb{Z}[a + bi]$ il sottoanello di $\mathbb{Z}[i]$ generato da $a + bi$ e consideriamo l'ideale

$$\mathfrak{f} = \{z \in A \mid \mathbb{Z}[i] \cdot z \subseteq A\}$$

di A. Determinare l'indice di $\mathfrak{f}$ in A.

202. Consideriamo l'anello degli interi di Gauss $A = \mathbb{Z}[i]$ e indichiamo con N l'usuale norma definita da $N(a + bi) = a^2 + b^2$.
   (i) Dimostrare che se I è l'ideale generato da $a + bi$ allora $|A/I| = N(a + bi)$.

(ii) Trovare il numero degli ideali I di A di indice 100.

203. Un ideale proprio Q di un anello A si dice *primario* se: $ab \in Q$ e $a \notin Q$ implicano $b^n \in Q$ per qualche naturale n

(i) Mostrare che un ideale Q di A è primario se e solo se in A/Q ogni divisore dello zero è nilpotente.

(ii) Determinare gli ideali primari di $\mathbb{Z}[i]$.

(iii) Determinare gli ideali primari di $\mathbb{Z} \times \mathbb{Z}$.

204. Sia A l'anello $\mathbb{Z}[\sqrt{2}]$.

(i) Mostrare che l'ideale (5) è primo in A.

(ii) Contare gli ideali di A che contengono 7.

(iii) Mostrare che esistono P, Q ideali primi distinti di A tali che $P \cap \mathbb{Z} = Q \cap \mathbb{Z}$.

205. Sia p un numero primo e sia

$$A = \left\{ (a_1, a_2, a_3, \dots) \mid a_n \in \mathbb{Z}/p^n\mathbb{Z}, \ a_{n+1} \equiv a_n \pmod{p^n} \text{ per ogni } n \geq 1 \right\}.$$

L'insieme A munito delle operazioni componente per componente è un anello commutativo unitario.

(i) Quali sono gli elementi invertibili di A?

(ii) Mostrare che A possiede un unico ideale massimale e che questo ideale è principale.

(iii) Mostrare che ogni ideale non nullo di A è una potenza dell'unico ideale massimale.

206. Sia A un dominio a fattorizzazione unica, sia P un suo ideale primo e $S = A \setminus P$. Mostrare che $S^{-1}A$ è un dominio a fattorizzazione unica.

207. Sia A l'anello $\mathbb{Z}[\sqrt{13}]$.

(i) Verificare che $18 + 5\sqrt{13}$ è invertibile in A e che A^* è infinito.

(ii) Verificare che gli elementi 2 e $3 + \sqrt{13}$ sono irriducibili in A.

(iii) Dimostrare che l'anello A non è a fattorizzazione unica.

208. Siano $\mathbb{K}_1, \mathbb{K}_2, \dots, \mathbb{K}_n$ campi e sia $A = \mathbb{K}_1 \times \mathbb{K}_2 \times \cdots \times \mathbb{K}_n$.

(i) Dimostrare che ogni ideale di A è principale.

(ii) Determinare il numero degli ideali primi di A.

209. Siano X un insieme infinito, $\mathbb{K}$ un campo, ed A l'anello delle funzioni $f : X \longrightarrow \mathbb{K}$, con le operazioni: $(f + g)(x) = f(x) + g(x)$ e $(fg)(x) = f(x)g(x)$. Dimostrare che A possiede ideali non principali.

2.3 Campi e teoria di Galois

210.

(i) Calcolare il polinomio minimo $f(x)$ di $\sqrt{5} + i$ su $\mathbb{Q}$ e controllare che $f(x)$ è a coefficienti interi.

(ii) Calcolare il grado del campo di spezzamento di $f(x)$ su $\mathbb{Q}$, su $\mathbb{Q}(i)$ e su $\mathbb{F}_5$.

211. Calcolare il grado del campo di spezzamento del polinomio $x^4 - 4x^2 + 16$ su $\mathbb{Q}$, $\mathbb{F}_{13}$ e $\mathbb{F}_5$.

212. Determinare il grado del campo di spezzamento del polinomio $x^4 + x^2 + 1$ su $\mathbb{Q}$, su $\mathbb{F}_3$ e su $\mathbb{F}_7$.

213. Sia n un naturale e siano ζ e η due distinte radici primitive n–esime in $\mathbb{C}$. Provare che $\zeta - \eta$ non è un numero razionale.

214. Siano $\mathbb{E}$, $\mathbb{F}$ e $\mathbb{K}$ i rispettivi campi di spezzamento dei polinomi $x^2 - 3$, $x^3 - 2$ e $(x^2 - 3)(x^3 - 2)$ su $\mathbb{Q}$.
 (i) Descrivere le sottoestensioni di $\mathbb{F}$ normali su $\mathbb{Q}$.
 (ii) Provare che $\mathbb{E} \cap \mathbb{F} = \mathbb{Q}$.
 (iii) Calcolare il grado di $\mathbb{K}$ su $\mathbb{Q}$.

215. Sia ζ una radice primitiva p–esima dell'unità in $\mathbb{C}$ con p primo dispari e sia G il gruppo di Galois dell'estensione $\mathbb{Q}(\zeta)/\mathbb{Q}$. Provare le due formule

$$\sum_{\varphi \in G} \varphi(\zeta) = -1, \qquad \prod_{\varphi \in G} \varphi(\zeta) = 1.$$

216. Determinare, al variare di $n \in \mathbb{N}$, i possibili gradi del campo di spezzamento di $x^4 - n$ su $\mathbb{Q}$.

217. Determinare tutte le sottoestensioni dell'estensione ciclotomica dodicesima.

218. Determinare il più piccolo intero positivo n per cui l'estensione ciclotomica n–esima su $\mathbb{Q}$ ammette un sottocampo con gruppo di Galois su $\mathbb{Q}$ isomorfo a $\mathbb{Z}/7\mathbb{Z}$.

219. Determinare il grado del campo di spezzamento su $\mathbb{Q}$ del polinomio $(x^2 + 1)^2 + 1$.

220. Sia $f(x)$ il polinomio $(x^2 - 2)(x^2 - 3)(x^2 - 6)$.
 (i) Calcolare il gruppo di Galois di $f(x)$ su $\mathbb{Q}$.
 (ii) Dimostrare che $f(x)$ ha una radice in $\mathbb{F}_p$ per ogni primo p.

221. Dimostrare che $\mathbb{K} = \mathbb{Q}(i, \sqrt{3}, \sqrt[3]{3})$ è un'estensione normale di $\mathbb{Q}$ e calcolare $\mathrm{Gal}(\mathbb{K}/\mathbb{Q})$. Determinare inoltre il numero delle sottoestensioni di $\mathbb{K}$ di grado 6 su $\mathbb{Q}$.

222. Indicato con $\mathbb{F}$ il campo $\mathbb{Q}(\sqrt[5]{5})$, determinare un'estensione $\mathbb{K}/\mathbb{F}$ di grado 4 con $\mathbb{K}$ normale su $\mathbb{Q}$. Dimostrare inoltre che $\mathbb{K}$ è unica e ha un'unica sottoestensione di grado 4 su $\mathbb{Q}$.

223. Indicata con ζ una radice quinta primitiva dell'unità in $\mathbb{C}$, calcolare il grado e il gruppo di Galois dell'estensione $\mathbb{Q}(\sqrt{n}, \zeta)/\mathbb{Q}$ al variare di n negli interi positivi.

224. Sia $f(x) \in \mathbb{Q}[x]$ un polinomio irriducibile e sia $\mathbb{K}$ il suo campo di spezzamento. Trovare quali possibilità ci sono per il grado di $f(x)$ se supponiamo che $[\mathbb{K} : \mathbb{Q}] = 8$. Per ogni possibile grado determinare un polinomio $f(x)$ con le caratteristiche richieste.

225. Determinare il grado del campo di spezzamento e il gruppo di Galois su $\mathbb{Q}$ e su $\mathbb{F}_7$ del polinomio $(x^4 - x^2 + 1)(x^2 - 3)$.

226. Calcolare il grado del campo di spezzamento e il gruppo di Galois del polinomio $x^4 - 5x^2 + 9$ su $\mathbb{Q}$ e su $\mathbb{F}_{11}$.

227. Sia $f(x)$ il polinomio $(x^8 - 1)(x^3 - 1)$.
  (i) Per quali primi p, il polinomio $f(x)$ si spezza in fattori lineari sul campo $\mathbb{F}_p$?
  (ii) Calcolare il gruppo di Galois di $f(x)$ su $\mathbb{Q}$.

228. Calcolare il grado del campo di spezzamento su $\mathbb{Q}$ e su $\mathbb{F}_{13}$ del polinomio $x^6 - 7x^4 + 3x^2 + 3$.

229. Siano α e β elementi algebrici su un campo $\mathbb{K}$ e siano $f(x)$ e $g(x)$ i rispettivi polinomi minimi su $\mathbb{K}$. Provare che
  (i) $f(x)$ è irriducibile su $\mathbb{K}(\beta)$ se e solo se $g(x)$ è irriducibile su $\mathbb{K}(\alpha)$,
  (ii) se $(\deg(f(x)), \deg(g(x))) = 1$ allora $f(x)$ è irriducibile su $\mathbb{K}(\beta)$.

230. Calcolare il grado del campo di spezzamento di $x^7 - 2$ su $\mathbb{Q}$ e su $\mathbb{F}_5$ e dire se i relativi gruppi di Galois sono abeliani o meno.

231. Indicati con $\mathbb{F}$ e $\mathbb{K}$ rispettivamente i campi di spezzamento su $\mathbb{Q}$ dei polinomi $x^4 - 2$ e $x^6 - 2$, determinare il grado di $\mathbb{F} \cap \mathbb{K}$ su $\mathbb{Q}$.

232. Determinare tutti i sottocampi di grado 4 del campo di spezzamento su $\mathbb{Q}$ del polinomio $(x^5 - 2)(x^2 - 5)$.

233. Sia ζ una radice terza primitiva dell'unità in $\mathbb{C}$, sia $\mathbb{K} = \mathbb{Q}(\zeta)$ e indichiamo con $\mathbb{F}$ il campo di spezzamento del polinomio $x^{11} - 3$ su $\mathbb{K}$.
  (i) Determinare $\mathrm{Gal}(\mathbb{F}/\mathbb{Q})$.
  (ii) Dimostrare che per ogni $\alpha \in \mathbb{F}$ si ha $\mathbb{K}(\alpha^3) = \mathbb{K}(\alpha)$.

234. Sia $\zeta \in \mathbb{C}$ una radice 13–esima primitiva dell'unità e sia $\alpha = \zeta + \zeta^3 + \zeta^9$. Posto inoltre $\mathbb{F} = \mathbb{Q}(\alpha)$, determinare il gruppo di Galois dell'estensione $\mathbb{F}/\mathbb{Q}$ e decidere se $\mathbb{F}$ è un sottocampo di $\mathbb{R}$.

235. Sia $\mathbb{K}$ il campo di spezzamento del polinomio $(x^3 - 3)(x^5 - 5)$ su $\mathbb{Q}$.
  (i) Determinare $[\mathbb{K} : \mathbb{Q}]$.
  (ii) Dimostrare che per ogni scelta di numeri razionali non nulli a, b si ha $\mathbb{Q}(a\sqrt[3]{3} + b\sqrt[5]{5}) = \mathbb{Q}(\sqrt[3]{3}, \sqrt[5]{5})$.

236. Sia ζ una radice settima primitiva dell'unità in $\mathbb{C}$.
  (i) Provare che $\mathbb{Q}(\zeta + \zeta^2 + \zeta^4) = \mathbb{Q}(\sqrt{-7})$.
  (ii) Dimostrare che $\mathbb{Q}(\zeta + \zeta^{-1}, \sqrt{-7}) = \mathbb{Q}(\zeta)$.

237. Siano ζ_3 e ζ_5 rispettivamente una radice terza e una radice quinta primitiva dell'unità in $\mathbb{C}$. Dato un numero primo p, definiamo $\mathbb{K}(p) = \mathbb{Q}(\zeta_3, \zeta_5, \sqrt{p})$. Determinare $\mathrm{Gal}(\mathbb{K}(p)/\mathbb{Q})$ e il numero di sottocampi $\mathbb{E} \subseteq \mathbb{K}(p)$ tali che $[\mathbb{E} : \mathbb{Q}] = 2$ al variare di p.

238. Sia $\mathbb{K}$ il suo campo di spezzamento del polinomio $x^7 - 2$ su $\mathbb{Q}$.
  (i) Determinare il gruppo di Galois di $\mathbb{K}$ su $\mathbb{Q}$.
  (ii) Dimostrare che esiste un'unica sottoestensione $\mathbb{F}$ di $\mathbb{K}$ con $[\mathbb{F} : \mathbb{Q}] = 3$ e descriverla.

239. Sia a un intero, sia $\mathbb{K}$ il campo $\mathbb{Q}(\sqrt{6}, \sqrt{10}, \sqrt{a})$.
  (i) Calcolare il gruppo di Galois di $\mathbb{K}/\mathbb{Q}$ al variare di a.
 (ii) Determinare gli interi d per i quali esiste un polinomio irriducibile a coefficienti razionali di grado d che ha una radice in $\mathbb{K}$.
(iii) Determinare gli interi d per i quali esiste un polinomio irriducibile di grado d che si spezza completamente in $\mathbb{K}$.

240. Siano a, b interi non nulli e sia $\mathbb{K} = \mathbb{Q}(\sqrt{a}, \sqrt[3]{b})$.
  (i) Determinare, al variare di a e b, il grado di $\mathbb{K}$ su $\mathbb{Q}$.
 (ii) Determinare tutte le sottoestensioni di $\mathbb{K}$ su $\mathbb{Q}$.

241. Sia $\mathbb{F}$ il campo di spezzamento di $(x^3 - 7)(x^2 - 3)$ su $\mathbb{Q}$.
  (i) Determinare il gruppo di Galois di $\mathbb{F}/\mathbb{Q}$
 (ii) Determinare tutte le sottoestensioni di $\mathbb{F}$ che non sono normali su $\mathbb{Q}$.

242. Sia $\mathbb{K}$ un campo finito e siano α, β algebrici su $\mathbb{K}$ con $[\mathbb{K}(\alpha) : \mathbb{K}] = 5$ e $[\mathbb{K}(\beta) : \mathbb{K}] = 4$. Provare che $[\mathbb{K}(\alpha\beta) : \mathbb{K}] = 20$.

243. Sia ζ una radice 25–esima primitiva dell'unità in $\mathbb{C}$.
  (i) Posto $\alpha = \zeta^7 + \zeta + \zeta^{-1} + \zeta^{-7}$, provare che $[\mathbb{Q}(\alpha) : \mathbb{Q}] = 5$.
 (ii) Determinare tutti i sottocampi di $\mathbb{Q}(\zeta)$.

244. Sia $f(x)$ un polinomio irriducibile di grado 6 a coefficienti razionali. Determinare i possibili tipi di fattorizzazione di $f(x)$ su $\mathbb{Q}(\sqrt{2})$ e per ognuno di questi dare un esempio.

245. Sia ζ_7 una radice settima primitiva dell'unità in $\mathbb{C}$ e sia $\alpha = \zeta_7 + \zeta_7^2 + \zeta_7^4$.
  (i) Provare che $\mathbb{Q}(\alpha)$ ha grado 2 su $\mathbb{Q}$.
 (ii) Indicata con ζ_5 una radice quinta primitiva dell'unità in $\mathbb{C}$, calcolare il gruppo di Galois di $\mathbb{Q}(\alpha, \zeta_5)/\mathbb{Q}$.

246. Sia n un intero positivo e sia ζ una radice n–esima primitiva dell'unità in $\mathbb{C}$. Siano poi $\mathbb{E}$ un'estensione normale di $\mathbb{Q}(\zeta)$, $\sigma \in \mathrm{Gal}(\mathbb{E}/\mathbb{Q}(\zeta))$ ed $\alpha \in \mathbb{E}$ tali che $\sigma(\alpha) = \zeta\alpha$.
  (i) Dimostrare che n divide $[\mathbb{E} : \mathbb{Q}(\zeta_n)]$.
 (ii) Dimostrare che esiste un campo $\mathbb{F}$ contenuto in $\mathbb{E}$ e diverso da $\mathbb{E}$ tale che $\alpha^n \in \mathbb{F}$.

247. Per n, m interi positivi siano $\alpha_n = \sqrt[n]{5}$ e ζ_m una radice m–esima primitiva dell'unità in $\mathbb{C}$.
  (i) Calcolare, per ogni n, il grado di $\mathbb{Q}(\alpha_n)$ su $\mathbb{Q}(\zeta_5)$.
 (ii) Determinare tutte le coppie (n, m) per cui α_n è un elemento di $\mathbb{Q}(\zeta_m)$.

248. Esiste un campo $\mathbb{K}$ di caratteristica zero e un polinomio irriducibile $f(x) \in \mathbb{K}[x]$ di grado 5 tale che, detto $\mathbb{L}$ il campo di spezzamento di $f(x)$ su $\mathbb{K}$, si abbia $[\mathbb{L} : \mathbb{K}] = 5$? e $[\mathbb{L} : \mathbb{K}] = 10$? e $[\mathbb{L} : \mathbb{K}] = 15$?

249. Sia $\mathbb{K}$ un campo di caratteristica zero oppure finito, $f(x) \in \mathbb{K}[x]$ un polinomio irriducibile di grado 4, e siano α_1, α_2, α_3, α_4 le sue radici in una chiusura algebrica di $\mathbb{K}$. Poniamo poi $\beta = \alpha_1\alpha_2 + \alpha_3\alpha_4$, $\gamma = \alpha_1\alpha_3 + \alpha_2\alpha_4$, $\delta = \alpha_1\alpha_4 + \alpha_2\alpha_3$ e $\mathbb{L} = \mathbb{K}(\beta, \gamma, \delta)$. Dimostrare che

(i) $\mathbb{L}$ è un'estensione normale di $\mathbb{K}$,

(ii) il polinomio minimo di β su $\mathbb{K}$ ha grado minore o uguale a 3,

(iii) se $\mathbb{K}$ è un campo finito, allora $[\mathbb{L} : \mathbb{K}] = 2$.

250. Sia ζ una radice 24–esima primitiva dell'unità in $\mathbb{C}$ e sia $\mathbb{L} = \mathbb{Q}(\zeta)$.

(i) Trovare il numero di sottoestensioni di $\mathbb{L}$ di grado 2 e il numero di sottoestensioni di grado 4 su $\mathbb{Q}$.

(ii) Provare che le sottoestensioni di $\mathbb{L}$ di grado 4 sono normali su $\mathbb{Q}$ e che i loro gruppi di Galois sono tutti isomorfi tra loro.

(iii) Trovare un elemento primitivo per ogni sottoestensione di grado 4.

251. Determinare il gruppo di Galois su $\mathbb{Q}$ del polinomio $(x^4 + 5x^2 + 5)(x^2 - a)$ al variare di a negli interi.

252. Determinare tutte le sottoestensioni quadratiche del campo di spezzamento di $x^6 - 2$ su $\mathbb{Q}$.

253. Determinare, al variare di a fra i numeri interi, il gruppo di Galois del polinomio $x^4 - 2$ su $\mathbb{Q}(\sqrt{a})$.

254. Sia p un numero primo, e siano $\mathbb{K}_5$, $\mathbb{K}_7$ e $\mathbb{K}_{35}$, rispettivamente, i campi di spezzamento dei polinomi $x^5 - p$, $x^7 - p$ e $x^{35} - p$ su $\mathbb{Q}$. Dimostrare che

(i) $\mathbb{K}_5 \cdot \mathbb{K}_7 = \mathbb{K}_{35}$;

(ii) $\mathbb{K}_5 \cap \mathbb{K}_7 = \mathbb{Q}$.

255. Determinare i gruppi di Galois di $x^4 - 49$ e di $(x^7 - 1)(x^4 - 49)$ su $\mathbb{Q}$.

256. Determinare, al variare di m fra gli interi positivi, i possibili gradi del campo di spezzamento di $x^5 - m$ su $\mathbb{Q}$ e su $\mathbb{F}_{19}$.

257. Sia $\mathbb{K} = \mathbb{Q}(\sqrt[4]{2}, \sqrt[3]{2})$.

(i) Determinare il grado di $\mathbb{K}$ su $\mathbb{Q}$.

(ii) Sia $\mathbb{L}$ la più piccola estensione di $\mathbb{K}$ normale su $\mathbb{Q}$; determinare $\mathrm{Gal}(\mathbb{L}/\mathbb{Q})$.

(iii) Determinare il sottogruppo di $\mathrm{Gal}(\mathbb{L}/\mathbb{Q})$ che fissa il campo $\mathbb{K}$.

(iv) Contare le sottoestensioni di $\mathbb{L}$ di Galois e di grado 4 su $\mathbb{Q}$.

258. Sia ζ una radice 15–esima primitiva dell'unità in $\mathbb{C}$. Contare le sottoestensioni di $\mathbb{Q}(\zeta)$ di grado 2 su $\mathbb{Q}$ e descrivere ognuna di esse come $\mathbb{Q}(\sqrt{m})$ con m intero libero da quadrati.

259.

(i) Determinare il gruppo di Galois su $\mathbb{Q}$ del polinomio $f(x) = x^4 - 12$.

(ii) Determinare i possibili gradi del campo di spezzamento di $f(x)$ su un'estensione finita $\mathbb{K}$ di $\mathbb{Q}$ ed esibire un esempio di campo $\mathbb{K}$ per ogni grado possibile.

260. Determinare, al variare del parametro intero a, il gruppo di Galois del polinomio $(x^4 - 3)(x^2 - a)$ su $\mathbb{Q}$ e su $\mathbb{Q}(\sqrt{2})$.

261. Sia ζ una radice 36–esima primitiva dell'unità in $\mathbb{C}$, determinare le sottoestensioni di $\mathbb{Q}(\zeta)$, dando per ognuna un insieme di generatori su $\mathbb{Q}$.

262. Sia ζ una radice 11–esima primitiva dell'unità, determinare il gruppo di Galois e il reticolo delle sottoestensioni di $\mathbb{Q}(\zeta, \sqrt{11})/\mathbb{Q}$.

263. Sia $\mathbb{E}$ il campo di spezzamento di $x^6 - 2$ su $\mathbb{Q}$.
  (i) Determinare $[\mathbb{E} : \mathbb{Q}]$.
  (ii) Dimostrare che il gruppo di Galois di $\mathbb{E}/\mathbb{Q}$ non è abeliano, ma ha un sotto-gruppo ciclico di ordine 6.
  (iii) Dimostrare che $\mathbb{E}$ contiene una sottoestensione normale su $\mathbb{Q}$ con gruppo di Galois isomorfo a $\mathbb{Z}/2\mathbb{Z} \times \mathbb{Z}/2\mathbb{Z}$.

264. Mostrare che $\mathbb{Q}(\sqrt{2}, \sqrt{-3}, \sqrt[3]{5})$ è un'estensione di Galois di $\mathbb{Q}$, calcolarne il gruppo di Galois e trovare tutte le sue sottoestensioni normali su $\mathbb{Q}$.

265. Sia $\mathbb{E}$ il campo di spezzamento e G il gruppo di Galois del polinomio $x^8 - 2$ su $\mathbb{Q}$.
  (i) Descrivere un insieme di generatori di $\mathbb{E}$ su $\mathbb{Q}$ e calcolare il grado dell'estensione.
  (ii) Siano $\alpha = \sqrt[8]{2}$ e $\zeta = \sqrt{2}(1 + i)/2$. Mostrare che G contiene un automorfismo θ tale che

$$\theta(\alpha) = \zeta\alpha, \ \theta(i) = i$$

e un automorfismo σ tale che

$$\sigma(\alpha) = \alpha, \ \sigma(i) = -i.$$

  (iii) Mostrare che G non è isomorfo ad un gruppo diedrale.
  (iv) Calcolare i sottocampi fissati dai sottogruppi ciclici $\langle\theta\rangle$, $\langle\theta^2\rangle$, $\langle\theta^4\rangle$, $\langle\sigma\rangle$ e dal sottogruppo generato da θ^4 e σ.

266.
  (i) Determinare il grado del campo di spezzamento $\mathbb{F}$ di $(x^4 - 3)(x^4 - 12)$ su $\mathbb{Q}$.
  (ii) Determinare tutti i sottocampi di $\mathbb{F}$ che sono estensioni di $\mathbb{Q}$ di grado 2.

267. Descrivere il gruppo di Galois dei polinomi $(x^2 + 3)(x^3 - 3x + 1)$ e $(x^2 + 3)(x^3 - 5)$ su $\mathbb{Q}$.

268.
  (i) Al variare di a tra gli interi, descrivere il gruppo di Galois e il campo di spezzamento $\mathbb{K}$ di $(x^5 + 1)(x^2 - a)$ su $\mathbb{Q}$.
  (ii) Per $a = 7$, elencare i sottocampi di $\mathbb{K}$ di grado 2 su $\mathbb{Q}$.

269. Sia ζ una radice dodicesima primitiva dell'unità in $\mathbb{C}$ e sia $\mathbb{L} = \mathbb{Q}(\zeta, \sqrt[3]{2})$.
  (i) Mostrare che $\mathbb{L}$ è un'estensione di Galois di $\mathbb{Q}$ e determinarne il grado.
  (ii) Indicata con ω una radice terza primitiva dell'unità in $\mathbb{C}$, calcolare il gruppo di Galois di $\mathbb{L}$ su $\mathbb{Q}(\omega)$.
  (iii) Calcolare il gruppo di Galois di $\mathbb{L}$ su $\mathbb{Q}$ ed esibirne dei generatori.

270. Sia $\mathbb{L}$ il campo di spezzamento del polinomio $(x^3 - 3)(x^4 - 3)$.
  (i) Determinare il grado di $\mathbb{L}$ su $\mathbb{Q}$.

(ii) Dimostrare che esiste un elemento di $\mathrm{Gal}(\mathbb{L}/\mathbb{Q})$ che fissa $\mathbb{Q}(i, \sqrt[3]{3})$ e manda $\sqrt[4]{3}$ in $i\sqrt[4]{3}$.

(iii) Descrivere i sottocampi di $\mathbb{L}$ di grado 4 su $\mathbb{Q}$.

271.

(i) Calcolare il gruppo di Galois di $x^5 - 2$ su $\mathbb{Q}$.

(ii) Calcolare il grado del campo di spezzamento di $(x^2 - p)(x^5 - 2)$ su $\mathbb{Q}$ al variare del numero primo p.

272. Sia $\zeta \in \mathbb{C}$ una radice nona primitiva dell'unità e siano $\alpha = \zeta^3$, $\beta = \zeta + \zeta^{-1}$.

(i) Dimostrare che $\mathbb{Q}(\alpha)$ e $\mathbb{Q}(\beta)$ sono le uniche estensioni $\mathbb{K}$ di $\mathbb{Q}$ per cui $\mathbb{Q} \subsetneq \mathbb{K} \subsetneq \mathbb{Q}(\zeta)$.

(ii) Determinare i gruppi di Galois di $\mathbb{Q}(\zeta, i)$ su $\mathbb{Q}(\alpha)$ e su $\mathbb{Q}(\beta)$.

(iii) Trovare tutte le sottoestensioni di $\mathbb{Q}(\zeta, i)$ di grado primo su $\mathbb{Q}$.

273.

(i) Calcolare il grado del campo di spezzamento $\mathbb{E}$ di $x^4 - 2x^2 - 10$ su $\mathbb{Q}$.

(ii) Determinare il gruppo di Galois di $\mathbb{E}/\mathbb{Q}$.

(iii) Contare i sottocampi di $\mathbb{E}$ e descrivere esplicitamente quelli che sono estensioni di Galois di $\mathbb{Q}$.

274. Sia a un intero positivo e sia $\mathbb{K}$ il campo di spezzamento su $\mathbb{Q}$ del polinomio $(x^{11} - 1)(x^3 - a)$.

(i) Determinare il gruppo di Galois di $\mathbb{K}$ su $\mathbb{Q}$.

(ii) Contare il numero delle sottoestensioni $\mathbb{E}$ di $\mathbb{K}$ normali su $\mathbb{Q}$ tali che $\mathrm{Gal}(\mathbb{E}/\mathbb{Q})$ è abeliano.

275.

(i) Calcolare il grado del campo di spezzamento $\mathbb{K}$ del polinomio $x^4 - 2x^2 - 2$ su $\mathbb{Q}$.

(ii) Determinare il gruppo $\mathrm{Gal}(\mathbb{K}/\mathbb{Q})$ a meno di isomorfismo.

(iii) Trovare dei generatori per le sottoestensioni di $\mathbb{K}/\mathbb{Q}$ e per ciascuna di esse dire se è o meno di Galois su $\mathbb{Q}$.

276. Consideriamo l'estensione di campi $\mathbb{C}(t) \subseteq \mathbb{C}(x)$ con $t = x^3 + x^{-3}$.

(i) Determinare il grado dell'estensione.

(ii) Mostrare che l'estensione è di Galois e determinarne il gruppo di Galois.

(iii) Determinare le sottoestensioni proprie e per ciascuna calcolare un elemento primitivo.

277. Sia $\alpha = \sqrt[3]{3} + \sqrt{5}$.

(i) Mostrare che $\mathbb{Q}(\alpha) = \mathbb{Q}(\sqrt[3]{3}, \sqrt{5})$.

(ii) Determinare il campo di spezzamento $\mathbb{K}$ e il gruppo di Galois del polinomio minimo di α su $\mathbb{Q}$.

(iii) Descrivere le sottoestensioni di $\mathbb{K}$ che sono di Galois su $\mathbb{Q}$ e il cui gruppo di Galois è abeliano.

278. Determinare il grado del campo di spezzamento $\mathbb{K}$ di $x^5 - 5$ su $\mathbb{Q}$. Determinare inoltre tutte le sottoestensioni di $\mathbb{K}/\mathbb{Q}$ individuando quelle normali su $\mathbb{Q}$.

279. Determinare il gruppo di Galois della più piccola estensione di $\mathbb{Q}(\sqrt[3]{2}, \sqrt{2})$ che è normale su $\mathbb{Q}$.

280. Determinare le sottoestensioni $\mathbb{K}$ dell'estensione ciclotomica 35–esima $\mathbb{L}$ su $\mathbb{Q}$ per cui $[\mathbb{L} : \mathbb{K}] = 2$.

281. Calcolare il gruppo di Galois del polinomio $x^4 + 9$ su $\mathbb{Q}$.

Capitolo 3
Soluzioni

3.1 Gruppi

1. (i) Il gruppo G è isomorfo a $G_2 \times G_3$, dove $G_2 = \mathbb{Z}/2\mathbb{Z} \times \mathbb{Z}/4\mathbb{Z} \times \mathbb{Z}/2\mathbb{Z}$ e $G_3 = \mathbb{Z}/3\mathbb{Z}$. Un elemento di G ha ordine 6 se e solo se la sua componente in G_2 ha ordine 2 e la sua componente in G_3 ha ordine 3.

Gli elementi di G_2 che moltiplicati per 2 fanno l'elemento neutro sono $2 \cdot 2 \cdot 2 = 8$; quelli di ordine esattamente 2 sono tutti questi meno l'elemento neutro, cioè 7. Analogamente, gli elementi di G_3 il cui ordine è uguale a 3 sono $3 - 1 = 2$. Ne segue che ci sono $7 \cdot 2 = 14$ elementi di ordine 6 e quindi $14/\phi(6) = 14/2 = 7$ sottogruppi ciclici di ordine 6.

(ii) I possibili ordini dei sottogruppi ciclici coincidono con i possibili ordini degli elementi di G. Continuando ad usare l'isomorfismo di G con $G_2 \times G_3$, bisogna vedere qual è il minimo comune multiplo degli ordini delle componenti G_2 e G_3. La prima componente può avere ordine 1, 2 o 4, la seconda componente ordine 1 o 3, e tutti questi casi sono possibili. Il minimo comune multiplo può quindi essere uguale a 1, 2, 4, 3, 6 e 12.

(iii) I possibili divisori di $48 = |G|$ sono 1, 2, 3, 4, 6, 8, 12, 16, 24 e 48. Abbiamo già trovato in (ii) sottogruppi di ordine 1, 2, 3, 4, 6 e 12. Un sottogruppo di ordine 8 è $\mathbb{Z}/2\mathbb{Z} \times \mathbb{Z}/4\mathbb{Z} \times \{0\}$, uno di ordine 16 è $\mathbb{Z}/2\mathbb{Z} \times \mathbb{Z}/4\mathbb{Z} \times \{0, 3\}$, uno di ordine 24 è dato da $\mathbb{Z}/2\mathbb{Z} \times \mathbb{Z}/4\mathbb{Z} \times \{0, 2, 4\}$, mentre G stesso è un sottogruppo di ordine 48.

2. (i) Facciamo vedere che $\psi_{g,h}$ è un'applicazione biettiva. Infatti se $\psi_{g,h}(x) = \psi_{g,h}(y)$ abbiamo $gxh^{-1} = gyh^{-1}$ e, dalle Leggi di Cancellazione, troviamo $x = y$; ciò prova che l'applicazione è iniettiva. Inoltre, dato $y \in G$, ponendo $x = g^{-1}yh$ si ha $\psi_{g,h}(x) = gxh^{-1} = gg^{-1}yhh^{-1} = y$; l'applicazione è quindi suriettiva.

(ii) Siano g_1, h_1, g_2, h_2 elementi di G. Per ogni $x \in G$ si ha

$$\big(\psi(g_1, h_1) \circ \psi(g_2, h_2)\big)(x) = \psi_{g_1,h_1}\big(\psi_{g_2,h_2}(x)\big)$$

$$= \psi_{g_1,h_1}(g_2 x h_2^{-1})$$

© Springer-Verlag Italia S.r.l., part of Springer Nature 2018
R. Chirivì et al., *Esercizi scelti di Algebra, Volume 2*, UNITEXT – La Matematica per il 3+2 112, https://doi.org/10.1007/978-88-470-3983-4_3

$$= g_1 g_2 x h_2^{-1} h_1^{-1}$$
$$= \psi(g_1 g_2, h_1 h_2)(x)$$
$$= \psi\big((g_1, h_1)(g_2, h_2)\big)(x)$$

e quindi $\psi(g_1, h_1) \circ \psi(g_2, h_2) = \psi\big((g_1, h_1)(g_2, h_2)\big)$.

(iii) Una condizione necessaria è che $\psi_{g,h}(e) = e$, cioè che valga $gh^{-1} = e$, da cui $g = h$. Ma $\psi_{g,g}$ è il coniugio per g che è un automorfismo di G, quindi la condizione $g = h$ è anche sufficiente.

(iv) Un elemento (g, h) è nel nucleo di ψ se e solo se $\psi_{g,h}(x) = x$ per ogni $x \in G$. Ponendo $x = e$ abbiamo $h = g$ e la condizione $\psi_{g,h}(x) = x$ diventa $gx = xg$ per ogni $x \in G$. Quindi il nucleo è formato dalle coppie (g, g) con $g \in Z(G)$ e l'applicazione $Z(G) \ni g \longmapsto (g, g) \in \mathrm{Ker}(\psi)$ realizza l'isomorfismo richiesto.

3. (i) Usando che G è abeliano, per ogni $g, h \in G$ si ha

$$\begin{aligned}
\psi(gh) &= \big((gh)^2, (gh)^{-1}\big) \\
&= (g^2 h^2, g^{-1} h^{-1}) \\
&= (g^2, g^{-1})(h^2, h^{-1}) \\
&= \psi(g)\psi(h)
\end{aligned}$$

e quindi ψ è un omomorfismo di gruppi.

Ora, per ogni $(g_1, h_1), (g_2, h_2) \in G \times G$, si ha

$$\begin{aligned}
\pi\big((g_1, h_1)(g_2, h_2)\big) &= \pi(g_1 g_2, h_1 h_2) \\
&= (g_1 g_2)(h_1 h_2)^2 \\
&= g_1 g_2 h_1^2 h_2^2 \\
&= (g_1 h_1^2)(g_2 h_2^2) \\
&= \pi(g_1, h_1)\pi(g_2, h_2)
\end{aligned}$$

e anche π è un omomorfismo di gruppi.

(ii) Sia $g \in G$ tale che $\psi(g) = e_{G \times G} = (e, e)$, allora $g^2 = e$ e $g^{-1} = e$; da quest'ultima equazione si ha $g = e$. Abbiamo provato che ψ è iniettiva.

(iii) Sia $g \in G$, allora $\pi(g, e) = ge^2 = g$. Ciò prova che π è suriettiva.

(iv) Per prima cosa $(\pi \circ \psi)(g) = \pi(g^2, g^{-1}) = g^2(g^{-1})^2 = e$ e quindi $\mathrm{Im}(\psi) \subseteq \mathrm{Ker}(\pi)$. Inoltre se $\pi(g, h) = e$ allora $gh^2 = e$ da cui $g = h^{-2}$. Quindi $(g, h) = (h^{-2}, h) = ((h^{-1})^2, (h^{-1})^{-1}) = \psi(h^{-1})$. Ne ricaviamo che vale anche $\mathrm{Ker}(\pi) \subseteq \mathrm{Im}(\psi)$.

⟦Quando dimostrato può anche essere espresso dicendo che la successione di gruppi e omomorfismi

$$0 \longrightarrow G \xrightarrow{\psi} G \times G \xrightarrow{\pi} G \longrightarrow 0$$

è *esatta*.⟧

4. (i) L'omomorfismo σ è sicuramente un automorfismo visto che $\sigma^{-1} = \sigma$.

(ii) Per prima cosa osserviamo che H è non vuoto in quanto $e \in H$. Siano ora $h_1, h_2 \in H$; allora $\sigma(h_1 h_2) = \sigma(h_1)\sigma(h_2) = h_1 h_2$ e quindi H è chiuso per prodotto. Sia $h \in H$, abbiamo $\sigma(h^{-1}) = (\sigma(h))^{-1} = h^{-1}$, cioè $h^{-1} \in H$. Abbiamo provato che H è un sottogruppo.

(iii) Poiché G è abeliano, H è un sottogruppo normale di G. Consideriamo l'omomorfismo quoziente $\pi : G \longrightarrow G/H$. L'applicazione $\tilde{\sigma} = \pi \circ \sigma : G \longrightarrow G/H$ è un omomorfismo suriettivo, in quanto composizione di due omomorfismi suriettivi. Il nucleo di $\tilde{\sigma}$ è uguale ad H, infatti $\sigma(h) \in H$ se e solo se $h \in H$.

Per il Primo Teorema di Omomorfismo, $\tilde{\sigma}$ induce un isomorfismo $\tau : G/H \longrightarrow G/H$ definito da $\tau(gH) = \pi \circ \sigma(g) = \sigma(g)H$.

(iv) È ovvio che $H \in K$ visto che $\tau(H) = H$ essendo τ un omomorfismo e $H = e_{G/H}$.

D'altra parte, se $gH \in K$ dalla definizione di K abbiamo $\tau(gH) = gH$, cioè $\sigma(g)H = gH$. Da ciò otteniamo che esiste $h \in H$ tale che $\sigma(g) = gh$. Applicando σ a tale equazione si ha $g = \sigma(g)h$ visto che $h \in H$. Ma allora $h = g^{-1}\sigma(g)$ e anche $h = \sigma(g)^{-1}g$, da cui $h = h^{-1}$, cioè $h^2 = e$. Ne ricaviamo che l'ordine di h in G è o 1 o 2; ma tale ordine non può essere 2 visto che G ha ordine dispari. Rimane $h = e$, cioè $\sigma(g) = g$ e quindi $g \in H$, da cui $gH = H$.

5. (i) Dobbiamo far vedere che G è abeliano, cioè che dati comunque due elementi g, h di G, essi commutano. Il sottoinsieme $S = \{g, h\}$ è finito, allora il sottogruppo $\langle S \rangle$ generato è ciclico, in particolare abeliano. Ma g e h appartengono a tale gruppo e quindi $gh = hg$ in $\langle S \rangle$ e quindi anche in G.

(ii) Mostriamo che $\mathbb{Q}$ gode della proprietà richiesta ma non è ciclico.

Sia $S = \{n_1/d_1, n_2/d_2, \ldots, n_r/d_r\}$ un qualunque sottoinsieme finito di $\mathbb{Q}$. Sia d il minimo comune multiplo di $d_1, d_2, \ldots, d_r$ e diciamo che $d = c_1 d_1 = c_2 d_2 = \cdots = c_r d_r$.

Consideriamo il sottogruppo $H = \langle 1/d \rangle$ di $\mathbb{Q}$; chiaramente H è ciclico. Ma essendo $n_1/d_1 = c_1 n_1 \cdot 1/d$, $n_2/d_2 = c_2 n_2 \cdot 1/d, \ldots, n_r/d_r = c_r n_r \cdot 1/d$, il sottogruppo $\langle S \rangle$ è contenuto in H. Quindi anche $\langle S \rangle$ è un gruppo ciclico in quanto sottogruppo di un gruppo ciclico. Ciò prova che $\mathbb{Q}$ gode della proprietà richiesta.

Facciamo invece vedere che $\mathbb{Q}$ non è ciclico. Per assurdo supponiamo $\mathbb{Q} = \langle n/d \rangle$ e sia p un primo che non divide d. Essendo $1/p$ un elemento di $\mathbb{Q}$, dobbiamo avere $1/p = c \cdot n/d$ per qualche $c \in \mathbb{Z}$. Questa equazione diventa $d = cnp$ che però non ha chiaramente soluzione in interi visto che p non divide d.

6. Sia G un gruppo come nel testo dell'esercizio e osserviamo che, per il Teorema di Cauchy, esiste un elemento h di ordine 7; indichiamo con H il sottogruppo da esso generato.

Sia ora K un altro sottogruppo di G di ordine 7, allora H e K si intersecano in e oppure coincidono visto che ogni loro elemento è un generatore avendo essi ordine primo. Se $K \neq H$ allora l'insieme HK contiene 49 elementi, ma ciò è impossibile perché G ha solo 28 elementi. Abbiamo provato che H è l'unico sottogruppo di G con 7 elementi. In particolare H è normale in G, in quanto ogni suo coniugato è un sottogruppo con 7 elementi e quindi coincide con H.

Dalle ipotesi sappiamo che G ha un elemento di ordine 4, diciamo g, e sia L il sottogruppo da esso generato. Allora $H \cap L = \{e\}$ in quanto ogni elemento in quest'intersezione ha ordine che divide 4 e 7 e quindi $1 = (4, 7)$. Ne segue $HL = G$. Concludiamo che G è isomorfo ad un prodotto semidiretto $H \rtimes L$. Ma visto che $H \simeq \mathbb{Z}/7\mathbb{Z}$ e $L \simeq \mathbb{Z}/4\mathbb{Z}$, otteniamo che G è isomorfo a $\mathbb{Z}/7\mathbb{Z} \rtimes_\varphi \mathbb{Z}/4\mathbb{Z}$ rispetto a qualche omomorfismo $\varphi : \mathbb{Z}/4\mathbb{Z} \longrightarrow \mathrm{Aut}(\mathbb{Z}/7\mathbb{Z}) \simeq (\mathbb{Z}/7\mathbb{Z})^* \simeq \mathbb{Z}/6\mathbb{Z}$.

Osserviamo che l'ordine di $\varphi(1)$ deve dividere 4 che è l'ordine di 1 in $\mathbb{Z}/4\mathbb{Z}$. Allora l'ordine di $\varphi(1)$ può essere 1 o 2 visto che $\mathbb{Z}/6\mathbb{Z}$ non contiene elementi di ordine 4. Inoltre, se fosse 1 allora ogni elemento di $\mathbb{Z}/4\mathbb{Z}$ verrebbe mandato in 1 e G sarebbe abeliano. L'unica possibilità è che $\varphi(1)$ sia un elemento di ordine 2 in $\mathbb{Z}/6\mathbb{Z}$. Ma tale gruppo ha solo 3 come elemento di ordine 2. Necessariamente quindi $\varphi(1) = 3$ e l'omomorfismo φ è univocamente determinato. Essendo G isomorfo a $\mathbb{Z}/7\mathbb{Z} \rtimes_\varphi \mathbb{Z}/4\mathbb{Z}$, la struttura di G è univocamente determinata.

7. (i) Il sottogruppo $[S_5, S_5]$ è generato dagli elementi $[\sigma, \tau] = \sigma\tau\sigma^{-1}\tau^{-1}$ al variare di σ e τ in S_5. Ma avendo un elemento e il suo inverso la stessa parità, $[\sigma, \tau] \in A_5$; ne segue che $[S_5, S_5] \subseteq A_5$. Inoltre il sottogruppo derivato è normale e, in particolare, $[S_5, S_5]$ non è il gruppo banale in quanto contiene, ad esempio, $\big[(1, 2), (2, 3)\big] = (1, 3, 2)$. L'unica possibilità è che sia quindi $[S_5, S_5] = A_5$.

(ii) Se H è un'immagine omomorfa abeliana di S_5 allora $[S_5, S_5] = A_5$ è contenuto nel nucleo dell'omomorfismo, ma allora H è un'immagine omomorfa di $S_5/A_5 \simeq \mathbb{Z}/2\mathbb{Z}$ da cui la tesi.

[In generale, se consideriamo S_n invece di S_5 valgono le stesse conclusioni. Il caso $n = 2$ è ovvio mentre per $n \geq 3$, la stessa dimostrazione funziona.]

8. Sia H_2 il sottogruppo di ordine 77 di G che sappiamo esistere per ipotesi. Proviamo che H_2 è caratteristico in G. Sia K un generico sottogruppo di G con 77 elementi e consideriamo $K \cap H_2$: si tratta di un sottogruppo di H_2, il suo ordine d è quindi un divisore di 77; allora l'insieme $K H_2$ ha $77^2/d$ elementi. Ma se K fosse diverso da H_2 avremmo $d \leq 11$ e quindi $|K H_2| \geq 7^2 \cdot 11 > |G|$ che è assurdo. Ciò prova che H_2 è l'unico sottogruppo di G con 77 elementi e quindi H_2 è caratteristico.

Dal Teorema di Cauchy sappiamo che H_2 ha un elemento h di ordine 11. In modo analogo a quanto visto si prova che il sottogruppo H_1 generato da h è caratteristico in H_2. Ma allora H_1 è caratteristico anche in G visto che H_2 è caratteristico in G per quanto già provato.

9. Il gruppo $\mathbb{Z}/100\mathbb{Z} \times \mathbb{Z}/20\mathbb{Z}$ è isomorfo a $G = \mathbb{Z}/4\mathbb{Z} \times \mathbb{Z}/4\mathbb{Z} \times \mathbb{Z}/5\mathbb{Z} \times \mathbb{Z}/25\mathbb{Z}$. Allora il numero di elementi di ordine $50 = 2 \cdot 5^2$ è $(2^2 - 1)(5^3 - 5^2) = 300$.

Sia ora H un sottogruppo di G di ordine 50. Allora $H \simeq \mathbb{Z}/50\mathbb{Z}$ o $H \simeq \mathbb{Z}/2\mathbb{Z} \times \mathbb{Z}/5\mathbb{Z} \times \mathbb{Z}/5\mathbb{Z}$ e questi due casi si escludono a vicenda in quanto il secondo gruppo non è ciclico. Il numero di sottogruppi del primo tipo, cioè ciclici, è $300/\phi(50) = 300/20 = 15$.

Osserviamo ora che un sottogruppo H del secondo tipo contiene 24 elementi di ordine 5, ma anche G contiene 24 elementi di ordine 5 e quindi $H = H_1 \cdot H_2 \simeq$

$H_1 \times H_2$, con H_1 un sottogruppo di ordine 2 di G e $H_2 = \{x \in G \mid 5x = 0\}$. Allora vi sono 3 sottogruppi di questo tipo, quanti gli elementi di ordine 2 di G.

Si hanno quindi in tutto 18 sottogruppi di ordine 50.

10. (i) Se G è abeliano la tesi è ovvia. Allora possiamo supporre che il centro Z sia un sottogruppo proprio di G.

Se $x \in Z$ allora $Z(x) = G$ e quindi p^2 divide $|Z(x)| = p^4$. Se invece $x \notin Z$, da $Z, \langle x \rangle \subseteq Z(x)$ segue che $Z(x)$ ha più elementi del centro che in un p–gruppo non è banale, allora $|Z(x)| \geq p^2$.

(ii) Osserviamo che Z non può avere ordine p^3 in quanto altrimenti G/Z sarebbe ciclico e quindi G abeliano, allora Z ha ordine p^2 o p.

Nel primo caso basta prendere $x \notin Z$ per avere $Z, \langle x \rangle \subseteq Z(x)$ e quindi $|Z(x)| > p^2$ ed anche $|Z(x)| < p^4$ visto che $x \notin Z$, da cui $|Z(x)| = p^3$.

Nel secondo caso scriviamo l'equazione delle classi

$$p^4 = p + \sum_{x \in \mathcal{R}} p^4/|Z(x)|$$

dove $\mathcal{R}$ è un insieme di rappresentanti delle classi coniugate degli elementi fuori da Z. Se $|Z(x)| \leq p^2$ allora p^2 divide $p^4/|Z(x)|$; non può quindi essere così per ogni $x \in \mathcal{R}$ perché altrimenti p^2 dividerebbe p.

Allora esiste un $x \in \mathcal{R}$ per cui $|Z(x)| \geq p^3$ e visto che $x \notin Z$ si ha $|Z(x)| = p^3$.

11. Siano

$$e_1 = \begin{pmatrix} 1 \\ 0 \\ 0 \end{pmatrix}, \quad e_2 = \begin{pmatrix} 0 \\ 1 \\ 0 \end{pmatrix}, \quad e_3 = \begin{pmatrix} 0 \\ 0 \\ 1 \end{pmatrix}$$

e siano V_1, V_2, V_3 i sottospazi vettoriali di $\mathbb{R}^3$ generati rispettivamente da e_1, e_2, e_3. Il gruppo G agisce sull'insieme $X = \{V_1, V_2, V_3\}$ tramite l'omomorfismo $f : G \longrightarrow \mathsf{S}(X) \simeq \mathsf{S}_3$ definito da $f(A)(V_i) = A \cdot V_i$, per $i = 1, 2, 3$. Il nucleo dell'omomorfismo f è evidentemente costituito dall'insieme D delle matrici diagonali in G, che quindi è un sottogruppo normale di G.

Osserviamo inoltre che gli elementi di D sono

$$\begin{pmatrix} \pm 1 & & \\ & \pm 1 & \\ & & \pm 1 \end{pmatrix}$$

e quindi, per come è definita la moltiplicazione tra matrici, D è isomorfo a $(\mathbb{Z}/2\mathbb{Z})^3$.

Sia ora K il sottogruppo delle matrici di G per cui tutti i coefficienti diversi da zero sono uguali a 1. Abbiamo evidentemente $D \cap K = \{\mathrm{Id}\}$ e quindi $f_{|K}$ è iniettivo. Poiché K ha 3! elementi, $f_{|K}$ è anche suriettivo e quindi K è isomorfo ad S_3.

Ora è facile vedere che $|G| = 48$: la prima colonna ha 6 possibilità; in funzione della prima, la seconda colonna ha 4 possibilità e, in funzione delle prime due, la terza colonna ha 2 possibilità. Ma allora $G = DK$ e quindi concludiamo che G è isomorfo ad un prodotto semidiretto $D \rtimes K$ e quindi anche a $(\mathbb{Z}/2\mathbb{Z})^3 \rtimes \mathsf{S}_3$.

12. (i) Se S è un insieme stabile per coniugio di G e $s \in S$ allora $xsx^{-1} \in S$ per ogni $x \in G$, quindi $C\ell(s) \subseteq S$. Sia ora $X \subseteq G$ e poniamo $\overline{X} = \cup_{g \in X} C\ell(g)$.

Se S è stabile per coniugio e contiene X, allora per ogni $g \in X$ si ha $C\ell(g) \subseteq S$. Ciò prova $\overline{X} \subseteq S$ e $\overline{X}$ è il minimo cercato.

(ii) Sia S un insieme stabile per coniugio, e sia $\langle S \rangle$ il sottogruppo generato da S. Per provare che $\langle S \rangle$ è un sottogruppo normale, ossia che $x \langle S \rangle x^{-1} \subseteq \langle S \rangle$ per ogni $x \in G$, è sufficiente mostrare che $x S x^{-1} \subseteq \langle S \rangle$ in quanto $x \langle S \rangle x^{-1}$ è generato da $x S x^{-1}$. Ma $x S x^{-1} \subseteq S$ in quanto S è stabile per coniugio, quindi abbiamo anche $x S x^{-1} \subseteq \langle S \rangle$.

13. (i) Proviamo che, in generale, dati due gruppi H e K e posto $G = H \times K$ si ha $C\ell_G(h, k) = C\ell_H(h) \times C\ell_K(k)$. Infatti

$$C\ell_G(h, k) = \left\{ (h_1, k_1)(h, k)(h_1, k_1)^{-1} \mid h_1 \in H, \, k_1 \in K \right\}$$
$$= \left\{ (h_1 h h_1^{-1}, k_1 k k_1^{-1}) \mid h_1 \in H, \, k_1 \in K \right\}$$
$$= C\ell_H(h) \times C\ell_K(k).$$

Nel nostro caso le classi di coniugio di S_4 sono parametrizzate dalle strutture in cicli, cioè dalle partizioni di 4, mentre le classi di coniugio del gruppo abeliano $\mathbb{Z}/3\mathbb{Z}$ sono parametrizzate dagli elementi del gruppo stesso. In conclusione le classi di coniugio di $S_4 \times \mathbb{Z}/3\mathbb{Z}$ sono prodotti cartesiani $C \times \{a\}$ con C l'insieme delle permutazioni di S_4 con una fissata struttura in cicli e a un elemento di $\mathbb{Z}/3\mathbb{Z}$.

(ii) Come si prova subito, gli omomorfismi dal prodotto diretto $S_4 \times \mathbb{Z}/3\mathbb{Z}$ nel gruppo $\mathbb{Z}/6\mathbb{Z}$ sono del tipo $\alpha \times \beta$ con $\alpha : S_4 \longrightarrow \mathbb{Z}/6\mathbb{Z}$ e $\beta : \mathbb{Z}/3\mathbb{Z} \longrightarrow \mathbb{Z}/6\mathbb{Z}$ omomorfismi e $(\alpha \times \beta)(h, k) = \alpha(h) + \beta(k)$.

Bisogna quindi descrivere i possibili omomorfismi $\alpha : S_4 \longrightarrow \mathbb{Z}/6\mathbb{Z}$ e $\beta : \mathbb{Z}/3\mathbb{Z} \longrightarrow \mathbb{Z}/6\mathbb{Z}$.

Il nucleo K dell'omomorfismo α deve essere un sottogruppo normale di S_4 per cui S_4/K è abeliano. Ma conosciamo i sottogruppi normali di S_4 e gli unici che soddisfano queste proprietà sono A_4 e S_4. Pertanto il nucleo di α contiene A_4.

Allora α induce un omomorfismo $\tilde{\alpha} : \mathbb{Z}/2\mathbb{Z} \simeq S_4/A_4 \longrightarrow \mathbb{Z}/6\mathbb{Z}$ per passaggio al quoziente. Esistono esattamente due omomorfismi da $\mathbb{Z}/2\mathbb{Z}$ in $\mathbb{Z}/6\mathbb{Z}$ ed essi corrispondono ai due seguenti omomorfismi da S_4 in $\mathbb{Z}/6\mathbb{Z}$: il primo è $\alpha_1(\sigma) = 0$ per ogni $\sigma \in S_4$ e il secondo è dato da $\alpha_2(\sigma) = 0$ per $\sigma \in A_4$ e $\alpha_2(\sigma) = 3$ per $\sigma \notin A_4$.

Per concludere la descrizione degli omomorfismi da $S_4 \times \mathbb{Z}/3\mathbb{Z}$ in $\mathbb{Z}/6\mathbb{Z}$ ci basta ora osservare che gli omomorfismi da $\mathbb{Z}/3\mathbb{Z}$ a $\mathbb{Z}/6\mathbb{Z}$ sono i tre indotti da $1 \longmapsto 2a$, con $a = 0, 1, 2$.

14. (i) Per il Teorema di Cauchy esiste un sottogruppo H di ordine 17 di G. Se mostriamo che esso è l'unico sottogruppo di tale ordine allora H è caratteristico in G. Ma se K fosse un sottogruppo diverso da H di ordine 17 allora necessariamente $H \cap K = \{e\}$ e quindi si avrebbe $|HK| = 17^2 > |G|$ che è impossibile.

(ii) Chiaramente $|G/H| = 15$ e, visto che 3 non divide $4 = 5 - 1$, G/H è abeliano e quindi ciclico.

(iii) Sappiamo che esiste in G/H un sottogruppo, normale essendo G/H abeliano, di ordine 5; allora la sua controimmagine in G è un sottogruppo normale L di G di ordine 85. Inoltre, ancora dal Teorema di Cauchy, esiste un sottogruppo M di ordine 3 in G. Chiaramente $L \cap M = \{e\}$ in quanto i due gruppi hanno ordini primi tra loro. Per quanto visto possiamo affermare che G è il prodotto semidiretto di L e M con L normale.

Osserviamo che un gruppo di ordine $85 = 5 \cdot 17$ è necessariamente ciclico visto che 5 non divide $16 = 17 - 1$, in particolare $\text{Aut}(L)$ è un gruppo di ordine $\phi(85) = 4 \cdot 16 = 2^6$. Ma $3 = |M|$ è primo con 2^6 e quindi l'unico omomorfismo possibile tra questi due gruppi è quello banale: $M \ni g \longmapsto \text{Id}_L \in \text{Aut}(L)$. In conclusione il prodotto semidiretto tra L e M è diretto e G è ciclico.

15. Sia σ una soluzione dell'equazione $\sigma^5 = (1, 2)$ in S_{11}. Allora $\sigma^{10} = (1, 2)^2 = e$ e quindi le soluzioni sono da ricercarsi nell'insieme delle permutazioni il cui ordine divide 10. Chiaramente tale ordine non può essere 1 o 5 perché altrimenti $\sigma^5 = e \neq (12)$.

Allora, se σ ha ordine 2 abbiamo $\sigma = \sigma^5 = (1, 2)$ e quindi troviamo una sola soluzione di questo tipo.

Supponiamo invece che σ abbia ordine 10. È chiaro che σ non può contenere nessun 10–ciclo nella sua decomposizione in cicli disgiunti: un tale ciclo infatti darebbe origine a 5 cicli distinti di lunghezza 2 quando elevato alla 5, contro l'ipotesi $\sigma^5 = (1, 2)$.

Allora la struttura in cicli disgiunti di σ contiene almeno un 2–ciclo e almeno un 5–ciclo, e quindi in realtà esattamente un 5–ciclo visto che la somme delle lunghezze dei cicli non banali deve essere minore o uguale a 11. Diciamo che sia allora $\sigma = \tau_1 \cdots \tau_r \eta$, dove $\tau_1, \ldots, \tau_r$ sono 2 cicli e η è un 5–ciclo.

Quindi $\sigma^5 = \tau_1 \cdots \tau_r$, da cui $r = 1$ e $\tau_1 = (1, 2)$. In conclusione in questa seconda classe abbiamo tutte le permutazioni del tipo $\sigma = (1, 2)\eta$, con η un 5–ciclo disgiunto da $(1, 2)$. Esse sono in numero

$$\binom{9}{5} \cdot 4! = 3024.$$

In totale abbiamo 3025 soluzioni.

16. Definiamo i seguenti sottoinsiemi di X^3

$$X_1 = \big\{(i, i, i) \,|\, 1 \leq i \leq n\big\},$$
$$X_2 = \big\{(i, i, j) \,|\, 1 \leq i, i \leq n, \, i \neq j\big\},$$
$$X_3 = \big\{(i, j, i) \,|\, 1 \leq i, j \leq n, \, i \neq j\big\},$$
$$X_4 = \big\{(j, i, i) \,|\, 1 \leq i, j \leq n, \, i \neq j\big\},$$
$$X_5 = \big\{(i, j, k) \,|\, 1 \leq i, j, k \leq n, \, i \neq j, \, i \neq k, \, j \neq k\big\}$$

e proviamo che queste sono le orbite di S_n in X^3.

È chiaro che questi insiemi sono invarianti per S_n in quanto se un elemento (x_1, x_2, x_3) ha alcune coordinate uguali tra loro allora, per ogni σ in S_n, anche $(\sigma(x_1), \sigma(x_2), \sigma(x_3))$ ha le stesse e solo le stesse coordinate uguali tra loro.

Viceversa dati $i_1, \dots, i_k$ interi distinti e dati altri $j_1, \dots, j_k$ interi distinti nell'insieme $\{1, 2, \dots, n\}$ allora esiste una permutazione σ in S_n che manda i_h in j_h per ogni $h = 1, \dots, k$. Applicando questo per $k = 1$, $k = 2$ e $k = 3$ si ha che S_n agisce transitivamente sugli insiemi considerati.

Abbiamo quindi provato che $X_1, \dots, X_5$ sono le orbite di S_n in X^3. È inoltre chiaro che $|X_1| = n$, $|X_2| = |X_3| = |X_4| = n(n-1)$, $|X_5| = n(n-1)(n-2)$.

17. La classe coniugata $\mathcal{C}\ell_{S_5}(\sigma)$, cioè l'insieme dei 5–cicli in S_5, contiene 24 elementi, quindi il centralizzatore $Z_{S_5}(\sigma)$ ha ordine $5!/24 = 5$ e coincide allora con $\langle \sigma \rangle$. Ma visto che quest'ultimo gruppo è contenuto in A_5, otteniamo $Z_{A_5}(\sigma) = Z_{S_5}(\sigma)$ e in particolare $|\mathcal{C}\ell_{A_5}(\sigma)| = [A_5 : Z_{A_5}(\sigma)] = 60/5 = 12$.

Per calcolare la seconda cardinalità richiesta, premettiamo un'osservazione generale. Per $\tau \in S_5$, il coniugio $\psi_\tau(\sigma) = \tau \sigma \tau^{-1}$ dipende solo dalla classe laterale di τ rispetto al centralizzatore $Z_{S_5}(\sigma)$. Ma, come abbiamo osservato sopra, $Z_{S_5}(\sigma)$ è contenuto in A_5; ne segue che, se per $\tau, \tau' \in S_5$ si ha $\psi_\tau(\sigma) = \psi_{\tau'}(\sigma)$, allora la parità di τ e τ' è la stessa.

Sicuramente σ non è coniugato ad $e \in \langle \sigma \rangle$, ed è invece coniugato a σ. Osserviamo ora che $\psi_{(2,3,5,4)}(\sigma) = \sigma^2$ e, essendo $(2, 3, 5, 4)$ dispari, σ^2 non è coniugato a σ in A_5 per quanto osservato sopra. Allo stesso modo $\sigma^3 \notin \mathcal{C}\ell_{A_5}(\sigma)$ in quanto $\psi_{(2,4,5,3)}(\sigma) = \sigma^3$. Invece troviamo che $\psi_{(2,5)(3,4)}(\sigma) = \sigma^{-1}$ e quindi $\sigma^{-1} \in \mathcal{C}\ell_{A_5}(\sigma)$ visto che $(2, 5)(3, 4)$ è pari. In conclusione $\mathcal{C}\ell_{A_5}(\sigma) \cap \langle \sigma \rangle = \{\sigma, \sigma^{-1}\}$ e la cardinalità cercata è 2.

18. Dato un intero n, indichiamo con μ_n l'applicazione $G \ni g \longmapsto ng \in G$.

(i) Siano $n = |G|$, p^m la massima potenza di p che divide n, cioè l'ordine di P, e sia $q = n/p^m$. L'applicazione $\mu_q : G \longrightarrow G$ ha per immagine P e ristretta a P è un isomorfismo in quanto q è primo con l'ordine di P.

Siano $x \in G$, $h \in P$ per cui $nx = h$. Applicando μ_q si ottiene $n\mu_q(x) = \mu_q(h) \in P$ e quindi, applicando ora $\mu_{q|P}^{-1}$, abbiamo $ny = h$ con $y = \mu_{q|P}^{-1}(\mu_q(x)) \in P$. Ciò prova che P è puro.

(ii) È facile provare che, essendo P puro in G, un sottogruppo H di P è puro in G se solo se è puro in P. Possiamo allora supporre che $G = P$, cioè che G abbia ordine p^m.

Supponiamo che esista in G un elemento g di ordine p^t con $t > 1$. Allora consideriamo il sottogruppo $H = \langle pg \rangle$ di ordine p^{t-1} generato da pg. Osserviamo che preso $h = pg \in H$, $n = p$ e $x = g$ abbiamo $nx = h$, mentre chiaramente non esiste alcun elemento y in H per cui $ny = h$ perché altrimenti H avrebbe ordine almeno p^t. Ciò prova che se ogni sottogruppo di G è puro allora $px = 0$ per ogni $x \in G$.

Viceversa supponiamo che $px = 0$ per ogni x in G. Siano n un intero, H un sottogruppo di G e h un elemento di H per cui esiste un $x \in G$ tale che $nx = h$. Se $h = 0$ allora per $y = 0 \in H$ si ha $ny = h$. Se invece $h \neq 0$, allora da $nx = h$ segue che n è primo con p e quindi, se $m \in \mathbb{N}$ è tale che $mn \equiv 1 \pmod{p}$, allora $x = mh \in H$. Ciò prova che H è puro.

19. (i) Per prima cosa $(e, e) = (e, f(e)) \in H$ e quindi H è non vuoto. Siano $(x, f(x)), (y, f(y)) \in H$ con $x, y \in G$. Allora $(x, f(x))(y, f(y)) = (xy, f(x)f(y)) = (xy, f(xy)) \in H$. Inoltre $(x, f(x))(x^{-1}, f(x^{-1})) = (e, e)$ e quindi H contiene l'inverso di ogni suo elemento.

Concludiamo che H è un sottogruppo.

(ii) In generale H non è un sottogruppo normale. Ad esempio, sia $G = S_3$, $f = \mathrm{Id}$; allora $H = \{(\sigma, \sigma) \mid \sigma \in S_3\}$. Preso $g = ((1, 2), (1, 2)) \in H$ e $h = (e, (1, 3)) \in G \times G$, abbiamo $hgh^{-1} = ((1, 2), (2, 3)) \notin H$.

(iii) Un elemento (a, b) di $G \times G$ appartiene al centralizzatore di H se e solo se $(a, b)(x, f(x))(a^{-1}, b^{-1}) = (x, f(x))$ per ogni $x \in G$. Da cui il sistema

$$\begin{cases} axa^{-1} = x \\ bf(x)b^{-1} = f(x) \end{cases}$$

che deve valere per ogni $x \in G$. Allora in particolare, dalla prima equazione, a deve appartenere al centro Z di G.

Inoltre la condizione $bf(x)b^{-1} = f(x)$ per ogni $x \in G$ è equivalente a $byb^{-1} = y$ per ogni y in G visto che f è suriettiva. Quindi anche $y \in Z$. Abbiamo provato che il centralizzatore $Z(H)$ di H è contenuto in $Z \times Z$.

D'altra parte è ovvio che $Z \times Z \subseteq Z(H)$ in quanto $f_{|Z} : Z \longrightarrow Z$ è un automorfismo, quindi $Z(H) = Z \times Z$.

20. (i) Per prima cosa osserviamo che se σ è un 7–ciclo allora anche σ^{-1} è un 7–ciclo. Possiamo allora dire che ogni elemento di H è un prodotto finito di 7–cicli.

Sappiamo che l'insieme dei 7–cicli è stabile per coniugio, anzi è una classe di coniugio, quindi se $h = \sigma_1 \sigma_2 \cdots \sigma_n$ è un prodotto di 7–cicli e τ è un elemento di S_7 allora $\tau h \tau^{-1} = (\tau \sigma_1 \tau^{-1})(\tau \sigma_2 \tau^{-1}) \cdots (\tau \sigma_n \tau^{-1})$ è ancora un prodotto di 7–cicli, allora $\tau h \tau^{-1} \in H$. Questo prova che H è un sottogruppo normale di S_7.

(ii) Visto che un 7–ciclo è una permutazione pari abbiamo $H \subseteq A_7$. Inoltre osserviamo che $(1, 2, 3, 4, 5, 6, 7)(1, 2, 7, 6, 5, 4, 3) = (1, 3, 2) \in H$, ed essendo H normale in S_7 è normale anche in A_7. Ma un sottogruppo normale di A_7 che contiene un 3–ciclo è tutto A_7.

21. Osserviamo che un quoziente di un gruppo ciclico è un gruppo ciclico. Quindi se G è ciclico non esiste nessun N normale in G per cui $G/N \simeq \mathbb{Z}/p\mathbb{Z} \times \mathbb{Z}/p\mathbb{Z}$ visto che quest'ultimo non è un gruppo ciclico. Ciò dimostra una delle due implicazioni.

Dobbiamo ora provare che se G non è ciclico allora esiste un N come richiesto. Procediamo per induzione sull'ordine di G. Trattiamo prima il caso G abeliano che dimostra anche il passo base $|G| = p^2$ dell'induzione.

Essendo G un p–gruppo esso ha ordine p^n per qualche n e allora, per il Teorema di Struttura dei Gruppi Abeliani Finiti, esiste un isomorfismo f tra G e $\mathbb{Z}/p^{n_1}\mathbb{Z} \times \mathbb{Z}/p^{n_2}\mathbb{Z} \times \cdots \times \mathbb{Z}/p^{n_r}\mathbb{Z}$ per alcuni interi $n_1, n_2, \ldots, n_r \geq 1$, con $n_1 + n_2 + \cdots + n_r = n$. Inoltre visto che G non è ciclico si ha $r \geq 2$. Allora, posto

$$N = f^{-1}(\mathbb{Z}/p^{n_1-1}\mathbb{Z} \times \mathbb{Z}/p^{n_2-1}\mathbb{Z} \times \mathbb{Z}/p^{n_3}\mathbb{Z} \times \cdots \times \mathbb{Z}/p^{n_r}\mathbb{Z}),$$

è chiaro che G/N è isomorfo a $Z/p\mathbb{Z} \times \mathbb{Z}/p\mathbb{Z}$ come richiesto. Possiamo ora supporre G non abeliano.

Sappiamo che in un p–gruppo il centro è non banale, allora il gruppo $G' = G/Z(G)$ è un p–gruppo con ordine minore di quello di G ed è non ciclico visto che G non è abeliano. Per induzione esiste un sottogruppo N' di G' per cui G'/N' è isomorfo a $\mathbb{Z}/p\mathbb{Z} \times \mathbb{Z}/p\mathbb{Z}$. Ma allora, posto $N = \pi^{-1}(N')$, dove $\pi : G \longrightarrow G/Z(G) = G'$ è l'omomorfismo quoziente, abbiamo

$$G/N \simeq \big(G/Z(G)\big)/\big(N/Z(G)\big) = G'/N' \simeq \mathbb{Z}/p\mathbb{Z} \times \mathbb{Z}/p\mathbb{Z}$$

come dovevamo provare.

22. (i) Osserviamo che $\varphi^{n+1}(G) \subseteq \varphi^n(G)$ per ogni $n \geq 0$. Quindi la successione di interi $(|\varphi^n(G)|)_n$ è non crescente e limitata superiormente da $|G| < \infty$ e inferiormente da 1, visto che e appartiene a $\varphi^n(G)$ per ogni n. Allora la successione è definitivamente costante. Esiste quindi $N \geq 0$ per cui $|\varphi^n(G)| = |\varphi^N(G)|$ per ogni $n \geq N$; da cui $\varphi^n(G) = \varphi^N(G)$ per ogni $n \geq N$.

(ii) Poniamo $\psi = \varphi^N$. Chiaramente $\mathrm{Ker}(\psi)$ è un sottogruppo normale di G e $|\mathrm{Ker}(\psi)| \cdot |\mathrm{Im}(\psi)| = |G|$ dal Primo Teorema di Omomorfismo applicato a $\psi : G \longrightarrow G$. Resta quindi solo da provare che $\mathrm{Ker}(\psi) \cap \mathrm{Im}(\psi) = \{e\}$ per avere che G è il prodotto semidiretto dei due sottogruppi $\mathrm{Ker}(\psi)$ e $\mathrm{Im}(\psi)$. Ora l'applicazione $\psi_{|\mathrm{Im}(\psi)}$ è iniettiva in quanto $\mathrm{Im}(\psi^2) = \mathrm{Im}(\varphi^{2N}) = \mathrm{Im}(\varphi^N) = \mathrm{Im}(\psi)$ e quindi $\mathrm{Ker}(\psi)$ interseca banalmente $\mathrm{Im}(\psi)$.

(iii) Sia φ la composizione

$$\mathsf{S}_3 \overset{\pi}{\longrightarrow} \mathsf{S}_3/\mathsf{A}_3 \overset{i}{\longrightarrow} \mathsf{S}_3$$

con π l'omomorfismo quoziente e i l'inclusione di $\mathsf{S}_3/\mathsf{A}_3 \simeq \mathbb{Z}/2\mathbb{Z}$ in $\langle (1,2) \rangle \subseteq \mathsf{S}_3$. In altri termini la composizione è tale che

$$\sigma \overset{\varphi}{\longmapsto} \begin{cases} e & \text{se } \sigma \in \mathsf{A}_3, \\ (1,2) & \text{se } \sigma \notin \mathsf{A}_3. \end{cases}$$

È chiaro che $N = 1$ in questo caso e che $\mathrm{Im}(\varphi^N) = \{e, (1,2)\}$ non è un sottogruppo normale di S_3.

23. (i) Sia $H = \langle \sigma \rangle$ il sottogruppo generato da σ in S_{11}.

Il centralizzatore $Z(\sigma)$ di σ in S_{11} contiene H e per la sua cardinalità abbiamo $|Z(\sigma)| = |\mathsf{S}_{11}|/|\mathcal{C}\ell(\sigma)|$. Visto che la classe coniugata $\mathcal{C}\ell(\sigma)$ è l'insieme degli 11–cicli, troviamo $|Z(\sigma)| = 11!/10! = 11$ e quindi $Z(\sigma) = H$.

Il normalizzatore $N(H)$ di H in S_{11} agisce per coniugio su H, abbiamo quindi un omomorfismo $N(H) \longrightarrow \mathrm{Aut}(H)$. Il gruppo H è ciclico, un suo automorfismo è quindi l'estensione di $\sigma \longmapsto \sigma^j$, con j primo con 11. In particolare σ^j ha ordine 11, esso è quindi un 11–ciclo in S_{11}, cioè un elemento di $\mathcal{C}\ell(\sigma)$. Esiste quindi un $\tau \in N(H)$ per cui $\tau(\sigma) = \sigma^j$ e ciò prova che $N(H) \longrightarrow \mathrm{Aut}(H)$ è suriettiva. Inoltre il suo nucleo è $Z_{\mathsf{S}_{11}}(H) = Z(\sigma) = H$, ne segue che $N(H)$ ha ordine $|H| \cdot |\mathrm{Aut}(H)| = 11 \cdot \phi(11) = 110$.

Se indichiamo con τ il 10–ciclo $(2,3,5,9,6,11,10,8,4,7)$ allora $\tau \sigma \tau^{-1} = \sigma^2$ e quindi $\tau \in N(H)$. Sia $K = \langle \tau \rangle$ e osserviamo che $H \cap K = \{e\}$ visto che i due sottogruppi hanno ordini primi tra loro, ne segue che l'insieme HK ha cardinalità 110 e coincide quindi con $N(H)$. Concludiamo che ogni elemento di $N(H)$ si può scrivere come $\sigma^h \tau^k$ con $0 \le h \le 10$ e $0 \le k \le 9$.

(ii) Sia M il sottogruppo $N(H) \cap A_{11}$ di A_{11}. Gli elementi di M sono tutti gli elementi pari della forma $\eta = \sigma^h \tau^k$, con $0 \le h \le 10$ e $0 \le k \le 9$. Ma σ è una permutazione pari e τ è dispari, la parità di η è $(-1)^k$. Abbiamo quindi provato che $M = \{\sigma^h \tau^k \mid k \text{ è pari}\}$ e concludiamo che $|M| = 55$. Ne segue che A_{11} ha sottogruppi di ordine 55 visto che M ne è un esempio.

Proviamo ora che non esiste alcun sottogruppo di ordine 110 in A_{11}. Sia per assurdo L un tale sottogruppo e osserviamo che, per il Teorema di Cauchy, L ha un elemento di ordine 11, cioè necessariamente un 11–ciclo; senza perdita di generalità possiamo assumere che tale elemento sia σ. Sia ancora $H = \langle \sigma \rangle$.

Se $P \ne H$ fosse un altro sottogruppo di ordine 11 di L allora $P \cap H = \{e\}$ e quindi il sottoinsieme PH di L avrebbe cardinalità $121 > 110 = |L|$. Questo prova che H è l'unico sottogruppo di L di ordine 11; in particolare H è normale in L. Allora $L \subseteq N(H)$, e da $L \subseteq A_{11}$ abbiamo $L \subseteq N(H) \cap A_{11} = M$. Ma ciò è impossibile visto che M ha ordine 55.

24. (i) Il coniugio $\psi_g : G \longrightarrow G$ per un elemento g di G è un'applicazione biiettiva che, applicata ai sottoinsiemi, mantiene le relazioni di inclusione. Allora $\psi_g(H)$ è ancora un sottogruppo proprio massimale di G e quindi $\psi_g(H) = H$. Questo prova che H è normale in G.

(ii) Indicato con $N(H)$ il normalizzatore di H e con $Z(G)$ il centro di G, abbiamo $H, Z(G) \subseteq N(H)$. Allora $N(H)$ è un sottogruppo che contiene propriamente H visto che H non contiene $Z(G)$. Essendo H massimale abbiamo come sola possibilità $N(H) = G$; cioè H è normale in G.

(iii) Sia $G = S_3$ e sia H il sottogruppo generato da $(1, 2)$. Chiaramente H è un sottogruppo proprio massimale non normale.

25. Premettiamo un'osservazione generale. In S_5 le possibili strutture in cicli, relativi ordini e cardinalità dei centralizzatori sono

g	$\text{ord}(g)$	$|Z(g)|$
e	1	120
$(1, 2)$	2	12
$(1, 2)(3, 4)$	2	8
$(1, 2, 3)$	3	6
$(1, 2, 3)(45)$	6	6
$(1, 2, 3, 4)$	4	4
$(1, 2, 3, 4, 5)$	5	5.

Se G è un sottogruppo abeliano di S_5 allora, preso un qualunque elemento g di G, in particolare per $g \ne e$, risulta che G è un sottogruppo di $Z(g)$ in quanto ogni elemento di G commuta con g.

(i) Per quanto visto, a meno di coniugio, l'unica possibilità per un sottogruppo abeliano di ordine 8 è $Z\big((1, 2)(3, 4)\big)$. Ma tale gruppo non è abeliano in quanto contiene le due permutazioni $(1, 2)$ e $(1, 3)(2, 4)$ che non commutano tra di loro.

Un sottogruppo abeliano di ordine 10 non può esistere visto che 10 non divide la cardinalità di nessuno centralizzatore tranne $Z(e)$.

(ii) Chiaramente esistono sottogruppi abeliani di ordine 1, 2, 3, 4, 5 e 6 visto che esistono elementi di tali ordini. L'unica altra possibilità, per quanto già visto, è un sottogruppo di ordine 12; inoltre, senza perdita di generalità, possiamo considerare $Z\big((1,2)\big)$. Ma tale sottogruppo non è abeliano visto che contiene tutte le permutazioni degli elementi 3, 4, 5.

26. (i) Indichiamo con d il massimo comun divisore di m e n e facciamo vedere che $\mathrm{Hom}(\mathbb{Z}/m\mathbb{Z}, \mathbb{Z}/n\mathbb{Z})$ è isomorfo a $\mathbb{Z}/d\mathbb{Z}$. Questo prova chiaramente la tesi.

Infatti un elemento $\varphi \in \mathrm{Hom}(\mathbb{Z}/m\mathbb{Z}, \mathbb{Z}/n\mathbb{Z})$ è completamente determinato quando viene scelto l'elemento $x = \varphi(1)$ di $\mathbb{Z}/n\mathbb{Z}$. Sappiamo che $\mathrm{ord}(x)$ divide m e divide n, quindi divide d.

Inoltre, per ogni $x \in \mathbb{Z}/n\mathbb{Z}$ con $\mathrm{ord}(x)$ che divide d, esiste un omomorfismo φ per cui $\varphi(1) = x$. Ma l'insieme degli elementi di $\mathbb{Z}/n\mathbb{Z}$ il cui ordine divide d è dato dall'unico sottogruppo G, anch'esso ciclico, di $\mathbb{Z}/n\mathbb{Z}$ di ordine d.

Questo prova che l'applicazione

$$\mathrm{Hom}(\mathbb{Z}/m\mathbb{Z}, \mathbb{Z}/n\mathbb{Z}) \ni \varphi \longmapsto x = \varphi(1) \in G \simeq \mathbb{Z}/d\mathbb{Z}$$

è una biiezione. Inoltre visto che, per definizione della legge di gruppo di $\mathrm{Hom}(\mathbb{Z}/m\mathbb{Z}, \mathbb{Z}/n\mathbb{Z})$, si ha $(\varphi_1 + \varphi_2)(1) = \varphi_1(1) + \varphi_2(1)$, tale applicazione è un omomorfismo e quindi un isomorfismo.

(ii) Sia φ un omomorfismo da S_n in $\mathbb{Z}/m\mathbb{Z}$. Vogliamo provare che A_n è contenuto in $\mathrm{Ker}(\varphi)$.

Per $n \le 2$ ciò è ovvio, sia allora $n \ge 3$. Essendo $\mathbb{Z}/m\mathbb{Z}$ un gruppo abeliano, il sottogruppo $[\mathsf{S}_n, \mathsf{S}_n]$ dei commutatori di S_n è sicuramente contenuto in $\mathrm{Ker}(\varphi)$. Ma visto che $(1,2,3) = (2,3)(1,2)(2,3)(1,2) \in [\mathsf{S}_n, \mathsf{S}_n]$, il nucleo $\mathrm{Ker}(\varphi)$ è un sottogruppo normale che contiene un 3–ciclo, quindi contiene A_n.

Allora φ definisce, per passaggio al quoziente, un omomorfismo $\overline{\varphi}$ tra $\mathsf{S}_n/\mathsf{A}_n \simeq \mathbb{Z}/2\mathbb{Z}$ e $\mathbb{Z}/m\mathbb{Z}$ e si ha $\varphi = \overline{\varphi} \circ \pi$, con $\pi : \mathsf{S}_n \longrightarrow \mathsf{S}_n/\mathsf{A}_n$ l'omomorfismo quoziente.

La tesi segue da $\mathrm{Hom}(\mathbb{Z}/2\mathbb{Z}, \mathbb{Z}/m\mathbb{Z}) \simeq \mathbb{Z}/(2,m)\mathbb{Z}$, come provato nel punto precedente. In particolare $|\mathrm{Hom}(\mathsf{S}_n, \mathbb{Z}/m\mathbb{Z})| = (2,m)$.

[In realtà $[\mathsf{S}_n, \mathsf{S}_n] = \mathsf{A}_n$ visto che, per $n \ge 3$, il gruppo S_n non è abeliano e A_n ha indice 2.]

27. Da $\sigma^4 = (1,2,3)$ abbiamo $\sigma^{12} = e$. Allora la decomposizione in cicli disgiunti di σ può contenere 2, 3, 4 e 6–cicli.

Ma un 6–ciclo elevato alla quarta darebbe due 3-cicli disgiunti, quindi nessun 6–ciclo appare in σ. Inoltre, se η è un 3–ciclo che compare in σ, allora η compare anche in σ^4; l'unica possibilità è quindi $\eta = (1,2,3)$. È chiaro però che tale 3–ciclo deve comparire visto che i restanti 2–cicli e 4–cicli scompaiono quando elevati alla quarta. Ma allora concludiamo che è impossibile che compaia un 4-ciclo e che compare al più un 2–ciclo visto che la somma delle lunghezza dei cicli non banali deve essere minore o uguale a 6.

In conclusione le possibilità per σ sono $(1,2,3)$, $(1,2,3)(4,5)$, $(1,2,3)(4,6)$ e $(1,2,3)(5,6)$.

28. Per ogni $g \in G$ la classe di coniugio di g ha un numero di elementi uguale a $[G : Z(g)]$, dove $Z(g)$ è il centralizzatore di g in G.

Si ha evidentemente $Z(g) = G$ se e solo se g è nel centro $Z(G)$ di G, dunque ci sono esattamente p^2 classi di coniugio costituite da un solo elemento.

Sia ora g un elemento fuori da $Z(G)$. Poiché $Z(g)$ contiene sia g che $Z(G)$, il centralizzatore $Z(g)$ è un sottogruppo di G strettamente più grande di $Z(G)$ ma diverso da G. Ne segue che $Z(g)$ ha esattamente p^3 elementi e che la classe di coniugio di g ha p elementi.

Dunque i $p^4 - p^2$ elementi di $G \setminus Z(G)$ si suddividono in $p^3 - p$ classi di coniugio con p elementi ciascuna. Allora il numero totale di classi di coniugio è $p^3 + p^2 - p$.

Dall'isomorfismo $\mathrm{Int}(G) \simeq G/Z(G)$ si ha che $\mathrm{Int}(G)$ ha $p^4/p^2 = p^2$ elementi, inoltre tale quoziente non è ciclico visto che G non è abeliano. Quindi $\mathrm{Int}(G)$ è isomorfo a $\mathbb{Z}/p\mathbb{Z} \times \mathbb{Z}/p\mathbb{Z}$.

29. (i) Dato un automorfismo φ di G dobbiamo costruire un automorfismo $\overline{\varphi}$ di G/H che renda commutativo il diagramma

$$
\begin{array}{ccc}
G & \xrightarrow{\;\varphi\;} & G \\
\pi \downarrow & & \downarrow \pi \\
G/H & \xdashrightarrow{\;\overline{\varphi}\;} & G/H.
\end{array}
$$

L'applicazione $\pi \circ \varphi : G \longrightarrow G/H$ è un omomorfismo suriettivo in quanto composizione di omomorfismi suriettivi. Il suo nucleo è l'insieme $\{g \in G \mid \varphi(g) \in H\}$. Poiché H è un sottogruppo caratteristico di G, si ha che $\varphi(g) \in H$ se e solo se $g \in H$. Ciò prova che il nucleo è H.

Il Primo Teorema di Omomorfismo per i gruppi ci dice allora che $\pi \circ \varphi$ induce un isomorfismo $\overline{\varphi} : G/H \longrightarrow G/H$ che ha le proprietà richieste e tale isomorfismo è unico.

Inoltre, per quanto osservato si ha

$$
\begin{aligned}
F(\varphi \circ \psi)(xH) &= (\varphi \circ \psi)(x)H \\
&= \varphi(\psi(x))H \\
&= F(\varphi)(\psi(x)H) \\
&= F(\varphi)\big(F(\psi)(xH)\big) \\
&= \big(F(\varphi) \circ F(\psi)\big)(xH)
\end{aligned}
$$

e quindi F è un omomorfismo.

(ii) Sia ora $H = Z(G)$ e, per ogni $g \in G$ sia ψ_g l'automorfismo di G dato dal coniugio per g.

Proviamo che $\mathrm{Ker}(F) \subseteq Z_{\mathrm{Aut}(G)}(\mathrm{Int}(G))$. Infatti se $\varphi \in \mathrm{Ker}(F)$ e $g \in G$, abbiamo $\varphi(g)Z(G) = gZ(G)$ e dunque esiste $z_g \in Z(G)$ tale che $\varphi(g) = gz_g = z_g g$.

Ne segue che per ogni x, $g \in G$ si ha

$$\begin{aligned}
\psi_g \circ \varphi \circ \psi_g^{-1}(x) &= \psi_g \circ \varphi(g^{-1}xg) \\
&= g\varphi(g)^{-1}\varphi(x)\varphi(g)g^{-1} \\
&= z_g^{-1}\varphi(x)z_g \\
&= \varphi(x)
\end{aligned}$$

e quindi φ commuta con tutti gli automorfismi interni di G.

Viceversa proviamo ora che $Z_{\mathrm{Aut}(G)}(\mathrm{Int}(G)) \subseteq \mathrm{Ker}(F)$. Supponiamo allora che φ commuti con tutti gli automorfismi interni di G. Dunque per ogni x, $g \in G$ abbiamo $(\psi_g \circ \varphi)(x) = (\varphi \circ \psi_g)(x)$, ossia

$$g\varphi(x)g^{-1} = \varphi(g)\varphi(x)\varphi(g)^{-1}$$

da cui ricaviamo che $g^{-1}\varphi(g)$ commuta con $\varphi(x)$ per ogni x, $g \in G$. Poiché φ è un automorfismo, e dunque un'applicazione suriettiva, questo significa che $g^{-1}\varphi(g) \in Z(G)$ per ogni g, ossia che $\varphi(g)Z(G) = gZ(G)$ per ogni g. Dunque $F(\varphi) = \mathrm{Id}$.

(iii) Se G è abeliano $G/Z(G)$ ha un solo elemento, e dunque F è suriettivo.

Come esempio per F non suriettivo consideriamo il gruppo diedrale D_4 e proviamo, per prima cosa, che $\mathrm{Aut}(D_4)$ ha ordine 8.

Infatti consideriamo l'azione di $\mathrm{Aut}(D_4)$ su D_4 e, fissata l'usuale presentazione $\langle r, s \mid r^4 = s^2 = e, sr = r^{-1}s \rangle$, osserviamo che $\mathrm{Aut}(D_4)$ ha un sottogruppo H di ordine 4 costituito dagli automorfismi che lasciano fissa la rotazione r e mandano s in una qualsiasi delle quattro simmetrie. Lo stabilizzatore di r è proprio H, e l'orbita di r è costituita dai due elementi: r e r^{-1}, in quanto essi sono gli unici elementi di ordine 4 e l'applicazione che manda r in r^{-1} e s in s è un automorfismo. Dalla Relazione Orbita Stabilizzatore otteniamo che $\mathrm{Aut}(D_4)$ ha 8 elementi come asserito.

Il centro $Z(D_4)$ di D_4 è $\{e, r^2\}$ e $D_4/Z(D_4)$ è isomorfo a $\mathbb{Z}/2\mathbb{Z} \times \mathbb{Z}/2\mathbb{Z}$. Ora $\mathrm{Aut}(\mathbb{Z}/2\mathbb{Z} \times \mathbb{Z}/2\mathbb{Z})$ è isomorfo ad S_3, esso ha quindi 6 elementi e pertanto l'omomorfismo F, di dominio un gruppo di 8 elementi e di codominio un gruppo con 6 elementi, non può essere suriettivo.

30. Per un prodotto diretto $H \times K$, il sottogruppo $(H \times K)(p)$ è isomorfo a $H(p) \times K(p)$. Ciò è particolarmente utile in quanto, per il Teorema di Struttura dei Gruppi Abeliani Finiti, G è isomorfo ad un prodotto diretto del tipo $\mathbb{Z}/n_1\mathbb{Z} \times \mathbb{Z}/n_2\mathbb{Z} \times \cdots \times \mathbb{Z}/n_r\mathbb{Z}$ dove $n_1 \geq 1$ e $n_i \mid n_{i+1}$ per ogni $i = 1, \ldots, r-1$.

(i) Possiamo chiaramente assumere che G non sia il gruppo banale. Sia p un qualunque primo che divide n_1, allora $G(p) \simeq (\mathbb{Z}/p\mathbb{Z})^r$ e, visto che tale gruppo deve essere ciclico per ipotesi, abbiamo $r = 1$, cioè $G \simeq \mathbb{Z}/n_1\mathbb{Z}$ è ciclico.

(ii) L'affermazione è falsa. Infatti, per $m = p^2$ e $G = \mathbb{Z}/p\mathbb{Z} \times \mathbb{Z}/p^3\mathbb{Z}$, abbiamo $G(p) \simeq \mathbb{Z}/p\mathbb{Z} \times \mathbb{Z}/p\mathbb{Z}$ mentre chiaramente G non è isomorfo a $(\mathbb{Z}/p^2\mathbb{Z})^2$.

(iii) Ragionando come nel primo punto con un primo p che divide n_1 si prova in maniera analoga che $r = 2$, cioè $G \simeq \mathbb{Z}/n_1\mathbb{Z} \times \mathbb{Z}/n_2\mathbb{Z}$ con $n_1 \mid n_2$ e si tratta di provare che $n_1 = n_2$.

Supponiamo il contrario e siano p^a e p^b le massime potenze di un primo p che dividono rispettivamente n_1 e n_2 con $a < b$. Osserviamo che esiste c per cui

$a + b = 2c$ visto che l'ordine di G è il quadrato m^2, allora da $a < b$ ricaviamo $a + 1 < b$ e quindi anche $a + 1 \leq c$, cioè p^{a+1} divide m.

Per concludere consideriamo ora $G(p^{a+1})$: per ipotesi questo gruppo è $\mathbb{Z}/p^{a+1} \times \mathbb{Z}/p^{a+1}\mathbb{Z}$ ma, visto che p^a è la massima potenza che divide n_1, si ha $G(p^{a+1}) \simeq \mathbb{Z}/p^a\mathbb{Z} \times \mathbb{Z}/p^{a+1}\mathbb{Z}$. Abbiamo quindi trovato un assurdo e possiamo concludere che $n_1 = n_2 = m$.

31. Indichiamo con G il gruppo del testo e osserviamo che l'operazione in G è data da

$$(n, a) \circ (m, b) = (n + am, ab)$$

e quindi $(0, 1)$ è l'elemento neutro, $(-a^{-1}n, a^{-1})$ è l'inverso di (n, a) e per il coniugio troviamo la formula

$$(n, a)(m, b)(n, a)^{-1} = ((1 - b)n + am, b).$$

Chiaramente $(0, 1)$ è coniugato solo a se stesso, mentre

$$\mathcal{C}\ell\big((1, 1)\big) = \big\{(m, 1) \,|\, 0 < m < p\big\}$$

e, per $b \neq 1$, si ha

$$\mathcal{C}\ell\big((0, b)\big) = \big\{(m, b) \,|\, 0 \leq m < p\big\}.$$

Visto che tutti gli elementi di G compaiono in una delle classi date sopra, abbiamo descritto tutte le classi coniugate di G.

Un elemento (n, a) è nel centro di G se e solo se $(n, a)(m, b) = (m, b)(n, a)$ per ogni $(m, b) \in G$. Questo significa che $n + am = m + bn$ per ogni $0 \leq m < p$ e $1 \leq b < p$. In particolare, per $b = 1$ troviamo $am = m$ per ogni m e quindi $a = 1$ che a sua volta ci dice che $n = nb$ per ogni b e cioè $n = 0$. Possiamo quindi concludere che il centro di G è banale.

Con un calcolo analogo si trova che il centralizzatore di $(1, 1)$ è formato da tutti gli elementi del tipo $(m, 1)$ con $0 \leq m < p$.

[Il centro di G può essere determinato anche osservando che esso è l'insieme degli elementi la cui classe coniugata ha cardinalità uno; per quanto provato segue $Z(G) = \{(0, 1)\}$.]

32. (i) Osserviamo che il centro è un sottogruppo caratteristico e quindi per ogni $\varphi \in \text{Aut}(G)$ si ha $\varphi(Z) = Z$. Ne segue che $K = \{\varphi \in \text{Aut}(G) \,|\, \varphi(gZ) = gZ\}$. Inoltre se $\varphi \in K$, $\psi \in \text{Aut}(K)$ e g è un qualunque elemento di G si ha

$$\begin{aligned}
(\psi\varphi\psi^{-1})(gZ) &= \psi(\varphi(\psi^{-1}(gZ))) \\
&= \psi(\varphi(\psi^{-1}(g)Z)) \\
&= \psi(\psi^{-1}(g)Z) \\
&= gZ
\end{aligned}$$

e questo prova che K è un sottogruppo normale di $\text{Aut}(G)$.

(ii) Consideriamo la usuale presentazione di D_6 con generatori r e s e relazioni $r^6 = s^2 = e$ e $sr = r^{-1}s$. Il centro di D_6 è $Z = \{e, r^3\}$ e, inoltre, un automorfismo manda necessariamente r in r o in r^5 e s in sr^k, con $k = 0, 1, \ldots, 5$, dovendo mantenere l'ordine degli elementi.

Sia ora φ un elemento di K e osserviamo che la condizione $\varphi(rZ) = rZ$ implica che $\varphi(r) \in r\{e, r^3\}$ e quindi $\varphi(r) = r$ per quanto osservato sopra. Inoltre, da $\varphi(sZ) = sZ$ troviamo che $\varphi(s) \in s\{e, r^3\}$ e quindi $\varphi(s) = s$ o $\varphi(s) = sr^3$.

Nel primo caso $\varphi = \mathrm{Id}_{D_6}$ che sicuramente è un elemento di K. La seconda possibilità si verifica effettivamente in quanto le assegnazioni $r \longmapsto r$, $s \longmapsto sr^3$ soddisfano le relazioni che definiscono D_6 e si estendono quindi ad un automorfismo; indichiamo tale omomorfismo ancora con φ. Risulta

$$\varphi(r^k Z) = \varphi(r)^k Z = r^k Z$$
$$\varphi(sr^k Z) = \varphi(s)\varphi(r)^k Z = sr^3 r^k Z = sr^k r^3 Z = sr^k Z$$

e quindi φ è un elemento di K. In conclusione $K = \{\mathrm{Id}_{D_6}, \varphi\} \simeq \mathbb{Z}/2\mathbb{Z}$.

33. Abbiamo $\mathbb{Z}/5\mathbb{Z} \times \mathbb{Z}/2\mathbb{Z} \simeq \mathbb{Z}/10\mathbb{Z}$ e quindi gli omomorfismi cercati sono in corrispondenza con gli elementi di S_7 il cui ordine divide 10 visto che ogni omomorfismo da $\mathbb{Z}/10\mathbb{Z}$ è l'estensione di $1 \longmapsto \sigma$ per qualche $\sigma \in S_7$. Bisogna quindi contare gli elementi di ordine 1, 2, 5 e 10 di S_7.

Chiaramente solo e ha ordine 1 mentre gli elementi di ordine 2 sono i 2–cicli, i $2+2$–cicli e i $2+2+2$–cicli. Il numero dei 2–cicli è $\binom{7}{2}$, il numero dei $2+2$–cicli è $\binom{7}{2}\binom{5}{2}/2$ e il numero dei $2+2+2$–cicli è $\binom{7}{2}\binom{5}{2}\binom{3}{2}/6$.

Gli elementi di ordine 5 sono i 5–cicli e il loro numero è $\binom{7}{5}4!$. Gli elementi di ordine 10 sono invece dati da un 5–ciclo per un 2–ciclo disgiunto dal 5–ciclo e il loro numero è quindi lo stesso di quello dei 5–cicli.

Sommando le varie cardinalità trovate si ha il numero degli automorfismi da $\mathbb{Z}/5\mathbb{Z} \times \mathbb{Z}/2\mathbb{Z}$ in S_7.

34. Sappiamo che $\mathrm{Aut}(G)$ è isomorfo a $GL_2(\mathbb{F}_{13})$; ne segue che per descrivere le strutture non abeliane richieste bisogna costruire degli automorfismi non banali $\varphi : H \longrightarrow GL_2(\mathbb{F}_{13})$ e $\psi : K \longrightarrow GL_2(\mathbb{F}_{13})$. Inoltre H e K sono dei gruppi ciclici e quindi il problema è equivalente a cercare nel gruppo $GL_2(\mathbb{F}_{13})$ un elemento di ordine 13, per il primo caso, e un elemento di ordine 4 o 2, per il secondo caso.

Consideriamo

$$A = \begin{pmatrix} 1 & 1 \\ 0 & 1 \end{pmatrix}, \quad B = \begin{pmatrix} -1 & 0 \\ 0 & -1 \end{pmatrix}$$

Abbiamo $A(x, y) = (x + y, y)$ per ogni $(x, y) \in G$. Allora $A^k(x, y) = (x + ky, y)$ per ogni $k \in \mathbb{Z}$ e quindi A è un elemento di $GL_2(\mathbb{F}_{13})$ di ordine 13. Chiaramente $B^2 = 1$ e quindi B ha ordine 2.

Le strutture di prodotto semidiretto associate sono quindi: $G \rtimes_\varphi H$ per cui

$$
\begin{aligned}
\big((x, y), u\big) \circ_\varphi \big((z, t), v\big) &= \big((x, y) + \varphi_u(z, t), u + v\big) \\
&= \big((x, y) + A^u(z, t), u + v\big) \\
&= \big((x, y) + (z + ut, t), u + v\big) \\
&= \big((x + z + ut, y + t), u + v\big)
\end{aligned}
$$

e $G \rtimes_\psi K$ per cui

$$
\begin{aligned}
\big((x, y), a\big) \circ_\psi \big((z, t), b\big) &= \big((x, y) + \psi_a(z, t), a + b\big) \\
&= \big((x, y) + B^a(z, t), a + b\big) \\
&= \big((x, y) + ((-1)^a z, (-1)^a t), a + b\big) \\
&= \big((x + (-1)^a z, y + (-1)^a t), a + b\big).
\end{aligned}
$$

⟦Per il primo caso si può dimostrare che tutti i prodotti semidiretti non abeliani sono isomorfi; nel secondo caso si può costruire un prodotto semidiretto usando una matrice di ordine 4, ottenendo un gruppo non isomorfo a quello visto nel testo.⟧

35. Se H è un sottogruppo non normale di G, allora per ogni $g \in G$ anche il sottogruppo gHg^{-1} è non normale. Inoltre, il numero di sottogruppi di G coniugati ad H è dato dall'indice di $N(H)$. Tale indice è sicuramente maggiore di 1 visto che H non è normale, esso è allora divisibile per p.

Se raggruppiamo l'insieme $\mathcal{N}$ dei sottogruppi non normali in classi di coniugio abbiamo una partizione di tale insieme e quindi, visto che ogni classe ha cardinalità divisibile per p, anche la cardinalità di $\mathcal{N}$ è divisibile per p.

36. Sia $\sigma \in S_{2p}$ una soluzione dell'equazione

$$
\sigma^p = (1, 2, \cdots, p)(p + 1, p + 2, \cdots, 2p)
$$

e notiamo che vale $\sigma^{p^2} = e$. Quindi σ può avere ordine solo 1, p o p^2; allora nella sua decomposizione in cicli disgiunti possono comparire solo p–cicli o p^2–cicli. Ma se non compaiono p^2–cicli allora $\sigma^p = e$ che è impossibile. Abbiamo quindi almeno un p^2–ciclo in σ.

Osserviamo ora che elevando un p^2–ciclo alla p otteniamo p cicli disgiunti di lunghezza p. Data l'equazione risolta da σ deve necessariamente essere $p = 2$; tale equazione diventa quindi $\sigma^2 = (1, 2)(3, 4)$ in S_4.

Per quanto appena visto le soluzioni di quest'equazione sono $\sigma = (1, 3, 2, 4)$ e $\sigma = (1, 4, 2, 3)$.

⟦Avremmo potuto ricavare $p = 2$ anche osservando che se in σ compare un p^2–ciclo allora necessariamente $p^2 \le 2p$, cioè $p = 2$.⟧

37. Sia Z il centro di un gruppo G come nel testo. Osserviamo che le ipotesi su G dicono che $\{e\} \subsetneq Z \subsetneq G$. È chiaro che, per ogni elemento h del centro, si ha

$\mathcal{C}\ell(h) = \{h\}$ e che, se un elemento non è nel centro, la sua classe coniugata non interseca il centro.

Se supponiamo che il centro abbia almeno tre elementi allora abbiamo: almeno tre classi coniugate degli elementi del centro ed almeno una classe coniugata per un elemento fuori dal centro. In questo caso la nostra tesi è dimostrata.

Possiamo allora supporre che il centro abbia 2 elementi. Se gli elementi fuori dal centro non sono tutti coniugati tra di loro abbiamo di nuovo almeno quattro classi coniugate. Possiamo quindi supporre anche che detto g un elemento non nel centro si abbia $\mathcal{C}\ell(g) = G \setminus Z$. Proveremo ora che questa situazione è impossibile.

Osserviamo che $Z, \{g\} \subseteq Z(g)$ e quindi $|Z(g)| \geq 3$; allora $|G| - 2 = |\mathcal{C}\ell(g)| = |G|/|Z(g)| \leq |G|/3$ da cui $|G| \leq 3$. Ma allora G dovrebbe essere abeliano, contro le nostre ipotesi.

38. Supponiamo che m e n siano due naturali primi tra loro e che G sia un sotto-gruppo di $A \times B$. Indicate con $\pi_A : A \times B \longrightarrow A$ e $\pi_B : A \times B \longrightarrow B$ le proiezioni, siano $A' = \pi_A(G)$ e $B' = \pi_B(G)$, due sottogruppi rispettivamente di A e di B. Vogliamo provare che $G = A' \times B'$.

Se $g = (a, b) \in G$, allora $a = \pi_A(g) \in A'$ e $b = \pi_B(g) \in B'$; quindi $g \in A' \times B'$. Abbiamo allora provato che $G \subseteq A' \times B'$.

Osserviamo inoltre che se $g = (a, b) \in G$ e poniamo $r = o_A(a)$ e $s = o_B(b)$, abbiamo $(r, s) = 1$ visto che r è un divisore di m, s è un divisore di n e $(m, n) = 1$. Allora a e a^s generano lo stesso sottogruppo di A e quindi $(a, e_B) \in \langle (a^s, e_B) \rangle = \langle g^s \rangle \subseteq G$; in modo analogo $(e_A, b) \in G$.

Siano ora $a \in A'$ e $b \in B'$, vogliamo provare che $(a, b) \in G$. Dalla definizione di A' e B' abbiamo che esistono $g_1 = (a, b_1) \in G$ e $g_2 = (a_2, b) \in G$, per certi $b_1 \in B$ e $a_2 \in A$. Ma, per quanto visto prima, da $(a, b_1) \in G$ possiamo concludere $(a, e_B) \in G$ e, analogamente, da $(a_2, b) \in G$ otteniamo $(e_A, b) \in G$. Allora $(a, b) = (a, e_B)(e_A, b) \in G$. Abbiamo quindi provato $G = A' \times B'$.

Viceversa supponiamo che tutti i sottogruppi di G siano del tipo $A' \times B'$ con A' sottogruppo di A e B' sottogruppo di B e sia, per assurdo, p un primo che divide m e n. Allora dal Teorema di Cauchy esistono elementi $a \in A$ e $b \in B$ di ordine p. Sia $g = (a, b)$ e sia $G = \langle g \rangle$, allora $\text{ord}(g) = p$ e quindi $|G| = p$. Per ipotesi esistono A', B' come sopra per cui $G = A' \times B'$; in particolare $p = |A'| \times |B'|$. Ma allora $A' = \{e_A\}$ o $B' = \{e_B\}$; nessuno di questi casi è però possibile in quanto G non è contenuto in $e_A \times B$ né in $A \times e_B$.

39. Sia $V = (\mathbb{Z}/3\mathbb{Z})^3$, uno spazio vettoriale di dimensione 3 sul campo $\mathbb{F}_3 = \mathbb{Z}/3\mathbb{Z}$, e sia A la matrice di ordine 3 in $\text{GL}_3(\mathbb{F}_3)$

$$\begin{pmatrix} 0 & 1 & 0 \\ 0 & 0 & 1 \\ 1 & 0 & 0 \end{pmatrix}.$$

La struttura di gruppo su $G = V \rtimes_\varphi \mathbb{Z}/3\mathbb{Z}$ è allora data da $(u, n)(v, m) = (u + A^n v, n + m)$.

(i) Sia (u, n) un elemento del centro $Z(G)$ di G. In particolare abbiamo

$$(u + A^n v, n) = (u, n)(v, 0) = (v, 0)(u, n) = (v + u, n)$$

per ogni $v \in V$; cioè $A^n v = v$ per ogni $v \in V$ o, in altri termini, $A^n = \mathrm{Id}_V$. Ricaviamo allora $n = 0$.

Inoltre, sempre da $(u, 0) \in Z(G)$, abbiamo

$$(u, 1) = (u, 0)(0, 1) = (0, 1)(u, 0) = (Au, 1)$$

e quindi $u = Au$. Allora ricaviamo anche $u = Au = A^2 u$, cioè $u = \lambda u_0$ con $u_0 = (1, 1, 1)$ e $\lambda \in \mathbb{F}_3$.

Viceversa proviamo ora che $(u_0, 0) \in Z(G)$. Infatti, per $(v, m) \in G$, abbiamo $(u_0, 0)(v, m) = (u_0 + v, m)$ ed anche $(v, m)(u_0, 0) = (v + A^m u_0, m) = (v + u_0, m)$. Possiamo quindi concludere che $Z(G) = \langle (u_0, 0) \rangle$, un gruppo isomorfo a $\mathbb{Z}/3\mathbb{Z}$.

(ii) Dato un elemento $g = (u, n) \in G \setminus \{e\}$ vale $g^3 = (u + A^n u + A^{2n} u, 0)$.

Quindi, se $n = 0$, e allora $u \neq 0$, abbiamo $g^3 = (u + u + u, 0) = (3u, 0) = (0, 0)$, e quindi g ha ordine 3. Questi elementi sono in tutto $|V| - 1 = 26$.

Se invece $n \neq 0$ l'elemento g ha ordine 3 se solo se $(\mathrm{Id}_V + A^n + A^{2n})u = 0$. Per $n = 1$ e $n = 2$ abbiamo

$$\mathrm{Id}_V + A^n + A^{2n} = \begin{pmatrix} 1 & 1 & 1 \\ 1 & 1 & 1 \\ 1 & 1 & 1 \end{pmatrix}$$

e quindi g ha ordine 3 se solo se $u = (x, y, z)$ con $x + y + z = 0$. Il numero di questo secondo tipo di elementi è quindi $2 \cdot 3^2 = 18$.

In tutto abbiamo 44 elementi di ordine 3 in G.

40. Per il Teorema di Cauchy esistono $x, y \in G$ con x di ordine p e y di ordine q; in particolare G è generato da x e y. Sia $\varphi : G \longrightarrow H$ un omomorfismo e osserviamo che $\mathrm{ord}(\varphi(x))$ divide $\mathrm{ord}(x) = p$ e divide $|H| = r$. Quindi $\mathrm{ord}(\varphi(x))$ divide il massimo comun divisore (p, r) e, allo stesso modo, $\mathrm{ord}(\varphi(y))$ divide (q, r).

Quindi se $r \notin \{p, q\}$ abbiamo $\mathrm{ord}(\varphi(x)) = \mathrm{ord}(\varphi(y)) = 1$ e concludiamo che l'unico omomorfismo da G in H è quello nullo $g \longmapsto 0$ per ogni $g \in G$.

Ragionando analogamente, se $\psi : H \longrightarrow G$ allora $\mathrm{ord}(\psi(1))$ divide (r, pq) e quindi, anche in questo caso, $a \longmapsto e_G$ per ogni $a \in \mathbb{Z}/r\mathbb{Z}$ è l'unico omomorfismo se $r \notin \{p, q\}$.

Possiamo quindi supporre $r = p$ o $r = q$. Consideriamo il primo caso e supponiamo anche che G sia ciclico, cioè $H = \mathbb{Z}/p\mathbb{Z}$ e $G \simeq \mathbb{Z}/pq\mathbb{Z}$. Per definire un'applicazione da G basta decidere dove mandare il generatore 1, ed è possibile fare questo in p modi distinti: si hanno gli omomorfismi indotti da $1 \longmapsto a$ per ogni $0 \leq a \leq p - 1$.

Allo stesso modo le applicazioni da H in G sono definite estendendo l'assegnazione $1 \longmapsto bq$ per ogni $0 \leq b \leq p - 1$, visto che bisogna mandare $1 \in H$ in un elemento di ordine 1 o p in G.

In modo analogo si ragiona per il caso G ciclico e $r = q$. Consideriamo allora il caso in cui G non è ciclico. Allora p divide $q - 1$ e G è isomorfo a $\mathbb{Z}/q\mathbb{Z} \rtimes \mathbb{Z}/p\mathbb{Z}$ ed è unico a meno di isomorfismi.

Trattiamo prima il caso $r = p$. Sia $\varphi : G \longrightarrow H$ e notiamo che $\varphi(y) = 1$ e quindi φ passa al quoziente $G/(\mathbb{Z}/q\mathbb{Z}) \simeq \mathbb{Z}/p\mathbb{Z}$. Allora φ è completamente determinato da $\varphi(x)$; abbiamo quindi p omomorfismi.

Viceversa per definire un omomorfismo $\psi : \mathbb{Z}/p\mathbb{Z} \longrightarrow \mathbb{Z}/q\mathbb{Z} \rtimes \mathbb{Z}/p\mathbb{Z}$ basta mandare 1 in un elemento (u, v) di G di ordine 1 o p. Ponendo $\psi(1) = (0, 0)$ si definisce l'omomorfismo nullo. Osserviamo invece che ogni elemento $g = (u, v)$ con $v \neq 0$ ha ordine p: infatti per ogni intero k si ha $g^k = (u_k, kv)$, con $u_k \in \mathbb{Z}/q\mathbb{Z}$, quindi l'ordine di un tale g è divisibile per p e non può essere pq perché G non è ciclico.

Concludiamo che in questo caso vi sono $1 + q(p - 1)$ omomorfismi da $\mathbb{Z}/p\mathbb{Z}$ in $\mathbb{Z}/q\mathbb{Z} \rtimes \mathbb{Z}/p\mathbb{Z}$.

Infine consideriamo il caso $r = q$. Abbiamo $x \in \mathrm{Ker}(\varphi)$ per ogni $\varphi : G \longrightarrow \mathbb{Z}/q\mathbb{Z}$ e quindi $\langle x \rangle \subseteq \mathrm{Ker}(\varphi)$. Ma $\langle x \rangle$ non è un sottogruppo normale in G visto che altrimenti G sarebbe abeliano in quanto già $0 \times \mathbb{Z}/q\mathbb{Z}$ è un sottogruppo normale. Quindi $|\mathrm{Ker}(\varphi)| > p$; da cui $|\mathrm{Ker}(\varphi)| = pq$, cioè φ è l'omomorfismo nullo.

Viceversa un omomorfismo da $\mathbb{Z}/q\mathbb{Z}$ in $\mathbb{Z}/q\mathbb{Z} \rtimes \mathbb{Z}/p\mathbb{Z}$ è definito mandando 1 in un elemento del secondo gruppo di ordine 1 o q, cioè in un elemento del tipo $(u, 0)$ con $0 \leq u \leq q - 1$ per quanto visto prima.

41. (i) Per prima cosa proviamo che la parte immaginaria di

$$z' = \frac{az + b}{cz + d}$$

è positiva per tutti gli interi a, b, c, d con $ad - bc = 1$ e z complesso con parte immaginaria positiva. Infatti

$$z' = \frac{(az + b)(c\overline{z} + d)}{|cz + d|^2} = \frac{ac|z|^2 + adz + bc\overline{z} + bd}{|cz + d|^2}$$

e quindi la parte immaginaria di z' è data da

$$\mathrm{Im}\, z' = \frac{ad - bc}{|cz + d|^2} \cdot \mathrm{Im}\, z = \frac{\mathrm{Im}\, z}{|cz + d|^2}.$$

Ne segue che il segno della parte immaginaria di z non cambia.

Usando la definizione, si verifica poi subito che $(AB)(z) = A(B(z))$ per ogni coppia di elementi $A, B \in \mathsf{SL}_2(\mathbb{Z})$ e per ogni $z \in \mathcal{H}$.

(ii) Ciò è ovvio in quanto

$$\begin{pmatrix} -1 & 0 \\ 0 & -1 \end{pmatrix} \cdot z = \frac{-z + 0}{0 \cdot z - 1} = z.$$

(iii) Osserviamo che gli elementi da considerare sono tutti nell'orbita dell'elemento $i \in \mathcal{H}$ per l'azione di L. Allora gli stabilizzatori di questi elementi sono dei sottogruppi di $\mathsf{SL}_2(\mathbb{Z})$ coniugati allo stabilizzatore dell'elemento i; basta quindi provare che tale elemento ha stabilizzatore non banale. Infatti

$$\begin{pmatrix} 0 & 1 \\ -1 & 0 \end{pmatrix} \cdot i = \frac{0 \cdot i + 1}{-1 \cdot i + 0} = \frac{1}{-i} = i$$

e la matrice appena considerata non è l'elemento neutro in L in quanto è diversa da $\pm I$.

42. (i) Siano $k, k' \in K$ tali che $\left(HkH\right) \cap \left(Hk'H\right) \neq \varnothing$ e sia x un elemento dell'intersezione. Allora $x = h_1 k h_2 = h_3 k' h_4$ per opportuni elementi $h_1, h_2, h_3, h_4 \in H$. Riarrangiando si ottiene $k = h_1^{-1} h_3 k' h_4 h_2^{-1}$, da cui, poiché H è un sottogruppo, si ha

$$HkH = H(h_1)^{-1} h_3 k' h_4 h_2^{-1} H = \left(H h_1^{-1} h_3\right) k' \left(h_4 h_2^{-1} H\right) = Hk'H.$$

(ii) Per $x, y \in G$, sia $D_{x,y} = H(x, y)H$ la classe laterale doppia di $(x, y) \in K$ rispetto ad H e sia $\mathcal{D}$ l'insieme di tali classi laterali. Sia inoltre $\mathcal{C}\ell(t) = \{ gtg^{-1} \mid g \in G\}$ la classe di coniugio di $t \in G$ in G e sia $\mathcal{C}$ l'insieme delle classi di coniugio di G. Vogliamo costruire un'applicazione biettiva da $\mathcal{D}$ a $\mathcal{C}$.

Dimostriamo innanzitutto che $D_{x,y} = D_{u,v}$ se e solo se xy^{-1} è coniugato a uv^{-1} in G. Infatti, se $D_{x,y} = D_{u,v}$ allora esistono $g, g' \in G$ tali che $(x, y) = (g, g)(u, v)(g', g')$ e quindi $x = gug'$, $y = gvg'$; ne segue che

$$xy^{-1} = gug'g'^{-1}vg^{-1} = guv^{-1}g^{-1}$$

e ciò prova che xy^{-1} è coniugato a uv^{-1}.

Per l'altra implicazione, supponiamo che xy^{-1} sia coniugato a uv^{-1} e sia $g \in G$ tale che $xy^{-1} = guv^{-1}g^{-1}$. Per ogni $g' \in G$ possiamo scrivere $xy^{-1} = gug'g'^{-1}v^{-1}g^{-1}$; scegliendo g' tale che $gug' = x$ si ha anche $g'^{-1}v^{-1}g^{-1} = y^{-1}$, ossia $gvg' = y$. Ne segue che $(x, y) = (g, g)(u, v)(g', g')$ e quindi $D_{x,y} = D_{u,v}$.

Possiamo quindi concludere che l'applicazione

$$\mathcal{D} \ni D_{x,y} \longmapsto \mathcal{C}\ell(xy^{-1}) \in \mathcal{C}$$

è ben definita e iniettiva. Inoltre è anche suriettiva, perché ogni classe di coniugio $\mathcal{C}\ell(t)$ si ottiene come immagine di $D_{t,e}$.

43. Un gruppo abeliano finito G è il prodotto diretto dei suoi sottogruppi di p–torsione che sono p–gruppi abeliani, e in generale un sottogruppo di G è un prodotto diretto di sottogruppi di questi fattori. Pertanto i gruppi cercati sono o p–gruppi con 10 sottogruppi o prodotti di un p–gruppo con 5 sottogruppi e un q–gruppo con 2 sottogruppi. Studiamo quando un p–gruppo abeliano ha 2,5,10 sottogruppi.

① Un p–gruppo ha esattamente solo 2 sottogruppi, cioè quello banale e tutto il gruppo, se e solo se è isomorfo a $\mathbb{Z}/p\mathbb{Z}$.

② Se un p–gruppo è ciclico di ordine p^n, allora possiede $n + 1$ sottogruppi, tanti quanti i divisori di p^n. Quindi un p–gruppo ciclico ha 5 sottogruppi se e solo se $n = 4$.

Se un p–gruppo non è ciclico allora contiene come sottogruppo un gruppo isomorfo a $\mathbb{Z}/p\mathbb{Z} \times \mathbb{Z}/p\mathbb{Z}$. Questo gruppo ha i due sottogruppi ovvi più $(p^2 - 1)/(p - 1) = p + 1$ sottogruppi di ordine p, quindi in totale $p + 3$ sottogruppi. Ne segue che il numero dei sottogruppi di un tale gruppo non può essere uguale a 5, visto che per ipotesi $p > 2$.

③ Da quanto visto precedentemente, $\mathbb{Z}/p^9\mathbb{Z}$ e $\mathbb{Z}/7\mathbb{Z} \times \mathbb{Z}/7\mathbb{Z}$ hanno 10 sottogruppi e sono, rispettivamente, l'unico ciclico e l'unico di ordine un primo al quadrato con questa proprietà. Vediamo ora se esistono altre possibilità.

Se un p–gruppo non ciclico ha almeno p^3 elementi, allora contiene o un gruppo isomorfo a $\mathbb{Z}/p^2\mathbb{Z} \times \mathbb{Z}/p\mathbb{Z}$ o un gruppo isomorfo a $\mathbb{Z}/p\mathbb{Z} \times \mathbb{Z}/p\mathbb{Z} \times \mathbb{Z}/p\mathbb{Z}$. Il primo di questi due gruppi ha $(p^2 - 1)/(p - 1) = p + 1$ sottogruppi di ordine p, un sottogruppo non ciclico e $(p^3 - p^2)/(p^2 - p) = p$ sottogruppi ciclici di ordine p^2, e dunque in totale, considerando anche i sottogruppi ovvi, $2p + 4$ sottogruppi. Quindi questo caso è possibile solo se $p = 3$ e il gruppo è isomorfo a $\mathbb{Z}/9\mathbb{Z} \times \mathbb{Z}/3\mathbb{Z}$. Il secondo di questi gruppi contiene $(p^3 - 1)/(p - 1) = p^2 + p + 1 \geq 3^2 + 3 + 1 = 13$ sottogruppi di ordine p e quindi è impossibile.

In conclusione, i gruppi cercati sono i gruppi ciclici di ordine p^9, p^4q e i gruppi $\mathbb{Z}/7\mathbb{Z} \times \mathbb{Z}/7\mathbb{Z}$, $\mathbb{Z}/9\mathbb{Z} \times \mathbb{Z}/3\mathbb{Z}$.

〚Considerando anche i gruppi di ordine pari, si otterrebbero in più solo i gruppi $\mathbb{Z}/2\mathbb{Z} \times \mathbb{Z}/2\mathbb{Z} \times \mathbb{Z}/q\mathbb{Z}$, impliciti nella dimostrazione, ma escludere altri casi risulta un po' più laborioso.〛

44. Ricordiamo che, dati (h_1, k_1) e (h_2, k_2) in G, per definizione di prodotto semi-diretto, abbiamo $(h_1, k_1)(h_2, k_2) = (h_1\varphi_{k_1}(h_2), k_1k_2)$ dove φ_{k_1} è l'immagine $\varphi(k_1)$ di k_1 tramite φ.

(i) Per prima cosa osserviamo che $\alpha : (h, k) \longmapsto (\omega(h), k)$ è sicuramente un'applicazione biettiva essendo ω un automorfismo di H. Allora α è un automorfismo di G se e solo se per ogni $h_1, h_2 \in H$ e $k_1, k_2 \in K$ si ha

$$\alpha(h_1, k_1)\alpha(h_2, k_2) = \alpha(h_1\varphi_{k_1}(h_2), k_1k_2),$$

e ciò vale se e solo se

$$\big(\omega(h_1), k_1\big)\big(\omega(h_2), k_2\big) = \big(\omega(h_1\varphi_{k_1}(h_2)), k_1k_2\big).$$

Questa condizione diventa quindi

$$\omega(h_1)\varphi_{k_1}(\omega(h_2)) = \omega(h_1)\omega(\varphi_{k_1}(h_2)),$$

da cui semplificando abbiamo $(\varphi_{k_1} \circ \omega)(h_2) = (\omega \circ \varphi_{k_1})(h_2)$, per ogni h_2 e k_1. Allora α è un automorfismo se e solo se per ogni $k_1 \in K$ si ha $\varphi_{k_1} \circ \omega = \omega \circ \varphi_{k_1}$ come automorfismi di H. Cioè, nel gruppo $\mathrm{Aut}(H)$ l'automorfismo ω commuta con ogni φ_{k_1} per k_1 in K. Ciò è come dire che $\omega \in Z_{\mathrm{Aut}(H)}(\mathrm{Im}(\varphi))$.

(ii) Ragionando come sopra, ed usando gli stessi simboli, abbiamo che $(h, k) \longmapsto (h, \epsilon(k))$ è un automorfismo di G se e solo se

$$\big(h_1, \epsilon(k_1)\big)\big(h_2, \epsilon(k_2)\big) = \big(h_1\varphi_{k_1}(h_2), \epsilon(k_1k_2)\big),$$

e quindi se e solo se

$$\varphi_{\epsilon(k_1)}(h_2) = \varphi_{k_1}(h_2)$$

per ogni h_2 e k_1. Quindi se e solo se per ogni $k_1 \in K$ vale $\varphi_{\epsilon(k_1)} = \varphi_{k_1}$ come elementi di Aut(H). Ma allora visto che $\varphi : K \longrightarrow$ Aut(H) è un omomorfismo, tale condizione è equivalente a $k_1^{-1}\epsilon(k_1) \in \text{Ker}(\varphi)$ per ogni $k_1 \in K$.

In particolare, se $k_1 \in \text{Ker}(\varphi)$ allora $\epsilon(k_1) \in \text{Ker}(\varphi)$; ciò prova la prima condizione. Questo ci permette inoltre di definire, per passaggio al quoziente, l'applicazione $\epsilon' : k_1 \text{Ker}(\varphi) \longmapsto \epsilon(k_1) \text{Ker}(\varphi)$. Ed usando di nuovo quanto provato su ϵ otteniamo che $\epsilon' = \text{Id}_{K/\text{Ker}(\varphi)}$ e quindi la seconda condizione.

Viceversa se valgono le due condizioni del testo abbiamo che $\epsilon(k_1) \text{Ker}(\varphi) = k_1 \text{Ker}(\varphi)$ per ogni $k_1 \in K$. In particolare $\epsilon(k_1) \in k_1 \text{Ker}(\varphi)$ e quindi $\varphi_{\epsilon(k_1)} = \varphi_{k_1}$. Da cui deduciamo che $(h, k) \longmapsto (h, \epsilon(k))$ è un automorfismo per quanto provato sopra.

45. (i) Sia σ la permutazione

$$(1)(2,3)(4,5,6)(7,8,9,10)\cdots$$

L'inclusione $Z(\sigma) \subseteq Z(\sigma^n)$ è vera in generale per ogni n e per ogni permutazione σ. Proviamo invece che, fissato $n > 1$, esiste una permutazione τ che commuta con σ^n e non commuta con σ.

La permutazione σ contiene un n–ciclo $(\ell, \ell + 1, \cdots, \ell + n - 1)$ per un certo $\ell \in \mathbb{N}$. Consideriamo ora $\tau = (\ell, \ell + 1)$ e osserviamo che σ e τ mandano l'insieme $I = \{\ell, \ell + 1, \cdots, \ell + n - 1\}$ in sé. Inoltre σ^n fissa punto a punto I e quindi τ e σ^n commutano. D'altra parte $(\tau\sigma\tau^{-1})_{|I} = (\ell + 1, \ell, \ell + 2, \ell + 3, \ldots, \ell + n - 1) \neq \sigma_{|I}$ e quindi τ non commuta con σ.

(ii) Sia $\omega \in S_0(\mathbb{N})$ e sia ϵ un qualunque elemento di $S(\mathbb{N})$. Se $\{a_1, a_2, \ldots, a_n\}$ è il sottoinsieme di elementi non fissati da ω allora $\{\epsilon(a_1), \epsilon(a_2), \ldots, \epsilon(a_n)\}$ è l'insieme degli elementi non fissati da $\epsilon\omega\epsilon^{-1}$. In particolare quest'ultima permutazione è ancora un elemento di $S_0(\mathbb{N})$. Ciò prova che $S_0(\mathbb{N})$ è un sottogruppo normale di $S(\mathbb{N})$.

Per dimostrare che $S(\mathbb{N})/S_0(\mathbb{N})$ è un gruppo infinito faremo vedere che l'elemento σ del punto precedente ha ordine infinito in $S(\mathbb{N})/S_0(\mathbb{N})$. Proviamo ciò mostrando che σ^n non è una permutazione di un insieme finito per ogni naturale n.

Fissato infatti un tale n esistono infiniti interi primi con n e quindi esistono infiniti cicli disgiunti di lunghezza prima con n in σ. Allora σ^n non fissa gli infiniti interi che appaiono in questi cicli e quindi non è un elemento di $S_0(\mathbb{N})$.

46. (i) Il normalizzatore del sottogruppo G generato da σ è

$$N(G) = \left\{ \tau \in S_{19} \mid \text{esiste } 0 \leq k \leq 18 \text{ per cui } \tau\sigma\tau^{-1} = \sigma^k \right\}.$$

Osserviamo che il coniugio mantiene l'ordine degli elementi e quindi, essendo 19 un numero primo, nella formula precedente non si può avere $k = 0$. Allora, se indichiamo con N_k l'insieme delle permutazioni $\tau \in S_{19}$ per cui $\tau\sigma\tau^{-1} = \sigma^k$, otteniamo

$$|N(G)| = \sum_{k=1}^{18} |N_k|$$

Inoltre, per ogni $1 \le k \le 18$, σ^k è ancora un 19–ciclo, quindi esiste un $\tau_k \in N_k$ e risulta $N_k = \tau_k Z(\sigma)$, da cui $|N_k| = |Z(\sigma)|$.

Ricordando che $|Z(\sigma)| = |\mathsf{S}_{19}|/|C\ell(\sigma)| = 19!/18! = 19$, otteniamo $|N(G)| = 18 \cdot 19$.

(ii) Il normalizzatore di G in A_{19} è l'intersezione di $N(G)$ con A_{19}. A meno di coniugio possiamo supporre $\sigma = (1, 2, 3, \ldots, 18, 19)$. Consideriamo ora l'elemento

$$\tau = (1, 19)(2, 18)(3, 17)(4, 16)(5, 15)(6, 14)(7, 13)(8, 12)(9, 11).$$

È chiaro che $\tau \sigma \tau^{-1} = (19, 18, 17, \ldots, 3, 2, 1) = \sigma^{-1}$ e che τ è una permutazione dispari. Ciò prova che i due normalizzatori non coincidono.

47. (i) Siano $H = \mathsf{S}_3 \times 0 \times 0$ e $K = e \times \mathbb{Z}/3\mathbb{Z} \times \mathbb{Z}/3\mathbb{Z}$.

Gli elementi di ordine 2 di G sono tutti quelli del tipo $(\tau, 0, 0)$ con τ trasposizione in S_3. Allora un automorfismo di G manderà questi elementi in se stessi e, visto che tali elementi generano $\mathsf{S}_3 \times 0 \times 0$, abbiamo che H è caratteristico.

Sappiamo che il centro di un prodotto diretto è dato dal prodotto diretto dei centri: $Z(\mathsf{S}_3 \times \mathbb{Z}/3\mathbb{Z}/ \times \mathbb{Z}/3\mathbb{Z}) = Z(\mathsf{S}_3) \times \mathbb{Z}/3\mathbb{Z} \times \mathbb{Z}/3\mathbb{Z} = e \times \mathbb{Z}/3\mathbb{Z} \times \mathbb{Z}/3\mathbb{Z} = K$. Allora anche K è un sottogruppo caratteristico perché è il centro di G.

(ii) Essendo G il prodotto diretto di due sottogruppi caratteristici, abbiamo subito $|\mathrm{Aut}(G)| = |\mathrm{Aut}(\mathsf{S}_3)| \cdot |\mathrm{Aut}(\mathbb{Z}/3\mathbb{Z} \times \mathbb{Z}/3\mathbb{Z})|$.

Osservando poi che un automorfismo di S_3 deve permutare i 3 elementi di ordine 2 che sono generatori di S_3 abbiamo che gli automorfismi di S_3 sono al più 6. Inoltre, visto che S_3 ha centro banale, gli automorfismi interni forniscono 6 automorfismi distinti di S_3, abbiamo quindi $|\mathrm{Aut}(\mathsf{S}_3)| = 6$.

Inoltre $\mathrm{Aut}(\mathbb{Z}/3\mathbb{Z} \times \mathbb{Z}/3\mathbb{Z})$ è isomorfo a $\mathrm{GL}_2(\mathbb{F}_3)$ e quindi $|\mathrm{Aut}(\mathbb{Z}/3\mathbb{Z} \times \mathbb{Z}/3\mathbb{Z})| = (3^2 - 1)(3^2 - 3) = 48$.

In conclusione $|\mathrm{Aut}(G)| = 6 \cdot 48$.

48. Sia $\sigma \in \mathsf{S}_5$ per cui valgano le condizioni $\sigma^2 = (1, 2)\sigma(1, 2)$ e $\sigma^3 = (2, 3)\sigma(2, 3)$. Osserviamo che allora σ^2 e σ^3 sono coniugati di σ; in particolare σ^2 e σ^3 hanno lo stesso ordine di σ e quindi questo ordine è primo con 6.

Considerando le possibili strutture in cicli delle permutazioni di S_5 e i relativi ordini abbiamo che solo l'identità e i 5–cicli hanno ordine primo con 6. È ovvio che l'identità verifica le condizioni richieste. Possiamo allora supporre che σ sia un 5–ciclo e provare che ciò è impossibile.

Sfruttando che σ ha ordine 5 abbiamo

$$\sigma = \sigma^6 = (\sigma^2)^3 = ((1, 2)\sigma(1, 2))^3 = (1, 2)\sigma^3(1, 2) = (1, 2)(2, 3)\sigma(2, 3)(1, 2).$$

Cioè $(1, 2, 3) = (1, 2)(2, 3)$ è un elemento del centralizzatore $Z(\sigma)$ di σ in S_5. Ma la classe coniugata di σ è l'insieme dei 5–cicli e quindi ha 4! elementi, da cui $Z(\sigma)$ ha cinque elementi e non contiene quindi 3–cicli.

49. Le orbite di H devono avere cardinalità che divide p e quindi p o 1; siano a e b il numero di orbite rispettivamente con p elementi e un elemento. Allora abbiamo $|V| = p^2 = ap + b$, da cui otteniamo che b è divisibile per p. Inoltre $b > 0$ visto che $\{0\}$ è un'orbita.

L'insieme dei punti fissati da H è chiaramente un sottospazio vettoriale di V; allora $b = p^k$ per $k = 1$ o $k = 2$. Se fosse $k = 2$ si avrebbe che tutto V è fissato punto a punto da ogni elemento di H; ma ciò è impossibile in quanto, avendo ordine p, H contiene elementi diversi dall'identità. Possiamo quindi concludere che $k = 1$ e $b = p$.

Allora $a = p - 1$ e abbiamo $a + b = p - 1 + p = 2p - 1$ orbite in V.

50. Possiamo chiaramente occuparci solo del caso $S \neq \{e_G\}$ perché $\{e_G\}$ è un sottogruppo caratteristico.

Il gruppo G è isomorfo a $S \times Z$; quindi dobbiamo provare che se $\varphi : S \times Z \longrightarrow S \times Z$ è un automorfismo allora $\varphi(S \times e_Z) = S \times e_Z$. Consideriamo la composizione

$$S \overset{i}{\hookrightarrow} S \times Z \overset{\varphi}{\longrightarrow} S \times Z \overset{\pi}{\longrightarrow} Z$$

con ψ sovrastante da S a Z.

dell'inclusione $i : s \longmapsto (s, e_Z)$ con φ e con la proiezione $\pi : (s, z) \longmapsto z$. Essendo composizione di omomorfismi ψ è un omomorfismo da S in Z. Allora $\mathrm{Ker}(\psi)$ è un sottogruppo normale di S; ma S è semplice e quindi abbiamo solo due possibilità: o $\mathrm{Ker}(\psi) = \{e_S\}$ oppure $\mathrm{Ker}(\psi) = S$.

Nel primo caso ricaviamo che $\psi : S \longrightarrow Z$ è un'iniezione di S in Z. Allora S è abeliano in quanto Z lo è; ma questo è impossibile perché avremmo che G sarebbe abeliano e quindi non avrebbe centro Z visto che $S \neq \{e_G\}$. Nel secondo caso abbiamo $\pi \circ \varphi(s, e_Z) = e_Z$ per ogni $s \in S$, e quindi $\varphi(s, e_Z) \in S \times e_Z$ per ogni $s \in S$. Cioè S è caratteristico.

51. Se n è minore di 7 allora S_n non contiene elementi di ordine 7 mentre un gruppo di ordine 21 ne contiene per il Teorema di Cauchy; quindi, per n minore di 7, S_n non contiene sottogruppi di ordine 21.

Mostreremo che S_7 contiene un sottogruppo di ordine 21. Ne seguirà che anche tutti gli S_n con n maggiore di 7 contengono sottogruppi di ordine 21 visto che contengono S_7 come sottogruppo.

Sia σ un 7–ciclo in S_7 e sia $H = \langle \sigma \rangle$. Sappiamo che il normalizzatore $N(H)$ di H ha ordine $\phi(7) \cdot |Z(\sigma)| = 6 \cdot 7!/6! = 42$ e quindi esiste un elemento τ di ordine 3 in questo normalizzatore; sia $K = \langle \tau \rangle$. Visto che $K \subseteq N(H)$ abbiamo $HK = KH$ e quindi $G = HK$ è un sottogruppo di S_7. Inoltre il suo ordine è $|H||K|/|H \cap K| = 21$ in quanto $H \cap K = \{e\}$.

⟦Dato che in un gruppo di ordine 21 il 7–Sylow deve essere normale, un eventuale sottogruppo di S_n di ordine 21 deve essere necessariamente contenuto nel normalizzatore di H; è quindi naturale cercare l'elemento τ di ordine 3 in $N(H)$.⟧

52. (i) Posto $\alpha = 1 + p \in \mathbb{Z}/p^2\mathbb{Z}$, osserviamo che $\alpha^p \equiv 1 \pmod{p^2}$ e quindi α ha ordine p in $(\mathbb{Z}/p^2\mathbb{Z})^*$. Allora l'applicazione $\mathbb{Z}/p^2\mathbb{Z} \ni a \overset{\varphi}{\longmapsto} \alpha a \in \mathbb{Z}/p^2\mathbb{Z}$ è un automorfismo di $\mathbb{Z}/p^2\mathbb{Z}$ di ordine p. Possiamo quindi considerare l'omomorfismo non banale estensione di $\mathbb{Z}/p\mathbb{Z} \ni 1 \overset{\psi}{\longmapsto} \varphi \in \mathrm{Aut}(\mathbb{Z}/p^2\mathbb{Z})$ e costruire il relativo prodotto semidiretto $G = \mathbb{Z}/p^2\mathbb{Z} \rtimes_\psi \mathbb{Z}/p\mathbb{Z}$ che ha chiaramente le proprietà richieste.

(ii) Continuiamo a considerare G come costruito nel punto precedente e indichiamo con h l'elemento $(1,0)$. Per prima cosa proviamo che il centro Z di G è $\langle h^p \rangle = \langle (p,0) \rangle$.

Sappiamo che Z è non banale in quanto G è un p–gruppo; allora Z può avere cardinalità p o p^2 visto che G non è abeliano. Ma se Z avesse cardinalità p^2 allora G/Z avrebbe cardinalità p e quindi sarebbe ciclico da cui avremmo G abeliano, cosa impossibile. In conclusione Z ha p elementi.

Sia ora $k = (0,1)$ e osserviamo che dalla definizione della struttura di gruppo del punto precedente abbiamo che $khk^{-1} = (0,1)(1,0)(0,1)^{-1} = (1+p,0)$. E quindi $k(h^p)k^{-1} = (khk^{-1})^p = (1+p,0)^p = (p(1+p),0) = (p,0) = h^p$. Questo prova che h^p commuta con k; è inoltre chiaro che h^p commuti con h. Abbiamo allora che h^p è un elemento del centro di G. In conclusione $Z = \langle h^p \rangle$ visto che h^p e Z hanno ordine p.

Sappiamo che in un p–gruppo un sottogruppo normale non banale interseca il centro in modo non banale. Inoltre visto che in G il centro ha ordine p abbiamo che ogni sottogruppo normale non banale contiene il centro.

Allora l'insieme dei sottogruppi normali non banali di G è in corrispondenza biunivoca con l'insieme dei sottogruppi normali di G/Z. Visto che G/Z è un gruppo di ordine p^2 e che non è ciclico possiamo concludere che G/Z è isomorfo a $\mathbb{Z}/p\mathbb{Z} \times \mathbb{Z}/p\mathbb{Z}$. Allora la corrispondenza tra sottogruppi è data dall'omomorfismo quoziente

$$G = \mathbb{Z}/p^2\mathbb{Z} \rtimes_\psi \mathbb{Z}/p\mathbb{Z} \ni (a,b) \overset{\pi}{\longmapsto} (a,b) \in \mathbb{Z}/p\mathbb{Z} \times \mathbb{Z}/p\mathbb{Z} \simeq G/Z.$$

Tutti i sottogruppi di G/Z sono normali ed essi sono: $\{e_{G/Z}\} = \{(0,0)\}$, G/Z e $\langle (1,0) \rangle$ e tutti i sottogruppi del tipo $\langle (a,1) \rangle$ al variare di a tra 0 e $p-1$.

Visto che $\pi(h) = (1,0)$ e $\pi(k) = (0,1)$ abbiamo che i sottogruppi normali non banali di G sono: Z, G, il sottogruppo generato da $h = (1,0)$ e i sottogruppi generati da h^p e $(a,1)$, al variare di a tra 0 e $p-1$.

53. (i) Sappiamo che, per $n \geq 5$, i sottogruppi normali di S_n sono $\{e\}$, A_n e S_n. Dobbiamo allora decidere quale tra questi tre sottogruppi è il più piccolo sottogruppo che contiene G.

Può essere il sottogruppo banale $\{e\}$ solo se $h = 1$ e $k = n$. Supponendo che non sia così abbiamo quanto segue.

Il gruppo cercato è A_n se e solo se σ e τ, i generatori di G, sono entrambi delle permutazioni pari, quindi se e solo se $(-1)^{h-1} = (-1)^{n-k} = 1$ e quindi se e solo se h è dispari e $n-k$ è pari.

Negli altri casi avremo che il più piccolo sottogruppo normale che contiene G è S_n.

(ii) Il centralizzatore $Z_{S_n}(G)$ di G in S_n è l'intersezione $Z(\sigma) \cap Z(\tau)$ dei centralizzatori dei generatori di G. Essendo σ e τ dei cicli sappiamo che: ogni elemento di $Z(\sigma)$ è del tipo $\sigma^u \eta$ con u intero e η permutazione che fissa punto a punto $\{1,2,\ldots,h\}$; ogni elemento di $Z(\tau)$ è del tipo $\tau^v \epsilon$ con v intero e ϵ permutazione che fissa punto a punto $\{k, k+1, \ldots, n\}$. Consideriamo ora due casi.

① Supponiamo $h < k$. Allora $Z(\sigma) \cap Z(\tau)$ è l'insieme degli elementi del tipo $\sigma^u \delta \tau^v$ con u e v interi, e possiamo prendere $0 \leq u \leq h-1$ e $0 \leq v \leq n-k$, e

δ una permutazione che fissa punto a punto $\{1, 2, \ldots, h, k, k+1, \ldots n\}$, cioè una permutazione di $\{h+1, h+2, \ldots, k-2, k-1\}$.

②Supponiamo invece ora che $h = k$. Se una permutazione α commuta con σ essa manda h in $\{1, 2, \ldots, h\}$ e se commuta con τ manda k in $\{k, k+1, \ldots, n\}$; allora $h = k$ è fissato da α. Ma questo forza α a fissare tutto l'insieme $\{1, \ldots, h\}$ dalla descrizione di $Z(\sigma)$ e, analogamente, a fissare tutto l'insieme $\{k, k+1, \ldots, n\}$ dalla descrizione di $Z(\tau)$. In conclusione α fissa tutto $\{1, 2, \ldots, n\}$ visto che $h = k$ e quindi $Z(G)$ è il sottogruppo banale di S_n.

(iii) Dalla discussione nel punto precedente ricaviamo quanto segue.

①Se $h < k$ le orbite sono $\{1, 2, \ldots, h\}$, $\{k, k+1, \ldots, n\}$ e $\{a\}$, al variare di a tra $h+1$ e $k-1$.

②Se invece $h = k$ vi è un'unica orbita, cioè $\{1, 2, \ldots, n\}$.

54. Sia p un primo e sia $G(p)$ il sottogruppo di p–torsione di G. Sia G che tutti i suoi sottogruppi sono isomorfi al prodotto diretto delle loro p–torsioni. Questo permette di ricondurre il problema a queste componenti.

Sia ora $G(p) = \mathbb{Z}/p^{\alpha_1}\mathbb{Z} \times \mathbb{Z}/p^{\alpha_2}\mathbb{Z} \times \cdots \times \mathbb{Z}/p^{\alpha_r}\mathbb{Z}$ una decomposizione in gruppi ciclici di $G(p)$. Osserviamo che se $r > 1$ allora esiste un sottogruppo H di $G(p)$ isomorfo a $\mathbb{Z}/p\mathbb{Z} \times \mathbb{Z}/p\mathbb{Z}$; inoltre non appena qualche $\alpha_i \geq 1$ esiste anche un sottogruppo K di $G(p)$ isomorfo a $\mathbb{Z}/p^2\mathbb{Z}$. Visto che in questo caso H e K hanno la stessa cardinalità ma non sono isomorfi possiamo concludere che: o $r = 1$ oppure $\alpha_1 = \alpha_2 = \cdots = \alpha_r = 1$. Questa condizione è quindi necessaria per avere la proprietà cercata, vediamo ora che essa è anche sufficiente.

Infatti nel primo caso $G(p) = \mathbb{Z}/p^{\alpha_1}\mathbb{Z}$ è un gruppo ciclico e, come tale, esso ammette un unico sottogruppo per ogni possibile divisore dell'ordine del gruppo; quindi sottogruppi con lo stesso ordine sono isomorfi perché coincidono.

Nel secondo caso abbiamo $G(p) = \mathbb{Z}/p\mathbb{Z} \times \cdots \times \mathbb{Z}/p\mathbb{Z}$, uno spazio vettoriale di dimensione p su $\mathbb{F}_p$. Allora due sottogruppi dello stesso ordine sono due sottospazi vettoriali della stessa dimensione e quindi sono tra loro isomorfi.

In conclusione, tornando al caso particolare di $|G| = 10^6$, la componente di 2–torsione può essere $(\mathbb{Z}/2\mathbb{Z})^6$ o $\mathbb{Z}/2^6\mathbb{Z}$ e, analogamente, la componente di 5–torsione può essere $(\mathbb{Z}/5\mathbb{Z})^6$ o $\mathbb{Z}/5^6\mathbb{Z}$. In totale le possibilità per G sono le seguenti quattro: $(\mathbb{Z}/2\mathbb{Z})^6 \times (\mathbb{Z}/5\mathbb{Z})^6$, $\mathbb{Z}/2^6\mathbb{Z} \times (\mathbb{Z}/5\mathbb{Z})^6$, $(\mathbb{Z}/2\mathbb{Z})^6 \times \mathbb{Z}/5^6\mathbb{Z}$ e $\mathbb{Z}/2^6\mathbb{Z} \times \mathbb{Z}/5^6\mathbb{Z}$.

55. (i) Sappiamo che $\mathrm{Aut}\left((\mathbb{Z}/2\mathbb{Z})^3\right)$ è isomorfo al gruppo di matrici $GL_3(\mathbb{F}_2)$ e ha ordine $7 \cdot 6 \cdot 4$. Quindi, per il Teorema di Cauchy, esiste un elemento φ di ordine 7 in $\mathrm{Aut}\left((\mathbb{Z}/2\mathbb{Z})^3\right)$. L'assegnazione $\mathbb{Z}/7\mathbb{Z} \ni 1 \longmapsto \varphi \in \mathrm{Aut}((\mathbb{Z}/2\mathbb{Z})^3)$ si estende ad un omomorfismo non banale e definisce quindi un esempio di un'azione non banale cercata.

(ii) Sia $\psi : \mathbb{Z}/7\mathbb{Z} \longrightarrow \mathrm{Aut}\left((\mathbb{Z}/2\mathbb{Z})^3\right)$ un'azione di gruppi non banale. Allora sicuramente $\{0\}$ è un orbita in $(\mathbb{Z}/2\mathbb{Z})^3$ per tale azione in quanto ogni automorfismo manda 0 in 0. Quindi i restanti 7 elementi di $(\mathbb{Z}/2\mathbb{Z})^3$ vengono permutati tra loro, in particolare possiamo pensare a $\psi(1)$ come ad un elemento di S_7 di ordine 7 in quanto l'azione è non banale. Ma gli unici elementi di ordine 7 in S_7 sono i 7–cicli e quindi $\psi(1)$ agisce transitivamente su $(\mathbb{Z}/2\mathbb{Z})^3 \setminus \{0\}$. Abbiamo provato che

$$(\mathbb{Z}/2\mathbb{Z})^3 = \{0\} \bigsqcup \left((\mathbb{Z}/2\mathbb{Z})^3 \setminus \{0\}\right)$$

è la decomposizione in orbite.

56. (i) Un elemento (g, h) è nel centro di $G \rtimes_\varphi H$ se e solo se $(g, h)(f, k) = (f, k)(g, h)$ per ogni $f \in G$ e $k \in H$. Sviluppando i due prodotti otteniamo $hk = kh$ per la seconda coordinata. Ciò prova che h è nel centro di H, quindi $h = e_H$ in quanto tale centro è banale.

Passando ora alla prima coordinata abbiamo $g + g' = g' + \varphi_k(g)$ per ogni $g' \in G$ e $k \in H$. Usando che G è abeliano otteniamo: (g, h) sta nel centro se e solo se $h = e_H$ e $\varphi_k(g) = g$ per ogni $k \in H$. Questa è la descrizione richiesta del centro.

(ii) Pensiamo $V = (\mathbb{Z}/2\mathbb{Z})^n$ come una spazio vettoriale n–dimensionale su $\mathbb{F}_2$, definiamo i seguenti elementi $e_1 = (1, 0, \ldots, 0)$, $e_2 = (0, 1, 0, \ldots, 0)$, $\ldots$, $e_n = (0, \ldots, 0, 1)$. Tali vettori sono una base di V.

Dato un elemento $\sigma \in \mathsf{S}_n$ gli associamo l'applicazione lineare f_σ definita estendendo per linearità la permutazione della base $e_i \longmapsto e_{\sigma(i)}$ per $i = 1, \ldots, n$. In questo modo abbiamo un omomorfismo

$$\mathsf{S}_n \ni \sigma \overset{\varphi}{\longmapsto} f_\sigma \in \mathsf{GL}_n(\mathbb{F}_2) \simeq \mathrm{Aut}\left((\mathbb{Z}/2\mathbb{Z})^n\right)$$

con l'associato prodotto semidiretto $(\mathbb{Z}/2\mathbb{Z})^n \rtimes_\varphi \mathsf{S}_n$.

Per calcolare il centro di questo gruppo possiamo usare quanto provato nel punto precedente visto che $(\mathbb{Z}/2\mathbb{Z})^n$ è abeliano e S_n ha centro banale per $n \geq 3$. Si tratta quindi di trovare gli elementi $v \in V$ per cui $f_\sigma(v) = v$ per ogni $\sigma \in \mathsf{S}_n$.

Visto che l'azione di S_n permuta le coordinate di v, per avere un vettore invariante per ogni permutazione dobbiamo necessariamente considerare solo i vettori con tutte le coordinate uguali tra di loro: cioè i soli due vettori 0 e $e_1 + e_2 + \cdots + e_n$. Inoltre tali vettori sono realmente fissi per l'azione di S_n.

Abbiamo così provato che il centro del prodotto semidiretto costruito è $\{0, e_1 + e_2 + \cdots + e_n\} \times \mathrm{Id}$; esso è ovviamente isomorfo a $\mathbb{Z}/2\mathbb{Z}$ avendo due elementi.

57. (i) Se vogliamo avere un omomorfismo iniettivo da D_5 in S_n allora bisogna che sia $n \geq 5$ in quanto D_5 ha un elemento di ordine 5 e quindi anche S_n ne deve avere uno. Se pensiamo D_5 come un gruppo di trasformazioni del piano che manda un poligono regolare con 5 lati in sé allora stiamo considerando D_5 come un sottogruppo del gruppo delle permutazioni dei vertici di tale poligono. Abbiamo quindi provato che esiste un omomorfismo iniettivo da D_5 in S_5.

Concludiamo che $n = 5$ è il minimo cercato.

(ii) Ragionando come nel punto precedente concludiamo che $n \geq 7$ in quando D_7 ha un elemento di ordine 7 e, come sopra, abbiamo un omomorfismo di D_7 in S_7 associato alle permutazioni dei vertici di un poligono con 7 lati.

Per fissare le idee consideriamo una rotazione ρ e una simmetria σ come i generatori di D_7. Inoltre, possiamo numerare i vertici del poligono di 7 lati in modo che in questo omomorfismo l'immagine di D_7 sia generata dal 7–ciclo $(1, 2, 3, \ldots, 7)$, immagine di ρ, e dalla permutazione $(2, 7)(3, 6)(4, 5)$, immagine di σ. È allora chiaro che le assegnazioni

$$\rho \longmapsto (1, 2, 3, \ldots, 7), \quad \sigma \longmapsto (2, 7)(3, 6)(4, 5)(8, 9)$$

si estendono da un omomorfismo da D_7 in A_9. Ciò prova che $n \le 9$.

Vogliamo ora far vedere che per $n = 7$ e $n = 8$ non è possibile avere un omomorfismo iniettivo da D_7 in A_n, e quindi concludere che $n = 9$.

Rispetto ad un qualunque omomorfismo l'immagine di ρ è un 7–ciclo e, a meno di coniugio, possiamo supporre che tale immagine sia $(1, 2, 3, \ldots, 7)$. Sappiamo che $\sigma\rho\sigma^{-1} = \rho^{-1}$ e quindi l'immagine di σ deve essere una permutazione η per cui $\eta(1, 2, 3, \ldots, 7)\eta^{-1} = (7, 6, 5, \ldots, 1)$. Per esempio $\eta_0 = (1, 7)(2, 6)(3, 5)$.

La condizione ora trovata forza η ad essere un elemento della classe laterale $\eta_0 Z\big((1, 2, 3, \ldots, 7)\big)$ in quanto la sua azione per coniugio sul 7–ciclo è fissata. Calcolando la cardinalità del centralizzatore $Z\big((1, 2, 3, \ldots, 7)\big)$ abbiamo subito che tale centralizzatore coincide con il gruppo generato dal 7–ciclo stesso per $n = 7$ e $n = 8$. In particolare quindi $\eta \in \eta_0 A_n$ visto che un 7–ciclo è pari e quindi $\langle(1, 2, 3, \ldots, 7)\rangle$ è un sottogruppo di A_n.

Ma allora $\eta \notin A_n$ in quanto η_0 è dispari. In particolare non esiste un omomorfismo da D_7 che abbia immagine in A_n per $n = 7$ o $n = 8$.

58. • Vediamo una prima soluzione aritmetica. Per ogni r che divide n sia d_r il numero di elementi di G di ordine esattamente uguale a r. Per l'ipotesi, o $d_r = 0$ oppure, data una soluzione y di ordine r di $y^r = 1$, tutte le soluzioni di questa equazione sono contenute nel sottogruppo ciclico generato da y. In conclusione, d_r può essere solo 0 oppure $\phi(r)$.

Dal momento però che $\sum_{r \mid n} \phi(r) = n$, allora d_r deve essere sempre uguale a $\phi(r)$. In particolare, $d_n > 0$, e quindi G è ciclico.

• Vediamo ora un'altra soluzione. Dimostriamo, per prima cosa, una semplice proprietà di un gruppo abeliano finito: se n è il massimo degli ordini di G allora $y^n = 1$ per ogni elemento $y \in G$.

Un altro modo di enunciare questa proprietà è dire che $\text{ord}(y) \mid n$ per ogni $y \in G$. Fissiamo un elemento y di G e un numero primo p, sia p^α la massima potenza di p che divide n e sia p^β la massima potenza di p che divide $r = \text{ord}(y)$. Se proviamo $\beta \le \alpha$ abbiamo la nostra tesi.

Sia ora z un elemento di ordine n e osserviamo che l'elemento $z_1 = z^{p^\alpha}$ ha ordine n/p^α e l'elemento $y_1 = y^{r/p^\beta}$ ha ordine p^β. Per la definizione di α e β abbiamo che n/p^α e p^β sono primi tra di loro; quindi l'elemento $z_1 y_1$ ha ordine $np^{\beta-\alpha}$. Ma allora $\beta \le \alpha$ perché altrimenti $z_1 y_1$ avrebbe ordine maggiore di n.

Possiamo ora vedere la soluzione dell'esercizio. Ogni elemento di G è soluzione di $x^n = 1$ e quindi, per ipotesi, ci sono al più n elementi in G. Ma $\langle z \rangle$ è un gruppo con n elementi visto che z ha ordine n. Allora $G = \langle z \rangle$ che è ciclico.

• Infine una soluzione, molto semplice, che usa però il Teorema di Struttura dei Gruppi Abeliani Finiti. Per tale teorema un gruppo abeliano non ciclico contiene un prodotto $\mathbb{Z}/p\mathbb{Z} \times \mathbb{Z}/p\mathbb{Z}$ per qualche primo p, allora l'equazione $x^p = e$ ha almeno p^2 soluzioni.

59. Per $g \in G$ indichiamo con ψ_g l'automorfismo di G dato dal coniugio per g. Essendo N normale in G la restrizione $\psi_{g|N}$ è un automorfismo di N. Quindi $g \longmapsto \psi_{g|N}$ definisce un omomorfismo $G \longrightarrow \text{Aut}(N)$ che indichiamo con ψ.

Il nucleo di ψ è dato dagli elementi di G che agiscono in modo banale per coniugio su N, quindi $\mathrm{Ker}(\psi) = Z_G(N)$; questo prova che $Z_G(N)$ è un sottogruppo normale di G.

Inoltre per il Primo Teorema di Omomorfismo $G/Z_G(N)$ è isomorfo ad un sottogruppo di $\mathrm{Aut}(N)$. Ora, essendo N ciclico, $\mathrm{Aut}(N)$ è un gruppo abeliano e quindi anche $G/Z_G(N)$ lo è.

60. (i) Possiamo scrivere esplicitamente l'operazione di G nel seguente modo

$$(n, a)(m, b) = (n + am, ab),$$

per ogni $n, m \in \mathbb{Z}/11\mathbb{Z}$ e $a, b \in (\mathbb{Z}/11\mathbb{Z})^*$.

Visto che $2^5 = 32$ è congruo a -1 modulo 11, 2 è un generatore per $(\mathbb{Z}/11\mathbb{Z})^*$ e quindi $e_1 = (1, 1)$ e $e_2 = (0, 2)$ sono dei generatori di ordine rispettivamente 11 e 10 per G. In particolare ogni elemento di G si può scrivere come $(n, 2^\alpha)$, con $0 \le n \le 10$ e $0 \le \alpha \le 9$. Inoltre e_2 agisce per coniugio su e_1 nel seguente modo

$$
\begin{aligned}
e_2 e_1 e_2^{-1} &= (0,2)(1,1)(0,2)^{-1} \\
&= (0,2)(1,1)(0,2^{-1}) \\
&= (2,2)(0,2^{-1}) \\
&= (2,1) \\
&= 2e_1.
\end{aligned}
$$

Se vogliamo un omomorfismo iniettivo in S_{11} dobbiamo mandare e_1 in una permutazione di ordine 11, che possiamo assumere essere $\sigma = (1, 2, \ldots, 11)$ senza perdita di generalità, e dobbiamo mandare e_2 in una permutazione τ di ordine 10. Inoltre, queste due permutazioni devono verificare $\tau \sigma \tau^{-1} = \sigma^2$. Riscriviamo questa condizione come $(\tau(1), \tau(2), \ldots, \tau(11)) = (1, 3, 5, 7, 9, 11, 2, 4, 6, 8, 10)$.

Allora la permutazione

$$
\tau = \begin{pmatrix} 1 & 2 & 3 & 4 & 5 & 6 & 7 & 8 & 9 & 10 & 11 \\ 1 & 3 & 5 & 7 & 9 & 11 & 2 & 4 & 6 & 8 & 10 \end{pmatrix}
$$

$$= (2, 3, 5, 9, 6, 11, 10, 8, 4, 7)$$

ha ordine 10 e verifica la condizione sul coniugio. Proviamo allora che definendo

$$G \ni (n, 2^\alpha) \xmapsto{\;F\;} \sigma^n \tau^\alpha \in \mathsf{S}_{11}$$

abbiamo un omomorfismo iniettivo.

Per prima cosa F è ben definita in quanto σ ha ordine 11 e τ ha ordine 10. Inoltre abbiamo $\tau\sigma = \sigma^2\tau$ da cui ricaviamo $\tau^\alpha\sigma = \sigma^{2^\alpha}\tau^\alpha$ e anche $\tau^\alpha\sigma^b = \sigma^{2^\alpha b}\tau^\alpha$. Quindi

$$
\begin{aligned}
F(a, 2^\alpha)F(b, 2^\beta) &= \sigma^a \tau^\alpha \sigma^b \tau^\beta \\
&= \sigma^a \sigma^{2^\alpha b} \tau^\alpha \tau^\beta \\
&= \sigma^{a + 2^\alpha b} \tau^{\alpha + \beta} \\
&= F(a + 2^\alpha b, 2^{\alpha + \beta}) \\
&= F\big((a, 2^\alpha)(b, 2^\beta)\big)
\end{aligned}
$$

e questo prova che F è un omomorfismo. Infine, da $\sigma, \tau \in \mathrm{Im}(F)$ ricaviamo che $11, 10$ dividono $|\mathrm{Im}(F)|$ e quindi $|\mathrm{Im}(F)| = 11 \cdot 10$ e F è iniettiva.

(ii) Sia per assurdo F un omomorfismo iniettivo da $\mathbb{Z}/p\mathbb{Z} \times (\mathbb{Z}/p\mathbb{Z})^*$ in S_p. Allora $\sigma = F(1, 0)$ è un p–ciclo in S_p, quindi per il suo centralizzatore abbiamo $Z(\sigma) = \langle \sigma \rangle$. In particolare $Z(\sigma)$ non contiene elementi di ordine $p - 1$. Ma se a è un generatore di $(\mathbb{Z}/p\mathbb{Z})^*$ allora $\tau = F(0, a)$ deve avere ordine $p - 1$ e deve commutare con σ, cioè $\tau \in Z(\sigma)$ e ciò è impossibile per quanto visto.

61. Per prima cosa proviamo che un automorfismo φ ha la proprietà richiesta se e solo se $\varphi(H) = H$.

Infatti se φ ha la proprietà richiesta abbiamo $H = 0 + H = \widetilde{\varphi}(0 + H) = \widetilde{\varphi}(h + H) = \varphi(h) + H$, per ogni $h \in H$, e quindi $\varphi(h) \in H$ per ogni $h \in H$. Avendo poi $\varphi(H)$ e H la stessa cardinalità finita ricaviamo $\varphi(H) = H$.

Viceversa supponiamo che $\varphi \in \mathrm{Aut}(G)$ sia tale che $\varphi(H) = H$. Allora l'applicazione $g + H \longmapsto \varphi(g) + H$ è un ben definito omomorfismo $\widetilde{\varphi}$ di G/H in sé. Essendo φ un automorfismo anche $\widetilde{\varphi}$ è un automorfismo.

Contiamo allora gli automorfismi φ con la proprietà $\varphi(\mathbb{Z}/7\mathbb{Z} \times 0) = \mathbb{Z}/7\mathbb{Z} \times 0$. Per un tale φ si deve avere $\varphi(1, 0) = (u, 0)$, per un certo $u \neq 0$ in $\mathbb{Z}/7\mathbb{Z}$, e $\varphi(0, 1) = (v, c)$, per certi $v, c \in \mathbb{Z}/7\mathbb{Z}$ con $7 \nmid c$ perché $\varphi(0, 1)$ deve avere ordine 49. Quindi si deve necessariamente avere $\varphi(n, a) = n\varphi(1, 0) + a\varphi(0, 1) = (nu + av, ac)$.

Proviamo ora che, per ogni scelta di u, v e c come sopra, l'applicazione $\varphi(n, a) = (nu + av, ac)$ definisce un automorfismo di G; tale automorfismo ha ovviamente la proprietà richiesta.

L'applicazione φ è ben definita in quanto $(n, a) = (m, b)$ implica $7 \mid n - m$ e $49 \mid a - b$, cioè $n = 7h + m$ e $a = 49k + b$ per qualche $h, k \in \mathbb{Z}$, e quindi $(nu + av, ac) = ((7h + m)u + (49k + b)v, (49k + b)c) = (mu + bv, bc)$.

Inoltre $\varphi(n + m, a + b) = ((n + m)u + (a + b)v, (a + b)c) = (nu + av, ac) + (mu + bv, bc) = \varphi(n, a) + \varphi(m, b)$ e quindi φ è un omomorfismo.

Infine φ è suriettiva in quanto $\varphi(H) = H$ ha ordine 7 e, indicato con K il sottogruppo $0 \times \mathbb{Z}/49\mathbb{Z}$, il sottogruppo $\varphi(K)$ ha ordine 49 e $H \cap \varphi(K) = \{(0, 0)\}$. Allora $\mathrm{Im}(\varphi)$ contiene $H\varphi(K)$ che ha cardinalità $7 \cdot 49 = |G|$.

Possiamo quindi concludere che gli automorfismi con la proprietà richiesta sono tanti quante le possibili scelte per u, v e c, cioè $6 \cdot 7 \cdot \varphi(49) = 6^2 \cdot 7^2$.

62. (i) Consideriamo l'applicazione φ

$$\mathsf{S}_n \longrightarrow \mathsf{S}_{n+2}$$
$$\sigma \longmapsto \begin{cases} \sigma & \text{se } \sigma \text{ è pari} \\ \sigma \circ (n+1, n+2) & \text{se } \sigma \text{ è dispari.} \end{cases}$$

dove stiamo considerando σ come un elemento di S_{n+2} che permuta gli elementi $1, 2, \ldots, n$.

Visto che ogni $\sigma \in \mathsf{S}_n$, pensato come elemento di S_{n+2}, commuta con $(n+1, n+2)$ è facile provare che φ è un omomorfismo. Inoltre φ è iniettivo in quanto $\varphi(\sigma)|_{\{1, 2, \ldots, n\}} = \sigma$. Infine l'immagine di φ è contenuta in A_{n+2} per come φ è costruito.

Sia ora G un gruppo di ordine n. Per il Teorema di Cayley sappiamo che S_n contiene un sottogruppo H isomorfo a G; allora $\varphi(H)$ è un sottogruppo di A_{n+2} isomorfo a G.

(ii) Per costruire un sottogruppo di A_{35} isomorfo a D_{35} dobbiamo trovare degli elementi $\rho, \sigma \in A_{35}$ che verificano: $\mathrm{ord}(\rho) = 35$, $\mathrm{ord}(\sigma) = 2$ e $\sigma \rho \sigma^{-1} = \rho^{-1}$.

Sia $\rho = (1, 2, \ldots, 7)(8, 9, \ldots, 12)$, un elemento di ordine 35 in A_{35}. Abbiamo $\rho^{-1} = (7, 6, \ldots, 1)(12, 11, \ldots, 8)$ e quindi la permutazione

$$\sigma = (1, 7)(2, 6)(3, 5)(8, 12)(9, 11)(13, 14)$$

è pari, ha ordine 2 e $\sigma \rho \sigma^{-1} = \psi_\sigma(\rho) = \rho^{-1}$. Quindi ρ e σ verificano le proprietà richieste e generano un sottogruppo di A_{35} isomorfo a D_{35}.

63. Per calcolare la cardinalità di A dobbiamo contare quanti automorfismi φ di G possiamo costruire ponendo la condizione $\varphi(0, 1) = (0, 1)$.

Un automorfismo con questa proprietà è completamente determinato dall'immagine di $(1, 0)$, diciamo (a, b). L'ordine di $(1, 0)$ è p^2 e quindi anche l'ordine di (a, b) deve essere p^2. Questa condizione è equivalente a $a \not\equiv 0 \pmod{p}$ e quindi abbiamo $p(p - 1)$ possibile scelte per a e p per b. Vediamo che, per ogni tale coppia (a, b), le assegnazioni $(1, 0) \longmapsto (a, b)$, $(0, 1) \longmapsto (0, 1)$ si estendono ad un automorfismo di G; cioè facciamo vedere che $\varphi(x, y) = (ax, bx + y)$ è ben definita, è un omomorfismo ed è iniettiva, e quindi anche suriettiva.

Se $x' \equiv x \pmod{p^2}$ e $y' \equiv y \pmod{p}$ allora $(ax', bx' + y') = (ax, bx + y)$ e quindi φ è ben definita. Se abbiamo $\varphi(x, y) = (0, 0)$, cioè $(ax, bx + y) = (0, 0)$. Allora $x = 0$ visto che a è primo con p, quindi abbiamo anche $y = 0$. Questo prova che φ è iniettiva.

L'applicazione φ è un omomorfismo in quanto è ben definita ed è un'estensione dai generatori. Possiamo quindi concludere che $|A| = p^2(p - 1)$.

Per calcolare l'indice di A in $\mathrm{Aut}(G)$ procediamo come segue. Il gruppo $\mathrm{Aut}(G)$ agisce su G e il sottogruppo A è lo stabilizzatore dell'elemento $(0, 1)$ per quest'azione. Allora $[\mathrm{Aut}(G) : A] = |\mathrm{Aut}(G)|/|A|$ è la cardinalità dell'orbita di $(0, 1)$.

Vediamo quindi in quali elementi possiamo mandare $(0, 1)$ con un automorfismo di G. L'ordine di $(0, 1)$ è p e quindi anche la sua immagine deve avere ordine p. Osserviamo che il sottogruppo $\langle (p, 0) \rangle$ è uguale a $p \cdot G$ ed è quindi caratteristico; questo significa che l'immagine di $(0, 1)$ non può avere la seconda coordinata nulla.

Consideriamo le assegnazioni $(1, 0) \longmapsto (1, 0)$, $(0, 1) \longmapsto (pa, b)$ con $b \neq 0$ e vediamo che esse possono essere estese ad un automorfismo di G. Sia quindi $\varphi(x, y) = (x + pay, by)$.

Per prima cosa si prova che φ è ben definita come sopra. Inoltre φ è iniettiva: $(x + pay, by) = (0, 0)$ implica che $y = 0$, visto che $b \neq 0$, e quindi anche $x = 0$. Infine φ è un omomorfismo perché è ben definito ed è un'estensione dai generatori.

Allora l'orbita di $(0, 1)$ è formata da tutti gli elementi del tipo (pa, b) con $b \neq 0$. Tale orbita ha quindi $p(p - 1)$ elementi. Concludiamo che $[\mathrm{Aut}(G) : A] = p(p - 1)$.

64. Vogliamo provare che si ha l'uguaglianza tra i centralizzatori se e solo se m è primo con ℓ.

Infatti se supponiamo che $(m, \ell) = 1$ allora σ^m ha ordine ℓ e quindi σ^m genera $\langle \sigma \rangle$ da cui $Z(\sigma^m) = Z(\langle \sigma^m \rangle) = Z(\langle \sigma \rangle) = Z(\sigma)$.

Sia viceversa $(m, \ell) = d > 1$. Allora sappiamo che σ^m ha come struttura in cicli $\tau_1 \cdots \tau_d$ con $\tau_1, \ldots, \tau_d$ cicli disgiunti di lunghezza ℓ/d. Ricaviamo che, ad esempio, τ_1 commuta con σ^m mentre vogliamo ora provare che non commuta con σ.

Infatti sappiamo che ogni elemento del centralizzatore di σ si scrive come $\sigma^t \eta$ con t naturale e η permutazione disgiunta da σ. Se fosse $\tau_1 = \sigma^t \eta$ allora si avrebbe $\eta = e$ in quanto τ_1 muove solo elementi mossi da σ; avremmo quindi $\tau_1 = \sigma^t$, per qualche t. Ora a sinistra vi è un solo ciclo, quindi t deve essere primo con ℓ perché altrimenti σ^t si spezza in più cicli. Ma allora σ^t è ancora un ℓ–ciclo e quindi non può essere uguale a τ_1 che è un ℓ/d–ciclo.

65. Sia G un p–gruppo con un solo sottogruppo di indice p. Proviamo prima l'asserto assumendo inoltre che G sia abeliano e supponiamo, per assurdo, G non ciclico. Allora, usando il Teorema di Struttura dei Gruppi Abeliani Finiti, troviamo che G è isomorfo ad un prodotto diretto $G_1 \times G_2$ per certi G_1 e G_2 p–gruppi non banali. Sappiamo che un p–gruppo ha sottogruppi di ogni possibile ordine e quindi, in particolare, G_1 e G_2 hanno dei sottogruppi, rispettivamente H_1 e H_2, di indice p. Allora $H_1 \times G_2$ e $G_1 \times H_2$ sono due distinti sottogruppi di indice p di G. Ciò finisce la dimostrazione per il caso abeliano.

Sia ora, per assurdo, G un p–gruppo di ordine minimale non abeliano che ha un solo sottogruppo di indice p. Sappiamo che il centro Z è non banale e quindi G/Z ha ordine strettamente minore di G e non è il gruppo banale in quanto G non è abeliano. Allora G/Z è un p–gruppo e ammette quindi un sottogruppo K di indice p.

Indicando con $\pi : G \longrightarrow G/Z$ l'omomorfismo quoziente, il sottogruppo $\pi^{-1}(K)$, avendo indice p in G, è l'unico sottogruppo di indice p in G. Allora $K = \pi(\pi^{-1}(K))$ è l'unico sottogruppo di indice p in G/Z. Quindi anche G/Z ha la proprietà del testo e, essendo di ordine strettamente minore di G, il gruppo G/Z è abeliano per la minimalità di G. Ma allora, per quanto già provato, G/Z è ciclico e quindi G abeliano, contro la nostra ipotesi.

66. (i) Se $\tau \in \mathsf{S}_n$ allora $\tau \langle \sigma \rangle \tau^{-1} = \langle \tau \sigma \tau^{-1} \rangle$ e se σ è un n–ciclo anche $\tau \sigma \tau^{-1}$ lo è. Questo prova che S_n agisce su X per coniugio.

(ii) Dobbiamo provare che per ogni coppia σ_1, σ_2 di n–cicli esiste un elemento $\tau \in A_n$ per cui $\tau \langle \sigma_1 \rangle \tau^{-1} = \langle \sigma_2 \rangle$.

Sappiamo che σ_1 e σ_2 sono coniugati per un qualche $\eta \in \mathsf{S}_n$ visto che hanno la stessa struttura in cicli. Se η è pari allora possiamo prendere $\tau = \eta$ per soddisfare la condizione precedente. Supponiamo invece che η sia dispari.

Il centralizzatore dell'n–ciclo σ_1 in S_n coincide con il sottogruppo generato da σ_1. Quindi, essendo n un numero pari, tale centralizzatore non è contenuto in A_n visto che σ_1 è dispari. Sia allora $\epsilon \in Z_{\mathsf{S}_n}(\sigma_1) \setminus A_n$ e poniamo $\tau = \eta \epsilon$.

Sicuramente τ è pari in quanto sia η che ϵ sono dispari. Inoltre $\tau \sigma_1 \tau^{-1} = \eta \epsilon \sigma_1 \epsilon^{-1} \eta^{-1} = \eta \sigma_1 \eta^{-1} = \sigma_2$ e quindi τ è un elemento di A_n che soddisfa la condizione richiesta.

(iii) Sia $\varphi : S_n \longrightarrow S(X)$ l'azione per coniugio di S_n su X. Il nucleo di φ è un sottogruppo normale di S_n. Allora per $n \geq 5$ le uniche possibilità per tale nucleo sono $\{e\}$, A_n e S_n. Quindi se il nucleo non fosse banale ci sarebbero al più 2 elementi in ogni orbita per S_n in X.

Ma, per quanto visto nella dimostrazione del punto precedente, sicuramente X è un'unica orbita per S_n e contiene $(n-1)!$ elementi. Quindi per $n \geq 5$ il nucleo è banale.

67. Sia $N = \mathbb{Z}/3\mathbb{Z} \times \mathbb{Z}3\mathbb{Z}$, $M = \mathbb{Z}/2\mathbb{Z}$ e consideriamo $G = N \rtimes M$ con azione di M su N data da $1 \cdot (a,b) = (-a,-b)$ per ogni $(a,b) \in N$. Nel seguito identificheremo N con il sottogruppo $N \times 0$ di G e M con il sottogruppo $(0,0) \times M$ di G.

Sicuramente M è un sottogruppo non normale in quanto l'azione di M su N è non banale. Inoltre N è un sottogruppo caratteristico in quanto è l'unico del suo ordine: se esistesse un altro sottogruppo N' di ordine 9 allora l'insieme $N \cdot N'$ avrebbe almeno $9 \cdot 9/3 > 18$ elementi.

Proviamo ora che $L = \mathbb{Z}/3\mathbb{Z} \times 0 \times 0$ è un sottogruppo normale non caratteristico di G. È chiaro che N è contenuto nel normalizzatore di L in quanto N è abeliano e L è un suo sottogruppo. Inoltre $1 \cdot (a,0) = (-a,0)$ e quindi anche M è contenuto nel normalizzatore di L. Allora tutto G è contenuto in questo normalizzatore e quindi L è normale.

Per far vedere che L non è caratteristico proviamo prima che l'applicazione $\varphi :$ $(a,b,c) \longmapsto (b,a,c)$ è un automorfismo di G. Si ha infatti

$$\begin{aligned}
\varphi\big((a_1,b_1,c_1)(a_2,b_2,c_2)\big) &= \varphi\big(a_1 + (-1)^{c_1}a_2, b_1 + (-1)^{c_1}b_2, c_1 + c_2\big) \\
&= \big(b_1 + (-1)^{c_1}b_2, a_1 + (-1)^{c_1}a_2, c_1 + c_2\big) \\
&= (b_1,a_1,c_1)(b_2,a_2,c_2) \\
&= \varphi(a_1,b_1,c_1)\varphi(a_2,b_2,c_2).
\end{aligned}$$

Visto che l'automorfismo φ non manda L in se stesso, L non è caratteristico.

68. Sia $\chi : G \longrightarrow \mathbb{C}^*$ un omomorfismo. Visto che $\mathbb{C}^*$ è un gruppo abeliano, il derivato G' di G è contenuto in $\mathrm{Ker}(\chi)$. In particolare

$$\begin{aligned}
\big[(1,1),(0,-1)\big] &= (1,1)(0,-1)(1,1)^{-1}(0,-1)^{-1} \\
&= (1,1)(0,-1)(-1,1)(0,-1) \\
&= (1,-1)(-1,-1) \\
&= (2,1)
\end{aligned}$$

è un elemento del nucleo di χ. Ma, essendo p primo dispari, l'elemento $(2,1)$ genera il sottogruppo $H = \mathbb{Z}/p\mathbb{Z} \times 1$ e quindi H è nel nucleo di χ. Allora l'omomorfismo χ passa al quoziente $G/H \simeq (\mathbb{Z}/p\mathbb{Z})^*$.

Viceversa ogni omomorfismo da $(\mathbb{Z}/p\mathbb{Z})^*$ in $\mathbb{C}^*$ definisce, per composizione con l'omomorfismo quoziente $G \longrightarrow G/H$, un omomorfismo da G in $\mathbb{C}^*$. Ci siamo così ricondotti a descrivere gli omomorfismi dal gruppo ciclico $(\mathbb{Z}/p\mathbb{Z})^* \simeq \mathbb{Z}/(p-1)\mathbb{Z}$ in $\mathbb{C}^*$. È chiaro che questi si ottengono mandando un generatore di $\mathbb{Z}/(p-1)\mathbb{Z}$ in una radice $(p-1)$–esima dell'unità in $\mathbb{C}$. In particolare essi sono in numero di $p-1$.

69. (i) Bisogna provare che l'applicazione $\sigma \longmapsto f_\sigma$, con $f_\sigma(x) = \sigma \cdot x$ è un omomorfismo da S_n nel gruppo delle permutazioni di Ω.

Per prima cosa osserviamo che se $x \in \mathbb{R}^n$ ha tutte le coordinate distinte, cioè è un elemento di Ω, allora lo è anche σx in quanto le coordinate di σx sono le stesse di x permutate da σ. Abbiamo così provato che f_σ è un'applicazione da Ω in Ω.

Fissiamo $\sigma, \tau \in S_n$ e $x = (x_1, \ldots, x_n) \in \Omega$. Siano $j_1, \ldots, j_n$ tali che $\tau^{-1}(h) = j_h$ per $h = 1, \ldots, n$. Allora abbiamo

$$\sigma(\tau x) = \sigma(x_{j_1}, \ldots, x_{j_n})$$
$$= (x_{j_{\sigma^{-1}(1)}}, x_{j_{\sigma^{-1}(2)}}, \ldots, x_{j_{\sigma^{-1}(n)}})$$

Ora, visto che, per $h = 1, \ldots, n$, si ha $j_{\sigma^{-1}(h)} = \tau^{-1}(\sigma^{-1}(h)) = (\sigma\tau)^{-1}(h)$, otteniamo $\sigma(\tau x) = (\sigma\tau)(x)$.

In particolare, per ogni $\sigma \in S_n$ ricaviamo che $f_{\sigma^{-1}}$ è l'inversa di f_σ e quindi f_σ è una permutazione di Ω. Questo finisce la dimostrazione che si tratta di un'azione.

[[Il gruppo S_n permuta le coordinate dei vettori, questo impone di usare σ^{-1} nella definizione. Quest'azione è, in un senso che si può rendere preciso, *duale* dell'azione di permutazione su una base di $\mathbb{R}^n$.]]

(ii) Osserviamo che gli elementi di Ω hanno tutti stabilizzatore banale in quanto le loro coordinate sono tutte distinte e quindi una permutazione diversa dall'identità non può lasciare fisso nessuno di tali elementi. Allora ogni elemento di Ω ha un'orbita di $|S_n| = n!$ elementi.

(iii) Proviamo che

$$D = \big\{(x_1, x_2, \ldots, x_n) \mid x_1 < x_2 < \cdots < x_n\big\} \subseteq \Omega$$

è un dominio fondamentale.

Infatti osserviamo che, se x è un qualunque elemento di Ω, avendo coordinate tutte distinte, possiamo permutarle in modo da metterle in ordine crescente; questo prova che esiste $\sigma \in S_n$ per cui $\sigma x \in D$.

Inoltre, un qualunque elemento $\sigma \neq e$ di S_n, permutando le coordinate di un elemento $x \in D$, lo manderà in un vettore con le coordinate non in ordine crescente e quindi non in D. Questo prova che gli elementi di D non sono coniugati tra di loro.

Mettendo insieme i due punti sopra abbiamo che per ogni elementi di Ω esiste uno ed un solo elemento di D ad esso coniugato; cioè D è un dominio fondamentale.

70. (i) Per il primo teorema di omomorfismo K è isomorfo ad un quoziente G/H di G. Visto che K è infinito e che il suo ordine coincide con l'indice di H, troviamo che H ha indice infinito in G. Ma allora, per la proprietà dell'indice finito, H deve essere un sottogruppo banale che non può che essere $\{e_G\}$. Quindi K è isomorfo a G.

(ii) Sia $K \neq \{e_G\}$ un sottogruppo di H. Allora K è anche un sottogruppo di G. Quindi, per la proprietà dell'indice finito, K ha un numero finito di laterali in G. Visto che ogni laterale in H è anche un laterale in G, anche i laterali in H sono in numero finito.

La proprietà dell'indice finito è quindi dimostrata per H.

(iii) Ogni gruppo finito ha chiaramente la proprietà dell'indice finito. Supponiamo invece che G abbia ordine infinito e dimostriamo che allora G è isomorfo a $\mathbb{Z}$.

Un elemento di ordine finito di G genera un sottogruppo finito e quindi di indice infinito in G. Concludiamo che non ci sono elementi di ordine finito in G salvo l'elemento neutro.

Dato un elemento $x \in G \setminus \{0\}$, definiamo l'intero i_x come l'indice $[G : \langle x \rangle]$ che sappiamo essere finito. Si può allora trovare $x \in G$ tale che l'indice i_x sia minimo possibile. Supponiamo, per assurdo, che $i_x > 1$, e consideriamo $y \notin \langle x \rangle$. Osserviamo che $G/\langle x \rangle$ è un gruppo finito e, se m è l'ordine di $y + \langle x \rangle$ in $G/\langle x \rangle$, allora si ha $my = nx$ per qualche intero n. Sicuramente $(m, n) = 1$, poiché se esistesse $d > 1$ con $d \mid (m, n)$, allora avremmo anche

$$d(\frac{m}{d}x - \frac{n}{d}y) = 0,$$

ossia l'elemento $mx/d - ny/d \neq 0$ avrebbe ordine finito. Ma allora si possono trovare interi s, t tali che $ms + nt = 1$.

Detto ora $z = sx + ty$, si verifica facilmente che $mz = x$ e quindi, usando che $m > 1$ e x ha ordine infinito, il sottogruppo generato da z è un sottogruppo proprio di quello generato da x, cioè $i_z < i_x$, che è impossibile. Pertanto $i_x = 1$ e quindi G è ciclico, isomorfo a $\mathbb{Z}$.

71. (i) Osserviamo che σ^2 è una permutazione pari. Allora, per nessun σ, potrà σ^2 essere uguale a $(1, 2)$ che è una permutazione dispari. L'equazione non ha quindi alcuna soluzione.

(ii) Visto che $\sigma^4 = e$, la permutazione σ si scriverà come prodotto disgiunto di 4–cicli e 2–cicli. Inoltre ogni 4–ciclo elevato al quadrato contribuisce con una coppia di 2–cicli disgiunti. Quindi, nella scrittura di σ ci potrà, e anzi ci dovrà, essere un solo 4–ciclo.

Ci sono le sole due possibilità $\tau_1 = (1, 3, 2, 4)$ e $\tau_2 = (1, 4, 2, 3)$ per tale 4–ciclo. Inoltre possiamo aggiungere a τ_1 o τ_2 quanti 2–cicli disgiunti vogliamo. Però, visto che σ è un elemento di S_{10}, ne possiamo aggiungere al massimo in numero di tre.

Contiamo quindi le soluzioni in base a quanti 2–cicli abbiamo nella scrittura di σ: le due soluzioni τ_1, τ_2 se non aggiungiamo alcun 2–ciclo; $2 \cdot \binom{6}{2} = 30$ se aggiungiamo un solo 2–ciclo; $2 \cdot \binom{6}{2} \cdot \binom{4}{2} \cdot \frac{1}{2} = 90$ se ne aggiungiamo due e, infine, $2 \cdot \binom{6}{2} \cdot \binom{4}{2} \cdot \binom{2}{2} \cdot \frac{1}{6} = 30$ se ne aggiungiamo tre.

In totale 152 soluzioni.

72. (i) L'ordine dell'elemento (x, y) di G è il minimo comune multiplo degli ordini di x in $\mathbb{Z}/3\mathbb{Z}$ e di y in $\mathbb{Z}/15\mathbb{Z}$; ne deduciamo che i possibili ordini sono $1, 3, 5$ e 15. Chiaramente solo $(0, 0)$ ha ordine 1.

Un elemento $(x, y) \neq (0, 0)$ ha ordine 3 se e solo se y appartiene all'unico sottogruppo di ordine 3 di $\mathbb{Z}/15\mathbb{Z}$. Quindi ci sono $3 \cdot 3 - 1 = 8$ elementi di ordine 3 in G.

Un elemento di ordine 5 è necessariamente del tipo $(0, y)$ con $y \neq 0$ di ordine 5 in $\mathbb{Z}/15\mathbb{Z}$; allora ci sono 4 elementi di tale ordine.

Infine un elemento (x, y) ha ordine 15 se e solo se: o y ha ordine 15 in $\mathbb{Z}/15\mathbb{Z}$ oppure $x \neq 0$ e y ha ordine 5 in $\mathbb{Z}/5\mathbb{Z}$. Quindi ci sono $3 \cdot \varphi(15) = 24$ elementi del primo tipo e $2 \cdot 4 = 8$ del secondo tipo. In totale abbiamo 32 elementi di ordine 15 in G.

(ii) Sia $\varphi : G \longrightarrow \mathbb{Z}/10\mathbb{Z}$ un omomorfismo e siano $e_1 = (1, 0)$ e $e_2 = (0, 1)$.

Osserviamo che $\mathrm{ord}(e_1) = 3$ e $\mathrm{ord}(e_2) = 15$. Allora, visto che per ogni g in G si ha $o(\varphi(g)) \mid (\mathrm{ord}(g), 10)$, abbiamo che $\mathrm{ord}(\varphi(e_1)) = 1$ e $\mathrm{ord}(\varphi(e_2)) = 1$ oppure $\mathrm{ord}(\varphi(e_2)) = 5$.

Nel primo caso $\varphi(e_1) = 0$, $\varphi(e_2) = 0$ e quindi per ogni a, b si ha $\varphi(a, b) = a\varphi(e_1) + b\varphi(e_2) = 0$, che è chiaramente un omomorfismo.

Per il secondo caso notiamo che $\mathbb{Z}/10\mathbb{Z}$ ha quattro elementi di ordine 5 che sono le classi modulo 10 del tipo $2n$ con $1 \leq n \leq 4$, quindi $\varphi(e_2) = 2n$ con $1 \leq n \leq 4$. Visto che, se esiste, φ è un omomorfismo ne deduciamo $\varphi(a, b) = a\varphi(e_1) + b\varphi(e_2) = 2bn$.

È facile provare che per ogni n un tale φ è effettivamente un omomorfismo

$$\begin{aligned} \varphi\big((a, b) + (c, d)\big) &= \varphi(a + c, b + d) \\ &= 2n(b + d) \\ &= 2nb + 2nd \\ &= \varphi(a, b) + \varphi(c, d). \end{aligned}$$

Abbiamo quindi determinato tutti i possibili omomorfismi tra i due gruppi.

73. Indichiamo con G il gruppo del testo, sia $f(x) = ax + b$ un elemento di G e calcoliamo la cardinalità del centralizzatore $Z(f)$ di f in G.

Se $g = cx + d \in Z(f)$ allora, visto che $(f \circ g)(x) = a(cx + d) + b = acx + ad + b$ e $(g \circ f)(x) = c(ax + b) + d = acx + bc + d$, deve essere $ad + b = bc + d$, cioè $(1 - a)d = (1 - c)b$ in $\mathbb{Z}/7\mathbb{Z}$. Distinguiamo vari casi. ① Se $a = 1$, $b = 0$, allora chiaramente $Z(f) = G$. ② Se invece $a = 1$ e $b \neq 0$ allora $Z(f) = \{x + d \mid d \in \mathbb{Z}/7\mathbb{Z}\}$. ③ Infine se $a \neq 1$ allora $Z(f) = \{cx + (1 - a)^{-1}(1 - c)b \mid c \in (\mathbb{Z}/7\mathbb{Z})^*\}$.

La cardinalità della classe coniugata di f in G è data dall'indice del centralizzatore di f, allora vi è una sola classe coniugata con un elemento. Inoltre gli elementi del tipo $x + b$ con $b \neq 0$ sono tutti coniugati tra di loro visto che essi sono i soli con centralizzatore di 7 elementi, che la cardinalità del centralizzatore è invariante per coniugio e che essi sono in numero di $6 = 42/7$.

Allora anche gli elementi del tipo $ax + b$ con $a \neq 1$ devono avere coniugati dello stesso tipo e, visto che sono in numero di 35 e che ogni classe coniugata di questo sottoinsieme deve avere $42/6 = 7$ elementi, essi formano in particolare 5 classi coniugate.

Concludiamo che G ha $1 + 1 + 5 = 7$ classi coniugate.

74. (i) Sia n_5 il numero dei 5–Sylow di un gruppo G di ordine $5^2 \cdot 13$. Allora n_5 è congruo a 1 modulo 5 e deve dividere 13, non può che essere $n_5 = 1$. Allo stesso modo sia n_{13} il numero dei 13–Sylow, allora n_{13} è congruo a 1 modulo 13 e deve dividere 5^2 e quindi anche $n_{13} = 1$.

Se H è un 5–Sylow e K è un 13–Sylow, H e K sono normali in G, hanno ordini rispettivamente 5^2 e 13 e quindi $G \simeq H \times K$.

Inoltre H è un gruppo abeliano in quanto ha ordine un quadrato di un primo e anche K è abeliano in quanto è ciclico. In conclusione G è abeliano e vi sono quindi due sole possibilità per G: $\mathbb{Z}/5\mathbb{Z} \times \mathbb{Z}/5\mathbb{Z} \times \mathbb{Z}/13\mathbb{Z}$ e $\mathbb{Z}/25\mathbb{Z} \times \mathbb{Z}/13\mathbb{Z}$.

(ii) Osserviamo che $\mathrm{Aut}(\mathbb{Z}/11\mathbb{Z})$ è isomorfo a $(\mathbb{Z}/11\mathbb{Z})^*$, un gruppo ciclico con 10 elementi. In particolare 4 ha ordine 5 in $(\mathbb{Z}/11\mathbb{Z})^*$ in quanto $4^5 = 2^{10} \equiv 1 \pmod{11}$ e quindi l'automorfismo $\mathbb{Z}/11\mathbb{Z} \ni a \overset{\alpha}{\longmapsto} 4a \in \mathbb{Z}/11\mathbb{Z}$ ha ordine 5 in $\mathrm{Aut}(\mathbb{Z}/11\mathbb{Z})$.

Ne segue che l'applicazione $\mathbb{Z}/5\mathbb{Z} \ni b \overset{\varphi}{\longmapsto} \alpha^b \in \mathrm{Aut}(\mathbb{Z}/11\mathbb{Z})$ è ben definita e non banale. Allora il gruppo $(\mathbb{Z}/11\mathbb{Z} \rtimes_\varphi \mathbb{Z}/5\mathbb{Z}) \times \mathbb{Z}/5\mathbb{Z}$ è non abeliano e ha ordine $5^2 \cdot 11$.

75. Dimostriamo che per ogni $\varphi \in \mathrm{Aut}(D_8)$ l'applicazione F_φ è una permutazione di X. Infatti, se $C \in X$ è la classe di coniugio di $x \in G$, abbiamo $\varphi(C) = \{\varphi(g)\varphi(x)\varphi(g)^{-1} \mid g \in G\}$ e, poiché φ è suriettiva, $\varphi(C)$ è la classe di coniugio di $\varphi(x)$. Inoltre, sempre in virtù del fatto che φ è suriettiva, l'applicazione F_φ è suriettiva, e, analogamente, essendo φ iniettiva, anche F_φ è iniettiva.

Dimostriamo ora che F definisce un'azione, ossia che è un omomorfismo. Infatti per φ, ψ automorfismi di D_8 e C una classe di coniugio, si ha

$$
\begin{aligned}
F_{\varphi \circ \psi}(C) &= (\varphi \circ \psi)(C) \\
&= \varphi(\psi(C)) \\
&= F_\varphi(F_\psi(C)) \\
&= (F_\varphi \circ F_\psi)(C).
\end{aligned}
$$

Fissando l'usuale presentazione di D_8 con generatori r, s e relazioni $r^8 = s^2 = e$ e $sr = r^{-1}s$, le classi di coniugio di D_8 sono

$$
\begin{aligned}
R_0 &= \{e\}, \\
R_1 &= \{r, r^{-1}\}, \\
R_2 &= \{r^2, r^{-2}\}, \\
R_3 &= \{r^3, r^{-3}\}, \\
R_4 &= \{r^4\}, \\
S_0 &= \{s, sr^2, sr^4, sr^{-2}\}, \\
S_1 &= \{sr, sr^3, sr^{-3}, sr^{-1}\}.
\end{aligned}
$$

Ogni automorfismo manderà R_0 in sé in quanto manda l'elemento neutro in sé. Allora manderà anche R_4 in R_4 visto che R_4 è l'unica altra classe di coniugio con un solo elemento. Inoltre anche R_2 viene mandata in sé stessa, in quanto essa può essere caratterizzata come l'insieme degli elementi di ordine 4. Invece gli elementi di R_1 e di R_3, che costituiscono tutti gli elementi di ordine 8, possono essere scambiati tramite l'automorfismo estensione di $r \longmapsto r^3$, $s \longmapsto s$. Allo stesso modo, S_0 e S_1, che costituiscono tutti gli elementi di ordine 2 al di fuori del centro $\{e, r^4\}$, possono essere scambiate tramite l'automorfismo definito da $r \longmapsto r$, $r \longmapsto rs$.

Concludiamo che l'azione considerata di Aut(D_8) su X ha le seguenti orbite: $\{R_0\}$, $\{R_2\}$, $\{R_4\}$, $\{R_1, R_3\}$, $\{S_0, S_1\}$.

[[Le conclusioni della prima parte, con la stessa dimostrazione, sono vere per qualsiasi gruppo e non solo per D_8.]]

76. Vogliamo provare che i numeri primi cercati sono: 2, 3, 5 e tutti i primi congrui ad 1 modulo 5.

È chiaro che esistono sicuramente i due gruppi abeliani non isomorfi $\mathbb{Z}/5\mathbb{Z} \times \mathbb{Z}/5\mathbb{Z} \times \mathbb{Z}/p\mathbb{Z}$ e $\mathbb{Z}/25\mathbb{Z} \times \mathbb{Z}/p\mathbb{Z}$ di ordine $25p$. Se riusciamo a costruire un altro gruppo non abeliano di questo ordine, allora il primo p ha la proprietà richiesta.

Premettiamo un'osservazione che useremo ripetutamente in seguito. Se G è un gruppo e q è un primo che divide l'ordine di Aut(G) allora, per il Teorema di Cauchy, esiste un elemento φ di Aut(G) di ordine q e possiamo costruire il prodotto semidiretto $G \rtimes \mathbb{Z}/q\mathbb{Z}$ rispetto all'omomorfismo definito per estensione da $1 \longmapsto \varphi$. Essendo tale omomorfismo non banale, il prodotto semidiretto costruito non è abeliano.

Visto che Aut($\mathbb{Z}/5\mathbb{Z} \times \mathbb{Z}/5\mathbb{Z}$) $\simeq$ GL$_2(\mathbb{F}_5)$ ha cardinalità $(5^2 - 1)(5^2 - 5) = 2^5 \cdot 3 \cdot 5$, per l'osservazione precedente i primi 2, 3 e 5 hanno la proprietà richiesta. Se invece $p \equiv 1 \pmod 5$ allora 5 divide $p - 1$ che è l'ordine di Aut($\mathbb{Z}/p\mathbb{Z}$) $\simeq$ $(\mathbb{Z}/p\mathbb{Z})^*$. Quindi esiste un gruppo $\mathbb{Z}/5\mathbb{Z} \times (\mathbb{Z}/p\mathbb{Z} \rtimes \mathbb{Z}/5\mathbb{Z})$ non abeliano e p ha la proprietà richiesta.

Sia ora G un qualsiasi gruppo di ordine $25p$, vogliamo provare che se p non è 2, 3 o 5 e non è congruo ad 1 modulo 5 allora G è abeliano. Questo finirà la dimostrazione del nostro asserto visto che per $p \neq 5$ ci sono, modulo isomorfismo, solo i due gruppi abeliani riportati all'inizio.

Sia n_5 il numero dei 5–Sylow di G. Abbiamo che $n_5 \equiv 1 \pmod 5$ e n_5 divide p. Quindi $n_5 = 1$ o $n_5 = p$. Nel secondo caso si avrebbe $p \equiv 1 \pmod 5$, che stiamo escludendo, e quindi non resta che $n_5 = 1$. Abbiamo quindi provato che esiste un solo sottogruppo H di ordine 25 in G; in particolare H è normale.

Sia n_p il numero dei p–Sylow di G. Abbiamo che $n_p \equiv 1 \pmod p$ e n_p divide 25. Quindi le possibilità sono: $n_p = 1$, $n_p = 5$ o $n_p = 25$. Se $n_p = 5$ allora da $5 \equiv 1 \pmod p$ segue $p = 2$ che è escluso; allo stesso modo se $n_p = 25$ allora da $25 \equiv 1 \pmod p$ segue $p = 2$ o $p = 3$, entrambi casi esclusi. Non resta allora che $n_p = 1$, cioè esiste un solo sottogruppo K di ordine p in G; in particolare K è normale.

Per quanto provato abbiamo $G \simeq H \times K$ ed essendo $|H| = 25$ e $|K| = p$ sia H che K sono gruppi abeliani. Concludiamo che anche G è abeliano, come dovevamo.

77. Il gruppo $\mathbb{Z}/6\mathbb{Z} \times \mathbb{Z}/2\mathbb{Z}$ è abeliano, quindi ogni omomorfismo φ da A_4 in tale gruppo passa all'abelianizzato A_4/A_4', dove A_4' è il sottogruppo derivato di A_4.

Osserviamo ora che $\big[(1, 2, 3), (1, 2, 4)\big] = (1, 2, 3)(1, 2, 4)(1, 2, 3)^{-1}(1, 2, 4)^{-1}$ $= (1, 2)(3, 4) \in A_4'$ ed essendo il sottogruppo derivato normale, abbiamo che tutti i $2 + 2$–cicli sono in A_4' visto che essi sono coniugati in A_4. Quindi A_4' contiene il sottogruppo di Klein

$$K = \{e, (1, 2)(3, 4), (1, 3)(2, 4), (1, 4)(2, 3)\};$$

inoltre il quoziente A_4/K ha cardinalità 3 ed è quindi isomorfo a $\mathbb{Z}/3\mathbb{Z}$, in particolare un gruppo abeliano. Questo prova che A_4' è anche contenuto in K e ci permette
di concludere $A_4' = K$.

Possiamo quindi dire che ogni omomorfismo $\varphi : A_4 \longrightarrow \mathbb{Z}/6\mathbb{Z} \times \mathbb{Z}/2\mathbb{Z}$ passa
al quoziente $\overline{\varphi} : A_4/K \simeq \mathbb{Z}/3\mathbb{Z} \longrightarrow \mathbb{Z}/6\mathbb{Z} \times \mathbb{Z}/2\mathbb{Z}$. Osserviamo infine che il ciclo
$(1, 2, 3)$ non è in K e quindi possiamo prendere $(1, 2, 3)K$ come generatore del
quoziente A_4/K.

L'elemento $(1, 2, 3)K$ ha ordine 3 in A_4/K, allora $\varphi(1, 2, 3) = \overline{\varphi}((1, 2, 3)K)$
avrà ordine 1 o 3 in $\mathbb{Z}/6\mathbb{Z} \times \mathbb{Z}/2\mathbb{Z}$, cioè $\varphi(1, 2, 3) = (2a, 0)$ per $a = 0, 1, 2$. Abbiamo quindi in tutto 3 omomorfismi ed essi sono determinati dall'immagine di
$(1, 2, 3)$ e mandano chiaramente K in $(0, 0)$.

78. Sia G un gruppo di ordine 52. Se G è abeliano allora, a meno di isomorfismo,
abbiamo le due possibilità $\mathbb{Z}/4\mathbb{Z} \times \mathbb{Z}/13\mathbb{Z} \simeq \mathbb{Z}/52\mathbb{Z}$ e $\mathbb{Z}/2\mathbb{Z} \times \mathbb{Z}/2\mathbb{Z} \times \mathbb{Z}/13\mathbb{Z}$.
Supponiamo invece nel seguito che G non sia abeliano.

Se n è il numero dei 13–Sylow allora $n \equiv 1 \pmod{13}$ e n divide 4, e quindi
l'unica possibilità è $n = 1$, cioè vi è un unico 13–Sylow K ed esso è normale.
Ovviamente $K \simeq \mathbb{Z}/13\mathbb{Z}$.

Supponiamo ora che *non* ci siano elementi di ordine 4 in G e sia H un fis-
sato 2–Sylow; necessariamente H è isomorfo a $\mathbb{Z}/2\mathbb{Z} \times \mathbb{Z}/2\mathbb{Z}$. Visto poi che
$K \cap H = e$ e $|H||K| = 52$, il gruppo G è isomorfo ad un prodotto semidiretto
$K \rtimes H \simeq \mathbb{Z}/13\mathbb{Z} \rtimes_\varphi (\mathbb{Z}/2\mathbb{Z} \times \mathbb{Z}/2\mathbb{Z})$. Stiamo assumendo che G non sia abeliano,
quindi l'applicazione $\varphi : \mathbb{Z}/2\mathbb{Z} \times \mathbb{Z}/2\mathbb{Z} \longrightarrow \mathrm{Aut}(\mathbb{Z}/13\mathbb{Z}) \simeq (\mathbb{Z}/13\mathbb{Z})^* \simeq \mathbb{Z}/12\mathbb{Z}$
che definisce il prodotto semidiretto, non è banale, cioè non manda tutti gli elementi
in $0 \in \mathbb{Z}/12\mathbb{Z}$.

In $\mathbb{Z}/12\mathbb{Z}$ c'è il solo elemento 6 di ordine 2, avremo quindi $\varphi(1, 0) = 6$ o
$\varphi(0, 1) = 6$ o entrambe. In ogni caso φ ha nucleo non banale, infatti nel caso
$\varphi(1, 0) = 6$ e $\varphi(0, 1) = 6$ si ha $\varphi(1, 1) = 6 + 6 = 0$. Quindi G è isomorfo a
$(K \rtimes \mathbb{Z}/2\mathbb{Z}) \times \mathbb{Z}/2\mathbb{Z} \simeq D_{13} \times \mathbb{Z}/2\mathbb{Z}$, dove l'ultimo isomorfismo vale in quanto il
prodotto semidiretto è univocamente definito perché $1 \in \mathbb{Z}/2\mathbb{Z}$ andrà in $6 \in \mathbb{Z}/12\mathbb{Z}$.
Abbiamo quindi concluso che, a meno di isomorfismo, c'è un solo G non abeliano
senza elementi di ordine 4.

Supponiamo ora che G abbia un elemento di ordine 4. Allora il 2–Sylow H
è isomorfo a $\mathbb{Z}/4\mathbb{Z}$, avremo sempre un prodotto semidiretto $K \rtimes H \simeq \mathbb{Z}/13\mathbb{Z} \rtimes_\varphi$
$\mathbb{Z}/4\mathbb{Z}$ con $1 \in \mathbb{Z}/4\mathbb{Z}$ che può andare in 3, 6 o 9 in $\mathbb{Z}/12\mathbb{Z} \simeq \mathrm{Aut}(\mathbb{Z}/13\mathbb{Z})$ attraverso
la applicazione φ che definisce il prodotto semidiretto.

Le alternative 3 e $9 = -3$ danno gruppi isomorfi, ci basta infatti scambiare h con
h^{-1} in H per avere l'isomorfismo. Consideriamo quindi solo i casi 3 e 6.

Vogliamo vedere che le due possibilità definiscono gruppi non isomorfi. Infatti
un elemento $(e, h) \in K \rtimes_\varphi H = G$ è nel centro di G se e solo se $h \in \mathrm{Ker}(\varphi)$. Ma
nel caso $\varphi(1) = 3$ questo nucleo è banale mentre nel caso $\varphi(1) = 6$ l'elemento 2 di
$\mathbb{Z}/4\mathbb{Z}$ è nel nucleo.

Concludiamo che ci sono quindi in tutto 5 classi di isomorfismo di gruppi con 52
elementi.

79. Determiniamo innanzitutto i sottogruppi ciclici di ordine 6. Essi sono generati
da un elemento di ordine 6, quindi necessariamente una permutazione con struttura

in cicli $(a, b, c)(d, e)$. Le permutazioni di questo tipo sono $\binom{5}{3} \cdot 2 = 20$ e sono tutte coniugate fra loro; pertanto anche i sottogruppi da esse generati sono coniugati. Poiché ogni sottogruppo ciclico di ordine 6 contiene due permutazioni di questo tipo, il numero dei sottogruppi ciclici, tutti tra loro coniugati, è uguale a $20/2 = 10$.

I sottogruppi isomorfi a S_3 contengono una permutazione di ordine 3, quindi necessariamente un ciclo (a, b, c), e tre permutazioni di ordine 2, che devono stare nel normalizzatore di (a, b, c), ma non nel suo centralizzatore perché altrimenti si otterrebbe un gruppo abeliano e quindi ciclico. Abbiamo due alternative per le tre permutazioni

① (a, b), $(a, b)(a, b, c) = (b, c)$ e $(a, b)(a, c, b) = (a, c)$;

② $(a, b)(d, e)$, $(a, b)(d, e)(a, b, c) = (b, c)(d, e)$ e $(a, b)(d, e)(a, c, b) = (a, c)(d, e)$.

Nel caso ① si ottiene il sottogruppo che permuta i tre numeri a, b, c e lascia fissi d, e. Ci sono $\binom{5}{3} = 10$ di questi sottogruppi, tutti fra loro coniugati.

Nel caso ② si ottengono sempre sottogruppi isomorfi ad S_3, ma che non lasciano fisso alcun numero. Anche questi sono 10, dipendono, come i precedenti, dalla scelta dell'insieme $\{a, b, c\}$ e sono fra loro tutti coniugati: infatti se

$$\sigma = \begin{pmatrix} a & b & c & d & e \\ a' & b' & c' & d' & e' \end{pmatrix}$$

si ha $\sigma \langle (a, b, c), (a, b)(d, e) \rangle \sigma^{-1} = \langle (a', b', c'), (a', b')(d', e') \rangle$.

In conclusione ci sono $10 + 10 + 10 = 30$ sottogruppi di ordine 6 divisi in tre classi di coniugio di 10 gruppi ognuna.

80. (i) Supponiamo, per assurdo, che la cardinalità del centro sia q, ossia che il centro sia uguale al q–sottogruppo di Sylow Q, che allora è unico e normale. Sia ora Z_P il centro del p–Sylow P, che sappiamo essere non banale. Allora Z_P commuta con tutti gli elementi di P e con tutti gli elementi di Q, quindi con $PQ = G$, ossia Z_P è contenuto nel centro di G. Ma questo è impossibile perché abbiamo supposto che il centro abbia cardinalità q e l'ordine di Z_p, che è una potenza di p, non divide tale ordine.

(ii) Se $p > q$, allora $q \not\equiv 1 \pmod{p}$ e quindi vi è un solo p–Sylow visto che, per il Teorema di Sylow, il numero di tali sottogruppi deve dividere q ed essere congruo ad 1 modulo p. Ovviamente, essendo unico, il p–Sylow è normale. Dunque in questo caso G non è semplice.

Supponiamo ora $p < q$ e sia Q un q–Sylow. Se Q non è un sottogruppo normale di G, allora il numero n dei sottogruppi coniugati a Q deve essere un divisore di p^3 diverso da 1 e deve essere congruo ad 1 modulo q.

Non si può avere $n = p$, in quanto $p < q + 1$, e $q + 1$ è il più piccolo numero maggiore di 1 e congruo a 1 modulo q.

Non si può avere $n = p^2$, in quanto da $p^2 \equiv 1 \pmod{q}$ ricaveremmo $q \mid p^2 - 1 = (p - 1)(p + 1)$, impossibile perché $q > p + 1$.

Supponiamo, infine che sia $n = p^3$. Allora ci sono p^3 sottogruppi distinti di ordine q; essi si intersecano a due a due nel solo elemento neutro. Questi danno luogo ad un insieme X di $p^3(q-1) = p^3q - p^3$ elementi di ordine q. Ne segue che ogni p–sottogruppo di Sylow deve essere contenuto in $G \setminus X$; ma siccome questi due insiemi hanno la stessa cardinalità, essi devono coincidere. Quindi esiste un solo p–Sylow, che dunque è normale: di nuovo, G non è semplice.

81. (i) L'elemento $r = (1,2,3)(4,5,6,7)$ di S_7 ha ordine 12, l'elemento $s = (1,2)(4,7)(5,6)$ di S_7 ha ordine 2 ed è tale che $sr = r^{-1}s$. Pertanto il sottogruppo $\langle r, s \rangle$ di S_7 è isomorfo a D_{12}.

(ii) Un sottogruppo isomorfo a D_{12} deve contenere un elemento di ordine 12. Gli elementi di ordine 12 di S_7 devono essere necessariamente uguali al prodotto di un ciclo di lunghezza 3 per un ciclo di lunghezza 4 disgiunto dal precedente. Infatti l'ordine di una permutazione è uguale al minimo comune multiplo delle lunghezze dei suoi cicli disgiunti, e quindi almeno uno dei cicli deve avere lunghezza multipla di 3 e almeno uno deve avere lunghezza multipla di 4, lasciando questa sola possibilità.

Ma una tale permutazione è dispari, quindi non esistono sottogruppi di A_7 isomorfi a D_{12}.

82. Per ogni $a \in \mathbb{Z}/3\mathbb{Z}$, φ_a induce una permutazione degli elementi di $\mathcal{H}$: infatti, tramite un automorfismo, un sottogruppo di ordine 7 viene mandato in un sottogruppo di ordine 7, questa applicazione è iniettiva visto che un automorfismo è iniettivo, ed è quindi anche suriettiva visto che $\mathcal{H}$ è finito.

Osserviamo ora che ogni $H \in \mathcal{H}$ è ciclico e, posto $\sigma = (1,2,3) \in S_3$, se $H = \langle (x_1, x_2, x_3) \rangle$ allora, per ogni $a, b \in \mathbb{Z}/3\mathbb{Z}$, si ha

$$
\begin{aligned}
\varphi_{a+b}(H) &= \varphi_{a+b}\big(\langle (x_1, x_2, x_3) \rangle\big) \\
&= \langle \big(x_{\sigma^{a+b}(1)}, x_{\sigma^{a+b}(2)}, x_{\sigma^{a+b}(3)}\big) \rangle \\
&= \varphi_a\big(\langle (x_{\sigma^b(1)}, x_{\sigma^b(2)}, x_{\sigma^b(3)}) \rangle\big) \\
&= (\varphi_a \circ \varphi_b)\big(\langle (x_1, x_2, x_3) \rangle\big) \\
&= (\varphi_a \circ \varphi_b)(H)
\end{aligned}
$$

e pertanto φ induce un omomorfismo da $\mathbb{Z}/3\mathbb{Z}$ in $S(\mathcal{H})$. Questo finisce la dimostrazione che abbiamo un'azione su $\mathcal{H}$.

Ogni sottogruppo di ordine 7 possiede esattamente $\varphi(7) = 6$ elementi di ordine 7 e due sottogruppi distinti si intersecano solo nell'elemento neutro; ci sono quindi $(7^3 - 1)/(7 - 1) = 57$ elementi in $\mathcal{H}$. Il gruppo che agisce ha ordine 3, le orbite possono allora avere o 1 o 3 elementi.

Un'orbita ha un solo elemento se e solo se $\langle (x, y, z) \rangle = \langle \varphi_1(x, y, z) \rangle$, ossia se e solo se $(y, z, x) = a(x, y, z)$ per qualche $a \in (\mathbb{Z}/7\mathbb{Z})^*$. Ma poiché $\varphi_1^3 = \mathrm{Id}_{\mathcal{H}}$, si deve avere $a^3 = 1$, ossia a è 1, 2 o 4. Questi tre casi danno luogo ai tre sottogruppi $\langle (1,1,1) \rangle$, $\langle (1,2,4) \rangle$, $\langle (1,4,2) \rangle$. Gli altri 54 sottogruppi si suddividono in 18 orbite con 3 elementi ciascuna, quindi il numero totale di orbite è $3 + 18 = 21$.

[Visto che $(\mathbb{Z}/7\mathbb{Z})^3$ è uno spazio vettoriale di dimensione 3 su $\mathbb{F}_7$, l'esercizio studia l'azione di permutazione sulle rette indotta dalla permutazione delle coordinate.

L'applicazione lineare φ_1 è una rotazione con asse $\mathbb{F}_7 \cdot (1, 1, 1)$ che ha però 3 poli corrispondenti alle tre radici terze dell'unità in $\mathbb{F}_7$.]

83. (i) Dimostriamo che $Z(G) = \{((a, a, a), e) \mid a \in \mathbb{Z}/p\mathbb{Z}\}$.

Innanzitutto osserviamo che, se $((x_1, x_2, x_3), \sigma)$ appartiene al centro di G, allora σ appartiene al centro di S_3, in quanto nel prodotto semidiretto la seconda coordinata del prodotto di due elementi è il prodotto delle seconde coordinate degli elementi. Quindi necessariamente σ è uguale all'elemento neutro, visto che S_3 ha centro banale.

Inoltre

$$((x_1, x_2, x_3), e) \cdot ((0, 0, 0), \sigma) = ((x_1, x_2, x_3), \sigma),$$

mentre

$$((0, 0, 0), \sigma) \cdot ((x_1, x_2, x_3), e) = ((x_{\sigma^{-1}(1)}, x_{\sigma^{-1}(2)}, x_{\sigma^{-1}(3)}), \sigma),$$

per cui se $((x_1, x_2, x_3), e)$ appartiene al centro di G necessariamente $x_1 = x_2 = x_3$. D'altra parte, gli elementi del tipo $((a, a, a), e)$ commutano sia con gli elementi del tipo $((x_1, x_2, x_3), e)$, in quanto $(\mathbb{Z}/p\mathbb{Z})^3$ è abeliano, sia con gli elementi del tipo $((0, 0, 0), \sigma)$ per quanto appena visto, da cui la tesi.

(ii) Identifichiamo $(\mathbb{Z}/p\mathbb{Z})^3$ con il sottogruppo $(\mathbb{Z}/p\mathbb{Z})^3 \times e$ e osserviamo per prima cosa che i sottogruppi ovvi, cioè il solo elemento neutro e tutto $(\mathbb{Z}/p\mathbb{Z})^3$, sono certamente normali.

Il gruppo $(\mathbb{Z}/p\mathbb{Z})^3$ è uno spazio vettoriale di dimensione 3 su $\mathbb{F}_p$, i suoi sottogruppi coincidono con i sottospazi vettoriali. Un sottogruppo è normale, pensato come sottogruppo di G, se e solo se è invariante per ogni permutazione delle coordinate.

In particolare, un sottogruppo di ordine p, corrispondente ad una retta su $\mathbb{F}_p$, è generato da un vettore (x_1, x_2, x_3) non nullo ed è normale se e solo se $x_1 = x_2 = x_3$. In questo caso si ottiene il centro del gruppo di G.

Consideriamo ora un sottogruppo di ordine p^2, cioè un sottospazio di dimensione 2. I suoi elementi sono le soluzioni di un'equazione non nulla $ax_1 + bx_2 + cx_3 = 0$. Se il sottogruppo è normale, questa equazione deve essere invariante per permutazioni delle coordinate, essa è quindi equivalente a $x_1 + x_2 + x_3 = 0$. Vi è quindi un unico sottogruppo normale di ordine p^2 in G, esso è $\{((x_1, x_2, x_3), e) \mid x_1 + x_2 + x_3 = 0\}$.

84. (i) Sia G' il gruppo con presentazione come nel testo. L'assegnazione $\widetilde{x} \longmapsto x$, $\widetilde{y} \longmapsto y$ da G' in G si estende ad un omomorfismo in quanto le relazioni che definiscono G' sono verificate da x e y in G. Tale omomorfismo è suriettivo in quanto i generatori x e y di G sono nell'immagine. Inoltre, usando le relazioni di G', è chiaro che ogni elemento di questo gruppo può essere scritto come $\widetilde{x}^a \widetilde{y}^b$ con $0 \leq a \leq 6$ e $0 \leq b \leq 2$ e quindi G' ha al più 21 elementi. Ma G ha 21 elementi e, esistendo un omomorfismo suriettivo $G' \longrightarrow G$, troviamo che G' ha 21 elementi e l'omomorfismo è iniettivo e, anzi, è un isomorfismo.

(ii) Dal Teorema di Sylow, il numero di 7–Sylow di G è congruo ad 1 modulo 7 e divide $21/7 = 3$; allora vi è un unico 7–Sylow e chiaramente esso è il sottogruppo generato da x che è, in particolare, caratteristico. Allora un elemento $x^a y^b$ ha ordine 1 se $a = b = 0$, ha ordine 7 se $a \neq 0$ e $b = 0$ e ha ordine 3 altrimenti, cioè se $b \neq 0$.

Siano ora $\overline{x} = x^u$, per qualche $1 \leq u \leq 6$, e $\overline{y} = x^a y^b$, per qualche $0 \leq a \leq 6$ e $1 \leq b \leq 2$. Le condizioni imposte su u, a e b sono equivalenti a chiedere che $\overline{x}$ abbia ordine 7 e che $\overline{y}$ abbia ordine 3. Se vogliamo che le assegnazioni $x \longmapsto \overline{x}$, $y \longmapsto \overline{y}$ si estendano ad un omomorfismo di G è necessario e sufficiente imporre anche che $\overline{y}\,\overline{x} = \overline{x}^2\,\overline{y}$. Svolgendo i calcoli, abbiamo

$$\overline{y}\,\overline{x} = x^a y^b x^u = x^{a+2^b u} y^b$$

$$\overline{x}^2\,\overline{y} = x^{a+2u} y^b$$

e otteniamo la condizione $b \equiv 1 \pmod 3$ visto che 2 ha ordine 3 in $(\mathbb{Z}/7\mathbb{Z})^*$, cioè $b = 1$

Osserviamo ora che ogni omomorfismo costruito come sopra è in realtà suriettivo visto che l'immagine contiene l'elemento $\overline{x}$ di ordine 7 e l'elemento $\overline{y}$ di ordine 3 e quindi ha ordine divisibile per 21, cioè è G. Abbiamo quindi costruito tutti gli automorfismi e troviamo $|\mathrm{Aut}(G)| = 6 \cdot 7 = 42$ perché ci sono 6 scelte per u, 7 scelte per a e una sola scelta per b.

(iii) Come provato nel punto precedente, il sottogruppo $\langle x \rangle$ è caratteristico e abbiamo un omomorfismo $\mathrm{Aut}(G) \ni \varphi \longmapsto \varphi_{|\langle x \rangle} \in \mathrm{Aut}(\langle x \rangle)$. Il nucleo di questo omomorfismo è il sottogruppo $\{\varphi \in \mathrm{Aut}(G) \mid \varphi(x) = x\}$ che è quindi normale. Il suo ordine è 7 in quanto i suoi elementi sono tutti gli automorfismi del punto precedente con $u = 1$.

(iv) Non tutti gli automorfismi sono interni in quanto $42 = |\mathrm{Aut}(G)| > |G| = 21$ mentre $\mathrm{Int}(G)$ è un quoziente di G.

⟦Il gruppo G del testo è isomorfo a qualsiasi prodotto semidiretto non abeliano $\mathbb{Z}/7\mathbb{Z} \rtimes \mathbb{Z}/3\mathbb{Z}$; questa realizzazione concreta può essere usata per una soluzione alternativa essenzialmente equivalente.⟧

85. (i) L'ordine di G è 16, quindi i suoi sottogruppi possono avere ordine 1, 2, 4, 8 e 16; chiaramente solo $\{(0, 0)\}$ ha ordine 1 e solo G ha ordine 16. Nel seguito useremo ripetutamente il Teorema di Struttura dei Gruppi Abeliani Finiti per dividere i sottogruppi in classi di isomorfismo.

I sottogruppi di ordine 2 sono tanti quanti gli elementi di ordine 2, cioè quanti gli elementi di $4\mathbb{Z}/8\mathbb{Z} \times \mathbb{Z}/2\mathbb{Z}$ tranne $(0, 0)$ e quindi 3.

Un sottogruppo di ordine 4 può essere ciclico o isomorfo a $\mathbb{Z}/2\mathbb{Z} \times \mathbb{Z}/2\mathbb{Z}$. Nel primo caso basta contare gli elementi di ordine 4, che sono contenuti in $2\mathbb{Z}/8\mathbb{Z} \times \mathbb{Z}/2\mathbb{Z}$ e quindi sono 4, e dividere per $\varphi(4) = 2$, in quanto ogni gruppo ciclico di ordine 4 contiene 2 elementi di ordine 4. Ci sono quindi 2 sottogruppi ciclici di ordine 4 in G.

Vi è invece un solo sottogruppo del secondo tipo perché G ha esattamente 3 elementi di ordine 2, tanti quanti $\mathbb{Z}/2\mathbb{Z} \times \mathbb{Z}/2\mathbb{Z}$.

Un gruppo di ordine 8 ciclico contiene $\varphi(8) = 4$ elementi di ordine 8 ed è generato da ogni tale elemento. In G gli elementi di ordine 8 sono quelli con prima coordinate ± 1, ± 3 e sono quindi in numero di 8, ci sono allora 2 sottogruppi ciclici di ordine 8.

Un gruppo di ordine 8 isomorfo a $\mathbb{Z}/4\mathbb{Z} \times \mathbb{Z}/2\mathbb{Z}$ ha solo elementi di ordine divisore di 4. Gli elementi di G con questa proprietà costituiscono il sottogruppo $2\mathbb{Z}/8\mathbb{Z} \times \mathbb{Z}/2\mathbb{Z}$, che è isomorfo a $\mathbb{Z}/4\mathbb{Z} \times \mathbb{Z}/2\mathbb{Z}$ ed è quindi l'unico sottogruppo di questo tipo.

Infine G non ha alcun sottogruppo di ordine 8 isomorfo a $(\mathbb{Z}/2\mathbb{Z})^3$ perché non ci sono 7 elementi di ordine 2 in G.

(ii) Abbiamo visto che G ha un unico sottogruppo isomorfo a $\mathbb{Z}/2\mathbb{Z} \times \mathbb{Z}/2\mathbb{Z}$, esso è necessariamente caratteristico. I sottogruppi ciclici di ordine 4 sono $\langle (2, 0) \rangle$, $\langle (2, 1) \rangle$. Inoltre $\langle (2, 0) \rangle = 2G$ che è quindi caratteristico perché per ogni $\varphi \in \mathrm{Aut}(G)$ vale $\varphi(2G) = 2\varphi(G) = 2G$. Di conseguenza anche $\langle (2, 1) \rangle$ è caratteristico perché ha come possibile immagine attraverso un automorfismo solo se stesso.

86. (i) Esiste in S_n un sottogruppo isomorfo a D_{15} se e solo se esistono $\rho, \sigma \in \mathsf{S}_n$ tali che $\mathrm{ord}(\rho) = 15$, $\mathrm{ord}(\sigma) = 2$ e $\sigma\rho = \rho^{-1}\sigma$. Infatti, usando l'usuale presentazione $\langle r, s \mid r^{15} = s^2 = e, \ sr = r^{-1}s \rangle$ per D_{15}, si vede subito che queste condizioni sono necessarie e, d'altra parte, se questi elementi esistono, le assegnazioni $r \longmapsto \rho$, $s \longmapsto \sigma$ si estendono ad un isomorfismo $\mathsf{D}_{15} \longrightarrow \langle \rho, \sigma \rangle \subseteq \mathsf{S}_n$.

La condizione che S_n contenga un elemento di ordine 15 dà $n \geq 8$ perché l'ordine di una permutazione è il minimo comune multiplo delle lunghezze dei suoi cicli disgiunti.

Vediamo che $n = 8$ funziona. Infatti, scegliamo come ρ la permutazione $(1, 2, 3, 4, 5)(6, 7, 8)$ e come σ il $2 + 2 + 2$–ciclo $(1, 5)(2, 4)(6, 8)$ che ha ordine 2 e manda ρ in ρ^{-1} per coniugio.

(ii) Come sopra $n \geq 8$ per avere una permutazione ρ di ordine 15. Mostriamo però che A_8 *non* ha sottogruppi isomorfi a D_{15}.

A meno di rinumerare gli elementi, possiamo supporre

$$\rho = (1, 2, 3, 4, 5)(6, 7, 8)$$

perché solo i $5 + 3$–cicli hanno ordine 15 in S_8. Cerchiamo quindi ora una permutazione σ di ordine 2 per cui $\sigma\rho\sigma^{-1} = \rho^{-1}$. Avendo fissato l'azione per coniugio di σ su ρ, l'insieme delle soluzioni di questa equazione è la classe laterale $(1, 5)(2, 4)(6, 8)Z(\rho)$ del centralizzatore di ρ in S_n.

Ma la classe coniugata di ρ ha

$$\binom{8}{5} \cdot 4! \cdot \binom{3}{3} \cdot 2! = 8!/15$$

elementi e quindi $|Z(\rho)| = 15$ da cui $Z(\rho) = \langle \rho \rangle$. Allora essendo ρ pari e $(1, 5)(2, 4)(6, 8)$ dispari, la classe laterale $(1, 5)(2, 4)(6, 8)Z(\rho)$ ha solo permutazioni dispari. Non esiste quindi $\sigma \in \mathsf{A}_8$ che verifichi la condizione richiesta e A_8 non ha alcun sottogruppo isomorfo a D_{15}.

Alla stessa conclusione giungiamo per $n = 9$ in quanto la struttura in cicli di ρ deve ancora essere $5 + 3$, il centralizzatore di un $5 + 3$–ciclo è generato dal ciclo e quindi non esistono σ pari con la proprietà $\sigma\rho\sigma^{-1} = \rho^{-1}$.

Per $n = 10$ possiamo invece prendere $\rho = (1, 2, 3, 4, 5)(6, 7, 8)$, come sopra, e $\sigma = (1, 5)(2, 4)(6, 8)(9, 10)$. Concludiamo che il minimo cercato è 10.

87. Dalla relazione $3 = \text{ord}(\sigma^4) = \text{ord}(\sigma)/(\text{ord}(\sigma), 4)$ otteniamo che

$$3 \mid \text{ord}(\sigma) \mid 12$$

e quindi σ può avere ordine 3, 6 o 12. Da questo segue che in σ compaiono solo 2, 3, 4 e 6–cicli, visto che non esistono 12–cicli in S_{10}, e inoltre almeno un 3–ciclo o un 6–ciclo appare. Consideriamo due casi.

① Se in σ compare un 6–ciclo, diciamo (a, b, c, d, e, f), allora necessariamente $\sigma = (a, b, c, d, e, f)\tau$ con $\tau \in S(\{7, 8, 9, 10\}) \simeq S_4$ disgiunta dal 6–ciclo, $\tau^4 = e$ e

$$(a, b, c, d, e, f)^2 = (a, c, e)(b, d, f) = (1, 2, 3)(4, 5, 6).$$

Osserviamo che in S_4 solo i 3–cicli non hanno per ordine un divisore di 4, le possibilità per τ sono quindi $24 - 8 = 16$.

Inoltre, senza perdita di generalità possiamo assumere $a = 1$, e quindi $c = 2$ e $e = 3$, mentre per b abbiamo le tre possibilità 4, 5 o 6, con d e f univocamente determinati da b. In tutto quindi 3 scelte per il 6–ciclo in σ e, in conclusione, $3 \cdot 16 = 48$ scelte per questo caso.

② Se in σ non compare alcun 6–ciclo allora necessariamente $\sigma = (1, 2, 3)(4, 5, 6)\tau$ con $\tau \in S(\{7, 8, 9, 10\}) \simeq S_4$ disgiunta dai due 3–cicli e $\tau^4 = e$. Quindi, come già visto sopra, in questo caso abbiamo 16 possibilità per τ.

In tutto le soluzioni dell'equazione sono $48 + 16 = 64$.

88. Sia G un gruppo di ordine 2013, fattorizziamo 2013 come $3 \cdot 11 \cdot 61$ e indichiamo, come al solito, con n_p il numero di p–sottogruppi di Sylow di G. Allora, usando il Teorema di Sylow, $n_{11} \equiv 1 \pmod{11}$ e n_{11} divide $3 \cdot 61$, quindi $n_{11} = 1$. Le condizioni analoghe per n_{61} forzano ad avere anche $n_{61} = 1$. Invece da $n_3 \equiv 1 \pmod 3$ e $n_3 \mid 11 \cdot 61$ ricaviamo $n_3 = 1$ o $n_3 = 61$. Distinguiamo due casi.

① Se $n_3 = 1$ allora esiste un solo 3–Sylow, un solo 11–Sylow e un solo 61–Sylow, inoltre chiaramente ogni Sylow è ciclico. Allora i tre sottogruppi sono normali e G è isomorfo al loro prodotto diretto, cioè a $\mathbb{Z}/3\mathbb{Z} \times \mathbb{Z}/11\mathbb{Z} \times \mathbb{Z}/61\mathbb{Z}$ e quindi è un gruppo ciclico di ordine 2013.

② Se invece $n_3 = 61$ allora G non è abeliano, in quanto i 3–Sylow sono tra loro coniugati e distinti. Abbiamo ancora un solo 11–Sylow, isomorfo a $\mathbb{Z}/11\mathbb{Z}$ e normale in G, e un solo 61–Sylow, isomorfo a $\mathbb{Z}/61\mathbb{Z}$ e anch'esso normale in G. Allora, fissato un 3–Sylow H, tale sottogruppo agisce sull'11–Sylow e sul 61–Sylow. Ma $\text{Aut}(\mathbb{Z}/11\mathbb{Z}) \simeq (\mathbb{Z}/11\mathbb{Z})^*$ è un gruppo ciclico di ordine 10, quindi H agisce banalmente sull'11–Sylow visto che 3 non divide 10.

Da quanto dimostrato deduciamo che G è isomorfo a $\mathbb{Z}/11\mathbb{Z} \times (\mathbb{Z}/61\mathbb{Z} \rtimes \mathbb{Z}/3\mathbb{Z})$. Ma ora il secondo fattore è un gruppo, non abeliano per quanto assunto, di ordine $3 \cdot 61$ e sappiamo che vi è una sola classe di isomorfismo di gruppi non abeliani di questo ordine.

In conclusione: un gruppo di ordine 2013 può essere o ciclico, cioè isomorfo a $\mathbb{Z}/2013\mathbb{Z}$, o isomorfo ad un unico fissato prodotto $\mathbb{Z}/11\mathbb{Z} \times (\mathbb{Z}/3\mathbb{Z} \rtimes \mathbb{Z}/61\mathbb{Z})$ non abeliano.

[Anche se non richiesto, è facile provare che $(-1 + \sqrt{-3})/2 = 13$ è una radice terza primitiva di 1 in $\mathbb{F}_{61}$ e quindi l'assegnazione $1 \longmapsto (n \longmapsto 13n)$ si estende ad un omomorfismo $\mathbb{Z}/3\mathbb{Z} \longrightarrow \text{Aut}(\mathbb{Z}/61\mathbb{Z})$ che realizza un prodotto semidiretto non abeliano $\mathbb{Z}/61\mathbb{Z} \rtimes \mathbb{Z}/3\mathbb{Z}$.]

89. Osserviamo che il sottogruppo normale $\text{Int}(S_3)$ di $\text{Aut}(S_3)$ è isomorfo ad S_3 in quanto S_3 ha centro banale, ed anzi è uguale ad $\text{Aut}(S_3)$ visto che gli automorfismi di S_3 permutano l'insieme con 3 elementi dei 2–cicli e che tale insieme è un sistema di generatori per S_3. Allora $H = \text{Int}(S_3) \times \text{Int}(S_3)$ è un sottogruppo di $\text{Aut}(S_3 \times S_3)$ isomorfo a $S_3 \times S_3$.

Sia ora s l'automorfismo $(\sigma, \tau) \longmapsto (\tau, \sigma)$ di $S_3 \times S_3$; chiaramente $K = \langle s \rangle$ ha ordine 2 e interseca H solo su Id.

Vogliamo ora dimostrare che $KH = \text{Aut}(S_3 \times S_3)$. Da ciò seguirà, in particolare, che H ha indice 2 ed è quindi normale, da cui concludiamo $\text{Aut}(S_3 \times S_3) \simeq H \rtimes K \simeq (S_3 \times S_3) \rtimes \mathbb{Z}/2\mathbb{Z}$ come richiesto.

Sia $\varphi \in \text{Aut}(S_3 \times S_3)$. Gli elementi di ordine 6 di $S_3 \times S_3$ sono tutte e sole le coppie formate da un 2–ciclo e un 3–ciclo in qualche ordine. Quindi, se σ è un 2–ciclo e τ è un 3–ciclo, allora o $\varphi(\sigma, \tau)$ o $(s \circ \varphi)(\sigma, \tau)$ è ancora una coppia (σ', τ') con σ' un 2–ciclo e τ' un 3–ciclo. Visto il nostro intento possiamo supporre che siamo nel primo caso e dimostrare che $\varphi \in H$.

Infatti abbiamo $\varphi(\sigma, e) = \varphi((\sigma, \tau)^3) = (\varphi(\sigma, \tau))^3 = (\sigma', \tau')^3 = (\sigma', e)$. Ma, come già ricordato sopra, i 2–cicli sono dei generatori per S_3 e quindi $\varphi(S_3 \times e) = S_3 \times e$. Allo stesso modo $\varphi(e \times S_3) = e \times S_3$.

Indichiamo ora con π_1, π_2 le proiezioni di $S_3 \times S_3$ sui due fattori e consideriamo le applicazioni $\varphi_1 : \eta \longmapsto \pi_1(\varphi(\eta, e))$ e $\varphi_2 : \eta \longmapsto \pi_2(\varphi(e, \eta))$. Da quanto appena dimostrato segue che $\varphi = (\varphi_1, \varphi_2) \in \text{Aut}(S_3) \times \text{Aut}(S_3) = \text{Int}(S_3) \times \text{Int}(S_3) = H$.

90. Indicato con $Z(\sigma)$ il centralizzatore di σ e con $\mathcal{C}\ell(\sigma)$ la classe di coniugio di σ in S_{10}, cioè l'insieme dei $2 + 2 + 3$–cicli, abbiamo

$$|Z(\sigma)| = \frac{|S_{10}|}{|\mathcal{C}\ell(\sigma)|} = \frac{10!}{\binom{10}{2} \cdot \binom{8}{2} \cdot \frac{1}{2} \cdot \binom{6}{3} 2!} = 144$$

in quanto $Z(\sigma)$ è lo stabilizzatore e $\mathcal{C}\ell(\sigma)$ l'orbita per l'azione di coniugio di S_{10} su se stesso.

Sappiamo che tutti i cicli che compongono σ e tutte le permutazioni disgiunte da σ commutano con σ perché commutano con ogni suo ciclo. Allora $(1, 2)$, $(3, 4)$, $(5, 6, 7)$ e $S(\{8, 9, 10\})$ sono in $Z(\sigma)$. Inoltre le permutazioni ora indicate commutano tra di loro e il gruppo da esse generato ha allora cardinalità $2 \cdot 2 \cdot 3 \cdot 3! = 72$ ed è quindi di indice 2 in $Z(\sigma)$.

La permutazione $(1, 3)(2, 4)$, che non è nel sottogruppo di $Z(\sigma)$ ora considerato, è sicuramente in $Z(\sigma)$ in quanto, per coniugio, scambia $(1, 2)$ e $(3, 4)$ mentre fissa $(5, 6, 7)$. Allora $Z(\sigma)$ è generato da $(1, 2)$, $(3, 4)$, $(13)(24)$, $(5, 6, 7)$ e $S(\{8, 9, 10\})$.

Osserviamo inoltre che

$$Z(\sigma) = \big(Z(\sigma) \cap S(\{1,2,3,4\})\big) \cdot \big(Z(\sigma) \cap S(\{5,6,7\})\big) \cdot S(\{8,9,10\}),$$

questi tre fattori commutano tra loro e il primo è generato da $(1,2)$, $(3,4)$ e $(13)(24)$ mentre il secondo è generato da $(5,6,7)$.

Sia ora $H = \langle \sigma, \tau \rangle$; chiaramente $Z_{S_{10}}(H) = Z(\sigma) \cap Z(\tau)$, vediamo quindi quali permutazioni di $Z(\sigma)$, già descritte in precedenza, commutano con τ. Dato che $\tau = (1,2) \cdot e \cdot (8,9,10) \in S(\{1,2,3,4\}) \cdot S(\{5,6,7\}) \cdot S(\{8,9,10\})$, basta controllare i singoli fattori in cui abbiamo decomposto $Z(\sigma)$. Per le permutazioni in $Z(\sigma) \cap S(\{1,2,3,4\})$ solo il sottogruppo, di ordine 4, generato da $(1,2)$ e $(3,4)$ commuta con τ; tutte e tre le permutazioni in $Z(\sigma) \cap S(\{5,6,7\})$ commutano con τ; infine solo le tre permutazioni generate da $(8,9,10)$ sono in $Z(\tau)$.

In conclusione $Z_{S_{10}}(H)$ è generato da $(1,2)$, $(3,4)$, $(5,6,7)$ e $(8,9,10)$.

[Anche se non richiesto, da quanto visto sopra, segue subito che $Z(\sigma) \simeq D_4 \times \mathbb{Z}/3\mathbb{Z} \times S_3$ visto che $(1,2)$, $(3,4)$ e $(1,2,3,4)$ generano un sottogruppo isomorfo a D_4 di $S(\{1,2,3,4\}) \simeq S_4$. Analogamente $Z(\langle \sigma, \tau \rangle)$ è isomorfo a $(\mathbb{Z}/2\mathbb{Z})^2 \times (\mathbb{Z}/3\mathbb{Z})^2$.]

91. Per il Teorema di Struttura dei Gruppi Abeliani Finiti esistono due gruppi abeliani di ordine 20: $\mathbb{Z}/4\mathbb{Z} \times \mathbb{Z}/5\mathbb{Z} \simeq \mathbb{Z}/20\mathbb{Z}$, ciclico, e $\mathbb{Z}/2\mathbb{Z} \times \mathbb{Z}/2\mathbb{Z} \times \mathbb{Z}/5\mathbb{Z}$, non ciclico. Supponiamo quindi nel seguito che G non sia abeliano.

Grazie al Teorema di Sylow, il numero dei 5–Sylow di G deve essere congruo ad 1 modulo 5 e dividere 4; l'unica possibilità è quindi che ci sia un solo 5–Sylow, esso è allora normale ed è chiaramente isomorfo a $\mathbb{Z}/5\mathbb{Z}$.

I 2–Sylow di G possono essere isomorfi a $\mathbb{Z}/4\mathbb{Z}$ o a $\mathbb{Z}/2\mathbb{Z} \times \mathbb{Z}/2\mathbb{Z}$, distinguiamo questi due casi.

① Supponiamo che i 2–Sylow siano ciclici. Allora G è isomorfo al prodotto semidiretto $\mathbb{Z}/5\mathbb{Z} \rtimes_\varphi \mathbb{Z}/4\mathbb{Z}$ rispetto ad un omomorfismo $\varphi : \mathbb{Z}/4\mathbb{Z} \longrightarrow \mathrm{Aut}(\mathbb{Z}/5\mathbb{Z}) \simeq (\mathbb{Z}/5\mathbb{Z})^*$. Abbiamo allora quattro prodotti semidiretti G_a, per $a \in (\mathbb{Z}/5\mathbb{Z})^*$, definiti dagli omomorfismi φ_a estensioni di $\mathbb{Z}/4\mathbb{Z} \ni 1 \longmapsto (n \longmapsto an) \in \mathrm{Aut}(\mathbb{Z}/5\mathbb{Z})$. L'automorfismo φ_1 è l'identità e quindi G_1 è abeliano, cosa che stiamo escludendo; nel seguito consideriamo quindi $a \neq 1$.

L'operazione in G_a è

$$(n, u)(m, v) = (n + a^u m, u + v);$$

da ciò, con facili calcoli, segue che G_2 e G_3 hanno centro banale mentre $(0,2) \in Z(G_4)$. Ciò dimostra che G_4 non è isomorfo a G_1 né a G_3.

Come è facile provare usando che $3 = 2^{-1}$ in $(\mathbb{Z}/5\mathbb{Z})^*$, le assegnazioni $(1,0) \longmapsto (1,0)$ e $(0,1) \longmapsto (0,-1)$ si estendono ad un isomorfismo $G_2 \longrightarrow G_3$.

Concludiamo che ci sono 2 classi di isomorfismo di gruppi non abeliani di ordine 20 con 2–Sylow ciclico.

② Supponiamo ora che i 2–Sylow siano isomorfi a $\mathbb{Z}/2\mathbb{Z} \times \mathbb{Z}/2\mathbb{Z}$ e sia $\varphi : \mathbb{Z}/2\mathbb{Z} \times \mathbb{Z}/2\mathbb{Z} \longrightarrow \mathrm{Aut}(\mathbb{Z}/5\mathbb{Z})$ un omomorfismo non banale. Esso manderà esattamente due dei tre elementi di ordine 2 di $\mathbb{Z}/2\mathbb{Z} \times \mathbb{Z}/2\mathbb{Z}$ in -1, l'unico elemento di ordine 2 in $(\mathbb{Z}/5\mathbb{Z})^*$. Ma sappiamo che gli automorfismi di $\mathbb{Z}/2\mathbb{Z} \times \mathbb{Z}/2\mathbb{Z}$ permutano transitivamente gli elementi di ordine 2, vi è allora una sola classe di isomorfismo per un prodotto semidiretto non abeliano $\mathbb{Z}/5\mathbb{Z} \rtimes (\mathbb{Z}/2\mathbb{Z} \times \mathbb{Z}/2\mathbb{Z})$.

In conclusione abbiamo cinque gruppi di ordine 20 a meno di isomorfismo, uno è ciclico, uno è abeliano non ciclico e tre sono non abeliani.

92. (i) Dati due omomorfismi $\varphi \in \operatorname{Hom}(A, C)$ e $\psi \in \operatorname{Hom}(B, C)$, è immediato provare che l'applicazione

$$A \oplus B \ni (x, y) \overset{\varphi \oplus \psi}{\longmapsto} \varphi(x) + \psi(y) \in C$$

è un omomorfismo. Possiamo quindi considerare

$$\operatorname{Hom}(A, C) \oplus \operatorname{Hom}(B, C) \ni (\varphi, \psi) \overset{\alpha}{\longmapsto} \varphi \oplus \psi \in \operatorname{Hom}(A \oplus B, C).$$

Verifichiamo che α è un omomorfismo. Per $\varphi, \varphi' \in \operatorname{Hom}(A, C)$, $\psi, \psi' \in \operatorname{Hom}(B, C)$ e $a \in A$, $b \in B$ abbiamo infatti

$$
\begin{aligned}
\alpha\big((\varphi, \psi) + (\varphi', \psi')\big)(a, b) &= \alpha(\varphi + \varphi', \psi + \psi')(a, b) \\
&= (\varphi + \varphi')(a) + (\psi + \psi')(b) \\
&= \varphi(a) + \varphi'(a) + \psi(b) + \psi'(b) \\
&= \varphi(a) + \psi(b) + \varphi'(a) + \psi'(b) \\
&= \alpha(\varphi, \psi)(a, b) + \alpha(\varphi', \psi')(a, b) \\
&= \big(\alpha(\varphi, \psi) + \alpha(\varphi', \psi')\big)(a, b)
\end{aligned}
$$

e quindi $\alpha\big((\varphi, \psi) + (\varphi', \psi')\big) = \alpha(\varphi, \psi) + \alpha(\varphi', \psi')$.

Il nucleo di α è dato dalle coppie (φ, ψ) per cui $\varphi(a) + \psi(b) = 0$ per ogni $a \in A$ e $b \in B$. Ma allora per $b = 0$ otteniamo $\varphi(a) = 0$ per ogni $a \in A$, cioè $\varphi = 0$ e, analogamente, $\psi = 0$. Ciò prova che α è iniettiva.

Inoltre α è anche suriettiva in quanto se $\gamma \in \operatorname{Hom}(A \oplus B, C)$ allora $\gamma(a, b) = \gamma\big((a, 0) + (0, b)\big) = \gamma(a, 0) + \gamma(0, b)$ e quindi $\gamma = \alpha(\varphi, \psi)$ dove φ e ψ sono definiti da $\varphi(a) = \gamma(a, 0)$, per ogni $a \in A$, e $\varphi(b) = \gamma(0, b)$, per ogni $b \in B$.

Possiamo quindi concludere che α è un isomorfismo tra i gruppi $\operatorname{Hom}(A, C) \oplus \operatorname{Hom}(B, C)$ e $\operatorname{Hom}(A \oplus B, C)$.

(ii) Dal Teorema di Struttura dei Gruppi Abeliani Finiti, G è isomorfo a $\oplus_{i=1}^{r} \mathbb{Z}/d_i\mathbb{Z}$ per certi $d_1, d_2, \ldots, d_r$ divisori di n, quindi per il punto (i) vale

$$\operatorname{Hom}(G, \mathbb{Z}/n\mathbb{Z}) \simeq \oplus_{i=1}^{r} \operatorname{Hom}(\mathbb{Z}/d_i\mathbb{Z}, \mathbb{Z}/n\mathbb{Z});$$

basta quindi dimostrare che se $d \mid n$ si ha $\operatorname{Hom}(\mathbb{Z}/d\mathbb{Z}, \mathbb{Z}/n\mathbb{Z}) \simeq \mathbb{Z}/d\mathbb{Z}$.

Sappiamo che un omomorfismo da $\mathbb{Z}/d\mathbb{Z}$ è completamente determinato dall'immagine di 1 e che questa può essere un qualsiasi elemento di $\mathbb{Z}/n\mathbb{Z}$ di ordine che divide d. Ne segue che $|\operatorname{Hom}(\mathbb{Z}/d\mathbb{Z}, \mathbb{Z}/n\mathbb{Z})| = d$, e tale gruppo è ciclico in quanto l'applicazione $\varphi \longmapsto \varphi(1)$ lo immerge nel gruppo ciclico $\mathbb{Z}/n\mathbb{Z}$. Questo dimostra quanto richiesto.

93. Sappiamo che un gruppo di ordine 8 è isomorfo a uno dei seguenti gruppi: $\mathbb{Z}/8\mathbb{Z}$, $\mathbb{Z}/4\mathbb{Z} \times \mathbb{Z}/2\mathbb{Z}$, $\mathbb{Z}/2\mathbb{Z} \times \mathbb{Z}/2\mathbb{Z} \times \mathbb{Z}/2\mathbb{Z}$, il diedrale D_4 e il gruppo Q_8 delle unità dei quaternioni. Vediamo quale di questi è isomorfo ad un sottogruppo di S_6.

Sicuramente S_6 non ha sottogruppi isomorfi a $\mathbb{Z}/8\mathbb{Z}$ in quanto S_6 non ha elementi di ordine 8.

Le permutazioni $(1,2,3,4)$ e $(5,6)$ commutano, allora il sottogruppo che esse generano è isomorfo a $\langle(1,2,3,4)\rangle \times \langle(5,6)\rangle$ e quindi a $\mathbb{Z}/4\mathbb{Z} \times \mathbb{Z}/2\mathbb{Z}$. Analogamente il sottogruppo di S_6 generato da $(1,2)$, $(3,4)$ e $(5,6)$ è isomorfo a $(\mathbb{Z}/2\mathbb{Z})^3$.

È anche chiaro che D_4 si immerge in S_4: le isometrie del quadrato inducono permutazioni dei suoi quattro vertici e quindi resta definito un omomorfismo $D_4 \longrightarrow S_4$, sicuramente iniettivo visto che $\mathbb{R}^2$ è generato dai vertici del quadrato come spazio vettoriale su $\mathbb{R}$.

Mostriamo ora che S_6 non ha sottogruppi isomorfi al gruppo Q_8. Sappiamo che $Q_8 = \{\pm 1, \pm i \pm j \pm k\}$, con $i^4 = j^4 = k^4 = 1$ e $i^2 = j^2 = k^2 = -1$. Se S_6 avesse un sottogruppo isomorfo a Q_8 dovrebbe contenere 3 permutazioni σ, τ, ρ immagine rispettivamente di i, j, k e quindi di ordine 4, che generano sottogruppi diversi, e tali che $\sigma^2 = \tau^2 = \rho^2 = \gamma$ con γ di ordine 2. Le permutazioni di ordine 2 sono prodotto di trasposizioni e tra queste quelle che sono quadrati sono solo quelle con struttura $2 + 2$ perché devono essere pari. A meno di coniugio, possiamo quindi assumere $\gamma = (1,2)(3,4)$.

Ma l'equazione $x^2 = (1,2)(3,4)$ in S_6 ha come soluzioni solo $(1,3,2,4)$ e il suo inverso e $(1,3,2,4)(5,6)$ e il suo inverso. Da questo segue che in S_6 non esistono 3 permutazioni σ, τ, ρ con le proprietà cercate e quindi S_6 non ha sottogruppi isomorfi a Q_8.

94. Sia G un gruppo di ordine p^4, allora il centro $|Z(G)|$ di G non è banale perché G è un p–gruppo e non può avere ordine p^3 perché altrimenti $G/Z(G)$ sarebbe ciclico e sappiamo che ciò non è possibile. Allora $Z(G)$ può avere ordine p^4, p^2 o p. Distinguiamo questi casi.

① Se $|Z(G)| = p^4$, il gruppo G è abeliano, e quindi per ogni divisore del suo ordine ha almeno un sottogruppo di ordine il divisore; in particolare ha almeno un sottogruppo, ovviamente abeliano, di ordine p^3.

② Sia $|Z(G)| = p^2$ e sia g un elemento non nel centro $Z(G)$, allora il centralizzatore $Z(g)$ contiene sia g che $Z(G)$, ma non è tutto G perché $g \notin Z(G)$. Ne segue che $|Z(g)| = p^3$ e tale gruppo è sicuramente abeliano perché il suo centro contiene sia g che $Z(G)$.

③ Supponiamo infine che $|Z(G)| = p$. Per la Formula delle Classi abbiamo $|G| = |Z(G)| + \sum_{g \in \mathcal{R}} |G|/|Z(g)|$, dove $\mathcal{R}$ è un sistema di rappresentanti per le classi di coniugio non nel centro. Osserviamo che per ogni $g \in \mathcal{R}$ si ha sicuramente $|Z(g)| > p$ in quanto $Z(g)$ contiene $Z(G)$ e anche g che non è in $Z(G)$; inoltre, sempre da $g \notin Z(G)$, si ha $|Z(g)| < p^4$. Può quindi essere o $|Z(g)| = p^2$ oppure $|Z(g)| = p^3$.

Ma se fosse $|Z(g)| = p^2$ per ogni $g \in \mathcal{R}$, allora si avrebbe $|G|/|Z(g)| = p^2$ per ogni addendo della sommatoria e la formula precedente diventerebbe $p^4 = p + |\mathcal{R}|p^2$, cosa chiaramente impossibile perché p^2 dovrebbe dividere p.

Esiste quindi un elemento g per cui $Z(g)$ ha ordine p^3. Ora tale centralizzatore $Z(g)$ è abeliano in quanto un p–gruppo non abeliano di ordine p^3 ha centro di ordine p mentre $Z(g)$ ha $Z(G)$ e g nel suo centro.

95. Un gruppo di ordine $10 = 2 \cdot 5$ può essere ciclico o isomorfo a D_5, contiamo separatamente questi due tipi di sottogruppi.

Un gruppo ciclico di ordine 10 è generato da uno dei suoi $\phi(10) = 4$ elementi di ordine 10; il numero di questi sottogruppi in S_7 è quindi dato dal numero di elementi di ordine 10 diviso per 4. Ma un elemento di S_7 ha ordine 10 se e solo se è un $5 + 2$–ciclo; il numero di tali elementi è quindi $\binom{7}{5} \cdot 4! \cdot \binom{2}{2} = 504$ e il numero di sottogruppi ciclici di ordine 10 è $504/4 = 126$.

Vogliamo ora contare i sottogruppi isomorfi a D_5 in S_7. Ogni tale sottogruppo contiene un solo sottogruppo K di ordine 5 che è necessariamente ciclico e generato da un 5–ciclo di S_7 in quanto solo i 5–cicli hanno ordine 5 in S_7. Il numero di sottogruppi ciclici di ordine 5 è dato allora dal numero dei 5–cicli, che è lo stesso dei $5 + 2$–cicli, diviso per $\phi(5) = 4$ e quindi, come prima, abbiamo 126 sottogruppi tra cui scegliere K. Nel seguito faremo vedere che, per ogni scelta di K, esistono esattamente due sottogruppi isomorfi a D_5 che contengono K; concludendo il numero di sottogruppi isomorfi a D_5 in S_7 è $126 \cdot 2 = 252$.

A meno di coniugio, possiamo scegliere $K = \langle \sigma \rangle$ con $\sigma = (1,2,3,4,5)$. Se G è un sottogruppo isomorfo a D_5 che contiene K, allora G contiene esattamente 5 elementi τ di ordine 2 per cui $\tau \sigma \tau^{-1} = \sigma^{-1}$ e, anzi, G è generato da K e da uno qualsiasi di tali τ. Possiamo quindi contare il numero di elementi τ con le proprietà appena enunciate e dividere per 5 per avere il numero dei sottogruppi G cercati.

Sia quindi τ un elemento di ordine 2 per cui $\tau \sigma \tau^{-1} = \sigma^{-1}$. Sicuramente $\tau_1 = (2,5)(3,4)$ verifica queste condizioni, ne segue che τ è un elemento della classe laterale $\tau_1 Z(\sigma)$ visto che la sua azione per coniugio su σ è fissata. Il centralizzatore $|Z(\sigma)|$ ha ordine $|S_7|/|\mathcal{Cl}(\sigma)| = 10$, ci sono dunque al più 2 sottogruppi G tra quelli cercati. Ma sicuramente $\tau_2 = (2,5)(3,4)(6,7)$, che verifica le richieste, genera con K un sottogruppo G diverso da quello generato da K e τ_1 in quanto quest'ultimo è contenuto in $S(\{1,2,3,4,5\})$ mentre il primo no. Concludiamo che ci sono esattamente 2 sottogruppi G.

96. (i) Sia H il sottogruppo di G degli elementi con prima coordinata nulla e sia $e_1 = (1,0,\ldots,0) \in G$. È chiaro che ogni $x \in G$ si scrive in modo unico come $x = ue_1 + h$, con $u \in \mathbb{Z}/p^{a_1}\mathbb{Z}$ e $h \in H$, cioè G è isomorfo a $\mathbb{Z}/p^{a_1}\mathbb{Z} \times H$.

Indichiamo con A l'insieme degli automorfismi φ per cui $\varphi_{|H} = \mathrm{Id}_H$. Un elemento φ di A è completamente determinato da $\varphi(e_1)$; sia allora $\varphi(e_1) = ve_1 + k$ per certi $v \in \mathbb{Z}/p^{a_1}\mathbb{Z}$ e $k \in H$. Se fosse $v \in p\mathbb{Z}/p^{a_1}\mathbb{Z}$ allora ogni elemento dell'immagine di φ avrebbe prima coordinata in $p\mathbb{Z}/p^{a_1}\mathbb{Z}$ e quindi φ non sarebbe un'applicazione suriettiva, cosa impossibile per un automorfismo.

Vediamo, d'altra parte, che per ogni scelta di $v \in (\mathbb{Z}/p^{a_1}\mathbb{Z})^*$ e $k \in H$, l'applicazione $\varphi : ue_1 + h \longmapsto u(ve_1 + k) + h$ è un automorfismo di G ed è, chiaramente, un elemento di A; da ciò segue che $|A| = |(\mathbb{Z}/p^{a_1}\mathbb{Z})^*| \cdot |H| = (p-1)p^{a_1-1}p^{a_2}\cdots p^{a_r} = (p-1)p^{n-1}$.

È immediato dimostrare che φ è ben definita e un omomorfismo in quanto è l'unica estensione delle assegnazioni $e_1 \longmapsto ve_1 + k$ e $h \longmapsto h$, per $h \in H$. Inoltre

$ve_1 = \varphi(e_1 - k)$ e quindi e_1, che appartiene al sottogruppo generato da ve_1 essendo v invertibile in $\mathbb{Z}/p^{a_1}\mathbb{Z}$, è nell'immagine di φ. Ma allora, visto che $H = \varphi(H)$ è nell'immagine, φ è suriettiva e quindi anche iniettiva essendo G finito.

(ii) L'insieme A del punto precedente è chiaramente un sottogruppo di $\mathrm{Aut}(G)$ e quindi p^{n-1} divide $|\mathrm{Aut}(G)|$ in quanto p^{n-1} divide $|A|$.

97. (i) Fattorizziamo 120 come $2^3 \cdot 3 \cdot 5$, per il Teorema di Sylow esiste quindi in G un sottogruppo di Sylow H di ordine 5. Se questo è normale, allora il gruppo non è semplice. Altrimenti, il numero dei suoi coniugati è un divisore di $2^3 \cdot 3 = 24$ maggiore di 1 ed è congruo a 1 modulo 5; l'unica possibilità è che il numero dei coniugati sia uguale a 6.

Allora il normalizzatore $N(H)$, che è lo stabilizzatore di H per l'azione di coniugio, ha indice 6 in G. Facciamo agire G sulle classi laterali sinistre di $N(H)$ per moltiplicazione a sinistra. Come tutte le azioni per moltiplicazione a sinistra sui laterali sinistri, questa azione non è banale in quanto transitiva.

Però il nucleo dell'azione è un sottogruppo normale di G e, visto che l'omomorfismo non è banale e G non ha sottogruppi normali diversi da G, $\{e\}$, questo nucleo deve essere uguale ad $\{e\}$. Ossia, G è isomorfo ad un sottogruppo delle permutazioni di 6 elementi, le 6 classi laterali sinistre di $N(H)$. Se l'immagine dell'azione fosse un sottogruppo di S_6 non contenuto in A_6, allora l'intersezione di questa immagine con A_6 sarebbe un sottogruppo normale dell'immagine che è isomorfa a G, ciò è escluso per ipotesi. Quindi l'immagine è contenuta in A_6 e G è isomorfo ad un sottogruppo di A_6.

(ii) La conclusione deriva dal fatto che A_6 non ha sottogruppi di ordine 120. Infatti si ha $|\mathsf{A}_6| = 360$ e dunque un sottogruppo di A_6 di ordine 120 dovrebbe avere indice 3. Ma se in un gruppo c'è un sottogruppo K di indice k, allora c'è un sottogruppo normale contenuto in K il cui indice è un divisore di $k!$. In questo caso, ci dovrebbe essere un sottogruppo normale di A_6 di indice uguale a 3 o 6. Ma A_6 è semplice e quindi non ha sottogruppi normali propri non banali.

98. Come in ogni gruppo, se una permutazione σ ha ordine m allora σ^2 ha ordine ancora m se m è dispari o ha ordine $m/2$ se m è pari. Allora si verifica facilmente che il quadrato di un k–ciclo, con $k \leq 7$, ha ordine pari se e solo se $k = 4$. Visto poi che l'ordine di una permutazione è il minimo comune multiplo delle lunghezze dei suoi cicli, le permutazione il cui quadrato ha ordine pari sono esattamente i prodotti di un 4–ciclo per una qualsiasi altra permutazione dei restanti 3 elementi. Dunque il loro numero è

$$\binom{7}{4} \cdot 3! \cdot 3! = 1260.$$

Le permutazioni cercate costituiscono l'insieme complementare, e sono quindi in numero di

$$7! - 1260 = 3780.$$

99. (i) Supponiamo, per simmetria, $p < q < r$. Per i Teoremi di Sylow, che useremo più volte anche in seguito, se un r–Sylow di G non è normale, allora deve avere un numero di coniugati maggiore di 1, divisore di pq e congruo a 1 modulo r. L'unica possibilità è dunque che il numero di coniugati sia pq, ammesso che $pq \equiv 1 \pmod{r}$. In questo caso, in G ci sono $pq(r-1)$ elementi di ordine r e dunque al massimo pq elementi il cui ordine non è multiplo di r. Consideriamo un q–Sylow: se anche questo non fosse normale, dovrebbe avere almeno $q+1$ coniugati, in quanto questo numero è congruo ad 1 modulo q, e quindi G conterrebbe almeno $(q+1)(q-1) > pq$ elementi di ordine q, e ciò è contrario a quanto sopra provato.

Pertanto almeno uno fra un r–Sylow ed un q–Sylow è un sottogruppo normale.

(ii) A meno di rinominare i primi, sia H un p–Sylow di G normale e sia $\pi : G \longrightarrow G/H$ l'omomorfismo quoziente. L'ordine di G/H è il prodotto dei due primi distinti q, r. Supponendo, per simmetria, $q < r$, G/H ha un sottogruppo normale $\overline{K}$ di ordine r e quindi, per la corrispondenza biunivoca fra sottogruppi indotta dall'omomorfismo quoziente, $\pi^{-1}(\overline{K})$ è un sottogruppo normale di G di indice q.

100. Sia A l'insieme degli elementi di G di ordine p, e dividiamo A in classi di coniugio. La classe di coniugio di un elemento $a \in A$ ha un solo elemento se $a \in Z(G)$ e un numero di elementi multiplo di p se $a \notin Z(G)$.

Quindi il problema equivale a dimostrare che il numero di elementi di A in $Z(G)$, che non è banale, è congruo a -1 modulo p. Poiché $Z(G)$ è un gruppo abeliano, l'insieme $H = \{x \in Z(G) \mid x^p = e\}$ è un sottogruppo di $Z(G)$ di ordine un divisore p^k di $|Z(G)|$, e quindi in particolare anche di $|G| = p^n$, e tale divisore non è 1 per il Teorema di Cauchy. Il sottogruppo H contiene tutti gli elementi di ordine p in $Z(G)$, più l'identità. Dunque gli elementi di ordine p in H sono $p^k - 1$, un numero congruo a -1 modulo p.

101. La classe di coniugio $\mathcal{C}\ell(\sigma)$ di una permutazione σ di S_{10} è l'insieme di tutte le permutazioni che hanno la stessa struttura in cicli e per il suo centralizzatore $Z(\sigma)$ si ha $|Z(\sigma)| = 10!/|\mathcal{C}\ell(\sigma)|$. Indicato con $Z_0(\sigma)$ il centralizzatore di σ in A_{10}, abbiamo $Z_0(\sigma) = Z(\sigma) \cap \mathsf{A}_{10}$ e quindi o $|Z_0(\sigma)| = |Z(\sigma)|$ se $Z(\sigma) \subseteq \mathsf{A}_{10}$ oppure $|Z_0(\sigma)| = |Z(\sigma)|/2$ altrimenti.

Sia ora $\tau = (1, 2, 3, 4, 5, 6, 7, 8)$ e osserviamo che $(9, 10) \in Z(\tau^k)$ per ogni k visto che $(9, 10)$ è disgiunta da τ; in particolare $Z(\tau^k)$ non è contenuto in A_{10} e quindi $|Z_0(\tau^k)| = |Z(\sigma)|/2$. Nel seguito calcoliamo dunque solo la cardinalità di $Z(\tau^k)$ al variare di k e, tal fine, distinguiamo vari casi.

① Se k è primo con 8 la permutazione τ^k è ancora un 8–ciclo, allora

$$\left| \mathcal{C}\ell(\tau^k) \right| = \binom{10}{8} \cdot 7! = \frac{10!}{16}$$

e quindi $|Z(\sigma)| = 16$.

② Se $(k, 8) = 2$ allora τ^k è un $4 + 4$–ciclo e si ha

$$\left| \mathcal{C}\ell(\tau^k) \right| = \binom{10}{4} \cdot 3! \cdot \binom{6}{4} \cdot 3! \cdot \frac{1}{2} = \frac{10!}{64}$$

e $|Z(\sigma)| = 64$.

③ Se $(k, 8) = 4$, la potenza τ^k è un $2 + 2 + 2 + 2$–ciclo e quindi

$$|\mathcal{C}\ell(\tau^k)| = \binom{10}{2} \cdot \binom{8}{2} \cdot \binom{6}{2} \cdot \binom{4}{2} \cdot \frac{1}{4!} = \frac{10!}{768}$$

da cui $|Z(\sigma)| = 768$.

④ Infine, se $(k, 8) = 8$ allora $\tau^k = e$ e chiaramente $Z(\tau) = \mathsf{S}_{10}$ di cardinalità $10!$.

102. Vogliamo dimostrare che i primi che soddisfano la condizione imposta sono $2, 3, 5$ e tutti quelli congrui ad 1 modulo 5.

Sappiamo che $(\mathbb{Z}/5\mathbb{Z})^3$ ha gruppo degli automorfismi isomorfo a $\mathsf{GL}_3(\mathbb{F}_5)$ e quindi di ordine $(5^3 - 1)(5^3 - 5)(5^3 - 5^2)$, un numero divisibile per 2, 3, 5 e 31. Allora per il Teorema di Cauchy esiste in $\mathrm{Aut}((\mathbb{Z}/5\mathbb{Z})^3)$ un elemento di ordine p, per ognuno dei quattro primi 2, 3, 5 e 31, e quindi esiste un omomorfismo non banale $\mathbb{Z}/p\mathbb{Z} \longrightarrow \mathrm{Aut}((\mathbb{Z}/5\mathbb{Z})^3)$ che ci permette di costruire un prodotto semidiretto $(\mathbb{Z}/5\mathbb{Z})^3 \rtimes \mathbb{Z}/p\mathbb{Z}$ con le proprietà richieste. Abbiamo quindi provato che 2, 3, 5 e 31 soddisfano la condizione del testo.

Sia ora p un qualsiasi primo congruo ad 1 modulo 5 e osserviamo che l'ordine di $\mathrm{Aut}(\mathbb{Z}/p\mathbb{Z}) \simeq (\mathbb{Z}/p\mathbb{Z})^*$ è divisibile per 5. Possiamo quindi costruire un omomorfismo non banale $\mathbb{Z}/125\mathbb{Z} \longrightarrow \mathrm{Aut}(\mathbb{Z}/p\mathbb{Z})$ estendendo l'assegnazione $1 \longmapsto \varphi$, con φ un elemento di ordine 5 in $\mathrm{Aut}(\mathbb{Z}/p\mathbb{Z})$ che, sempre per il Teorema di Cauchy, esiste. Analogamente a prima, il prodotto semidiretto $\mathbb{Z}/p\mathbb{Z} \rtimes \mathbb{Z}/125\mathbb{Z}$ ha un sottogruppo abeliano di ordine 125, ha ordine $125p$ e non è abeliano; quindi tutti i primi p congrui ad 1 modulo 5 verificano quanto richiesto.

Vogliamo ora dimostrare che non ci sono altri primi oltre a quelli già considerati. Sia allora G un gruppo di ordine $125p$ non abeliano con un sottogruppo di ordine 125 abeliano e con $p \neq 5$. Allora, per il Teorema di Sylow, il numero n_p di sottogruppi di ordine p è congruo ad 1 modulo p e divide 125. Le possibilità sono allora: o $n_p = 125$, e quindi $p = 2, 31$, o $n_p = 25$, e quindi $p = 2, 3$, o $n_p = 5$, e quindi $p = 2$, oppure $n_p = 1$. Possiamo quindi supporre $n_p = 1$, vi è allora un solo p–Sylow H che è dunque normale.

Consideriamo ora il numero n_5 di 5–Sylow, esso divide p e quindi abbiamo due sole possibilità $n_5 = 1$ o $n_5 = p$. Nel primo caso però l'unico 5–Sylow K, di ordine 125, sarebbe normale e quindi G dovrebbe essere isomorfo al gruppo abeliano $H \times K$, cosa impossibile perché stiamo assumendo che G non sia abeliano. Allora $n_5 = p \equiv 1 \pmod 5$ come dovevamo dimostrare.

[Osserviamo che il primo 31 è apparso in due costruzioni diverse, abbiamo infatti i due gruppi distinti $(\mathbb{Z}/5\mathbb{Z})^3 \rtimes \mathbb{Z}/31\mathbb{Z}$ e $\mathbb{Z}/31\mathbb{Z} \rtimes \mathbb{Z}/125\mathbb{Z}$.]

103. (i) Una condizione necessaria è che 360 divida $n!$, che si verifica per $n \geq 6$. Per $n = 6$, il gruppo S_6 contiene A_6, che ha 360 elementi. Quindi $n = 6$ è il valore minimo cercato.

(ii) Osserviamo innanzitutto che esiste un gruppo ciclico di ordine 360 contenuto in S_{22}, per esempio il gruppo generato dalle permutazioni $(1, 2, 3, 4, 5)$, $(6, 7, 8, 9, 10, 11, 12, 13)$ e $(14, 15, 16, 17, 18, 19, 20, 21, 22)$. Infatti questi tre cicli, di ordine rispettivamente 5, 8 e 9, commutano tra di loro e generano quindi un gruppo isomorfo a $\mathbb{Z}/5\mathbb{Z} \times \mathbb{Z}/8\mathbb{Z} \times \mathbb{Z}/9\mathbb{Z}$ di ordine $5 \cdot 8 \cdot 9 = 360$.

Dimostriamo ora che se H è un gruppo ciclico di ordine 360 contenuto in S_n allora $n \geq 22$; avremo quindi dimostrato che il minimo cercato è 22. Un gruppo ciclico è generato da un elemento σ, e il suo ordine è uguale al minimo comune multiplo delle lunghezze dei cicli disgiunti di σ. Fra i cicli di σ almeno uno deve avere lunghezza multipla di 5, almeno uno lunghezza multipla di 8 ed almeno uno lunghezza multipla di 9. Se lo stesso ciclo ha lunghezza multipla contemporaneamente di almeno due fra i numeri 5, 8 e 9, allora il ciclo ha lunghezza maggiore o uguale a $40 = 5 \cdot 8$. Altrimenti, la somma delle lunghezze dei cicli di σ deve comunque essere maggiore o uguale a $5 + 8 + 9 = 22$.

104. (i) Sia L un sottogruppo di G di ordine d, e consideriamo $\pi_{|L} : L \longrightarrow G/(\mathbb{Z}/p\mathbb{Z} \times 0)$, dove π è l'omomorfismo quoziente di G su $G/(\mathbb{Z}/p\mathbb{Z} \times 0)$. Il nucleo di $\pi_{|L}$ ha ordine che divide sia d che p, quindi è il solo elemento neutro. Ne segue che L è isomorfo ad un sottogruppo del gruppo ciclico $G/(\mathbb{Z}/p\mathbb{Z} \times 0) \simeq \mathbb{Z}/(p-1)\mathbb{Z}$, e quindi è a sua volta ciclico.

(ii) Supponiamo per assurdo che H e K siano due sottogruppi distinti di ordine d per cui $H \cap K$ contenga un elemento $g \neq e$, e sia $Z(g)$ il centralizzatore di g. L'ordine di g è un divisore di d ed è quindi primo con p, allora g non è un elemento di $\mathbb{Z}/p\mathbb{Z} \times 0$.

Vogliamo ora provare che nessun elemento di $\mathbb{Z}/p\mathbb{Z} \times 0$ commuta con g. Infatti se $g = (u, k)$ e $h = (v, 0)$ allora $hgh^{-1} = (v + u - \varphi_k(v), k)$ e quindi, se h commutasse con g si avrebbe $\varphi_k(v) = v$; ma se $v \neq 0$ allora h genera $\mathbb{Z}/p\mathbb{Z} \times 0$ e quindi si avrebbe $\varphi_k = \mathrm{Id}$ mentre φ è iniettiva per ipotesi. Questo finisce la dimostrazione che $Z(g) \cap (\mathbb{Z}/p\mathbb{Z} \times 0) = e$.

Ne segue che l'ordine di $Z(g)$ è un divisore di $p - 1$ in quanto tutti gli elementi di ordine p di G sono in $\mathbb{Z}/p\mathbb{Z} \times 0$ essendo quest'ultimo l'unico p–Sylow di G. Per il punto precedente $Z(g)$ è ciclico, ma ciò è impossibile in quanto: $Z(g)$ contiene H e K, perché essi sono ciclici e in particolare abeliani, e hanno lo stesso ordine mentre un gruppo ciclico ha sottogruppi unici per ordine.

105. (i) Una condizione necessaria perché S_n contenga un sottogruppo di ordine 36 è che 36 divida $n!$. Il minimo n per cui questo è vero è $n = 6$. D'altra parte, S_6 contiene il sottogruppo $S(\{1, 2, 3\}) \cdot S(\{4, 5, 6\})$ isomorfo a $S_3 \times S_3$. Quindi il valore cercato è $n = 6$.

(ii) Anche in questo caso $n = 6$ è il minimo valore di n per cui 72 divida $n!$. Sia ora $\sigma = (1, 4)(2, 5)(3, 6)$, K il sottogruppo isomorfo a $\mathbb{Z}/2\mathbb{Z}$ generato da σ in S_6 e $H = S(\{1, 2, 3\}) \cdot S(\{4, 5, 6\})$, un sottogruppo con 36 elementi. Osserviamo che il coniugio per $\sigma = (1\,4)(2\,5)(3\,6)$ scambia i due sottogruppi $S(\{1, 2, 3\})$ e $S(\{4, 5, 6\})$, allora $\sigma \in N(H)$ e quindi HK è un sottogruppo di S_6 di cardinalità uguale a

$$\frac{|H| \cdot |K|}{|H \cap K|} = \frac{36 \cdot 2}{1} = 72.$$

Quindi il valore cercato è ancora $n = 6$.

(iii) Nuovamente $n = 6$ è il minimo valore di n per cui 144 divida $n!$. Tuttavia S_6 non contiene un sottogruppo di ordine 144. Sia infatti per assurdo H un tale sottogruppo. L'indice di H in S_6 è 5, allora S_6 agisce sull'insieme S_6/H delle 5 classi laterali con un'azione non banale, perché transitiva, e il cui nucleo K è contenuto in H. Allora K sarebbe un sottogruppo normale di S_6 di indice multiplo di 5 e divisore di 5!, ma ciò è impossibile perché S_6 contiene solo A_6 e $\{e\}$ come sottogruppi propri normali.

Invece S_7 contiene il sottogruppo $S(\{1, 2, 3, 4\}) \cdot S(\{5, 6, 7\})$ isomorfo a $S_4 \times S_3$, che ha ordine $4! \cdot 3! = 144$.

Quindi il valore cercato è $n = 7$.

106. È chiaro che (i) implica sia (ii) che (iii) in quanto un gruppo ciclico ha solo sottogruppi ciclici.

Viceversa mostriamo che (ii) implica (i) assumendo per assurdo che G non sia ciclico. Per il Teorema di Struttura dei Gruppi Abeliani Finiti, G è isomorfo al prodotto diretto dei suoi sottogruppi $G(2)$ e $G(5)$ rispettivamente di 2–torsione e ordine 2^n e di 5–torsione e ordine 5^m.

Allora uno di questi due sottogruppi non è ciclico ma il prodotto diretto di almeno due sottogruppi ciclici non banali. Dunque, assumendo che sia $G(2)$ il gruppo non ciclico, esso contiene almeno due sottogruppi ciclici di ordine 2 e contenuti quindi in $\{g \in G \mid 10g = 0\}$; ma quest'ultimo gruppo è ciclico per ipotesi e quindi non può contenere due sottogruppi distinti dello stesso ordine. Analogamente si conclude se è $G(5)$ a non essere ciclico.

Mostriamo infine che (iii) implica (i). Siano $G_2 = \{2g \mid g \in G\}$ e $G_5 = \{5g \mid g \in G\}$, due gruppi ciclici per ipotesi. Osserviamo che G_2 è l'immagine dell'omomorfismo $\varphi_2 : x \longmapsto 2x$ di G e, analogamente, G_5 è l'immagine di $\varphi_5 : x \longmapsto 5x$.

Ora il sottogruppo di 2–torsione $G(2)$ è invariante per φ_5, cioè $\varphi_5(G(2)) \subseteq G(2)$. Ma $\varphi_{5|G(2)}$ è un'applicazione iniettiva visto che l'ordine di $G(2)$ è una potenza di 2 e quindi primo con 5, allora, essendo $G(2)$ finito, $\varphi_{5|G(2)}$ è anche suriettiva, abbiamo cioè $G(2) = \varphi_5(G(2)) \subseteq G_5$. Allora $G(2)$ è ciclico in quanto sottogruppo del gruppo ciclico G_5.

Allo stesso modo anche $G(5)$ è ciclico e ne segue che G è isomorfo al prodotto diretto di due gruppi ciclici di ordini coprimi, e quindi è ciclico.

107. Studiamo la permutazione τ. Essa ha per classe coniugata l'insieme dei $2 + 3$–cicli che sono in numero di $\binom{9}{2} \cdot \binom{7}{3} \cdot 2$; il suo centralizzatore $Z(\tau)$ ha quindi ordine

$$\frac{9!}{\binom{9}{2} \cdot \binom{7}{3} \cdot 2} = 2 \cdot 3 \cdot 4!.$$

Le permutazioni $(1, 2)$, $(3, 4, 5)$ e tutte quelle di $\{6, 7, 8, 9\}$ commutano con τ e generano il sottogruppo

$$\langle (1, 2) \rangle \cdot \langle (3, 4, 5) \rangle \cdot S(\{6, 7, 8, 9\}) \simeq \mathbb{Z}/2\mathbb{Z} \times \mathbb{Z}/3\mathbb{Z} \times S_4$$

di cardinalità $2 \cdot 3 \cdot 4!$. Esso è dunque il centralizzatore di τ.

Un elemento del normalizzatore $N(\langle \tau \rangle)$ di $\langle \tau \rangle$ deve mandare, per coniugio, τ in una sua potenza che abbia la stessa struttura in cicli di τ, le uniche possibilità sono quindi τ e $\tau^5 = \tau^{-1}$. La permutazione $(4, 5)$ coniuga τ con $\tau^5 = (1, 2)(3, 5, 4)$, le classi laterali di $Z(\tau)$ in $N(\langle \tau \rangle)$ sono dunque $Z(\tau)$ e $(4, 5)Z(\tau)$. In particolare, il normalizzatore è dato da

$$\langle (1, 2) \rangle \cdot \langle (4, 5), (3, 4, 5) \rangle \cdot S(\{6, 7, 8, 9\}) \simeq \mathbb{Z}/2\mathbb{Z} \times S_3 \times S_4$$

e ha $2 \cdot 3! \cdot 4! = 2^5 \cdot 3^2$ elementi.

La permutazione $\tau \sigma = (1, 2)(3, 4, 5, 6, 7)$ ha $\binom{9}{2} \cdot \binom{7}{5} \cdot 4!$ coniugati in S_9. Dunque il suo centralizzatore ha

$$\frac{9!}{\binom{9}{2}\binom{7}{5}4!} = 20$$

elementi. Il 2–ciclo $(1, 2)$, il 5–ciclo $(3, 4, 5, 6, 7)$ e $(8, 9)$ commutano con $\tau \sigma$. Questi elementi generano il gruppo

$$\langle (1, 2) \rangle \cdot \langle (3, 4, 5, 6, 7) \rangle \cdot \langle (8, 9) \rangle$$

che è isomorfo a $\mathbb{Z}/2\mathbb{Z} \times \mathbb{Z}/5\mathbb{Z} \times \mathbb{Z}/2\mathbb{Z}$ ed ha cardinalità 20. Esso è dunque il centralizzatore di $\tau \sigma$.

La permutazione $\tau \sigma$ ha ordine 10 e le sue potenze a lei coniugate sono le $(\tau \sigma)^k$, con $(k, 10) = 1$, ovvero $k \in (\mathbb{Z}/10\mathbb{Z})^*$, che è un gruppo ciclico di ordine 4 generato da 3. La permutazione $(4, 6, 7, 5)$ coniuga $\tau \sigma$ con $(\tau \sigma)^3 = (1, 2)(3, 6, 4, 7, 5)$. Allora il normalizzatore di $\tau \sigma$ è dato da

$$\langle (12) \rangle \cdot \langle (4, 6, 7, 5), (3, 4, 5, 6, 7) \rangle \cdot \langle (8, 9) \rangle.$$

Poiché $(4, 6, 7, 5)$ manda il 5–ciclo $(3, 4, 5, 6, 7)$ in $(3, 4, 5, 6, 7)^3$, il secondo fattore nel prodotto appena visto è dunque isomorfo a $\mathbb{Z}/5\mathbb{Z} \rtimes \mathbb{Z}/4\mathbb{Z}$, dove $\mathbb{Z}/4\mathbb{Z}$ agisce su $\mathbb{Z}/5\mathbb{Z}$ tramite l'omomorfismo estensione di $\mathbb{Z}/4\mathbb{Z} \ni 1 \longmapsto (a \longmapsto 3a) \in$ $\mathrm{Aut}(\mathbb{Z}/5\mathbb{Z})$. In particolare il secondo fattore ha 20 elementi e il normalizzatore ha $2 \cdot 20 \cdot 2 = 2^4 \cdot 5$ elementi.

108. Sia $G = \mathbb{Z}/p^a\mathbb{Z} \times \mathbb{Z}/p^b\mathbb{Z}$ il gruppo del testo. Consideriamo dapprima il caso in cui $a \neq b$; per simmetria, possiamo supporre $a > b$. L'insieme $p^{a-1}G$ è un sottogruppo caratteristico e si ha

$$p^{a-1}(\mathbb{Z}/p^a\mathbb{Z} \times \mathbb{Z}/p^b\mathbb{Z}) = p^{a-1}\mathbb{Z}/p^a\mathbb{Z} \times 0 \simeq \mathbb{Z}/p\mathbb{Z},$$

e quindi G ha un sottogruppo caratteristico di ordine p.

Consideriamo ora il caso in cui $a = b$, e dimostriamo che G non possiede sottogruppi caratteristici di ordine p. Supponiamo, per assurdo, che H sia un tale sottogruppo: allora H è generato da un elemento g di ordine p, che quindi deve essere della forma $g = (p^{a-1}r, p^{a-1}s)$, dove almeno uno fra r e s non è congruo a zero modulo p.

Supponiamo, per simmetria, che $r \not\equiv 0 \pmod{p}$, e consideriamo l'automorfismo φ di G definito da

$$G \ni (x, y) \xrightarrow{\varphi} (x, x + y) \in G.$$

Abbiamo $\varphi(g) = \varphi(p^{a-1}r, p^{a-1}s) = (p^{a-1}r, p^{a-1}(r + s))$ e $\varphi(g) \notin H$: infatti, se $\varphi(g)$ appartenesse ad H, allora avremmo $\varphi(g) = cg$ per qualche intero c; esaminando la prima coordinata dovremmo avere $cr \equiv r \pmod{p}$, cioè $c \equiv 1 \pmod{p}$, mentre esaminando la seconda coordinata dovremmo avere $cs \equiv r + s \pmod{p}$, da cui $c \not\equiv 1 \pmod{p}$. Questa contraddizione prova che il sottogruppo caratteristico H non esiste.

109. Sia G un gruppo di ordine $75 = 3 \cdot 5^2$. Se il gruppo è abeliano ovviamente $Z(G) = G$ e quindi 75 è un possibile ordine; nel seguito facciamo vedere che l'unico altro possibile ordine è 1.

Sia allora G non abeliano e osserviamo che il 5–Sylow $G(5)$ è unico in quanto, per il Teorema di Sylow, il numero dei 5–Sylow è congruo ad 1 modulo 5 e divide 3. In particolare $G(5)$ è normale e, avendo ordine 5^2, è abeliano e isomorfo o a $\mathbb{Z}/25\mathbb{Z}$ oppure a $\mathbb{Z}/5\mathbb{Z} \times \mathbb{Z}/5\mathbb{Z}$.

Osserviamo che G è il prodotto semidiretto di $G(3) \simeq \mathbb{Z}/3\mathbb{Z}$ e $G(5)$ secondo un qualche omomorfismo non banale $\varphi : G(3) \longrightarrow \mathrm{Aut}(G(5))$. Se il sottogruppo $G(5)$ fosse ciclico, 3 non dividerebbe l'ordine 20 di $\mathrm{Aut}(\mathbb{Z}/25\mathbb{Z}) \simeq (\mathbb{Z}/25)^*$ e quindi il solo omomorfismo $\mathbb{Z}/3\mathbb{Z} \longrightarrow \mathrm{Aut}(\mathbb{Z}/25\mathbb{Z})$ sarebbe quello banale. Abbiamo così $G(5) \simeq \mathbb{Z}/5\mathbb{Z} \times \mathbb{Z}/5\mathbb{Z}$, uno spazio vettoriale di dimensione 2 su $\mathbb{F}_5$, e anche $\mathrm{Aut}(G(5)) \simeq \mathrm{GL}_2(\mathbb{F}_5)$. Nel seguito, per semplificare le notazioni, identifichiamo G con $\mathbb{F}_5^2 \rtimes \mathbb{Z}/3\mathbb{Z}$ e di conseguenza $G(5)$ con il sottogruppo $\mathbb{F}_5^2 \times 0$ e $G(3)$ con $0 \times \mathbb{Z}/3\mathbb{Z}$.

Sia $g = (0, 1)$, un generatore di $G(3)$, e $f = \varphi_g : \mathbb{F}_5^2 \longmapsto \mathbb{F}_5^2$. Un elemento $h = (v, 0) \neq (0, 0)$ commuta con g se e solo se $(f(v), 0) = ghg^{-1} = h = (v, 0)$, cioè se e solo se v è un autovettore per f di autovalore 1. Mostriamo ora che f in realtà non ha 1 come autovalore.

Infatti, per prima cosa il polinomio minimo $\mu(t)$ di f è di grado minore o uguale a 2 visto che divide il polinomio caratteristico di f. Inoltre da $f^3 = \mathrm{Id}$ segue che $\mu(t)$ divide anche $t^3 - 1$ e ha quindi radici semplici su qualsiasi campo di caratteristica diversa da 3, in particolare su $\mathbb{F}_5$. Se allora f avesse l'autovalore 1, dovrebbe avere anche un altro diverso autovalore perché non può essere $\mu(t) = t - 1$ visto che f non è l'identità; ma $\mathbb{F}_5$ non contiene altre radici terze dell'unità oltre 1 in quanto 3 non divide $|\mathbb{F}_5^*|$.

Da quanto appena dimostrato troviamo che nessun elemento di $G(5) \setminus (0, 0)$ commuta con g. Ma allora neanche un elemento del tipo $(v, \pm 1) = (v, 0)g^{\pm 1}$ con $v \neq (0, 0)$, cioè un qualsiasi elemento in $G \setminus G(3)$, commuta con g. Abbiamo quindi provato che il centro è banale.

110. Sia $\mathcal{B} = \mathcal{B}_1 \sqcup \mathcal{B}_2 \sqcup \cdots \sqcup \mathcal{B}_r$ la decomposizione di $\mathcal{B}$ in G–orbite, sia V_h il sottospazio vettoriale di V generato da $\mathcal{B}_h$, per $h = 1, \ldots, r$ e sia $V = V_1 \oplus \cdots \oplus V_r$ la corrispondente decomposizione in somma diretta.

Indichiamo con V^G il sottospazio vettoriale dei vettori v per cui $g \cdot v = v$ per ogni $g \in G$ che chiamiamo *invarianti*, dobbiamo dimostrare che dim $V^G = r$. Osserviamo che se $v = v_1 + \cdots + v_r$, con $v_h \in V_h$ per $h = 1, \ldots, r$, allora $g \cdot v = g \cdot v_1 + \cdots + g \cdot v_r$ e $g \cdot v_h \in V_h$ essendo $\mathcal{B}_h$ un'orbita e quindi V_h stabile per l'azione di G. Ne segue che $g \cdot v = v$ se e solo se $g \cdot v_h = v_h$ per ogni $h = 1, \ldots, r$. Ciò permette di ricondurci al caso $r = 1$ e di dimostrare cioè che per un'azione transitiva si ha dim $V^G = 1$.

Supponiamo nel seguito che $r = 1$. Sicuramente $e_1 + \cdots + e_n$ è invariante e non nullo e quindi dim $V^G \geq 1$. D'altra parte l'applicazione lineare

$$V \ni v \xrightarrow{\pi} \frac{1}{|G|} \sum_{g \in G} g \cdot v \in V$$

ha immagine chiaramente contenuta in V^G e, inoltre, $\pi(v) = v$ se v è invariante. Sia $v = a_1 e_1 + \cdots + a_n e_n$ e osserviamo che

$$\begin{aligned}
\pi(v) &= \sum_{h=1}^{n} a_h \pi(e_h) \\
&= \frac{1}{|G|} \sum_{h=1}^{n} a_h \Big(\sum_{g \in G} g \cdot e_h \Big) \\
&= \frac{1}{|G|} \sum_{h=1}^{n} a_h v_0 \\
&= \Big(\frac{1}{|G|} \sum_{h=1}^{n} a_h \Big) v_0
\end{aligned}$$

dove abbiamo usato che l'azione è transitiva e quindi $\sum_{g \in G} g \cdot e_h$ è un certo vettore v_0 di V che *non* dipende da h. Ma allora se v è invariante si ha $v = \pi(v) \in \mathbb{C} \cdot v_0$ e quindi dim $V^G \leq 1$.

111. Fattorizziamo il numero 870 come $870 = 2 \cdot 3 \cdot 5 \cdot 29$.

Se un gruppo di ordine 870 fosse semplice, allora nessuno dei suoi sottogruppi di Sylow potrebbe essere normale. In particolare per il Teorema di Sylow, detto n_p il numero dei p–Sylow, e ricordando che $n_p \equiv 1 \pmod{p}$ e $n_p \mid 870$, si avrebbe

$$n_2 \geq 3, n_3 \geq 10, n_5 \geq 6, n_{29} \geq 30.$$

Siccome due sottogruppi distinti di ordine primo p si intersecano solo nell'elemento neutro, l'esistenza di n_p sottogruppi di ordine p in un gruppo G implica l'esistenza di $n_p(p - 1)$ elementi di ordine p.

Sommando il numero di elementi di ordine p in G, per $p = 2, 3, 5$ e 29, si otterrebbero almeno

$$3 + 20 + 24 + 840 = 887 > 870$$

elementi distinti, cosa impossibile. Dunque G non può essere semplice.

112. Il gruppo Q_8 ha cardinalità 8 e dunque è isomorfo ad un sottogruppo di S_8 tramite l'azione per moltiplicazione a sinistra sull'insieme dei suoi elementi.

Supponiamo che Q_8 agisca su un insieme X di cardinalità al più 7. Senza perdita di generalità possiamo supporre $|X| = 7$ ed è dato dunque un omomorfismo $Q_8 \longrightarrow S_7$. Vogliamo dimostrare che questo omomorfismo non può essere iniettivo.

Per ogni elemento $x \in X$ l'orbita di x avrà al più 7 elementi dunque anche l'indice dello stabilizzatore di x in Q_8 sarà al più 7

$$[Q_8 : St(x)] = |\mathcal{O}(x)| \leq 7.$$

In particolare lo stabilizzatore di x non può essere banale ed è dunque un sottogruppo di S_7 di cardinalità che divide 8: cioè $|St(x)|$ ha ordine 2, 4 o 8.

Ogni gruppo di cardinalità 4 o 8 contiene un sottogruppo di cardinalità 2 e $Z(Q_8) = \{\pm 1\}$ è l'unico sottogruppo di Q_8 di cardinalità 2. Dunque $Z(Q_8)$ è contenuto nello stabilizzatore di ogni elemento, pertanto è contenuto nel nucleo dell'azione e l'omomorfismo da Q_8 in S_7 non è iniettivo. Quindi il minimo n è proprio 8.

113. (i) La permutazione $\sigma = (1, 2, 3)(4, 5, 6, 7)$ in S_7 è il prodotto di un 3–ciclo e di un 4–ciclo disgiunti e quindi ha ordine $3 \cdot 4 = 12$. L'inverso di σ è la permutazione $\sigma^{-1} = (1, 3, 2)(4, 7, 6, 5)$ e quindi σ e σ^{-1} sono coniugate tramite la permutazione $\tau = (2, 3)(5, 7)$, che ha ordine 2. Dunque abbiamo

$$\sigma^{-1} = \tau \sigma \tau$$

e il sottogruppo di S_7 generato da σ e τ è isomorfo al gruppo diedrale D_{12} attraverso l'isomorfismo $r \longmapsto \sigma$ e $s \longmapsto \tau$ rispetto alla usuale presentazione $\langle r, s \mid r^{12} = s^2 = e, sr = r^{-1}s \rangle$.

(ii) Usando le stesse permutazioni σ e τ del punto precedente, è chiaro che σ^2 e τ generano un gruppo isomorfo a D_6, cioè isomorfo a quello generato da r^2 e s in D_{12}. Inoltre τ è pari e σ^2 è pari perché il quadrato di una permutazione, quindi il sottogruppo $\langle \sigma^2, \tau \rangle$ è contenuto in A_7.

(iii) Dimostriamo che A_7 non può contenere un elemento di ordine 12. Infatti se contenesse un tale elemento dovrebbe contenere anche un elemento di ordine 3 ed uno di ordine 4 che commutano tra loro, le potenze terza e quarta dell'elemento di ordine 12.

Tuttavia un elemento di ordine 4 in A_7 deve essere necessariamente il prodotto di un 4–ciclo, che è una permutazione dispari, e di un 2–ciclo disgiunti. Un elemento di ordine 3 in A_7 deve essere il prodotto di uno o due 3–cicli disgiunti e, per commutare con l'elemento di ordine 4, i 3–cicli presenti devono essere disgiunti dal 4–ciclo e dal 2–ciclo. Complessivamente dovrebbero essere permutati almeno 9 elementi, evidentemente questo non è possibile in A_7.

114. (i) Per ogni sottogruppo H di G si ha $H \subseteq N(H)$, da cui $N(P_h) \subseteq N(N(P_h))$ e quindi un'inclusione è dimostrata.

Relativamente all'altra inclusione, osserviamo che P_h è un sottogruppo caratteristico di $N(P_h)$; infatti è un sottogruppo normale di $N(P_h)$ ed è quindi l'unico

p_h–Sylow di $N(P_h)$. Se $g \in N(N(P_h))$ allora $gN(P_h)g^{-1} \subseteq N(P_h)$; ne segue che $N(P_h) \ni x \longmapsto gxg^{-1} \in N(P_h)$ è un automorfismo di $N(P_h)$ e quindi manda il sottogruppo caratteristico P_h in se stesso. In altre parole, $x \in N(P_h)$.

(ii) Supponiamo che G sia isomorfo a $P_1 \times \cdots \times P_n$ e sia K un suo sottogruppo di ordine $p_1^{b_1} \cdots p_n^{b_n}$ per certi $b_1, \ldots, b_n \geq 0$. Allora la proiezione K_n di K su P_h ha per ordine un divisore di $p_h^{b_h}$ per ogni h. Però è ovvio vedere che $K \subseteq K_1 \times \cdots \times K_n$ e, confrontando gli ordini, si conclude che deve essere $K = K_1 \times \cdots \times K_n$. Abbiamo così dimostrato che ogni sottogruppo K di G è della forma $K_1 \times \cdots \times K_n$.

Il normalizzatore di K è dunque uguale a $N(K_1) \times \cdots \times N(K_n)$ in $P_1 \times \cdots \times P_n$. Se $K \neq G$, almeno uno degli K_h è diverso da P_h e quindi, come sappiamo succedere nel p_h–gruppo P_h, $N(K_h) \supsetneq K_h$; ne segue che K è strettamente contenuto in $N(K)$ in G.

Viceversa, supponiamo che per ogni sottogruppo $K \neq G$ si abbia $N(K) \neq K$. Allora questo vale in particolare per i sottogruppi $N(P_h)$ di G per ogni sottogruppo di Sylow P_h. Dal punto (i) segue che $N(P_h) = G$, cioè che tutti i sottogruppi di Sylow di G sono normali e quindi $G \simeq P_1 \times \cdots \times P_n$.

115. (i) La cardinalità delle orbite dell'azione di G su X è un divisore dell'ordine di G, quindi è necessariamente una potenza di p. Inoltre, la cardinalità di X è la somma delle cardinalità delle orbite. Se le cardinalità delle orbite fossero tutte multiple di p, allora anche X avrebbe cardinalità multipla di p, contro l'ipotesi. Dunque esiste $x \in X$ la cui orbita ha ordine $p^0 = 1$, e quindi $g \cdot x = x$ per ogni $g \in G$.

(ii) In questo caso G agisce sull'insieme V. Come prima, le cardinalità delle orbite dell'azione sono potenze di p. Osserviamo che, per ogni $g \in G$ si ha $g(0) = 0$, ossia l'orbita del vettore nullo è costituita da un solo elemento. Se le cardinalità di tutte le altre orbite fossero multiple di p si avrebbe che la cardinalità di V sarebbe congrua ad 1 modulo p, cosa impossibile. Quindi esiste $v \in V \setminus \{0\}$ la cui orbita ha un solo elemento, cioè $g \cdot v = v$ per ogni $g \in G$.

116. Il gruppo G del testo è isomorfo a

$$(\mathbb{Z}/4\mathbb{Z} \times \mathbb{Z}/4\mathbb{Z}) \times (\mathbb{Z}/9\mathbb{Z} \times \mathbb{Z}/3\mathbb{Z}),$$

cioè al prodotto diretto dei suoi sottogruppi di 2–torsione, $G(2) = \mathbb{Z}/4\mathbb{Z} \times \mathbb{Z}/4\mathbb{Z}$, e di 3–torsione, $G(3) = \mathbb{Z}/9\mathbb{Z} \times \mathbb{Z}/3\mathbb{Z}$. Un elemento di ordine $18 = 2 \cdot 3^2$ è dunque del tipo (g_2, g_3), con $g_2 \in G(2)$ di ordine 2 e $g_3 \in G(3)$ di ordine 9.

Gli elementi di ordine 2 in $\mathbb{Z}/4\mathbb{Z} \times \mathbb{Z}/4\mathbb{Z}$ sono $2^2 - 1 = 3$. Gli elementi di ordine 9 in $\mathbb{Z}/9\mathbb{Z} \times \mathbb{Z}/3\mathbb{Z}$ sono tutti tranne gli elementi di ordine minore o uguale a 3, ovvero $3^3 - 3^2 = 18$. Quindi G contiene $3 \cdot 18 = 54$ elementi di ordine 18.

Poiché G è abeliano, un sottogruppo di G si scrive in modo unico come prodotto delle sue intersezioni con i sottogruppi di torsione. Dunque per contare i sottogruppi di ordine 18 di G contiamo i sottogruppi di ordine 2 in $G(2)$ e i sottogruppi di ordine 9 in $G(3)$.

Ogni sottogruppo di $G(2)$ di ordine 2 contiene un unico elemento di ordine 2 che lo genera, dunque tali sottogruppi sono tanti quanti gli elementi di ordine 2 e quindi sono esattamente 3.

Un sottogruppo di $G(3)$ di ordine 9 può essere isomorfo a $\mathbb{Z}/3\mathbb{Z} \times \mathbb{Z}/3\mathbb{Z}$ oppure a $\mathbb{Z}/9\mathbb{Z}$. Nel primo caso il sottogruppo contiene 8 elementi di ordine 3 e, dato che $G(3)$ contiene esattamente 8 elementi di ordine 3, vi è un unico sottogruppo di quella forma. Nel secondo caso il sottogruppo contiene $\phi(9) = 6$ elementi di ordine 9 e ciascuno di essi lo genera. Il gruppo $G(3)$ contiene 18 elementi di ordine 9, dunque vi sono $18/6 = 3$ sottogruppi della forma richiesta. In totale abbiamo $1 + 3 = 4$ sottogruppi di ordine 9 in $G(3)$.

Dunque G contiene $3 \cdot 4 = 12$ sottogruppi di ordine 18.

117. Se G ha un p–sottogruppo di Sylow P normale, allora esso è unico, e quindi ovviamente l'intersezione dei p–Sylow coincide con P che è diverso dal gruppo banale.

Supponiamo dunque che i p–sottogruppi di Sylow non siano normali. Presi due di questi sottogruppi, P_1 e P_2, sia $Q = P_1 \cap P_2$ la loro intersezione. Osserviamo in primo luogo che $Q \neq \{e\}$, perché altrimenti l'insieme $P_1 P_2$ dovrebbe avere p^4 elementi, e dunque non potrebbe essere contenuto in G. Poiché $P_1 \neq P_2$, ne segue che $|Q| = p$ visto che P_1 e P_2 hanno p^2 elementi.

Dal fatto che un gruppo di ordine p^2 è necessariamente abeliano segue che il centralizzatore di Q è contenuto sia in P_1 che in P_2 e quindi contiene almeno $|P_1 P_2| = p^3$ elementi. Ma evidentemente $p^3 > |G|/2$, dunque il centralizzatore di Q coincide con G e quindi Q è contenuto nel centro di G.

Osserviamo ora che, per ogni $g \in G$, $Q = gQg^{-1} \subseteq gP_1g^{-1}$, e, poiché tutti i p–sottogruppi di Sylow sono coniugati, Q è contenuto nella loro intersezione che non è banale.

[Per i gruppi non abeliani possiamo anche seguire la seguente linea di dimostrazione. L'azione per moltiplicazione a sinistra di G sull'insieme di cardinalità $p + 1$ delle classi laterali di un fissato p–Sylow non può essere iniettiva perché l'ordine di G non è un divisore di $(p + 1)!$. Ma il nucleo di tale azione è esattamente l'intersezione dei coniugati del fissato p–Sylow, cioè l'intersezione di tutti i p–Sylow.]

118. (i) L'equazione $\sigma^3 = (1, 2)(3, 4)(5, 6)$ implica che $\sigma^6 = e$ e quindi σ deve avere ordine che divide 6 e non può avere ordine 1 o 3 perché altrimenti $\sigma^3 = e$; i possibili ordini per σ sono 2 e 6. L'unica soluzione con σ di ordine 2 è data da $\sigma = \sigma^3 = (1, 2)(3, 4)(5, 6)$.

Gli elementi di ordine 6 in S_6 sono i 6–cicli e i $2 + 3$–cicli, questi ultimi però hanno un punto fisso e quindi non possono risolvere l'equazione assegnata. Scriviamo un generico 6–ciclo di S_6 come $(1, a, b, c, d, e)$, allora $\sigma^3 = (1, c)(a, d)(b, e)$ e quindi, se σ è una soluzione dell'equazione data, $c = 2$ e $\{a, d\} = \{3, 4\}$ e $\{b, e\} = \{5, 6\}$ oppure $\{a, d\} = \{5, 6\}$ e $\{b, e\} = \{3, 4\}$. Abbiamo trovato le 8 soluzioni: $(1, 3, 5, 2, 4, 6)$, $(1, 4, 5, 2, 3, 6)$, $(1, 3, 6, 2, 4, 5)$, $(1, 4, 6, 2, 3, 5)$, $(1, 5, 3, 2, 6, 4)$, $(1, 6, 3, 2, 5, 4)$, $(1, 5, 4, 2, 6, 3)$ e $(1, 6, 4, 2, 5, 3)$.

L'equazione ha in tutto 9 soluzioni in S_6.

(ii) Indichiamo con τ la permutazione $(1,2)(3,4)(5,6)$, essa ha per classe di coniugio l'insieme dei $2+2+2$–cicli che sono in numero di

$$\binom{6}{2}\binom{4}{2}\binom{2}{2}\frac{1}{3!} = 15$$

e quindi centralizzatore $Z(\tau)$ di ordine $6!/15 = 48$

Gli stessi cicli disgiunti $(1,2)$, $(3,4)$ e $(5,6)$ generano un sottogruppo H iso-morfo a $(\mathbb{Z}/2\mathbb{Z})^3$ che è sicuramente contenuto in $Z(\tau)$. Inoltre le permutazioni $(1,3,5)(2,4,6)$ e $(1,3)(2,4)$, con l'azione di coniugio, permutano questi tre 2–cicli, ne segue che anche il sottogruppo K da esse generato è in $Z(\tau)$. Inoltre è chiaro che K è isomorfo ad S_3. Infine $H \cap K$ è il solo elemento neutro in quanto un elemento di H fissa i tre 2–cicli mentre in K solo l'elemento neutro li fissa. Abbiamo così $|HK| = 48$ e quindi $Z(\tau) = HK$.

Per determinare la struttura di $Z(\tau)$ osserviamo che H è il nucleo dell'azione per coniugio di $Z(\tau)$ sui tre 2–cicli e quindi

$$Z(\tau) \simeq (\mathbb{Z}/2\mathbb{Z})^3 \rtimes S_3.$$

119. (i) Sia H un sottogruppo di un p–gruppo G. Sappiamo che, se $H \neq G$, al-lora H è propriamente contenuto nel suo normalizzatore $N(H)$ ed è un sottogruppo normale in $N(H)$ per definizione di normalizzatore. Se $N(H)$ non è tutto il gruppo G, possiamo ripetere questa osservazione con $N(H)$ al posto di H. Continuando in questo modo giungiamo in un numero finito di passi a G in quanto l'indice diminui-sce ogni volta.

(ii) Consideriamo il gruppo D_4 con la presentazione $\langle r, s \mid r^4 = s^2 = e,\ sr = r^{-1}s \rangle$, un 2–gruppo di ordine 8. Il sottogruppo H generato da s è sicuramente sub-normale per quanto dimostrato nel punto (i), ma esso non è normale perché altri-menti D_4 sarebbe isomorfo a $\langle r \rangle \times H$ e quindi abeliano; infatti $\langle r \rangle$ è normale perché di indice 2 e ovviamente non contiene s perché altrimenti D_4 avrebbe ordine 4.

[Per dimostrare che H non è normale si può anche argomentare osservando che un sotto-gruppo di ordine 2 è normale se e solo se è contenuto nel centro. In questo caso non è così, visto che $sr \neq rs$.]

(iii) Nel seguito useremo i Teoremi di Sylow anche senza esplicita menzione. Come primo passo dimostriamo la tesi con l'ipotesi più forte che H sia normale in G. Indichiamo con P un p–Sylow di G e sia Q un p–Sylow di H che contiene $P \cap H$; un tale Q esiste in quanto $P \cap H$ ha ordine una potenza di p.

I p–Sylow di G sono tutti coniugati tra di loro, esiste quindi un elemento $g \in G$ per cui Q è contenuto in gPg^{-1}. Allora $Q \subseteq (gPg^{-1}) \cap H$ e quindi si ha $Q = (gPg^{1-}) \cap H$ in quanto $(gPg^{-1}) \cap H$ è un sottogruppo di H di ordine una potenza di p che contiene il p–Sylow Q di H. Ma allora $Q = (gPg^{-1}) \cap H = (gPg^{-1}) \cap (gHg^{-1}) = g(P \cap H)g^{-1}$ visto che stiamo assumendo H normale in G; ciò prova che Q e $P \cap H$ hanno la stessa cardinalità e quindi $P \cap H$ è un p–Sylow di H come dovevamo dimostrare.

Sia ora H un sottogruppo subnormale di G e procediamo per induzione sulla lunghezza della catena di sottogruppi $H_0 = H \subseteq H_1 \subseteq \cdots \subseteq H_n = G$ ognuno nor-male nel successivo. Se $n = 0$ allora $H = G$ e la tesi è ovvia. Sia allora $n \geq 1$ e osserviamo che, per induzione, $P' = P \cap H_1$ è un p–Sylow di H_1. Ma H è normale in H_1 e quindi $P' \cap H = P \cap H$ è un p–Sylow di H per quanto dimostrato sopra.

120. Sia G un gruppo di ordine 300 che fattorizziamo come $2^2 \cdot 3 \cdot 5^2$. Per i Teoremi di Sylow, il numero n_5 dei 5–Sylow di G è congruo ad 1 modulo 5 e divide $12 = 300/5^2$; le sole possibilità sono $n_5 = 1$ o $n_5 = 6$.

Nel primo caso il 5–Sylow è unico e quindi normale e G non è semplice. Supponiamo allora $n_5 = 6$, fissiamo un 5–Sylow P e sia $N(P)$ il suo normalizzatore. Sappiamo che l'indice di $N(P)$ in G coincide con il numero di 5–Sylow, allora l'insieme delle classi laterali $G/N(P)$ è un insieme di cardinalità 6.

Il gruppo G agisce per moltiplicazione a sinistra sulle classi laterali di $N(G)$ come $g \cdot hN(P) = (gh)N(P)$ e vi è dunque un omomorfismo

$$\varphi : G \longrightarrow S\big(G/N(P)\big) \simeq S_6$$

che ha nucleo non banale poiché $|G| = 300$ non divide $|S_6| = 720$. Ne segue che in questo caso G ha come sottogruppo normale il nucleo di φ e non è quindi semplice.

121. (i) Sappiamo che un m–ciclo elevato alla n si decompone nel prodotto di d cicli disgiunti ognuno di lunghezza m/d con d il massimo comun divisore di m e n.

Ora, se σ^p è il prodotto di tre p–cicli disgiunti allora tutti i cicli di σ devono essere di lunghezza multipla di p per quanto appena osservato. Tuttavia un p–ciclo elevato alla p è una permutazione banale e quindi σ non può contenere p–cicli in quanto σ^p permuta ogni elemento. Allora σ non contiene neanche un $2p$–ciclo perché se ne contenesse uno, dovendo permutare ogni elemento di $\{1, 2, \ldots, 3p\}$, conterrebbe sicuramente un p–ciclo. Resta quindi la sola possibilità che σ sia un $3p$–ciclo; ma un tale ciclo elevato alla p è un prodotto di p 3–cicli disgiunti. Concludiamo che l'equazione $\sigma^p = \tau$ si può risolvere se e solo se $p = 3$.

Supponiamo dunque $p = 3$ e, a meno di rinumerare gli interi da 1 a 9, possiamo assumere $\tau = (1, 2, 3)(4, 5, 6)(7, 8, 9)$. Scrivendo il 9–ciclo σ come $(1, b_1, c_1, a_2, b_2, c_2, a_3, b_3, c_3)$, abbiamo $\sigma^3 = (1, a_2, a_3)(b_1, b_2, b_3)(c_1, c_2, c_3)$ e dunque, deve essere $a_2 = 2, a_3 = 3$. Per b_1 abbiamo sei scelte, ossia 4, 5, 6, 7, 8 e 9, e a questo punto b_2 e b_3 sono fissati perché sono, nell'ordine, gli altri due elementi del 3–ciclo di b_1. Per c_1 rimangono tre possibilità, cioè gli elementi dell'unico 3–ciclo non scelto, e la scelta di c_1 determina quelle di c_2 e c_3.

Quindi per $p = 3$ abbiamo 18 soluzioni e nessuna per $p \neq 3$.

(ii) A meno di rinumerare gli interi da 1 a $3p$ possiamo supporre

$$\tau = (1, 2, \ldots, p)(p + 1, \ldots, 2p)(2p + 1, \ldots, 3p).$$

Osserviamo che un p–ciclo $(a_1, a_2, \ldots, a_p)$ è coniugato con il suo inverso tramite la permutazione

$$(a_1, a_p)(a_2, a_{p-1}) \cdots (a_{(p-1)/2}, a_{(p+1)/2})$$

di ordine 2. In particolare τ è coniugata alla sua inversa tramite una permutazione η di ordine 2. Allora, visto che D_p ha per presentazione $\langle r, s \mid r^p = s^2 = e, sr =$

$r^{-1}s\rangle$ possiamo costruire un omomorfismo iniettivo mandando $r \longmapsto \tau$ e $s \longmapsto \eta$. L'immagine di questo omomorfismo è un sottogruppo di S_{3p} che verifica le proprietà richieste.

122. (i) Fattorizziamo 1045 come $5 \cdot 11 \cdot 19$; indichiamo con P, Q ed R rispettivamente un 19–Sylow, un 11–Sylow e un 5–Sylow di G. I Teoremi di Sylow garantiscono che P è l'unico 19–Sylow, infatti il numero n_{19} dei 19–Sylow è un divisore di 55 ed è congruo ad 1 modulo 19, quindi $n_{19} = 1$.

Da questo segue che $H = PQ$ e $K = PR$ sono sottogruppi di G in quanto P, essendo unico, è normale. Inoltre H ha ordine $11 \cdot 19$ e K ha ordine $5 \cdot 19$, quindi entrambi sono gruppi ciclici in quanto 11 e 5 non dividono $19 - 1$. Allora ogni elemento del gruppo P, che commuta con tutti gli altri elementi di P perché P avendo ordine primo è ciclico, commuta sia con gli elementi di Q che con gli elementi di R; ma allora P commuta con il gruppo generato da P, Q e R, cioè con G e quindi è nel centro.

Se il centro di G contiene propriamente P allora $G/Z(G)$ ha ordine 1, 5 o 11 e dunque $G/Z(G)$ è ciclico, l'unica effettiva possibilità è quindi che sia $Z(G) = G$. In particolare o $Z(G)$ ha ordine 1045 oppure coincide con P e ha ordine 19.

Per mostrare che questo secondo caso si realizza osserviamo che il gruppo degli automorfismi di $\mathbb{Z}/209\mathbb{Z}$ ha ordine $\phi(209) = 18 \cdot 10$ e quindi contiene un elemento φ di ordine 5 per il Teorema di Cauchy. Possiamo così costruire un prodotto semidiretto non abeliano $\mathbb{Z}/209\mathbb{Z} \rtimes \mathbb{Z}/5\mathbb{Z}$ attraverso l'omomorfismo estensione di $\mathbb{Z}/5\mathbb{Z} \ni 1 \longmapsto \varphi \in \mathrm{Aut}(\mathbb{Z}/209\mathbb{Z})$. Essendo non abeliano $\mathbb{Z}/209\mathbb{Z} \rtimes \mathbb{Z}/5\mathbb{Z}$ ha centro di ordine 19 per quanto provato sopra.

(ii) Visto che $154 = 2 \cdot 7 \cdot 11$, se G è ciclico possiamo definire un omomorfismo non banale mandando un generatore di G in un elemento di ordine 11 di $\mathbb{Z}/154\mathbb{Z}$, ad esempio nella classe di 14.

Viceversa, dato un omomorfismo $G \longrightarrow \mathbb{Z}/154\mathbb{Z}$ con nucleo K, il quoziente G/K è isomorfo ad un sottogruppo di $\mathbb{Z}/154\mathbb{Z}$ e, dato che il suo ordine deve dividere sia $|G|$ che 154, se l'omomorfismo è non banale l'unica possibilità è che $|G/K|$ sia uguale a 11.

Allora K è un sottogruppo normale di G di ordine $5 \cdot 19$ e, usando ancora che 5 non divide $19 - 1$, K è ciclico. Continuando ad indicare con Q un 11–Sylow di G, ne segue che G è isomorfo ad un qualche prodotto semidiretto $K \rtimes_\psi Q$, con ψ un omomorfismo $Q \longrightarrow \mathrm{Aut}(K)$. Ma poiché Q ha ordine 11 che è coprimo con l'ordine $\phi(5 \cdot 19) = 4 \cdot 18$ di $\mathrm{Aut}(K)$, l'unica possibilità è che ψ sia l'omomorfismo banale, cioè G è isomorfo a $K \times Q \simeq \mathbb{Z}/95\mathbb{Z} \times \mathbb{Z}/11\mathbb{Z} \simeq \mathbb{Z}/1045\mathbb{Z}$.

123. (i) A meno di rinumerare gli interi $1, 2, \ldots, 16$, possiamo supporre $\sigma = \tau_1 \cdot \tau_2 \cdot \tau_3 \cdot \tau_4$, con $\tau_1 = (1, 2, 3)$, $\tau_2 = (4, 5, 6)$, $\tau_3 = (7, 8, 9, 10, 11)$, $\tau_4 = (12, 13, 14, 15, 16)$.

Il centralizzatore di σ contiene certamente gli elementi τ_1, τ_2, τ_3 e τ_4 che commutano tra loro e generano un sottogruppo N di S_{16} isomorfo a $\mathbb{Z}/3\mathbb{Z} \times \mathbb{Z}/3\mathbb{Z} \times \mathbb{Z}/5\mathbb{Z} \times \mathbb{Z}/5\mathbb{Z}$. Inoltre il centralizzatore contiene $\eta_1 = (1, 4)(2, 5)(3, 6)$ e $\eta_2 = (7, 12)(8, 13)(9, 14)(10, 15)(11, 16)$; infatti, attraverso l'azione per coniugio, η_1 scambia τ_1 con τ_2 e stabilizza τ_3 e τ_4 mentre η_2 stabilizza τ_1 e τ_2 e scambia τ_3

con τ_4. Ne segue che il sottogruppo H generato da η_1, η_2 normalizza N. Inoltre, H è isomorfo a $\mathbb{Z}/2\mathbb{Z} \times \mathbb{Z}/2\mathbb{Z}$ in quanto η_1 e η_2 commutano tra loro.

Osserviamo che $N \cap H = \{e\}$ perché i due sottogruppi hanno ordini coprimi. Quindi $N \cdot H$ è un sottogruppo di S_{16} isomorfo al prodotto semidiretto $N \rtimes H$.

Vogliamo ora dimostrare che il centralizzatore $Z(\sigma)$ è il sottogruppo $N \cdot H$. Per quanto già visto $N \cdot H$ è contenuto nel centralizzatore di σ perché lo sono N e H. Inoltre $N \cdot H$ ha ordine $2^2 3^2 5^2$ e, d'altra parte, la classe di coniugio di σ in S_{16} è l'insieme dei $3+3+5+5$–cicli e ha cardinalità

$$\frac{1}{2}\binom{16}{5} 4! \frac{1}{5}\binom{11}{5} 4! \frac{1}{2}\binom{6}{3} 2! \binom{3}{3} 2! = \frac{16!}{2^2 3^2 5^2};$$

dunque $Z(\sigma)$ ha la stessa cardinalità di $N \cdot H$ e quindi i due sottogruppi coincidono. In particolare $Z(\sigma)$ è isomorfo al prodotto semidiretto

$$\left(\mathbb{Z}/3\mathbb{Z} \times \mathbb{Z}/3\mathbb{Z} \times \mathbb{Z}/5\mathbb{Z} \times \mathbb{Z}/5\mathbb{Z}\right) \rtimes \left(\mathbb{Z}/2\mathbb{Z} \times \mathbb{Z}/2\mathbb{Z}\right)$$

secondo l'omomorfismo estensione delle assegnazioni

$$(1,0) \longmapsto \big((a,b,c,d) \longmapsto (b,a,c,d)\big),$$
$$(0,1) \longmapsto \big((a,b,c,d) \longmapsto (a,b,d,c)\big).$$

(ii) L'elemento $\rho = \tau_1 \tau_2^{-1} \tau_3 \tau_4^{-1}$ ha ordine 15 e appartiene a $Z(\sigma)$. Anche $\tau = \eta_1 \eta_2$ appartiene al centralizzatore, ha ordine 2 e per le relazioni viste nel punto precedente si ha $\tau \rho \tau^{-1} = \rho^{-1}$. Dunque l'estensione di $r \longmapsto \rho, s \longmapsto \tau$ da D_{15} con la presentazione $\langle r, s \mid r^{15} = s^2 = e, \, sr = r^{-1}s \rangle$ nel sottogruppo di $Z(\sigma)$ generato da ρ e τ è un isomorfismo, la sua immagine è un sottogruppo di $Z(\sigma)$ isomorfo a D_{15}.

124. (i) Nel seguito, per simmetria, assumiamo che $p < q$. Il numero n_q dei q–Sylow di G è congruo ad 1 modulo q e divide p^2, quindi, dato che $p < q$, si ha $n_q = 1$ oppure $n_q = p^2$. Se $n_q = 1$ il q–Sylow è unico e quindi normale e G non è semplice. Se invece $n_q = p^2$ allora q divide $p^2 - 1 = (p-1)(p+1)$ e, poiché $p < q$, l'unica possibilità è che q divida $p + 1$; ma usando ancora che $p < q$ troviamo necessariamente $p = 2$ e $q = 3$.

Vediamo, però, che in questo caso G non è semplice: infatti G ha quattro 3–Sylow e l'azione su di essi per coniugio dà un omomorfismo non banale $\varphi : G \longrightarrow \mathsf{S}_4$. Se G fosse semplice φ sarebbe iniettivo, ma questo non è possibile perché $|G| = 4 \cdot 9 = 36$ mentre $|\mathsf{S}_4| = 24$.

(ii) Per ogni p e q primi distinti esistono i quattro distinti gruppi abeliani $(\mathbb{Z}/p\mathbb{Z})^2 \times (\mathbb{Z}/q\mathbb{Z})^2$, $\mathbb{Z}/p^2\mathbb{Z} \times (\mathbb{Z}/q\mathbb{Z})^2$, $(\mathbb{Z}/p\mathbb{Z})^2 \times \mathbb{Z}/q^2\mathbb{Z}$ e $\mathbb{Z}/p^2\mathbb{Z} \times \mathbb{Z}/q^2\mathbb{Z}$ e quindi $n(p,q) \geq 4$.

Vogliamo ora provare che per $p = 5$ e $q = 7$ non esistono gruppi non abeliani e concludere che il minimo cercato è proprio 4. Sia allora G un gruppo di ordine $5^2 \cdot 7^2$. Per quanto provato in (i), visto che non siamo nel caso $p = 2$ e $q = 3$, vi è un unico 7–Sylow Q che è quindi normale; in particolare G è isomorfo ad un prodotto semidiretto $Q \rtimes P$, dove abbiamo indicato con P un 5–Sylow.

Inoltre P e Q hanno entrambi ordine il quadrato di un primo e sono quindi abeliani. Il gruppo Q è isomorfo o a $(\mathbb{Z}/7\mathbb{Z})^2$ oppure a $\mathbb{Z}/7^2\mathbb{Z}$ e, in ogni caso, 5 non divide l'ordine di Aut(Q) che è $|\mathrm{GL}_2(\mathbb{F}_7)| = (7^2 - 1)(7^2 - 7)$ se Q non è ciclico o $|(\mathbb{Z}/7^2\mathbb{Z})^*| = \phi(7^2) = 6 \cdot 7$ altrimenti. Allora l'unico possibile omomorfismo $P \longrightarrow$ Aut(Q) è quello banale e G è quindi abeliano perché prodotto diretto di gruppi entrambi abeliani.

125. Osserviamo per prima cosa che i sottogruppi $e \times \mathbb{Z}/2\mathbb{Z}$ e $\mathsf{A}_4 \times 0$ sono caratteristici in $G = \mathsf{A}_4 \times \mathbb{Z}/2\mathbb{Z}$. Infatti, il primo è il centro di G in quanto $Z(G) = Z(\mathsf{A}_4) \times Z(\mathbb{Z}/2\mathbb{Z}) = e \times \mathbb{Z}/2\mathbb{Z}$, che è quindi caratteristico. Inoltre gli unici elementi di ordine 3 di G sono quelli del tipo $(\tau, 0)$ con τ un 3–ciclo, quindi tali elementi sono permutati tra loro dagli automorfismi di G; poiché A_4 è generato dai 3–cicli anche il sottogruppo $\mathsf{A}_4 \times 0$ è caratteristico in G.

Ne segue che

$$\mathrm{Aut}(G) = \mathrm{Aut}(\mathsf{A}_4 \times \mathbb{Z}/2\mathbb{Z}) \simeq \mathrm{Aut}(\mathsf{A}_4) \times \mathrm{Aut}(\mathbb{Z}/2\mathbb{Z}) \simeq \mathrm{Aut}(\mathsf{A}_4) \times \{\mathrm{Id}_{\mathbb{Z}/2\mathbb{Z}}\}$$

e, per concludere, dobbiamo mostrare che Aut(A_4) è isomorfo ad S_4.

Sia $\varphi : \mathsf{S}_4 \longrightarrow \mathrm{Aut}(\mathsf{A}_4)$ l'azione per coniugio di S_4 sul suo sottogruppo normale A_4. Ora A_4 ha centro banale, quindi $\mathsf{A}_4 \simeq \mathrm{Int}(\mathsf{A}_4) = \varphi(\mathsf{A}_4)$ che è un sottoinsieme di $\varphi(\mathsf{S}_4)$ isomorfo, quest'ultimo, a S_4/K con $K = \mathrm{Ker}(\varphi)$. Il nucleo K ha quindi al più due elementi; ma S_4 non ha sottogruppi normali di due elementi, l'unica possibilità è quindi $K = 1$ e quindi Aut(A_4) contiene un sottogruppo isomorfo ad S_4.

D'altra parte osserviamo che A_4 è generato da $(1, 2, 3)$ e $(1, 2)(3, 4)$. Infatti $\langle (1, 2, 3), (1, 2)(3, 4) \rangle$ è un sottogruppo di ordine multiplo di 6 perché contiene un elemento di ordine 2 e uno di ordine 3. Inoltre, se avesse ordine esattamente 6 sarebbe normale in A_4 perché di indice 2; ma $(1, 2, 3)$ ha 4 coniugati in A_4 e anche $(1, 2)(3, 4)$ ha 4 coniugati, dunque il numero di coniugati supera 6, impossibile. Quindi tale sottogruppo ha ordine 12 e coincide con tutto A_4. Ne segue che ogni automorfismo di A_4 è definito una volta assegnate le immagini di $(1, 2, 3)$ e di $(1, 2)(3, 4)$. Poiché in A_4 ci sono otto 3–cicli e tre $2 + 2$–cicli, abbiamo che A_4 ha al più 24 automorfismi. Da quanto detto segue che Aut(A_4) è isomorfo a S_4 come dovevamo dimostrare.

126. (i) Fattorizziamo 339 come $3 \cdot 7 \cdot 19$. Per i Teoremi di Sylow il numero dei 19–Sylow di G deve essere congruo ad 1 modulo 19 e deve dividere 21, quindi la sola possibilità è che vi sia un unico 19–Sylow P che è quindi normale.

Sia Q un 7–Sylow, poiché P è normale e $P \cap Q = \{e\}$ perché i due sottogruppi hanno ordine coprimo, l'insieme $N = PQ$ è un sottogruppo di G di ordine 133 ed è un prodotto semidiretto di P e Q. Inoltre, P è un gruppo ciclico e ha quindi gruppo degli automorfismi isomorfo a $(\mathbb{Z}/19\mathbb{Z})^*$ e 7 non divide l'ordine $\phi(19) = 18$ di questo gruppo. È allora chiaro che non esistono omomorfismi non banali da Q in Aut(P), dunque N è il prodotto diretto di P e Q e quindi è un gruppo ciclico di ordine $19 \cdot 7$.

L'indice di N in G è 3, il più piccolo primo che divide l'ordine di G; ne segue che N è normale in G.

Sia ora R un 3–Sylow, vale $R \cap N = \{e\}$ perché 3 è primo con $|N| = 19 \cdot 7$. Di conseguenza $G = NR$ e G è isomorfo ad un prodotto semidiretto $N \rtimes R \simeq \mathbb{Z}/133\mathbb{Z} \rtimes \mathbb{Z}/3\mathbb{Z}$ di gruppi ciclici.

(ii) Sia $\varphi : R \longrightarrow \mathrm{Aut}(N)$ l'omomorfismo determinato dal coniugio in G. Il gruppo N è ciclico di ordine 133 e dunque $\mathrm{Aut}(N)$ è isomorfo a $(\mathbb{Z}/7\mathbb{Z})^* \times (\mathbb{Z}/19\mathbb{Z})^*$; dunque, fissando un generatore di R, possiamo pensare a φ come all'omomorfismo da $\mathbb{Z}/3\mathbb{Z}$ estensione di $1 \longmapsto (a, b)$ per certi $a \in (\mathbb{Z}/7\mathbb{Z})^*$ e $b \in (\mathbb{Z}/19\mathbb{Z})^*$.

I possibili valori per a, cioè gli elementi di ordine divisore di 3 in $(\mathbb{Z}/7)^*$, sono 1, 2 e 4, quelli per b in $(\mathbb{Z}/19)^*$ sono 1, 7 e 11. Il gruppo G è abeliano se e solo se $(a, b) = (1, 1)$, in questo caso il centro è dato da tutto G. Osserviamo che, in ogni caso, possiamo assumere che il centro non contenga alcun elemento di ordine 3; infatti, se così non fosse, potremmo scegliere come 3–Sylow R il sottogruppo generato da questo elemento di ordine 3 e quindi avere $(a, b) = (1, 1)$ e il gruppo abeliano.

Se $a = 1$, $b \neq 1$, allora il gruppo G non è abeliano, ma R commuta con Q e quindi Q sta nel centro di G. Poiché il quoziente rispetto al centro non può essere ciclico e quindi il centro non può avere indice primo in G, il centro di G sarà proprio Q, un gruppo di ordine 7.

Se $a \neq 1$ e $b = 1$, allora il gruppo G non è abeliano, ma R commuta con P quindi P sta nel centro di G. Poiché il quoziente rispetto al centro non può essere ciclico e quindi il centro non può avere indice primo in G, il centro di G sarà proprio P, un gruppo di ordine 19.

Se $a \neq 1$ e $b \neq 1$ allora il centro non può contenere elementi di ordine 7 o di ordine 19. Inoltre, come osservato sopra, possiamo assumere che il centro non contenga elementi di ordine 3. Dunque ne concludiamo che il centro di G deve essere banale.

In conclusione i possibili valori per l'ordine del centro sono 399, 7 e 19 e i relativi esempi sono stati costruiti sopra scegliendo come indicato i valori di (a, b).

127. Indicati con σ un n–ciclo e con H il più piccolo sottogruppo normale in S_n che contiene σ, osserviamo che $H \cap \mathsf{A}_n$ è un sottogruppo normale di A_n. Se $n \geq 5$ sappiamo che A_n è un gruppo semplice, quindi, poiché $H \cap \mathsf{A}_n$ contiene l'elemento $\sigma^2 \neq e$, si ha $H \cap \mathsf{A}_n = \mathsf{A}_n$.

Ne segue che, per $n \geq 5$, il sottogruppo H deve contenere sia σ che A_n e dunque: se n è dispari, e quindi σ è una permutazione pari, H è il sottogruppo A_n; mentre se n è pari σ è dispari e H, contenendo A_n e σ, è tutto S_n.

Per $n = 3$ è chiaro che $H = \mathsf{A}_3$. Per $n = 4$ il sottogruppo H cercato deve contenere tutti i 4–cicli, e quindi non è contenuto in A_4, e i loro prodotti, ad esempio $(1, 2, 3, 4)(1, 3, 2, 4) = (1, 4, 2)$; ma allora H è un sottogruppo normale che contiene A_4, perché contiene un 3–ciclo, e in conclusione $H = \mathsf{S}_4$.

128. Sia G un gruppo di ordine $5^2 \cdot 7 \cdot 17$. Per i Teoremi di Sylow, l'indice di un 5–Sylow P è congruo ad 1 modulo 5 e divide $7 \cdot 17$; ma nessuno tra i numeri $7, 17, 7 \cdot 17$ è congruo ad 1 modulo 5. Ne segue che l'indice di P è 1 e dunque P è unico e normale in G.

L'ordine di P è il quadrato di un primo, dunque P è abeliano e isomorfo o a $(\mathbb{Z}/5\mathbb{Z})^2$ oppure a $\mathbb{Z}/25\mathbb{Z}$; quindi il gruppo degli automorfismi di P è isomorfo o a $\mathsf{GL}_2(\mathbb{F}_5)$, con cardinalità $(5^2 - 1)(5^2 - 5)$, nel primo caso oppure a $(\mathbb{Z}/25\mathbb{Z})^*$, di ordine $\phi(25) = 20$, nel secondo caso. In entrambi i casi 7 e 17 non dividono Aut(P), dunque P è nel centro di G essendo centralizzato da tutti i Sylow.

Ora, poiché P è contenuto nel centro di $Z(G)$, il quoziente $G/Z(G)$ è isomorfo ad un quoziente di G/P che ha ordine $7 \cdot 17$ ed è quindi ciclico perché 7 non divide $17 - 1$. Allora anche $G/Z(G)$ è ciclico e concludiamo che G è abeliano.

129. (i) Osserviamo, per prima cosa, che $\tau\sigma\tau^{-1} = \sigma^{-1}$, quindi τ è un elemento del normalizzatore $N(\langle\sigma\rangle)$ del sottogruppo di ordine 4 generato da σ, allora $\langle\sigma\rangle \cdot \langle\tau\rangle$ è un gruppo ed esso coincide con H. Inoltre $\langle\sigma\rangle \cap \langle\tau\rangle = \{e\}$ visto che τ non è in $\langle\sigma\rangle$, quindi H ha ordine $4 \cdot 2 = 8$.

Chiaramente il centralizzatore $Z_{S_6}(H)$ di H è l'intersezione dei due centralizzatori $Z(\sigma)$ e $Z(\tau)$; cerchiamo prima gli elementi di $Z(\sigma)$ e poi vediamo quali di essi commutano con τ. Il 4–ciclo σ ha classe di coniugio data da tutti i 4–cicli, essa ha quindi cardinalità $\binom{6}{4} \cdot 3!$ e, di conseguenza, $Z(\sigma)$ ha ordine

$$\frac{6!}{\binom{6}{4} \cdot 3!} = 8.$$

Sicuramente $\sigma, (5, 6) \in Z(\sigma)$ e, visto che σ e $(5, 6)$ commutano e quindi $\langle\sigma, (5, 6)\rangle$ ha ordine 8, otteniamo $Z(\sigma) = \langle\sigma, (5, 6)\rangle$. Osserviamo ora che σ non commuta con τ ma σ^2 e $(5, 6)$ commutano con τ; da questo segue che $Z_{S_6}(H) = \langle(1, 3)(2, 4), (5, 6)\rangle$ che ha ordine 4.

(ii) Per ogni γ nel normalizzatore $N(H)$ di H, la permutazione $\gamma\sigma\gamma^{-1}$ è o σ oppure σ^{-1}, visto che solo σ e σ^{-1} hanno ordine 4 in H, quindi $N(H)$ è contenuto in $N(\langle\sigma\rangle) = Z(\langle\sigma\rangle) \cup \tau Z(\langle\sigma\rangle)$ che ha ordine 16. Da questo segue che $N(H)$, che chiaramente contiene H, ha ordine 8 se coincide con H e ha ordine 16 se è strettamente più grande di H, e in tal caso coincide con $N(\langle\sigma\rangle)$. Poiché $Z_{S_6}(H)$ è contenuto in $N(H)$, la permutazione $(5, 6)$ è in $N(H)$ ma non è in H e quindi $N(H)$ è generato da σ, τ e $(5, 6)$ e ha ordine 16.

Questo ci dice anche che $N(H)$ è l'unico 2–Sylow di S_6 che contiene H: infatti se P è un 2–Sylow che contiene H, allora H ha indice 2 in P ed è quindi normale in P, ma allora $P \subseteq N(H)$ e i due gruppi coincidono avendo entrambi ordine 16.

130. (i) Sia M un sottogruppo massimale di G. Come per ogni sottogruppo, l'insieme $Z(G) \cdot M$ è un sottogruppo di G in quanto il centro è un sottogruppo normale. In particolare, da $M \subseteq Z(G) \cdot M \subseteq G$ si ha che o $M = Z(G) \cdot M$ oppure $Z(G) \cdot M = G$. Chiaramente $M = Z(G) \cdot M$ è equivalente a $Z(G) \subseteq M$; quindi se $Z(G) \not\subseteq M$ vale $Z(G) \cdot M = G$. In questo caso vogliamo mostrare che G' è contenuto in M e per questo basta verificare che per ogni $g, h \in G$ il commutatore di g e h appartiene ad M. Poiché $G = Z(G)M$ si ha $g = zm$ e $h = wn$ con $z, w \in Z(G)$ e $m, n \in M$: risulta $ghg^{-1}h^{-1} = zmwn(zm)^{-1}(wn)^{-1} = mnm^{-1}n^{-1} \in M$.

(ii) Sia $G = S_3 \times \mathbb{Z}/2\mathbb{Z}$, allora $Z(G) = e \times \mathbb{Z}/2\mathbb{Z}$ e $G' = (S_3)' \times (\mathbb{Z}/2\mathbb{Z})' = A_3 \times 0$. Allora il sottogruppo $M = S_3 \times 0$ è massimale, perché $G/M \simeq \mathbb{Z}/2\mathbb{Z}$ è di ordine primo, e verifica quanto richiesto.

131. (i) Definiamo le tre matrici di $SL_2(\mathbb{F}_5)$

$$A_i = \begin{pmatrix} 2 & \\ & -2 \end{pmatrix}, \quad A_j = \begin{pmatrix} & -1 \\ 1 & \end{pmatrix}, \quad A_k = \begin{pmatrix} & -2 \\ -2 & \end{pmatrix},$$

e proviamo che le assegnazioni $i \longmapsto A_i$, $j \longmapsto A_j$ e $k \longmapsto A_k$ si estendono ad un omomorfismo iniettivo da Q_8 in $SL_2(\mathbb{F}_5)$.

Per prima cosa $A_k = A_i \cdot A_j$ e $A_i^2 = A_j^2 = A_k^2 = -\mathrm{Id}$ e quindi i quadrati sono elementi centrali di $SL_2(\mathbb{F}_5)$. Infine $A_j \cdot A_i = -A_k$ e le altre relazioni di commutazione in Q_8 seguono da quanto dimostrato. Abbiamo quindi un omomorfismo $\varphi : Q_8 \longrightarrow SL_2(\mathbb{F}_5)$ la cui immagine è data dalle 8 matrici distinte $\pm\mathrm{Id}$, $\pm A_i$, $\pm A_j$ e $\pm A_k$ e che è quindi iniettivo avendo Q_8 ordine 8.

(ii) Il gruppo S_5 ha ordine 120 e dunque i suoi 2–Sylow hanno ordine 8. In particolare sono tutti coniugati del sottogruppo generato da $(1, 2)$ e $(1, 2, 3, 4)$ che, come si prova subito, è isomorfo a D_4.

Il gruppo $SL_2(\mathbb{F}_5)$ ha ordine $24 \cdot 20/4 = 120$ e dunque anche i suoi 2–Sylow hanno ordine 8. Abbiamo provato in (i) che un sottogruppo di $SL_2(\mathbb{F}_5)$ è isomorfo a Q_8.

Ma i gruppi D_4 e Q_8 non sono isomorfi: infatti Q_8 ha il solo elemento -1 di ordine 2, mentre D_4 ne ha 5. Ne segue che S_5 e $SL_2(\mathbb{F}_5)$ non possono essere isomorfi, perché non sono isomorfi i loro 2–Sylow.

132. (i) Supponiamo che ogni sottogruppo di Sylow di G sia ciclico. Allora l'esponente di G è certamente divisibile per la cardinalità di ogni Sylow, ma il minimo comune multiplo di queste cardinalità è l'ordine di G che quindi divide l'esponente di G. Inoltre è chiaro che l'esponente è un divisore di $|G|$ in quanto $g^{|G|} = e$ per ogni $g \in G$. Abbiamo così dimostrato che l'esponente di G coincide con il suo ordine.

Viceversa, supponiamo che l'esponente di G coincida con l'ordine di G; vogliamo dimostrare che ogni p–Sylow di G è ciclico. Notiamo che l'esponente di G è il minimo comune multiplo degli ordini degli elementi di G. Dunque, per ogni primo p, se p^a divide l'esponente di G, esiste un elemento g in G il cui ordine è diviso da p^a e quindi $g^{\mathrm{ord}(g)/p^a}$ è un elemento di ordine p^a. In particolare se p^a è l'ordine di un p–Sylow, otteniamo che G contiene un elemento di ordine p^a e quindi esiste un p–Sylow ciclico; ma allora, essendo i p–Sylow tutti coniugati tra loro, essi sono tutti ciclici.

(ii) L'ordine di un elemento (g_1, g_2) di un prodotto diretto $G_1 \times G_2$ è il minimo comune multiplo degli ordini di g_1 e g_2, da ciò segue che l'esponente di $G_1 \times G_2$ è il minimo comune multiplo degli esponenti di G_1 e G_2 e anche il massimo ordine degli elementi di $G_1 \times G_2$ è il minimo comune multiplo dei massimi ordini in G_1 e G_2.

In particolare, se gli ordini di G_1 e G_2 sono primi tra loro, allora sia l'esponente che il massimo ordine di $G_1 \times G_2$ sono il prodotto di quelli di G_1 e G_2.

Osserviamo ora che, per il Teorema di Struttura dei Gruppi Abeliani Finiti, un gruppo abeliano G è prodotto diretto dei suoi sottogruppi di p–torsione, cioè i suoi p–Sylow, al variare di p tra i numeri primi che dividono $|G|$. Ogni fattore è isomorfo ad un prodotto diretto $\mathbb{Z}/p^{a_1}\mathbb{Z} \times \mathbb{Z}/p^{a_2}\mathbb{Z} \times \cdots \times \mathbb{Z}/p^{a_r}\mathbb{Z}$ per alcuni interi positivi $a_1 \geq a_2 \geq \cdots \geq a_r$; è quindi chiaro che l'esponente e il massimo ordine di questo fattore sono entrambi uguali a p^{a_1}. Ma allora, per quanto provato sopra, l'esponente di G coincide con il massimo ordine in G.

133. Determiniamo gli ordine degli elementi di S_7 dalla loro decomposizione in cicli disgiunti

g	ord(g)
e	1
$(1,2)$	2
$(1,2)(3,4)$	2
$(1,2)(3,4)(5,6)$	2
$(1,2,3)$	3
$(1,2,3)(4,5)$	6
$(1,2,3)(4,5)(6,7)$	6
$(1,2,3)(4,5,6)$	3
$(1,2,3,4)$	4
$(1,2,3,4)(5,6)$	4
$(1,2,3,4)(5,6,7)$	12
$(1,2,3,4,5)$	5
$(1,2,3,4,5)(6,7)$	10
$(1,2,3,4,5,6)$	6
$(1,2,3,4,5,6,7)$	7

e quindi esistono sottogruppi ciclici, in particolare abeliani, di ordini 1, 2, 3, 4, 5, 6, 7, 10 e 12. Inoltre le permutazioni $(1,2,3,4)$ e $(5,6)$ commutano e quindi generano il sottogruppo abeliano $\langle(1,2,3,4)\rangle \cdot \langle(5,6)\rangle$ di ordine 8. Allo stesso modo il sottogruppo generato da $(1,2,3)$ e $(4,5,6)$ è abeliano e uguale a $\langle(1,2,3)\rangle \cdot \langle(4,5,6)\rangle$ e ha quindi ordine 9. Abbiamo allora costruito sottogruppi abeliani per tutti gli interi positivi fino a 12 escluso 11 come richiesto.

Viceversa, facciamo vedere che non ci sono sottogruppi abeliani di ordine diverso da quelli appena visti; in particolare dobbiamo escludere che esistano sottogruppi di ordine ogni divisore di $7! = 2^4 \cdot 3^2 \cdot 5 \cdot 7$ che sia maggiore di 12.

Un sottogruppo H di ordine multiplo di 7 in S_7 contiene un 7–ciclo σ perché i 7–cicli sono gli unici elementi di ordine 7 in S_7. Allora se H è abeliano deve essere contenuto in $Z(\sigma)$ che ha però ordine

$$\frac{7!}{|\mathcal{C}\ell(\sigma)|} = \frac{7!}{\binom{7}{6} \cdot 6!} = 7$$

e quindi $H = \langle\sigma\rangle$ e ha ordine 7. Allo stesso modo se 5 divide l'ordine di un sottogruppo K di S_7, il sottogruppo deve contenere un 5–ciclo τ e, se abeliano, essere contenuto in $Z(\tau)$ ma, come sopra, $Z(\tau)$ ha ordine

$$\frac{7!}{|\mathcal{C}\ell(\tau)|} = \frac{7!}{\binom{7}{5} \cdot 4!} = 10$$

e quindi H ha ordine 5 o 10.

Facciamo vedere che S_7 non ha sottogruppi abeliani di ordine 16, da ciò seguirà che non ha sottogruppi abeliani di ordine nessun multiplo di 16 in quanto un gruppo abeliano ha almeno un sottogruppo per ogni divisore del suo ordine. Ora un sottogruppo di ordine 16 è un 2–Sylow di S_7, basta quindi far vedere che i 2–Sylow, tutti isomorfi perché coniugati, non sono abeliani. Infatti S_7 contiene D_4, ad esempio come sottogruppo generato da $(1,2,3,4)$ e $(2,3)$, che ha ordine 8 e non è abeliano ma, avendo ordine una potenza di 2, è contenuto in un qualche 2–Sylow che non potrà quindi essere abeliano.

Per quanto dimostrato ci mancano ancora da escludere gli ordini $2 \cdot 3^2$, $2^2 \cdot 3^2$, $2^3 \cdot 3$ e $2^3 \cdot 3^2$; ci basta allora considerare i due ordini $18 = 2 \cdot 3^2$ e $24 = 2^3 \cdot 3$ perché gli altri due sono multipli di questi.

Ora, seguendo la stessa linea di ragionamento vista sopra, un sottogruppo abeliano di ordine 18 dovrebbe contenere una permutazione di ordine 2, cioè o un 2–ciclo o un $2 + 2$–ciclo o un $2 + 2 + 2$–ciclo, ed essere quindi contenuto nel centralizzatore di questo elemento di ordine 2. Ma i centralizzatori degli elementi con queste strutture in cicli hanno ordini

$$\frac{7!}{\binom{7}{2}} = 2 \cdot 5!, \quad \frac{7!}{\binom{7}{2}\binom{5}{2} \cdot \frac{1}{2}} = 4 \cdot 3!, \quad \frac{7!}{\binom{7}{2}\binom{5}{2}\binom{3}{2} \cdot \frac{1}{3!}} = 8 \cdot 3!;$$

in nessun caso troviamo un ordine divisibile per 9. Ciò prova che non esistono sottogruppi abeliani di ordine 18.

Infine, un sottogruppo abeliano di ordine 24 contiene un 6–ciclo o un $3 + 2$–ciclo e quindi dovrebbe essere contenuto nel centralizzatore di questo elemento. Ma i centralizzatori hanno ordine rispettivamente

$$\frac{7!}{\binom{7}{6} \cdot 5!} = 6, \quad \frac{7!}{\binom{7}{3} \cdot 2! \cdot \binom{4}{2}} = 12$$

e in nessun caso 24 divide questi ordini; non esistono quindi sottogruppi abeliani di ordine 24.

134. (i) Sia H un sottogruppo di G e sia P un sottogruppo di Sylow di H. Essendo di ordine una potenza di un primo, P è contenuto in un sottogruppo di Sylow di G e dunque è ciclico in quanto sottogruppo di un sottogruppo ciclico. Abbiamo provato che H è iperciclico.

Sia G/N un quoziente di G e $\pi : G \longmapsto G/N$ l'omomorfismo quoziente; indichiamo con p un primo e siano p^a, p^b le massime potenze di p che dividono rispettivamente $|G|$ e $|N|$. Se $\widetilde{P}$ è un p–Sylow di G/N, allora $|\widetilde{P}| = p^{a-b}$ e la controimmagine $H = \pi^{-1}(\widetilde{P})$ ha cardinalità $p^{a-b} \cdot |N|$, dunque H contiene un p–Sylow P di G.

Vogliamo ora provare che $\pi(P) = \widetilde{P}$. Infatti abbiamo $|\pi(P)| = |PN/N| = |P/N \cap P| = |P|/|N \cap P|$ e, se $|N| = p^b \cdot r$ con p che non divide r, è chiaro che $N \cap P$ ha ordine che divide $(p^a, p^b \cdot r) = p^b$. Da ciò segue che l'ordine di $\pi(P)$ è multiplo di p^{a-b}, ma questo è anche l'ordine di $\widetilde{P}$ e quindi, essendo $\pi(P) \subseteq \pi(H) = \widetilde{P}$ otteniamo l'uguaglianza $\pi(P) = \widetilde{P}$.

Concludiamo ora che, essendo $\widetilde{P}$ immagine del sottogruppo ciclico P, è a sua volta ciclico. Dunque G/N è iperciclico.

(ii) Siano H_1 e H_2 due sottogruppi di G di ordine p^r. Essi sono rispettivamente contenuti in due p–Sylow, $H_1 \subseteq P_1$, $H_2 \subseteq P_2$. I sottogruppi P_1 e P_2, essendo dei p–Sylow, sono tra loro coniugati. Inoltre, essendo ciclici, ciascuno contiene un unico sottogruppo di ordine p^r. Dunque un coniugio che manda P_1 in P_2 deve anche mandare H_1 in H_2.

(iii) Confrontando gli ordini, l'equazione vale se e solo se $N \cap P$ è un p–sottogruppo di Sylow di N. Dimostriamo che questo è sempre vero.

Sia K un p–Sylow di N. Per il punto (ii) K è coniugato ad un sottogruppo K' di P. Poiché N è normale, anche K' è un sottogruppo di N e dunque $N \cap P$ contiene K'.

Ora anche K' è un p–Sylow di N, sempre perché N è normale, dunque l'inclusione $N \cap P \subseteq K'$ vale perché $N \cap P$ è un p–gruppo che non può avere cardinalità maggiore del p–Sylow K'.

Abbiamo quindi provato che $N \cap P = K'$, in particolare $N \cap P$ è un p–Sylow di N.

135. (i) I divisori di 30 sono 1, 2, 3, 5, 6, 10, 15 e 30. Ovviamente $\{e\}$ ha ordine 1 e D_{15} ha ordine 30, inoltre, per il Teorema di Cauchy, D_{15} ha sottogruppi di ordine 2, 3 e 5.

Notiamo che D_{15} è isomorfo al prodotto semidiretto $\mathbb{Z}/15\mathbb{Z} \rtimes \mathbb{Z}_2 \simeq (\mathbb{Z}/3\mathbb{Z} \times \mathbb{Z}/5\mathbb{Z}) \rtimes \mathbb{Z}/2\mathbb{Z}$, dove il generatore di $\mathbb{Z}/2\mathbb{Z}$ agisce per coniugio sia su $\mathbb{Z}/3$ che su $\mathbb{Z}/5$ attraverso $n \longmapsto -n$.

È allora chiaro che i sottoinsiemi $(\mathbb{Z}/3\mathbb{Z} \times 0) \rtimes \mathbb{Z}/2\mathbb{Z}$, $(0 \times \mathbb{Z}/5\mathbb{Z}) \rtimes \mathbb{Z}/2\mathbb{Z}$ e $(\mathbb{Z}/3\mathbb{Z} \times \mathbb{Z}/5\mathbb{Z}) \rtimes 0$ sono sottogruppi di $(\mathbb{Z}/3\mathbb{Z} \times \mathbb{Z}/5\mathbb{Z}) \rtimes \mathbb{Z}/2\mathbb{Z}$ di ordine rispettivamente 6, 10 e 15; dunque anche D_{15} contiene sottogruppi di questi ordini.

(ii) Ovviamente i sottogruppo di ordine 1 e 30 sono unici.

Inoltre D_{15} contiene 15 simmetrie, cioè elementi di ordine 2, e il restante sottogruppo delle rotazioni ha un elemento di ordine 1, $2 = \phi(3)$ elementi di ordine 3, $4 = \phi(5)$ elementi di ordine 5, $8 = \phi(15)$ elementi di ordine 15.

Di conseguenza D_{15} contiene un unico sottogruppo di ordine 3, un unico sottogruppo di ordine 5 ed un unico sottogruppo di ordine 15 visto che un gruppo con uno di questi ordini n è ciclico e contiene $\phi(n)$ elementi di ordine n.

Vogliamo ora provare che solo per n uguale a 1, 3, 5, 15 e 30 vi è un unico sottogruppo di ordine n. Equivalentemente, per ogni ordine pari diverso da 30 esistono più sottogruppi di quell'ordine. Dimostreremo ciò facendo vedere che un tale sottogruppo H non è normale.

Avendo ordine pari H contiene un elemento s di ordine 2. Il centralizzatore di s ha anch'esso ordine 2 perché s non commuta con nessun elemento di ordine 3 o 5 in quanto questi elementi sono nel gruppo delle rotazioni e non vi è centro. Allora s ha un numero di coniugati uguale a $[D_{15} : Z(s)] = 15$, cioè tutti gli elementi di ordine 2 sono coniugati tra di loro.

Se, per assurdo, H fosse normale, esso dovrebbe contenere tutti gli elementi di ordine 2, ma allora sarebbe $H = D_{15}$ perché gli elementi di ordine 2 generano D_{15}, contro l'ipotesi che H è un sottogruppo proprio.

3.2 Anelli

136. Sia $p(x) = (x^2 - 2)(x^3 - 2)$ e indichiamo con A l'anello quoziente $\mathbb{K}[x]/(p(x))$. Sappiamo che un elemento $f(x) + (p(x))$ di A è un divisore dello zero se e solo se $f(x)$ e $p(x)$ non sono primi tra loro; mentre $f(x) + (p(x))$ è invertibile se e solo se $f(x)$ e $p(x)$ sono primi tra loro.

Visto che possiamo sempre scegliere $f(x)$ di grado minore di $5 = \deg(p(x))$, troviamo che A ha $N = p^5$ elementi dove $p = 3$ se $\mathbb{K} = \mathbb{F}_3$ e $p = 7$ se $\mathbb{K} = \mathbb{F}_7$. Se D è il numero di divisori dello zero in A allora $N - D$ è il numero di elementi invertibili. Possiamo quindi contare solo i divisori dello zero in A. Per fare ciò fattorizziamo il polinomio $p(x)$ in irriducibili.

Caso $\mathbb{K} = \mathbb{F}_3$. Il polinomio $x^2 - 2$ è irriducibile visto che 2 non è un quadrato in $\mathbb{F}_3$. Invece abbiamo $x^3 - 2 = (x - 2)^3$. Quindi $f(x)$ non è primo con $p(x)$ se e solo se $x^2 - 2$ o $x - 2$ dividono $f(x)$.

Nel primo caso $f(x) = (x^2 - 2)g(x)$ con $g(x)$ un qualunque polinomio in $\mathbb{F}_3[x]$ di grado minore o uguale a 2: ci sono 3^3 polinomi di questo tipo. Nel secondo caso $f(x) = (x - 2)h(x)$ con $h(x)$ un polinomio di grado minore o uguale a 3: ci sono 3^4 polinomi di questo tipo. Se invece $f(x)$ è multiplo di $x^2 - 2$ e di $x - 2$ allora $f(x) = (x^2 - 2)(x - 2)k(x)$ con $k(x)$ un qualunque polinomio di grado minore o uguale a 1: ci sono 3^2 polinomi di questo tipo. Il Principio di Inclusione Esclusione ci dice che $D = 3^4 + 3^3 - 3^2 = 99$, da ciò ricaviamo anche che il numero di elementi invertibili di A è $3^5 - 99 = 144$.

Se invece $\mathbb{K} = \mathbb{F}_7$ allora $x^3 - 2$ è irriducibile in quanto non ha radici mentre $x^2 - 2 = (x + 3)(x - 3)$. Procediamo come sopra e osserviamo che $f(x)$ non è primo con $p(x)$ se e solo se $x^3 - 2$ o $x + 3$ o $x - 3$ dividono $f(x)$. Nel primo caso $f(x) = (x^3 - 2)g(x)$ con $g(x)$ un polinomio di grado minore o uguale a 1: ci sono 7^2 polinomi di questo tipo. Nel secondo caso $f(x) = (x + 3)h(x)$ con $h(x)$ di grado minore o uguale a 3: ci sono 7^4 polinomi di questo tipo. Lo stesso numero di polinomi per il terzo caso con $f(x)$ divisibile per $x - 3$.

Se $f(x)$ è multiplo di $x^3 - 2$ e di $x + 3$ allora $f(x) = (x^3 - 2)(x + 3)k(x)$ con $k(x)$ di grado 0, cioè una costante: ci sono quindi 7 di tali polinomi. Lo stesso accade per $x^3 - 2$ e $x - 3$. Se invece $f(x)$ è divisibile per $x + 3$ e per $x - 3$ allora $f(x) = (x + 3)(x - 3)l(x)$ con $l(x)$ di grado minore o uguale a 2: in tutto 7^3 polinomi. Infine solo il polinomio costante 0 è multiplo di $x^3 - 2$, di $x + 3$ e di $x - 3$ in quanto $f(x)$ ha grado minore o uguale a 4.

Allora $D = 7^2 + 7^4 + 7^4 - 7 - 7 - 7^3 + 1 = 4495$ e gli elementi invertibili sono $7^5 - 4495 = 12312$.

137. (i) Usiamo il Principio di Induzione su n. Il passo base $n = 0$ è ovvio: $p_0(x) = 1 = (x^3 - 1)^0$. Supponiamo l'asserto vero per n, cioè supponiamo $p_{3n}(x) = (x^3 - 1)^n$, e dimostriamolo per $n + 1$.

Usando tre volte la relazione ricorsiva che definisce i polinomi abbiamo

$$
\begin{aligned}
p_{3n+3}(x) &= (x - 1)p_{3n+2}(\zeta x) \\
&= (x - 1)(\zeta x - 1)p_{3n+1}(\zeta^2 x) \\
&= (x - 1)(\zeta x - 1)(\zeta^2 x - 1)p_{3n}(x) \\
&= (x - 1)(x - \zeta)(x - \zeta^2)p_{3n}(x) \\
&= (x^3 - 1)p_{3n}(x) \\
&= (x^3 - 1)(x^3 - 1)^n \\
&= (x^3 - 1)^{n+1}.
\end{aligned}
$$

(ii) Da quanto visto nel punto precedente $p_n(x) \in \mathbb{Z}[x]$ se $n \equiv 0 \pmod{3}$. Inoltre se $n \equiv 1 \pmod 3$, diciamo $n = 3m + 1$, allora $p_n(x) = (x - 1)p_{3m}(\zeta x) = (x - 1)((\zeta x)^3 - 1)^m = (x - 1)(x^3 - 1)^m \in \mathbb{Z}[x]$. Se invece $n \equiv 2 \pmod 3$, cioè $n = 3m + 2$ allora $p_n(x) = (x - 1)p_{3m+1}(\zeta x) = (x - 1)(\zeta x - 1)(x^3 - 1)^m$ e tale polinomio non è in $\mathbb{Z}[x]$ in quanto il coefficiente del suo termine di grado massimo è ζ.

138. È vero in generale che un ideale massimale è primo, dimostriamo quindi il viceversa.

Sia P un ideale primo di A e sia x un elemento di A non in P. Se mostriamo che l'ideale (x, P), cioè l'ideale generato P e x, è tutto l'anello A allora segue che P è un ideale massimale.

Sappiamo che esiste $n > 1$ per cui $x^n = x$ e quindi $x(x^{n-1} - 1) = 0 \in P$. Essendo P primo e $x \notin P$, si ha $y = x^{n-1} - 1 \in P$. Quindi $1 = x^{n-1} - y \in (x, P)$ e questo prova la nostra tesi $(x, P) = A$.

139. (i) È chiaro che $\mathbb{Z}[x]/I \simeq \mathbb{Z}/5\mathbb{Z}$ che è un campo e quindi I è massimale.

(ii) Abbiamo $\mathbb{Z}[x]/J \simeq \mathbb{Z}/25\mathbb{Z}$ e in tale anello i divisori dello zero, cioè 0 e 5, sono nilpotenti. Da ciò segue facilmente che J è primario.

Infatti se $f(x)g(x) \in J$ e $f(x) \notin J$, allora $f(x)g(x) = 0$ in $\mathbb{Z}[x]/J$ e $f(x) \neq 0$ in $\mathbb{Z}[x]/J$, cioè $g(x)$ è un divisore dello zero in $\mathbb{Z}[x]/J$. Dunque, per quanto osservato sopra, $g(x)$ è nilpotente in $\mathbb{Z}[x]/J$, cioè esiste un n per cui $g(x)^n \in J$.

(iii) Sia $f(x) = a_0 + a_1 x + a_2 x^2 + \cdots + a_r x^r$ un elemento di $\sqrt{J}$. Allora esiste $n \in \mathbb{N}$ per cui $f(x)^n \in J$. Ma $f(x)^n = a_0^n + xg(x)$ per qualche polinomio $g(x)$ e quindi 25 deve dividere a_0^n, ne consegue che 5 deve dividere a_0 da cui $f(x) \in I$.

Viceversa sia $f(x) = a_0 + a_1 x + a_2 x^2 + \cdots + a_r x^r$ un elemento di I. Allora 5 divide a_0 e quindi 25 divide il termine noto di $f(x)^2$, cioè $f(x)^2 \in J$ da cui $f(x) \in \sqrt{J}$.

140. L'anello A è un dominio di integrità e quindi $\{0\}$ è un ideale primo di A; anche (x) è un ideale primo di A. Allora S_1 e S_2 sono parti moltiplicative in quanto complementari di ideali primi.

I due anelli di frazioni non sono isomorfi visto che $S_1^{-1}A$ è un campo, in particolare è il campo delle funzioni razionali in x, mentre $S_2^{-1}(x) \neq \{0\}$ è un ideale massimale di $S_2^{-1}A$ e quindi $S_2^{-1}A$ non è un campo.

141. (i) A non è un dominio visto che in $\mathbb{Z}[i]$ abbiamo $(1+i)^2 = -2i$ e quindi $1+i$ è un divisore di 0 nel quoziente $A = \mathbb{Z}[i]/(2)$.

(ii) Proviamo che 3 è un primo di $\mathbb{Z}[i]$. Siano $u = a + bi$, $v = c + di$ in $\mathbb{Z}[i]$ tali che $3 = u \cdot v$, vogliamo provare che o u o v è invertibile.

Abbiamo $9 = |u|^2|v|^2 = (a^2+b^2)(c^2+d^2)$. Se fosse a^2+b^2, $c^2+d^2 > 1$ allora necessariamente $a^2+b^2 = 3 = c^2+d^2$, equazioni che non hanno invece nessuna soluzione in $\mathbb{Z}$. Quindi uno dei due elementi u e v deve avere norma 1, cioè essere invertibile. Questo prova che 3 è irriducibile, ma essendo $\mathbb{Z}[i]$ euclideo e quindi a fattorizzazione unica, 3 è anche primo.

Allora B è un campo e $B[x]$ un dominio d'integrità. Dunque concludiamo che i due anelli di polinomi non sono isomorfi perché $A[x]$ non è un dominio di integrità visto che non lo è A.

142. Che A sia un sottoanello di $\mathbb{Q}$ si prova in maniera ovvia. Se indichiamo con S il sottoinsieme di $\mathbb{Z}$ formato dai numeri dispari, abbiamo che S è una parte moltiplicativa di $\mathbb{Z}$, inoltre $A \simeq S^{-1}\mathbb{Z}$. Allora gli ideali di A sono tutti del tipo $S^{-1}I$ con I ideale di $\mathbb{Z}$. Ciò prova che tutti gli ideali di A sono del tipo $S^{-1}(2^k \cdot d)$ con d un intero dispari; ma $d \in S$ e quindi $S^{-1}(2^k \cdot d) = S^{-1}\mathbb{Z} \cdot (2^k)$. È infine chiaro che il campo delle frazioni di A è $\mathbb{Q}$.

143. Se $u = a + b\sqrt{-3}$, con $a, b \in \mathbb{Z}$, è invertibile, allora

$$u^{-1} = \frac{1}{a+b\sqrt{-3}} = \frac{a}{a^2+3b^2} - \frac{b}{a^2+3b^2}\sqrt{-3}.$$

Essendo 1 e $\sqrt{-3}$ linearmente indipendenti su $\mathbb{Q}$, abbiamo che $u^{-1} \in \mathbb{Z}[\sqrt{-3}]$ se e solo se i numeri razionali

$$\frac{a}{a^2+3b^2}, \quad \frac{b}{a^2+3b^2}$$

sono interi. Ma se $b \neq 0$ allora $a^2 + 3b^2 > |b|$ e quindi il secondo dei numeri sopra non è sicuramente intero. Ne segue $b = 0$ e di conseguenza, da a^2 divide a, troviamo $a = \pm 1$. Abbiamo provato che $\mathbb{Z}[\sqrt{-3}]^* = \{\pm 1\}$, un gruppo isomorfo a $\mathbb{Z}/2\mathbb{Z}$.

144. Poniamo $x = t + t^{-1}$. È semplice provare che A^σ è un sottoanello di A visto che σ è un automorfismo di anelli. Allora da $\sigma(x) = x$ abbiamo che $\mathbb{Q}[x] \subseteq A^\sigma$.

Viceversa sia $f = \sum_{|n| \leq N} a_n t^n$ un elemento di A, dove N è un qualche naturale, e supponiamo che $\sigma(f) = f$. Abbiamo $\sigma(f) = \sum_{|n| \leq N} a_{-n}t^n$ e quindi otteniamo $a_{-n} = a_n$; cioè $f = \sum_{n=0}^N a_n(t^n + t^{-n})$. Vogliamo ora provare che un tale elemento è un polinomio in x.

Procediamo per induzione su N. Se $N = 0$ allora $f = a_0$ e la tesi è ovvia. Supponiamo ora la tesi vera per $N - 1$ e consideriamo l'elemento $f' = f - a_N x^N = f - a_N(t + t^{-1})^N$. È chiaro che f' è ancora un elemento fissato da σ e che in f' compaiono solo potenze di t e di t^{-1} con esponente minore di N. Allora, per induzione, f' è un polinomio in x e quindi anche $f = f' + a_N x^N$ lo è.

145. (i) Visto che $I + J + K = A$, esistono $i \in I$, $j \in J$ e $k \in K$ tali che $1 = i + j + k$. Allora

$$
\begin{aligned}
1 &= 1^{3n} \\
&= (i + j + k)^{3n} \\
&= \sum \alpha_{a,b,c} i^a j^b k^c
\end{aligned}
$$

dove la somma è per a, b, c naturali con $a + b + c = 3n$ e $\alpha_{a,b,c}$ sono alcuni coefficienti interi. Se fosse $a, b, c < n$ allora si avrebbe $a + b + c < 3n$ che è impossibile; quindi uno tra i tre indici a, b e c è sicuramente maggiore o uguale a n. Allora ogni addendo $\alpha_{a,b,c} i^a j^b k^c$ appartiene a I^n, J^n o K^n. Di conseguenza la somma, cioè 1, appartiene a $I^n + J^n + K^n$. Questo è quanto bisognava provare.

(ii) Dalle ipotesi su I, J e K esistono $i_1, i_2 \in I$, $j_1, j_3 \in J$ e $k_2, k_3 \in K$ per cui $1 = i_1 + j_1 = i_2 + k_2 = j_3 + k_3$. Allora $1 = (i_1 + j_1)(i_2 + k_2)(j_3 + k_3)$ e, nello sviluppo di tale prodotto, ogni addendo è il prodotto di tre termini mai tutti nello stesso ideale I, J o K. Cioè ogni addendo appartiene ad uno dei prodotti IJ, IK o JK. Allora la somma, cioè 1, appartiene a $IJ + IK + JK$.

146. (i) Sia A un dominio a fattorizzazione unica, $\mathbb{K}$ il suo campo delle frazioni e sia $\alpha \in \mathbb{K}$ una radice del polinomio monico $p(x) = x^n + a_1 x^{n-1} + \cdots + a_{n-1} x + a_n$ a coefficienti in A. Vogliamo provare che $\alpha \in A$.

Possiamo scrivere $\alpha = a/b$ con a e b elementi di A primi tra loro. Da $p(\alpha) = 0$ abbiamo

$$
\begin{aligned}
a^n + a_1 a^{n-1} b + \cdots + a_{n-1} a b^{n-1} + b^n &= 0, \\
b(a_1 a^{n-1} + \cdots + a_{n-1} a b^{n-2} + b^{n-1}) &= -a^n.
\end{aligned}
$$

Ora, se π è un primo di A che divide b allora dall'ultima equazione ricaviamo che π divide $-a^n$ e quindi divide a. Ma a e b sono primi tra loro, allora un tale primo π non esiste e b è invertibile in A. Ciò implica $\alpha = a/b = a \cdot b^{-1} \in A$.

(ii) Sia n un intero per cui $4n + 1$ non è un quadrato in $\mathbb{Z}$, sia $A = \mathbb{Z}[\sqrt{4n + 1}]$ e sia $\mathbb{K}$ il campo delle frazioni di A.

L'elemento $\alpha = \left(1 + \sqrt{4n + 1}\right)/2$ di $\mathbb{K}$ è radice del polinomio monico $x^2 - x - n$ di $A[x]$.

Essendo $4n + 1$ un non quadrato in $\mathbb{Z}$, gli elementi 1 e $\sqrt{4n + 1}$ sono una base di $\mathbb{K}$ su $\mathbb{Q}$. Allora

$$
\alpha = \frac{1}{2} \cdot 1 + \frac{1}{2} \cdot \sqrt{4n + 1}
$$

è l'unica espressione di α come combinazione lineare su $\mathbb{Q}$ della base e quindi α non è un elemento di $A = \{a + b\sqrt{4n + 1} \mid a, b \in \mathbb{Z}\}$. Abbiamo dimostrato che A non è integralmente chiuso e, per il punto precedente, non può essere a fattorizzazione unica.

147. (i) Proviamo che $M = I \cap J$ ha la proprietà richiesta.

Facciamo vedere che $\mathcal{V}(I) \cup \mathcal{V}(J) \subseteq \mathcal{V}(M)$. Infatti sia P un elemento di $\mathcal{V}(I)$, allora $I \subseteq P$ e quindi $M \subseteq P$. Dalla definizione segue allora $P \in \mathcal{V}(M)$. Analogamente si ragiona se si parte da un ideale P in $\mathcal{V}(J)$.

Vediamo ora l'altra inclusione. Dato $P \in \mathcal{V}(M)$ abbiamo $M = I \cap J \subseteq P$. Se non vale $I \subseteq P$ allora esiste un elemento $x \in I \setminus P$. Sia ora y un qualunque elemento di J, allora $xy \in IJ \subseteq I \cap J$ e quindi $xy \in P$; ma $x \notin P$ e quindi $y \in P$ essendo P primo. Ciò prova che $J \subseteq P$, da cui $P \in \mathcal{V}(J)$.

(ii) Basta prendere $N = I + J$. Infatti $P \in \mathcal{V}(I) \cap \mathcal{V}(J)$ se e solo se $I, J \subseteq P$, e quindi se e solo se $N = I + J \subseteq P$ che è equivalente a $P \in \mathcal{V}(N)$.

Per dimostrare che $\mathcal{V}(I) = \mathcal{V}(J)$ non implica $I = J$ prendiamo $A = \mathbb{Z}$, $I = (2)$, $J = (4)$. È facile vedere che $\mathcal{V}(I) = \{(2)\} = \mathcal{V}(J)$ mentre $I \neq J$.

148. Consideriamo l'ideale $S^{-1}I$ di $S^{-1}A$; si tratta di un ideale proprio visto che I non interseca S. Esso è quindi un ideale massimale di $S^{-1}A$ per la proprietà del testo visto che ogni ideale di $S^{-1}A$ è del tipo $S^{-1}J$ con J ideale di A. In particolare $S^{-1}I$ è un ideale primo di $S^{-1}A$ e quindi $S^{-1}I \cap A$ è un ideale primo di A.

Se facciamo vedere che $S^{-1}I \cap A = I$, allora abbiamo la tesi. È chiaro che $I \subseteq J = S^{-1}I \cap A$. Inoltre J non interseca S perché altrimenti $S^{-1}I = S^{-1}J$ non sarebbe un ideale proprio, ma allora dalla proprietà del testo segue $I = J$.

149. Sia I l'ideale (x^2, y^2) di $\mathbb{Q}[x, y]$, sia $J = \sqrt{I}$ e osserviamo che da $x^2, y^2 \in I$ abbiamo $x, y \in J$. Di conseguenza $(x, y) \subseteq J$. Inoltre per ogni naturale h, l'elemento $1^h = 1$ non è in I, da cui $1 \notin J$. Ora, usando $(x, y) \subseteq J$, troviamo che i polinomi di J hanno tutti termine costante nullo.

Abbiamo allora provato che $J = (x, y)$. Dunque $A/J \simeq \mathbb{Q}$ e J è massimale e, in particolare, primo in $\mathbb{Q}[x, y]$.

150. Gli omomorfismi di anelli da A/I in $\mathbb{Q}$ sono in biezione con gli omomorfismi di anelli da A in $\mathbb{Q}$ che contengono I nel loro nucleo. Sia quindi $\varphi : A \longrightarrow \mathbb{Q}$ un tale omomorfismo.

Esso è completamente determinato una volta assegnate le immagini di x e di y; diciamo $\varphi(x) = \alpha$ e $\varphi(y) = \beta$ con $\alpha, \beta \in \mathbb{Q}$. La condizione $I \subseteq \mathrm{Ker}(\varphi)$ è equivalente a $xy - 1 \in \mathrm{Ker}(\varphi)$ visto che $xy - 1$ genera I.

Allora abbiamo $0 = \varphi(xy - 1) = \varphi(x)\varphi(y) - 1 = \alpha\beta - 1$. Quindi imporre che I sia nel nucleo di φ è equivalente a chiedere $\alpha \neq 0$ e $\beta = \alpha^{-1}$.

Abbiamo provato che gli omomorfismi cercati sono le applicazioni $\varphi_\alpha : A/I \longrightarrow \mathbb{Q}$ al variare di α in $\mathbb{Q}^*$, con φ_α l'unico omomorfismo indotto da $\varphi_\alpha(x + I) = \alpha$ e $\varphi_\alpha(y + I) = \alpha^{-1}$.

151. (i) Consideriamo l'omomorfismo di valutazione $v : A[x] \longrightarrow A$, $v(f(x)) = f(a)$. Visto che v è un omomorfismo di anelli e che $v^{-1}(I) = \mathcal{J}$ concludiamo che $\mathcal{J}$ è un ideale di $A[x]$.

(ii) L'omomorfismo di valutazione del punto precedente è suriettivo in quanto $A[x]$ contiene A come l'insieme dei polinomi costanti. In particolare v induce una corrispondenza biunivoca tra gli ideali di A che contengono $\mathrm{Ker}(v) = A[x] \cdot (x - a)$ e gli ideali di A; in questa corrispondenza ideali primi corrispondono ad ideali primi. Ma $\mathcal{J}$ corrisponde ad I e quindi $\mathcal{J}$ è primo in $A[x]$ se e solo se I è primo in A.

(iii) È chiaro che $(5, x - 1) \subseteq \mathcal{J}$. Sia viceversa $f(x) \in \mathbb{Z}[x]$ tale che $f(1) \in (5)$, diciamo $f(1) = 5h$ per $h \in \mathbb{Z}$, e poniamo $g(x) = f(x) - 5h$. Allora $g(1) = 0$ e quindi esiste $q(x) \in \mathbb{Q}[x]$ per cui $g(x) = q(x)(x - 1)$.

Per il Lemma di Gauss $q(x) \in \mathbb{Z}[x]$ visto che $x - 1$ è un polinomio primitivo. Ne segue che $f(x) = q(x)(x - 1) + 5h \in (5, x - 1)$ e l'inclusione inversa è provata.

152. (i) Proviamo che un elemento z/d di $S^{-1}A$, con $z \in A$ e d intero dispari, è invertibile se e solo se la norma di z, cioè l'intero $N(z) = z\bar{z}$, è dispari.

Se infatti $N(z)$ è dispari allora $d\bar{z}/N(z)$ è un elemento di $S^{-1}A$; inoltre $(z/d) \cdot (d\bar{z}/N(z)) = 1$ e quindi $d\bar{z}/N(z)$ è l'inverso di z/d.

D'altra parte se $w \in A$ e c dispari sono tali che w/c è l'inverso di z/d, abbiamo $(z/d) \cdot (w/c) = 1$. Quindi $zw = dc$, da cui $N(z)N(w) = d^2c^2$ e visto che d, c sono entrambi dispari concludiamo che anche $N(z)$ è dispari.

(ii) Dobbiamo provare che ogni ideale di $S^{-1}A$ è generato da $(1 + i)^k$ per qualche naturale k. Sappiamo che A è ad ideali principali e quindi un ideale I di $S^{-1}A$ è generato da un qualche elemento $z = a + bi$ di A. Indichiamo con $r = N(z) = z\bar{z} = a^2 + b^2$ la norma di z e osserviamo che $r \in I \cap \mathbb{Z}$.

Distinguiamo diversi casi. Se r è dispari allora $I = S^{-1}A$ per quanto visto nel punto precedente.

Supponiamo allora r pari. Se $4 \nmid r$ allora $r = 2d$ con d dispari. Visto che d è invertibile in $S^{-1}A$ e che $r \in I$ abbiamo $2 \in I$. Inoltre da r pari e $4 \nmid r$ otteniamo che a, b sono entrambi dispari, diciamo $a = 2a' + 1$ e $b = 2b' + 1$. Quindi $z = a + bi = 2(a' + b'i) + (1 + i)$, da cui $1 + i \in I$. Osserviamo inoltre che $2 = -i(1 + i)^2$ e quindi $z = -i(1 + i)^2(a' + b'i) + 1 + i \in (1 + i)$. Possiamo quindi concludere $I = S^{-1}A \cdot (1 + i)$.

Supponiamo ora che $r = 2^h d$ con d dispari e $h \geq 2$. In questo caso a, b sono entrambi pari, diciamo $a = 2a'$ e $b = 2b'$. Allora $z = 2(a' + b'i) = -i(1 + i)^2(a' + b'i)$ e quindi $I = (z) = (1 + i)^2(a' + b'i)$ visto che $-i$ è invertibile. Poniamo $z' = a' + b'i$ e osserviamo che $N(z') = 2^{h-2}d$.

Ragionando in questo modo ci riconduciamo in un numero finito t di passi ad uno dei due casi già visti sopra in cui $4 \nmid r$. Quindi $I = S^{-1}A \cdot (1 + i)^{2t}$ o $I = S^{-1}A \cdot (1 + i)^{2t+1}$ e la tesi è provata.

153. (i) Indichiamo con $\pi : A \longrightarrow A/I$ l'omomorfismo quoziente e sia $\tilde{\pi} : A[x] \longrightarrow (A/I)[x]$ l'omomorfismo di anelli definito da $\tilde{\pi}_{|A} = \pi$ e $\tilde{\pi}(x) = x$.

Allora dalla definizione abbiamo $\text{Ker}(\tilde{\pi}) = I[x]$ e quindi $I[x]$ è un ideale di $A[x]$.

(ii) Sia $\mathcal{I}$ l'ideale di $A[x]$ generato da I. Chiaramente da $I \subseteq I[x]$ abbiamo $\mathcal{I} \subseteq I[x]$. Viceversa sia $f(x) = \sum_{h=0}^{n} a_h x^h \in I[x]$; visto che $a_h \in I$ per ogni h abbiamo $a_h x^h \in \mathcal{I}$ per ogni h e quindi $f(x) \in \mathcal{I}$.

(iii) Supponiamo ora che I sia un ideale primo di A. Allora A/I è un dominio di integrità, quindi anche $(A/I)[x]$ è un dominio di integrità. Osserviamo ora che $A[x]/I[x]$ si immerge in $(A/I)[x]$ visto che $I[x] = \text{Ker}(\tilde{\pi})$. Concludiamo che anche $A[x]/I[x]$ è un dominio di integrità e quindi $I[x]$ è un ideale primo di $A[x]$.

Sappiamo che ogni ideale dell'anello $\mathbb{Z} \times \mathbb{Z}$ è prodotto diretto $I \times J$ di due ideali I, J di $\mathbb{Z}$.

154. (i) Sia $I \times J$ un ideale di $\mathbb{Z} \times \mathbb{Z}$. Visto che $\mathbb{Z}$ è ad ideali principali esistono $a, b \in \mathbb{Z}$ per cui $I = \mathbb{Z} \cdot a$ e $J = \mathbb{Z} \cdot b$. Allora $I \times J = (\mathbb{Z} \cdot a) \times (\mathbb{Z} \cdot b) = \mathbb{Z} \times \mathbb{Z} \cdot (a, b)$ ed è quindi principale.

(ii) L'ideale $I \times J$ è primo se e solo se $\mathbb{Z} \times \mathbb{Z}/I \times J \simeq \mathbb{Z}/I \times \mathbb{Z}/J$ è un dominio di integrità. Ma un prodotto di anelli è un dominio di integrità se e solo se uno dei due anelli è l'anello banale $\{0\}$ e l'altro anello è un dominio di integrità. Infatti se entrambi gli anelli fossero non banali si avrebbero dei divisori dello zero, in quanto $(1, 0) \cdot (0, 1) = (0, 0)$. Allora $I \times J$ è primo se e solo se è del tipo $\mathbb{Z} \times (p)$ o $(p) \times \mathbb{Z}$ dove p è un numero primo o è 0.

Allo stesso modo $\mathbb{Z}/I \times \mathbb{Z}/J$ è un campo se e solo se uno dei due fattori è banale e l'altro è un campo. Quindi $I \times J$ è massimale se e solo se è primo ad esclusione dei due ideali $\mathbb{Z} \times 0$ e $0 \times \mathbb{Z}$.

155. Visto che A è isomorfo ad $A[x]/(x)$, ci basta provare che l'ideale $I = (x)$ è un ideale massimale. Sia quindi $I \subseteq J \subseteq A[x]$ per qualche ideale J. Per ipotesi sappiamo che esiste $f(x) \in A[x]$ per cui $J = (f(x))$.

Osserviamo che A è un dominio in quanto lo è $A[x]$. In particolare il grado di un prodotto di polinomi è la somma dei gradi dei fattori. Da $(x) \subseteq (f(x))$ abbiamo che esiste $g(x) \in A[x]$ per cui $x = g(x)f(x)$. Allora, confrontando i gradi, vediamo che o $g(x)$ ha grado 0 e $f(x)$ ha grado 1 o, viceversa, $g(x)$ ha grado 1 e $f(x)$ ha grado 0.

Nel primo caso $g(x) = a \in A$ e $f(x) = bx + c$, con b, $c \in A$, da cui $x = a(bx + c)$. Quindi $ab = 1$, e in particolare b è invertibile, e $c = 0$ e abbiamo $I = (x) = (bx) = (f(x)) = J$. Nel secondo caso $g(x) = ax + b$, con a, $b \in A$ e $f(x) = c \in A$ e vale $x = (ax + b)c$. Quindi $ac = 1$, e in particolare c è invertibile, e $J = (f(x)) = (c) = A[x]$. Questo prova che I è un ideale massimale.

156. Se $p = 2$ allora $x^2 - a$ e $x^2 + a$ sono lo stesso polinomio, quindi i due anelli quoziente considerati sono lo stesso anello.
Supponiamo allora $p \neq 2$. Sia $f(x)$ il polinomio $x^2 - a$ o il polinomio $x^2 + a$. Il criterio della derivata ci assicura che $f(x)$ non ha radici multiple in quanto $a \neq 0$. Quindi $f(x)$ è o irriducibile o prodotto di due fattori distinti di primo grado.

Se $f(x)$ è irriducibile allora $\mathbb{F}_p[x]/(f(x)) \simeq \mathbb{F}_{p^2}$, mentre se $f(x) = f_1(x)f_2(x)$ con $f_1(x) \neq f_2(x)$, applicando il Teorema Cinese dei Resti per Anelli si ottiene $\mathbb{F}_p[x]/(f(x)) \simeq \mathbb{F}_p[x]/(f_1(x)) \times \mathbb{F}_p[x]/(f_2(x)) \simeq \mathbb{F}_p \times \mathbb{F}_p$.

I due anelli quoziente sono quindi isomorfi se e solo se i due polinomi hanno lo stesso tipo di fattorizzazione. Poiché $x^2 - a$ è riducibile se e solo se $\sqrt{a} \in \mathbb{F}_p$ e $x^2 + a$ è riducibile se e solo se $\sqrt{-a} \in \mathbb{F}_p$, affinché i due anelli quoziente siano isomorfi occorre e basta che -1 sia un quadrato in $\mathbb{F}_p^*$ e questo avviene se e solo se p è congruo ad 1 modulo 4.

157. (i) Per $u = a + b\sqrt{7}$, definiamo $\overline{u} = a - b\sqrt{7}$. Allora per $u = a + b\sqrt{7}$, $v = c + d\sqrt{7}$ in A vale $u \cdot v = (ac + 7bd) + (ad + bc)\sqrt{7}$ e quindi $\overline{(u \cdot v)} = (ac + 7bd) - (ad + bc)\sqrt{7} = (a - b\sqrt{7})(c - d\sqrt{7}) = \overline{u} \cdot \overline{v}$; abbiamo cioè provato che l'applicazione $u \longmapsto \overline{u}$ è moltiplicativa.

Allora $N(uv) = uv\overline{u}\overline{v} = uv\overline{u}\overline{v} = u\overline{u}v\overline{v} = N(u)N(v)$ e quindi anche l'applicazione N è moltiplicativa.

(ii) Supponiamo che u sia invertibile, cioè che esista $v \in A$ per cui $uv = 1$. Allora $N(u)N(v) = N(uv) = N(1) = 1$ e quindi $N(u) = \pm 1$ visto che $N(u)$ e $N(v)$ sono interi.

Viceversa se $N(u) = \pm 1$ allora $u\bar{u} = N(u) = \pm 1$, da cui $u \cdot (\pm\bar{u}) = 1$ e quindi u è invertibile.

(iii) Supponiamo che p sia riducibile in A e diciamo $p = uv$ con u, v non invertibili. Allora $p^2 = N(p) = N(u)N(v)$ e quindi $N(u) = N(v) = \pm p$ visto che $|N(u)|, |N(v)| \neq 1$ in quanto u e v non sono invertibili.

Viceversa, se esiste $u \in A$ per cui $N(u) = \pm p$ allora $p = \pm u\bar{u}$ e quindi p è riducibile in A visto che u e $\bar{u}$ non sono invertibili perché $|N(u)| = |N(\bar{u})| = p > 1$.

(iv) Il primo 2 è riducibile in quanto $N(3 + \sqrt{7}) = 2$. Proviamo invece che 5 è irriducibile mostrando che non esiste $u \in A$ per cui $N(u) = \pm 5$.

Infatti quest'equazione è equivalente a $a^2 - 7b^2 = \pm 5$, con a e b interi, che ridotta modulo 5 diventa $a^2 - 2b^2 = 0$. Visto che 2 non è un quadrato modulo 5 l'unica soluzione è per $a = b = 0$ modulo 5, cioè $a = 5a_1$ e $b = 5b_1$ per qualche $a_1, b_1 \in \mathbb{Z}$. Ma allora avremmo $5^2 a_1^2 - 7 \cdot 5^2 b_1^2 = 5$ che è impossibile visto che il primo membro è congruo a 0 modulo 25 mentre il secondo non lo è.

158. Osserviamo per prima cosa che a è nilpotente se e solo se a è divisibile per ogni primo p che divide m.

Ma se a è divisibile per ogni primo p che divide m allora $1 - ab$ è primo con ogni tale p per ogni intero b e quindi $1 - ab$ è invertibile.

D'altra parte sia a non divisibile per un certo primo p che divide m. Allora a è invertibile come elemento di $\mathbb{Z}/p\mathbb{Z}$ e quindi esiste un certo b per cui $1 - ab$ è divisibile per p. Ne segue che l'elemento $1 - ab$ non è invertibile in $\mathbb{Z}/m\mathbb{Z}$.

159. (i) Gli ideali di $S^{-1}A$ sono tutti del tipo $S^{-1}I$ con I ideale di A. Osserviamo che, essendo A a fattorizzazione unica, per ogni $y \in A \setminus \{0\}$ è definito univocamente un intero non negativo n_y per cui x^{n_y} divide y e x^{n_y+1} non divide y. In particolare ogni elemento $y \neq 0$ di A si scrive come $y = ux^{n_y}$ con $u \in S$. Inoltre se $I \neq 0$, possiamo definire n_I come l'intero non negativo $\min\{n_y \mid y \in I \setminus \{0\}\}$.

Allora per l'ideale $S^{-1}I$ di $S^{-1}A$ abbiamo

$$S^{-1}I = \left(y \mid y \in I \setminus \{0\}\right)_{S^{-1}A} = \left(x^{n_y} \mid y \in I \setminus \{0\}\right)_{S^{-1}A} = S^{-1}A \cdot x^{n_I}.$$

Abbiamo quindi provato che ogni ideale non nullo di $S^{-1}A$ è principale ed anzi è del tipo $S^{-1}A \cdot x^n$ con $n \geq 0$.

(ii) L'intersezione di tutti gli ideali non nulli è ancora un ideale. Allora se tale intersezione non fosse l'ideale nullo sarebbe, per il punto precedente, l'ideale di $S^{-1}A$ generato da x^n per un qualche intero n. Ma ciò non è possibile visto che $S^{-1}A \cdot x^{n+1}$ è un ideale non nullo strettamente contenuto in $S^{-1}A \cdot x^n$.

160. Osserviamo che $x^2 + y^2 - 1 = x^2 + (y - 1)(y + 1)$ e quindi l'ideale $I = (x^2 + y^2 - 1)$ è contenuto nell'ideale $(x, y + 1) \neq \mathbb{Q}[x, y]$; allora I non è un ideale massimale.

Proviamo invece che I è un ideale primo. Infatti $\mathbb{Q}[x, y]$ è un dominio a fattorizzazione unica e quindi ci basta provare che il polinomio $x^2 + y^2 - 1$ è irriducibile.

Sia $\psi : \mathbb{Q}[x, y] \longrightarrow \mathbb{Q}[x]$ l'unico omomorfismo per cui $\psi(x) = x$ e $\psi(y) = 2$; abbiamo $\psi(x^2 + y^2 - 1) = x^2 + 3$ e questo polinomio è irriducibile in $\mathbb{Q}[x]$, ne segue che $x^2 + y^2 - 1$ è irriducibile in $\mathbb{Q}[x, y]$.

Consideriamo ora l'ideale $J = (x^2 - 3, y^2 - x)$ e proviamo che si tratta di un ideale massimale. Sia infatti $\alpha = \sqrt[4]{3} \in \mathbb{R}$ e sia $\varphi : \mathbb{Q}[x, y] \longrightarrow \mathbb{Q}[\alpha] = \mathbb{Q}(\alpha)$ l'unico omomorfismo con $\varphi(x) = \alpha^2$ e $\varphi(y) = \alpha$. Chiaramente φ è suriettivo visto che α è nell'immagine. Se proviamo che $\text{Ker}(\varphi) = J$ allora possiamo concludere che J è un ideale massimale essendo $\mathbb{Q}(\alpha)$ un campo.

Siccome $\varphi(x^2 - 3) = \alpha^2 - 3 = (\sqrt[4]{3})^2 - 3 = 0$ e $\varphi(y^2 - x) = \alpha^2 - \alpha^2 = 0$ risulta $J \subseteq \text{Ker}(\varphi)$. Proviamo ora l'altra inclusione.

Sia $f(x, y)$ un polinomio in $\mathbb{Q}[x, y]$ che possiamo esprimere come $f(x, y) = a + bx + cy + dxy + g(x, y)$ con a, b, c e d in $\mathbb{Q}$ e $g(x, y) \in J$. Se abbiamo $\varphi(f(x, y)) = 0$ allora, visto che $J \subseteq \text{Ker}(\varphi)$, otteniamo $0 = \varphi(f(x, y)) = a + b\alpha + c\alpha^2 + d\alpha^3$. Ma $t^4 - 3$ è il polinomio minimo di α su $\mathbb{Q}$, quindi $[\mathbb{Q}(\alpha) : \mathbb{Q}] = 4$ e in particolare $1, \alpha, \alpha^2, \alpha^3$ sono linearmente indipendenti su $\mathbb{Q}$. Allora $a = b = c = d = 0$ e $f(x, y) = g(x, y) \in J$. Abbiamo così dimostrato che $\text{Ker}(\varphi) = J$.

161. Sia R una parte moltiplicativa di $\mathbb{Z}$ e sia $\varphi : R^{-1}\mathbb{Z}[x] \longrightarrow \mathbb{Q}$ un omomorfismo di anelli. Se $\varphi \neq 0$ allora $\varphi(1) = 1$ e quindi $\varphi(r) = r$ per ogni $r \in R$ ed anche $\varphi(1/r) = 1/r$ per ogni $r \in R$. Allora un tale omomorfismo φ è completamente determinato una volta che si fissi $\varphi(x) = a/b \in \mathbb{Q}$.

(i) Sia $\varphi : S^{-1}\mathbb{Z}[x] \longrightarrow \mathbb{Q}$ un omomorfismo. Per quanto detto sopra si ha $\varphi(S^{-1}\mathbb{Z}) = \mathbb{Z}[1/m]$ ed anche $\varphi(S^{-1}\mathbb{Z}[x]) = \mathbb{Z}[1/m, a/b]$ se $\varphi(x) = a/b \in \mathbb{Q}$. È allora chiaro che se p è un primo che non divide m e non divide b, il numero razionale $1/p$ non è nell'immagine di φ.

(ii) Vogliamo provare che l'unico omomorfismo $\varphi : T^{-1}\mathbb{Z}[x] \longrightarrow \mathbb{Q}$ per cui $\varphi(x) = 1/m$ è suriettivo. Infatti visto che $\mathbb{Z} \subseteq \text{Im}(\varphi)$ basta provare che $1/p \in \text{Im}(\varphi)$ per ogni primo p.

Ora, se p non divide m allora $p \in T$ e quindi $1/p \in T^{-1}\mathbb{Z}[x]$ e $\varphi(1/p) = 1/p$. Se invece p divide m allora $a = m/p$ è un intero e abbiamo $\varphi(ax) = (m/p) \cdot (1/m) = 1/p$.

162. Supponiamo che φ non sia un isomorfismo e proviamo che in tale caso B è un campo. Sappiamo che l'ideale $I = \text{Ker}(\varphi)$ non è l'ideale nullo visto che l'omomorfismo suriettivo φ non è un isomorfismo.

Chiaramente $B \simeq A/I$ e quindi I è un ideale primo in quanto B è un dominio di integrità. Ma in un dominio ad ideali principali un ideale primo non nullo è massimale, quindi B è un campo.

163. (i) Proviamo che la famiglia $X = \{I + J \mid J \text{ ideale di } A\}$ del testo è sempre finita. Per prima cosa osserviamo che X è la famiglia degli ideali che contengono I. Allora se $I = (a)$ con $a = x_1 \cdots x_n$ e $x_1, \ldots, x_n$ irriducibili, gli ideali che contengono I sono generati dai divisori di a, cioè dai prodotti di elementi dell'insieme $\{x_1, \ldots, x_n\}$. Si tratta quindi di una famiglia finita.

(ii) Sia $I = (a)$ come sopra e proviamo che la successione $I^n = (a^n)$ con $n = 1, 2, 3, \ldots$ è una successione strettamente discendente di ideali in $Y = \{I \cap J \mid J \text{ ideale di } A\}$. Che tali ideali siano in Y è ovvio visto che sono contenuti in I.

Inoltre se fosse $(a^n) = (a^{n+1})$ dovrebbe esistere un elemento $b \in A$ per cui $a^n = ba^{n+1}$, da cui $a^n(1 - ba) = 0$. Ma A è un dominio di integrità e I è un ideale non nullo, quindi $ba = 1$, cioè a dovrebbe essere un elemento invertibile di A. Ma ciò è impossibile visto che I è un ideale proprio di A.

Abbiamo quindi provato che Y è sempre una famiglia infinita.

(iii) Vediamo che $Z = \{J \mid I + J = L\}$ può essere sia finita che infinita.

Sia $A = \mathbb{Z}$, $I = L = (2)$. Allora per tutti gli ideali del tipo $J = (2n)$ abbiamo: $I + J = (2) + (2n) = (2) = L$. Quindi in questo caso Z è infinita.

Sia invece ora $A = \mathbb{Q}[[t]]$, l'anello delle serie formali in t su $\mathbb{Q}$, e sia $I = (t^2)$, $L = (t)$. Visto che ogni ideale di A è del tipo $J = (t^n)$ per qualche n, abbiamo $I + J = L$ se e solo se $(t^2) + (t^n) = (t)$. Ma $(t^2) + (t^n) = (t^{\min(2,n)})$ e quindi solo per $n = 1$ abbiamo un ideale in Z, cioè $Z = \{(t)\}$.

164. L'anello A è un dominio di integrità in quanto l'ideale 0 è primo. Sia ora $a \in A$, $a \neq 0$ e proviamo che a è invertibile. Consideriamo l'ideale (a^2): o $(a^2) = (1)$ da cui esiste $b \in A$ per cui $a^2b = a(ab) = 1$ e quindi a è invertibile, oppure (a^2) è un ideale primo. In questo secondo caso da $a \cdot a \in (a^2)$ deriviamo $a \in (a^2)$, cioè esiste $c \in A$ per cui $a = ca^2$ e quindi $a(1 - ac) = 0$. Ora usando che A è un dominio di integrità e che $a \neq 0$ abbiamo $ac = 1$ e quindi a è invertibile.

165. (i) Sia J l'ideale generato da 11 in $\mathbb{Z}[x]$ e sia I l'ideale $(11, x^2 + a)$. Il quoziente $\mathbb{Z}[x]/I$ è isomorfo a $(\mathbb{Z}[x]/J)/(I/J) \simeq \mathbb{F}_{11}[x]/(x^2+a)$. Allora I è un ideale primo se e solo se il polinomio $x^2 + a$ è irriducibile sul campo $\mathbb{F}_{11}$, e quindi se e solo se $-a$ non è un quadrato modulo 11. Calcolando i quadrati degli elementi di $\mathbb{F}_{11}$ otteniamo che I è irriducibile per tutti gli $a \in \mathbb{Z}$ congrui a $-2, 1, 3, 4$ o 5 modulo 11.

(ii) Da quanto dimostrato $P = (11, x^2 + 3)$ è un ideale primo e quindi $S = \mathbb{Z}[x] \setminus P$ è una parte moltiplicativa. Proviamo che il polinomio $f_\lambda = x^4 + \lambda x^2 + 5$ è invertibile se e solo se $f_\lambda \notin P$.

Infatti se $f_\lambda \notin P$ allora $f_\lambda \in S$ e quindi $1/f_\lambda \in S^{-1}\mathbb{Z}[x]$. Viceversa se f_λ è invertibile allora esistono $a \in \mathbb{Z}[x]$ e $s \notin P$ per cui $f_\lambda \cdot a/s = 1$, cioè per cui $s = a \cdot f_\lambda$ in $\mathbb{Z}[x]$. Quindi $f_\lambda \notin P$ perché altrimenti si avrebbe $s \in P$.

Dividendo f_λ per $x^2 + 3$ abbiamo $f_\lambda = (x^2 + \lambda - 3)(x^2 + 3) + 14 - 3\lambda$, ne segue che $f_\lambda \notin P$ se e solo se $14 - 3\lambda \notin P$. Ma essendo quest'ultimo polinomio di grado 0, si ha $14 - 3\lambda \notin P$ se e solo se $3(1 - \lambda) \neq 0$ in $\mathbb{F}_{11}$.

Concludiamo che f_λ è invertibile in $S^{-1}\mathbb{Z}[x]$ se e solo se λ non è congruo ad 1 modulo 11.

166. (i) Prendendo $a = b = 1$ abbiamo che $I \sim I$ per ogni $I \in \mathcal{I}$. Inoltre, scambiando a e b, troviamo che $I \sim J$ implica $J \sim I$.

Supponiamo ora $I \sim J$ e $J \sim K$. Siano $a, b, c, d \in A \setminus \{0\}$ per cui $aI = bJ$ e $cJ = dK$. Allora $acI = c(aI) = c(bJ) = b(cJ) = bdK$ e quindi $I \sim K$ in quanto $ac \neq 0$ e $bd \neq 0$ perché A è un dominio di integrità. Risulta quindi provato che $\sim$ è una relazione di equivalenza.

(ii) Supponiamo che A sia ad ideali principali e siano $I = (x)$ e $J = (y)$ due elementi di $\mathcal{I}$. Abbiamo $yI = y(x) = (xy) = x(y) = xJ$ e quindi $I \sim J$.

Viceversa supponiamo che tutti gli elementi di $\mathcal{I}$ siano in relazione tra loro e proviamo che A è ad ideali principali. Sia I un ideale non nullo di A; allora per ipotesi $I \sim (1)$. Esistono quindi $a, b \in A \setminus \{0\}$ per cui $aI = b(1) = (b)$.

Da questa condizione ricaviamo che per ogni $x \in I$ esiste $c_x \in A$ per cui $ax = c_x b$ e anche che esiste $z \in I$ per cui $b = az$. Facciamo vedere che I è generato da z.

Visto che $z \in I$, è chiaro che $(z) \subseteq I$. Viceversa per $x \in I$ abbiamo $ax = c_x b = c_x az$ da cui $a(x - c_x z) = 0$ e, essendo A un dominio di integrità e $a \neq 0$, otteniamo $x = c_x z$, cioè $x \in (z)$. Questo finisce la dimostrazione che $I = (z)$ è principale.

167. (i) L'affermazione è falsa. Ad esempio, sia $A = \mathbb{Z}$, $P_1 = (2)$ e $P_2 = (3)$, allora $P_1 + P_2 = (1)$ che non è primo in $\mathbb{Z}$.

(ii) L'affermazione è falsa. Ad esempio, sia $A = \mathbb{Z}$, $I = (4)$, allora $\sqrt{I} = (2)$ è primo ma I non è primo.

(iii) L'affermazione è vera. Infatti da Q primo in B, deduciamo che $Q \neq B$ e quindi $1_B \notin Q$, ne segue che $1_A \notin \varphi^{-1}(Q)$ e allora $\varphi^{-1}(Q)$ è un ideale proprio di A. Inoltre, se $xy \in \varphi^{-1}(Q)$, si ha $\varphi(xy) = \varphi(x)\varphi(y) \in Q$, ma essendo Q primo abbiamo $\varphi(x) \in Q$ o $\varphi(y) \in Q$. Concludiamo $x \in \varphi^{-1}(Q)$ o $y \in \varphi^{-1}(Q)$. Ciò prova che che $\varphi^{-1}(Q)$ è primo in A.

(iv) L'affermazione è falsa. Consideriamo $A = \mathbb{Z}$, $B = \mathbb{Q}$ e φ l'inclusione di $\mathbb{Z}$ in $\mathbb{Q}$. L'ideale 0 è massimale in $\mathbb{Q}$ in quanto $\mathbb{Q}$ è un campo, ma $\varphi^{-1}(0) = 0$ non è massimale in $\mathbb{Z}$ perché, ad esempio, $0 \subsetneq (2) \subsetneq \mathbb{Z}$.

168. (i) L'anello $B' = \varphi(A)$ è isomorfo a $A/\mathrm{Ker}(\varphi)$ e φ induce una corrispondenza biunivoca tra gli ideali di A che contengono $\mathrm{Ker}(\varphi)$ e quelli di B'; in questa corrispondenza ideali massimali corrispondono ad ideali massimali. Di conseguenza se un ideale $\varphi(M)$ di B' è massimale allora M è massimale in A e quindi è l'unico ideale massimale di A, allora $\varphi(M)$ è l'unico ideale massimale di B'. Quindi B' è locale.

(ii) Supponiamo dapprima che $M = A \setminus A^*$ sia un ideale di A e proviamo che M è l'unico ideale massimale di A.

Sia I un ideale di A tale che $M \subseteq I \subseteq A$. Allora o $I = M$ oppure esiste $x \in I$ con $x \notin M$, ma allora $x \in A^*$ e quindi $I = A$. Questo prova che M è un ideale massimale.

Non solo, se N è un qualunque ideale massimale allora non può contenere elementi invertibili, perché altrimenti $N = A$, e quindi $N \subseteq M$ da cui $N = M$ in quanto N è massimale. Abbiamo provato che M è l'unico ideale massimale di A e quindi A è locale.

Viceversa supponiamo che A sia locale con M unico ideale massimale. Proviamo che $A \setminus A^* = M$ e quindi, in particolare, $A \setminus A^*$ è un ideale di A. Sicuramente M non contiene elementi invertibili perché $M \neq A$, e quindi $M \subseteq A \setminus A^*$.

Sia ora $x \in A \setminus A^*$, allora $(x) \neq A$ e quindi esiste un ideale massimale che contiene l'ideale (x). Ma M è l'unico ideale massimale in A e quindi $(x) \subseteq M$. In particolare $x \in M$.

169. (i) Sicuramente $0 \in A$ per definizione e $1 \in A$ perché $\mathrm{ord}(1) = 0$. Dati $\rho_1(x) = x^u f_1(x)/g_1(x)$, $\rho_2(x) = x^v f_2(x)/g_2(x)$ di ordine u, $v \geq 0$ rispettivamente e con $f_1(0)$, $g_1(0)$, $f_2(0)$, $g_2(0) \neq 0$, supponendo $u \geq v$ abbiamo

$$\rho_1(x) + \rho_2(x) = x^v \cdot \frac{x^{u-v} g_2(x) f_1(x) + g_1(x) f_2(x)}{g_1(x) g_2(x)}.$$

In particolare il denominatore di questa frazione non si annulla in 0 e quindi $\mathrm{ord}(\rho_1(x) + \rho_2(x)) \geq v \geq 0$. È inoltre chiaro che $\mathrm{ord}(-\rho(x)) = \mathrm{ord}(\rho(x))$ per ogni $\rho(x) \in \mathbb{K}(x)$, in particolare se $\mathrm{ord}(\rho(x)) \geq 0$ allora $\mathrm{ord}(-\rho(x)) \geq 0$. Abbiamo provato che A è un sottogruppo additivo. Continuando ad usare le notazioni di sopra, vale poi

$$\rho_1(x)\rho_2(x) = x^{u+v} \cdot \frac{f_1(x) f_2(x)}{g_1(x) g_2(x)},$$

e abbiamo $\mathrm{ord}(\rho_1(x)\rho_2(x)) = \mathrm{ord}(\rho_1(x)) + \mathrm{ord}(\rho_2(x))$ da cui $\rho_1(x)\rho_2(x) \in A$. Ciò finisce la dimostrazione che A è un sottoanello di $\mathbb{K}(x)$.

Sia ora $\rho_1(x)$ un elemento di A con inverso $\rho_2(x)$. Per quanto visto abbiamo $0 = \mathrm{ord}(1) = \mathrm{ord}(\rho_1(x)\rho_2(x)) = \mathrm{ord}(\rho_1(x)) + \mathrm{ord}(\rho_2(x))$, ed essendo questo una somma nulla di interi non negativi abbiamo $\mathrm{ord}(\rho_1(x)) = \mathrm{ord}(\rho_2(x)) = 0$. D'altra parte, se $\mathrm{ord}(\rho(x)) = 0$ allora $\rho(x) = f(x)/g(x)$ con $f(0), g(0) \neq 0$ e quindi $g(x)/f(x) \in A$.

Abbiamo mostrato che A^* è l'insieme delle funzioni razionali di ordine 0.

(ii) Sia $S = \{g(x) \in \mathbb{K}[x] \mid g(0) \neq 0\}$ e proviamo, per prima cosa, che S è una parte moltiplicativa. Infatti $0 \notin S$, $1 \in S$, se $g_1(x)$ e $g_2(x)$ non si annullano in 0 allora neanche $g_1(x)g_2(x)$ si annullerà in 0.

Proviamo ora che $S^{-1}\mathbb{K}[x] = A$. Se una funzione razionale $g(x)$ non si annulla in 0, avrà ordine non positivo e quindi $\mathrm{ord}(g(x)^{-1}) \geq 0$ e $1/g(x) \in A$; ciò prova che $S^{-1}\mathbb{K}[x]$ è contenuto in A. Viceversa, se un elemento $\rho(x) = x^v f(x)/g(x)$, con $f(0)$, $g(0) \neq 0$ è in A allora $v \geq 0$ e quindi $\rho(x) = (x^v f(x))/g(x)$ è un elemento di $S^{-1}\mathbb{K}[x]$ visto che $g(0) \neq 0$.

170. Osserviamo che in $\mathbb{Z}[x]$ si ha $x^6 + 2x^5 + x + 2 = (x+2)(x^5+1)$. Fattorizzando su $\mathbb{F}_5$ troviamo $f_1(x) = (x+2)(x^5+1) = (x+2)(x+1)^5$; su $\mathbb{F}_7$ invece $f_2(x) = (x+2)(x^5+1) = (x+2)(x+1)(x^4+x^3+x^2+x+1)$ visto che $\mathbb{F}_7$ non contiene radici primitive quinte in quanto $\mathbb{F}_7^* \simeq \mathbb{Z}/6\mathbb{Z}$ non ha elementi di ordine 5.

L'anello $A = \mathbb{F}_5[x]/(f_1(x)) \times \mathbb{F}_7[x]/(f_2(x))$ è finito e quindi gli elementi sono o invertibili o divisori dello zero. Determiniamo quindi il numero n dei divisori dello zero e gli invertibili saranno $5^6 \cdot 7^6 - n$. Un elemento (a, b) è un divisore dello zero se e solo se una delle due coordinate è un divisore dello zero. Procediamo quindi nel seguente modo usando il Principio di Inclusione Esclusione: detto n_1 il numero di divisori dello zero del primo anello e detto n_2 il numero di divisori dello zero del secondo anello, i divisori dello zero di A sono $n = 7^6 n_1 + 5^6 n_2 - n_1 n_2$.

Determiniamo ora n_1. Un divisore dello zero dell'anello $\mathbb{F}_5[x]/(f_1(x))$ è la classe laterale di un polinomio di grado minore di 6 non primo con $f_1(x)$, e quindi multiplo di uno dei fattori irriducibili di $f_1(x)$. Allora abbiamo i multipli di $x + 2$ che sono 5^5, i multipli di $x + 1$ che sono 5^5; in tutto quindi $2 \cdot 5^5$ a cui dobbiamo sottrarre i multipli di $(x+2)(x+1)$ che abbiamo contato due volte. In conclusione $n_1 = 2 \cdot 5^5 - 5^4$.

Per n_2 ragioniamo in modo analogo. Abbiamo i multipli di $x + 2$, i multipli di $x + 1$ e i multipli di $x^4 + x^3 + \cdots + x + 1$. Usando il Principio di Inclusione Esclusione troviamo $n_2 = 7^5 + 7^5 + 7^2 - (7^4 + 7 + 7) + 1$.

Gli ideali primi di A sono del tipo o $P \times \mathbb{F}_7[x]/(f_2(x))$, con P primo in $\mathbb{F}_5[x]/(f_1(x))$, oppure $\mathbb{F}_5[x]/(f_1(x)) \times Q$, con Q primo in $\mathbb{F}_7[x]/(f_2(x))$.

Per l'anello quoziente $\mathbb{F}_5[x]/(f_1(x))$ gli ideali primi sono generati dai fattori irriducibili di $f_1(x)$: abbiamo quindi i possibili ideali primi $P = (x + 1)$ o $P = (x + 2)$. Analogamente, in $\mathbb{F}_7[x]/(f_2(x))$ abbiamo $Q = (x + 2)$, $Q = (x + 1)$ o $Q = (x^4 + x^3 + \cdots + x + 1)$.

171. (i) Osserviamo per prima cosa che gli invertibili di A sono tutti e soli gli elementi del tipo d/s con $(d, 30) = 1$ e $s \in S$. Infatti per ogni tale d esiste un intero e con $de \equiv 1 (\mathrm{mod}\, 30)$ e quindi $r = de \in S$; allora $se/r \in A$ e si ha $d/s \cdot se/r = dse/sr = 1$. D'altra parte se un elemento d/s è invertibile allora esiste un $e/r \in A$ tale che $de/sr = 1$, da questo ricaviamo $de = sr \in S$, quindi $de \equiv 1 (\mathrm{mod}\, 30)$ e necessariamente deve essere d primo con 30.

Gli ideali di A sono tutti del tipo $S^{-1}(n)$ con n intero. Inoltre se scriviamo $n = md$ con d primo con 30 abbiamo che $S^{-1}(n) = S^{-1}(m)$ visto che $d/1$ è un elemento invertibile di A per quanto visto sopra.

Se m e n sono interi tali che $m \mid n$ allora $(n) \subseteq (m)$ e quindi $S^{-1}(n) \subseteq S^{-1}(m)$. Allora per avere un ideale $S^{-1}(n)$ massimale n deve necessariamente essere un primo che divide 30. Cioè $n \in M = \{2, 3, 5\}$.

Sia $p \in M$, se fosse $S^{-1}(p) = A$ allora $p/1$ dovrebbe essere invertibile in A mentre p non è primo con 30. Allora gli ideali $S^{-1}(p)$ sono diversi da A.

Sia ora $q \in M$ distinto da p. Se fosse $p \in S^{-1}(q)$ allora si avrebbe $p = (n/s) \cdot q$ per qualche $n \in \mathbb{Z}$ e $s \in S$. Ricaviamo $ps = nq$ e quindi q divide s visto che $q \neq p$. Ma questo è impossibile perché $s \equiv 1 (\mathrm{mod}\, 30)$ e $q \mid 30$.

Abbiamo così provato che $S^{-1}(2)$, $S^{-1}(3)$ e $S^{-1}(5)$ sono gli ideali massimali di $S^{-1}\mathbb{Z}$.

(ii) Un elemento di $i^{-1}(A^*)$ è un intero d tale che $d/1$ è invertibile in A. Per quanto visto prima tali d sono quelli primi con 30.

172. (i) Indichiamo con $\deg_x$ il grado di un polinomio di $A = \mathbb{K}[x, y]$ rispetto ad x, cioè come polinomio a coefficienti in $\mathbb{K}[y]$; allo stesso modo indichiamo con $\deg_y$ il grado di un polinomio rispetto ad y. Visto che $\mathbb{K}$ è un campo e quindi un dominio di integrità, abbiamo che $\deg_x(u(x, y) \cdot v(x, y)) = \deg_x(u(x, y)) + \deg_x(v(x, y))$ per ogni coppia di polinomi $u(x, y), v(x, y) \in A$. Lo stesso vale per $\deg_y$.

Supponiamo ora, per assurdo, che I sia generato da $h(x, y) \in A$. Allora da $f(x) \in I$ ricaviamo che esiste un $u(x, y) \in A$ tale che $f(x) = u(x, y) \cdot h(x, y)$. Quindi $0 = \deg_y(f(x)) = \deg_y(u(x, y)) + \deg_y(h(x, y))$ da cui $\deg_y(h(x, y)) = 0$, cioè $h(x, y)$ è un polinomio nella sola x. Analogamente da $g(y) \in I$ troviamo che $\deg_x(h(x, y)) = 0$. In conclusione $h(x, y) = \lambda \in \mathbb{K}$. Ma allora o $(h(x, y)) = 0 \neq I$, se $\lambda = 0$, oppure $(h(x, y)) = A$, se $\lambda \neq 0$. Per concludere ci basta quindi provare che $I \neq A$.

Infatti, $I = A$ se e solo se $1 \in I$, cioè se e solo se esistono polinomi $a(x, y)$, $b(x, y)$ per cui $1 = a(x, y)f(x) + b(x, y)g(y)$. Supponiamo per assurdo che sia così e indichiamo con α una radice del polinomio non costante $f(t)$ in una chiusura algebrica $\overline{\mathbb{K}}$ di $\mathbb{K}$ e, analogamente, indichiamo con β una radice di $g(t)$ in $\overline{\mathbb{K}}$. Se ora sostituiamo α ad x e β ad y troviamo

$$1 = a(\alpha, \beta)f(\alpha) + b(\alpha, \beta)g(\beta) = 0$$

che è chiaramente impossibile.

(ii) Posto $m = \deg(f(t))$ e $n = \deg(g(t))$, proviamo che $\mathbb{K}[x, y]/I$ ha dimensione mn su $\mathbb{K}$ facendo vedere che i monomi $x^h y^k + I$ con $0 \leq h \leq n - 1$ e $0 \leq k \leq m - 1$ sono una base su $\mathbb{K}$.

Se in $u(x, y) \in \mathbb{K}[x, y]$ compare un monomio $x^r y^s$ con $r \geq n$ o $s \geq m$ allora usando $f(x) \in I$ e $g(y) \in I$ possiamo sostituire $x^r y^s$ con monomi di grado più basso a meno di un elemento di I. Questo prova che gli elementi $x^h y^k$ con $0 \leq h \leq n - 1$ e $0 \leq k \leq m - 1$ sono un sistema di generatori per $\mathbb{K}[x, y]/I$ come spazio vettoriale su $\mathbb{K}$.

Proviamo ora che i monomi $x^h y^k + I$ con $0 \leq h \leq n - 1$ e $0 \leq k \leq m - 1$ sono $\mathbb{K}$–linearmente indipendenti in $\mathbb{K}[x, y]/I$. Sia infatti $\ell(x, y) = \sum_{h,k} \lambda_{h,k} x^h y^k$ una loro combinazione lineare nulla in $\mathbb{K}[x, y]/I$. Questo vuol dire che tale combinazione lineare appartiene ad I; esistono cioè due polinomi $u(x, y)$ e $v(x, y)$ tali che $\ell(x, y) = u(x, y)f(x) + v(x, y)g(y)$.

Se in $u(x, y)$ compare un termine di grado rispetto ad y maggiore o uguale a $m = \deg_y(g(y))$ allora possiamo sostituirlo con termini di grado inferiore e sommare un multiplo di $g(y)$ a $v(x, y)g(y)$, cioè cambiare $v(x, y)$ con $v'(x, y)$ per bilanciare il cambiamento di $u(x, y)$. Ripetendo più volte questo procedimento possiamo eliminare in $u(x, y)$ tutti i termini di grado rispetto ad y maggiore o uguale ad m e ottenere così un nuovo polinomio $u'(x, y)$ con $\deg_y(u'(x, y)) < m$.

Allora nel polinomio $\ell(x, y) = u'(x, y)f(x) + v'(x, y)g(y)$ i termini di grado più alto rispetto alla y compaiono solo nel secondo prodotto $v'(x, y)g(y)$ se $v'(x, y) \neq 0$. Allora, se così fosse, avremmo $\deg_y(\ell(x, y)) \geq \deg_y(g(y)) = m$ contro il fatto che in $\ell(x, y)$ compaiono solo monomi che contengono potenze di y minori di m. Abbiamo quindi provato che $v'(x, y) = 0$.

Deve quindi valere $\ell(x, y) = u'(x, y)f(x)$ ma questa equazione dice che, se è $u'(x, y) \neq 0$, allora $\deg_x(\ell(x, y)) \geq \deg_x(f(x)) = n$, cosa impossibile visto che in $\ell(x, y)$ ci sono solo monomi di grado minore di n nella x. Allora anche $u'(x, y) = 0$.

Quindi $\ell(x, y) = 0$ in $\mathbb{K}[x, y]$ e questo significa che $\lambda_{h,k} = 0$ per ogni h e k. La lineare indipendenza risulta così provata.

[[La formula per la dimensione segue subito dall'isomorfismo di $\mathbb{K}[x, y]/I$ con il prodotto tensore $\mathbb{K}[x]/(f(x)) \otimes_\mathbb{K} \mathbb{K}[y]/(f(y))$ che però esula dagli argomenti trattati in questo libro.]]

173. (i) Data la serie formale $f(x) = \sum a_n x^n \in \mathbb{K}[[x]]$ indichiamo con $\left[f(x) \right]_n = a_n$ il suo n–esimo coefficiente. Se $g(x) = \sum b_n x^n$ è un'altra serie formale a coefficienti in $\mathbb{K}$. Abbiamo

$$
\begin{aligned}
\left[(Df(x))g(x) + f(x)Dg(x)\right]_n &= \sum_{h+k=n} \left[Df(x)\right]_h \left[g(x)\right]_k + \\
&\quad + \sum_{h+k=n} \left[f(x)\right]_h \left[Dg(x)\right]_k \\
&= \sum_{h+k=n} (h+1)a_{h+1}b_k + a_h(k+1)b_{k+1} \\
&= (n+1)\sum_{h=0}^{n+1} a_h b_{n+1-k} \\
&= (n+1)\left[f(x)g(x)\right]_{n+1} \\
&= \left[D(f(x)g(x))\right]_n
\end{aligned}
$$

e ciò prova $D(f(x)g(x)) = (Df(x))g(x) + f(x)Dg(x)$ in $\mathbb{K}[[x]]$.

(ii) Sia $f(x) = \sum a_n x^n$ una soluzione del sistema $Df(x) = f(x)$, $f(0) = 1$. Da $Df(x) = \sum_{n\geq 0}(n+1)a_{n+1}x^n = \sum_{n\geq 0} a_n x^n$ otteniamo $(n+1)a_{n+1} = a_n$ per ogni $n \geq 0$. La condizione $f(0) = a_0 = 1$ ci permette di concludere $a_n = 1/n!$ se $\mathrm{Char}(\mathbb{K}) = 0$. In questo caso la soluzione esiste ed è unica.

Sia invece $\mathrm{Char}(\mathbb{K}) = p > 0$. Allora $0 = pa_p = a_{p-1}$ e quindi $a_{p-1} = 0$. Allora $0 = (p-1)a_{p-1} = a_{p-2}$ e così via fino a $a_0 = 0$ contro $a_0 = 1$. Non esiste alcuna soluzione del sistema considerato.

174. Per $1 \leq i \leq n$ sia $e_i = (0, \ldots, 0, 1, 0 \ldots, 0)$ l'elemento le cui coordinate sono tutte nulle tranne la i–esima che è uguale a 1. Vogliamo provare che se $\varphi : A \longrightarrow A$ è un automorfismo allora φ permuta tra loro $e_1, \ldots, e_n$.

Per $1 \leq i \leq n$ poniamo $\epsilon_i = \varphi(e_i)$ e, osserviamo che, se $i \neq j$, allora $e_i \cdot e_j = (0, \ldots, 0)$ e quindi $\epsilon_i \cdot \epsilon_j = (0, \ldots, 0)$; questo dice che, per ogni $1 \leq k \leq n$, nell'insieme $\{\epsilon_1, \ldots, \epsilon_n\}$ solo un elemento ha coordinata k–esima diversa da zero. D'altra parte ogni $\epsilon_1, \ldots, \epsilon_n$ ha almeno una coordinata diversa da zero perché l'applicazione φ è iniettiva. Concludiamo che ogni $\epsilon_1, \ldots, \epsilon_n$ ha esattamente una coordinata diversa da zero.

Questo vuol dire che esiste una permutazione $\sigma \in \mathbf{S}_n$ per cui $\epsilon_i = c_i e_{\sigma(i)}$, con $c_i \in \mathbb{Z}$, per ogni $1 \leq i \leq n$. Ma usando $e_i^2 = e_i$ troviamo $c_i^2 = c_i$ e quindi $c_i = 1$ visto che $\epsilon_i \neq 0$. Abbiamo quindi provato che $\varphi(e_i) = e_{\sigma(i)}$.

Usando ora che $e_1, \ldots, e_n$ è un sistema di generatori di A già come gruppo, troviamo che esiste al più un unico automorfismo con $\varphi(e_1), \ldots, \varphi(e_n)$ assegnati. Ma allora, per quanto dimostrato sopra, esiste al più un automorfismo per ogni permutazione σ, cioè $|\mathrm{Aut}(A)| \leq n!$.

Osserviamo, d'altra parte, che per ogni $\sigma \in S_n$ l'applicazione

$$
A \ni (a_1, a_2, \ldots, a_n) \longmapsto (a_{\sigma(1)}, a_{\sigma(2)}, \ldots, a_{\sigma(n)}) \in A
$$

è un automorfismo e quindi $|\mathrm{Aut}(\mathbb{Z}^n)| = n!$.

175. (i) Se esistesse un tale omomorfismo avremmo $\varphi(x^3)^2 = \varphi(x^6) = \varphi(x^2)^3 = 1/27$ e quindi $\varphi(x^3)$ dovrebbe essere un numero razionale il cui quadrato è $1/27$. È chiaro che tale numero razionale non esiste.

(ii) Per brevità indichiamo con A l'anello $\mathbb{Z}[x^2, x^3]$. Sia $\varphi : A \longrightarrow \mathbb{Q}$ un omomorfismo con $\varphi(x^2) = 1/4$. Allora, ragionando come nel punto precedente, $\varphi(x^3) = \pm 1/8$. Questa è una condizione necessaria; vediamo ora come entrambe queste possibilità si presentino effettivamente.

Osserviamo che A è un sottoanello di $\mathbb{Z}[x]$ e per quest'ultimo anello esistono sicuramente omomorfismi $\psi_h : \mathbb{Z}[x] \longrightarrow \mathbb{Q}$ con $\psi_h(x) = (-1)^h 1/2$, per $h = 0, 1$. Ma allora restringendo ψ_0, ψ_1 ad A otteniamo i due omomorfismi da A in $\mathbb{Q}$ che volevamo costruire.

(iii) Continuiamo ad usare le notazioni del punto precedente. Vogliamo determinare dei generatori per i nuclei di $\varphi_h = \psi_{h|A}$, per $h = 0, 1$. Dalla definizione si ha $\mathrm{Ker}(\varphi_h) = \mathrm{Ker}(\psi_h) \cap A$; quindi determiniamo per prima cosa il nucleo degli omomorfismi ψ_h.

È chiaro che $2x - 1$ è un elemento del nucleo di ψ_0. Viceversa se $f(x)$ è tale che $\psi(f(x)) = 0$ allora $1/2$ è una radice in $\mathbb{Q}$ di $f(x)$ visto che l'omomorfismo ψ_0 è semplicemente la valutazione in $1/2$. Quindi $x - 1/2$ divide $f(x)$ in $\mathbb{Q}[x]$; cioè il polinomio primitivo $2x - 1$ di $\mathbb{Z}[x]$ divide il polinomio $f(x)$ di $\mathbb{Z}[x]$ in $\mathbb{Q}[x]$. Ma allora per il Lemma di Gauss $2x - 1$ divide $f(x)$ anche in $\mathbb{Z}[x]$ e quindi $f(x) \in \mathbb{Z}[x] \cdot (2x - 1)$. Allo stesso modo si prova che $\mathrm{Ker}(\psi_1) = \mathbb{Z}[x] \cdot (2x + 1)$

Mostriamo ora che i tre polinomi $4x^2 - 1, 2x^3 - x^2, 2x^4 - x^3$ sono dei generatori per l'ideale $\mathrm{Ker}(\varphi_0) = (2x - 1) \cap A$ di A.

I tre polinomi proposti sono elementi di $(2x - 1) \cap A$ in quanto sono elementi di A e si annullano in $1/2$. Viceversa un elemento $f(x)$ di $(2x - 1) \cap A$ si può scrivere come $f(x) = (2x - 1)(k_0 + k_1 x + k_2 x^2 + k_3 x^3 + k_4 x^4 + \cdots + k_n x^n)$, con $k_0, \ldots, k_n \in \mathbb{Z}$, e inoltre $k_1 = 2k_0$ visto che $f(x)$ non deve avere termine lineare in quanto è un elemento di A. Allora $f(x) = k_0(2x - 1)(2x + 1) + k_2(2x^3 - x^2) + k_3(2x^4 - x^3) + \cdots + k_n(2x^{n+1} - x^n)$. Ma per $r \geq 4$ si ha $x^{r-2} \in A$ e $2x^{r+1} - x^r = x^{r-2}(2x^3 - x^2)$ e quindi ogni tale addendo è già un elemento nell'ideale di A generato dai tre polinomi proposti. Questo finisce la dimostrazione che tali polinomi sono dei generatori.

Analogamente si prova che $4x^2 - 1, 2x^3 + x^2$ e $2x^4 + x^3$ sono dei generatori per $\mathrm{Ker}(\varphi_1)$.

176. (i) Osserviamo che un polinomio $h(x)$ è un elemento di S se e solo se $h(1)$ è dispari. Da ciò è facile provare che S è una parte moltiplicativa. Infatti, chiaramente $0 \notin S$, $1 \in S$ e se $f(x), g(x)$ sono elementi di S allora $f(1)g(1)$ è il prodotto di due interi dispari e quindi è dispari.

(ii) Sia ora $f_p(x) = x + p$ con p primo dispari. Allora $f_p(x)$ è irriducibile in $\mathbb{Z}[x]$ e $f_p(x) \notin S$ visto che $f_p(1) = 1 + p$ è pari. Quindi l'ideale $I_p = (f_p(x))$ di $\mathbb{Z}[x]$ è primo e non interseca S in quanto per ogni $g(x) \in \mathbb{Z}[x]$ si ha che $g(1)f_p(1)$ è pari essendo $f_p(1)$ pari.

Inoltre $f_p(x)$ è l'unico polinomio monico di grado minimo in I_p; quindi gli ideali I_p, al variare di p tra i primi dispari, sono tutti distinti.

Concludiamo che gli ideali $S^{-1}I_p$ sono primi in $A = S^{-1}\mathbb{Z}[x]$ ed essi sono inoltre tutti distinti per la corrispondenza tra gli ideali primi di A e gli ideali primi di $\mathbb{Z}[x]$ che non intersecano S.

(iii) Sappiamo che gli ideali propri di A sono del tipo $S^{-1}I$ con I ideale di $\mathbb{Z}[x]$ che non interseca S; cioè con $I \subseteq \mathbb{Z}[x] \setminus S$.

Quindi se proviamo che $M = \mathbb{Z}[x] \setminus S$ è un ideale di $\mathbb{Z}[x]$ allora abbiamo la tesi. Ma M è il nucleo della composizione degli omomorfismi suriettivi

$$\mathbb{Z}[x] \longrightarrow \mathbb{Z} \longrightarrow \mathbb{Z}/2\mathbb{Z}$$

$$f(x) \longmapsto f(1)$$

$$a \longmapsto a + 2\mathbb{Z}$$

ed è quindi un ideale.

177. (i) Dimostriamo che un ideale (x) è massimale nella famiglia degli ideali principali propri se e solo se x è un elemento irriducibile.

Infatti, dire che (x) è massimale tra gli ideali principali equivale a dire che $x = ab$ implica $(x) = (a)$, cioè b è invertibile, o $(a) = A$, cioè a è invertibile, e questa è precisamente la definizione di elemento irriducibile.

D'altra parte sappiamo che un ideale principale è primo se e solo se è generato da un elemento primo.

Ne segue che la domanda richiede di verificare se è vero che ogni elemento irriducibile è primo. La risposta è no: per esempio, in $\mathbb{Z}[\sqrt{-5}]$, che non è a fattorizzazione unica, l'elemento 2 è irriducibile ma non è primo.

(ii) Sia $M = \text{Ann}(x)$ un elemento massimale della famiglia del testo. Proviamo che M è un ideale primo di A.

Siano $y, z \in A$ tali che $yz \in M$, cioè $yz \cdot x = 0$ e supponiamo che $z \notin M$, cioè $z \cdot x \neq 0$. Facciamo vedere che $y \in M$.

Osserviamo che se $t \in \text{Ann}(x)$ allora $t \cdot zx = z(tx) = 0$ e quindi $t \in \text{Ann}(zx)$. Questo prova che $\text{Ann}(x) \subseteq \text{Ann}(zx)$ e $\text{Ann}(zx)$ è ancora un elemento della famiglia di ideali considerata in quanto abbiamo supposto $zx \neq 0$.

Ma $M = \text{Ann}(x)$ è massimale tra gli annullatori di elementi non nulli, quindi $\text{Ann}(x) = \text{Ann}(zx)$. Visto che $y \cdot zx = yz \cdot x = 0$ abbiamo $y \in \text{Ann}(zx) = \text{Ann}(x) = M$, come dovevamo dimostrare.

178. (i) Siano $p, q \in A$ tali che $P = (p)$ e $Q = (q)$. Un ideale massimale M di A è certamente un ideale primo, e dunque si può avere solo $M = P$ o $M = Q$, mentre l'ideale 0 non è massimale in quanto propriamente contenuto, ad esempio, in P.

Supponiamo, per assurdo, che $P^m + Q^n \neq A$ per certi m, n interi positivi. Allora $P^m + Q^n$ è contenuto in un ideale massimale di A e per simmetria, possiamo supporre che $P^m + Q^n \subseteq P$. Poiché ovviamente $P^m \subseteq P$, si ottiene $Q^n = (q^n) \subseteq P = (p)$, ossia che p divide q^n. Ma, essendo p primo, questo implica che p divide q e quindi $P = (p) = (q) = Q$ visto che q è irriducibile. Ciò è chiaramente assurdo.

(ii) Continuiamo ad indicare con p e q dei generatori per P e Q rispettivamente. Osserviamo che p e q sono gli unici elementi irriducibili di A, infatti gli elementi irriducibili di un dominio a fattorizzazione unica sono primi, quindi generano ideali primi. Ne segue che ogni elemento di A ha una fattorizzazione del tipo $up^c q^d$ dove c, d sono naturali e u è un unità dell'anello A.

Dimostriamo che se $I \neq 0$ è un ideale di A allora $I = (p^r q^s)$ dove $p^r q^s$ è il massimo comune divisore degli elementi di I. In altre parole, r ed s sono rispettivamente il massimo esponente di p e di q tali che tutti gli elementi di I sono divisibili per p^r e q^s.

Dalla definizione di r e di s abbiamo che, se $x \in I$, l'elemento x è divisibile per $p^r q^s$, da cui $I \subseteq (p^r q^s)$.

Per l'altra inclusione, ancora dalla definizione di r e di s, sappiamo che esistono elementi $a, b \in I$ tali che p^r divide a, p^{r+1} non divide a e q^s divide b, q^{s+1} non divide b. Allora, a meno di elementi invertibili, possiamo supporre che $a = p^r q^{s_1}$ e $b = p^{r_1} q^s$, con $s_1 \geq s$, $r_1 \geq r$ naturali.

Ora, se $r_1 = r$ o $s_1 = s$ troviamo $p^r q^s \in I$, da cui $(p^r q^s) \subseteq I$. Supponiamo invece che $r_1 = r + m$, $s_1 = s + n$ con $m, n > 0$. Dal punto precedente abbiamo che esistono $x, y \in A$ tali che $xp^m + yq^n = 1$; moltiplicando per $p^r q^s$ otteniamo $xb + ya = p^r q^s$, da cui $p^r q^s \in I$.

179. (i) È noto che $f(x) = x^4 + x^3 + x^2 + x + 1$ è il polinomio minimo di ζ_5 su $\mathbb{Q}$. Dimostriamo che si ha $\mathbb{Z}[x]/(f(x)) \simeq \mathbb{Z}[\zeta_5]$. Consideriamo infatti l'omomorfismo $\mathbb{Z}[x] \ni h(x) \longmapsto \varphi(h(x)) = h(\zeta_5) \in \mathbb{Z}[\zeta_5]$. È chiaro che φ è suriettivo per definizione di $\mathbb{Z}[\zeta_5]$; inoltre $\varphi(f(x)) = f(\zeta_5) = 0$ e quindi $(f(x)) \subseteq \mathrm{Ker}(\varphi)$.

Viceversa sia $h(x) \in \mathrm{Ker}(\varphi)$. Allora abbiamo $h(\zeta_5) = 0$ e quindi, in particolare, $h(x)$ è divisibile per $f(x)$ in $\mathbb{Q}[x]$. Ma allora $h(x)$ è divisibile per $f(x)$ anche in $\mathbb{Z}[x]$ per il Lemma di Gauss, cioè $h(x) \in (f(x))$.

(ii) Dal punto precedente abbiamo

$$\mathbb{Z}[\zeta_5]/(11) \simeq \mathbb{Z}[x]/(f(x), 11) \simeq (\mathbb{Z}/11\mathbb{Z})[x]/(f(x)) \simeq \mathbb{F}_{11}[x]/(f(x)).$$

Ma $f(x)$ si spezza in fattori lineari in $\mathbb{F}_{11}$, visto che 5 divide l'ordine di $\mathbb{F}_{11}^*$. Allora $\mathbb{Z}[\zeta_5]/(11)$ è isomorfo a $\mathbb{F}_{11}^4$, che non è un campo.

(iii) Visto che $x^4 + 1$ è il polinomio ciclotomico ottavo su $\mathbb{Q}[x]$, ragionando come nel punto (i) troviamo subito che $\mathbb{Z}[\zeta_8] \simeq \mathbb{Z}[x]/(x^4 + 1)$ e quindi $\mathbb{Z}[\zeta_8]/(11) \simeq \mathbb{F}_{11}[x]/(x^4 + 1)$.

Le radici di $x^4 + 1$ sono radici ottave primitive dell'unità. Poiché l'ordine di $\mathbb{F}_{11}^*$ non è divisibile per 8, $x^4 + 1$ non ha radici in $\mathbb{F}_{11}$, e quindi $\mathbb{F}_{11}[x]/(x^4 + 1) \not\simeq \mathbb{F}_{11}^4$.

⟦Le radici ottave dell'unità appartengono ad $\mathbb{F}_{11}^2$, visto che $8 \mid 11^2 - 1 = 120$, e quindi il polinomio $x^4 + 1$ si spezza come prodotto di due polinomi irriducibili di secondo grado in $\mathbb{F}_{11}[x]$; ne segue che $\mathbb{F}_{11}[x]/(x^4 + 1) \simeq (\mathbb{F}_{11^2})^2$. Si può inoltre verificare che l'effettiva fattorizzazione di $x^4 + 1$ in $\mathbb{F}_{11}[x]$ è $x^4 + 1 = (x^2 - 3x - 1)(x^2 + 3x - 1)$. ⟧

180. (i) Poiché $\mathbb{Q}[x, y]$ è un dominio a fattorizzazione unica, ogni elemento irriducibile è primo e dunque genera un ideale primo. Mostriamo, ad esempio, che gli ideali $I_a = (x + ay)$, con $a \in \mathbb{Q}$, chiaramente primi perché un polinomio di primo grado è sicuramente irriducibile, sono non massimali e distinti tra di loro.

Infatti se $I_a = I_b$, allora si ha $x + ay = c(x + by)$, con c costante. Ma allora, uguagliando i coefficienti dei termini lineari, si ottiene $c = 1$ e quindi $a = b$. D'altra parte, $I_a \subsetneq (x, y)$, in quanto $x + ay$ non divide y, e pertanto I_a non è massimale.

(ii) Innanzitutto osserviamo che $(f(x, y)) = (f(x, y), x)$ se e solo se $x \in (f(x, y))$, ossia se e solo se $f(x, y) \mid x$. Poiché, a meno di elementi invertibili, i divisori di x sono solo 1 ed x e per ipotesi $f(x, y)$ non è costante, l'uguaglianza si verifica se e solo se $f(x, y) = cx$ con c costante non nulla.

Scriviamo ora il polinomio $f(x, y)$ nella forma $f(x, y) = g(y) + xh(x, y)$ e determiniamo i casi in cui $(f(x, y), x) = \mathbb{Q}[x, y]$.

Visto che

$$(f(x, y), x) = (g(y) + xh(x, y), x) = (g(y), x)$$

se $g(y)$ è una costante non nulla, chiaramente $(f(x, y), x) = \mathbb{Q}[x, y]$. D'altra parte se $(f(x, y), x) = \mathbb{Q}[x, y]$ allora esistono $a(x, y)$, $b(x, y)$ in $\mathbb{Q}[x, y]$ per cui $a(x, y)g(y) + b(x, y)x = 1$ e, ponendo $x = 0$, si ha $a(0, y)g(y) = 1$. Quindi $g(y)$ è una costante non nulla.

In conclusione, i polinomi cercati sono tutti e soli quelli della forma $f(x, y) = c + xh(x, y)$ dove c è una costante diversa da zero e $h(x, y) \in \mathbb{Q}[x, y]$ è un polinomio qualsiasi.

181. Indichiamo con A l'anello $\mathbb{K}[x, y]$ e con I il suo ideale (x^m, y^n). Se $mn = 0$ allora $m = 0$ o $n = 0$ e quindi, in ogni caso, $1 \in I$, da cui $A/I = 0$ che non ha alcun ideale primo.

Supponiamo allora $m, n > 0$, sia $\overline{P}$ un ideale primo di A/I. Indichiamo con $\pi : A \longrightarrow A/I$ l'omomorfismo quoziente e osserviamo che $P = \pi^{-1}(\overline{P})$ è un ideale primo di A che contiene I. In particolare $x^m \in P$ e $m > 0$, quindi anche $x \in P$ e, allo stesso modo, $y \in P$. Questo prova che $(x, y) \subseteq P$, ma allora $P = (x, y)$ in quanto $A/(x, y) \simeq \mathbb{K}$ e quindi (x, y) è massimale. Segue che $\overline{P} = \pi(P) = (x, y)/I$ è l'unico ideale primo di A/I.

182. (i) Sia n la dimensione di A come $\mathbb{K}$–spazio vettoriale e sia $a \in A$. Gli $n + 1$ elementi $1, a, a^2, \ldots, a^n$ di A non possono essere linearmente indipendenti su $\mathbb{K}$ in quanto $n + 1 > \dim_{\mathbb{K}}(A)$. Esisteranno quindi dei coefficienti $\lambda_0, \lambda_1, \ldots, \lambda_n \in \mathbb{K}$ non tutti nulli tali che

$$\lambda_n a^n + \cdots + \lambda_1 a + \lambda_0 = 0.$$

Il polinomio $f(x) = \lambda_n x^n + \cdots + \lambda_1 x + \lambda_0 \in \mathbb{K}[x]$ è quindi un polinomio non nullo di cui a è radice.

(ii) Sia P un ideale primo di A e consideriamo il quoziente $B = A/P$. Sappiamo che B è un dominio e che è uno spazio vettoriale di dimensione finita su $\mathbb{K}$ visto che A è di dimensione finita. Vogliamo dimostrare che B è un campo, da ciò seguirà che P è un ideale massimale.

Infatti, fissato $b \in B$ non nullo, consideriamo l'applicazione $\mathbb{K}$–lineare $B \ni c \longmapsto f(c) = bc \in B$. Essendo $b \neq 0$ e B un dominio, troviamo subito $\mathrm{Ker}(f) = 0$, cioè f è iniettiva. Ma allora è anche suriettiva visto che B ha dimensione finita su $\mathbb{K}$. In particolare, esiste $c \in B$ per cui $f(c) = bc = 1$, cioè b è invertibile.

183. (i) Il polinomio $\Phi_{p-1}(t)$ ha grado $r = \phi(p-1)$ ed è un divisore di $t^{p-1} - 1$.
Inoltre, grazie al Piccolo Teorema di Fermat, in $\mathbb{F}_p(t)$ si ha $t^{p-1} - 1 = (t-1)(t-2)\cdots(t-p+1)$ e quindi $\Psi_{p-1}(t) = (t-a_1)\cdots(t-a_r)$ per opportuni $a_1, \ldots, a_r$.
Poiché gli a_i sono tutti distinti, i fattori $t - a_i$ sono primi fra loro. D'altra parte il
Teorema Cinese dei Resti per Anelli dà il seguente isomorfismo

$$\mathbb{F}_p[t]/\big((t-a_1)\cdots(t-a_r)\big) \simeq \mathbb{F}_p[t]/(t-a_1) \times \cdots \times \mathbb{F}_p[t]/(t-a_r) \simeq \mathbb{F}_p^r.$$

(ii) Il polinomio $\Phi_p(t)$ ha grado $p-1$ ed è un divisore di $t^p - 1$. Quest'ultimo
polinomio si fattorizza in $\mathbb{F}_p[t]$ come $(t-1)^p$. Ne segue che la fattorizzazione di
$\Psi_p(t)$ è $(t-1)^{p-1}$, e quindi la classe di $t-1$ è un elemento nilpotente diverso da
zero in $\mathbb{F}_p[t]/\big((t-1)^{p-1}\big)$.

184. (i) È chiaro che $P \subseteq (P : J)$. Supponiamo ora che esista $x \in (P : J)$ con x
non in P. Allora per ogni $a \in J$ si ha $xa \in P$, ed essendo P primo, troviamo $a \in P$;
quindi $J \subseteq P$. In conclusione: se $J \not\subseteq P$ allora $(P : J) = P$; se invece $J \subseteq P$,
chiaramente $1 \in (P : J)$ e quindi $(P : J) = A$.
(ii) Dalla definizione

$$D = ((18 + 6i) : (10)) = \big\{ \alpha \in \mathbb{Z}[i] \mid 10\alpha \in (6(3+i)) \big\}$$

e quindi D è l'insieme degli elementi α per cui $6(3+i)$ divide 10α. Visto che $\mathbb{Z}[i]$
è un dominio ad ideali principali e quindi, in particolare, a fattorizzazione unica,
questa divisibilità è equivalente a $3(3+i)$ divide 5α.
In $\mathbb{Z}[i]$ il primo 5 si fattorizza in irriducibili come $(2+i)(2-i)$, mentre 3 rimane
irriducibile e, infine, $3 + i = (1+i)(2-i)$ con $1+i$ e $2-i$ irriducibili. Ne segue
che la condizione su α è $3(1+i) \mid (2+i)\alpha$.
Ora 3, $1+i$ e $2+i$ sono irriducibili non associati tra di loro, e quindi $\alpha \in D$ se
e solo se $3(1+i) \mid \alpha$, cioè $D = (3+3i)$.
(iii) Sia $A = \mathbb{Z}[\sqrt{-5}]$ e siano $x = 2$ e $y = 1 + \sqrt{-5}$, vogliamo provare che
$D = ((2) : (1 + \sqrt{-5}))$ non è principale in A.
Verifichiamo per prima cosa che $D = (2, 1 + \sqrt{-5})$. Dalla definizione, $\alpha = a + b\sqrt{-5} \in D$ se e solo se

$$(a + b\sqrt{-5})(1 + \sqrt{-5}) = (a - 5b) + (a + b)\sqrt{-5} \in (2),$$

cioè se e solo se $a - 5b$, $a + b$ sono pari; ciò è ovviamente equivalente a $a + b$ è
pari. È allora chiaro che $(2, 1 + \sqrt{-5}) \subseteq D$.
D'altra parte, se $a + b$ è pari allora: o a è pari, e quindi anche b è pari e $a + b\sqrt{-5} \in (2)$, oppure a è dispari, e quindi anche b è dispari e pertanto $a + b\sqrt{-5} = \big((a-1) + (b-1)\sqrt{-5}\big) + (1 + \sqrt{-5})$ con $\big((a-1) + (b-1)\sqrt{-5}\big) \in (2)$ e $a + b\sqrt{-5} \in (2, 1 + \sqrt{-5})$. Ciò finisce la verifica che $D = (2, 1 + \sqrt{-5})$.
Dimostriamo ora che l'ideale $(2, 1 + \sqrt{-5})$ non è principale in A. Osserviamo
per prima cosa che 2 è irriducibile. Infatti chiamando, come di consueto, norma
l'applicazione moltiplicativa

$$A \ni a + b\sqrt{-5} \xrightarrow{N} (a + b\sqrt{-5})(a - b\sqrt{-5}) = a^2 + 5b^2 \in \mathbb{N},$$

troviamo subito che gli elementi invertibili di A sono quelli di norma 1. Ora $N(2) = 4$ e, se $u + v\sqrt{-5}$ è un divisore di 2 non invertibile e non associato a 2, esso deve necessariamente avere norma 2. Ma l'equazione $u^2 + 5v^2 = 2$ non ha chiaramente soluzioni in $\mathbb{Z}$; ciò prova che 2 è irriducibile.

Quindi l'ideale (2) è massimale tra gli ideali principali, e poiché $2 \subsetneq (2, 1 + \sqrt{-5}) \subsetneq A$ l'ideale $(2, 1 + \sqrt{-5})$ non può essere principale.

185. (i) Un elemento $f(x)/g(x) \in A$ ridotto ai minimi termini è invertibile in A se e solo se il suo inverso $g(x)/f(x)$ nel campo $\mathbb{Q}(x)$ appartiene ad A; cioè se e solo se il denominatore non si annulla in 0 e -1, e quindi se e solo se $f(0)f(-1) \neq 0$.

(ii) Sicuramente A è un dominio d'integrità perché è un sottoanello del campo $\mathbb{Q}(x)$. Essendo $\mathbb{Q}[x]$ a fattorizzazione unica, ogni polinomio $f(x) \in \mathbb{Q}[x] \setminus \{0\}$ ammette una scrittura unica come $f(x) = x^a(x + 1)^b u(x)$ con $a, b \in \mathbb{N}$ e $u(x) \in \mathbb{Q}[x]$ tale che $u(0)u(-1) \neq 0$. Ne segue che per ogni elemento $f(x)/g(x) \in A \setminus \{0\}$ si ha

$$\frac{f(x)}{g(x)} = x^a(x + 1)^b \frac{u(x)}{g(x)}$$

con $a, b \in \mathbb{N}$ univocamente determinati e $u(x)/g(x)$ invertibile in A per quanto visto nel punto (i). Dunque ogni elemento di A è associato ad un polinomio del tipo $x^a(x + 1)^b$.

Sia $I \subseteq A$ un ideale non banale, per quanto appena detto I è generato da una famiglia di polinomi $x^{a_r}(x + 1)^{b_r}$ per certi a_r, b_r in $\mathbb{N}$ e r in un qualche insieme di indici. Sia $x^a(x + 1)^b$ il massimo comune divisore in $\mathbb{Q}[x]$ dei polinomi $x^{a_r}(x + 1)^{b_r}$: tale massimo comun divisore esiste ed è una $\mathbb{Q}[x]$–combinazione lineare finita dei polinomi $x^{a_r}(x + 1)^{b_r}$ perché $\mathbb{Q}[x]$ è un dominio euclideo. Questo assicura che I è generato da $x^a(x + 1)^b$. Abbiamo quindi provato che A è ad ideali principali.

(iii) Poiché A è un dominio ad ideali principali per (ii), gli ideali primi di A sono 0 e gli ideali massimali, e questi sono generati dagli elementi irriducibili di A. Abbiamo visto che ogni elemento di A è associato ad un polinomio del tipo $x^a(x + 1)^b$, con a, b naturali, e che x e $x + 1$ non sono invertibili, quindi x e $x + 1$ sono gli irriducibili di A.

In conclusione gli ideali primi di A sono 0, (x) e $(x + 1)$.

186. Ricordiamo che in un anello l'insieme degli elementi nilpotenti è un ideale in quanto coincide con il nilradicale dell'anello.

Siano $N(A)$ e $N(A[x])$ i nilradicali degli anelli A e $A[x]$ rispettivamente. Osserviamo in primo luogo che $N(A) \subseteq N(A[x])$, possiamo quindi parlare semplicemente di elementi nilpotenti senza che ci sia ambiguità.

Se $f(x) = \sum_{h=0}^{n} a_h x^h$ è un polinomio a coefficienti nilpotenti, cioè se $a_h \in N(A) \subseteq N(A[x])$ per ogni $h = 0, 1, \ldots, n$, allora anche $f(x)$ è nilpotente visto che $N(A[x])$ è un ideale.

Viceversa supponiamo che $f(x) = \sum_{h=0}^{n} a_h x^h$ sia nilpotente, e mostriamo per induzione su n che i suoi coefficienti sono nilpotenti.

Questo è ovvio per $n = 0$. Sia allora $n \geq 1$ e osserviamo che, per definizione di elemento nilpotente, esiste $k > 0$ tale che $f(x)^k = 0$. Il termine di grado più alto in $f(x)^k$ è $a_n^k x^{nk}$, ne segue che $a_n^k = 0$, cioè a_n è nilpotente. Quindi anche $a_n x^n$ è nilpotente e anche $g(x) = f(x) - a_n x^n$ lo è perché $N(A[x])$ è un ideale. Ma $g(x)$ ha grado minore di n e, per induzione, ha tutti i coefficienti $a_0, a_1, \ldots, a_{n-1}$ nilpotenti.

187. (i) Sia $x \in J(A)$ e sia $y \in A$. Fissato un ideale massimale M di A, osserviamo che $x \in M$ e quindi anche $xy \in M$; ma allora $1 + xy \notin M$ perché altrimenti si avrebbe $1 \in M$ che è impossibile. Quindi $1 + xy$ non è contenuto in nessun ideale massimale, esso è quindi invertibile.

Supponiamo viceversa che $x \in A$ sia tale che $1 + xy$ è invertibile per ogni $y \in A$. Se M è un ideale massimale di A allora $(M, x) \neq A$: infatti, se così non fosse, esisterebbero $a \in M$ e $y \in A$ per cui $1 = a + xy$ da cui $1 + x(-y) = a \in M$ e quindi $1 + x(-y)$, appartenendo all'ideale massimale M, non sarebbe invertibile contro l'ipotesi. Quindi (M, x) è un ideale proprio che contiene l'ideale massimale M, non può che essere $x \in M$. L'elemento x appartiene ad ogni ideale massimale di A, cioè appartiene a $J(A)$.

(ii) Sia $x \in J(A)$, per mostrare che $\varphi(x) \in J(B)$, grazie al punto (i), facciamo vedere che $1 + \varphi(x)b$ è invertibile in B per ogni $b \in B$. Poiché φ è suriettiva si ha $b = \varphi(a)$ per qualche $a \in A$, allora $1 + \varphi(x)b = \varphi(1 + xa)$ è immagine di un elemento invertibile di A ed è invertibile in B.

⟦L'ideale $J(A)$ è detto il *nilradicale di Jacobson* dell'anello A.⟧

188. Indichiamo con γ l'elemento $3 + i$ di $\mathbb{Z}[i]$ e sia A l'anello del testo. Osserviamo, per prima cosa, che $S = \{\beta \in \mathbb{Z}[i] \mid (\beta, \gamma) = 1\}$ è una parte moltiplicativa di $\mathbb{Z}[i]$. Infatti, ciò segue dall'essere $\mathbb{Z}[i]$ un dominio euclideo e quindi a fattorizzazione unica: se β_1 e β_2 non sono divisibili per nessun primo π che divide γ allora neanche $\beta_1 \beta_2$ è divisibile per π.

È inoltre chiaro dalla definizione che $A = S^{-1}\mathbb{Z}[i]$ come sottoanelli del campo dei quozienti di $\mathbb{Z}[i]$.

Se $a = \alpha/\beta$ è invertibile in A, cioè se esiste $b = \alpha'/\beta' \in A$ per cui $ab = 1$, allora $\alpha\alpha' = \beta\beta' \in S$ e quindi α è primo con γ, cioè $\alpha \in S$. D'altra parte è chiaro che se $\alpha \in S$ allora a è invertibile. Abbiamo quindi provato che A^* è l'insieme degli elementi α/β con α e β primi con γ.

Ovviamente 0 è un ideale primo di A perché A è un dominio d'integrità. Inoltre, gli ideali primi non nulli della localizzazione $S^{-1}\mathbb{Z}[i]$ sono gli ideali $S^{-1}P$ con P ideale primo non nullo in $\mathbb{Z}[i]$ che non interseca S. Ora, come già ricordato $\mathbb{Z}[i]$ è euclideo, quindi $P = (\pi)$ è primo se e solo se π è primo, equivalentemente irriducibile. Visto che la fattorizzazione di $\gamma = 3 + i$ in irriducibili in $\mathbb{Z}[i]$ è $\gamma = (1 + i)(2 - i)$, otteniamo che $(\pi) \cap S = \varnothing$ se e solo se, a meno di associati, $\pi = 1 + i$ o $\pi = 2 - i$.

Possiamo quindi concludere che gli ideali primi in A sono 0, $(1 + i)$ e $(2 - i)$.

189. (i) Proviamo, per prima cosa, che $\mathfrak{f}$ è contenuto in A: se $a \in \mathfrak{f}$ allora $a = a \cdot 1 \in aR \subseteq A$. Ci basta ora ovviamente provare che $\mathfrak{f}$ è un ideale di R per concludere.

Se $a, b \in \mathfrak{f}$ allora $(a + b)R \subseteq aR + bR \subseteq A + A = A$ e quindi $a + b \in \mathfrak{f}$. Inoltre se $a \in \mathfrak{f}$ e $b \in R$ allora $(ab)R = a(bR) \subseteq aR \subseteq A$ e $ab \in \mathfrak{f}$. Ciò prova che $\mathfrak{f}$ è un ideale in R.

(ii) Sia $I \subseteq A$ un ideale di R; vale $IR \subseteq I \subseteq A$, cioè $I \subseteq \mathfrak{f}$. Dunque $\mathfrak{f}$ contiene tutti gli ideali di R contenuti in A e, avendo esso stesso questa proprietà, è il più grande ideale di R contenuto in A.

(iii) Sia, per brevità, $\zeta = (-1 + \sqrt{-3})/2$. Osserviamo che $2\zeta = -1 + \sqrt{-3} \in A$ e quindi $R \cdot 2 \subseteq \mathfrak{f}$ essendo $\mathfrak{f}$ un ideale di R.

Inoltre se $x + y\sqrt{-3} \in \mathfrak{f}$ allora $(x + y\sqrt{-3})\zeta \in (x + y\sqrt{-3})R \subseteq A$ e, svolgendo i calcoli, troviamo

$$(x + y\sqrt{-3})\zeta = \frac{-x - 3y}{2} + \frac{x - y}{2}\sqrt{-3} \in A$$

che è chiaramente equivalente a $x + y$ pari. D'altra parte, un multiplo di 2 in R è un elemento del tipo $2(u + v\zeta)$ con u e v interi. Ma si ha

$$2(u + v\zeta) = 2\left(u - \frac{v}{2} + \frac{v}{2}\sqrt{-3}\right) = (2u - v) + v\sqrt{-3}$$

e quindi essere multiplo di 2 è equivalente ad essere un elemento di $\mathfrak{f}$. Abbiamo provato che $\mathfrak{f}$ è generato da 2 come ideale di R.

[[L'ideale $\mathfrak{f}$ è chiamato il *conduttore* di A in R.]]

190. (i) Supponiamo che $N = (a_1, a_2, \ldots, a_m)$ sia finitamente generato, e che $k_1, k_2, \ldots, k_m$ siano tali che $a_h^{k_h} = 0$ per $h = 1, 2, \ldots, m$. Posto $k = k_1 + k_2 + \cdots + k_m$ osserviamo che i generatori di N^k sono i prodotti $a_1^{r_1} a_2^{r_2} \cdots a_m^{r_m}$ con $r_1 + r_2 + \cdots + r_m = k$. Ora, se fosse $r_h < k_h$ per ogni h allora si avrebbe $r_1 + r_2 + \cdots + r_m < k$. Quindi per almeno uno degli esponenti, diciamo r_t, si ha $r_t \geq k_t$ da cui $a_t^{r_t} = 0$ e anche $a_1^{r_1} a_2^{r_2} \cdots a_m^{r_m} = 0$. Ciò prova che $N^k = 0$.

(ii) Se $ab = 1$ in A allora $(a + N)(b + N) = 1 + N$ e quindi $a + N$ è invertibile in A/N visto che $1 + N$ è l'unità di A/N.

Viceversa se $a \in A$ è tale che $(a + N)(b + N) = 1 + N$ per qualche $b \in N$ allora esiste $x \in N$ per cui $ab = 1 + x$. L'elemento x è nilpotente, esiste quindi $n > 0$ per cui $x^n = 0$ e possiamo ovviamente supporre che n sia dispari. Allora

$$1 = 1 + x^n = (1 + x)(1 - x + x^2 + \cdots \pm x^{n-1})$$

e quindi, se c è il secondo fattore di questa uguaglianza, si ha $a(bc) = (ab)c = (1 + x)c = 1$, cioè a è invertibile in A.

191. (i) Per definizione A è un sottoanello di $\mathbb{C}$, esso è dunque un dominio d'integrità. Posto, per brevità, $\gamma = (1 + \sqrt{-7})/2$, osserviamo che ogni elemento α di A si scrive in modo unico come $a + b\gamma$ con a e b interi. Abbiamo inoltre

$$|\alpha|^2 = \alpha \cdot \bar{\alpha} = \left(a + b\frac{1 + \sqrt{-7}}{2}\right) \cdot \left(a + b\frac{1 - \sqrt{-7}}{2}\right) = a^2 + ab + 2b^2 = d(\alpha),$$

cioè il grado è la norma quadra di α come numero complesso. In particolare il grado è moltiplicativo e, assumendo valori naturali, abbiamo $d(\alpha \cdot \beta) = d(\alpha)d(\beta) \geq d(\alpha)$ per ogni $\alpha, \beta \in A \setminus \{0\}$.

Rimane ora da dimostrare che è possibile la divisione euclidea con resto. Fissiamo allora $\beta = a + b\gamma \in A \setminus \{0\}$ e sia $\Lambda = (\beta) = \mathbb{Z}[\gamma] \cdot \beta$ l'ideale generato da β in A. È chiaro che ogni elemento di Λ è una combinazione a coefficienti interi di β e di $\beta' = \gamma\beta$.

Se pensiamo a β e β' come a due vettori nel piano complesso, troviamo che essi hanno lunghezze $|\beta|$ e $|\beta'| = |\gamma||\beta| = \sqrt{2}|\beta|$ e il coseno dell'angolo tra essi è $\sqrt{2}/4$; ne segue che $|\beta' - \beta| = \sqrt{2}|\beta|$. In questo modo l'ideale Λ è un insieme di punti in $\mathbb{C}$ che divide il piano in triangoli isosceli, tutti congruenti tra di loro, di lati lunghi $|\beta|$, $\sqrt{2}|\beta|$ e $\sqrt{2}|\beta|$.

È facile calcolare che il raggio della circonferenza circoscritta ad uno di questi triangoli è $2|\beta|/\sqrt{7}$. Allora tale raggio è minore di $|\beta|$ e, visto che ogni punto interno di un triangolo ha distanza da almeno uno dei vertici minore del raggio della circonferenza circoscritta, abbiamo provato: per ogni punto α di $\mathbb{C}$ esiste un punto $\alpha' = \delta \cdot \beta$ di Λ con $|\alpha - \alpha'| \le |\beta|$. In particolare ciò è vero per gli elementi α di A e, posto, $\epsilon = \alpha - \alpha'$ abbiamo $\alpha = \delta\beta + \epsilon$ con $d(\epsilon) \le d(\beta)$; cioè la divisione euclidea di α per β con, eventuale resto, ϵ.

(ii) Vediamo se la fattorizzazione $10 = 2 \cdot 5$ in $\mathbb{Z}$ può essere raffinata in A.

Osserviamo che il minimo del grado sugli elementi non nulli è 1 e quindi gli elementi di grado 1 sono invertibili in A. Inoltre, essendo il grado moltiplicativo, gli elementi di grado primo di $\mathbb{Z}$ sono necessariamente irriducibili.

In particolare, la fattorizzazione

$$2 = \gamma \cdot (1 - \gamma) = \frac{1 + \sqrt{-7}}{2} \cdot \frac{1 - \sqrt{-7}}{2}$$

è in irriducibili perché i due fattori hanno grado 2.

Ora, 5 ha grado 25, una sua fattorizzazione non banale in A dovrebbe coinvolgere elementi di grado 5; proviamo allora che 5 è irriducibile mostrando che nessun elemento di A ha grado 5. Infatti se

$$a + b\gamma = \left(a + \frac{b}{2}\right) + \frac{b}{2}\sqrt{-7}$$

ha norma quadra 5 allora $(2a + b)^2 + 7b^2 = 20$ e quindi $|b| < 2$. Ma per $b = 0, \pm 1$, l'intero $20 - 7b^2$ non è un quadrato; l'equazione non ha alcuna soluzione in a, b interi e non esiste alcun elemento di grado 5.

In conclusione la fattorizzazione di 10 in A è

$$10 = 5 \cdot \gamma \cdot (1 - \gamma).$$

192. (i) Supponiamo $I = (x)$ e osserviamo che $I = I^2$ è chiaramente equivalente a $x \in (x^2)$. Ora, se $x \in (x^2)$, allora esiste $y \in A$ tale che $x = x^2 y$. Ne segue $x = x(xy)$, cioè $x(xy - 1) = 0$. Ma A è un dominio di integrità, o $x = 0$, e quindi $I = 0$, o $xy - 1 = 0$, e quindi x è invertibile, da cui $I = A$.

(ii) Due ideali massimali distinti, M_i e M_j, hanno certamente la proprietà $M_i + M_j = A$. Allora, per il Teorema Cinese dei Resti per Anelli, $A/(M_1 \cdot M_2 \cdots M_n)$ è isomorfo a $A/M_1 \times A/M_2 \times \cdots \times A/M_n$.

Gli ideali di un prodotto diretto di anelli sono i prodotti diretti degli ideali, inoltre, in questo caso, visto che A/M_h è un campo per ogni h, prodotti diretti di ideali che sono o l'ideale nullo o tutto l'anello.

In altri termini, un ideale I del quoziente è generato da $(\epsilon_1, \epsilon_2, \ldots, \epsilon_n)$ con $\epsilon_h = 0$ o 1 per ogni h. In ogni caso

$$I^2 = (\epsilon_1, \epsilon_2, \ldots, \epsilon_n)^2 = (\epsilon_1^2, \epsilon_2^2, \ldots, \epsilon_n^2) = (\epsilon_1, \epsilon_2, \ldots, \epsilon_n) = I.$$

193. (i) Consideriamo l'omomorfismo di anelli

$$\mathbb{Z}[x] \ni f(x) \overset{\varphi}{\longmapsto} f(a) \in \mathbb{Z}/p\mathbb{Z}$$

che associa ad un polinomio la classe di resto modulo p della sua valutazione in a. Se facciamo vedere che φ è suriettivo e ha per nucleo $(p, x - a)$ allora questo ideale è primo in $\mathbb{Z}[x]$ perché $\mathbb{Z}/p\mathbb{Z}$ è un campo.

È ovvio che φ sia suriettivo in quanto già le immagini dei polinomi costanti sono tutto $\mathbb{Z}/p\mathbb{Z}$. Inoltre p e $x - a$ sono chiaramente in $\mathrm{Ker}(\varphi)$, ne segue che $(p, x - a) \subseteq \mathrm{Ker}(\varphi)$.

Per dimostrare il viceversa sia $h(x) \in \mathbb{Z}[x]$ tale che $\varphi(h(x)) = 0$. Ciò significa che $h(a) \in p\mathbb{Z}$, cioè esiste $r \in \mathbb{Z}$ per cui $h(a) = rp$. Ma allora il polinomio $h(x) - rp$ ha a come radice e, per il Teorema di Ruffini, è divisibile per $x - a$ in $\mathbb{Q}[x]$ e quindi anche in $\mathbb{Z}[x]$ per il Lemma di Gauss. Esiste quindi $k(x) \in \mathbb{Z}[x]$ tale che $h(x) - rp = k(x)(x - a)$ o, in altri termini, $h(x) = rp + k(x)(x - a) \in (p, x - a)$. Ciò finisce la dimostrazione che $\mathrm{Ker}(\varphi) = (p, x - a)$.

(ii) Fissiamo un numero primo p e indichiamo con $\overline{g(x)}$ la riduzione modulo p del polinomio $g(x)$ di $\mathbb{Z}[x]$. Consideriamo l'omomorfismo di anelli

$$\mathbb{Z}[x] \ni g(x) \overset{\psi}{\longmapsto} \overline{g(x)} + (\overline{f(x)}) \in \mathbb{F}_p[x]/(\overline{f(x)}).$$

È facile provare, in maniera analoga al punto (i), che $\mathrm{Ker}(\psi)$ è l'ideale $(p, f(x))$ di $\mathbb{Z}[x]$. Ora, $f(x)$ è monico e quindi il grado di $\overline{f(x)}$ è lo stesso di $f(x)$, in particolare $\mathbb{F}_p[x]/(\overline{f(x)})$ non è l'anello nullo. Ma allora, essendo ψ suriettivo, neanche $\mathbb{Z}[x]/(p, f(x))$ è l'anello nullo, cioè $(p, f(x))$ è un ideale proprio di $\mathbb{Z}[x]$.

Questo basta per concludere che $(f(x))$ non è massimale in quanto è contenuto in $(p, f(x))$ e questo contenimento è proprio perché $(f(x))$ non ha polinomi costanti.

194. (i) Ovviamente $(\mathcal{P}) \subseteq P$ visto che $\mathcal{P} \subseteq P$. Sia invece $x \in P$ e supponiamo che la sua fattorizzazione in A sia $x = \pi_1^{a_1} \pi_2^{a_2} \cdots \pi_r^{a_r}$, dove $\pi_1, \pi_2, \ldots, \pi_r$ sono elementi primi di A. Poiché P è primo e $\pi_1^{a_1} \pi_2^{a_2} \cdots \pi_r^{a_r} \in P$, almeno uno dei fattori primi $\pi_1, \pi_2, \ldots, \pi_r$ appartiene a P e quindi, per definizione, appartiene a $\mathcal{P}$. Ne segue che $x \in (\mathcal{P})$.

(ii) Siano $\pi_1, \pi_2, \ldots, \pi_r$ gli elementi primi di A, siano $I = (x)$, $J = (y)$ due ideali principali e siano $x = \pi_1^{e_1} \pi_2^{e_2} \cdots \pi_r^{e_r}$, $y = \pi_1^{f_1} \pi_2^{f_2} \cdots \pi_r^{f_r}$ le fattorizzazioni di x e y. Il massimo comun divisore di x e y è $z = \pi_1^{d_1} \pi_2^{d_2} \cdots \pi_r^{d_r}$ con $d_h = \min\{e_h, d_h\}$ per ogni $h = 1, 2, \ldots, r$.

Ovviamente $x, y \in (z)$ e quindi $I + J \subseteq (z)$. Per dimostrare l'altra inclusione consideriamo i seguenti due sistemi di congruenze in A

$$\begin{cases} a \equiv \alpha_1 \pmod{\pi_1} \\ a \equiv \alpha_2 \pmod{\pi_2} \\ \vdots \\ a \equiv \alpha_r \pmod{\pi_r} \end{cases} , \qquad \begin{cases} b \equiv \beta_1 \pmod{\pi_1} \\ b \equiv \beta_2 \pmod{\pi_2} \\ \vdots \\ b \equiv \beta_r \pmod{\pi_r} \end{cases}$$

dove, per ogni $h = 1, 2, \ldots, r$ abbiamo definito: o $\alpha_h = 1$, $\beta_h = 0$ se $a_h \leq b_h$, e quindi $d_h = a_h$, oppure $\alpha_h = 0$, $\beta_h = 1$ se $a_h > b_h$, e quindi $d_h = b_h$. Questi sistemi ammettono una soluzione per il Teorema Cinese dei Resti per Anelli in quanto gli ideali generati da $\pi_1, \pi_2, \ldots, \pi_r$ sono massimali e distinti e quindi a due a due coprimi.

Per a e b soluzioni dei sistemi si ha che $\pi_h^{d_h}$ divide $ax + by$ ma $\pi_h^{d_h+1}$ non divide $ax + by$. Ne segue che $ax + by = uz$ con u invertibile in A. Ciò mostra che $z \in I + J$ e conclude la dimostrazione che $I + J = (z)$ è principale.

195. (i) Per $a \in A \setminus \{0\}$ sia I_a l'ideale $\{b \in A \mid ab = 0\} = ((a) : 0)$. È chiaro che ogni elemento di I_a è un divisore dello zero visto che $a \neq 0$ e d'altra parte, un divisore dello zero appartiene a qualche ideale I_a per definizione di divisore dello zero. Ciò prova che

$$D = \bigcup_{b \in A \setminus \{0\}} I_a.$$

(ii) Supponiamo che D sia un ideale, e che $ab \in D$, ossia per un certo $c \neq 0$ si abbia $abc = 0$. Se $bc = 0$ allora $b \in D$, se invece $bc \neq 0$ allora $a \in D$. Abbiamo provato che D è un ideale primo.

(iii) Sia A un anello finito, e a un elemento dell'ideale D. Le potenze di a non possono essere tutte distinte fra loro, quindi esistono due interi positivi n, m tali che $a^n = a^{n+m}$, da cui $a^n(a^m - 1) = 0$. Se $a^n = 0$, allora a è nilpotente. Supponiamo invece, per assurdo, che $a^n \neq 0$. Allora $a^m - 1 \in D$. Ma poiché $a \in D$, anche $a^m \in D$ e, essendo D un ideale, anche $1 = a^m - (a^m - 1) \in D$, cioè 1 è un divisore dello zero; cosa chiaramente impossibile.

196. (i) Sia $x/s \in S^{-1}\sqrt{I}$; allora $x \in \sqrt{I}$ e quindi esiste $n \in \mathbb{N}$ tale che $x^n \in I$. Ne segue che $(x/s)^n = x^n/s^n \in S^{-1}I$, e dunque $x/s \in \sqrt{S^{-1}I}$.

Viceversa, sia $x/s \in \sqrt{S^{-1}I}$; allora esiste $n \in \mathbb{N}$ tale che $(x/s)^n = x^n/s^n \in S^{-1}I$. Ne segue $x^n/s^n = y/t$ con $y \in I$ e $t \in S$, da cui $x^n t = s^n y \in I$. Ma allora $(xt)^n = x^n t \cdot t^{n-1} \in I$ e $x/s = (xt)/(st)$ ha il numeratore appartenente a $\sqrt{I}$ e il denominatore appartenente ad S, cioè $x/s \in S^{-1}\sqrt{I}$.

(ii) Nel seguito, per semplificare le notazioni, identificheremo implicitamente $a \in A$ con $a/1 \in S^{-1}A$, ricordiamo infatti che $A \ni a \longmapsto a/1 \in S^{-1}A$ è un omomorfismo iniettivo di anelli.

Se $a = 0$, e quindi $b \neq 0$, la tesi è sicuramente vera; assumiamo quindi $a, b \neq 0$.

Ogni elemento non nullo di un dominio a fattorizzazione unica si scrive come prodotto di elementi irriducibili, o equivalentemente primi. Fra gli elementi irriducibili di A, distinguiamo due tipi: (i) quelli che non dividono nessun elemento di S e (ii) quelli che dividono qualche elemento di S.

Proviamo che gli irriducibili di tipo (i) rimangono irriducibili in $S^{-1}A$. Infatti se π è di questo tipo e divide $(a/s) \cdot (b/t)$, cioè esiste $c/u \in S^{-1}A$ tale che $\pi \cdot c/u = (a/s) \cdot (b/t)$, allora π divide abu in A. Usando che π è primo in A abbiamo che, siccome π non divide u in A, allora π divide ab in A e quindi o π divide a, e allora π divide a/s in $S^{-1}A$, o π divide b e allora π divide b/t in $S^{-1}A$.

Invece, gli irriducibili di tipo (ii) diventano invertibili in $S^{-1}A$: infatti se π è di questo tipo e divide s in A per qualche $s \in S$, allora esiste $a \in A$ tale che $\pi a = s$ e quindi $\pi \cdot (a/s) = 1$.

Scriviamo la fattorizzazione di a e b distinguendo fra i due tipi di irriducibili e ammettendo anche esponenti nulli

$$a = u \cdot \pi_1^{a_1} \cdots \pi_h^{a_h} \cdot \eta_1^{b_1} \cdots \eta_k^{b_k}, \quad b = v \cdot \pi_1^{c_1} \cdots \pi_h^{c_h} \cdot \eta_1^{d_1} \cdots \eta_k^{d_k},$$

con $u, v \in A^*$, $\pi_1, \ldots, \pi_h$ irriducibili di tipo (i), $\eta_1, \ldots, \eta_k$ di tipo (ii) e $a_1, \ldots, a_h$, $b_1, \ldots, b_k, c_1, \ldots, c_h, d_1, \ldots, d_k \geq 0$.

Definiamo ora $e_j = \min\{a_j, c_j\}$, per $j = 1, \ldots, h$, e $f_j = \min\{b_j, d_j\}$, per $j = 1, \ldots, k$. Abbiamo

$$\mathrm{MCD}_A(a, b) = \pi_1^{e_1} \cdots \pi_h^{e_h} \cdot \eta_1^{f_1} \cdots \eta_k^{f_k} = w \cdot \pi_1^{e_1} \cdots \pi_h^{e_h}$$

con $w = \eta_1^{f_1} \cdots \eta_k^{f_k}$ invertibile in $S^{-1}A$ e anche

$$\mathrm{MCD}_{S^{-1}A}(a, b) = \pi_1^{e_1} \cdots \pi_h^{e_h}.$$

Ciò prova la tesi.

197. (i) Indichiamo come al solito con $N(a + bi) = a^2 + b^2$ la norma che rende, come funzione grado, l'anello $\mathbb{Z}[i]$ euclideo.

Posto $z = 5 + 14i$ e $w = -4 + 7i$, osserviamo che $N(z) = 221 = 13 \cdot 17$ e $N(w) = 65 = 5 \cdot 13$ con i numeri primi $5, 13$ e 17 tutti congrui a $1 \bmod 4$. In $\mathbb{Z}[i]$ abbiamo dunque che z si fattorizza come il prodotto di due primi di modulo rispettivamente 13 e 17, e w si fattorizza come il prodotto di due primi di modulo rispettivamente 13 e 5.

Risolvendo in interi l'equazione $a^2 + b^2 = 13$, troviamo subito $a = 2$ e $b = \pm 13$, a meno di scambio e di segno. Cioè, a meno di invertibili, gli interi di Gauss di norma 13 sono $2 + 3i, 2 - 3i$. E infatti troviamo le fattorizzazioni $z = 5 + 14i = (2 + 3i)(4 + i)$, $w = -4 + 7i = (2 + 3i)(1 + 2i)$.

Ora $\mathbb{Z}[i]$ è un dominio ad ideali principali, $I \cap J$ è generato dal minimo comune multiplo di z e w, cioè da $(2 + 3i)(1 + 2i)(4 + i) = -23 + 24i$, e $I + J$ è generato dal massimo comun divisore di z e w, cioè da $2 + 3i$.

(ii) L'intero di Gauss $2 + 3i$ è un primo e dunque il quoziente $\mathbb{Z}[i]/(I + J) = \mathbb{Z}[i]/(2 + 3i)$ è un campo e ha 0 come unico ideale primo.

198. Sia M un ideale massimale di $A[x]$ e sia $P = A \cap M = i^{-1}(M)$ con $i : A \longrightarrow A[x]$ l'inclusione. Allora P, essendo la contrazione di un ideale primo è un ideale primo di A. Distinguiamo ora due casi a seconda che P sia nullo o meno.

①L'ideale P è non nullo.

Sia P^e l'ideale generato da P in $A[x]$ e osserviamo che $P^e \subseteq M$. L'omomorfismo quoziente

$$A[x] \ni f(x) \longmapsto f(x) + P^e \in A[x]/P^e \simeq (A/P)[x]$$

induce una corrispondenza biunivoca fra gli ideali di $A[x]$ contenenti P^e e gli ideali di $(A/P)[x]$. Sia J l'ideale di $(A/P)[x]$ corrispondente ad M in $A[x]$.

Poiché in un dominio ad ideali principali ogni ideale primo diverso da zero è un ideale massimale, A/P è un campo, e quindi gli ideali di $(A/P)[x]$ sono principali. In particolare esiste un $f(x) \in A[x]$ la cui riduzione modulo P genera J in $(A/P)[x]$.

Allora è immediato vedere che $M = (\pi, f(x))$ dove π è un generatore di P in A.

②L'ideale P è nullo.

Sia $\mathbb{K}$ il campo dei quozienti di A, consideriamo l'ideale M^e generato da M in $\mathbb{K}[x]$; è chiaro che $M^e = \mathbb{K} \cdot M$. Sia $f(x)$ un generatore monico di M^e in $\mathbb{K}[x]$. Se c è il minimo comune multiplo dei denominatori dei coefficienti di $f(x)$, il polinomio $f_0(x) = c \cdot f(x)$ è in $A[x]$ ed è primitivo. Chiaramente $f_0(x) \in M^e \cap A[x]$; se dimostriamo che $M^e \cap A[x] = M$ allora avremo anche $f_0(x) \in M$.

Infatti, è chiaro che $M \subseteq M^e \cap A[x]$ e, essendo M un ideale massimale di $A[x]$ si possono dare i due casi $M^e \cap A[x] = M$ o $M^e \cap A[x] = (1)$. Ora, nel secondo caso, si avrebbe che $1 \in M^e$, esisterebbe quindi $a/b \in \mathbb{K}$, con $a, b \in A$ e $b \neq 0$, e $g(x) \in M$ per cui $(a/b) \cdot g(x) = 1$, cioè si avrebbe $a \cdot g(x) = b$ in A; ma allora $b \in M \cap A[x] = P = 0$ che è impossibile. Abbiamo quindi provato che $M^e \cap A[x] = M$.

Ora da $f_0(x) \in M$ segue $(f_0(x)) \subseteq M$. Viceversa, se $h(x) \in M$ allora il polinomio primitivo $f_0(x) \in A[x]$ divide il polinomio $h(x)$ in $\mathbb{K}[x]$ e, per il Lemma di Gauss, $f_0(x)$ divide $h(x)$ in $A[x]$, cioè $h(x) \in (f_0(x))$.

Concludiamo che in questo caso $M = (f_0(x))$ è principale.

〚Il caso ② si può effettivamente verificare: siano S l'insieme dei numeri interi dispari, $A = S^{-1}\mathbb{Z}$ ed $M = (1 + 2x) \subseteq A[x]$; allora M è un ideale massimale e $M \cap A[x] = 0$.〛

199. (i) Consideriamo l'insieme

$$S^+ = \{t \in A \setminus 0 \mid \text{esiste } s \in S \text{ per cui } t \text{ divide } s\},$$

e dimostriamo che S^+ è la più piccola parte moltiplicativa satura di A contenente S.

Per prima cosa è chiaro che $s \mid s$ per ogni $s \in S$ e quindi $S \subseteq S^+$. Ora $0 \notin S^+$, $1 \in S^+$ in quanto $1 \in S$ e se $t_1, t_2 \in S^+$ allora esistono $s_1, s_2 \in S$ per cui $t_1 \mid s_1$ e $t_2 \mid s_2$ e quindi $t_1 t_2 \mid s_1 s_2 \in S$, cioè $t_1 t_2 \in S^+$; abbiamo così provato che S^+ è una parte moltiplicativa.

Inoltre S^+ è satura: se $d \mid t \in S^+$ allora esiste un $s \in S$ per cui $t \mid s$ e quindi d divide s per transitività e $d \in S^+$. Infine, se T è satura e contiene S, per definizione T deve contenere tutti i divisori degli elementi di S, e quindi deve contenere S^+.

(ii) Dimostriamo che, se S^+ è la saturazione di S, allora $S^{-1}A = S^{+,-1}A$. Ovviamente, da $S \subseteq S^+$ abbiamo $S^{-1}A \subseteq S^{+,-1}A$. Viceversa, se $a/t \in S^{+,-1}A$, allora esiste $s \in S$ tale che $t \mid s$ e, posto $s = tu$, si ha $a/t = au/s \in S^{-1}A$.

Questo dice che, se S e T hanno la stessa saturazione, allora $S^{-1}A = T^{-1}A$.

Viceversa, proviamo che la saturazione S^+ di S in A è l'insieme degli elementi di A invertibili in $S^{-1}A$, cioè $S^+ = (S^{-1}A)^* \cap A$.

Infatti, se $t \in S^+$, allora esistono $a \in A$ e $s \in S$ tali che $ta = s$, da cui $t \cdot (a/s) = 1$ e quindi t è invertibile in $S^{-1}A$. D'altra parte, se $t \in A$ è invertibile in $S^{-1}A$, allora esistono $a \in A$ e $s \in S$ tali che $t \cdot (a/s) = 1$ da cui $ta = s$ e, per la proprietà di saturazione, $t \in S^+$.

È ora chiaro che se $S^{-1}A = T^{-1}A$ allora $S^+ = (S^{-1}A)^* \cap A = (T^{-1}A)^* \cap A = T^+$.

200. Ricordiamo per prima cosa che N è l'intersezione di tutti gli ideali primi di A.

Proviamo che (a) implica (b). Se A possiede un unico ideale primo P, allora $N = P$. Poiché ogni ideale massimale è anche un ideale primo, A possiede un unico ideale massimale, che quindi coincide con N, e dunque A è un anello locale con ideale massimale N. Ora, in un anello locale ogni elemento non invertibile appartiene all'unico ideale massimale; cioè in A ogni elemento non invertibile è in N ed è nilpotente.

Proviamo che (b) implica (c). Consideriamo l'omomorfismo quoziente $\pi : A \longrightarrow A/N$, sia $\overline{x}$ un elemento diverso da zero in A/N, e sia $x \in A$ tale che $\pi(x) = \overline{x}$. L'elemento x non appartiene ad N, e quindi esiste un elemento $y \in A$ tale che $xy = 1$. Ma allora, posto $\overline{y} = \pi(y)$, si ha $\overline{x} \cdot \overline{y} = \overline{xy} = \overline{1}$, e quindi $\overline{x}$ è invertibile.

Proviamo infine che (c) implica (a). Se A/N è un campo, allora N è massimale. Ma poiché N è contenuto in ogni ideale primo P, per la massimalità di N, ciascun primo P è uguale ad N, e quindi A possiede un unico ideale primo, N stesso.

201. Osserviamo innanzitutto che $A = \mathbb{Z}[bi]$, in quanto $a \in \mathbb{Z}$, dunque A è l'insieme $\{r + sbi \mid r, s \in \mathbb{Z}\}$. L'ideale $\mathfrak{f}$ è costituito dagli elementi $h + kbi$ tali che $(h + kbi)(x + yi) \in A$, per ogni $x, y \in \mathbb{Z}$.

Dal momento che

$$(h + kbi)(x + yi) = (hx - kby) + (hy + kbx)i,$$

l'elemento $h + kbi \in \mathfrak{f}$ se e solo se $hy + kbx$ è divisibile per b per ogni $x, y \in \mathbb{Z}$, cioè se e solo se h è divisibile per b, diciamo $h = bl$.

Pertanto $\mathfrak{f} = b\{l + ki \mid l, k \in \mathbb{Z}\}$ e $[A : \mathfrak{f}] = b$.

202. (i) Sia $n = N(a + bi) = a^2 + b^2$.

Supponiamo inizialmente che a, b siano coprimi in $\mathbb{Z}$. Vogliamo esibire un omomorfismo tra A/I e $\mathbb{Z}/n\mathbb{Z}$. Cominciamo con l'osservare che b è coprimo con n; infatti un divisore primo comune a b e n sarebbe anche comune ad a. Sia allora c un intero tale che $bc \equiv 1 \pmod{n}$ e definiamo

$$A \ni x + yi \overset{\varphi}{\longmapsto} x - acy \in \mathbb{Z}/n\mathbb{Z}$$

Visto che $a^2 + b^2 \equiv 0 \pmod{n}$ si ha $(-ac)^2 \equiv -1 \pmod{n}$ è dunque φ è un omomorfismo di anelli, ovviamente suriettivo e con nucleo contenente $a + bi$.

Proviamo che in realtà $\text{Ker}(\varphi) = I$ e dunque $A/I \simeq \mathbb{Z}/n\mathbb{Z}$ e $|A/I| = n = N(a + bi)$. Infatti se $\varphi(x + yi) = 0$ allora si ha $x - acy = hn$ per un qualche intero h e dunque

$$x + yi = acy + yi + hn$$
$$= cay + cbyi + h'n$$
$$= (cy + h'(a - bi))(a + bi)$$

per un altro $h' \in A$ e quindi $x + yi \in I$.

Se invece a e b non sono coprimi in $\mathbb{Z}$, detto m il loro massimo comun divisore, abbiamo $a = a'm, b = b'm$ con a' e b' coprimi. L'indice di I in $I' = (a' + b'i)$ è $m^2 = N(m)$ e vale $[A : I] = [A : I'][I' : I] = N(a' + b'i)m^2 = N(a + bi)$.

(ii) L'anello A è ad ideali principali, quindi ogni ideale I di A è della forma $I = (a + bi)$ per un opportuno $a + bi \in A$. Cerchiamo dunque gli ideali generati da $a + bi$, con $N(a + bi) = 100 = 2^2 \cdot 5^2$.

La norma di un intero di Gauss è il prodotto delle norme dei suoi fattori primi. A meno di associati l'unico primo con norma 2 è $1 + i$. La norma di un primo di A può essere p^2, con p primo di $\mathbb{Z}$, solo se p è congruo a 3 modulo 4; ma visto che 5 è congruo ad 1 modulo 4, non esistono primi di norma 25, inoltre solo i primi $2 \pm i$ hanno norma 5.

Ne segue che i possibili ideali che hanno indice 100 in A sono:

$$\big((1+i)^2(2+i)^2\big), \quad \big((1+i)^2(2-i)^2\big) \quad \text{e} \big((1+i)^2 5\big).$$

Questi tre ideali sono distinti perché sono generati da prodotti distinti di primi e A è a fattorizzazione unica.

203. (i) Sia $A \ni x \longmapsto \overline{x} \in A/Q$ l'omomorfismo quoziente.

Supponiamo che Q sia primario e che $\overline{b}$ sia un divisore dello zero in A/Q. Allora esiste $a \in A \setminus Q$ per cui $\overline{a} \cdot \overline{b} = \overline{ab} = \overline{0}$, e quindi $ab \in Q$ e, essendo Q primario, $b^n \in Q$ per qualche n. Cioè $\overline{b}^n = \overline{0}$ e $\overline{b}$ è nilpotente.

Supponiamo invece ora che ogni divisore dello zero in A/Q sia nilpotente e proviamo che Q è primario. Siano $a, b \in A$ con $ab \in Q$ e $a \notin Q$. Allora $\overline{a} \neq \overline{0}$ e $\overline{a} \cdot \overline{b} = \overline{0}$, cioè $\overline{b}$ è un divisore dello zero in A/Q; esso è allora nilpotente, esiste cioè n per cui $\overline{b}^n = \overline{b^n} = \overline{0}$ e quindi $b^n \in Q$. Questo prova che Q è primario.

(ii) È immediato che 0 è un ideale primario di $\mathbb{Z}[i]$ in quanto ovviamente $\mathbb{Z}[i]/0 \simeq \mathbb{Z}[i]$ e $\mathbb{Z}[i]$ non contiene divisori dello zero perché contenuto in $\mathbb{C}$.

Ricordando che $\mathbb{Z}[i]$ è un anello euclideo, vogliamo provare che un ideale $Q = (z) \neq 0$ è primario se e solo se z è la potenza di un irriducibile di $\mathbb{Z}[i]$.

Infatti se $z = \pi^n$, con π irriducibile di $\mathbb{Z}[i]$, allora se $x, y \in \mathbb{Z}[i]$ sono tali che $xy \in Q$, $x \notin Q$ allora π^n non divide x ma π^n divide xy; allora π divide y e quindi π^n divide y^n, cioè $y^n \in Q$. Abbiamo provato che Q è primario.

Viceversa, supponiamo che Q sia primario e, per assurdo, che $z = z_1 \cdot z_2$ con z_1 e z_2 non invertibili e coprimi. Allora $z = z_1 \cdot z_2 \in Q$, $z_1 \notin Q$ ma anche $z_2^n \notin Q$ in quanto un qualsiasi divisore irriducibile di z_1 non divide z_2^n per nessun n; ciò è chiaramente contrario alla definizione di primario.

(iii) Gli ideali di un prodotto diretto di anelli sono i prodotti diretti degli ideali dei fattori, quindi gli ideali di $\mathbb{Z} \times \mathbb{Z}$ sono del tipo $m\mathbb{Z} \times n\mathbb{Z}$ con relativo quoziente $\mathbb{Z}/m\mathbb{Z} \times \mathbb{Z}/n\mathbb{Z}$.

Se entrambi i fattori sono non banali l'ideale non è primario perché, ad esempio, $(\bar{1}, \bar{0})$ è un divisore dello zero non nilpotente. Consideriamo quindi gli ideali del tipo $m\mathbb{Z} \times \mathbb{Z}$ e $\mathbb{Z} \times m\mathbb{Z}$. Il relativo quoziente è isomorfo a $\mathbb{Z}/m\mathbb{Z}$, che ha come divisori dello zero i divisori di m. Ne segue che i divisori dello zero sono tutti nilpotenti se e solo se $m = 0$ o m è la potenza di un primo.

Gli ideali primari di $\mathbb{Z} \times \mathbb{Z}$ sono quindi i prodotti di $\mathbb{Z}$ o con un ideale del tipo $\mathbb{Z} \cdot p^k$, con p primo e k naturale, oppure con 0.

204. (i) È immediato provare che l'applicazione

$$A \ni z = a + b\sqrt{2} \longmapsto \bar{z} = a - b\sqrt{2} \in A$$

è un automorfismo di A; in particolare l'applicazione

$$\mathbb{Z}[\sqrt{2}] \ni z = a + b\sqrt{2} \xrightarrow{N} z \cdot \bar{z} = a^2 - 2b^2 \in \mathbb{Z}$$

è moltiplicativa.

Siano $z, w \in A$ tali che $zw \in (5)$, allora 5 divide $N(zw)$ e quindi, a meno di scambiare z e w, possiamo supporre che 5 divida $N(z)$, ovvero $z = a + \sqrt{2}b$ con $a^2 - 2b^2 \equiv 0 \pmod 5$. Ora, se b non fosse congruo a 0 modulo 5, allora si avrebbe $(a/b)^2 \equiv 2 \pmod 5$, ma i quadrati modulo 5 sono $0, \pm 1$; ciò prova che 5 divide b, e quindi 5 divide anche a e $z \in (5)$. Abbiamo quindi provato che (5) è primo in A.

(ii) Un ideale I di A che contiene 7 necessariamente contiene l'ideale (7). Dunque gli ideali di A contenenti 7 sono in corrispondenza biunivoca con gli ideali di $A/(7)$. Ora, $A/(7)$ è isomorfo a $\mathbb{Z}[x]/(7, x^2 - 2) \simeq \mathbb{F}_7[x](x^2 - 2)$ e, poiché $x^2 - 2 = (x - 3)(x + 3)$ in $\mathbb{F}_7[x]$, per il Teorema Cinese dei Resti per Anelli,

$$A/(7) \simeq \mathbb{F}_7[x]/(x - 3) \times \mathbb{F}_7[x]/(x + 3) \simeq \mathbb{F}_7 \times \mathbb{F}_7.$$

Gli ideali di un prodotto sono il prodotto degli ideali dei due fattori: in questo caso i fattori sono campi e hanno quindi solo gli ideali banali. In tutto abbiamo quindi 4 ideali nel quoziente e quindi 4 ideali in A che contengono 7.

(iii) Indichiamo con P e Q i due ideali del punto precedente che danno come quozienti $\mathbb{F}_7 \times 0$ e $0 \times \mathbb{F}_7$: essi sono massimali perché i quozienti sono isomorfi al campo $\mathbb{F}_7$; ne segue che P e Q sono primi. Le loro intersezioni con $\mathbb{Z}$ sono ideali primi che contengono $\mathbb{Z} \cdot 7$, quindi entrambi hanno intersezione uguale a $\mathbb{Z} \cdot 7$.

205. (i) L'unità dell'anello A è chiaramente $(1, 1, 1, \ldots)$. Un elemento $\alpha = (a_n)_n \in A$ è invertibile se e solo se esiste $\beta = (b_n)_n \in A$ tale che $a_n b_n \equiv 1 \pmod{p^n}$ per ogni $n \geq 1$. Proviamo che gli α invertibili sono esattamente quelli con $a_1 \not\equiv 0 \pmod p$.

Infatti, se $(a_n)_n$ è invertibile, allora $a_1 b_1 \equiv 1 \pmod p$ e quindi $a_1 \not\equiv 0 \pmod p$. D'altra parte, se $a_1 \not\equiv 0$ allora, poiché per ogni $n \geq 1$ vale $a_n \equiv a_1 \not\equiv 0 \pmod p$, la classe a_n è invertibile in $\mathbb{Z}/p^n\mathbb{Z}$; inoltre $a_{n+1} \equiv a_n \pmod{p^n}$ implica $a_{n+1}^{-1} \equiv a_n^{-1}$

(mod p^n), per ogni n, e quindi ponendo $b_n \equiv a_n^{-1}$ (mod p^n), l'elemento $(b_n)_n$ di A è l'inverso di α.

(ii) Un anello possiede un unico ideale massimale se e solo se $M = A \setminus A^*$ è un ideale. Per il punto precedente

$$M = \left\{ (a_n)_n \in A \,|\, a_1 \equiv 0 \pmod{p} \right\}$$

e tale insieme è un ideale in quanto nucleo dell'omomorfismo $A \ni (a_n)_n \longmapsto a_1 \in \mathbb{Z}/p\mathbb{Z}$.

Mostriamo ora che l'elemento $\pi = (0, p, p, p \ldots) \in M$ è un generatore di M. Infatti sia $\alpha = (a_n)_n \in M$, allora $a_1 = 0$ e, per ogni $n \geq 2$ esiste $b_n \in \mathbb{Z}/p^n\mathbb{Z}$ per cui $a_n \equiv pb_n$ (mod p^n). Scelto b_2, per ogni $n \geq 2$, possiamo ovviamente sommare un multiplo di p^{n-1} a b_n in modo da avere anche $b_n \equiv b_{n-1}$ (mod p^{n-1}), cioè in modo che $\beta = (b_n)_n \in A$. Risulta $\alpha = \beta \cdot \pi$, cioè $\alpha \in (\pi)$. Abbiamo provato che $M = (\pi)$ è un ideale principale.

(iii) Sia $M = (\pi)$ l'unico ideale massimale trovato nel punto precedente e sia I un ideale non nullo di A.

Visto che, per $k \geq 0$, π^k ha nulle le prime k coordinate e non nulla la coordinata $(k+1)$–esima, esiste un k per cui $I \subseteq M^k = (\pi^k)$ e $I \not\subseteq M^{k+1}$ in quanto I contiene elementi non nulli.

Allora esiste un elemento $(a_n)_n \in I$ tale che $a_n \equiv 0$ (mod p^n) per $n \leq k$ e $a_{k+j} \not\equiv 0$ (mod p^{k+j}) per ogni $j \geq 1$. Ragionando come nel punto precedente, proviamo che esiste $\beta = (b_n)_n \in A^*$ per cui $\alpha = \pi^k \beta$, cioè $\pi^k \in (\alpha)$ e quindi $M^k \subseteq I$. Dunque $I = M^k$ e la tesi è provata.

[[L'anello del testo si indica di solito con $\mathbb{Z}_p$ in letteratura ed è noto come l'anello degli *interi p–adici*.]]

206. L'anello $A_P = S^{-1}A$ è un dominio perché contenuto nel campo dei quozienti di A. Per prima cosa caratterizziamo gli elementi invertibili e gli elementi irriducibili di A_P.

Proviamo che $a/s \in A_P$ è invertibile se e solo se $a \in S$. Infatti, se $a \in S$, allora $s/a \in A_P$ ed è chiaramente l'inverso di A. Viceversa, se a/s è invertibile esiste $b/t \in A_P$ tale che $(a/s) \cdot (b/t) = 1$, quindi $ab = st \in S$, cioè $ab \notin P$, da cui $a \notin P$ visto che P è un ideale di A.

Ora mostriamo che $a/s \in A_P$ è irriducibile se e solo se $a = u\pi$ in A, con $u \in S$ e $\pi \in P$ irriducibile in A.

Sia $a = u\pi$, con $u \in S$ e $\pi \in P$ irriducibile, e supponiamo $a/s = (b/t) \cdot (c/v)$ in A_P, allora $\pi utv = bcs$ e quindi π divide bcs in A. Essendo π irriducibile, e quindi primo, in A si ha $\pi \,|\, b$ oppure $\pi \,|\, c$ in quanto chiaramente π non divide s perché $\pi \in P$ mentre $s \in S = A \setminus P$. Se $b = d\pi$ otteniamo $utv = dcs$ da cui si ricava che $c \notin P$ e quindi c/s è invertibile in A_P. Analogamente si ragiona se π divide c. Abbiamo quindi mostrato che $a = u\pi$ è irriducibile in A_P.

Viceversa, supponiamo che a/s sia irriducibile in A_P e sia $a = \pi_1 \cdots \pi_k$ la fattorizzazione in irriducibili in A con $\pi_j \in P$ per $1 \leq j \leq r$ e $\pi_j \notin P$ per $r < j \leq k$. Per quanto già dimostrato, π_j è irriducibile in A_P per $1 \leq j \leq r$ e invertibile per

$r < j \leq k$. È allora chiaro che $r = 1$ e quindi ogni irriducibile di A_P è della forma voluta.

Vediamo ora che ogni elemento non invertibile di A_P si scrive in modo unico come prodotto di irriducibili. Sia $a/s \in A_P$ è un elemento non invertibile, in particolare $a \in P$. Per quanto detto sopra, se in A vale $a = \pi_1 \cdots \pi_r t$ con $t \notin P$, $\pi_j \in P$ irriducibile in A per ogni $j = 1, \ldots, r$, allora $a/s = (t/s) \cdot \pi_1 \cdots \pi_r$ è una fattorizzazione in A_P in irriducibili con t/s invertibile.

Supponiamo ora che un elemento di A_P abbia due fattorizzazioni. Moltiplicando per elementi invertibili, si ha un'uguaglianza del tipo: $v \cdot \pi_1 \cdots \pi_r = u \cdot \eta_1 \cdots \eta_s$ con $\pi_j, \eta_k \in P$ irriducibili in A per ogni $j = 1, \ldots r$ e per ogni $k = 1, \ldots s$, e $u, v \notin P$. Allora se $v = \rho_1 \cdots \rho_l$ e $u = \epsilon_1 \ldots \epsilon_h$ sono le fattorizzazioni in irriducibili di u e v, in A vale l'uguaglianza $\rho_1 \cdots \rho_l \cdot \pi_1 \cdots \pi_r = \epsilon_1 \cdots \epsilon_h \cdot \eta_1 \cdots \eta_r$. Per l'unicità della fattorizzazione in A, i fattori che compaiono ai due membri devono essere due a due associati, ma allora i π_j e gli η_k devono essere associati tra loro perché sono i fattori che appartengono a P. Ne segue che la fattorizzazione è unica anche in A_P.

207. (i) Consideriamo l'automorfismo di A

$$A \ni u = a + b\sqrt{13} \longmapsto \overline{u} = a - b\sqrt{13} \in A,$$

e definiamo la norma come

$$A \ni u = a + b\sqrt{13} \longmapsto N(u) = u \cdot \overline{u} = a^2 - 13b^2 \in \mathbb{Z},$$

che risulta quindi essere un'applicazione moltiplicativa. Dunque ogni $w \in A$ di norma ± 1 è invertibile in quanto $w \cdot (N(w)\overline{w}) = N(w)^2 = 1$ e quindi $w^{-1} = N(w)\overline{w} \in A$ è l'inverso di w.

Ma allora $w = 18 + 15\sqrt{13}$ è invertibile in A visto che $N(18 + 5\sqrt{13}) = -1$.

Inoltre w è un numero reale maggiore di 1 e quindi tutte le potenze di w sono distinte. Per cui gli elementi della forma $\pm w^n$, per $n \in \mathbb{Z}$, sono tutti distinti e invertibili. Ne segue che A^* è infinito.

(ii) Notiamo che $N(2) = 4$ e $N(3 + \sqrt{13}) = -4$. Dunque se 2 o $3 + \sqrt{13}$ fossero riducibili dovrebbe esistere un elemento di A con norma 2. Mostriamo invece che in A non esistono elementi di norma 2.

Sia $u = a + b\sqrt{13}$ e supponiamo che $N(u)$ sia pari. In particolare a e b sono entrambi pari o entrambi dispari e, in ogni caso $a^2 \equiv b^2 \pmod{4}$; quindi $N(u) = a^2 - 13b^2 \equiv a^2 - b^2 \equiv 0 \pmod{4}$. Essendo divisibile per 4 la norma di u non è 2.

(iii) Vale l'uguaglianza

$$4 = 2^2 = (3 + \sqrt{13})(-3 + \sqrt{13}).$$

Tuttavia per il punto (ii) tutti i fattori sono irriducibili e 2 non è associato a $3 + \sqrt{13}$. Infatti tutti gli elementi di A associati a 2 devono essere della forma $u = a + b\sqrt{13}$ con a e b pari. Le fattorizzazioni sono quindi distinte e A non è a fattorizzazione unica.

208. Poiché gli ideali di un campo $\mathbb{K}$ sono 0 e $\mathbb{K}$, gli ideali di A sono $I_1 \times I_2 \times \cdots \times I_n$ dove per ogni h vale $I_h = 0$ o $I_h = \mathbb{K}_h$.

(i) È allora chiaro che gli ideali di A sono tutti del tipo $A \cdot x$ con $x = (u_1, u_2, \ldots, u_n)$ e $u_h \in \{0, 1\}$ per ogni h.

(ii) Un ideale $I = A \cdot (u_1, \ldots, u_h)$ è primo se e solo se A/I è un dominio d'integrità. Ma $A/I \simeq \mathbb{K}_{h_1} \times \mathbb{K}_{h_2} \times \cdots \times \mathbb{K}_{h_r}$ dove $\{h_1, \ldots, h_r\} = \{h \mid u_h = 0\}$. Quindi I è un ideale primo se e solo se $r = 1$. In conclusione ci sono n ideali primi in A e sono: $0 \times \mathbb{K}_2 \times \cdots \times \mathbb{K}_n$, $\mathbb{K}_1 \times 0 \times \mathbb{K}_2 \times \cdots \times \mathbb{K}_n$, $\ldots$, $\mathbb{K}_1 \times \cdots \times \mathbb{K}_{n-1} \times 0$.

209. Data una funzione $f : X \longrightarrow \mathbb{K}$ indichiamo con $\text{supp}(f)$, il *supporto* di f, cioè l'insieme degli $x \in X$ per cui $f(x) \neq 0$. È chiaro che $\text{supp}(f + g) \subseteq \text{supp}(f) \cup \text{supp}(g)$ e $\text{supp}(f \cdot g) = \text{supp}(f) \cap \text{supp}(g)$. Da ciò segue che l'insieme I delle funzioni con supporto finito è un ideale di A.

Proviamo che I non è un ideale principale. Sia infatti $f \in I$, allora, essendo X infinito e il supporto di f finito, esiste un $x_0 \in X$ per cui $f(x_0) = 0$. Ogni $g \in (f)$ ha la proprietà $g(x_0) = 0$ e quindi f non può generare I in quanto la funzione

$$X \ni x \longmapsto \begin{cases} 1 \text{ se } x = x_0 \\ 0 \text{ altrimenti} \end{cases}$$

è in I.

3.3 Campi e teoria di Galois

210. (i) Sia $\alpha = \sqrt{5} + i$ e osserviamo che il polinomio a coefficienti razionali

$$\begin{aligned} g(x) &= \left(x - (\sqrt{5} + i)\right)\left(x - (\sqrt{5} - i)\right)\left(x - (-\sqrt{5} + i)\right)\left(x - (-\sqrt{5} - i)\right) \\ &= x^4 - 8x^2 + 36, \end{aligned}$$

ha α come radice. Esso è quindi un multiplo in $\mathbb{Q}[x]$ del polinomio minimo $f(x)$ di α su $\mathbb{Q}$. Ma avendo $g(x)$ solo radici non reali, $f(x)$ può avere grado 2 o 4. Inoltre, se $f(x)$ avesse grado 2 dovrebbe avere due radici complesse coniugate, cioè α e $\overline{\alpha} = \sqrt{5} - i$; in tal caso però $f(x)$ avrebbe coefficiente del termine lineare $-(\alpha + \overline{\alpha}) = -2\sqrt{5}$ che non è razionale. Rimane l'unica possibilità che $f(x)$ abbia grado 4 e sia quindi uguale a $g(x)$ che, in particolare, ha coefficienti interi.

(ii) Proviamo che $\mathbb{K} = \mathbb{Q}(\alpha)$ è il campo di spezzamento di $f(x)$ su $\mathbb{Q}$. Chiaramente $\mathbb{K}$ è contenuto nel campo di spezzamento perché α è una radice di $f(x)$. Inoltre

$$\alpha^{-1} = \frac{\sqrt{5} - i}{6}$$

è ancora un elemento di $\mathbb{K}$ e anche $\sqrt{5} = (\alpha + 6\alpha^{-1})/2$ e $i = (\alpha - 6\alpha^{-1})/2$ sono elementi di $\mathbb{K}$. Allora $\mathbb{K} = \mathbb{Q}(\sqrt{5}, i)$ e, contenendo tutte le quattro radici, $\mathbb{K}$ è il campo di spezzamento di $f(x)$. In particolare il grado del campo di spezzamento di $f(x)$ su $\mathbb{Q}$ è 4.

Poiché $\mathbb{Q}(i)$ è un sottocampo di $\mathbb{K}$, il campo di spezzamento di $f(x)$ su $\mathbb{Q}(i)$ è ancora $\mathbb{K} = \mathbb{Q}(i)(\sqrt{5})$ e per il grado si ha $[\mathbb{K} : \mathbb{Q}(i)] = [\mathbb{K} : \mathbb{Q}]/[\mathbb{Q}(i) : \mathbb{Q}] = 2$.

Su $\mathbb{F}_5$ vale $f(x) = x^4 - 8x^2 + 36 = x^4 + 2x^2 + 1 = (x^2 + 1)^2 = (x-2)^2(x+2)^2$; il campo di spezzamento è $\mathbb{F}_5$ stesso.

211. Posto $p(x) = x^4 - 4x^2 + 16$ e $x = 2y$, risulta $p(x) = (2y)^4 - 4(2y)^2 + 16 = 16(y^4 - y^2 + 1)$ e quindi $p(x)$ e $f(y) = y^4 - y^2 + 1$ hanno lo stesso campo di spezzamento. Osserviamo che in ogni campo $\mathbb{K}$ abbiamo

$$f(y)(y^2 + 1)(y^6 - 1) = y^{12} - 1,$$

ne segue che ogni radice di $f(y)$ è una radice dodicesima dell'unità. Inoltre le radici seste dell'unità sono radici di $y^6 - 1$ e, se $\mathbb{K}$ ha caratteristica diversa da 2 e da 3, le radici quarte primitive sono radici di $y^2 + 1$ e le radici di $f(y)$ sono esattamente le radici dodicesime primitive dell'unità.

È allora chiaro che, su $\mathbb{Q}$, il campo di spezzamento cercato è l'estensione ciclotomica dodicesima che ha ordine $\phi(12) = 4$. Mentre, grazie al Teorema delle Estensioni Ciclotomiche in caratteristica positiva, il grado su $\mathbb{F}_p$ è l'ordine di p in $(\mathbb{Z}/12\mathbb{Z})^*$ per ogni $p \neq 2, 3$; in particolare tale grado è 1 su $\mathbb{F}_{13}$ e 2 su $\mathbb{F}_5$.

[Si può anche osservare direttamente che $\mathbb{F}_{13}^* \simeq \mathbb{Z}/12\mathbb{Z}$ e quindi $\mathbb{F}_{13}$ già contiene tutte le radici dodicesime dell'unità. Analogamente, 12 divide $|\mathbb{F}_{25}^*| = 24$ ma non divide $|\mathbb{F}_5^*| = 4$, quindi le radici dodicesime dell'unità sono tutte in $\mathbb{F}_{25}$ ma non in $\mathbb{F}_5$.]

212. Poniamo $f(x) = x^4 + x^2 + 1$ e osserviamo che, moltiplicando $f(x)$ per $x^2 - 1$, otteniamo $x^6 - 1$. In particolare, i campi di spezzamento di $f(x)$ e di $x^6 - 1$ coincidono su qualsiasi campo $\mathbb{K}$ visto che le radici ± 1 di $x^2 - 1$ appartengono a $\mathbb{K}$.

Su $\mathbb{Q}$ il polinomio $f(x)$ ha le radici seste primitive dell'unità come radici, il suo campo di spezzamento è l'estensione ciclotomica sesta di grado $\phi(6) = 2$.

Su $\mathbb{F}_3$ abbiamo $x^6 - 1 = (x^3 - 1)(x^3 + 1) = (x-1)^3(x+1)^3$ e quindi il campo di spezzamento ha grado 1.

Per $\mathbb{F}_7$ osserviamo che $\mathbb{F}_7^*$ ha ordine 6 e quindi $a^6 = 1$ per ogni elemento $a \in \mathbb{F}_7$. Allora tutti i sei elementi di $\mathbb{F}_7^*$ sono radici di $f(x)$ e il campo di spezzamento ha ovviamente grado 1.

213. Sia $\mathbb{Q}(\zeta) = \mathbb{Q}(\eta)$ l'estensione ciclotomica n–esima di $\mathbb{C}$ e supponiamo per assurdo che $\zeta = \eta + a \in \mathbb{Q}$. L'azione del gruppo di Galois G di $\mathbb{Q}(\zeta)/\mathbb{Q}$ è transitiva sulle radici primitive, esiste quindi $\sigma \in G$ per cui $\sigma(\zeta) = \eta$.

È facile vedere per induzione che $\sigma^h(\zeta) = \eta + (h-1)a$ per ogni $h \geq 1$; in particolare, per r uguale all'ordine di σ nel gruppo finito G, si ha $\eta + a = \zeta = \sigma^r(\zeta) = \eta + (r-1)a$ e quindi necessariamente $r = 1$. Allora σ è l'elemento neutro e $\zeta = \eta$ contro l'ipotesi.

214. Indichiamo i tre polinomi del testo con $e(x) = x^2 - 3$, $f(x) = x^3 - 2$ e $k(x) = (x^2 - 3)(x^3 - 2)$.

(i) Per il Teorema di Corrispondenza di Galois le sottoestensioni di $\mathbb{F}$ normali su $\mathbb{Q}$ sono in corrispondenza biunivoca con i sottogruppi normali di $G = \text{Gal}(\mathbb{F}/\mathbb{Q})$, calcoliamo quindi questo gruppo.

Le radici di $f(x)$ sono $\alpha = \sqrt[3]{2}$, $\zeta\alpha$ e $\zeta^2\alpha$ dove ζ è una radice terza primitiva dell'unità in $\mathbb{C}$. Il polinomio $f(x)$ è irriducibile per il Criterio di Eisenstein e quindi $[\mathbb{Q}(\alpha) : \mathbb{Q}] = 3$. Visto che $\mathbb{Q}(\alpha) \subseteq \mathbb{F}$, il grado $[\mathbb{F} : \mathbb{Q}]$ è divisibile per 3; inoltre $\mathbb{Q}(\alpha) \neq \mathbb{F}$ in quanto $\mathbb{Q}(\alpha) \subseteq \mathbb{R}$ mentre $\zeta\alpha \notin \mathbb{R}$. In particolare $\mathbb{Q}(\alpha)/\mathbb{Q}$ non è normale e, usando che $[\mathbb{F} : \mathbb{Q}] \leq 3! = 6$, otteniamo $[\mathbb{F} : \mathbb{Q}] = 6$ e G è isomorfo ad S_3.

Sappiamo che l'unico sottogruppo normale di S_3 è A_3, ne deduciamo che esiste un'unica sottoestensione normale di $\mathbb{F}$. Chiaramente questa sottoestensione è $\mathbb{Q}(\zeta)$ in quanto $[\mathbb{Q}(\zeta) : \mathbb{Q}] = 2 = [S_3 : A_3]$.

(ii) Il campo di spezzamento di $e(x)$ è $\mathbb{E} = \mathbb{Q}(\sqrt{3})$. L'estensione $\mathbb{E} \cap \mathbb{F}$ è normale su $\mathbb{Q}$ perché intersezione di estensioni normali e ha grado al più 2. Visto il punto precedente $\mathbb{E} \cap \mathbb{F}$ può essere solo $\mathbb{Q}(\zeta)$ o $\mathbb{Q}$, ma dal fatto che $\mathbb{E}$ è un'estensione reale si ha immediatamente che $\mathbb{E} \cap \mathbb{F} = \mathbb{Q}$.

(iii) Da $k(x) = e(x)f(x)$ segue facilmente $\mathbb{K} = \mathbb{E} \cdot \mathbb{F}$. Inoltre avendo $\mathbb{E}$ grado 2 su $\mathbb{Q}$ e intersecando banalmente $\mathbb{F}$, il grado di $\mathbb{K} = \mathbb{F}(\sqrt{3})$ su $\mathbb{F}$ è 2. Allora $[\mathbb{K} : \mathbb{Q}] = [\mathbb{K} : \mathbb{F}][\mathbb{F} : \mathbb{Q}] = 12$.

[Nel punto (i) avremmo potuto concludere direttamente che $G \simeq S_3$ osservando che il discriminante $-4 \cdot 0^3 - 27 \cdot 2^2$ di $f(x)$ non è un quadrato in $\mathbb{Q}$.]

215. Sappiamo che in un'estensione di Galois, come è $\mathbb{Q}(\zeta)/\mathbb{Q}$, il polinomio minimo di un elemento ha come insieme di radici l'orbita dell'elemento per l'azione del gruppo di Galois. Visto che il polinomio ciclotomico $\Phi_p(x) = x^{p-1} + x^{p-2} + \cdots + x + 1$ è irriducibile su $\mathbb{Q}$, l'orbita di ζ secondo G è esattamente l'insieme delle radici primitive p–esime. Inoltre ζ è un generatore di $\mathbb{Q}(\zeta)$, esso ha quindi stabilizzatore banale in G. È allora chiaro che

$$\sum_{\varphi \in G} \varphi(\zeta), \qquad \prod_{\varphi \in G} \varphi(\zeta)$$

sono rispettivamente la somma e il prodotto delle radici di $\Phi_p(x)$ e le due formule da dimostrare seguono.

216. Sia $\mathbb{K}$ il campo di spezzamento di $x^4 - n$ su $\mathbb{Q}$ e, per prima cosa, osserviamo che se $n = 0$ allora $\mathbb{K} = \mathbb{Q}$. Nel seguito assumiamo quindi che n sia un intero positivo.

Posto $\alpha = \sqrt[4]{n} \in \mathbb{R}^+$, le radici di $x^4 - n$ sono $\alpha, i\alpha, -\alpha, -i\alpha$ e quindi $\mathbb{K} = \mathbb{Q}(\alpha, i)$. Ora $i \notin \mathbb{Q}(\alpha) \subseteq \mathbb{R}$ da cui $[\mathbb{K} : \mathbb{Q}(\alpha)] > 1$. Allora $[\mathbb{K} : \mathbb{Q}(\alpha)] = 2$ in quanto $[\mathbb{Q}(i) : \mathbb{Q}] = 2$ implica $[\mathbb{K} : \mathbb{Q}(\alpha)] \leq 2$. Si tratta quindi di calcolare $[\mathbb{Q}(\alpha) : \mathbb{Q}]$ al variare di $n \in N$. Distinguiamo vari casi.

① Se $n = m^4$ è una quarta potenza allora $\alpha = m \in \mathbb{N}$ da cui $[\mathbb{Q}(\alpha) : \mathbb{Q}] = 1$ e $[\mathbb{K} : \mathbb{Q}] = 2$.

② Se $n = m^2$ è un quadrato ma non una quarta potenza, cioè $m \notin \mathbb{N}^2$, allora $\alpha = \sqrt{m} \notin \mathbb{Q}$ e concludiamo che $[\mathbb{Q}(\alpha) : \mathbb{Q}] = 2$ e $[\mathbb{K} : \mathbb{Q}] = 4$.

③ Infine, se n non è un quadrato ponendo $n = r^4 m$ con m libero da quarte potenze e, necessariamente, non un quadrato, abbiamo $\mathbb{Q}(\alpha) = \mathbb{Q}(\sqrt[4]{m})$; possiamo quindi assumere direttamente n libero da quarte potenze. Ora, esiste sicuramente un primo p per cui: o p divide n e p^2 non divide n, oppure p^3 divide n e p^4 non divide n.

Nel primo caso $x^4 - n$ è irriducibile per il Criterio di Eisenstein e quindi $[\mathbb{Q}(\alpha) : \mathbb{Q}] = 4$ e $[\mathbb{K} : \mathbb{Q}] = 8$.

Nel secondo caso osserviamo che $1/\alpha = \sqrt[4]{n^3}/n$ e quindi $\mathbb{Q}(\alpha) = \mathbb{Q}(\beta)$ con $\beta = \sqrt[4]{n^3}$. Possiamo scrivere $n^3 = r^4 m$ con m privo da quadrati che è ora diviso da p e non da p^2; ci riconduciamo quindi al caso precedente e abbiamo ancora $[\mathbb{K} : \mathbb{Q}] = 8$.

217. Sia ζ una radice dodicesima primitiva dell'unità in $\mathbb{C}$ e sia $\mathbb{L} = \mathbb{Q}(\zeta)$ l'estensione ciclotomica dodicesima di $\mathbb{Q}$. Sappiamo che il gruppo di Galois di $\mathbb{L}/\mathbb{Q}$ è isomorfo a $(\mathbb{Z}/12\mathbb{Z})^* \simeq \mathbb{Z}/2\mathbb{Z} \times \mathbb{Z}/2\mathbb{Z}$. Per la corrispondenza di Galois ci sono 5 sottocampi di $\mathbb{L}$ corrispondenti ai 5 sottogruppi di $\mathbb{Z}/2\mathbb{Z} \times \mathbb{Z}/2\mathbb{Z}$.

L'estensione ciclotomica quarta $\mathbb{K}_1 = \mathbb{Q}(\sqrt{-1})$ e l'estensione ciclotomica terza $\mathbb{K}_2 = \mathbb{Q}(\sqrt{-3})$ sono sicuramente sottoestensioni proprie di $\mathbb{L}$. Allora anche $\mathbb{K}_3 = \mathbb{Q}(\sqrt{3})$ è una sottoestensione propria di $\mathbb{L}$.

Osserviamo ora che $\mathbb{K}_1$, $\mathbb{K}_2$ e $\mathbb{K}_3$ sono estensioni quadratiche ed esse sono distinte in quanto nessuno dei prodotti $(-1) \cdot 3$, $(-1) \cdot (-3)$ e $3 \cdot (-3)$ è un quadrato in $\mathbb{Q}$. Concludiamo che le sottoestensioni di $\mathbb{L}$ sono: $\mathbb{L}$, $\mathbb{K}_1$, $\mathbb{K}_2$, $\mathbb{K}_3$ e $\mathbb{Q}$.

218. Sappiamo che il gruppo di Galois G dell'estensione ciclotomica n–esima su $\mathbb{Q}$ è isomorfo a $G = (\mathbb{Z}/n\mathbb{Z})^*$, un gruppo abeliano di ordine $\phi(n)$. Per il Teorema di Corrispondenza di Galois, usando che G è abeliano e 7 primo, l'esistenza di un campo con le proprietà richieste è equivalente all'esistenza di un sottogruppo di G con indice 7.

In particolare 7 deve dividere l'ordine di G. Se $n = p_1^{e_1} \cdots p_r^{e_r}$ è la fattorizzazione di n in primi distinti, allora $\phi(n) = p_1^{e_1-1}(p_1 - 1) \cdots p_r^{e_r-1}(p_r - 1)$. Ne deduciamo che 7 divide $\phi(n)$ se e solo se o 7^2 divide n o esiste un primo p che divide n per cui 7 divide $p - 1$. Nel primo caso è $n \geq 49$, mentre 29 è il più piccolo primo per cui vale la seconda possibilità. Allora $n = 29$ è il minimo per cui 7 divide $\phi(n)$.

Inoltre $(\mathbb{Z}/29\mathbb{Z})^* \simeq \mathbb{Z}/28\mathbb{Z}$ che, essendo ciclico, ha un sottogruppo di indice 7 come richiesto. In conclusione, $n = 29$ è il minimo cercato.

219. Le radici di $f(x) = (x^2 + 1)^2 + 1 = x^4 + 2x^2 + 2$ sono $\pm\alpha_1$, $\pm\alpha_2$, dove $\alpha_1 = \sqrt{-1 + i}$ e $\alpha_2 = \sqrt{-1 - i}$ e, inoltre, $f(x)$ è irriducibile su $\mathbb{Q}$ per il Criterio di Eisenstein. È allora chiaro che, detto $\mathbb{K}$ il campo di spezzamento cercato, abbiamo $\mathbb{K} = \mathbb{Q}(\alpha_1, \alpha_2)$ e 4 divide $[\mathbb{K} : \mathbb{Q}]$.

Osserviamo che $\alpha_1 \alpha_2 = \sqrt{2}$ e quindi $\mathbb{K} = \mathbb{Q}(\alpha_1, \sqrt{2})$. Visto che $\sqrt{2}$ è radice di $x^2 - 2 \in \mathbb{Q}[x]$, il grado di $\mathbb{K}$ su $\mathbb{Q}(\alpha_1)$ può essere 2 o 1; corrispondentemente abbiamo $[\mathbb{K} : \mathbb{Q}] = 8$ o $[\mathbb{K} : \mathbb{Q}] = 4$. Vogliamo ora escludere la seconda possibilità e concludere $[\mathbb{K} : \mathbb{Q}] = 8$.

Se fosse $[\mathbb{K} : \mathbb{Q}] = 4$ allora avremmo $\mathbb{K} = \mathbb{Q}(\alpha_1) = \mathbb{Q}(\alpha_2)$. Ricordando ora i valori calcolati per α_1 e α_2, abbiamo che questi due ultimi campi sono estensioni quadratiche di $\mathbb{Q}(i)$. Essi possono quindi coincidere se e solo se $(-1 + i)(-1 - i) = 2$ è un quadrato in $\mathbb{Q}(i)$. Ma, se così fosse, essendo 2 reale positivo, esso dovrebbe essere un quadrato in $\mathbb{Q}$ mentre $\sqrt{2}$ è irrazionale.

220. (i) Posto $\alpha = \sqrt{2}$, $\beta = \sqrt{3}$, le radici di $f(x)$ sono $\pm\alpha$, $\pm\beta$ $\pm\alpha\beta$. Sia allora $\mathbb{K} = \mathbb{Q}(\alpha, \beta)$ il campo di spezzamento di $f(x)$ su $\mathbb{Q}$ e $G = \text{Gal}(\mathbb{K}/\mathbb{Q})$.

Le due estensioni quadratiche $\mathbb{Q}(\alpha)$ e $\mathbb{Q}(\beta)$ sono distinte in quanto $2 \cdot 3 = 6$ non è un quadrato in $\mathbb{Q}$. Allora $[\mathbb{Q}(\alpha, \beta) : \mathbb{Q}] = [\mathbb{Q}(\alpha, \beta) : \mathbb{Q}(\alpha)][\mathbb{Q}(\alpha) : \mathbb{Q}] = 2 \cdot 2 = 4$. Inoltre $\mathbb{Q}(\alpha)$ e $\mathbb{Q}(\beta)$ sono estensioni normali, in particolare di Galois, di $\mathbb{Q}$ visto che sono quadratiche; inoltre $\mathbb{Q}(\alpha) \cap \mathbb{Q}(\beta) = \mathbb{Q}$ perché tale intersezione ha grado minore di 2. Allora $G \simeq \text{Gal}(\mathbb{Q}(\alpha)/\mathbb{Q}) \times \text{Gal}(\mathbb{Q}(\beta)/\mathbb{Q}) \simeq \mathbb{Z}/2\mathbb{Z} \times \mathbb{Z}/2\mathbb{Z}$.

(ii) Visto che 0 è radice di $f(x)$ in $\mathbb{F}_2$ e in $\mathbb{F}_3$, possiamo assumere che p sia diverso da 2 e 3. Indichiamo con Q il sottogruppo di indice 2 di $\mathbb{F}_p^*$ dei quadrati non nulli. Se 2 e 3 non sono in Q, cioè se $(x^2 - 2)(x^2 - 3)$ non ha radici in $\mathbb{F}_p$, allora $2 \cdot 3 \in Q$ e quindi $x^2 - 6$ ha una radice in $\mathbb{F}_p$. In particolare $f(x)$ ha una radice in $\mathbb{F}_p$ in ogni caso.

221. Indichiamo con α il numero reale $\sqrt[3]{3}$ e con ζ la radice terza primitiva dell'unità $(-1 + i\sqrt{3})/2$ in $\mathbb{C}$. Un automorfismo di $\mathbb{K}/\mathbb{Q}$ manderà i in $\pm i$, $\sqrt{3}$ in $\pm\sqrt{3}$ e α in $\zeta^k\alpha$, con $k = 0$, 1 o 2, questo perché i è radice di $x^2 + 1$, $\sqrt{3}$ è radice di $x^2 - 3$ e α è radice di $x^3 - 3$. Allora $\mathbb{K}$ è un'estensione normale di $\mathbb{Q}$ visto che $\zeta \in \mathbb{F} = \mathbb{Q}(i, \sqrt{3}) \subseteq \mathbb{K}$.

È inoltre chiaro che $[\mathbb{F} : \mathbb{Q}] = 4$ e $[\mathbb{Q}(\alpha) : \mathbb{Q}] = 3$, ne segue che $12 \mid [\mathbb{F} : \mathbb{Q}]$. Poi da $\mathbb{K} = \mathbb{F}(\alpha)$ e $[\mathbb{Q}(\alpha) : \mathbb{Q}] = 3$ abbiamo $[\mathbb{K} : \mathbb{F}] \leq 3$ e, in conclusione, $[\mathbb{K} : \mathbb{Q}] = 12$.

$$\mathbb{K} = \mathbb{Q}(i, \sqrt{3}, \sqrt[3]{3})$$

$$\mathbb{L} = \mathbb{Q}(\alpha, \zeta) \qquad \mathbb{M} = \mathbb{Q}(\sqrt{3})$$

$$\mathbb{Q}$$

Per quanto visto prima $\mathbb{L} = \mathbb{Q}(\alpha, \zeta)$ è il campo di spezzamento di $x^3 - 3$ e quindi $\text{Gal}(\mathbb{L}/\mathbb{Q}) \simeq S_3$ visto che $[\mathbb{L} : \mathbb{Q}] = 6$ e $\mathbb{Q}(\alpha)$ è una sottoestensione non normale di $\mathbb{L}$. Posto $\mathbb{M} = \mathbb{Q}(\sqrt{3})$ abbiamo chiaramente $\text{Gal}(\mathbb{M}/\mathbb{Q}) \simeq \mathbb{Z}/2\mathbb{Z}$. Osserviamo ora che $\mathbb{K} = \mathbb{L} \cdot \mathbb{M}$ e, inoltre, $\mathbb{L} \cap \mathbb{M} = \mathbb{Q}$ perché l'altra possibilità, e cioè $\mathbb{L} \cap \mathbb{M} = \mathbb{M}$, darebbe $\mathbb{K} = \mathbb{L}$ contro $[\mathbb{K} : \mathbb{Q}] = 12$ e $[\mathbb{L} : \mathbb{Q}] = 6$.

È quindi chiaro che $\text{Gal}(\mathbb{K}/\mathbb{Q}) \simeq S_3 \times \mathbb{Z}/2\mathbb{Z}$.

Per il Teorema di Corrispondenza di Galois le sottoestensioni di $\mathbb{K}$ di grado 6 su $\mathbb{Q}$ corrispondono ai sottogruppi di ordine 2 di G, cioè agli elementi di ordine 2. Basta quindi contare il numero di tali elementi e, dalla descrizione di G come prodotto diretto, è facile vedere che essi sono in numero di 7.

[Che il gruppo di Galois di $\mathbb{L}$ su $\mathbb{Q}$ sia S_3 può anche essere dedotto osservando che il discriminante $-4 \cdot 0^3 - 27 \cdot 3^2$ di $x^3 - 2$ non è un quadrato in $\mathbb{Q}$.]

222. Sia $\mathbb{K}$ il campo di spezzamento del polinomio $x^5 - 5$ su $\mathbb{Q}$ e sia ζ una radice quinta primitiva dell'unità in $\mathbb{C}$. Visto che $\mathbb{K} = \mathbb{Q}(\sqrt[5]{5}, \zeta)$, il campo $\mathbb{F}$ è una sottoestensione di $\mathbb{K}$; chiaramente $\mathbb{K}$ è normale su $\mathbb{Q}$ in quanto campo di spezzamento.

Sia $\mathbb{E}$ l'estensione ciclotomica quinta $\mathbb{Q}(\zeta)$ su $\mathbb{Q}$ e osserviamo che $\mathbb{K}$ è il composto di $\mathbb{F}$ ed $\mathbb{E}$; quindi $[\mathbb{K} : \mathbb{Q}] = 4 \cdot 5 = 20$ in quanto $\mathbb{F}$ e $\mathbb{E}$ hanno gradi primi tra loro su $\mathbb{Q}$. In particolare $[\mathbb{K} : \mathbb{F}] = [\mathbb{K} : \mathbb{Q}]/[\mathbb{F} : \mathbb{Q}] = 4$. L'estensione $\mathbb{K}/\mathbb{F}$ ha quindi le proprietà richieste.

Ora, sia $\mathbb{K}'$ un'estensione normale di $\mathbb{Q}$ contenente $\mathbb{F}$ con $[\mathbb{K}' : \mathbb{F}] = 4$. Il polinomio $x^5 - 5 \in \mathbb{Q}[x]$ ha una radice in $\mathbb{K}'$; tale polinomio, irriducibile su $\mathbb{Q}$, deve quindi spezzarsi completamente in $\mathbb{K}'$ visto che $\mathbb{K}'$ è normale su $\mathbb{Q}$. Ma allora $\mathbb{K} \subseteq \mathbb{K}'$ e dall'uguaglianza $[\mathbb{K}' : \mathbb{F}] = 4 = [\mathbb{K} : \mathbb{F}]$ concludiamo $\mathbb{K}' = \mathbb{K}$. Abbiamo provato che l'estensione $\mathbb{K}$ è l'unica con le proprietà richieste.

Per il Teorema di Corrispondenza di Galois, una sottoestensione $\mathbb{K}$ di grado 4 su $\mathbb{Q}$ corrisponde ad un sottogruppo H di ordine 5 in $G = \mathrm{Gal}(\mathbb{K}/\mathbb{Q})$, cioè ad un 5–Sylow di G. Ma indicato con n_5 il numero di 5–Sylow di G abbiamo $n_5 \equiv 1$ (mod 5) e $n_5 \,|\, 4 = [G : H]$; non può che essere $n_5 = 1$ e H è quindi l'unico 5–Sylow di G. Vi è allora una sola sottoestensione di $\mathbb{K}$ di grado 4 ed essa è il campo $\mathbb{E} = \mathbb{Q}(\zeta)$ già introdotto in precedenza.

223. Definiamo le estensioni $\mathbb{E} = \mathbb{Q}(\sqrt{n})$, $\mathbb{F} = \mathbb{Q}(\zeta)$ e $\mathbb{K} = \mathbb{Q}(\sqrt{n}, \zeta) = \mathbb{E} \cdot \mathbb{F}$. L'estensione ciclotomica quinta $\mathbb{F}$ ha gruppo di Galois isomorfo a $(\mathbb{Z}/5\mathbb{Z})^*$ e quindi a $\mathbb{Z}/4\mathbb{Z}$. Inoltre possiamo chiaramente supporre n libero da quadrati.

Se $n = 1$ allora $\mathbb{E} = \mathbb{Q}$, $\mathbb{K} = \mathbb{F}$, da cui $[\mathbb{K} : \mathbb{Q}] = 4$ e $\mathrm{Gal}(\mathbb{K}/\mathbb{Q}) \simeq \mathbb{Z}/4\mathbb{Z}$.

Sia allora $n \neq 1$. Visto che $[\mathbb{E} : \mathbb{Q}] = 2$ il grado $[\mathbb{K} : \mathbb{F}] = [\mathbb{F}(\sqrt{n}) : \mathbb{F}]$ è uguale a 1 o a 2 a seconda che $\mathbb{E} \subseteq \mathbb{F}$ o meno. Nel primo caso abbiamo ancora $\mathbb{K} = \mathbb{F}$; se invece $\mathbb{E} \not\subseteq \mathbb{F}$ allora, usando che $\mathbb{E}$ ed $\mathbb{F}$ sono due estensioni normali di $\mathbb{Q}$ che si intersecano solo su $\mathbb{Q}$, abbiamo che $\mathrm{Gal}(\mathbb{K}/\mathbb{Q}) \simeq \mathrm{Gal}(\mathbb{E}/\mathbb{Q}) \times \mathrm{Gal}(\mathbb{F}/\mathbb{Q}) \simeq \mathbb{Z}/2\mathbb{Z} \times \mathbb{Z}/4\mathbb{Z}$ e $[\mathbb{K} : \mathbb{Q}] = 8$.

Resta quindi da decidere per quali n si ha $\mathbb{E} \subseteq \mathbb{F}$. Ma per il Teorema di Corrispondenza di Galois $\mathbb{F}$ ha un unico sottocampo quadratico in quanto $\mathbb{Z}/4\mathbb{Z}$ ha un unico sottogruppo di indice 2. Inoltre tale campo è dato da $\mathbb{Q}(\alpha)$ dove $\alpha = \zeta + \zeta^{-1}$. Infatti da $\zeta^4 + \zeta^3 + \zeta^2 + \zeta + 1 = 0$ otteniamo $\zeta^2 + \zeta + 1 + \zeta^{-1} + \zeta^{-2} = 0$ dividendo per ζ^2 e quindi $\alpha^2 + \alpha - 1 = 0$; risulta cioè $\alpha = (-1 + \sqrt{5})/2$.

In conclusione $\mathbb{E} \subseteq \mathbb{F}$ se e solo se $n = 5$.

224. Indicando con n il grado di $f(x)$ osserviamo per prima cosa che non può essere $n = 1$ o $n = 2$ perché altrimenti si avrebbe rispettivamente $[\mathbb{K} : \mathbb{Q}] = 1$ e $[\mathbb{K} : \mathbb{Q}] = 2$.

Sia ora $\alpha \in \mathbb{C}$ una radice di $f(x)$. Dall'inclusione $\mathbb{Q}(\alpha) \subseteq \mathbb{K}$ e dall'irriducibilità di $f(x)$ segue che $n = [\mathbb{Q}(\alpha) : \mathbb{Q}]$ divide $8 = [\mathbb{K} : \mathbb{Q}]$. Può quindi essere $n = 4$ o $n = 8$, nel seguito verifichiamo che entrambi i casi si realizzano effettivamente.

Consideriamo il polinomio $f(x) = x^4 - 2$, irriducibile per il Criterio di Eisenstein. Il suo campo di spezzamento è $\mathbb{K} = \mathbb{Q}(\sqrt[4]{2}, i)$. Visto che $\mathbb{Q}(\sqrt[4]{2})$ ha grado 4, che $\mathbb{Q}(i)$ ha grado 2 su $\mathbb{Q}$ e che queste due estensioni si intersecano su $\mathbb{Q}$ in quanto la prima è reale, ricaviamo subito che $\mathbb{K} = \mathbb{Q}(\sqrt[4]{2})(i)$ ha grado 8 su $\mathbb{Q}$ come richiesto.

Anche il caso $n = 8$ è possibile come prova l'esempio $f(x) = x^8 + 1$. Infatti si ha $f(x)(x^8 - 1) = x^{16} - 1$ e le radici di $f(x)$ sono quindi le radici sedicesime dell'unità che non sono radici ottave dell'unità. Ne consegue che $f(x)$ è il polinomio ciclotomico di ordine 16 e il suo campo di spezzamento ha grado $\phi(16) = 8$ su $\mathbb{Q}$.

225. Osserviamo che $(x^4 + x^2 + 1)(x^2 - 1) = x^6 - 1$ e che $(x^4 - x^2 + 1)(x^4 + x^2 + 1)(x^4 - 1) = x^{12} - 1$. Allora, in un campo di caratteristica diversa da 2 e 3, le radici di $f(x) = x^4 - x^2 + 1$ sono le radici dodicesime primitive dell'unità; in altra parole $f(x)$ è il polinomio ciclotomico dodicesimo.

Detto $\mathbb{K}$ il campo di spezzamento di $f(x)$ su $\mathbb{Q}$ e indicata con $\zeta \in \mathbb{C}$ la radice primitiva dodicesima dell'unità $\zeta = (\sqrt{3} + i)/2$, abbiamo $\mathbb{Q}(\zeta) \subseteq \mathbb{K}$. Inoltre, da $\zeta + \zeta^{-1} = \sqrt{3}$, ricaviamo che, in realtà, $\mathbb{K} = \mathbb{Q}(\zeta)$, l'estensione ciclotomica dodicesima. Quindi $[\mathbb{K} : \mathbb{Q}] = \phi(12) = 4$ e il gruppo di Galois cercato è isomorfo a $(\mathbb{Z}/12\mathbb{Z})^* \simeq \mathbb{Z}/2\mathbb{Z} \times \mathbb{Z}/2\mathbb{Z}$.

Grazie al Teorema delle Estensioni Ciclotomiche in caratteristica positiva, il grado dell'estensione ciclotomica dodicesima su $\mathbb{F}_7$ è dato dall'ordine di 7 in $(\mathbb{Z}/12\mathbb{Z})^*$ e tale ordine, come si verifica subito, è 2. È allora chiaro che il campo di spezzamento è $\mathbb{F}_{49}$ in quanto $x^2 - 3$ si spezza sicuramente in questo campo. Il grado cercato è 2 e il gruppo di Galois è isomorfo a $\mathbb{Z}/2\mathbb{Z}$.

226. Sia $\mathbb{K}$ il campo di spezzamento di $f(x) = x^4 - 5x^2 + 9$ su $\mathbb{Q}$. Visto che $f(x) = (x^2 + 3)^2 - 11x^2 = (x^2 - \sqrt{11}x + 3)(x^2 + \sqrt{11}x + 3)$ le radici di $f(x)$ sono $(\pm\sqrt{11} \pm i)/2$ e quindi $\mathbb{K} = \mathbb{Q}(\sqrt{11}, i)$.

Osserviamo ora che 11, -1 e $(-1) \cdot 11$ non sono elementi di $\mathbb{Q}^2$ e quindi $\mathbb{K}$ ha grado 4 su $\mathbb{Q}$ e contiene tre sottoestensioni quadratiche distinte. Concludiamo che gruppo di Galois cercato è isomorfo a $\mathbb{Z}/2\mathbb{Z} \times \mathbb{Z}/2\mathbb{Z}$.

Su $\mathbb{F}_{11}$ si ha invece $f(x) = (x^2 + 3)^2$ e inoltre, per verifica diretta, -3 non è un quadrato in $\mathbb{F}_{11}$. Allora $\mathbb{F}_{11^2}$ è il campo di spezzamento di $f(x)$ e il gruppo di Galois è $\mathbb{Z}/2\mathbb{Z}$.

227. (i) Dal Teorema delle Estensioni Ciclotomiche in caratteristica positiva segue che, se p non divide n, il polinomio $x^n - 1$ si spezza in fattori lineari su $\mathbb{F}_p$ se e solo se $p \equiv 1 \pmod{n}$. Consideriamo quindi separatamente i casi $p = 2$, $p = 3$ e $p > 3$.

Per $p = 2$ il polinomio $x^3 - 1$ non si spezza in fattori lineari su $\mathbb{F}_2$ in quanto $2 \not\equiv 1 \pmod 3$; quindi neanche $f(x)$ si spezza in fattori lineari su $\mathbb{F}_2$. Allo stesso modo per $p = 3$, il polinomio $f(x)$ non si spezza in fattori lineari perché $3 \not\equiv 1 \pmod 8$.

Per $p > 3$ la condizione è $p \equiv 1 \pmod 8$ e $p \equiv 1 \pmod 3$, quindi $f(x)$ si spezza in fattori lineari se e solo se $p \equiv 1 \pmod{24}$.

[Ad esempio, per $p = 73$ il polinomio si spezza in fattori lineari; esistono infiniti primi congrui ad 1 modulo 24.]

(ii) Indicando con ζ_n la radice n–esima primitiva dell'unita $e^{2\pi i/n} \in \mathbb{C}$, il campo di spezzamento $\mathbb{K}$ di $f(x)$ su $\mathbb{Q}$ è $\mathbb{Q}(\zeta_8, \zeta_3)$. Inoltre, visto che 8 e 3 sono coprimi, $\mathbb{K} = \mathbb{Q}(\zeta_{24})$, l'estensione ciclotomica 24–esima. Risulta quindi $[\mathbb{K} : \mathbb{Q}] = \phi(24) = 8$ e $\text{Gal}(\mathbb{K}/\mathbb{Q})$ è isomorfo a $(\mathbb{Z}/24\mathbb{Z})^* \simeq (\mathbb{Z}/2\mathbb{Z})^3$.

228. Osservando che 1 e -1 sono radici del polinomio $f(x) = x^6 - 7x^4 + 3x^2 + 3$, otteniamo la fattorizzazione $f(x) = (x - 1)(x + 1)(x^4 - 6x^2 - 3)$. Le radici del fattore biquadratico, irriducibile per il Criterio di Eisenstein, sono $\pm\sqrt{3\pm2\sqrt{3}}$.

$$\mathbb{K} = \mathbb{Q}(\sqrt{3\pm2\sqrt{3}})$$

$$\mathbb{F}_1 = \mathbb{Q}(\sqrt{3+2\sqrt{3}}) \qquad \mathbb{F}_2 = \mathbb{Q}(\sqrt{3-2\sqrt{3}})$$

$$\mathbb{L} = \mathbb{Q}(\sqrt{3})$$

$$\mathbb{Q}$$

Sia $\mathbb{K}$ il campo di spezzamento di $f(x)$ su $\mathbb{Q}$ e consideriamo le sue sottoestensioni $\mathbb{L} = \mathbb{Q}(\sqrt{3})$ e $\mathbb{F}_1 = \mathbb{L}(\sqrt{3+2\sqrt{3}})$, $\mathbb{F}_2 = \mathbb{L}(\sqrt{3-2\sqrt{3}})$. Le due estensioni quadratiche $\mathbb{F}_1/\mathbb{L}$ e $\mathbb{F}_2/\mathbb{L}$ sono distinte perché $(3+2\sqrt{3})(3-2\sqrt{3}) = -3 \notin \mathbb{L}^2$ visto che $\mathbb{L}$ è un'estensione reale. Ne segue che $[\mathbb{K}:\mathbb{Q}] = 8$.

Su $\mathbb{F}_{13}$ vale $8+(-2) = 6$ e $8\cdot(-2) = -3$ e quindi $x^4 - 6x^2 - 3 = (x^2-8)(x^2+2)$. Per verifica diretta troviamo che 2 non è un quadrato in $\mathbb{F}_{13}$. Il campo di spezzamento cercato ha quindi grado 2 su $\mathbb{F}_{13}$.

229. Siano n e m i gradi dei polinomi $f(x)$ e $g(x)$ rispettivamente, allora $[\mathbb{K}(\alpha) : \mathbb{K}] = n$ e $[\mathbb{K}(\beta):\mathbb{K}] = m$.

(i) Il polinomio $g(x)$ è irriducibile su $\mathbb{K}(\alpha)$ se e solo se $[\mathbb{K}(\alpha)(\beta):\mathbb{K}(\alpha)] = m$ e quindi se e solo se $[\mathbb{K}(\alpha,\beta):\mathbb{K}] = [\mathbb{K}(\alpha)(\beta):\mathbb{K}(\alpha)][\mathbb{K}(\alpha):\mathbb{K}] = mn$.

D'altra parte $[\mathbb{K}(\alpha,\beta):\mathbb{K}] = [\mathbb{K}(\beta)(\alpha):\mathbb{K}(\beta)][\mathbb{K}(\beta):\mathbb{K}] = mn$ se e solo se $[\mathbb{K}(\beta)(\alpha):\mathbb{K}(\beta)] = n$ cioè se $f(x)$ è irriducibile su $\mathbb{K}(\beta)$.

(ii) Se $(n,m) = 1$ allora il minimo comune multiplo mn divide $[\mathbb{K}(\alpha,\beta):\mathbb{K}] \le mn$, da cui segue che $[\mathbb{K}(\alpha,\beta):\mathbb{K}] = mn$. Per quanto osservato al punto (i) questo è equivalente all'irriducibilità del polinomio $f(x)$ su $\mathbb{K}(\beta)$.

230. Sia $f(x) = x^7 - 2$ e consideriamo il problema su $\mathbb{Q}$. Indicato con α il numero reale $\sqrt[7]{2}$ e con $\zeta \in \mathbb{C}$ una radice settima primitiva dell'unità, le radici di $f(x)$ sono $\alpha, \alpha\zeta, \alpha\zeta^2, \ldots, \alpha\zeta^6$.

Il campo di spezzamento $\mathbb{K} = \mathbb{Q}(\alpha,\zeta)$ di $f(x)$ contiene quindi i sottocampi $\mathbb{Q}(\alpha)$ e $\mathbb{Q}(\zeta)$ di gradi rispettivamente 7 e $\phi(7) = 6$. Visto che questi gradi sono primi tra loro abbiamo $[\mathbb{K}:\mathbb{Q}] = 42$.

Osserviamo che $\mathbb{Q}(\alpha) \subseteq \mathbb{R}$ è un sottocampo proprio di $\mathbb{K}$ che contiene una sola radice di $f(x)$; essa non è quindi un'estensione normale di $\mathbb{Q}$. Ne segue che il gruppo di Galois $\mathrm{Gal}(\mathbb{K}/\mathbb{Q})$ non è abeliano perché altrimenti tutti i suoi sottogruppi sarebbero normali e, per il Teorema di Corrispondenza di Galois, ogni sottoestensione sarebbe normale.

Su $\mathbb{F}_5$ sappiamo che il gruppo di Galois è certamente abeliano, anzi ciclico, perché lo è per ogni estensione finita di campi finiti. Per il grado del campo di spezzamento $\mathbb{K}$ osserviamo che $2 = (-2)^7$ e quindi per avere $\mathbb{K}$ basta aggiungere una radice settima primitiva dell'unità a $\mathbb{F}_5$.

Grazie al Teorema delle Estensioni Ciclotomiche in caratteristica positiva, l'estensione ciclotomica settima su $\mathbb{F}_5$ ha per grado l'ordine k di 5 in $(\mathbb{Z}/7\mathbb{Z})^*$, cioè il minimo k per cui 7 divida $5^k - 1$. È facile vedere che tale minimo è 6; abbiamo quindi provato $[\mathbb{K}:\mathbb{F}_5] = 6$.

231. Poniamo $\alpha = \sqrt[4]{2}$, $\beta = \sqrt[6]{2}$ e sia ζ la radice sesta primitiva dell'unità $(1 + \sqrt{-3})/2 \in \mathbb{C}$. Abbiamo $\mathbb{F} = \mathbb{Q}(\alpha, i)$, $\mathbb{K} = \mathbb{Q}(\beta, \zeta)$ e $[\mathbb{F} : \mathbb{Q}] = 8$, $[\mathbb{K} : \mathbb{Q}] = 12$ in quanto $\mathbb{Q}(\alpha)$ e $\mathbb{Q}(\beta)$ sono estensioni reali mentre $\mathbb{Q}(i)$ e $\mathbb{Q}(\zeta)$ sono estensioni non reali di grado 2 su $\mathbb{Q}$.

Osserviamo per prima cosa che $\alpha^2 = \beta^3 = \sqrt{2}$ e quindi $\mathbb{Q}(\sqrt{2})$ è una sottoestensione di $\mathbb{F} \cap \mathbb{K}$. Allora, visto che $r = [\mathbb{F} \cap \mathbb{K} : \mathbb{Q}]$ deve dividere $[\mathbb{F} : \mathbb{Q}]$ e $[\mathbb{K} : \mathbb{Q}]$ si può avere $r = 2$ o $r = 4$.

Il gruppo $G = \mathrm{Gal}(\mathbb{F}/\mathbb{Q})$ è un sottogruppo di ordine 8 di S_4, esso è quindi un 2–Sylow di S_4 ed è isomorfo a D_4.

Ora supponiamo per assurdo che sia $r = 4$. Allora per il Teorema di Corrispondenza di Galois l'estensione normale $\mathbb{F} \cap \mathbb{K}$ di $\mathbb{Q}$ corrisponde ad un sottogruppo normale H di D_4 di indice 4. Visto che G/H ha ordine 4, esso è sicuramente abeliano; quindi H contiene il derivato di D_4.

D'altra parte il sottogruppo normale $K = \langle r^2 \rangle$ è il derivato di D_4: sicuramente contiene il derivato perché D_4/K, avendo anche esso 4 elementi, è abeliano e poi K ha solo 2 elementi e il derivato non può essere banale visto che D_4 non è abeliano. Ma allora $H = K$ perché entrambi i gruppi hanno due elementi. Ne segue che $\mathbb{F} \cap \mathbb{K}$ è l'unico sottocampo normale di $\mathbb{F}$ di grado 4 su $\mathbb{Q}$.

D'altra parte $\mathbb{Q}(\sqrt{2}, i)$ è una sottoestensione di $\mathbb{F}$ di grado 4 e normale in quanto campo di spezzamento del polinomio $(x^2 - 2)(x^2 + 1)$. Si ha allora $\mathbb{F} \cap \mathbb{K} = \mathbb{Q}(\sqrt{2}, i)$ e, in particolare, $i \in \mathbb{K}$ da cui ricaviamo che $\mathbb{Q}(\sqrt{2}, \sqrt{-3}, i)$ è una sottoestensione di $\mathbb{K}$. Ciò è però impossibile in quanto $\mathbb{Q}(\sqrt{2}, \sqrt{-3}, i)$ ha grado 8 che non divide $12 = [\mathbb{K} : \mathbb{Q}]$.

Abbiamo così provato che $r = 2$, cioè $\mathbb{F} \cap \mathbb{K} = \mathbb{Q}(\sqrt{2})$.

232. Poniamo $\alpha = \sqrt[5]{2}$ e indichiamo con ζ una radice quinta primitiva dell'unità in $\mathbb{C}$. Le radici di $f(x) = (x^5 - 2)(x^2 - 5)$ sono $\alpha\zeta^h$, con $h = 0, 1, \ldots, 4$, e $\pm\sqrt{5}$. L'elemento $\zeta + \zeta^{-1}$ dell'estensione ciclotomica quinta $\mathbb{Q}(\zeta)$ verifica il polinomio $x^2 + x - 1$ di discriminante 5. Allora $\sqrt{5} \in \mathbb{Q}(\zeta)$ e il campo di spezzamento di $f(x)$ è $\mathbb{K} = \mathbb{Q}(\alpha, \zeta)$.

Il campo $\mathbb{K}$ contiene allora i sottocampi $\mathbb{Q}(\alpha)$ e $\mathbb{Q}(\zeta)$ che hanno grado rispettivamente 5, visto che $x^5 - 2$ è irriducibile su $\mathbb{Q}$ per il Criterio di Eisenstein, e $\phi(5) = 4$. Essendo questi due gradi primi tra di loro otteniamo $[\mathbb{K} : \mathbb{Q}] = 20$.

Un gruppo di ordine 20, come il gruppo di Galois di $\mathbb{K}/\mathbb{Q}$, ha un solo 5–sottogruppo di Sylow in quanto il numero n_5 di tali sottogruppi deve verificare $n_5 \equiv 1 \pmod 5$ e $n_5 \,|\, 4 = 20/5$. Per il Teorema di Corrispondenza di Galois vi è allora un solo sottocampo di $\mathbb{K}$ di grado 4 su $\mathbb{Q}$.

Ma il sottocampo $\mathbb{Q}(\zeta)$ ha grado 4 e quindi esso è l'unico sottocampo cercato.

233. (i) Sia ω una radice undicesima primitiva dell'unità in $\mathbb{C}$ e sia $\beta = \sqrt[11]{3}$. Allora, indicato con $\mathbb{E}$ il campo di spezzamento di $x^{11} - 3$ su $\mathbb{Q}$, abbiamo $\mathbb{E} = \mathbb{Q}(\beta, \omega)$ visto che radici di questo polinomio sono $\beta\omega^k$, con $0 \le k \le 10$. Inoltre $[\mathbb{Q}(\omega) : \mathbb{Q}] = \phi(11) = 10$, $\mathrm{Gal}(\mathbb{Q}(\omega)/\mathbb{Q}) \simeq (\mathbb{Z}/11\mathbb{Z})^*$, perché $\mathbb{Q}(\omega)$ è un'estensione ciclotomica, e $[\mathbb{Q}(\beta) : \mathbb{Q}] = 11$ in quanto $x^{11} - 3$ è irriducibile su $\mathbb{Q}$ per il Criterio di Eisenstein. Allora $[\mathbb{E} : \mathbb{Q}] = 110$ perché 10 e 11 sono primi tra loro.

Un automorfismo φ di $\mathbb{E}/\mathbb{Q}$ manda la radice β in una radice di $x^{11} - 3$, cioè in $\beta\omega^h$ per qualche h ben definito modulo 11, e manda ω in una radice primitiva 11–esima, cioè in ω^k per qualche k ben definito modulo 11 e primo con 11. Possiamo così associare a φ la coppia (h, k) e, come si prova subito, abbiamo un isomorfismo di gruppi da $\mathrm{Gal}(\mathbb{E}/\mathbb{Q})$ in $\mathbb{Z}/11\mathbb{Z} \rtimes (\mathbb{Z}/11\mathbb{Z})^*$, dove il prodotto è definito dall'azione $(\mathbb{Z}/11\mathbb{Z})^* \ni a \longmapsto (k \longmapsto ak) \in \mathrm{Aut}(\mathbb{Z}/11\mathbb{Z})$.

Il campo di spezzamento $\mathbb{F}$ di $x^{11} - 3$ su $\mathbb{K}$ è dato dal composto $\mathbb{E} \cdot \mathbb{K} = \mathbb{E}(\zeta)$. Inoltre se, per assurdo, fosse $\zeta \in \mathbb{E}$ allora avremmo $\omega\zeta \in \mathbb{E}$; ma $\omega\zeta$ è una radice 33–esima primitiva dell'unità e quindi $20 = \phi(33)$ dovrebbe dividere $[\mathbb{E} : \mathbb{Q}] = 110$, cosa non vera. Abbiamo quindi $[\mathbb{F} : \mathbb{Q}] = 220$ e $\mathbb{E} \cdot \mathbb{K} = \mathbb{Q}$.

Le due estensioni $\mathbb{E}/\mathbb{Q}$ e $\mathbb{K}/\mathbb{Q}$ sono di Galois perché campi di spezzamento e si intersecano solo su $\mathbb{Q}$, allora $\mathrm{Gal}(\mathbb{F}/\mathbb{Q})$ è isomorfo a $\mathrm{Gal}(\mathbb{E}/\mathbb{Q}) \times \mathrm{Gal}(\mathbb{K}/\mathbb{Q})$ e quindi, per quanto provato sopra, a $(\mathbb{Z}/11\mathbb{Z} \rtimes (\mathbb{Z}/11\mathbb{Z})^*) \times \mathbb{Z}/2\mathbb{Z}$.

(ii) Sia α un elemento di $\mathbb{F}$ e osserviamo che α è radice del polinomio $x^3 - \alpha^3 \in \mathbb{K}(\alpha^3)[x]$. Se tale polinomio fosse irriducibile in $\mathbb{K}(\alpha^3)$ si avrebbe $[\mathbb{K}(\alpha) : \mathbb{K}(\alpha^3)] = 3$ e quindi 3 dovrebbe divide $[\mathbb{F} : \mathbb{K}]$ visto che si ha la torre di estensioni $\mathbb{K} \subseteq \mathbb{K}(\alpha^3) \subseteq \mathbb{K}(\alpha) \subseteq \mathbb{F}$. Ma ciò è impossibile perché, come conseguenza di quanto provato nel punto (i), $[\mathbb{F} : \mathbb{K}] = 110$.

Dobbiamo concludere che $x^3 - \alpha^3$ non è irriducibile in $\mathbb{K}(\alpha^3)$ e quindi ha una radice in questo campo. Ma le radici di tale polinomio sono $\alpha, \zeta\alpha, \zeta^2\alpha$ e, visto che $\zeta \in \mathbb{K}$, concludiamo $\alpha \in \mathbb{K}(\alpha^3)$. Cioè $\mathbb{K}(\alpha) = \mathbb{K}(\alpha^3)$.

234. Per calcolare il gruppo di Galois di $\mathbb{F}/\mathbb{Q}$, consideriamo la sovraestensione $\mathbb{K} = \mathbb{Q}(\zeta)$, l'estensione ciclotomica 13–esima di $\mathbb{Q}$ in $\mathbb{C}$. Il gruppo $\mathrm{Gal}(\mathbb{K}/\mathbb{Q})$ è isomorfo a $(\mathbb{Z}/13\mathbb{Z})^*$, un gruppo ciclico di ordine 12, e gli elementi di $\mathrm{Gal}(\mathbb{K}/\mathbb{Q})$ sono σ_h, per $h \in (\mathbb{Z}/13\mathbb{Z})^*$, dove σ_h è definito da $\sigma_h(\zeta) = \zeta^h$.

Osserviamo ora che $[\mathbb{K} : \mathbb{Q}] = 12$ e quindi gli elementi $1, \zeta, \ldots, \zeta^{11}$ sono una base per l'estensione $\mathbb{K}/\mathbb{Q}$. Ma allora, moltiplicando ogni elemento per ζ, anche gli elementi $\zeta, \zeta^2, \ldots, \zeta^{12}$ sono una base.

Vogliamo ora determinare il sottogruppo di $(\mathbb{Z}/13\mathbb{Z})^*$ che corrisponde ad $\mathbb{F}$ nella Corrispondenza di Galois. Se un elemento σ_h del gruppo di Galois fissa α abbiamo

$$\zeta + \zeta^3 + \zeta^9 = \alpha = \sigma_h(\alpha) = \zeta^h + \zeta^{3h} + \zeta^{9h}.$$

Usando che $\zeta, \zeta^2, \ldots, \zeta^{12}$ è una base, si deve avere $\zeta^h = \zeta$ o $\zeta^h = \zeta^3$ oppure $\zeta^h = \zeta^9$ e, corrispondentemente, $h = 1$ o $h = 3$ oppure $h = 9$. Se $h = 1$ abbiamo $\sigma_1 = \mathrm{Id}_{\mathbb{K}}$ che chiaramente fissa α. Se $h = 3$ abbiamo $\sigma_3(\alpha) = \zeta^3 + \zeta^9 + \zeta^{27} = \zeta^3 + \zeta^9 + \zeta = \alpha$ e quindi σ_3 fissa α. Visto che gli elementi che fissano α sono un sottogruppo, anche $\sigma_9 = \sigma_3^2$ fissa α.

Possiamo quindi concludere che gli elementi di $\mathrm{Gal}(\mathbb{K}/\mathbb{Q})$ che fissano α formano il sottogruppo $\langle \sigma_3 \rangle$ con 3 elementi. Ne segue che il gruppo di Galois di $\mathbb{F}$ su $\mathbb{Q}$ è isomorfo a $\mathrm{Gal}(\mathbb{K}/\mathbb{Q})/\langle \sigma_3 \rangle$ e quindi al gruppo ciclico con 4 elementi.

Indichiamo con τ l'automorfismo di coniugio di $\mathbb{C}$ e osserviamo che $\alpha \in \mathbb{R}$ se e solo se $\tau(\alpha) = \alpha$. Consideriamo ora l'azione di σ_{-1} su $\mathbb{F}$: si ha $\sigma_{-1}(\zeta) = \zeta^{-1} = \tau(\zeta)$ e quindi, essendo sia τ che σ_{-1} automorfismi di campi, abbiamo $\sigma_{-1} = \tau_{|\mathbb{K}}$.

Allora possiamo concludere $\alpha \notin \mathbb{R}$ in quanto σ_{-1} non fissa α visto che -1 è diverso da 1, 3 e 9 in $\mathbb{Z}/13\mathbb{Z}$. In conclusione $\mathbb{F}$ non è un sottocampo di $\mathbb{R}$.

235. (i) Sia $\zeta \in \mathbb{C}$ una radice quindicesima dell'unità e osserviamo che

$$\mathbb{Q}(\sqrt[3]{3}),\ \mathbb{Q}(\sqrt[5]{5}),\ \mathbb{Q}(\zeta) \subseteq \mathbb{K},$$

ed anzi $\mathbb{K} = \mathbb{Q}(\sqrt[3]{3}, \sqrt[5]{5}, \zeta)$. Inoltre visto che i gradi $[\mathbb{Q}(\sqrt[3]{3}) : \mathbb{Q}] = 3$, $[\mathbb{Q}(\sqrt[5]{5}) : \mathbb{Q}] = 5$ e $[\mathbb{Q}(\zeta) : \mathbb{Q}] = \varphi(15) = 8$ sono primi tra loro, abbiamo $[\mathbb{K} : \mathbb{Q}] = 3 \cdot 5 \cdot 8$.

(ii) Essendo $\mathbb{K}$ un campo di spezzamento, l'estensione $\mathbb{K}/\mathbb{Q}$ è di Galois; indichiamo con G il suo gruppo di Galois. Visto che le radici di un polinomio a coefficienti in $\mathbb{Q}$ vengono necessariamente permutate da un elemento del gruppo di Galois, abbiamo che $\sqrt[3]{3}$ può essere mandato solo in $\sqrt[3]{3}\zeta^{5h}$ per qualche intero h con $0 \le h \le 2$, analogamente $\sqrt[5]{5}$ deve andare in $\sqrt[5]{5}\zeta^{3k}$ per qualche intero k con $0 \le k \le 4$ e infine ζ deve andare in ζ^m per qualche intero m con $1 \le m \le 14$ e $(m, 15) = 1$.

Confrontando queste possibilità con l'ordine di G, cioè con $[\mathbb{K} : \mathbb{Q}] = 3 \cdot 5 \cdot 8$, concludiamo che esse danno tutte origine ad automorfismi. Possiamo quindi indicare gli elementi di G come $\varphi_{h,k,m}$ con riferimento alle immagini degli elementi sopra riportati. Nel seguito useremo che gli automorfismi del tipo $\varphi_{h,k,1}$ formano un sottogruppo di G isomorfo a $\mathbb{Z}/15\mathbb{Z}$: ciò segue dal fatto che, come si verifica subito, $\varphi_{h,k,1} \circ \varphi_{h',k',1} = \varphi_{h+h',k+k',1}$ con $h + h'$ modulo 3 e $k + k'$ modulo 5.

Ora fissiamo $a, b \in \mathbb{Q}^*$ e sia $\alpha = a\sqrt[3]{3} + b\sqrt[5]{5}$. Per prima cosa è ovvio che $\mathbb{Q}(\alpha) \subseteq \mathbb{Q}(\sqrt[3]{3}, \sqrt[5]{5})$. Per provare il viceversa mostreremo che il sottogruppo di G corrispondente alla sottoestensione $\mathbb{Q}(\alpha)$ di $\mathbb{K}$ fissa $\sqrt[3]{3}$ e $\sqrt[5]{5}$; quindi $\mathbb{Q}(\alpha)$ deve contenere l'estensione $\mathbb{Q}(\sqrt[3]{3}, \sqrt[5]{5})$, e l'uguaglianza sarà provata.

Dimostriamo ora che solo gli elementi del tipo $\varphi_{0,0,m}$ possono fissare α; da ciò seguirà il nostro asserto del paragrafo precedente. Sia $\varphi_{h,k,m}$ un qualunque elemento che fissa α. Allora $\varphi_{h,k,1}(\alpha) = \varphi_{h,k,m}(\alpha) = \alpha$, cioè anche $\varphi_{h,k,1}$ fissa α.

Ma abbiamo già osservato che gli automorfismi con $m = 1$ formano un sottogruppo di G isomorfo a $\mathbb{Z}/15\mathbb{Z}$. Se quindi un qualche elemento di questo tipo diverso dall'identità fissa α, prendendone le potenze avremo che anche un elemento del tipo $\varphi_{1,0,1}$ o $\varphi_{0,1,1}$ fissa α. Ma ciò è impossibile visto che per entrambi questi automorfismi si ha che l'immagine di α non è reale mentre α lo è.

236. (i) Posto $\alpha = \zeta + \zeta^2 + \zeta^4$ si ha $\alpha^2 = \zeta^2 + \zeta^4 + \zeta + 2\zeta^3 + 2\zeta^5 + 2\zeta^6$. E quindi $\alpha^2 + \alpha + 2 = 2\zeta^6 + \cdots + 2\zeta + 2 = 0$, cioè α è una delle due radici $(-1 \pm \sqrt{-7})/2$ del polinomio $x^2 + x + 2$. Concludiamo $\mathbb{Q}(\alpha) = \mathbb{Q}(\sqrt{-7})$ come richiesto.

(ii) Sappiamo che $\mathbb{Q}(\zeta)$ ha grado 2 sulla sottoestensione reale $\mathbb{Q}(\zeta) \cap \mathbb{R} = \mathbb{Q}(\zeta + \zeta^{-1})$. Quindi $[\mathbb{Q}(\zeta + \zeta^{-1}) : \mathbb{Q}] = 3$ che, insieme a $[\mathbb{Q}(\sqrt{-7}) : \mathbb{Q}] = 2$, implica che 6 divide il grado di $\mathbb{Q}(\zeta + \zeta^{-1}, \sqrt{-7})$ su $\mathbb{Q}$. La tesi segue.

237. Visto che 3 e 5 sono primi tra loro, $\mathbb{L} = \mathbb{Q}(\zeta_3, \zeta_5)$ è l'estensione ciclotomica quindicesima $\mathbb{Q}(\zeta_{15})$ di $\mathbb{Q}$ in $\mathbb{C}$. Il gruppo di Galois di quest'estensione è $(\mathbb{Z}/15\mathbb{Z})^* \simeq \mathbb{Z}/2\mathbb{Z} \times \mathbb{Z}/4\mathbb{Z}$, ne segue che ci sono esattamente tre sottoestensioni quadratiche di $\mathbb{Q}(\zeta_{15})$ su $\mathbb{Q}$ corrispondenti ai tre sottogruppi di indice 2 di questo gruppo.

È ovvio che $\sqrt{-3} \in \mathbb{Q}(\zeta_3) \subseteq \mathbb{L}$ e, ponendo $\alpha = \zeta_5 + \zeta_5^{-1}$, anche la sottoestensione $\mathbb{Q}(\alpha) = \mathbb{Q}(\zeta_5) \cap \mathbb{R}$ ha grado 2 su $\mathbb{Q}$. Inoltre, si prova subito che $\alpha^2 + \alpha - 1 = 0$

e quindi $\mathbb{Q}(\alpha) = \mathbb{Q}(\sqrt{5})$. Abbiamo allora trovato le sottoestensioni quadratiche $\mathbb{Q}(\sqrt{d}) \subseteq \mathbb{L}$ con $d = -3$ o $d = 5$ o $d = -15$.

Possiamo ora considerare il campo $\mathbb{K}(p)$. Osserviamo per prima cosa che $\mathbb{K}(p)/\mathbb{Q}$ è un'estensione di Galois visto che $\mathbb{K}(p)$ è il campo di spezzamento di $(x^2 - p)(x^{15} - 1)$. Se $p = 5$ allora $\mathbb{K}(p) = \mathbb{L}$ e abbiamo già determinato il gruppo di Galois e il numero delle sottoestensioni quadratiche.

Supponendo $p \neq 5$, il campo quadratico $\mathbb{Q}(\sqrt{p})$ interseca $\mathbb{L}$ solo su $\mathbb{Q}$ e quindi $[\mathbb{K}(p) : \mathbb{Q}] = 16$ e il gruppo di Galois di $\mathbb{K}(p)$ è isomorfo a $\mathbb{Z}/2\mathbb{Z} \times \mathbb{Z}/2\mathbb{Z} \times \mathbb{Z}/4\mathbb{Z}$. Inoltre $\mathbb{K}(p)$ contiene in questo caso 7 sottocampi quadratici. Essi infatti corrispondono ai sottogruppi di indice 2 di $\mathrm{Gal}(\mathbb{K}(p)/\mathbb{Q})$ o, equivalentemente di $2\mathbb{Z}/4\mathbb{Z} \times \mathbb{Z}/2\mathbb{Z} \times \mathbb{Z}/2\mathbb{Z}$ e cioè di $(\mathbb{Z}/2\mathbb{Z})^3$.

238. (i) Sia ζ una radice settima primitiva dell'unità in $\mathbb{C}$ e sia $\alpha = \sqrt[7]{2}$. Abbiamo $\mathbb{K} = \mathbb{Q}(\alpha, \zeta)$ visto che le radici di questo polinomio sono $\alpha\zeta^k$, con $0 \leq k \leq 6$. Inoltre $[\mathbb{Q}(\zeta) : \mathbb{Q}] = \phi(7) = 6$, $\mathrm{Gal}(\mathbb{Q}(\zeta)/\mathbb{Q}) \simeq (\mathbb{Z}/7\mathbb{Z})^*$, perché $\mathbb{Q}(\zeta)$ è un'estensione ciclotomica, e $[\mathbb{Q}(\alpha) : \mathbb{Q}] = 7$ in quanto $x^7 - 2$ è irriducibile su $\mathbb{Q}$ per il Criterio di Eisenstein. Allora, essendo 6 e 7 primi tra loro, $[\mathbb{E} : \mathbb{Q}] = 42$.

Un automorfismo φ di $\mathbb{E}/\mathbb{Q}$ manda la radice α in una radice di $x^7 - 2$, cioè in $\alpha\zeta^h$ per qualche h ben definito modulo 7, e manda ζ in una radice primitiva settima, cioè in ζ^k per qualche k ben definito modulo 7 e primo con 7. Possiamo così associare a φ la coppia (h, k) e, come si prova subito, abbiamo un isomorfismo di gruppi da $\mathrm{Gal}(\mathbb{E}/\mathbb{Q})$ in $\mathbb{Z}/7\mathbb{Z} \rtimes (\mathbb{Z}/7\mathbb{Z})^*$, dove il prodotto è definito dall'azione $(\mathbb{Z}/7\mathbb{Z})^* \ni a \longmapsto (k \longmapsto ak) \in \mathrm{Aut}(\mathbb{Z}/7\mathbb{Z})$.

(ii) Per il Teorema di Corrispondenza di Galois, un sottocampo $\mathbb{F}$ di $\mathbb{K}$ con $[\mathbb{F} : \mathbb{Q}] = 3$ corrisponde ad un sottogruppo H di ordine 14 del gruppo $G = \mathrm{Gal}(\mathbb{E}/\mathbb{Q})$. In particolare, per il Teorema di Cauchy, H contiene un 7–Sylow H' di G e inoltre, detto n_7 il numero dei 7–Sylow di G, risulta $n_7 \equiv 1 \pmod{7}$ e $n_7 \,|\, 6 = [G : H']$ e quindi $n_7 = 1$, cioè H' è l'unico 7–Sylow di G. Ma allora, ancora grazie al Teorema di Corrispondenza di Galois, per prima cosa $\mathbb{Q}(\zeta)$, che ha ordine 6 su $\mathbb{Q}$, è l'unico sottocampo di tale ordine e corrisponde quindi ad H', poi $\mathbb{F}$ è contenuto in $\mathbb{Q}(\zeta)$ visto che H contiene H'.

A sua volta il gruppo di Galois di $\mathrm{Gal}(\mathbb{Q}(\zeta)/\mathbb{Q})$ è ciclico di ordine 6 e contiene quindi un solo sottogruppo di indice 3. Ma sappiamo che la sottoestensione reale $\mathbb{Q}(\zeta) \cap \mathbb{R} = \mathbb{Q}(\zeta + \zeta^{-1})$ ha grado $6/2 = 3$ su $\mathbb{Q}$. Concludiamo che $\mathbb{F} = \mathbb{Q}(\zeta + \zeta^{-1})$ e vi è un'unica sottoestensione di $\mathbb{K}$ di grado 3 su $\mathbb{Q}$.

239. (i) Sia $\mathbb{E} = \mathbb{Q}(\sqrt{6}, \sqrt{10})$ e consideriamo le sue sottoestensioni $\mathbb{Q}(\sqrt{6})$ e $\mathbb{Q}(\sqrt{10})$. Si tratta di estensioni quadratiche che si intersecano su $\mathbb{Q}$ in quanto $6 \cdot 10$ non è un quadrato in $\mathbb{Q}$; allora $\mathbb{E}$ ha grado 4 su $\mathbb{Q}$ e il suo gruppo di Galois è isomorfo a $\mathbb{Z}/2\mathbb{Z} \times \mathbb{Z}/2\mathbb{Z}$.

Abbiamo $\mathbb{K} = \mathbb{E}(\sqrt{a})$ e quindi $\mathbb{E}/\mathbb{Q}$ ha grado 1 se $\mathbb{Q}(\sqrt{a}) \subseteq \mathbb{E}$ e grado 2 altrimenti. Dal Teorema di Corrispondenza di Galois sappiamo le sottoestensioni quadratiche di $\mathbb{E}$ corrispondono ai sottogruppi di indice 2 di $\mathbb{Z}/2\mathbb{Z} \times \mathbb{Z}/2\mathbb{Z}$; e quindi corrispondono ai sottogruppi di ordine 2. Visto che tali sottogruppi sono 3, le sottoestensioni quadratiche cercate sono: $\mathbb{Q}(\sqrt{6})$, $\mathbb{Q}(\sqrt{10})$ e $\mathbb{Q}(\sqrt{15})$.

Concludiamo che se $a = 6$ o $a = 10$ o $a = 15$ a meno di quadrati allora il gruppo di Galois di $\mathbb{K}$ è isomorfo a $(\mathbb{Z}/2\mathbb{Z})^2$, altrimenti tale gruppo è isomorfo a $(\mathbb{Z}/2\mathbb{Z})^3$.

(ii) Se il polinomio $f(x) \in \mathbb{Q}[x]$ è irriducibile e α è una sua radice in $\mathbb{K}$, allora $\mathbb{Q}(\alpha) \subseteq \mathbb{K}$ e quindi $\deg(f(x)) = [\mathbb{Q}(\alpha) : \mathbb{Q}]$ divide $[\mathbb{K} : \mathbb{Q}]$. I possibili gradi di $f(x)$ sono quindi 1, 2, 4 e 8 con quest'ultima possibilità solo nel caso che $[\mathbb{K} : \mathbb{Q}] = 8$.

Vogliamo ora mostrare che per ogni $d = 1, 2, 4, 8$ esiste un polinomio irriducibile di grado d che ammette una radice in $\mathbb{K}$. Il gruppo di Galois di $\mathbb{K}/\mathbb{Q}$ è abeliano e quindi ha sottogruppi per ogni possibile divisore di 8, allora per ogni $d = 1, 2, 4, 8$ esiste una sottoestensione di $\mathbb{K}$ di grado d su $\mathbb{Q}$. Per il Teorema dell'Elemento Primitivo queste estensioni sono generate su $\mathbb{Q}$ da un elemento: i polinomi minimi di questi elementi danno gli esempi cercati.

(iii) Poiché $\mathbb{K}/\mathbb{Q}$ è normale, ogni polinomio irriducibile su $\mathbb{Q}$ che che ha una radice in $\mathbb{K}$, si spezza completamente in $\mathbb{K}$. Quindi anche in questo caso i gradi possibili sono 1, 2, 4 e 8.

240. Indichiamo con n il grado di $\mathbb{K}$ su $\mathbb{Q}$ e distinguiamo vari casi a seconda che a sia un quadrato o meno e che b sia un cubo o meno.

Se a è un quadrato e b è un cubo allora $\mathbb{K} = \mathbb{Q}$, $n = 1$ e non ci sono sottoestensioni proprie.

Se a è un quadrato e b non è un cubo allora $\mathbb{K} = \mathbb{Q}(\sqrt[3]{b})$ e $n = 3$ in quanto $x^3 - b$ è irriducibile in $\mathbb{Q}[x]$ perché non ha radici in $\mathbb{Q}$. Non ci sono sottoestensioni proprie perché il grado è primo.

Se a non è un quadrato e b è un cubo allora $\mathbb{K} = \mathbb{Q}(\sqrt{a})$ e $n = 2$ in quanto $x^2 - a$ è irriducibile. Anche in questo caso non ci sono sottoestensioni proprie.

Possiamo ora supporre che a non sia un quadrato e b non sia un cubo. Allora $\mathbb{K}$ ha come sottoestensioni $\mathbb{Q}(\sqrt{a})$ di grado 2 e $\mathbb{Q}(\sqrt[3]{b})$ di grado 3. Visto che $\mathbb{K} = \mathbb{Q}(\sqrt[3]{b})(\sqrt{a})$ sicuramente $n \le 6$; ma essendo 2 e 3 coprimi, 6 divide n e, conclusione, $n = 6$.

Sia ora $\mathbb{L} \ne \mathbb{Q}$, $\mathbb{K}$ una sottoestensione di $\mathbb{K}$ su $\mathbb{Q}$. Visto che $n = 6$, si ha $[\mathbb{L} : \mathbb{Q}] = 2$ o $[\mathbb{L} : \mathbb{Q}] = 3$. Se $[\mathbb{L} : \mathbb{Q}] = 2$ allora $\mathbb{L}$ deve necessariamente coincidere con $\mathbb{Q}(\sqrt{a})$ perché altrimenti $\mathbb{Q}(\sqrt{a}) \cdot \mathbb{L}$ sarebbe una sottoestensione di grado 4 di $\mathbb{K}$ mentre 4 non divide 6.

Supponiamo ora che $[\mathbb{L} : \mathbb{Q}] = 3$. Il polinomio $x^3 - b$ non può essere irriducibile in $\mathbb{L}[x]$ perché altrimenti $\mathbb{L}(\sqrt[3]{b})$ sarebbe una sottoestensione di grado 9 di $\mathbb{K}$. Allora, indicando con ζ una radice terza primitiva dell'unità in $\mathbb{C}$, una delle tre radici $\sqrt[3]{b}$, $\sqrt[3]{b}\zeta$, $\sqrt[3]{b}\zeta^2$ deve necessariamente appartenere ad $\mathbb{L}$; ed anzi $\mathbb{L}$ si ottiene estendendo $\mathbb{Q}$ con tale radice.

Se $\mathbb{L}$ è diverso da $\mathbb{Q}(\sqrt[3]{b})$, allora $\sqrt[3]{b}\zeta$ o $\sqrt[3]{b}\zeta^2 = \sqrt[3]{b}\zeta^{-1}$ è un elemento di $\mathbb{K}$, e, visto che $\sqrt[3]{b} \in \mathbb{K}$, otteniamo che ζ è un elemento di $\mathbb{K}$; allora $\mathbb{Q}(\zeta) = \mathbb{Q}(\sqrt{-3})$ è una sottoestensione quadratica di $\mathbb{K}$. Ma abbiamo già provato che $\mathbb{Q}(\sqrt{a})$ è l'unica sottoestensione quadratica di $\mathbb{K}$; possiamo quindi concludere che $\mathbb{Q}(\zeta) = \mathbb{Q}(\sqrt{a})$, da cui $a = -3a_1^2$ con $a_1 \in \mathbb{Z}$.

In conclusione, se $a = -3$ a meno di quadrati, abbiamo tre sottoestensioni di grado 3: $\mathbb{Q}(\sqrt[3]{b})$, $\mathbb{Q}(\zeta \sqrt[3]{b})$ e $\mathbb{Q}(\zeta^2 \sqrt[3]{b})$. Altrimenti $\mathbb{Q}(\sqrt[3]{b})$ è l'unica sottoestensione di grado 3 di $\mathbb{K}$.

241. (i) Ponendo $\mathbb{L} = \mathbb{Q}(\sqrt[3]{7}, \zeta)$, con $\zeta \in \mathbb{C}$ radice terza primitiva dell'unità, e $\mathbb{K} = \mathbb{Q}(\sqrt{3})$ abbiamo $\mathbb{F} = \mathbb{L} \cdot \mathbb{K}$. È chiaro che $\mathbb{L}$ è il campo di spezzamento di $x^3 - 7$

con gruppo di Galois isomorfo ad S_3 e $\mathbb{K}$ è il campo di spezzamento di $x^2 - 3$ con gruppo di Galois isomorfo a $\mathbb{Z}/2\mathbb{Z}$.

Inoltre $\mathbb{F}$ può anche essere ottenuto come composizione delle estensioni $\mathbb{Q}(\sqrt[3]{7}, \sqrt{3})$ e $\mathbb{Q}(\sqrt{-3})$ visto che $\mathbb{Q}(\zeta) = \mathbb{Q}(\sqrt{-3})$. Essendo la prima delle due estensioni reale e di grado 6 e la seconda non reale di grado 2, abbiamo che $\mathbb{F}$ ha grado 12 su $\mathbb{Q}$. Questo ci porta a concludere che $\mathbb{L} \cap \mathbb{K} = \mathbb{Q}$ e quindi, $\mathbb{L}$ e $\mathbb{K}$ sono due estensioni normali che generano $\mathbb{F}$, il gruppo di Galois di $\mathbb{L}/\mathbb{Q}$ è isomorfo al prodotto diretto $\mathrm{Gal}(\mathbb{L}/\mathbb{Q}) \times \mathrm{Gal}(\mathbb{K}/\mathbb{Q})$ cioè a $G = S_3 \times \mathbb{Z}/2\mathbb{Z}$.

(ii) Per la corrispondenza di Galois le sottoestensioni di $\mathbb{F}$ non normali su $\mathbb{Q}$ sono in corrispondenza con i sottogruppi non normali di $S_3 \times \mathbb{Z}/2\mathbb{Z}$. Vogliamo ora determinare questi sottogruppi.

Un sottogruppo non normale di G ha ordine 2, 3 o 4.

Gli elementi di ordine 2 di G sono: $(0, 1)$ e gli elementi del tipo $(\tau, 0)$ e $(\tau, 1)$ con τ trasposizione di S_3. Il primo genera il sottogruppo normale $e \times \mathbb{Z}/2\mathbb{Z} = Z(G)$, mentre tutti gli altri generano sottogruppi non normali in quanto le trasposizioni non sono nel centro di S_3.

Nessun elemento di G ha ordine 4 e quindi un sottogruppo di ordine 4 è isomorfo a $\mathbb{Z}/2\mathbb{Z} \times \mathbb{Z}/2\mathbb{Z}$, esso è cioè generato da due elementi di ordine 2 che commutano tra di loro. Almeno uno di questi due elementi deve avere una trasposizione τ nel primo fattore, allora se il secondo elemento ha una trasposizione nel primo fattore essa deve essere ancora τ perché trasposizioni distinte non commutano in S_3. Inoltre almeno uno dei due elementi deve avere 1 nel secondo fattore. Possiamo allora concludere che ci sono 3 sottogruppi di ordine 4 e sono: $\langle (\tau, 0), (0, 1) \rangle$ con τ una trasposizione di S_3. Nessuno di essi è normale.

In G vi è un unico sottogruppo di ordine 3, il gruppo generato da $((1, 2, 3), 0)$, quindi esso è normale.

Concludiamo che ci sono 6 sottogruppi non normali di ordine 2 e 3 sottogruppi non normali di ordine 4.

Per il Teorema di Corrispondenza di Galois esistono 6 sottoestensioni non normali di grado 6 e 3 sottoestensioni non normali di grado 3. Descriviamo tali sottoestensioni.

Per le estensioni di grado 3 consideriamo $\mathbb{Q}(\sqrt[3]{7}\zeta^u)$, per $u = 0, 1, 2$. È chiaro che una tale estensione ha grado 3 su $\mathbb{Q}$ e non è normale in quanto contiene solo una radice del polinomio $x^3 - 7$.

Per $u = 0, 1, 2$, sia $\mathbb{E}_u$ la sottoestensione $\mathbb{Q}(\sqrt[3]{7}\zeta^u, \sqrt{3})$. Essa è la composizione delle due estensioni $\mathbb{Q}(\sqrt[3]{7}\zeta^u)$ e $\mathbb{Q}(\sqrt{3})$, di grado 3 e 2 e quindi $\mathbb{E}_u$ ha grado 6 su $\mathbb{Q}$. Inoltre $\mathbb{E}_u$ non è normale su $\mathbb{Q}$: infatti se lo fosse dovrebbe contenere tutte le radici di $x^3 - 7$ in quanto ne contiene una e allora conterrebbe tutte le radici di $(x^3 - 7)(x^2 - 3)$ visto che contiene anche le radici di $x^2 - 3$, sarebbe allora $\mathbb{E}_u = \mathbb{F}$ mentre $\mathbb{F}$ ha grado 12 su $\mathbb{Q}$.

Per $u = 0, 1, 2$, sia ora $\mathbb{E}'_u = \mathbb{Q}(\sqrt[3]{7}\zeta^u, i)$. Come sopra $\mathbb{E}'_u$ è la composizione delle due estensioni $\mathbb{Q}(\sqrt[3]{7}\zeta^u)$ e $\mathbb{Q}(i)$, di grado rispettivamente 3 e 2, che si intersecano su $\mathbb{Q}$; allora $\mathbb{E}'_u$ ha grado 6 su $\mathbb{Q}$. Inoltre essa non è normale perché contiene una radice di $x^3 - 7$ e, se fosse normale, dovrebbe contenere anche la radice $\sqrt[3]{7}\zeta^{u+1}$, quindi anche ζ e infine, contenendo i, conterrebbe anche $\sqrt{3}$; avremmo quindi $\mathbb{E}'_u = \mathbb{F}$ mentre $\mathbb{F}$ ha grado 12.

242. Sia $\mathbb{K} = \mathbb{F}_q$ con q una potenza di un primo. Visto che $\alpha\beta \in \mathbb{K}(\alpha, \beta) = \mathbb{F}_{q^{20}}$ abbiamo che $\alpha\beta \in \mathbb{F}_{q^{20}}$ e quindi i possibili k per cui $\alpha\beta \in \mathbb{F}_{q^k}$ sono da cercarsi tra i divisori di 20.

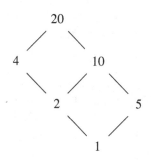

Allora per un tale k vale che k divide 4 o 5 divide k. Nel primo caso $\alpha\beta \in \mathbb{F}_{q^4} = \mathbb{K}(\beta)$, da cui anche $\alpha = \alpha\beta/\beta \in \mathbb{K}(\beta)$ cosa che è impossibile in quanto 5 non divide 4. Nel secondo caso ricaviamo che $\mathbb{K}(\alpha) = \mathbb{F}_{q^5} \subseteq \mathbb{K}(\alpha\beta)$ e quindi anche $\beta = \alpha\beta/\alpha \in \mathbb{K}(\alpha\beta)$. E da quest'ultima inclusione abbiamo che anche 4 deve dividere k, cioè $k = 20$ come dovevamo dimostrare.

243. Il campo $\mathbb{K} = \mathbb{Q}(\zeta)$ è l'estensione ciclotomica 25–esima di $\mathbb{Q}$ in $\mathbb{C}$, il suo gruppo di Galois G è isomorfo a $(\mathbb{Z}/25\mathbb{Z})^*$, cioè a $\mathbb{Z}/20\mathbb{Z}$. Inoltre gli elementi del gruppo di Galois sono definiti dall'assegnazione $\varphi_h : \zeta \longmapsto \zeta^h$, con $0 < h < 25$ e primo con 5.

(i) Sia $\mathbb{F} = \mathbb{Q}(\alpha)$ e osserviamo che, dal Teorema di Corrispondenza di Galois, $[\mathbb{F} : \mathbb{Q}]$ è l'indice del sottogruppo H di G che fissa punto a punto $\mathbb{F}$, cioè del sottogruppo che fissa l'unico generatore α di $\mathbb{F}$. In particolare abbiamo

$$\varphi_7(\alpha) = \varphi_7(\zeta^7) + \varphi_7(\zeta) + \varphi_7(\zeta^{-1}) + \varphi_7(\zeta^{-7})$$
$$= \zeta^{49} + \zeta^7 + \zeta^{-7} + \zeta^{-49}$$
$$= \zeta^{-1} + \zeta^7 + \zeta^{-7} + \zeta$$
$$= \alpha$$

e quindi $\varphi_7 \in H$. Ora φ_7 ha ordine in G dato dall'ordine di 7 in $(\mathbb{Z}/25\mathbb{Z})^*$, cioè 4; allora $[\mathbb{F} : \mathbb{Q}]$ è un divisore di 5. Se fosse $[\mathbb{F} : \mathbb{Q}] = 1$ avremmo $\alpha \in \mathbb{Q}$ e quindi il polinomio

$$x^{14} + x^8 + x^6 + 1 - \alpha x^7$$

avrebbe coefficienti razionali. Ma ciò è impossibile in quanto tale polinomio di grado 14 si annulla in ζ

$$\zeta^{14} + \zeta^8 + \zeta^6 + 1 - \alpha\zeta^7 = \zeta^7(\zeta^7 + \zeta + \zeta^{-1} + \zeta^{-7} - \alpha) = 0,$$

contro $[\mathbb{K} : \mathbb{Q}] = 20$. Abbiamo quindi provato che $[\mathbb{Q}(\alpha) : \mathbb{Q}] = 5$.

(ii) Il gruppo di Galois di $\mathbb{K}$ è ciclico di ordine 20, esiste quindi una ed una sola estensione per ogni divisore di 20. Chiaramente le estensioni di grado 20 e 1 sono rispettivamente $\mathbb{K}$ e $\mathbb{Q}$ mentre l'estensione di grado 5 è $\mathbb{Q}(\alpha)$ per il punto precedente.

La sottoestensione reale $\mathbb{Q}(\zeta) \cap \mathbb{R} = \mathbb{Q}(\zeta + \zeta^{-1})$ ha ordine $\phi(25)/2 = 10$. Inoltre ζ^5 è una radice primitiva quinta dell'unità, allora $\mathbb{Q}(\zeta^5)$ ha grado $\phi(5) = 4$ e la sua sottoestensione reale $\mathbb{Q}(\zeta^5) \cap \mathbb{R} = \mathbb{Q}(\zeta^5 + \zeta^{-5})$ ha grado $\phi(5)/2 = 2$ su $\mathbb{Q}$. Abbiamo costruito tutte le sottoestensioni di $\mathbb{K}$.

244. Siano α una radice di $f(x)$ in $\mathbb{C}$, $\mathbb{F} = \mathbb{Q}(\alpha)$ e $\mathbb{K} = \mathbb{Q}(\sqrt{2})$.

$$\mathbb{L} = \mathbb{Q}(\sqrt{2})(\alpha)$$

Osserviamo che $[\mathbb{F} : \mathbb{Q}] = 6$ in quanto $f(x)$ è irriducibile. Consideriamo il campo composto $\mathbb{L} = \mathbb{F} \cdot \mathbb{K} = \mathbb{Q}(\sqrt{2})(\alpha)$. Il grado di $[\mathbb{L} : \mathbb{K}]$ è il grado del fattore irriducibile di $f(x)$ su $\mathbb{Q}(\sqrt{2})$ di cui α è radice. Detti $r = [\mathbb{L} : \mathbb{F}]$ e $s = [\mathbb{L} : \mathbb{K}]$ abbiamo due possibilità.

$\mathbb{F} = \mathbb{Q}(\alpha)$ $\quad$ $\mathbb{K} = \mathbb{Q}(\sqrt{2})$

$\mathbb{Q}$

(con r, s, 6, 2 etichette dei lati)

(1) Se $\sqrt{2} \in \mathbb{F}$ allora $r = 1, s = 3$ e $f(x)$ si spezza in due fattori irriducibili in $\mathbb{K}[x]$. Questo caso si ottiene, ad esempio, per $f(x) = x^6 - 2$ che è irriducibile su $\mathbb{Q}$ per il Criterio di Eisenstein. Ovviamente su $\mathbb{Q}(\sqrt{2})$ si ha $f(x) = (x^3 - \sqrt{2})(x^3 + \sqrt{2})$ e, per quanto appena detto, questi due fattori sono irriducibili.

(2) Se $\sqrt{2} \notin \mathbb{F}$ allora $r = 2$, $s = 6$ e $f(x)$ rimane quindi irriducibile su $\mathbb{Q}(\sqrt{2})$. Proviamo ora che questo caso accade, ad esempio, per $f(x) = x^6 + x^5 + \cdots + x + 1$. Visto che $f(x)$ è il polinomio ciclotomico settimo su $\mathbb{Q}$ esso è irriducibile e $\mathbb{L}$ è l'estensione ciclotomica settima. Se fosse $\sqrt{2} \in \mathbb{L}$ allora $\mathbb{K}$ sarebbe una sottoestensione di $\mathbb{L} \cap \mathbb{R}$ che, essendo la sottoestensione reale di $\mathbb{L}$, ha grado $\phi(7)/2 = 3$ su $\mathbb{Q}$; ciò è però impossibile in quanto $2 = [\mathbb{K} : \mathbb{Q}]$ non divide 3.

245. (i) Per provare che $\mathbb{Q}(\alpha)$ ha grado 2 su $\mathbb{Q}$ basta far vedere che α soddisfa un polinomio irriducibile di secondo grado in $\mathbb{Q}[x]$.

Infatti, svolgendo il quadrato di α e usando $\zeta_7^6 + \cdots + \zeta_7^2 + \zeta_7 + 1 = 0$, troviamo subito che il polinomio $x^2 + x + 2$, irriducibile su $\mathbb{Q}$ perché senza radici razionali, si annulla in α.

(ii) Per prima cosa dimostriamo che $\mathbb{Q}(\alpha) \cap \mathbb{Q}(\zeta_5) = \mathbb{Q}$. Dal punto precedente abbiamo che $\mathbb{Q}(\alpha)$ ha grado 2 su $\mathbb{Q}$ e quindi tale intersezione può essere $\mathbb{Q}$ o $\mathbb{Q}(\alpha)$.

Il gruppo di Galois dell'estensione ciclotomica quinta $\mathbb{Q}(\zeta_5)$ è isomorfo a $(\mathbb{Z}/5\mathbb{Z})^*$ e cioè a $\mathbb{Z}/4\mathbb{Z}$, esso ha quindi un solo sottogruppo di indice 2. Per il Teorema di Corrispondenza di Galois esiste un solo sottocampo di $\mathbb{Q}(\zeta_5)$ di grado 2 su $\mathbb{Q}$ e tale sottocampo è la sottoestensione reale $\mathbb{Q}(\zeta_5) \cap \mathbb{R}$ che sappiamo avere grado $\phi(5)/2 = 2$.

Allora se fosse $\mathbb{Q}(\alpha) \cap \mathbb{Q}(\zeta_5) \neq \mathbb{Q}$, il campo $\mathbb{Q}(\alpha)$ dovrebbe essere reale; ma ciò non è vero in quanto il polinomio $x^2 + x + 2$ ha discriminante negativo. Abbiamo così provato che $\mathbb{Q}(\alpha) \cap \mathbb{Q}(\zeta_5) = \mathbb{Q}$.

Allora $\mathbb{K} = \mathbb{Q}(\alpha, \zeta_5)$ è la composizione delle sue due sottoestensioni normali $\mathbb{Q}(\alpha)$ e $\mathbb{Q}(\zeta_5)$ che si intersecano su $\mathbb{Q}$ e hanno gruppo di Galois isomorfo a $\mathbb{Z}/2\mathbb{Z}$ e $\mathbb{Z}/4\mathbb{Z}$ rispettivamente. Risulta quindi $\text{Gal}(\mathbb{K}/\mathbb{Q}) \simeq \mathbb{Z}/2\mathbb{Z} \times \mathbb{Z}/4\mathbb{Z}$.

246. (i) Sia r l'ordine di σ in $\text{Gal}(\mathbb{E}/\mathbb{Q}(\zeta))$. Abbiamo $\sigma(\zeta) = \zeta$ e quindi $\alpha = \sigma^r(\alpha) = \zeta^r \alpha$. Questo prova che n divide r. Allora n divide l'ordine di $\text{Gal}(\mathbb{E}/\mathbb{Q}(\zeta_n))$, cioè $[\mathbb{E} : \mathbb{Q}(\zeta)]$.

(ii) Abbiamo $\sigma(\alpha^n) = \sigma(\alpha)^n = (\zeta\alpha)^n = \alpha^n$. Questo significa che α^n è fissato da σ. Allora α^n è un elemento del sottocampo $\mathbb{F}$ di $\mathbb{E}$ fissato da σ, cioè corrispondente al sottogruppo ciclico generato da σ. Non può essere $\mathbb{F} = \mathbb{E}$ perché sappiamo che σ non fissa α.

247. (i) Sia $\mathbb{E} = \mathbb{Q}(\alpha_n) \cap \mathbb{Q}(\zeta_5)$ e osserviamo che $\mathbb{E} \subseteq \mathbb{Q}(\alpha_n) \subseteq \mathbb{R}$ e quindi $\mathbb{E}$ è contenuto nella sottoestensione reale $\mathbb{Q}(\zeta_5) \cap \mathbb{R} = \mathbb{Q}(\zeta_5 + \zeta_5^{-1})$. Inoltre quest'ultima sottoestensione è uguale a $\mathbb{Q}(\sqrt{5})$ in quanto $\zeta_5 + \zeta_5^{-1}$ verifica il polinomio $x^2 + x - 1$.

È inoltre chiaro che $[\mathbb{Q}(\alpha_n) : \mathbb{Q}] = n$ in quanto $x^n - 5$ è irriducibile su $\mathbb{Q}$ per il Criterio di Eisenstein. Quindi, se n è dispari, $\mathbb{E} = \mathbb{Q}$ mentre se n è pari $\sqrt{5} = (\alpha_n)^{n/2}$ e quindi $\mathbb{E} = \mathbb{Q}(\sqrt{5})$.

Usando che $\mathbb{Q}(\alpha_n)/\mathbb{E}$ e $\mathbb{Q}(\sqrt{5})/\mathbb{E}$ sono di Galois, abbiamo che $[\mathbb{Q}(\alpha_n, \zeta_5) : \mathbb{Q}] = [\mathbb{Q}(\alpha_n) : \mathbb{Q}][\mathbb{Q}(\zeta_5) : \mathbb{Q}]/[\mathbb{E} : \mathbb{Q}]$ e, per quanto visto sopra, tale grado è quindi uguale a $4n$ se n è dispari, mentre è uguale a $2n$ se n è pari.

(ii) Supponiamo $\alpha_n \in \mathbb{Q}(\zeta_m)$. L'estensione $\mathbb{Q}(\zeta_m)$ è ciclotomica, essa ha quindi gruppo di Galois abeliano e ogni sua sottoestensione è normale. In particolare $\mathbb{Q}(\alpha_n)/\mathbb{Q}$ deve essere normale, e contenendo una radice di $x^n - 5$, deve contenere il campo di spezzamento di questo polinomio. Ma per $n > 2$ il campo di spezzamento di $x^n - 5$ non è reale mentre $\mathbb{Q}(\alpha_n)$ lo è: concludiamo che necessariamente $n = 1$ o $n = 2$.

Chiaramente se $n = 1$ allora $\alpha_1 = 5 \in \mathbb{Q}(\zeta_m)$ per ogni $m \geq 1$. Supponiamo allora $n = 2$. Abbiamo già osservato che $\sqrt{5} \in \mathbb{Q}(\zeta_5)$ e, inoltre, visto che $\mathbb{Q}(\zeta_5) \subseteq \mathbb{Q}(\zeta_{5m})$ per ogni $m \geq 1$, concludiamo $\alpha_2 = \sqrt{5} \in \mathbb{Q}(\zeta_{5m})$.

Viceversa se m è primo con 5 allora abbiamo $[\mathbb{Q}(\zeta_{5m}) : \mathbb{Q}] = \phi(5m) = 4\phi(m) = [\mathbb{Q}(\zeta_5) : \mathbb{Q}][\mathbb{Q}(\zeta_m) : \mathbb{Q}]$ e quindi $\mathbb{Q}(\zeta_5)$ interseca $\mathbb{Q}(\zeta_m)$ solo in $\mathbb{Q}$; in particolare $\sqrt{5} \notin \mathbb{Q}(\zeta_m)$.

In conclusione le coppie che verificano la condizione richiesta sono: $(1, m)$ e $(2, 5m)$ con $m \geq 1$.

248. Dimostriamo che $[\mathbb{L} : \mathbb{K}] = 5$ è possibile. Sia $f(x) = x^5 - 2$, un polinomio irriducibile su $\mathbb{Q}$ per il Criterio di Eisenstein. Sappiamo che, posto $\alpha = \sqrt[5]{2}$ e indicata con ζ una radice primitiva quinta dell'unità in $\mathbb{C}$, le radici di $f(x)$ sono $\alpha\zeta^k$, per $k = 0, 1, 2, 3, 4$.

Allora $\mathbb{L}$ è il composto di $\mathbb{Q}(\alpha)$, di grado 5 su $\mathbb{Q}$ perché $f(x)$ è irriducibile, e $\mathbb{Q}(\zeta)$ di grado $4 = \phi(5)$ su $\mathbb{Q}$. Quindi $[\mathbb{L} : \mathbb{Q}] = 20$ da cui $[\mathbb{L} : \mathbb{Q}(\zeta)] = 5$ e, in particolare, $f(x)$ rimane irriducibile su $\mathbb{Q}(\zeta)$ in quanto aggiungendo la sua radice α abbiamo un'estensione di grado 5. Prendiamo quindi $\mathbb{K} = \mathbb{Q}(\zeta)$ per avere l'esempio richiesto.

Dimostriamo che anche $[\mathbb{L} : \mathbb{K}] = 10$ è possibile. Siano $f(x)$, α e ζ come sopra e consideriamo ora $\mathbb{K} = \mathbb{Q}(\zeta + \zeta^{-1})$, la sottoestensione reale di $\mathbb{Q}(\zeta)$ di grado 2 su $\mathbb{Q}$. Allora $[\mathbb{L} : \mathbb{K}] = 10$. Inoltre $\mathbb{Q}(\alpha)$ e $\mathbb{K}$ hanno gradi su $\mathbb{Q}$ primi tra loro e quindi $\mathbb{K}(\alpha)$ ha grado 5 su $\mathbb{K}$. Questo implica che $f(x)$ è irriducibile su $\mathbb{K}$.

Infine, facciamo vedere che $[\mathbb{L} : \mathbb{K}] = 15$ non è invece possibile. Infatti se fosse $[\mathbb{L} : \mathbb{K}] = 15$ allora il gruppo di Galois di $\mathbb{L}/\mathbb{K}$ sarebbe un gruppo di ordine 15 e quindi ciclico. Ma tale gruppo dovrebbe anche essere un sottogruppo di S_5 mentre non ci sono elementi di ordine 15 in S_5.

249. (i) Sia $\mathbb{F}$ il campo di spezzamento di $f(x)$ su $\mathbb{K}$; osserviamo che $\mathbb{F}$ è un'estensione di Galois e che $\mathbb{L}$ è una sua sottoestensione. Un qualunque omomorfismo di $\mathbb{L}$ in una qualche chiusura algebrica di $\mathbb{K}$ si estende ad $\mathbb{F}$ e quindi permuta tra di loro le radici α_1, α_2, α_3, α_4. Ma allora permuta tra di loro β, γ, δ per come tali elementi sono definiti in termini di α_1, α_2, α_3, α_4. Ciò prova che $\mathbb{L}$ è un'estensione normale di $\mathbb{K}$.

(ii) Consideriamo $g(x) = (x - \beta)(x - \gamma)(x - \delta)$. Questo polinomio ha chiaramente coefficienti in $\mathbb{L}$. In realtà, i suoi coefficienti sono in $\mathbb{K}$ in quanto gli elementi del gruppo di Galois di $\mathbb{L}/\mathbb{K}$ permutano le sue radici, quindi fissano i suoi coefficienti. Da ciò segue la tesi.

(iii) Se $\mathbb{K}$ è un campo finito allora $[\mathbb{F} : \mathbb{K}] = 4$ e il gruppo di Galois di $\mathbb{F}/\mathbb{K}$ è ciclico di ordine 4. Visto che tale gruppo permuta le radici di $f(x)$, allora, a meno di rinumerare le radici, il generatore di G corrisponde al ciclo $(\alpha_1, \alpha_2, \alpha_3, \alpha_4)$ in quanto in S_4 solo i 4–cicli hanno ordine 4.

Osserviamo inoltre che $\mathbb{L}$ può avere grado 1 o 2 su $\mathbb{K}$ perché $\mathbb{L}$ è una sottoestensione di $\mathbb{F}$ che ha grado 4 e, per il punto precedente, il suo grado è un divisore di 3!.

Supponiamo per assurdo che $[\mathbb{L} : \mathbb{K}] = 1$. Allora β, γ, δ sono elementi fissati dal gruppo di Galois di $\mathbb{F}/\mathbb{K}$. Ma si calcola subito che il ciclo $(\alpha_1, \alpha_2, \alpha_3, \alpha_4)$ manda β in δ; l'unica possibilità è quindi di avere $\beta = \delta$, da cui

$$\alpha_1\alpha_2 + \alpha_3\alpha_4 = \alpha_1\alpha_4 + \alpha_2\alpha_3$$
$$\alpha_1(\alpha_2 - \alpha_4) = \alpha_3(\alpha_2 - \alpha_4)$$
$$(\alpha_1 - \alpha_3)(\alpha_2 - \alpha_4) = 0.$$

Quest'ultima uguaglianza dice che $\alpha_1 = \alpha_3$ o $\alpha_2 = \alpha_4$. Entrambi i casi sono impossibili: un polinomio irriducibile non ha radici multiple in un campo finito. Abbiamo quindi provato che $[\mathbb{L} : \mathbb{K}] = 2$.

250. (i) Il campo $\mathbb{L}$ è l'estensione ciclotomica 24–esima di $\mathbb{Q}$ in $\mathbb{C}$, il suo gruppo di Galois è allora isomorfo a $(\mathbb{Z}/24\mathbb{Z})^*$, cioè a $G = (\mathbb{Z}/2\mathbb{Z})^3$. Per il Teorema di Corrispondenza di Galois, le sottoestensioni di grado 4 e 2 su $\mathbb{Q}$ corrispondono, rispettivamente, ai sottogruppi di indice 4 e 2 di G, cioè di ordine 2 e 4.

Osserviamo che ovviamente ogni elemento di $G \setminus \{(0, 0, 0)\}$ ha ordine 2 in G. Un sottogruppo di ordine 2 è formato dall'elemento neutro e da un elemento di ordine 2; vi sono quindi 7 sottogruppi di ordine 2, tanti quanti gli elementi di ordine 2 di G. I sottogruppi di ordine 4 sono sicuramente isomorfi a $(\mathbb{Z}/2\mathbb{Z})^2$ e possiamo quindi contarli come segue: scegliamo un elemento g di ordine 2, ciò può essere fatto in $2^3 - 1$ modi, poi scegliamo un altro elemento h di ordine 2 diverso da g, ciò può essere fatto in $2^3 - 2$ modi, e, infine, dividiamo $7 \cdot 6$ per $3 \cdot 2$, cioè per il numero di coppie di generatori di un gruppo isomorfo a $(\mathbb{Z}/2\mathbb{Z})^2$. Otteniamo quindi 7 sottogruppi.

In conclusione $\mathbb{L}$ ha 7 estensioni di grado 4 su $\mathbb{Q}$ e 7 sottoestensioni di grado 2 su $\mathbb{Q}$.

(ii) Visto che il gruppo G è abeliano, ogni sottoestensione di $\mathbb{L}$ è normale. Quindi, indicata con $\mathbb{F}$ una sottoestensione di grado 4, segue dal Teorema di Corrispondenza di Galois che il gruppo $\text{Gal}(\mathbb{F}/\mathbb{Q})$ è isomorfo ad un quoziente di G di ordine 4. Ma allora tale quoziente non può che essere $(\mathbb{Z}/2\mathbb{Z})^2$ visto che in G ogni elemento ha ordine al più 2.

(iii) Il campo $\mathbb{L}$ contiene ζ^6, una radice quarta primitiva dell'unità, ζ^8, una radice terza primitiva dell'unità, e ζ^3, una radice ottava primitiva dell'unità. Allora $\mathbb{L}$ contiene anche $\alpha_1 = \sqrt{-1}$, $\alpha_2 = \sqrt{2}$ e $\alpha_3 = \sqrt{3}$ e anzi $\mathbb{L} = \mathbb{Q}(\alpha_1, \alpha_2, \alpha_3)$, come si prova subito.

I polinomi minimi di α_1, α_2 e α_3 sono rispettivamente $x^2 + 1$, $x^2 - 2$ e $x^3 - 3$. È allora chiaro che gli automorfismi di $\mathrm{Gal}(\mathbb{L}/\mathbb{Q})$ sono le estensioni di

$$\varphi_{(h_1, h_2, h_3)}(\alpha_i) = (-1)^{h_i} \alpha_i, \quad \text{per } i = 1, 2, 3,$$

al variare di (h_1, h_2, h_3) in $G = (\mathbb{Z}/2\mathbb{Z})^3$. Le 7 sottoestensioni di grado 4 su $\mathbb{Q}$ sono quindi i sottocampi fissati dai 7 automorfismi $\varphi_{(h_1, h_2, h_3)}$, con $(h_1, h_2, h_3) \neq (0, 0, 0)$. Otteniamo che queste sottoestensioni sono

$$\mathbb{Q}(\sqrt{-1}, \sqrt{2}), \quad \mathbb{Q}(\sqrt{-1}, \sqrt{3}), \quad \mathbb{Q}(\sqrt{-1}, \sqrt{6}), \quad \mathbb{Q}(\sqrt{2}, \sqrt{3}),$$
$$\mathbb{Q}(\sqrt{2}, \sqrt{-3}), \quad \mathbb{Q}(\sqrt{-2}, \sqrt{3}), \quad \mathbb{Q}(\sqrt{-2}, \sqrt{-3}).$$

Per ognuna di tali estensioni si ha $\mathbb{Q}(\sqrt{a}, \sqrt{b}) = \mathbb{Q}(\sqrt{a} + \sqrt{b})$; infatti un contenimento è ovvio e l'altro segue dal fatto che $\sqrt{a} + \sqrt{b}$ ha grado 4 su $\mathbb{Q}$ per ogni a e b come nella lista.

251. Il polinomio $f(x) = x^4 + 5x + 5$ è irriducibile su $\mathbb{Q}$ per il Criterio di Eisenstein; determiniamo il suo campo di spezzamento e gruppo di Galois su $\mathbb{Q}$. Posto

$$\alpha = \sqrt{\frac{-5 + \sqrt{5}}{2}} \quad e \quad \beta = \sqrt{\frac{-5 - \sqrt{5}}{2}},$$

le radici di $f(x) = x^4 + 5x^2 + 5$ sono $\pm\alpha, \pm\beta$. Notiamo che $\sqrt{5} \in \mathbb{Q}(\alpha)$ e $\alpha\beta = \sqrt{5}$ e quindi $\beta \in \mathbb{Q}(\alpha)$; il campo di spezzamento $\mathbb{K}$ di $f(x)$ è $\mathbb{Q}(\alpha)$ e $\mathrm{Gal}(\mathbb{K}/\mathbb{Q})$ ha quattro elementi.

Sia ora φ l'unica estensione ad un automorfismo di $\mathbb{K}$ dell'assegnazione $\alpha \longmapsto \beta$. Visto che $\sqrt{5} = 2\alpha^2 + 5$ e $-\sqrt{5} = 2\beta^2 + 5$, abbiamo $\varphi(\sqrt{5}) = -\sqrt{5}$ da cui $\varphi(\beta) = \varphi(\sqrt{5}/\alpha) = -\sqrt{5}/\beta = -\alpha$. Allora φ permuta le radici di $f(x)$ come il 4–ciclo $(\alpha, \beta, -\alpha, -\beta)$, dunque $\mathrm{Gal}(\mathbb{K}/\mathbb{Q})$ è isomorfo a $\mathbb{Z}/4\mathbb{Z}$ e, in particolare, $\mathbb{Q}(\sqrt{5})$ è l'unica sottoestensione quadratica di $\mathbb{K}$.

Possiamo ora concludere che il campo di spezzamento di $f(x)(x^2 - a)$ è $\mathbb{K}$, e quindi il gruppo di Galois cercato è isomorfo $\mathbb{Z}/4\mathbb{Z}$, se $a = 5b^2$ o $a = b^2$ con $b \in \mathbb{N}$. Se invece a non è di questo tipo allora il campo di spezzamento è $\mathbb{F} = \mathbb{K}(\sqrt{a}) = \mathbb{Q}(\alpha, \sqrt{a})$. In tal caso le due sottoestensioni $\mathbb{K}$ e $\mathbb{Q}(\sqrt{a})$ sono entrambe normali e si intersecano in $\mathbb{Q}$, il gruppo di Galois di $\mathbb{F}$ su $\mathbb{Q}$ è allora isomorfo a $\mathbb{Z}/4\mathbb{Z} \times \mathbb{Z}/2\mathbb{Z}$.

252. Sia $\alpha = \sqrt[6]{2}$ e sia ζ una radice sesta primitiva dell'unità in $\mathbb{C}$. Le radici di $f(x) = x^6 - 2$ sono $\alpha\zeta^k$, con $k = 0, 1, 2, 3, 4, 5$, e il suo campo di spezzamento è chiaramente $\mathbb{K} = \mathbb{Q}(\alpha, \zeta)$. La sottoestensione $\mathbb{Q}(\alpha)$ è reale, ha grado 6 su $\mathbb{Q}$, in quanto $f(x)$ è irriducibile per il Criterio di Eisenstein, e non è normale perché contiene le sole radici $\pm\alpha$ di $f(x)$. Invece $\mathbb{Q}(\zeta)$ è l'estensione ciclotomica sesta, è normale e ha grado $\phi(6) = 2$ su $\mathbb{Q}$. In particolare $\mathbb{Q}(\alpha) \cap \mathbb{Q}(\zeta) = \mathbb{Q}$ e quindi $[\mathbb{K} : \mathbb{Q}] = 12$.

Il campo $\mathbb{K}$ è normale su $\mathbb{Q}$ e quindi anche le estensioni $\mathbb{K}/\mathbb{Q}(\alpha)$ e $\mathbb{K}/\mathbb{Q}(\zeta)$ sono normali. Allora considerati i due sottogruppi $H_1 = \mathrm{Gal}(\mathbb{K}/\mathbb{Q}(\zeta))$ e $H_2 = \mathrm{Gal}(\mathbb{K}/\mathbb{Q}(\alpha))$ di $G = \mathrm{Gal}(\mathbb{K}/\mathbb{Q})$ abbiamo: $H_1 \cdot H_2 = G$, perché $\mathbb{Q}(\alpha) \cap \mathbb{Q}(\zeta) = \mathbb{Q}$, $H_1 \cap H_2 = \{e\}$, in quanto $|H_1| \cdot |H_2| = 6 \cdot 2 = 12 = |G|$, e H_1 è normale in G. In conclusione $G \simeq H_1 \rtimes H_2$ e questo prodotto semidiretto non è diretto visto che G ha il sottogruppo non normale H_2 e non è quindi abeliano.

Osserviamo ora che le assegnazioni $\zeta \longmapsto \zeta$, $\alpha \longmapsto \alpha\zeta$ si estendono in modo unico ad un automorfismo $\varphi \in H_1$. Allora $H_1 = \langle \varphi \rangle \simeq \mathbb{Z}/6\mathbb{Z}$. In conclusione G è isomorfo al gruppo diedrale D_6 perché vi è un unico omomorfismo non banale da $H_2 \simeq \mathbb{Z}/2\mathbb{Z}$ in $\mathrm{Aut}(H_1) \simeq \mathrm{Aut}(\mathbb{Z}/6\mathbb{Z}) \simeq \mathbb{Z}/2\mathbb{Z}$.

Una sottoestensione $\mathbb{F}$ di grado 2 su $\mathbb{Q}$ corrisponde ad un sottogruppo di ordine 6 in D_6. Inoltre D_6 ha esattamente tre sottogruppi di ordine 6: il gruppo delle rotazioni e due sottogruppi isomorfi a D_3 come si prova facilmente.

Il campo $\mathbb{K}$ contiene le sottoestensioni quadratiche $\mathbb{Q}(\zeta) = \mathbb{Q}(\sqrt{-3})$, $\mathbb{Q}(\sqrt{2}) = \mathbb{Q}(\alpha^3)$ e $\mathbb{Q}(\sqrt{-6})$ ed esse sono tutte le sottoestensioni quadratiche in quanto sono in numero di tre.

253. Le radici di $f(x) = x^4 - 2$ sono $\sqrt[4]{2}i^k$, con $k = 0, 1, 2, 3$. Allora il suo campo di spezzamento è $\mathbb{K} = \mathbb{Q}(\sqrt[4]{2}, i)$ e tale campo contiene la sottoestensione reale non normale $\mathbb{Q}(\sqrt[4]{2})$ e la sottoestensione non reale e normale $\mathbb{Q}(i)$ di grado 2. Segue che $[\mathbb{K} : \mathbb{Q}] = 8$ e il gruppo di Galois $G = \mathrm{Gal}(\mathbb{K}/\mathbb{Q})$ è isomorfo a D_4 in quanto è un sottogruppo di ordine 8, cioè un 2–Sylow, di S_4.

Osserviamo ora che $\mathbb{K}$ ha le tre sottoestensioni quadratiche su $\mathbb{Q}$: $\mathbb{Q}(i)$, $\mathbb{Q}(\sqrt{2})$ e $\mathbb{Q}(\sqrt{-2})$. Inoltre, se consideriamo, come di consueto, la presentazione di D_4 con generatori r e s e relazioni $r^4 = s^2 = e$ e $sr = r^{-1}s$; si vede subito che i sottogruppi di D_4 di indice 2 sono tre: $\langle r \rangle$, $\langle r^2, s \rangle$ e $\langle r^2, rs \rangle$. Quindi, per il Teorema di Corrispondenza di Galois, $\mathbb{K}/\mathbb{Q}$ non ha altre sottoestensioni quadratiche oltre alle tre già trovate.

In particolare, visto che tutti gli elementi di ordine 4 di D_4 sono contenuti in $\langle r \rangle$, questo gruppo è l'unico di indice 2 ad essere isomorfo a $\mathbb{Z}/4\mathbb{Z}$; gli altri due sono isomorfi a $\mathbb{Z}/2\mathbb{Z} \times \mathbb{Z}/2\mathbb{Z}$. Infine, a meno di scambiare r con r^{-1}, l'unico automorfismo definito da $\sqrt[4]{2} \longmapsto i\sqrt[4]{2}$ e $i \longmapsto i$, corrisponde ad r in quanto ha ordine 4 in G. Allora la sottoestensione $\mathbb{Q}(i)$, fissata da questo automorfismo, corrisponde al sottogruppo $\langle r \rangle$ di D_4.

Possiamo ora discutere il problema proposto al variare di a. Se $a \in \mathbb{N}^2$, cioè se a è il quadrato di un numero intero, allora $\mathbb{Q}(\sqrt{a}) = \mathbb{Q}$ e il gruppo cercato è chiaramente D_4.

Se invece $a \in -\mathbb{N}^2, 2\mathbb{N}^2, -2\mathbb{N}^2$, allora abbiamo $\mathbb{Q} \subsetneq \mathbb{Q}(\sqrt{a}) \subseteq \mathbb{K}$ e il gruppo di Galois cercato ha ordine 4. Più precisamente esso è isomorfo a $\mathbb{Z}/4\mathbb{Z}$ nel caso $a = -\mathbb{N}^2$, in quanto come discusso sopra $\mathbb{Q}(i)$ corrisponde a $\langle r \rangle \simeq \mathbb{Z}/4\mathbb{Z}$, e a $\mathbb{Z}/2\mathbb{Z} \times \mathbb{Z}/2\mathbb{Z}$ negli altri due casi.

Se infine a non è un elemento di $\pm\mathbb{N}^2$, $\pm 2\mathbb{N}^2$, allora $\mathbb{Q}(\sqrt{a}) \not\subseteq \mathbb{K}$ e quindi $\mathbb{Q}(\sqrt{a}) \cap \mathbb{K} = \mathbb{Q}$. Denotiamo allora con $\mathbb{F} = \mathbb{K}(\sqrt{a})$ il composto delle due estensioni $\mathbb{Q}(\sqrt{a})$ e $\mathbb{K}$; risulta che $\mathbb{F}$ è il campo di spezzamento del polinomio $x^4 - 2$ su $\mathbb{Q}(\sqrt{a})$ e che $\mathbb{F}/\mathbb{Q}$ è un'estensione normale di $\mathbb{Q}$ con gruppo di Galois isomorfo a $\mathbb{Z}/2\mathbb{Z} \times D_4$. Visto che $\mathbb{Q}(\sqrt{a})$ è fissato da $0 \times D_4$, il gruppo di Galois cercato è isomorfo a D_4 per il Teorema di Corrispondenza di Galois.

254. (i) Si ha $\mathbb{K}_5 = \mathbb{Q}(\sqrt[5]{p}, \zeta_5)$, $\mathbb{K}_7 = \mathbb{Q}(\sqrt[7]{p}, \zeta_7)$, $\mathbb{K}_{35} = \mathbb{Q}(\sqrt[35]{p}, \zeta_{35})$, dove, per $m = 5, 7, 35$, $\zeta_m = e^{2\pi i/m}$, una radice m–esima primitiva dell'unità in $\mathbb{C}$. Poiché

$$(\sqrt[35]{p})^7 = \sqrt[5]{p}, \quad (\sqrt[35]{p})^5 = \sqrt[7]{p}, \quad \zeta_{35}^7 = \zeta_5, \quad \zeta_{35}^5 = \zeta_7,$$

si vede immediatamente che $\mathbb{K}_5$ e $\mathbb{K}_7$ sono contenuti in $\mathbb{K}_{35}$, e quindi $\mathbb{K}_5 \cdot \mathbb{K}_7 \subseteq \mathbb{K}_{35}$.

D'altra parte se a, b sono interi tali che $7a + 5b = 1$, si ha $(\sqrt[5]{p})^a \cdot (\sqrt[7]{p})^b = \sqrt[35]{p}^{7a+5b} = \sqrt[35]{p}$ e, analogamente, $\zeta_5^a \cdot \zeta_7^b = \zeta_{35}$, per cui $\mathbb{K}_{35} \subseteq \mathbb{K}_5 \cdot \mathbb{K}_7$.

(ii) I polinomi $x^5 - p$, $x^7 - p$, $x^{35} - p$ sono irriducibili per il Criterio di Eisenstein. Ne segue che $[\mathbb{Q}(\sqrt[m]{p}) : \mathbb{Q}] = m$ per $m = 5, 7, 35$. Inoltre l'estensione ciclotomica $\mathbb{Q}(\zeta_m)$ ha grado $\phi(m)$ su $\mathbb{Q}$, ossia, rispettivamente, 4, 6, 24. Poiché questi numeri sono relativamente primi con i precedenti, si ha, sempre rispettivamente, $[\mathbb{K}_m : \mathbb{Q}] = 20, 42, 840$.

Sia ora $\mathbb{K}_0 = \mathbb{K}_5 \cap \mathbb{K}_7$. Abbiamo $[\mathbb{K}_5 \cdot \mathbb{K}_7 : \mathbb{K}_0] = [\mathbb{K}_5 : \mathbb{K}_0][\mathbb{K}_7 : \mathbb{K}_0]$, in quanto tutte le estensioni di cui consideriamo il grado sono di Galois, e anche $[\mathbb{K}_5 \cdot \mathbb{K}_7 : \mathbb{Q}] = 840 = 20 \cdot 42 = [\mathbb{K}_5 : \mathbb{Q}][\mathbb{K}_7 : \mathbb{Q}]$. Quindi, da $[\mathbb{K}_m : \mathbb{Q}] = [\mathbb{K}_m : \mathbb{K}_0][\mathbb{K}_0 : \mathbb{Q}]$, per $m = 5, 7, 35$, segue $[\mathbb{K}_0 : \mathbb{Q}] = [\mathbb{K}_0 : \mathbb{Q}]^2$. Allora $[\mathbb{K}_0 : \mathbb{Q}] = 1$, cioè $\mathbb{K}_0 = \mathbb{Q}$.

255. Determiniamo innanzitutto il gruppo di Galois di $f(x) = x^4 - 49$. Le radici del polinomio sono $\pm\sqrt{7}$ e $\pm\sqrt{-7}$, quindi $\mathbb{E} = \mathbb{Q}(i, \sqrt{7})$ è il campo di spezzamento del polinomio $f(x)$ su $\mathbb{Q}$. In particolare $\mathbb{E}$ è il composto delle due estensioni di Galois $\mathbb{Q}(\sqrt{7}) \subseteq \mathbb{R}$ e $\mathbb{Q}(i)$ che hanno grado 2 e quindi gruppo di Galois isomorfo a $\mathbb{Z}/2\mathbb{Z}$. Visto che le due estensioni si intersecano in $\mathbb{Q}$, il gruppo di Galois di $\mathbb{E}/\mathbb{Q}$ è isomorfo al prodotto $\mathbb{Z}/2\mathbb{Z} \times \mathbb{Z}/2\mathbb{Z}$.

Consideriamo ora il polinomio $g(x) = (x^4 - 49)(x^7 - 1)$. Le sue radici sono $\pm\sqrt{7}$, $\pm\sqrt{-7}$ e ζ^h, con ζ una radice settima primitiva dell'unità in $\mathbb{C}$ e $0 \le h \le 6$; quindi $\mathbb{F} = \mathbb{Q}(i, \sqrt{7}, \zeta)$ è il campo di spezzamento di $g(x)$ su $\mathbb{Q}$. Il campo $\mathbb{F}$ è il composto dell'estensione $\mathbb{E}$ considerata sopra e dell'estensione ciclotomica $\mathbb{L} = \mathbb{Q}(\zeta)$ con gruppo di Galois su $\mathbb{Q}$ isomorfo a $(\mathbb{Z}/7\mathbb{Z})^*$, cioè a $\mathbb{Z}/6\mathbb{Z}$.

Per il calcolo del grado di $\mathbb{F}$ e del suo gruppo di Galois è utile determinare il campo $\mathbb{K} = \mathbb{E} \cap \mathbb{L}$. Per prima cosa osserviamo che il grado di $\mathbb{K}$ su $\mathbb{Q}$ deve dividere 4 e 6 e quindi può essere uguale a uno o a due.

Per il Teorema di Corrispondenza di Galois, il campo $\mathbb{L}$ ha una e una sola sottoestensione quadratica in quanto il suo gruppo di Galois è ciclico di ordine pari. Inoltre tale estensione è il campo fisso dell'unico sottogruppo di indice 2 in $\mathrm{Gal}(\mathbb{L}/\mathbb{Q})$. Visto che 3 genera $(\mathbb{Z}/7\mathbb{Z})^*$, l'automorfismo definito da $\zeta \longmapsto \zeta^3$ genera $\mathrm{Gal}(\mathbb{L}/\mathbb{Q})$ e quindi l'automorfismo φ definito da $\zeta \longmapsto \zeta^9 = \zeta^2$ genera il sottogruppo di indice 2. L'elemento di $\mathbb{L}$

$$\alpha = \zeta + \zeta^2 + \zeta^4$$

è chiaramente fissato da φ. Se α fosse in $\mathbb{Q}$ allora la combinazione lineare razionale $\alpha \cdot 1 - \zeta - \zeta^2 - \zeta^4$ darebbe una lineare dipendenza tra $1, \zeta, \zeta^2, \zeta^4$ mentre $1, \zeta, \zeta^2, \ldots, \zeta^5$ è una base di $\mathbb{L}/\mathbb{Q}$. Allora α ha grado 2 su $\mathbb{Q}$ e inoltre, calcolando

α^2, troviamo subito che α è radice di $x^2 + x + 2$ e quindi $\mathbb{Q}(\sqrt{-7})$ è l'unica sottoestensione quadratica di $\mathbb{L}$.

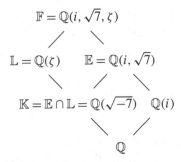

Possiamo quindi concludere che $\mathbb{K} = \mathbb{E} \cap \mathbb{L} = \mathbb{Q}(\sqrt{-7})$. In particolare otteniamo che $\mathbb{F}$ è il composto delle due estensioni di Galois $\mathbb{Q}(i)$ e $\mathbb{L}$ la cui intersezione è $\mathbb{Q}$. Il gruppo di Galois cercato è quindi il prodotto diretto dei gruppi di Galois delle due estensioni ed è quindi isomorfo a $\mathbb{Z}/2\mathbb{Z} \times \mathbb{Z}/6\mathbb{Z}$.

256. Consideriamo il campo di spezzamento su $\mathbb{Q}$. Siano $\alpha = \sqrt[5]{m}$ e ζ una radice quinta primitiva dell'unità in $\mathbb{C}$. Le radici di $x^5 - m$ sono $\alpha\zeta^h$, per $h = 0, 1, 2, 3, 4$, e il campo di spezzamento è $\mathbb{K} = \mathbb{Q}(\alpha, \zeta)$.

Se $m \in \mathbb{N}^5$, cioè se m è una quinta potenza, allora $\mathbb{K} = \mathbb{Q}(\zeta)$ e il grado cercato è $\phi(5) = 4$. Supponiamo invece che sia $m \notin \mathbb{N}^5$ e facciamo vedere che $x^5 - m$ è irriducibile su $\mathbb{Q}$. È chiaro che $x^5 - m$ non ha radici razionali; inoltre, se avesse un fattore di secondo grado, diciamo $\alpha\zeta^h \cdot \alpha\zeta^k = \sqrt[5]{m^2}\zeta^{h+k}$ dovrebbe essere un numero razionale, ma ciò forza $k \equiv -h \pmod 5$ e $\sqrt[5]{m^2} \in \mathbb{N}^5$ cosa impossibile visto che stiamo assumendo che m non è una quinta potenza.

Abbiamo così provato che $\mathbb{K}$ contiene la sottoestensione $\mathbb{Q}(\sqrt[5]{m})$ di grado 5 su $\mathbb{Q}$. Essendo poi il composto di questa sottoestensione e di $\mathbb{Q}(\zeta)$ di grado 4, ed essendo 5 e 4 coprimi, concludiamo $[\mathbb{K} : \mathbb{Q}] = 20$.

Consideriamo ora il caso del campo $\mathbb{F}_{19}$. Visto che 5 è primo con $18 = |\mathbb{F}_{19}^*|$, l'applicazione $\mathbb{F}_{19} \ni a \longmapsto a^5 \in \mathbb{F}_{19}$ è biettiva. Da questo deduciamo che non esistono radici quinte primitive dell'unità in $\mathbb{F}_{19}$ e che ogni elemento di $\mathbb{F}_{19}$ è la quinta potenza di uno e un solo altro elemento, quindi $x^5 - m$ ha una e una sola radice in $\mathbb{F}_{19}$ per ogni m.

Inoltre 5 divide $|\mathbb{F}_{19^2}^*| = 19^2 - 1$ e quindi $\mathbb{F}_{19^2}$ contiene le radici quinte primitive dell'unità.

Da questi due punti abbiamo che, qualsiasi sia m, $x^5 - m$ non si fattorizza completamente in $\mathbb{F}_{19}$ mentre si fattorizza completamente in $\mathbb{F}_{19^2}$. Il grado richiesto è pertanto 2.

257. (i) Visto che $\mathbb{K}$ è il composto delle due estensioni $\mathbb{Q}(\sqrt[4]{2})$ e $\mathbb{Q}(\sqrt[3]{2})$, di grado rispettivamente 4 e 3 perché i polinomi $x^4 - 2$ e $x^3 - 2$ sono irriducibili su $\mathbb{Q}$ per il Criterio di Eisenstein, concludiamo che $[\mathbb{K} : \mathbb{Q}] = 12$.

(ii) Osserviamo che $\mathbb{K}$ contiene $\sqrt[4]{2}$ e $\sqrt[3]{2}$, l'estensione $\mathbb{L}$ dovrà quindi contenere i campi di spezzamento $\mathbb{L}_4$ di $x^4 - 2$ e $\mathbb{L}_3$ di $x^3 - 2$ su $\mathbb{Q}$. Ma allora, essendo il composto di estensioni normali un'estensione normale, si ha $\mathbb{L} = \mathbb{L}_4 \cdot \mathbb{L}_3$.

Determiniamo ora il gruppo di Galois di $\mathbb{L}_4/\mathbb{Q}$. Abbiamo le due sottoestensioni $\mathbb{Q}(\sqrt[4]{2})$, di grado 4 su $\mathbb{Q}$ reale e non normale, e $\mathbb{Q}(i)$, di grado 2 non reale e normale. Allora $\mathbb{L}_4$ è il composto di queste due campi che, inoltre, si intersecano su $\mathbb{Q}$. Quindi

$\mathrm{Gal}(\mathbb{L}_4/\mathbb{Q})$ ha 8 elementi ed è un sottogruppo di S_4, in particolare è un 2–Sylow di S_4 ed è dunque isomorfo a D_4.

Per il gruppo di Galois di $\mathbb{L}_3/\mathbb{Q}$ ci basta osservare che esso ha ordine 6, in quanto contiene le due sottoestensioni $\mathbb{Q}(\sqrt[3]{2})$ e $\mathbb{Q}(\zeta)$, con ζ una radice terza primitiva dell'unità in $\mathbb{C}$, per concludere che $\mathrm{Gal}(\mathbb{L}_3/\mathbb{Q}) \simeq S_3$.

Vogliamo ora provare che $\mathbb{L}_4 \cap \mathbb{L}_3 = \mathbb{Q}$, da cui avremo infine che $\mathrm{Gal}(\mathbb{L}/\mathbb{Q})$ è isomorfo a $\mathrm{Gal}(\mathbb{L}_4/\mathbb{Q}) \times \mathrm{Gal}(\mathbb{L}_3/\mathbb{Q})$ e quindi a $D_4 \times S_3$.

Innanzitutto $[\mathbb{L}_4 \cap \mathbb{L}_3 : \mathbb{Q}]$ deve dividere $[\mathbb{L}_4 : \mathbb{Q}] = 8$ e $[\mathbb{L}_3 : \mathbb{Q}] = 6$, le possibilità sono quindi 1 e 2. Se tale grado fosse 2 avremmo che $\mathbb{L}_4 \cap \mathbb{L}_3$ è una sottoestensione quadratica comune a $\mathbb{L}_4$ e $\mathbb{L}_3$, facciamo invece vedere che non esiste nessuna tale sottoestensione.

Considerando la usuale presentazione $\langle r, s \mid r^4 = s^2 = e, \, sr = r^{-1}s \rangle$ di D_4, troviamo che vi sono tre sottogruppi di indice 2: $\langle r \rangle$, $\langle r^2, s \rangle$ e $\langle r^2, sr \rangle$. Ma allora le tre sottoestensioni quadratiche $\mathbb{Q}(i)$, $\mathbb{Q}(\sqrt{2})$ e $\mathbb{Q}(\sqrt{-2})$ sono tutte le sottoestensioni quadratiche. In S_3 abbiamo il solo sottogruppo A_3 di indice 2 e quindi $\mathbb{L}_3$ ha la sola sottoestensione quadratica $\mathbb{Q}(\zeta) = \mathbb{Q}(\sqrt{-3})$. Possiamo quindi concludere che non ci sono sottoestensioni quadratiche comuni.

(iii) Abbiamo $\mathbb{L} = \mathbb{K}(i, \zeta) = \mathbb{K}(\omega)$ con $\omega = i\zeta$, una radice dodicesima primitiva dell'unità. Allora gli automorfismi di $\mathbb{L}/\mathbb{Q}$ che fissano $\mathbb{K}$ sono determinati dalle immagini di ω, immagini da ricercarsi tra i suoi coniugati su $\mathbb{Q}$. Le possibili immagini di ω sono quindi $\omega^{\pm 1}$, $\omega^{\pm 5}$ e, visto che $[\mathbb{L} : \mathbb{K}] = [\mathbb{L}/\mathbb{Q}]/[\mathbb{K} : \mathbb{Q}] = 4$, ogni assegnazione $\omega \longmapsto \omega^{\pm 1}$, $\omega^{\pm 5}$ si estende ad un automorfismo di $\mathbb{L}/\mathbb{K}$. In conclusione $\mathrm{Gal}(\mathbb{L}/\mathbb{K})$ è isomorfo a $(\mathbb{Z}/12\mathbb{Z})^*$, cioè a $\mathbb{Z}/2\mathbb{Z} \times \mathbb{Z}/2\mathbb{Z}$.

(iv) Ogni sottoestensione di $\mathbb{L}$ che sia di Galois e di grado 4 su $\mathbb{Q}$, ha gruppo di Galois abeliano ed è quindi fissata da un sottogruppo che contiene il derivato G' di $G = \mathrm{Gal}(\mathbb{L}/\mathbb{Q})$, possiamo quindi contare i sottogruppi di indice 4 nel quoziente G/G'. Siccome la corrispondenza tra i sottogruppi di G/G' e i sottogruppi di G che contengono G' conserva l'indice, cerchiamo i sottogruppi di indice 4 dell'abelianizzato G/G'. Abbiamo $G \simeq D_4 \times S_3$ e si calcola $G/G' \simeq (\mathbb{Z}/2\mathbb{Z})^3$; le sottoestensioni di $\mathbb{L}$ normali e di grado 4 su $\mathbb{Q}$ sono quindi tante quanti i sottogruppi di indice 4, equivalentemente di ordine 2, di $(\mathbb{Z}/2\mathbb{Z})^3$ e cioè 7.

258. L'estensione ciclotomica 15–esima $\mathbb{Q}(\zeta)$ ha grado $\phi(15) = 8$ e gruppo di Galois isomorfo a $(\mathbb{Z}/15\mathbb{Z})^*$, cioè a $G = \mathbb{Z}/2\mathbb{Z} \times \mathbb{Z}/4\mathbb{Z}$. Le sottoestensioni di grado 2 su $\mathbb{Q}$ corrispondono ai sottogruppi del gruppo di Galois di indice 2, e quindi di ordine 4.

Cerchiamo questi sottogruppi osservando che un gruppo di ordine 4 è ciclico oppure è isomorfo a $\mathbb{Z}/2\mathbb{Z} \times \mathbb{Z}/2\mathbb{Z}$. Il gruppo G ha 4 elementi di ordine 4, quindi ha $4/\phi(4) = 2$ sottogruppi ciclici di ordine 4; inoltre G ha il sottogruppo $\mathbb{Z}/2\mathbb{Z} \times 2\mathbb{Z}/4\mathbb{Z}$, isomorfo a $\mathbb{Z}/2\mathbb{Z} \times \mathbb{Z}/2\mathbb{Z}$, e, visto che G ha solo 3 elementi di ordine 2, non ha altri sottogruppi di questo tipo. In conclusione, i sottogruppi di G di ordine 4 sono quindi 3 e ci sono 3 sottoestensioni di grado 2 su $\mathbb{Q}$.

Osserviamo ora che ζ^5 è una radice terza primitiva e ζ^3 è una radice quinta primitiva. Allora $\mathbb{Q}(\zeta^5) = \mathbb{Q}(\sqrt{-3})$ è una sottoestensione quadratica. Poi visto che $\mathbb{Q}(\zeta^3)/\mathbb{Q}$ è l'estensione ciclotomica quinta, troviamo l'estensione quadratica $\mathbb{Q}(\zeta^3 + \zeta^{-3}) = \mathbb{Q}(\sqrt{5})$ in quanto $\zeta^3 + \zeta^{-3}$ è radice del polinomio $x^2 + x - 1$.

Abbiamo quindi trovato le tre sottoestensioni quadratiche $\mathbb{Q}(\sqrt{-3})$, $\mathbb{Q}(\sqrt{5})$ e $\mathbb{Q}(\sqrt{-15})$, tutte distinte.

259. (i) Le radici del polinomio $f(x)$ in $\mathbb{C}$ sono $\pm\sqrt[4]{12}$, $\pm i\sqrt[4]{12}$, il campo di spezzamento di $f(x)$ su $\mathbb{Q}$ è quindi $\mathbb{F} = \mathbb{Q}(\sqrt[4]{12}, i)$. Abbiamo $[\mathbb{F} : \mathbb{Q}] = [\mathbb{Q}(i, \sqrt[4]{12}) : \mathbb{Q}(\sqrt[4]{12})][\mathbb{Q}(\sqrt[4]{12}) : \mathbb{Q}]$. Ora il grado di $\sqrt[4]{12}$ su $\mathbb{Q}$ è 4 in quanto il polinomio $x^4 - 12$ è irriducibile per il Criterio di Eisenstein, inoltre $\mathbb{Q}(\sqrt[4]{12})$ è un'estensione reale mentre $\mathbb{F}$ non lo è, e quindi $[\mathbb{F} : \mathbb{Q}(\sqrt[4]{12})] = [\mathbb{Q}(i) : \mathbb{Q}] = 2$. In conclusione $[\mathbb{F} : \mathbb{Q}] = 8$. Osserviamo ora che $\mathrm{Gal}(\mathbb{F}/\mathbb{Q})$ è isomorfo a D_4: infatti esso è un sottogruppo di ordine 8 di S_4, ne è quindi un 2–Sylow e dunque è isomorfo a D_4.

(ii) Il campo di spezzamento di $f(x)$ su un'estensione finita $\mathbb{K}$ di $\mathbb{Q}$ è il composto $\mathbb{K} \cdot \mathbb{F} = \mathbb{K}(\sqrt[4]{12}, i)$; mostriamo che il suo grado su $\mathbb{K}$ può essere solo $1, 2, 4, 8$. Vediamo per prima cosa che tali numeri sono possibili: questi possono infatti essere ottenuti rispettivamente per $\mathbb{K} = \mathbb{F}$, $\mathbb{K} = \mathbb{Q}(\sqrt[4]{12})$, $\mathbb{K} = \mathbb{Q}(i)$ e $\mathbb{K} = \mathbb{Q}$. D'altra parte, $[\mathbb{K}(i, \sqrt[4]{12}) : \mathbb{K}] = [\mathbb{K}(i, \sqrt[4]{12}) : \mathbb{K}(\sqrt[4]{12})][\mathbb{K}(\sqrt[4]{12}) : \mathbb{K}]$ e di questi gradi sappiamo che ovviamente $[\mathbb{K}(i, \sqrt[4]{12}) : \mathbb{K}(\sqrt[4]{12})] \leq 2$, e $[\mathbb{K}(\sqrt[4]{12}) : \mathbb{K}] \leq 4$. Osserviamo però che $[\mathbb{K}(\sqrt[4]{12}) : \mathbb{K}] \neq 3$ in quanto il polinomio $f(x)$ ha due coppie di radici opposte, quindi se $\mathbb{K}$ contiene una radice di $f(x)$ ne contiene anche un'altra. I possibili gradi sono quindi quelli elencati.

[Più in generale si può dimostrare che, poiché $\mathbb{F}/\mathbb{Q}$ è normale, $[\mathbb{F} \cdot \mathbb{K} : \mathbb{K}] = [\mathbb{F} : \mathbb{F} \cap \mathbb{K}]$ che quindi divide $[\mathbb{F} : \mathbb{Q}]$.]

260. Il polinomio $x^4 - 3$ è irriducibile su $\mathbb{Q}$ per il Criterio di Eisenstein e le sue radici in $\mathbb{C}$ sono $\pm\sqrt[4]{3}$, $\pm i\sqrt[4]{3}$; il suo campo di spezzamento è quindi $\mathbb{K} = \mathbb{Q}(\sqrt[4]{3}, i)$. Le radici di $x^2 - a$ sono $\pm\sqrt{a}$, quindi il campo di spezzamento cercato è $\mathbb{F} = \mathbb{K}(\sqrt{a}) = \mathbb{Q}(\sqrt[4]{3}, i, \sqrt{a})$.

Consideriamo l'estensione $\mathbb{K}/\mathbb{Q}$: $[\mathbb{K} : \mathbb{Q}] = [\mathbb{Q}(\sqrt[4]{3})(i) : \mathbb{Q}(\sqrt[4]{3})][\mathbb{Q}(\sqrt[4]{3}) : \mathbb{Q}] = 2 \cdot 4 = 8$ in quanto $\sqrt[4]{3}$ ha grado 4 su $\mathbb{Q}$, perché $x^4 - 3$ è irriducibile per il Criterio di Eisenstein, ed è reale mentre $\mathbb{Q}(i)$, che ha grado 2 su $\mathbb{Q}$, non è reale.

Il gruppo $\mathrm{Gal}(\mathbb{K}/\mathbb{Q})$ è isomorfo ad un sottogruppo di S_4 e anzi, avendo ordine 8, è isomorfo ad uno dei 2–Sylow di S_4 e quindi a D_4.

Consideriamo ora l'estensione $\mathbb{F} = \mathbb{K}(\sqrt{a})$ di $\mathbb{K}$; il suo grado è 1 se $\sqrt{a} \in \mathbb{K}$ e 2 se $\sqrt{a} \notin \mathbb{K}$. Osserviamo che $\sqrt{a} \in \mathbb{K}$ se e solo se $\mathbb{Q}(\sqrt{a})$ è $\mathbb{Q}$ oppure è una delle sottoestensioni quadratiche di $\mathbb{K}$. Sicuramente $\mathbb{K}$ ha le sottoestensioni quadratiche distinte $\mathbb{Q}(\sqrt{3})$, $\mathbb{Q}(i)$, e $\mathbb{Q}(\sqrt{-3})$. Inoltre non ce ne sono altre in quanto D_4, con l'usuale presentazione, ha solo i seguenti tre sottogruppi di indice 2: $\langle r \rangle$, $\langle r^2, s \rangle$ e $\langle r^2, rs \rangle$.

Concludiamo che se $a \in \mathbb{N}^2 \cup (-\mathbb{N}^2) \cup (3\mathbb{N}^2) \cup (-3\mathbb{N}^2)$ allora $\sqrt{a} \in \mathbb{K}$, $\mathbb{F} = \mathbb{K}$ e $\mathrm{Gal}(\mathbb{F}/\mathbb{Q})$ è isomorfo a D_4. Altrimenti $\mathbb{F} = \mathbb{K} \cdot \mathbb{Q}(\sqrt{a})$ e $\mathbb{F} \cap \mathbb{Q}(\sqrt{a}) = \mathbb{Q}$ e, essendo le due estensioni di Galois, $\mathrm{Gal}(\mathbb{F}/\mathbb{Q})$ è isomorfo a $\mathrm{Gal}(\mathbb{K}/\mathbb{Q}) \times \mathrm{Gal}(\mathbb{Q}(\sqrt{a})/\mathbb{Q})$, cioè a $D_4 \times \mathbb{Z}/2\mathbb{Z}$.

Calcoliamo ora il gruppo di Galois su $\mathbb{Q}(\sqrt{2})$. Il campo di spezzamento del polinomio su $\mathbb{Q}(\sqrt{2})$ è $\mathbb{F}(\sqrt{2}) = \mathbb{Q}(\sqrt{2})(\sqrt[4]{3}, i, \sqrt{a})$. Osserviamo che, da quanto visto sopra, $\sqrt{2} \notin \mathbb{K}$.

Se $\sqrt{2} \in \mathbb{F}$ si ha $\mathbb{F}(\sqrt{2}) = \mathbb{F} = \mathbb{K}(\sqrt{2})$ e, poiché $\mathbb{K} \cap \mathbb{Q}(\sqrt{2}) = \mathbb{Q}$, vale $\mathrm{Gal}(\mathbb{F}/\mathbb{Q}) \simeq \mathrm{Gal}(\mathbb{K}/\mathbb{Q}) \times \mathrm{Gal}(\mathbb{Q}(\sqrt{2})/\mathbb{Q})$ da cui ricaviamo che $\mathrm{Gal}(\mathbb{F}(\sqrt{2})/\mathbb{Q}(\sqrt{2}))$ è isomorfo a $\mathrm{Gal}(\mathbb{K}/\mathbb{Q})$ e quindi a D_4.

Se $\sqrt{2} \notin \mathbb{F}$ allora $\mathbb{F}(\sqrt{2}) = \mathbb{F} \cdot \mathbb{Q}(\sqrt{2})$, con $\mathbb{F} \cap \mathbb{Q}(\sqrt{2}) = \mathbb{Q}$, e quindi $\mathrm{Gal}(\mathbb{F}(\sqrt{2})/\mathbb{Q})$ è isomorfo a $\mathrm{Gal}(\mathbb{F}/\mathbb{Q}) \times \mathrm{Gal}(\mathbb{Q}(\sqrt{2})/\mathbb{Q})$. Allora, come prima, $\mathrm{Gal}(\mathbb{F}(\sqrt{2})/\mathbb{Q}(\sqrt{2}))$ è isomorfo a $\mathrm{Gal}(\mathbb{F}/\mathbb{Q})$ e questo ultimo gruppo è, a sua volta, isomorfo a D_4 o a $D_4 \times \mathbb{Z}/2\mathbb{Z}$ secondo quanto visto nella prima parte.

Rimangono da caratterizzare gli interi a per cui $\sqrt{2} \in \mathbb{F} = \mathbb{Q}(\sqrt[4]{3}, i, \sqrt{a})$, cioè gli a per cui $\mathbb{Q}(\sqrt{2})$ è una sottoestensione di grado 2 di $\mathbb{F}/\mathbb{Q}$. Mostriamo come questo succeda se e solo se $a \in (\pm 2\mathbb{N}^2) \cup (\pm 6\mathbb{N}^2)$.

Per tali valori di a chiaramente $\sqrt{2} \in \mathbb{F}$. D'altra parte le sottoestensioni di grado 2 di $\mathbb{F}$ sono abeliane e quindi fissate dal sottogruppo dei commutatori di $\mathrm{Gal}(\mathbb{F}/\mathbb{Q})$. Se $\mathrm{Gal}(\mathbb{F}/\mathbb{Q}) \simeq D_4$ allora il sottogruppo dei commutatori è generato da r^2 in D_4 e, allo stesso modo, se $\mathrm{Gal}(\mathbb{F}/\mathbb{Q}) \simeq D_4 \times \mathbb{Z}/2\mathbb{Z}$ il sottogruppo dei commutatori è generato da $(r^2, 0)$. Inoltre r^2, o $(r^2, 0)$, corrisponde all'automorfismo che si ottiene per estensione delle assegnazioni $\sqrt[4]{3} \longmapsto -\sqrt[4]{3}$, $i \longmapsto i$ e, nel caso $D_4 \times \mathbb{Z}/2\mathbb{Z}$, $\sqrt{a} \longmapsto \sqrt{a}$. È allora chiaro che il sottocampo fissato dal sottogruppo dei commutatori è $\mathbb{Q}(i, \sqrt{3}, \sqrt{a})$. Infine quest'ultimo campo contiene solo le sottoestensioni quadratiche, non necessariamente distinte, $\mathbb{Q}(\sqrt{-1})$, $\mathbb{Q}(\sqrt{3})$, $\mathbb{Q}(\sqrt{a})$, $\mathbb{Q}(\sqrt{-3})$, $\mathbb{Q}(\sqrt{-a})$, $\mathbb{Q}(\sqrt{3a})$, e $\mathbb{Q}(\sqrt{-3a})$ e questo implica la necessità della condizione su a espressa sopra.

261. L'estensione $\mathbb{Q}(\zeta)$ è di Galois su $\mathbb{Q}$ e $\mathrm{Gal}(\mathbb{Q}(\zeta)/\mathbb{Q})$ è isomorfo a $(\mathbb{Z}/36\mathbb{Z})^*$ e quindi a $\mathbb{Z}/2\mathbb{Z} \times \mathbb{Z}/6\mathbb{Z}$. Il Teorema di Corrispondenza di Galois assicura che i sottocampi che stiamo cercando sono in corrispondenza biunivoca con i sottogruppi di $\mathbb{Z}/2\mathbb{Z} \times \mathbb{Z}/6\mathbb{Z}$. Si vede subito che questo gruppo ha per sottogruppi propri: il sottogruppo banale, tre sottogruppi di ordine 2, un sottogruppo di ordine 3, un sottogruppo di ordine 4 e tre sottogruppi di ordine 6. Ne segue che, oltre alle sottoestensioni $\mathbb{Q}$ e $\mathbb{Q}(\zeta)$, ci sono tre sottoestensioni di grado 6 su $\mathbb{Q}$, una di grado 4, una di grado 3 e tre di grado 2.

Visto che ζ^9, ζ^{12} sono una radice, rispettivamente, quarta e terza primitiva dell'unità, abbiamo le due sottoestensioni quadratiche $\mathbb{Q}(i)$ e $\mathbb{Q}(\sqrt{-3})$ e quindi anche $\mathbb{Q}(\sqrt{3})$; essendo distinte esse sono tutte le sottoestensioni quadratiche. Inoltre $\mathbb{Q}(i, \sqrt{3})$ è l'unica sottoestensione di grado 4.

Possiamo ottenere una radice nona primitiva come ζ^4, quindi $\mathbb{Q}(\zeta^4)$ è una sottoestensione di grado $\phi(9) = 6$. La sua sottoestensione reale $\mathbb{Q}(\zeta^4 + \zeta^{-4})$ ha invece grado $\phi(9)/2 = 3$, essa è l'unica di tale grado. Consideriamo ora le tre estensioni di grado 6: $\mathbb{Q}(\zeta^4 + \zeta^{-4}, i)$, $\mathbb{Q}(\zeta^4 + \zeta^{-4}, \sqrt{-3})$ e $\mathbb{Q}(\zeta^4 + \zeta^{-4}, \sqrt{3})$. Esse contengono una sola estensione quadratica, infatti se così non fosse conterrebbero anche una sottoestensione di grado 4 che però non divide 6. Ne segue che sono distinte e, in particolare, la seconda è $\mathbb{Q}(\zeta^4)$ in quanto l'estensione ciclotomica nona contiene quella terza. Abbiamo allora trovato le tre estensioni di grado 6.

262. Consideriamo le due sottoestensioni $\mathbb{Q}(\zeta_{11})$ e $\mathbb{Q}(\sqrt{11})$. Queste sono entrambe di Galois su $\mathbb{Q}$ e $\mathrm{Gal}(\mathbb{Q}(\zeta)/\mathbb{Q})$ è isomorfo a $(\mathbb{Z}/11\mathbb{Z})^*$, cioè a $\mathbb{Z}/10\mathbb{Z}$, in quanto $\mathbb{Q}(\zeta)$ è un'estensione ciclotomica e $\mathrm{Gal}(\mathbb{Q}(\sqrt{11})/\mathbb{Q})$ è isomorfo a $\mathbb{Z}/2\mathbb{Z}$.

Proviamo ora che $\mathbb{Q}(\zeta) \cap \mathbb{Q}(\sqrt{11}) = \mathbb{Q}$. Infatti, avendo $\mathbb{Q}(\sqrt{11})$ grado 2 su $\mathbb{Q}$, basta escludere che $\mathbb{Q}(\sqrt{11}) \subseteq \mathbb{Q}(\zeta)$. Se così fosse, essendo $\mathbb{Q}(\sqrt{11})$ un'estensione reale, sarebbe contenuta nella sottoestensione reale di $\mathbb{Q}(\zeta)$ che sappiamo essere

$\mathbb{Q}(\zeta_{11} + \zeta_{11}^{-1})$. Ma quest'ultima estensione ha grado $\phi(11)/2 = 5$ e quindi non contiene alcuna sottoestensione quadratica.

Concludiamo allora che il gruppo di Galois di $\mathbb{K} = \mathbb{Q}(\zeta, \sqrt{11})$ su $\mathbb{Q}$ è isomorfo al prodotto diretto $\mathrm{Gal}(\mathbb{Q}(\zeta)/\mathbb{Q}) \times \mathrm{Gal}(\mathbb{Q}(\sqrt{11})/\mathbb{Q})$ e quindi a $\mathbb{Z}/10\mathbb{Z} \times \mathbb{Z}/2\mathbb{Z}$.

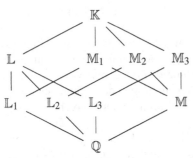

Per il Teorema di Corrispondenza di Galois il reticolo delle sottoestensioni è equivalente al reticolo dei sottogruppi di $\mathbb{Z}/10\mathbb{Z} \times \mathbb{Z}/2\mathbb{Z}$. Oltre al sottogruppo banale e a tutto il gruppo, questo gruppo ha tre sottogruppi di ordine 10, uno di ordine 5, uno di ordine 4 e tre di ordine 2. Chiaramente il sottogruppo banale corrisponde a $\mathbb{K}$ e tutto il gruppo a $\mathbb{Q}$.

Le sottoestensioni di grado 2 su $\mathbb{Q}$ sono fissate dai sottogruppi di ordine 10 e quindi sono tre, indichiamole con $\mathbb{L}_1, \mathbb{L}_2, \mathbb{L}_3$. C'è una sola sottoestensione di grado 4, fissata dal sottogruppo di ordine 5, e questa sarà necessariamente $\mathbb{L} = \mathbb{L}_1 \cdot \mathbb{L}_2 = \mathbb{L}_1 \cdot \mathbb{L}_3 = \mathbb{L}_2 \cdot \mathbb{L}_3$. C'è una sola sottoestensione di grado 5 che è $\mathbb{M} = \mathbb{Q}(\zeta + \zeta^{-1})$; da questa otteniamo che le tre estensioni di grado 10 sono $\mathbb{M} \cdot \mathbb{L}_1, \mathbb{M} \cdot \mathbb{L}_2$ e $\mathbb{M} \cdot \mathbb{L}_3$.

⟦ Possiamo anche descrivere esplicitamente le sottoestensioni di grado 2; da cui seguono anche quelle di grado 6. Poniamo $\mathbb{L}_1 = \mathbb{Q}(\sqrt{11})$ e sia $\mathbb{L}_2$ l'unica sottoestensione di grado 2 di $\mathbb{Q}(\zeta)$. Questa sottoestensione è fissata dal sottogruppo di ordine 5 di $\mathrm{Gal}(\mathbb{Q}(\zeta)/\mathbb{Q})$ che è generato dall'automorfismo indotto da $\zeta \longmapsto \zeta^4$. Si verifica che $\alpha = \zeta + \zeta^4 + \zeta^5 + \zeta^9 + \zeta^3$ è fissato da questo automorfismo e non è razionale in quanto $1, \zeta, \ldots, \zeta^9$ sono linearmente indipendenti su $\mathbb{Q}$. Quindi $\mathbb{L}_2 = \mathbb{Q}(\alpha)$ e si trova facilmente che il polinomio minimo di α è $x^2 + x + 3$, da cui si ha $\mathbb{L}_2 = \mathbb{Q}(\sqrt{-11})$. Otteniamo allora che possiamo infine porre $\mathbb{L}_3 = \mathbb{Q}(i)$. ⟧

263. (i) Il polinomio $f(x) = x^6 - 2$ è irriducibile in $\mathbb{Q}[x]$ per il Criterio di Eisenstein. Ne segue che, se $\alpha = \sqrt[6]{2}$, $[\mathbb{Q}(\alpha) : \mathbb{Q}] = 6$. Il campo di spezzamento di $f(x)$ su $\mathbb{Q}$ è $\mathbb{E} = \mathbb{Q}(\alpha, \zeta)$, con ζ una radice sesta primitiva dell'unità in $\mathbb{C}$. Poiché $[\mathbb{Q}(\zeta) : \mathbb{Q}] = \phi(6) = 2$ e ζ non è reale, il grado $[\mathbb{E} : \mathbb{Q}]$ è $6 \cdot 2 = 12$.

(ii) L'estensione $\mathbb{Q}(\alpha)/\mathbb{Q}$ non è normale, in quanto esiste un omomorfismo $\mathbb{Q}(\alpha) \longrightarrow \mathbb{C}$ che manda α in $\zeta\alpha \notin \mathbb{Q}(\alpha)$. Se $\mathrm{Gal}(\mathbb{E}/\mathbb{Q})$ fosse abeliano, tutti i suoi sottogruppi sarebbero normali e pertanto $\mathbb{Q}(\alpha)$, corrispondendo ad un sottogruppo normale, sarebbe un'estensione normale di $\mathbb{Q}$, cosa che abbiamo visto non essere vera.

Consideriamo ora l'estensione ciclotomica $\mathbb{F} = \mathbb{Q}(\zeta)$. Abbiamo $[\mathbb{E} : \mathbb{F}] = 6$ e $\mathrm{Gal}(\mathbb{E}/\mathbb{F})$ è generato dall'automorfismo definito da $\alpha \longmapsto \alpha\zeta, \zeta \longmapsto \zeta$. Inoltre questo automorfismo ha ordine 6, quindi $\mathrm{Gal}(\mathbb{E}/\mathbb{F})$ è un sottogruppo ciclico di ordine 6 di $\mathrm{Gal}(\mathbb{E}/\mathbb{Q})$.

(iii) Gli elementi $\sqrt{2}$ e $\zeta = (1 + \sqrt{-3})/2$ appartengono ad $\mathbb{E}$ e quindi $\mathbb{Q}(\sqrt{2}, \sqrt{-3})$ è una sottoestensione di $\mathbb{E}$. Osserviamo che un qualunque omomorfismo $\mathbb{Q}(\sqrt{2}, \sqrt{-3}) \longrightarrow \mathbb{C}$ deve mandare $\sqrt{2}$ in $\pm\sqrt{2}$ e $\sqrt{-3}$ in $\pm\sqrt{-3}$ in quanto $x^2 - 2$ e $x^2 + 3$ sono i rispettivi polinomi minimi di questi elementi. Ma allora è chiaro che si tratta di un'estensione normale con gruppo di Galois isomorfo a $\mathbb{Z}/2\mathbb{Z} \times \mathbb{Z}/2\mathbb{Z}$.

264. Mostriamo che $\mathbb{K} = \mathbb{Q}(\sqrt{2}, \sqrt{-3}, \sqrt[3]{5})$ è un'estensione normale usando la definizione di normalità. Se $\varphi : \mathbb{K} \longrightarrow \mathbb{C}$ è un omomorfismo e $f(x)$ è il polinomio minimo di un elemento $\alpha \in \mathbb{K}$, $\varphi(\alpha)$ deve essere una radice di $f(x)$. I polinomi minimi di $\sqrt{2}, \sqrt{-3}, \sqrt[3]{5}$ su $\mathbb{Q}$ sono rispettivamente $x^2 - 2, x^2 + 3, x^3 - 5$, tutti e tre irriducibili per il Criterio di Eisenstein. Ne segue che $\varphi(\sqrt{2}) = \pm\sqrt{2}$, $\varphi(\sqrt{-3}) = \pm\sqrt{-3}$, $\varphi(\sqrt[3]{5}) = \sqrt[3]{5}\zeta^h$ con $\zeta = (-1 + \sqrt{-3})/2$ una radice terza primitiva dell'unità e $h = 0, 1, 2$. Visto che ζ è in $\mathbb{K}$, ricaviamo che l'immagine di φ è contenuta in $\mathbb{K}$ che è quindi un'estensione normale di $\mathbb{Q}$.

Per quanto visto, la sottoestensione $\mathbb{F} = \mathbb{Q}(\sqrt[3]{5}, \zeta)$ è il campo di spezzamento di $x^3 - 5$. Essa ammette la sottoestensione quadratica $\mathbb{Q}(\zeta) = \mathbb{Q}(\sqrt{-3})$, il suo grado su $\mathbb{Q}$ è quindi 6 e il suo gruppo di Galois è isomorfo a S_3.

Anche $\mathbb{E} = \mathbb{Q}(\sqrt{2})$ è una sottoestensione di $\mathbb{K}$ con gruppo di Galois isomorfo a $\mathbb{Z}/2\mathbb{Z}$; essa interseca $\mathbb{F}$ solo su $\mathbb{Q}$ visto che $\mathbb{F}$ ha la sola sottoestensione quadratica $\mathbb{Q}(\sqrt{-3})$ corrispondente all'unico sottogruppo A_3 di indice 2 in S_3. Ma allora, usando che $\mathbb{K} = \mathbb{E} \cdot \mathbb{F}$, otteniamo che $\mathrm{Gal}(\mathbb{K}/\mathbb{Q})$ è isomorfo a $\mathrm{Gal}(\mathbb{E}/\mathbb{Q}) \times \mathrm{Gal}(\mathbb{F}/\mathbb{Q})$ e quindi a $\mathbb{Z}/2\mathbb{Z} \times S_3$.

Per descrivere le sottoestensioni normali di $\mathbb{K}$ cerchiamo i sottogruppi normali del gruppo di Galois. Può allora essere conveniente osservare che l'assegnazione $r \longmapsto (1, (1\,2\,3))$, $s \longmapsto (0, (1\,2))$ si estende ad un isomorfismo tra D_6, con l'usuale presentazione $\langle r, s \mid r^6 = s^2 = e, sr = r^{-1}s \rangle$, e $\mathbb{Z}/2\mathbb{Z} \times S_3$. Inoltre, se numeriamo le radici come $\alpha_1 = \sqrt[3]{5}\zeta$, $\alpha_2 = \sqrt[3]{5}\zeta^2$ e $\alpha_3 = \sqrt[3]{5}\zeta^3 = \sqrt[3]{5}$, allora gli elementi di D_6, pensati come automorfismi di $\mathbb{K}$, sono definiti da

$$r(\sqrt{2}) = -\sqrt{2}, r(\sqrt{-3}) = \sqrt{-3}, \quad r(\sqrt[3]{5}) = \sqrt[3]{5}\zeta,$$

$$s(\sqrt{2}) = \sqrt{2}, \quad s(\sqrt{-3}) = -\sqrt{-3}, s(\sqrt[3]{5}) = \sqrt[3]{5}.$$

A parte il sottogruppo banale, i sottogruppi propri normali di D_6 si possono distinguere in due categorie.

① I sottogruppi di $\langle r \rangle$, che è un sottogruppo caratteristico di D_6. Essi sono: $\langle r \rangle$, che ha come campo fisso $\mathbb{Q}(\sqrt{-3})$; $\langle r^2 \rangle$, che ha come campo fisso $\mathbb{Q}(\sqrt{2}, \sqrt{-3})$; $\langle r^3 \rangle$, che ha come campo fisso $\mathbb{Q}(\sqrt[3]{5}, \sqrt{-3})$.

② I sottogruppi che contengono una simmetria, e quindi contengono i 3 coniugati della simmetria. Essi sono: $\langle r^2, s \rangle$, che ha come campo fisso $\mathbb{Q}(\sqrt{2})$; $\langle r^2, rs \rangle$, che ha come campo fisso $\mathbb{Q}(\sqrt{-6})$.

In conclusione, le sottoestensioni di $\mathbb{K}$ normali su $\mathbb{Q}$ sono: $\mathbb{K}$, $\mathbb{Q}(\sqrt[3]{5}, \sqrt{-3})$, $\mathbb{Q}(\sqrt{2}, \sqrt{-3})$, $\mathbb{Q}(\sqrt{-3})$, $\mathbb{Q}(\sqrt{2})$, $\mathbb{Q}(\sqrt{-6})$, $\mathbb{Q}$.

265. (i) Le radici di $x^8 - 2$ sono $\alpha\zeta^h$, con $h = 0, 1, \ldots, 7$, e quindi $\mathbb{E} = \mathbb{Q}(\alpha, \zeta)$. Il polinomio $x^8 - 2$ è irriducibile in $\mathbb{Q}[x]$ per il Criterio di Eisenstein, allora $[\mathbb{Q}(\alpha) : \mathbb{Q}] = 8$. Inoltre, ζ è una radice ottava primitiva dell'unità, quindi $[\mathbb{Q}(\zeta) : \mathbb{Q}] = \phi(8) = 4$ ed è chiaro che $\mathbb{Q}(\zeta) = \mathbb{Q}(\sqrt{2}, i)$. Ora $\sqrt{2} = \alpha^4 \in \mathbb{Q}(\alpha)$, da cui risulta che $\mathbb{E} = \mathbb{Q}(\alpha, i)$. Infine i non appartiene all'estensione reale $\mathbb{Q}(\alpha)$ e quindi $[\mathbb{E} : \mathbb{Q}] = [\mathbb{E} : \mathbb{Q}(\alpha)][\mathbb{Q}(\alpha) : \mathbb{Q}] = 2 \cdot 8 = 16$.

(ii) Un elemento di G deve mandare i generatori α, i in radici del loro rispettivo polinomio minimo su $\mathbb{Q}$, dando quindi luogo ad un massimo di $8 \cdot 2 = 16$ possibilità. Poiché $|G| = 16$, tutte queste possibilità si possono realizzare, e dunque esistono gli automorfismi θ e σ cercati.

(iii) Poiché $|G| = 16$, se G fosse diedrale dovrebbe essere isomorfo a D_8. Per calcolare l'ordine di θ osserviamo che, da $\sqrt{2} = \alpha^4$, abbiamo

$$\theta(\sqrt{2}) = \theta(\alpha)^4 = (\alpha\zeta)^4 = -\alpha^4 = -\sqrt{2},$$

da cui segue $\theta(\zeta) = -\zeta$. Allora troviamo

$$\theta^2(\alpha) = -\alpha\zeta^2 = -i\alpha,$$

$$\theta^4(\alpha) = \theta^2(\theta^2(\alpha)) = -\alpha,$$

$$\theta^8(\alpha) = \theta^4(\theta^4(\alpha)) = \alpha.$$

Ciò prova che θ ha ordine 8 in G.

Se esistesse un isomorfismo fra G e D_8, il sottogruppo generato da θ dovrebbe corrispondere al sottogruppo delle rotazioni, ed ogni elemento fuori da questo sottogruppo dovrebbe corrispondere ad una simmetria: in particolare, dovrebbe avere ordine 2. Consideriamo invece $\theta \circ \sigma$: si ha $\sigma(\sqrt{2}) = \sigma(\alpha^4) = \alpha^4 = \sqrt{2}$, da cui $\sigma(\zeta) = \sigma(\sqrt{2}(1+i)/2) = \sqrt{2}(1-i)/2 = \zeta^{-1}$ e infine

$$(\theta \circ \sigma)(\alpha) = \theta(\sigma(\alpha)) = \theta(\alpha) = \alpha\zeta,$$

$$(\theta \circ \sigma)^2(\alpha) = (\theta \circ \sigma)(\alpha\zeta) = \theta(\alpha\zeta^{-1}) = -\alpha,$$

quindi $\theta \circ \sigma$ non ha ordine 2 e G non è isomorfo a D_8.

(iv) Per il Teorema di Corrispondenza di Galois, un sottogruppo di ordine r fissa un sottocampo che ha grado $|G|/r = 16/r$ su $\mathbb{Q}$. Abbiamo visto che il sottogruppo generato da θ ha ordine 8, quindi $[\mathbb{E}^{\langle\theta\rangle} : \mathbb{Q}] = 2$ e, poiché θ lascia fisso l'elemento i, troviamo $\mathbb{E}^{\langle\theta\rangle} = \mathbb{Q}(i)$. Analogamente, i campi lasciati fissi da θ^2 e θ^4 hanno grado su $\mathbb{Q}$, rispettivamente, 4 e 8. Da $\theta^2(\sqrt{2}) = \sqrt{2}$ e $\theta^4(\sqrt[4]{2}) = \sqrt[4]{2}$ segue $\mathbb{E}^{\langle\theta^2\rangle} = \mathbb{Q}(\sqrt{2}, i)$ e $\mathbb{E}^{\langle\theta^4\rangle} = \mathbb{Q}(\sqrt[4]{2}, i)$.

L'automorfismo σ ha ordine 2, e quindi il suo campo fisso ha grado 8 su $\mathbb{Q}$. Ma, per definizione, σ lascia fisso α, quindi $\mathbb{E}^{\langle\sigma\rangle} = \mathbb{Q}(\alpha)$. Infine, il sottocampo lasciato fisso da $\langle\theta^4, \sigma\rangle$ è l'intersezione dei sottocampi lasciati fissi da θ^4 e da σ, cioè $\mathbb{Q}(\sqrt[4]{2}, i) \cap \mathbb{Q}(\alpha) = \mathbb{Q}(\sqrt[4]{2})$.

266. (i) Siano $\mathbb{E}, \mathbb{K}$ i campi di spezzamento rispettivamente di $x^4 - 3$ e $x^4 - 12$. È immediato verificare che $\mathbb{E} = \mathbb{Q}(\sqrt[4]{3}, i)$ e $\mathbb{K} = \mathbb{Q}(\sqrt[4]{12}, i)$, quindi $\mathbb{F} = \mathbb{E} \cdot \mathbb{K}$ e, poiché $\sqrt[4]{12} = \sqrt[4]{3} \cdot \sqrt{2}$, abbiamo $\mathbb{F} = \mathbb{Q}(\sqrt[4]{3}, \sqrt{2}, i)$.

Il polinomio $x^4 - 3$ è irriducibile su $\mathbb{Q}$ per il Criterio di Eisenstein, quindi $[\mathbb{Q}(\sqrt[4]{3}) : \mathbb{Q}] = 4$. Visto che $\mathbb{Q}(\sqrt[4]{3})$ è un'estensione reale, troviamo $[\mathbb{E} : \mathbb{Q}] = 8$. Da ciò segue che $\mathbb{F} = \mathbb{E}(\sqrt{2})$; quindi $[\mathbb{F} : \mathbb{E}] = 1$ se $\sqrt{2} \in \mathbb{E}$ o $[\mathbb{F} : \mathbb{E}] = 2$ altrimenti. Dobbiamo ciò decidere se $\mathbb{Q}(\sqrt{2})$ è una sottoestensione di $\mathbb{E}$ o meno.

Il gruppo di Galois di $\mathbb{E}/\mathbb{Q}$ è isomorfo a D_4 poiché ha ordine 8 e, essendo $\mathbb{E}$ il campo di spezzamento di un polinomio di grado 4, è isomorfo a un 2–Sylow di S_4. Il gruppo D_4 ha 3 sottogruppi di ordine 4, e di conseguenza $\mathbb{E}$ ha tre sottoestensioni di grado 2. È immediato trovarle: esse sono $\mathbb{Q}(\sqrt{3})$, $\mathbb{Q}(i)$ e $\mathbb{Q}(\sqrt{-3})$. Fra queste non compare $\mathbb{Q}(\sqrt{2})$, quindi $[\mathbb{F}:\mathbb{E}] = 2$ e $[\mathbb{F}:\mathbb{Q}] = 16$.

(ii) Si verifica subito che i seguenti 7 campi sono sottoestensioni di $\mathbb{F}$ di grado 2: $\mathbb{Q}(\sqrt{3}), \mathbb{Q}(i), \mathbb{Q}(\sqrt{-3}), \mathbb{Q}(\sqrt{2}), \mathbb{Q}(\sqrt{6}), \mathbb{Q}(\sqrt{-2}), \mathbb{Q}(\sqrt{-6})$. Non ve ne sono altre, in quanto, se $\mathbb{Q}(\sqrt{d})$ fosse un'altra di queste estensioni, si avrebbe $\mathbb{F} = \mathbb{Q}(\sqrt{2}, \sqrt{3}, i, \sqrt{d})$. Ma allora il gruppo di Galois G di $\mathbb{F}/\mathbb{Q}$ avrebbe tutti elementi di ordine 1 o 2, visto che ogni radice quadrata può essere mandata solo in se stessa o meno se stessa, mentre G ha come quoziente $\mathrm{Gal}(\mathbb{E}/\mathbb{Q})$ che, essendo isomorfo a D_4, non è nemmeno abeliano.

267. Sia $\mathbb{L}$ il campo di spezzamento di $(x^2 + 3)(x^3 - 3x + 1)$. Il secondo fattore è irriducibile perché non ha radici, inoltre il suo discriminante è $-4 \cdot (-3)^3 - 27 \cdot 1^2 = 81 = 9^2$, un quadrato di $\mathbb{Q}$. Concludiamo che il campo di spezzamento $\mathbb{F}$ del secondo fattore ha grado 3 su $\mathbb{Q}$; in particolare sicuramente $\mathbb{F}$ non contiene la sottoestensione quadratica $\mathbb{Q}(\sqrt{-3})$. In conclusione $\mathbb{L} = \mathbb{Q}(\sqrt{-3}) \cdot \mathbb{L}$, $\mathbb{Q}(\sqrt{-3}) \cap \mathbb{L} = \mathbb{Q}$; quindi $\mathbb{L}$ ha grado 6 su $\mathbb{Q}$ e il gruppo di Galois di $\mathbb{L}/\mathbb{Q}$ è isomorfo a $\mathbb{Z}/2\mathbb{Z} \times \mathbb{Z}/3\mathbb{Z}$, quindi anche a $\mathbb{Z}/6\mathbb{Z}$.

Sia ora $\mathbb{L}'$ il campo di spezzamento di $(x^2 + 3)(x^3 - 5)$. Il secondo fattore è ancora irriducibile in quanto non ha radici, ma stavolta ha campo di spezzamento $\mathbb{F}' = \mathbb{Q}(\sqrt[3]{5}, \zeta)$, con $\zeta = (-1 + \sqrt{-3})/2$, una radice terza primitiva dell'unità in $\mathbb{C}$. Osserviamo che il primo fattore $x^2 + 3$ si spezza in $\mathbb{F}'$. In conclusione $\mathbb{L}' = \mathbb{F}'$ e il gruppo di Galois di $\mathbb{L}'/\mathbb{Q}$ è quindi S_3.

268. (i) Sia $\zeta \in \mathbb{C}$ una radice decima primitiva dell'unità. Vale il prodotto $(x^5 - 1)(x^5 + 1) = x^{10} - 1$ e dunque le radici di $x^5 + 1$ sono le radici decime dell'unità che non sono radici quinte, ovvero -1 e tutte le radici primitive decime $\zeta, \zeta^3, \zeta^7, \zeta^9$. Il campo di spezzamento di $p(x)$ è $\mathbb{Q}(\zeta, \sqrt{a})$ e il polinomio minimo di ζ è $(x^5 + 1)/(x + 1) = x^4 - x^3 + x^2 - x + 1$, il polinomio ciclotomico decimo.

L'estensione ciclotomica $\mathbb{Q}(\zeta)$ ha grado $\phi(10) = 4$ su $\mathbb{Q}$ e gruppo di Galois isomorfo a $(\mathbb{Z}/10\mathbb{Z})^*$, cioè a $\mathbb{Z}/4\mathbb{Z}$. Dunque contiene un'unica estensione di $\mathbb{Q}$ di grado 2, essa è la sottoestensione reale $\mathbb{Q}(\alpha)$, con $\alpha = \zeta + \zeta^{-1}$. Da $\zeta^4 - \zeta^3 + \zeta^2 - \zeta + 1 = 0$ segue che il polinomio minimo di α è $x^2 - x - 1$ e dunque $\mathbb{Q}(\alpha) = \mathbb{Q}(\sqrt{5})$.

Di conseguenza, se a è un quadrato in $\mathbb{Q}(\sqrt{5})$, ovvero se a è della forma m^2 o $5m^2$ con $m \in \mathbb{Z}$, allora $\mathbb{Q}(\zeta, \sqrt{a}) = \mathbb{Q}(\zeta)$ e il grado dell'estensione è 4 con gruppo di Galois isomorfo a $\mathbb{Z}/4\mathbb{Z}$.

Altrimenti il grado dell'estensione è 8. In questo caso il gruppo di Galois è isomorfo a $\mathrm{Gal}(\mathbb{Q}(\sqrt{a})/\mathbb{Q}) \times \mathrm{Gal}(\mathbb{Q}(\zeta)/\mathbb{Q})$ e quindi a $\mathbb{Z}/2\mathbb{Z} \times \mathbb{Z}/4\mathbb{Z}$. Infatti $\mathbb{Q}(\sqrt{a})$ e $\mathbb{Q}(\zeta)$ si intersecano su $\mathbb{Q}$ e il loro composto è il campo di spezzamento.

(ii) Per quanto detto sopra, per $a = 7$ il gruppo di Galois è $\mathbb{Z}/2\mathbb{Z} \times \mathbb{Z}/4\mathbb{Z}$, che ha tre sottogruppi di indice 2 e quindi ci sono 3 sottocampi del campo di spezzamento che hanno grado 2 su $\mathbb{Q}$. Sicuramente $\mathbb{Q}(\alpha) = \mathbb{Q}(\sqrt{5})$, $\mathbb{Q}(\sqrt{7})$ sono due di essi, distinti per quanto detto sopra, e quindi $\mathbb{Q}(\sqrt{35})$ è il terzo.

269. (i) Notiamo che $\omega = \zeta^4$ è una radice terza primitiva dell'unità, dunque $\mathbb{L}$ è il campo di spezzamento del polinomio $(x^{12} - 1)(x^3 - 2)$ e quindi è un'estensione di Galois di $\mathbb{Q}$. Inoltre l'estensione ciclotomica $\mathbb{Q}(\zeta)$ ha grado $\phi(12) = 4$ e, visto che $x^3 - 2$ è irriducibile per il Criterio di Eisenstein e quindi è il polinomio minimo di $\sqrt[3]{2}$, l'estensione $\mathbb{Q}(\sqrt[3]{2})$ ha grado 3 su $\mathbb{Q}$. Poiché gli ordini delle estensioni sono coprimi, la loro intersezione è banale e quindi $\mathbb{L}$, che è la composizione delle due estensioni, ha grado 12 su $\mathbb{Q}$.

(ii) Sia $\mathbb{K} = \mathbb{Q}(\omega)$ l'estensione ciclotomica terza su $\mathbb{Q}$, essa ha grado $\phi(3) = 2$. Abbiamo $\mathbb{K}(\zeta) = \mathbb{Q}(\zeta)$ e $\mathbb{K}(\sqrt[3]{2}) = \mathbb{Q}(\omega, \sqrt[3]{2})$ e, per quanto già calcolato, $[\mathbb{K}(\zeta) : \mathbb{Q}] = 4$ e $[\mathbb{K}(\sqrt[3]{2})] = 6$.

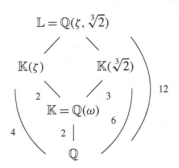

Ne segue che $\mathbb{L}$ ha grado 6 su $\mathbb{K}$ e che le due sottoestensioni $\mathbb{K}(\zeta)$ e $\mathbb{K}(\sqrt[3]{2})$ di $\mathbb{L}$ su $\mathbb{K}$ hanno grado rispettivamente 2 e 3. Allora, avendo gradi coprimi, esse si intersecano su $\mathbb{K}$ e, essendo entrambe normali perché campi di spezzamento rispettivamente di $x^{12} - 1$ e di $x^3 - 2$ su $\mathbb{K}$, otteniamo che $\mathrm{Gal}(\mathbb{L}/\mathbb{K})$ è isomorfo a $\mathrm{Gal}(\mathbb{K}(\zeta)/\mathbb{K}) \times \mathrm{Gal}(\mathbb{K}(\sqrt[3]{2})/\mathbb{K})$ e quindi a $\mathbb{Z}/2\mathbb{Z} \times \mathbb{Z}/3\mathbb{Z}$.

(iii) Notiamo che ζ^3 è una radice quarta primitiva dell'unità, quindi $\mathbb{L}$ contiene le due sottoestensioni $\mathbb{L}_1 = \mathbb{Q}(i)$ e $\mathbb{L}_2 = \mathbb{Q}(\omega, \sqrt[3]{2})$; inoltre $\zeta^3 \cdot \omega = \zeta^7$ è ancora una radice primitiva dodicesima, allora $\mathbb{L}$ è il composto di $\mathbb{L}_1$ e $\mathbb{L}_2$. Per i gradi abbiamo $[\mathbb{L}_1 : \mathbb{Q}] = 2$ e $[\mathbb{L}_2 : \mathbb{Q}] = 6$ e quindi $\mathbb{L}_1 \cap \mathbb{L}_2 = \mathbb{Q}$ visto che il loro composto $\mathbb{L}$ ha grado il prodotto dei gradi. Infine entrambe le sottoestensioni sono normali, $\mathbb{L}_1$ è il campo di spezzamento di $x^2 + 1$ e $\mathbb{L}_2$ di $x^3 - 2$, allora $\mathrm{Gal}(\mathbb{L}/\mathbb{Q})$ è isomorfo a $\mathrm{Gal}(\mathbb{L}_1/\mathbb{Q}) \times \mathrm{Gal}(\mathbb{L}_2/\mathbb{Q})$. Ora $\mathbb{L}_2/\mathbb{Q}$ ha gruppo di Galois isomorfo ad S_3 perché è il campo di spezzamento di grado 6 di un polinomio cubico. Concludiamo che $\mathrm{Gal}(\mathbb{L}/\mathbb{Q})$ è isomorfo a $\mathbb{Z}/2\mathbb{Z} \times \mathsf{S}_3$.

Per generatori di $\mathrm{Gal}(\mathbb{L}/\mathbb{Q})$ possiamo scegliere gli automorfismi definiti dalle assegnazioni

$$
\begin{cases} i \longmapsto -i \\ \omega \longmapsto \omega \\ \sqrt[3]{2} \longmapsto \sqrt[3]{2} \end{cases}, \qquad
\begin{cases} i \longmapsto i \\ \omega \longmapsto \omega \\ \sqrt[3]{2} \longmapsto \omega\sqrt[3]{2} \end{cases}, \qquad
\begin{cases} i \longmapsto i \\ \omega \longmapsto \omega^2 \\ \sqrt[3]{2} \longmapsto \sqrt[3]{2} \end{cases}.
$$

270. (i) Il campo di spezzamento di $x^3 - 3$ è $\mathbb{L}_1 = \mathbb{Q}(\sqrt[3]{3}, \zeta)$, dove ζ è una radice terza primitiva dell'unità in $\mathbb{C}$, e il campo di spezzamento di $x^4 - 3$ è $\mathbb{L}_2 = \mathbb{Q}(\sqrt[4]{3}, i)$.

Il grado $[\mathbb{L}_1 : \mathbb{Q}]$ è 6; infatti $\sqrt[3]{3}$ ha grado 3 su $\mathbb{Q}$, in quanto il polinomio $x^3 - 3$ è irriducibile per il Criterio di Eisenstein, e $\zeta \notin \mathbb{Q}(\sqrt[3]{3})$, perché quest'ultimo campo è reale, e ha grado $\phi(3) = 2$ su $\mathbb{Q}$.

Il grado $[\mathbb{L}_2 : \mathbb{Q}]$ è 8, infatti, analogamente, $\sqrt[4]{3}$ ha grado 4 su $\mathbb{Q}$, in quanto $x^4 - 3$ è il suo polinomio minimo perché irriducibile per il Criterio di Eisenstein, e $i \notin \mathbb{Q}(\sqrt[4]{3})$, perché quest'ultimo campo è reale, ed ha grado $\phi(4) = 2$ su $\mathbb{Q}$.

Osserviamo che $\mathbb{E} = \mathbb{Q}(\zeta) = \mathbb{Q}(i\sqrt{3})$ è un sottocampo di $\mathbb{L}_1 \cap \mathbb{L}_2$ e il grado di questa intersezione è al più 2 visto che deve dividere sia $[\mathbb{L}_1 : \mathbb{Q}]$ che $[\mathbb{L}_2 : \mathbb{Q}]$; quindi $\mathbb{E} = \mathbb{L}_1 \cap \mathbb{L}_2$ e troviamo che $\mathbb{L} = \mathbb{L}_1 \cap \mathbb{L}_2$ ha grado 12 su $\mathbb{E}$ e grado 24 su $\mathbb{Q}$.

(ii) Notiamo che $\mathbb{L} = \mathbb{Q}(\sqrt[3]{3}, \zeta, \sqrt[4]{3}, i) = \mathbb{Q}(\sqrt[12]{3}, i)$. Dunque gli elementi del suo gruppo di Galois sono determinati dalle immagini di $\sqrt[12]{3}$ e i. I polinomi minimi di questi numeri algebrici sono rispettivamente $x^{12} - 3$ e $x^2 + 1$ e hanno radici $\omega^h \sqrt[12]{3}$, con ω una radice dodicesima primitiva dell'unità e $0 \le h \le 11$, e $\pm i$. Allora un automorfismo di $\mathbb{L}/\mathbb{Q}$ verifica

$$\sqrt[12]{3} \longmapsto \omega^h \sqrt[12]{3}, \quad i \longmapsto i^k,$$

con h ben definito modulo 12, k ben definito modulo 4 e primo con 4. Poiché il gruppo di Galois $\mathrm{Gal}(\mathbb{L}/\mathbb{Q})$ ha esattamente 24 elementi, per ognuna delle 24 coppie $(h, k) \in \mathbb{Z}/12\mathbb{Z} \times (\mathbb{Z}/4\mathbb{Z})^*$ esiste, ed è unico, un elemento del gruppo che trasforma i generatori dell'estensione nella maniera descritta. In particolare

$$\sqrt[12]{3} \longmapsto -i \sqrt[12]{3}, \quad i \longmapsto i,$$

definisce un elemento τ di $\mathrm{Gal}(\mathbb{L}/\mathbb{Q})$ con le seguenti proprietà. Per prima cosa $\tau(i) = i$ e inoltre, visto che $\sqrt[3]{3} = (\sqrt[12]{3})^4$, $\tau(\sqrt[3]{3}) = (-i\sqrt[12]{3})^4 = \sqrt[3]{3}$, τ fissa $\mathbb{Q}(i, \sqrt[3]{3})$. Allo stesso modo da $\sqrt[4]{3} = (\sqrt[12]{3})^3$ segue $\tau(\sqrt[4]{3}) = (-i\sqrt[12]{3})^3 = i\sqrt[4]{3}$. L'automorfismo τ verifica quanto richiesto nel testo.

(iii) Sia $\mathbb{K}$ una sottoestensione di $\mathbb{L}$ di grado 4 su $\mathbb{Q}$, vogliamo per prima cosa provare che $\mathbb{K}$ è contenuta in $\mathbb{L}_2$. Infatti supponiamo per assurdo il contrario e, per il Teorema dell'Elemento Primitivo, sia $\alpha \in \mathbb{K}$ tale che $\mathbb{K} \cdot \mathbb{L}_2 = \mathbb{Q}(\alpha)$. Allora $\mathbb{K} \cdot \mathbb{L}_2 = \mathbb{L}_2(\alpha)$ e, visto che $\mathbb{K} \cap \mathbb{L}_2$ ha grado 1 o 2 su $\mathbb{Q}$, l'elemento α ha grado 4 o 2 su $\mathbb{L}_2$; ma allora $\mathbb{K} \cdot \mathbb{L}_2$ avrebbe grado 16 o 32 su $\mathbb{Q}$, contro $[\mathbb{L} : \mathbb{Q}] = 24$.

Determiniamo ora il gruppo di Galois di $\mathbb{L}_2/\mathbb{Q}$. Visto che $\mathbb{L}_2$ è il campo di spezzamento di un polinomio di quarto grado e ha ordine 8, esso è isomorfo ad un 2–Sylow di S_4 ed è quindi isomorfo a D_4. Le sottoestensioni $\mathbb{K}$ come sopra corrispondono ai sottogruppi di ordine 2 di D_4, cioè agli elementi di ordine 2 di D_4. Questi ultimi sono esattamente 5 e in $\mathbb{L}$ troviamo le seguenti 5 sottoestensioni di grado 4 su $\mathbb{Q}$: $\mathbb{Q}(i, \sqrt{3})$, $\mathbb{Q}(\sqrt[4]{3})$, $\mathbb{Q}((1+i)\sqrt[4]{3})$, $\mathbb{Q}(i\sqrt[4]{3})$ e $\mathbb{Q}((1-i)\sqrt[4]{3})$.

271. (i) Il polinomio $x^5 - 2$ ha per radici le radici quinte di 2, quindi il suo campo di spezzamento è $\mathbb{K} = \mathbb{Q}(\sqrt[5]{2}, \zeta)$, con ζ una radice quinta primitiva dell'unità in $\mathbb{C}$. L'estensione ciclotomica $\mathbb{Q}(\zeta)/\mathbb{Q}$ è normale e ha grado $\phi(5) = 4$ con gruppo di Galois isomorfo a $(\mathbb{Z}/5\mathbb{Z})^*$. Il polinomio $x^2 - 5$ è irriducibile per il Criterio di Eisenstein e $\mathbb{Q}(\sqrt[5]{2})$ è un'estensione di grado 5 e reale di $\mathbb{Q}$; non è normale in quanto contiene la sola radice reale $\sqrt[5]{2}$ di $x^5 - 2$. Abbiamo che $\mathbb{K} = \mathbb{Q}(\sqrt[5]{2}) \cdot \mathbb{Q}(\zeta)$ ha grado 20 in quanto i gradi delle due sottoestensioni di $\mathbb{K}$ ora considerate sono primi tra di loro.

Un elemento del gruppo di Galois G di $\mathbb{K}/\mathbb{Q}$ manda la radice $\sqrt[5]{2}$ di $x^5 - 2$ in una radice dello stesso polinomio, ci sono allora le cinque possibilità $\zeta^h \sqrt[5]{2}$ con $h = 0, 1, 2, 3, 4$; analogamente ζ deve essere mandata in una radice quinta primitiva dell'unità, abbiamo le quattro possibilità ζ^k, con $k = 1, 2, 3, 4$. I numeri complessi

$\sqrt[5]{2}$ e ζ sono dei generatori per $\mathbb{K}/\mathbb{Q}$, un automorfismo è allora completamente determinato da (h, k), denotiamo questo automorfismo con $\varphi_{k,h}$. Visto poi che G ha ordine 20, le possibilità ora viste si realizzano tutte e, considerando che ζ ha ordine moltiplicativo 5, possiamo considerare h e k come classi di resto modulo 5.

Calcolando le immagini dei generatori ζ, $\sqrt[5]{2}$ di $\mathbb{K}/\mathbb{Q}$ per le composizioni di automorfismi troviamo subito che l'applicazione

$$\mathbb{Z}/5\mathbb{Z} \rtimes (\mathbb{Z}/5\mathbb{Z})^* \ni (h, k) \longmapsto \varphi_{h,k} \in G$$

è un isomorfismo di gruppi con il prodotto semidiretto definito dall'azione $(\mathbb{Z}/5\mathbb{Z})^* \ni k \longmapsto (h \longmapsto kh) \in \mathrm{Aut}(\mathbb{Z}/5\mathbb{Z})$.

(ii) Vogliamo per prima cosa capire quali sono le sottoestensioni quadratiche di $\mathbb{K}$. Per il Teorema di Corrispondenza di Galois, esse corrispondono a sottogruppi di indice 2, cioè di ordine 10, di G. Un tale sottogruppo H è quindi il nucleo di un omomorfismo $G \longrightarrow \mathbb{Z}/2\mathbb{Z}$, è allora chiaro che H contiene ogni elemento di ordine 5 di G. In particolare l'automorfismo $\varphi = \varphi_{1,1}$ definito estendendo $\sqrt[5]{2} \longmapsto \zeta \sqrt[5]{2}$, $\zeta \longmapsto \zeta$ è un elemento di H avendo ordine 5.

Da questa osservazione possiamo dedurre che una sottoestensione $\mathbb{F}$ di grado 2 su $\mathbb{Q}$ è contenuta nel sottocampo fisso del sottogruppo H' generato da φ. Questo sottocampo ha grado $[G : H'] = 4$ su $\mathbb{Q}$ e contiene $\mathbb{Q}(\zeta)$, esso è quindi uguale a $\mathbb{Q}(\zeta)$. Allora $\mathbb{F}$ è una sottoestensione quadratica dell'estensione ciclotomica quinta $\mathbb{Q}(\zeta)$, vi è una sola tale estensione: è la sottoestensione reale $\mathbb{Q}(\zeta) \cap \mathbb{R}$ generata da $\zeta + \zeta^{-1}$ ed essa è uguale a $\mathbb{Q}(\sqrt{5})$ visto che $\zeta + \zeta^{-1}$ soddisfa $x^2 + x - 1$.

Possiamo ora discutere il grado r del campo di spezzamento $\mathbb{L}$ di $(x^2 - p)(x^5 - 2)$, al variare di p tra i numeri primi. Sicuramente $\mathbb{L} = \mathbb{K}(\sqrt{p})$ e $[\mathbb{Q}(\sqrt{p}) : \mathbb{Q}] = 2$, allora $r = 1$ se $\mathbb{Q}(\sqrt{p})$ è una sottoestensione di $\mathbb{K}$ o $r = 2$ altrimenti. Per quanto visto sopra vale $r = 1$ se e solo se $p = 5$.

272. (i) L'estensione ciclotomica nona $\mathbb{Q}(\zeta)$ ha grado $\phi(9) = 6$ e gruppo di Galois G isomorfo a $(\mathbb{Z}/9\mathbb{Z})^*$ e quindi ciclico di ordine 6. Inoltre α è una radice primitiva terza, quindi $\mathbb{Q}(\alpha) = \mathbb{Q}(\sqrt{-3})$ ha grado 2 su $\mathbb{Q}$; l'estensione $\mathbb{Q}(\beta)$ è invece la sottoestensione reale $\mathbb{Q}(\zeta) \cap \mathbb{R}$ di grado $\phi(9)/2 = 3$. Essendo G ciclico di ordine 6, esso ha un solo sottogruppo per ogni divisore di 6; per il Teorema di Corrispondenza di Galois non ci sono quindi altre sottoestensioni oltre a quelle banali.

(ii) Posto $\omega = \zeta \cdot i$, è chiaro che ω è una radice 36-esima primitiva dell'unità in $\mathbb{C}$ e che $\mathbb{Q}(\zeta, i) = \mathbb{Q}(\omega)$. In particolare il gruppo di Galois di $\mathbb{Q}(\zeta, i)$ su $\mathbb{Q}$ è isomorfo a $G = (\mathbb{Z}/36\mathbb{Z})^* \simeq \mathbb{Z}/2\mathbb{Z} \times \mathbb{Z}/2\mathbb{Z} \times \mathbb{Z}/3\mathbb{Z}$. I gruppi $\mathrm{Gal}\big(\mathbb{Q}(\zeta, i)/\mathbb{Q}(\alpha)\big)$ e $\mathrm{Gal}\big(\mathbb{Q}(\zeta, i)/\mathbb{Q}(\beta)\big)$ sono isomorfi a sottogruppi di G di ordine rispettivamente 6 e 4 e quindi necessariamente a $\mathbb{Z}/2 \times \mathbb{Z}/3 \simeq \mathbb{Z}/6\mathbb{Z}$ e $\mathbb{Z}/2\mathbb{Z} \times \mathbb{Z}/2\mathbb{Z}$.

(iii) Una sottoestensione di $\mathbb{K} = \mathbb{Q}(\zeta, i)$ di grado primo ha ordine 2 o 3. Come si controlla facilmente, $\mathbb{Z}/2\mathbb{Z} \times \mathbb{Z}/2\mathbb{Z} \times \mathbb{Z}/3\mathbb{Z}$ contiene tre sottogruppi di indice 2 e un solo sottogruppo di indice 3. Per il Teorema di Corrispondenza di Galois, $\mathbb{K}$ ha tre sottoestensioni di grado 2 e una sola di grado 3 su $\mathbb{Q}$.

Concludiamo che $\mathbb{Q}(\alpha) = \mathbb{Q}(\sqrt{-3})$, $\mathbb{Q}(i)$ e $\mathbb{Q}(\sqrt{3})$ sono le estensioni quadratiche e $\mathbb{Q}(\beta)$ è l'unica sottoestensione di grado 3.

273. (i) Il polinomio $p(x) = x^4 - 2x^2 - 10$ è irriducibile su $\mathbb{Q}$ per il Criterio di Eisenstein. Posto $\alpha_1 = \sqrt{1 + \sqrt{11}}$ e $\alpha_2 = \sqrt{1 - \sqrt{11}}$ le radici di $p(x)$ sono $\pm\alpha_1, \pm\alpha_2$.
Possiamo notare che le estensioni

$$\mathbb{Q} \subseteq \mathbb{Q}(\sqrt{11}) \subseteq \mathbb{Q}(\alpha_1) \subseteq \mathbb{Q}(\alpha_1, \alpha_2)$$

sono tutte proprie di grado 2: cioè è chiaro per la prima, per la seconda segue
dall'essere α_1 radice del polinomio irriducibile $p(x)$ di grado 4, infine α_2 è radice
di $x^2 - 1 + \sqrt{11}$, un polinomio di secondo grado a coefficienti in $\mathbb{Q}(\alpha_1)$ e irriducibile visto che questo campo è reale mentre α_2 non lo è. Il grado dell'estensione
complessiva $\mathbb{E}/\mathbb{Q}$ è dunque 8.

(ii) Il gruppo di Galois $G = \text{Gal}(\mathbb{E}/\mathbb{Q})$ ha ordine 8 ed è un sottogruppo di S_4,
quindi è isomorfo ad un 2–Sylow di S_4 e dunque a D_4.

(iii) Per il Teorema di Corrispondenza di Galois, i sottocampi di $\mathbb{E}$ sono in corrispondenza con i sottogruppi di D_4. Considerata la usuale presentazione

$$\langle r, s \mid r^4 = s^2 = e, \, sr = r^{-1}s \rangle$$

di D_4, il reticolo dei sottogruppi è quello in figura.

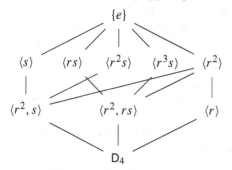

Tra i sottogruppi, quelli nor-
mali sono: $\{e\}$, $\langle r^2 \rangle$, che è il cen-
tro, $\langle r^2, s \rangle$, $\langle r^2, rs \rangle$, $\langle r \rangle$, normali
in quanto di indice 2 e infine
D_4. Infatti i sottogruppi di ordine 2 generati da una simmetria
non sono normali perché contengono una sola simmetria mentre
in D_4 le simmetrie sono coniugate a coppie.

I sottocampi normali su $\mathbb{Q}$ corrispondono ai sottogruppi normali, allora, oltre
a $\mathbb{E}$ e $\mathbb{Q}$, abbiamo un sottocampo di grado 4 e tre sottocampi di grado 2. Osservando che $\alpha_1\alpha_2 = \sqrt{-10}$, le sottoestensioni quadratiche sono $\mathbb{Q}(\sqrt{11})$, $\mathbb{Q}(\sqrt{-10})$
e quindi anche $\mathbb{Q}(\sqrt{-110})$. Infine l'estensione di grado 4 normale è la composizione
$\mathbb{Q}(\sqrt{11}, \sqrt{-10})$.

274. (i) Il campo di spezzamento $\mathbb{K}$ si ottiene chiaramente aggiungendo a $\mathbb{Q}$ una
radice undicesima primitiva dell'unità, una radice terza primitiva dell'unità e $\sqrt[3]{a}$.
Essendo 11 e 3 coprimi, ciò equivale ad aggiungere una radice 33–esima primitiva
dell'unità ζ e $\sqrt[3]{a}$, abbiamo cioè $\mathbb{K} = \mathbb{Q}(\zeta, \sqrt[3]{a})$. Consideriamo separatamente due
casi.
(1) Se a è un cubo perfetto, cioè $a \in \mathbb{N}^3$, allora $\sqrt[3]{a} \in \mathbb{Q}$ e $\mathbb{K} = \mathbb{Q}(\zeta)$, l'estensione ciclotomica 33–esima di grado $\phi(33) = 20$. Il suo gruppo di Galois è quindi isomorfo
a $(\mathbb{Z}/33\mathbb{Z})^*$ o, in altri termini, a $\mathbb{Z}/2\mathbb{Z} \times \mathbb{Z}/10\mathbb{Z}$.
(2) Se a non è un cubo perfetto, allora $\mathbb{Q}(\sqrt[3]{a}) = 3$, perché non avendo radici $x^3 - a$
è irriducibile su $\mathbb{Q}$, e quindi $\mathbb{K} = \mathbb{Q}(\zeta) \cdot \mathbb{Q}(\sqrt[3]{a})$ ha grado $20 \cdot 3$ visto che 20 e 3 sono
coprimi.

Consideriamo la sottoestensione $\mathbb{K}_1 = \mathbb{Q}(\zeta^3)$, essa è l'estensione ciclotomica undicesima con gruppo di Galois isomorfo a $\mathbb{Z}/10\mathbb{Z}$. Osserviamo anche che $\mathbb{K}_2 = \mathbb{Q}(\zeta^{11}, \sqrt[3]{a})$ è il campo di spezzamento di $x^3 - a$ e ha grado 6 su $\mathbb{Q}$ visto che $\mathbb{Q}(\sqrt[3]{a})$ contiene la sola radice reale $\sqrt[3]{a}$. In particolare $\mathrm{Gal}(\mathbb{K}_2/\mathbb{Q})$ è isomorfo a S_3. Abbiamo $\mathbb{K} = \mathbb{K}_1 \cdot \mathbb{K}_2$ e $\mathbb{K}_1 \cap \mathbb{K}_2 = \mathbb{Q}$, in quanto $[\mathbb{K} : \mathbb{Q}] = 60 = [\mathbb{K}_1 : \mathbb{Q}] \cdot [\mathbb{K}_2 : \mathbb{Q}]$. Ne segue che $\mathrm{Gal}(\mathbb{K}/\mathbb{Q})$ è isomorfo a $\mathrm{Gal}(\mathbb{K}_1/\mathbb{Q}) \times \mathrm{Gal}(\mathbb{K}_2/\mathbb{Q})$ e quindi a $\mathbb{Z}/10\mathbb{Z} \times S_3$.

(ii) Per il Teorema di Corrispondenza di Galois, le sottoestensioni $\mathbb{E}$ normali su $\mathbb{Q}$ sono quelle fissate dai sottogruppi normali H di $\mathrm{Gal}(\mathbb{K}/\mathbb{Q})$ e $\mathrm{Gal}(\mathbb{E}/\mathbb{Q})$, isomorfo a $\mathrm{Gal}(\mathbb{K}/\mathbb{Q})/H$, è abeliano se e solo se H contiene il derivato di $\mathrm{Gal}(\mathbb{K}/\mathbb{Q})$. Anche qui distinguiamo due casi.

① Se a è un cubo, $\mathrm{Gal}(\mathbb{K}/\mathbb{Q})$ è isomorfo a $\mathbb{Z}/10\mathbb{Z} \times \mathbb{Z}/2\mathbb{Z}$, quindi tutti i sottogruppi sono normali e tutti i quozienti sono abeliani. Dobbiamo allora contare tutti i sottogruppi di $\mathbb{Z}/10\mathbb{Z} \times \mathbb{Z}/2\mathbb{Z}$ o, equivalentemente, di $\mathbb{Z}/5\mathbb{Z} \times \mathbb{Z}/2\mathbb{Z} \times \mathbb{Z}/2\mathbb{Z}$. È semplice vedere che i sottogruppi sono: un unico sottogruppo di ordine 1; tre di ordine 2; l'unico 2–Sylow di ordine 4; l'unico 5–Sylow di ordine 5; tre di ordine 10, tali sottogruppi sono ciclici, per contarli osserviamo che ci sono 12 elementi di ordine 10 e quindi $12/\phi(10) = 3$ sottogruppi; infine uno di ordine 20. In totale i sottogruppi sono dunque 10.

② Se a non è un cubo, $\mathrm{Gal}(\mathbb{K}/\mathbb{Q})$ è isomorfo a $\mathbb{Z}/10\mathbb{Z} \times S_3$ che ha come sottogruppo derivato $0 \times A_3$. Le sottoestensioni cercate sono quindi tante quanti i sottogruppi di $(\mathbb{Z}/10\mathbb{Z} \times S_3)/(0 \times A_3) \simeq \mathbb{Z}/10\mathbb{Z} \times \mathbb{Z}/2\mathbb{Z}$, e abbiamo già visto che tale gruppo ha 10 sottogruppi.

275. (i) Posto $\alpha_1 = \sqrt{1 + \sqrt{3}}$ e $\alpha_2 = \sqrt{1 - \sqrt{3}}$, le radici di $p(x) = x^4 - 2x^2 - 2$ sono $\pm\alpha_1$ e $\pm\alpha_2$, dunque $K = \mathbb{Q}(\alpha_1, \alpha_2)$ e, poiché $\alpha_1\alpha_2 = \sqrt{-2}$, si ha anche $\mathbb{K} = \mathbb{Q}(\alpha_1, \sqrt{-2})$.

Inoltre $\mathbb{Q}(\alpha_1)$ è reale di grado 4 in quanto $p(x)$ è irriducibile per il Criterio di Eisenstein. Invece $\mathbb{Q}(\sqrt{-2})$ non è reale, dunque $[\mathbb{K} : \mathbb{Q}(\alpha_1)] = 2$ e concludiamo $[\mathbb{K} : \mathbb{Q}] = 8$.

(ii) Il gruppo di Galois di $G = \mathrm{Gal}(\mathbb{K}/\mathbb{Q})$ ha ordine 8 ed è un sottogruppo di S_4, quindi è un 2–Sylow di tale gruppo ed è allora isomorfo a D_4

⟦Una soluzione alternativa è la seguente. Il gruppo di Galois di $G = \mathrm{Gal}(\mathbb{K}/\mathbb{Q})$ ha ordine 8 e non è abeliano in quanto la sottoestensione $\mathbb{Q}(\alpha_1)$ non è normale perché contiene la radice α_1 ma non è il campo di spezzamento di $p(x)$. Inoltre $\mathbb{K}$ contiene le due sottoestensioni $\mathbb{Q}(\alpha_1)$ e $\mathbb{Q}(\alpha_2)$, distinte perché la prima reale e la seconda no, di grado 4; allora, per il Teorema di Corrispondenza di Galois, G ammette due sottogruppi di indice 4, cioè di ordine 2. Sappiamo che i gruppi non abeliani di ordine 8 sono D_4 e il gruppo Q_8 delle unità dei quaternioni, ma questo secondo gruppo ha solo l'elemento -1 di ordine 2; in conclusione G è isomorfo a D_4.⟧

(iii) Ancora per il Teorema di Corrispondenza di Galois, le sottoestensioni di $\mathbb{K}$ corrispondono ai sottogruppi di G, cioè di D_4, ed estensioni normali corrispondono a sottogruppi normali.

Il sottogruppo banale $\{e\}$ corrisponde all'estensione $\mathbb{K}$ che è normale su $\mathbb{Q}$.

In D_4 si sono cinque sottogruppi di ordine 2, i quattro generati dalle diverse simmetrie e quello generato dalla rotazione di angolo π. Solo l'ultimo è normale ed, anzi, è il centro di D_4. Vi sono quindi quattro estensioni di ordine 4 non normali su $\mathbb{Q}$ e una normale.

Sicuramente $\mathbb{Q}(\alpha_1)$ e $\mathbb{Q}(\alpha_2)$ sono di grado 4 e non normali. Per costruire le altre due estensioni non normali osserviamo che un elemento di G manda α_1 in una radice $\pm\alpha_1, \pm\alpha_2$ di $p(x)$ e $\sqrt{-2}$ in $\pm\sqrt{-2}$ e, inoltre, questi 8 casi sono tutti possibili visto che $|G| = 8$. In particolare esistono due automorfismi φ e ψ tali che

$$\alpha_1 \xrightarrow{\varphi} \alpha_2, \quad \sqrt{-2} \xrightarrow{\varphi} -\sqrt{-2},$$
$$\alpha_1 \xrightarrow{\psi} \alpha_2, \quad \sqrt{-2} \xrightarrow{\psi} \sqrt{-2}.$$

Da $\alpha_1\alpha_2 = \sqrt{-2}$ segue che l'automorfismo φ permuta le radici di $p(x)$ come il ciclo $(\alpha_1, \alpha_2, -\alpha_1, -\alpha_2)$ mentre ψ scambia α_1 e α_2. Da ciò segue che l'orbita di $\alpha_1 + \alpha_2$ secondo il gruppo di Galois è formata dai quattro elementi $\pm\alpha_1 \pm \alpha_2$. In conclusione $\mathbb{Q}(\alpha_1 + \alpha_2)$ e $\mathbb{Q}(\alpha_1 - \alpha_2)$ sono due sottoestensioni di grado 4 su $\mathbb{Q}$, non normali in quanto φ manda la prima nella seconda.

Infine $\mathbb{Q}(\sqrt{-2}, \sqrt{3})$ è la sottoestensione di grado 4 normale visto che è il composto di due estensioni di grado 2.

In D_4 abbiamo poi tre sottogruppi di ordine 4 e quindi normali perché di indice 2. Essi corrispondono alle tre sottoestensioni quadratiche: $\mathbb{Q}(\sqrt{-2})$, $\mathbb{Q}(\sqrt{3})$ e $\mathbb{Q}(\sqrt{-6})$.

L'intero gruppo D_4 corrisponde ovviamente alla sottoestensione normale $\mathbb{Q}$.

276. Siano, per brevità, $\mathbb{K} = \mathbb{C}(x)$ e $\mathbb{F} = \mathbb{C}(t)$.

(i) Chiaramente x annulla il polinomio $z^6 - tz^3 + 1 \in \mathbb{F}[z]$; vogliamo provare che tale polinomio è irriducibile in $\mathbb{F}[z] = \mathbb{C}(t)[z]$. Per il Lemma di Gauss ci basta dimostrare che esso è irriducibile in $\mathbb{C}[t][z] = \mathbb{C}[t, z]$. Sia allora $z^6 - tz^3 + 1 = f(t, z)g(t, z)$ una fattorizzazione in $\mathbb{C}[t, z]$ e osserviamo che uno tra i due polinomi $f(z, t)$ e $g(z, t)$ deve avere grado 0 in t visto che $z^6 - tz^3 + 1$ ha grado 1 in t, diciamo che $f(z, t)$ ha grado 0 in t. Ma $z^6 - tz^3 + 1$ è un polinomio primitivo nell'indeterminata t, allora $f(z, t)$ deve essere una costante e la fattorizzazione è banale.

Avendo provato che $z^6 - tz^3 + 1$ è il polinomio minimo di x su $\mathbb{F}$ troviamo $[\mathbb{K} : \mathbb{F}] = 6$.

(ii) Sia $\zeta \in \mathbb{C}$ una radice terza primitiva dell'unità e osserviamo che $\alpha : x \longmapsto 1/x$ e $\beta : x \longmapsto \zeta x$ inducono due automorfismi, che indichiamo con gli stessi simboli, di $\mathbb{K}/\mathbb{F}$.

Le radici di $z^6 - tz^3 + 1$ sono $x, \zeta x, \zeta^2 x, x^{-1}, \zeta x^{-1}, \zeta^2 x^{-1}$ che stanno tutte in $\mathbb{K}$. Ne segue che $\mathbb{K}$ è il campo di spezzamento di $z^6 - tz^3 + 1$ ed è dunque un'estensione di Galois. Gli elementi del gruppo di Galois sono determinati dall'immagine che associano a x ed è evidente che qualsiasi radice può essere ottenuta tramite opportune combinazioni di α e β. Dunque $G = \text{Gal}(\mathbb{K}/\mathbb{F}) = \langle \alpha, \beta \rangle$. Visto che α ha ordine 2 e β ha ordine 3 e che $\alpha\beta\alpha = \beta^2$, il gruppo G è isomorfo ad S_3.

(iii) La sottoestensione invariante rispetto a $\langle \beta \rangle$ è $\mathbb{F}(x^3) = \mathbb{C}(x^3)$, infatti è β-invariante ed è un'estensione propria di $\mathbb{F}$ in quanto non è invariante per α.

Le sottoestensioni $\mathbb{F}(x + x^{-1}) = \mathbb{C}(x + x^{-1})$, $\mathbb{F}(x + \zeta x^{-1}) = \mathbb{C}(x + \zeta x^{-1})$ e $\mathbb{F}(x + \zeta^2 x^{-1}) = \mathbb{C}(x + \zeta^2 x^{-1})$ sono tre estensioni invarianti rispettivamente per

$\langle \alpha \rangle$, $\langle \alpha \beta \rangle$ e $\langle \alpha \beta^2 \rangle$. Inoltre esse sono estensioni proprie di $\mathbb{F}$ perché non sono β-invarianti e quindi sono i campi associati ai sottogruppi indicati.

Per il Teorema di Corrispondenza di Galois abbiamo elencato tutte le sottoestensioni proprie di $\mathbb{K}/\mathbb{F}$ perché abbiamo elencato tutti i sottogruppi propri di S_3.

277. (i) È chiaro che $\mathbb{Q}(\alpha)$ è contenuto in $\mathbb{Q}(\sqrt[3]{3}, \sqrt{5})$. Per vedere il contenimento inverso osserviamo che $\mathbb{Q}(\sqrt[3]{3}, \sqrt{5}) = \mathbb{Q}(\alpha)(\sqrt[3]{3})$. Il polinomio minimo di $\sqrt[3]{3}$ su $\mathbb{Q}$ è $x^3 - 3$, irriducibile per il Criterio di Eisenstein, che, oltre a $\sqrt[3]{3}$, ha due radici non reali. Quindi se $\sqrt[3]{3}$ non è un elemento di $\mathbb{Q}(\alpha)$ allora $x^3 - 3$ non ha alcuna radice nell'estensione reale $\mathbb{Q}(\alpha)$ e quindi $[\mathbb{Q}(\alpha)(\sqrt[3]{3}) : \mathbb{Q}(\alpha)] = 3$. Inoltre, visto che $\mathbb{Q}(\sqrt[3]{3}, \sqrt{5}) = \mathbb{Q}(\alpha)(\sqrt{5})$ il grado $[\mathbb{Q}(\sqrt[3]{3}, \sqrt{5}) : \mathbb{Q}(\alpha)]$ è minore o uguale a 2. L'unica possibilità è che tale grado sia 1, abbiamo cioè dimostrato $\mathbb{Q}(\alpha) = \mathbb{Q}(\sqrt[3]{3}, \sqrt{5})$. In particolare, segue che α ha grado 6 su $\mathbb{Q}$.

(ii) Mostriamo che $\mathbb{K}$ è la più piccola estensione normale su $\mathbb{Q}$ che contiene $\mathbb{Q}(\alpha)$. Infatti una tale estensione normale, contenendo α, contiene anche il campo di spezzamento di α e, d'altra parte, $\mathbb{K}$ è un'estensione normale che contiene α e quindi anche $\mathbb{Q}(\alpha)$.

Visto che $\mathbb{Q}(\alpha) = \mathbb{Q}(\sqrt[3]{3}, \sqrt{5})$ e che $x^3 - 3$, $x^2 - 5$ sono i polinomi minimi dei due generatori, troviamo subito che $\mathbb{K} = \mathbb{Q}(\sqrt[3]{3}, \zeta, \sqrt{5})$ con ζ una radice terza primitiva dell'unità in $\mathbb{C}$. Allora $\mathbb{K}$ è il composto delle due sottoestensioni $\mathbb{K}_1 = \mathbb{Q}(\sqrt[3]{3}, \zeta)$ e $\mathbb{K}_2 = \mathbb{Q}(\sqrt{5})$. La prima è il campo di spezzamento di $x^3 - 3$ e ha quindi grado 6 e gruppo di Galois isomorfo a S_3 visto che contiene la sottoestensione reale $\mathbb{Q}(\sqrt[3]{3})$ ma non è reale. Invece $\mathbb{K}_2$ è il campo di spezzamento di $x^2 - 5$, di grado 2 e gruppo di Galois isomorfo a $\mathbb{Z}/2\mathbb{Z}$.

In conclusione, visto che $\mathbb{K}$ ha grado su $\mathbb{Q}$ il prodotto dei gradi di queste due sottoestensioni, troviamo che esse si intersecano su $\mathbb{Q}$ e quindi $\mathrm{Gal}(\mathbb{K}/\mathbb{Q})$ è isomorfo a $\mathrm{Gal}(\mathbb{K}_1/\mathbb{Q}) \times \mathrm{Gal}(\mathbb{K}_2/\mathbb{Q})$, cioè a $S_3 \times \mathbb{Z}/2\mathbb{Z}$.

(iii) Per il Teorema di Corrispondenza di Galois, una sottoestensione $\mathbb{F}$ di $\mathbb{K}$ è normale con gruppo di Galois abeliano se e solo se è fissata dal sottogruppo derivato G' di G, cioè se è contenuta in $\mathbb{K}^{G'}$. Visto che G è isomorfo a $S_3 \times \mathbb{Z}/2\mathbb{Z}$, allora G', in questo isomorfismo, corrisponde a $A_3 \times 0$ ed è quindi generato dall'unico automorfismo φ ottenuto estendendo le assegnazioni $\varphi(\sqrt[3]{3}) = \zeta\sqrt[3]{3}$, $\varphi(\zeta) = \zeta$ e $\varphi(\sqrt{5}) = \sqrt{5}$. Allora $\mathbb{K}^{G'}$ è $\mathbb{Q}(\zeta, \sqrt{5}) = \mathbb{Q}(\sqrt{-3}, \sqrt{5})$.

Le sottoestensioni $\mathbb{F}$ sono quindi: $\mathbb{Q}(\sqrt{-3}, \sqrt{5})$, l'unica di grado 4, $\mathbb{Q}(\sqrt{-3})$, $\mathbb{Q}(\sqrt{5})$ e $\mathbb{Q}(\sqrt{-15})$ di grado 2 e $\mathbb{Q}$.

278. Posto $\alpha = \sqrt[5]{5}$, le radici del polinomio $f(x) = x^5 - 5$ sono $\alpha\zeta^h$, con ζ una fissata radice quinta primitiva dell'unità in $\mathbb{C}$ e $h = 0, 1, 2, 3, 4$. Il campo di spezzamento $\mathbb{K}$ è quindi $\mathbb{Q}(\alpha, \zeta)$ ed è il composto di $\mathbb{Q}(\alpha)$, di grado 5 su $\mathbb{Q}$ perché $f(x)$ è irriducibile per il Criterio di Eisenstein, e $\mathbb{Q}(\zeta)$, l'estensione ciclotomica quinta di grado $\phi(5) = 4$. Dall'essere 5 e 4 coprimi, segue $[\mathbb{K} : \mathbb{Q}] = 20$ e anche $\mathbb{Q}(\alpha) \cap \mathbb{Q}(\zeta) = \mathbb{Q}$.

Sia G il gruppo di Galois $\mathrm{Gal}(\mathbb{K}/\mathbb{Q})$ e, osserviamo che dal Teorema di Corrispondenza di Galois, G ha un sottogruppo normale N di ordine 5, quello che fissa $\mathbb{Q}(\zeta)$; esso è anche l'unico 5–Sylow di G, e inoltre G/N è isomorfo a $\mathrm{Gal}(\mathbb{Q}(\zeta)/\mathbb{Q})$, cioè a $(\mathbb{Z}/5\mathbb{Z})^*$, un gruppo ciclico con 4 elementi. Visto che il quoziente G/N ha elementi di ordine 4 e 4 è la massima potenza di 2 che divide $|G|$, anche G ha elementi di ordine 4, in particolare, i 2–Sylow sono isomorfi a $\mathbb{Z}/4\mathbb{Z}$. In conclusione G è isomorfo ad un prodotto semidiretto $\mathbb{Z}/5\mathbb{Z} \rtimes \mathbb{Z}/4\mathbb{Z}$.

Analizziamo ora le sottoestensioni di $\mathbb{K}$ considerando contemporaneamente i sottogruppi corrispondenti di G. Dividiamo l'analisi a seconda del grado.

① Ovviamente $\mathbb{Q}$ è l'unica estensione di grado 1, è normale e corrisponde a G.

② Una sottoestensione di grado 2 corrisponde ad un sottogruppo di G di ordine 10. Vi è una sola tale estensione visto che un sottogruppo di ordine 10 contiene il 5–Sylow N, l'estensione è quindi contenuta in $\mathbb{K}^N = \mathbb{Q}(\zeta)$ e l'estensione ciclotomica quinta ha la sola sottoestensione reale $\mathbb{Q}(\zeta + \zeta^{-1}) = \mathbb{Q}(\sqrt{5})$ di grado 2. Tale estensione è ovviamente normale su $\mathbb{Q}$.

③ Le sottoestensioni di grado 4 sono quelle fissate dai 5–Sylow di G, ma abbiamo visto che N è il solo 5–Sylow e quindi $\mathbb{Q}(\zeta)$ è la sola sottoestensione di grado 4 ed è normale.

④ È facile vedere che ci sono cinque 2–Sylow in G, allora $\mathbb{K}$ ha cinque sottoestensioni di grado 5 su $\mathbb{Q}$. Esse sono dunque $\mathbb{Q}(\alpha\zeta^h)$, con $h = 0, 1, 2, 3, 4$. Infatti tutte queste estensioni hanno grado 5 perché generate da radici di $f(x)$ e, inoltre, se due coincidessero allora questa sottoestensione comune conterrebbe anche ζ e sarebbe quindi uguale a $\mathbb{K}$, contro $[\mathbb{K} : \mathbb{Q}] = 20$. Queste estensioni non sono normali perché contengono una sola radice di $f(x)$.

⑤ Le sottoestensioni $\mathbb{Q}(\sqrt[5]{5}\zeta^h, \zeta + \zeta^{-1})$, con $h = 0, 1, 2, 3, 4$, hanno grado 10 su $\mathbb{Q}$ e sono distinte per lo stesso motivo del punto precedente. Da quanto già visto nei punti precedenti segue facilmente che in G ci sono: un elemento di ordine 1, quattro elementi di ordine 5, due elementi di ordine 4 per ogni 2–Sylow e dunque dieci in tutto; quindi rimangono cinque elementi di ordine 2 visto che il gruppo non è ciclico e non ci sono quindi elementi di ordine 20. Abbiamo allora trovato tutte le sottoestensioni di grado 10; esse non sono normali perché contengono una sola radice di $f(x)$.

279. Posto $\alpha = \sqrt[6]{2}$, è chiaro che $\mathbb{K} = \mathbb{Q}(\sqrt[3]{2}, \sqrt{2}) = \mathbb{Q}(\alpha)$ in quanto 2 e 3 sono coprimi, allora $\mathbb{K}$ ha grado 6 su $\mathbb{Q}$ e $x^6 - 2$ è il polinomio minimo di α perché irriducibile per il Criterio di Eisenstein.

La più piccola estensione $\mathbb{L}$ di $\mathbb{K}$ che sia normale su $\mathbb{Q}$ coincide con il campo di spezzamento di α: infatti un'estensione normale contiene il campo di spezzamento del polinomio minimo di α e, viceversa, un campo di spezzamento è un'estensione normale. Questo assicura che $\mathbb{L} = \mathbb{Q}(\alpha, \zeta)$, con ζ una radice sesta primitiva dell'unità in $\mathbb{C}$. Inoltre, $\mathbb{Q}(\alpha)$ è un'estensione reale mentre $\mathbb{Q}(\zeta)$ non è reale, allora $[\mathbb{L} : \mathbb{Q}] = 12$ visto che $\mathbb{Q}(\zeta)$ ha grado $\phi(6) = 2$ su $\mathbb{Q}$.

Un automorfismo di $\mathbb{L}$ è completamente determinato dalle immagini dei generatori α e ζ. Inoltre α viene mandata in una radice di $f(x)$, cioè in $\alpha\zeta^h$, con h ben definito modulo 6 e, analogamente, ζ viene mandata in una radice sesta primitiva dell'unità, cioè in $\zeta^{\pm 1}$, o in altri termini, in ζ^k con k ben definito modulo 6 e primo con 6. Se indichiamo con $\varphi_{h,k}$ l'unico automorfismo definito da h e k come sopra, abbiamo un'applicazione $\varphi_{h,k} \longmapsto (h, k)$ dal gruppo $G = \text{Gal}(\mathbb{L}/\mathbb{Q})$ nelle coppie (h, k) con $h \in \mathbb{Z}/6\mathbb{Z}$ e $k \in (\mathbb{Z}/6\mathbb{Z})^*$.

Calcolando le immagini di α e ζ per le composizioni di automorfismi otteniamo che l'applicazione ora definita è un isomorfismo tra G e il prodotto semidiretto $\mathbb{Z}/6\mathbb{Z} \rtimes (\mathbb{Z}/6\mathbb{Z})^*$ per l'azione $(\mathbb{Z}/6\mathbb{Z})^* \ni k \longmapsto (h \longmapsto kh) \in \text{Aut}(\mathbb{Z}/6\mathbb{Z})$. Si vede facilmente che questo gruppo è isomorfo al gruppo diedrale D_6.

280. Il gruppo di Galois G di $\mathbb{L}/\mathbb{Q}$ è isomorfo a $(\mathbb{Z}/35\mathbb{Z})^*$, cioè a $(\mathbb{Z}/5\mathbb{Z})^* \times (\mathbb{Z}/7\mathbb{Z})^*$ e anche a $\mathbb{Z}/4\mathbb{Z} \times \mathbb{Z}/6\mathbb{Z}$. Indichiamo con ζ una radice 35–esima primitiva dell'unità in $\mathbb{C}$ e poniamo $\alpha = \zeta^7$, una radice primitiva quinta dell'unità, e $\beta = \zeta^5$, una radice primitiva settima. Allora $\mathbb{L}$ è il composto delle due sottoestensioni ciclotomiche $\mathbb{Q}(\alpha)$ e $\mathbb{Q}(\beta)$ che si intersecano su $\mathbb{Q}$.

Il gruppo G ha tre elementi di ordine 2, quindi tre sottogruppi di ordine 2 e, per il Teorema di Corrispondenza di Galois, ci sono tre sottoestensioni $\mathbb{K}$ con $[\mathbb{L} : \mathbb{K}] = 2$, quelle fissate da questi sottogruppi.

Osserviamo ora che $\mathbb{Q}(\alpha)$, $\mathbb{Q}(\beta)$ e $\mathbb{L} = \mathbb{Q}(\zeta)$ hanno tutte grado 2 sulla loro rispettive sottoestensioni reali $\mathbb{Q}(\alpha) \cap \mathbb{R} = \mathbb{Q}(\alpha + \alpha^{-1})$, $\mathbb{Q}(\beta) \cap \mathbb{R} = \mathbb{Q}(\beta + \beta^{-1})$ e $\mathbb{K}_1 = \mathbb{Q}(\zeta) \cap \mathbb{R} = \mathbb{Q}(\zeta + \zeta^{-1})$. Allora $\mathbb{L}$ ha grado 2 anche su $\mathbb{K}_2 = Q(\alpha, \beta + \beta^{-1})$ e $\mathbb{K}_3 = \mathbb{Q}(\beta, \alpha + \alpha^{-1})$. Infatti come $\mathbb{Q}(\alpha)$ e $\mathbb{Q}(\beta)$ anche $\mathbb{Q}(\alpha)$ e $\mathbb{Q}(\beta + \beta^{-1})$ si intersecano su $\mathbb{Q}$, il grado del composto $\mathbb{K}_2$ è il prodotto dei gradi e quindi $[\mathbb{L} : \mathbb{K}_2] = 2$. Allo stesso modo si prova che $[\mathbb{L} : \mathbb{K}_3] = 2$.

Infine osserviamo che α è in $\mathbb{K}_2$ ma non $\mathbb{K}_3$ perché altrimenti si avrebbe $\mathbb{K}_3 = \mathbb{L}$, inoltre $\mathbb{K}_1$ è reale mentre $\mathbb{K}_2$ e $\mathbb{K}_3$ non sono reali. Ciò prova che $\mathbb{K}_1$, $\mathbb{K}_2$ e $\mathbb{K}_3$ sono distinte e sono quindi tutte le estensioni cercate.

281. Osserviamo che $f(x) = (x^2 - \sqrt{6}x + 3)(x^2 + \sqrt{6}x + 3)$ è la fattorizzazione di $f(x)$ in $\mathbb{R}[x]$ e quindi $f(x)$ non ha radici in $\mathbb{Q}$ e non è il prodotto di due polinomi di secondo grado di $\mathbb{Q}[x]$ visto che $\mathbb{R}[x]$ è un anello a fattorizzazione unica e $\sqrt{6} \notin \mathbb{Q}$. Abbiamo provato che $f(x)$ è irriducibile in $\mathbb{Q}[x]$.

Le radici di $f(x)$ sono $\sqrt{3}\zeta i^k$, con $k = 0, 1, 2, 3$, dove abbiamo indicato con ζ la radice primitiva ottava dell'unità $\sqrt{2}(1 + i)/2$. Ora, posto $\alpha = \sqrt{3}\zeta$, risulta $\alpha^2 = 3\zeta^2 = 3i$ e quindi il campo di spezzamento $\mathbb{K} = \mathbb{Q}(\alpha, i)$ di $f(x)$ su $\mathbb{Q}$ è uguale a $\mathbb{Q}(\alpha)$. In particolare il gruppo di Galois G di $f(x)$ ha 4 elementi.

Vale $\alpha + 3\alpha^{-1} = \sqrt{6}$ e quindi $\mathbb{K}$ contiene le tre sottoestensioni quadratiche distinte $\mathbb{Q}(\sqrt{d})$ per $d = -1, 6, -6$. Concludiamo che G è isomorfo a $\mathbb{Z}/2\mathbb{Z} \times \mathbb{Z}/2\mathbb{Z}$.

Indice analitico

Printed in the United States
By Bookmasters